Martin Degen, Karl Schrader

Der Gärtner 1
Grundwissen für Gärtner

Der Gärtner

Lehr- und Arbeitsbuch in 7 Bänden

Bd. 1 Grundwissen für Gärtner
Bd. 2 Zierpflanzenbau, Staudengärtnerei, Friedhofsgärtnerei
Bd. 3 Baumschule, Obstbau, Samenbau, Gemüsebau
Bd. 4 Garten- und Landschaftsbau
Bd. 5 Fachrechnen
Bd. 6 Pflanzenverwendung
Bd. 7 Prüfungsvorbereitung für Gärtner

Für den Fachwerker:
Bd. 1 Grundlagen
Bd. 2 Zierpflanzenbau
Bd. 3 Garten- und Landschaftsbau

Außerdem erhältlich:

Prüfungfragen und Anworten:
- Schritt für Schritt zur Gärtnerprüfung – Grundlagen
- Erfolgreich zur Gärtnerprüfung – GaLaBau

Was ist das? Lernkarten zum Erlernen der Pflanzennamen:
- Zimmerpflanzen
- Stauden
- Beet- und Balkonpflanzen
- Gehölze
- Giftpflanzen

Der Gärtner 1
Grundwissen für Gärtner

von
Martin Degen und Karl Schrader

3., aktualisierte Auflage
329 Farbfotos und -zeichnungen
121 Tabellen

Die Autoren:
Martin Degen und **Karl Schrader** sind aktive Lehrer an der Berufsschule in Göppingen und unterrichten dort Gärtner aller Fachrichtungen.

Die in diesem Buch enthaltenen Empfehlungen und Angaben sind von den Autoren mit größter Sorgfalt zusammengestellt und geprüft worden. Eine Garantie für die Richtigkeit der Angaben kann aber nicht gegeben werden. Autoren und Verlag übernehmen keinerlei Haftung für Schäden und Unfälle.

Bibliografische Information der Deutschen Nationalbibliothek
Die Deutsche Nationalbibliothek verzeichnet diese Publikation in der Deutschen Nationalbibliografie; detaillierte bibliografische Daten sind im Internet über http://dnb.d-nb.de abrufbar.

Wollgrasweg 41, 70599 Stuttgart (Hohenheim)
E-Mail: info@ulmer.de
Internet: www.ulmer.de
Lektorat: Werner Baumeister
Umschlagentwurf: Atelier Reichert, Stuttgart
Satz: r&p digitale medien, Echterdingen
Druck und Bindung: Livonia Print, Riga
Printed in Latvia

ISBN 978-3-8001-8346-3

Vorwort

Liebe Leserinnen, liebe Leser,

Fachbücher werden in einer Zeit, in der man mit neuen Informationen täglich überschüttet wird und es schwer ist, die Übersicht zu wahren, kostbar. Mit dem Grundwissen für Gärtner wurde ein modernes Lehrbuch in kompakter Form geschaffen. Eine verständliche Sprache, ergänzt durch eine Vielzahl von Abbildungen, Tabellen, Versuchen und Zeitungsartikeln, machen das Buch zu einem wertvollen Begleiter während der Ausbildung und darüber hinaus.
Bei den Recherchen für unser Buch haben wir auch das Internet als Informationsquelle intensiv genutzt. Im Anschluss an die Hauptkapitel sind jeweils einige Internet-Adressen aufgeführt, unter denen man weiterführende Informationen finden kann.
Zahlreiche Wiederholungsfragen unterschiedlichen Schwierigkeitsgrades dienen der Vertiefung und Kontrolle des Lernerfolgs. Teilweise ist die Beantwortung der Wiederholungsfragen allein mit Hilfe des Buches nicht möglich. Hier sollten Lehrer und Ausbilder unterstützende Hinweise geben.
Allen, die sich in irgendeiner Weise an der Entstehung und Verwirklichung dieses Buches beteiligt haben, danken wir herzlich.

Göppingen, Martin Degen und Karl Schrader

Danksagung

Ich bin sehr dankbar für die Unterstützung meiner Arbeit durch viele Freunde und Kollegen, die einzelne oder alle Kapitel kritisch gelesen und wertvolle Korrekturvorschläge gemacht haben. Im Einzelnen möchte ich danken: Wolfgang Dagott (Fachlehrer für Kfz-Technik, Gewerbliche Schule Göppingen), Bärbel Güttinger (Deutschlehrerin, Justus-von-Liebig-Schule, Göppingen), Bruno Weber (Physiklehrer, Gewerbliche Schule Göppingen) und Dr. Gerhard Zauner (Hattenhofen).
Meine Frau, Annemieke Lauber (Dipl.Ing. agr. Univ.), hat sich durch alle meine Kapitel „gekämpft“ und mir unzählige gute Ratschläge gegeben. Dafür gebührt ihr besonderer Dank.

Karl Schrader

Inhaltsverzeichnis

1 Pflanzenkenntnisse

Wer mit Pflanzen umgeht, muss wissen wie sie heißen.

Pflanzen haben einen deutschen und einen botanischen Namen (lateinischer Name). Für die genaue wissenschaftliche Bezeichnung und Beschreibung ist der botanische Name unentbehrlich. Nur dadurch ist im Gartenbau eine gegenseitige Verständigung und ein zwischenstaatlicher Pflanzenaustausch möglich. Pflanzennamen zu lernen ist anstrengend und geschieht am besten und dauerhaft am lebenden Objekt. Die Möglichkeiten, sich Pflanzennamen anzueignen, sind heute groß. Wie für viele andere Aufgaben gibt es für das Erlernen der Namen keine Patentrezepte. Jeder sollte aus der Vielzahl der Möglichkeiten die für ihn passende auswählen.

Abb. 1 CARL VON LINNÉ

1.1 Botanische Namen

Der schwedische Wissenschaftler CARL VON LINNÉ (1707–1778) führte 1753 die **binäre** (aus zwei Einheiten bestehende) **Nomenklatur** (Namengebung) ein. Damit wurde es möglich, Pflanzen eindeutig zu bezeichnen und in eine Systematik einzuordnen.

1.1.1 Grundregeln und Schreibweisen – Pflanzen haben zwei Namen

Die Basis des wissenschaftlichen Namens ist der **Gattungsname.** Gattungsnamen, z.B. *Quercus,* werden großgeschrieben.

Dem Gattungsnamen beigefügt wird der kleingeschriebene **Artname,** z.B. *robur.* Hinweise, die Artnamen geben, sind meist eindeutig.

Botanische Namen werden auf internationalen Nomenklaturkongressen festgelegt. Entscheidend ist dabei die **Prioritätsregel** (Priorität = Erstrecht). Allein der nach dem 1. Mai 1753 erstmalig gegebene und den Regeln entsprechende Name ist gültig. Deshalb wird in Wörterbüchern, manchmal auch in Katalogen, hinter dem Gattungs- und Artnamen der Autor des Pflanzennamens angegeben. Der Name wird oft mit dem ersten Buchstaben des Nachnamens abgekürzt. Am häufigsten ist L., die Abkürzung von CARL VON LINNÉ.

In diesem Buch wird die Schreibweise der Pflanzennamen und die Benennung der Gattungs-, Art- und Sortennamen vom ZANDER (Erhardt, Götz, Bödeker, Seybold, Zander, Handwörterbuch der Pflanzennamen) übernommen.

Namen, die den Regeln nicht oder nicht mehr entsprechen, bezeichnet man als **Synonyme** (Nebennamen). Beispiel: *Solenostemon scutellarioides* war bisher *Coleus blumei.*

! ZUSATZINFORMATION

Herkunft der Gattungsnamen.

- Personennamen: *Billbergia, Fuchsia* oder *Robinia,*
- Merkmale, Eigenschaften: *Erica* (aus zerbrechlichem Holz), *Gypsophila* (Gips liebend),
- Blütenfarben: *Nigella* (Schwarzkümmel) und *Haemanthus* (Blutblume),
- Blütenformen: *Brachyscome* (Kurzschopf), *Dicentra* (Doppelsporn) und *Schizanthus* (Spaltblume).

Bastarde, Pflanzen die aus Kreuzungen verschiedener Gattungen oder Arten hervorgegangen sind, werden durch ein vorgesetztes × gekennzeichnet, z.B. × *Fatshedera lizei* oder *Forsythia* × *intermedia*.

Zwei Namen reichen nicht aus

Oft ist es notwendig, noch weiter zu unterscheiden, weil sich innerhalb der Art noch weitere Unterschiede feststellen lassen. Diese weitere Unterscheidung wird durch Anhängen eines dritten Namens an den Gattungs- und Artnamen vorgenommen. Diese dritte Bezeichnung kann sein

- eine Sortenbezeichnung,
- eine Unterart (Abkürzung subsp. = subspecies),
- eine Abart oder Varietät (Abkürzung var. = varietas).

Sortennamen werden groß geschrieben und in einfache Anführungszeichen gesetzt, z.B. *Quercus robur* 'Fastigiata'. In der Regel handelt es sich dabei um Fantasie- oder Eigennamen, z.B. *Papaver orientale* 'Kleine Tänzerin'.

Die **Unterart** (subsp.) oder **Varietät** (var.) wird durch einen zweiten kleingeschriebenen Artnamen angegeben. Er wird dem vorangehenden Artnamen mit der Kennzeichnung ›subsp.‹ oder ›var.‹ angehängt, z.B. *Pinus mugo* subsp. *pumilio* oder *Lactuca sativa* var. *capitata*.

Im Zander (17. Auflage, 2002, Seite 36) wird im Kapitel III über den Umgang mit Hybriden informiert: „Der Begriff Hybride wird im deutschen Sprachraum bevorzugt, doch international hat sich die Bezeichnung Cultivar oder Cultivars durchgesetzt." Da die Bezeichnung Sorte also Cultivars (auch nach Zander) sinnvoller wäre, hat sie sich in der Berufsschulpraxis inzwischen durchgesetzt. So sollte man jetzt die Fuchsia-Hybriden als Fuchsia Cultivars oder die Tulipa-Hybriden als Tulipa Cultivars ansprechen. Wobei Cultivars nur der Platzhalter für eine existente Sorte ist, wie z. B. Tulipa 'Aladin'.

Aussprache

Aussprache der Vokale (Selbstlaute)

- **Vokale** werden getrennt gesprochen, z.B. *mili-i* oder *botry-o-i-des*. In der gärtnerischen Praxis werden viele Doppellaute als ein Vokal gewertet und gesprochen, z.B. *Dau-cus, Eu-onymus* und *Cha-mae-cyparis*. Getrennt gesprochen wird dagegen *Kalan-cho-e* und *Hippopha-e*.
- **Y** wird am Wortanfang wie j gesprochen, z.B. *Yucca*, (Jukka); innerhalb des Wortes klingt y wie ü, z.B. Syringa (Süringa) oder Cyclamen (Züklamen).

Aussprache der Konsonanten

- **c** spricht man vor ae, e, i, oe oder y wie z: *Centaurea, Cissus, Cyperus* (Zentaurea, Zissus, Züperus), sonst wird c wie k gesprochen: *Clematis, Crassula, Crataegus* (Klematis, Krassula, Kratägus).
- **cc** klingt vor ae, e, i, oder y wie kz, z. B. coccineus (kokzineus); sonst wird cc wie kk gesprochen succulentus (sukkulentus).
- **ch** wird vor Mitlauten wie k ausgesprochen: *Chlorophytum* (Klorofütum); vor Selbstlauten klingt ch wie ch, *Chamaecyparis* (Chamäzyparis) oder wie sch: *Chaenomeles* (Schänomeles).
- **qu** wird wie kw ausgesprochen: *Quercus* (Kwerkus), *quinquefolia* (kwinkwefoli-a).

! ZUSATZINFORMATION

Artnamen bezeichnen z.B.:

- Heimat (*sinensis*, *persica*), Herkunft (*austriaca*, *domestica*), Standort einer Art (*arvensis*, *palustris*),
- besondere Wuchsformen (*repens*, *erecta*) oder Wuchseigenschaften (*pendula*, *stolonifera*),
- typische Merkmale der Blüten (*parviflorus*, *multiflorus*), Stängel (*filiformis*, *quadrangulatus*), Blätter (*macrophylla*, *rhombifolia*) oder Früchten (*baccata*, dulcis),
- Hinweise auf Größe (*major*, *minor*), Blütenzeiten (*veris*, *autumnale*) und Blütenfarben (*glauca*, *aurea*),
- Ähnlichkeiten mit anderen Pflanzen (*salicifolium*, *acerifolius*) oder Tieren (*felinus*, *ovinus*).

- **ti** wird immer buchstabengemäß gesprochen wie ti und nicht wie zi: *Gentiana* (Genti-ana und nicht Genzi-ana).
- Das **v** wird lautlich zum w: *Viola* (Wi-ola), *Vinca* (Winca), *Viburnum* (Wiburnum).
- **Doppelkonsonanten** müssen als zwei erkennbare Laute gesprochen werden, z.B. *Narcissus* (Narzis-sus), *coggygria* (kog-gügri-a), *Scilla* (Szilla).

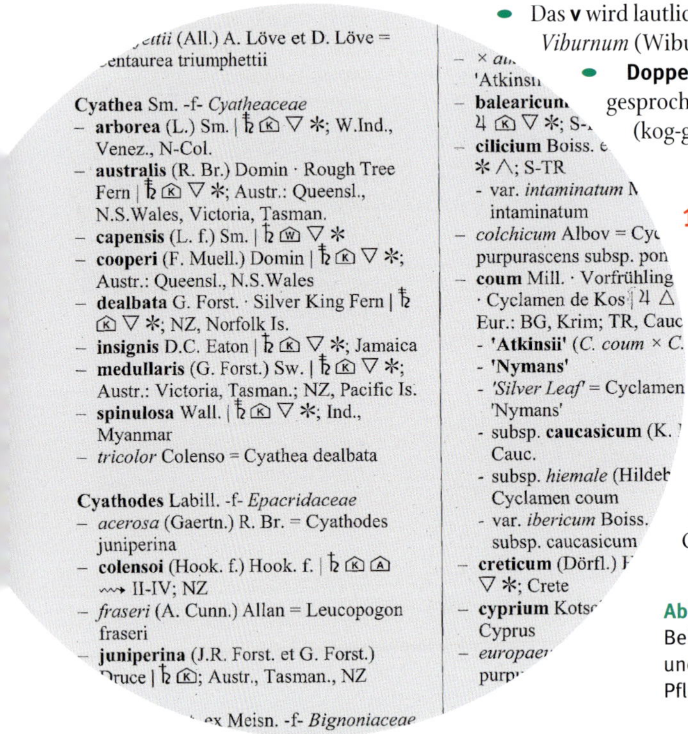
…ettii (All.) A. Löve et D. Löve = …entaurea triumphettii

Cyathea Sm. -f- *Cyatheaceae*
– **arborea** (L.) Sm. | ♄ Ⓚ ▽ ✻; W.Ind., Venez., N-Col.
– **australis** (R. Br.) Domin · Rough Tree Fern | ♄ Ⓚ ▽ ✻; Austr.: Queensl., N.S.Wales, Victoria, Tasman.
– **capensis** (L. f.) Sm. | ♄ Ⓦ ▽ ✻
– **cooperi** (F. Muell.) Domin | ♄ Ⓚ ▽ ✻; Austr.: Queensl., N.S.Wales
– **dealbata** G. Forst. · Silver King Fern | ♄ Ⓚ ▽ ✻; NZ, Norfolk Is.
– **insignis** D.C. Eaton | ♄ Ⓚ ▽ ✻; Jamaica
– **medullaris** (G. Forst.) Sw. | ♄ Ⓚ ▽ ✻; Austr.: Victoria, Tasman.; NZ, Pacific Is.
– **spinulosa** Wall. | ♄ Ⓚ ▽ ✻; Ind., Myanmar
– *tricolor* Colenso = Cyathea dealbata

Cyathodes Labill. -f- *Epacridaceae*
– *acerosa* (Gaertn.) R. Br. = Cyathodes juniperina
– **colensoi** (Hook. f.) Hook. f. | ♄ Ⓚ Ⓐ ⇝ II-IV; NZ
– *fraseri* (A. Cunn.) Allan = Leucopogon fraseri
– **juniperina** (J.R. Forst. et G. Forst.) Druce | ♄ Ⓚ; Austr., Tasman., NZ

… ex Meisn. -f- *Bignoniaceae*

– × *at*…
'Atkinsi…
– **balearicum**…
♃ Ⓚ ▽ ✻; S-…
– **cilicium** Boiss. …
✻ ∧; S-TR
- var. *intaminatum* …
intaminatum
– *colchicum* Albov = Cy…
purpurascens subsp. pon…
– **coum** Mill. · Vorfrühling
· Cyclamen de Kos | ♃ △
Eur.: BG, Krim; TR, Cauc
- **'Atkinsii'** (*C. coum* × *C.*…
- **'Nymans'**
- *'Silver Leaf'* = Cyclamen 'Nymans'
- subsp. **caucasicum** (K. … Cauc.
- subsp. *hiemale* (Hilde… Cyclamen coum
- var. *ibericum* Boiss. subsp. caucasicum
– **creticum** (Dörfl.) … ▽ ✻; Crete
– **cyprium** Kots… Cyprus
– *europae*… purp…

1.1.2 Botanische Zeichen und Abkürzungen

Der Gartenbau-Nomenklatur-Ausschuss im Zentralverband Gartenbau hat in Zusammenarbeit mit dem Bund deutscher Baumschulen ein DIN-Normblatt (11530) entwickelt. Dieses enthält Abkürzungen und Zeichen für gartenbauliche Veröffentlichungen (z.B. Kataloge). Um Pflanzenbeschreibungen zu lesen und zu deuten, sollten diese Zeichen allen Gärtnern / Gärtnerinnen bekannt sein.

Abb. 2
Beispiel für die Verwendung von botanischen Zeichen und Abkürzungen (Zander, Handwörterbuch der Pflanzennamen)

DEFINITION

Botanische Zeichen und Abkürzungen
(aus Zander, Handwörterbuch der Pflanzennamen)

⊙	einjährige Pflanze
⊙	zweijährige Pflanze
♃	Staude
♄	Halbstrauch
♄	Strauch
♄	Baum
♆	Sukkulente
×	Bastard (Hybride)
+	Propfbastard
⌇	Hängepflanze
⌇	Kletterpflanze
⇝	Kriechpflanze
◡	Topfpflanze
⁞	Einfassung
⌓	Polsterpflanze
△	Steingarten
ʌʌʌ	Ufer- und Sumpfpflanze
≈	Wasserpflanze
⚕	Arzneipflanze
d	laubawerfend
e	immergrün
Z1-Z10	Winterhärtezonen
Ⓦ	Warmhaus
Ⓚ	Kalthaus
Ⓐ	Alpinenhaus
▭	Kasten
∧	Winterschutz
☠	Giftpflanze
ஃ	Fruchtschmuck
✂	Schnitt für Vasenschmuck oder Verwendung in der Binderei
Ⓝ	Nutzpflanze
I-XII	Monatsnamen/Blütezeit
D	Duftpflanze
▽	Nach Bundesartenschutzverordnung (BartSchV) vom 19.12.1986 geschützte einheimische, europäische oder außereuropäische Art
✻	Nach dem Washingtoner Artenschutzübereinkommen geschützte Art (vgl. Gesetz vom 22. Mai 1975)

Abkürzungen:

subsp.	= subspecies = Unterart
var.	= varietas = Varietät
Grp.	= Gruppe = Züchtungsgruppe
fo.	= forma = Form
m	= masculinum = männlich
f	= femininum = weiblich
n	= neutrum = sächlich

1.1.3 Pflanzennamen lernen, Herbarium

Pflanzenkenntnisse sind für den Gärtner besonders wertvoll. Das Wissen um Eigenschaften und Ansprüche der Pflanzen, ihre Verwendung und Nutzung ist für die Arbeit im Betrieb, auf der Baustelle oder in der Kundenberatung nicht hoch genug einzuschätzen. Voraussetzungen für das Erlernen von Pflanzennamen sind Kenntnisse über die botanische Namensgebung, die Benützung von Bestimmungsbüchern und die Vertrautheit mit der Einteilung der Pflanzen in ein System.

Abb. 3
Pflanzennamen lassen sich auch mit Hilfe des Computers erlernen.

Zum **Erlernen** von Pflanzen und Pflanzennamen bieten sich an:

- Kurzbeschreibungen von Pflanzen auf **Karteikarten** erstellen und Bilder dieser Pflanzen aufkleben.
- **Pflanzenbilder** sammeln und diese mit Steckbriefen (deutscher und botanischer Name, Familie, Vermehrung, Pflegeanleitung) ausstatten.
- Erstellen von **Pflanzenporträts** nach folgendem Muster: Pflanzenname (deutscher und botanischer Name, Familie), Wuchs, Blattform, Farbe, Besonderheit mit einer Skizze der typischen Pflanzengestalt.
- Führen eines **Blütezeitkalenders** (Blütezeit, Gattung mit Art und Familie, Farbe, Höhe, Bemerkungen) oder einer Pflanzentabelle nach übergeordneten Gesichtspunkten, z.B. Pflanzen mit unterschiedlichen Lichtansprüchen, Schnittgehölze, Zwiebelblumen u.v.a.
- **Besuch** botanischer Gärten, Pflanzenausstellungen, Börsen, gärtnerischer Betriebe.
- **Fotografieren** von Pflanzen und Beschreibung der Merkmale dieser Pflanzen.

Nutzen Sie die modernen Medien (Computer mit Internet und CD-Rom, Pflanzendatenbanken) sowie anderes Informations- und Bildmaterial (Kataloge der Jungpflanzenfirmen, Baumschulkataloge, Pflanzenbücher u.v.a.).

Nur wenn man weiß, wie die Pflanze aussieht, kann man ihren Namen dauerhaft behalten.

Anlegen eines Herbariums

Ein Herbarium (herba = Kraut) ist eine Sammlung gepresster und getrockneter Pflanzen oder Pflanzenteile. Durch den häufigen Umgang mit den Pflanzen beim Zusammenstellen eines Herbariums (suchen, bestimmen, pressen, beschriften), werden Kenntnisse erworben, die über Jahre im Gedächtnis haften bleiben.

Sammeln und Bestimmen der Pflanzen

Gesammelt werden nur gut erhaltene und typische, ausgewachsene Sprossteile mit Blättern und Blüten. Früchte und Samen sollten getrennt gesammelt werden. Zu sammeln sind nur Pflanzen, die in großer Zahl an einem Standort vorkommen. In Naturschutzgebieten darf nicht gesammelt werden. Das gilt selbstverständlich auch für geschützte Pflanzen außerhalb der Schutzgebiete, wie z.B. für Küchenschelle oder Märzenbecher. Die Bestimmung der Pflanzen erfolgt am besten vor Ort mit einem Bestimmungsbuch.

Trocknen und Pressen der Pflanzen

Bewährt hat sich das Pressen der Pflanzen mit einer Pflanzenpresse oder zwischen saugfähigem Zeitungspapier mit entsprechenden Presshilfen (z.B. dicke Bücher). Die Zwischenlagen müssen nach ein oder zwei Tagen ausgewechselt werden. Die Pflanzenteile bleiben in der Presse, bis sie völlig trocken sind. Der Trocknungsprozess (Dauer bis zu zwei Wochen) hängt von Dicke, Wassergehalt und Größe der Pflanzen ab. Die gepressten und völlig getrockneten Pflanzen werden mit Klebstreifen oder gummierten Papierstreifen auf ein weißes Blatt Papier geklebt und beschriftet. Die Pflanze selbst sollte nicht mit Leim oder Kleister bestrichen werden.

Anlegen eines Sammelordners

Die Herbarblätter werden in einem Ordner abgeheftet und systematisch geordnet. Die Aufteilung kann z.B. nach Pflanzenfamilien oder Blütenfarben stattfinden. Selbstverständlich kann die Einordnung auch nach ganz anderen Gesichtspunkten erfolgen, wie z.B. nach Lebensbereichen (Stauden), nach der Art der Belaubung (Laub-, Nadelgehölze) oder nach dem Vorkommen (Wild-, Nutzpflanze). Ein Deckblatt sollte zusammengestellt werden. Das Deckblatt enthält den Namen des Verfassers oder der Verfasserin, das Entstehungsjahr und die Überschrift „Herbarium". Danach folgt ein Inhaltsverzeichnis mit Seitenzahlen. Weitere Auskünfte zur Pflanze (Name, Herkunft, Beschreibung der typischen Merkmale, Vermehrung, Verwendung, Ansprüche) sollten auf einem vereinheitlichten Beiblatt dazugeheftet werden.

Ein gutes Herbar ist vollständig, sachlich richtig und die Qualität der gepressten Pflanzen ist hoch.

1.2 Gliederung des Pflanzenreiches

Der Mensch versucht in jede Vielfalt eine Ordnung zu bringen. Denn nur was er überblickt, kann auch verstanden werden. Man war auch schon früh bemüht, eine Gliederung des Pflanzenreiches einzuführen. Carl von Linné gilt als Begründer der Pflanzensystematik. Sein System beruhte auf einem oder wenigen äußerlichen Merkmalen (künstliches System). Heutige natürliche Systeme beziehen viele Merkmale (innere, physiologische, äußere) und die Erkenntnisse der Evolution mit ein. Die Pflanzen werden so nach dem **Verwandtschaftsgrad** zusammengefasst und eingeordnet (systematisiert).

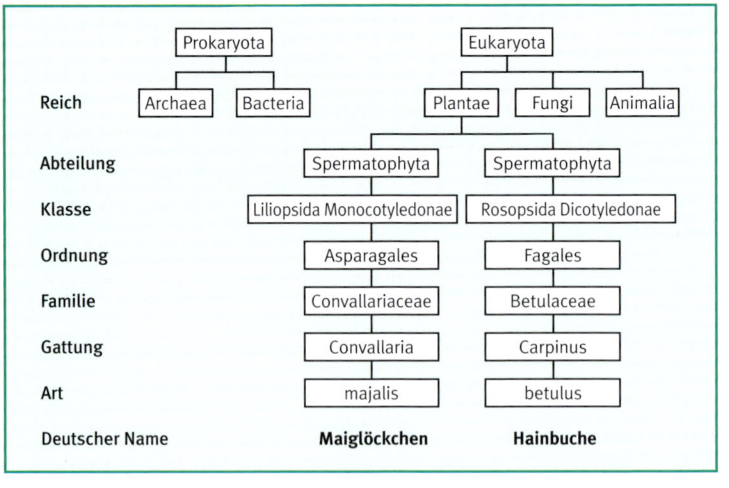

Von Linné wurden alle Lebewesen zwei Reichen zugeordnet, dem Tier- und dem Pflanzenreich. Diese Einteilung hielt sich trotz Entdeckung der Mikroorganismen beharrlich und wird auch heute noch verwendet. Die heute vorliegenden Kenntnisse über die Entwicklungsgeschichte der Lebewesen sprechen für eine andere Einordnung. Vor etwa 3,5 Milliarden Jahren könnten sich bereits die „Domänen" der Archaea und Bacteria getrennt haben. Diesen Prokaryoten kann man die Eukaryoten gegenüber stellen, die sich frühestens vor 1,4 Milliarden Jahren bildeten.

Die Eurkaryoten entwickelten sich sehr vielfältig und lassen sich heute in die drei „Reiche" der Pflanzen (Plantae), Fungi (Pilze) und der Animalia (Tiere) gliedern.

Die Abbildung auf Seite 14 zeigt eine Übersicht des gesamten Systems der Organismen.
Archaea = Archaebakterien leben in extremen Lebensräumen, wie heißen Quellen und Salzseen. Zu den Bacteria = Eubakterien zählen u. a. nitrifizierende Bakterien und Cyanobakterien, die früher als Blaualgen bezeichnet wurden. Die Pilze sind systematisch polyphyletisch (lassen sich nicht auf eine gemeinsame Stammart zurückführen) und damit eine künstliche Gruppe. Wenn man von den bodenbewohnenden „Strahlenpilzen" (Prokaryoten) absieht, verbleiben noch drei Gruppen: Schleimpilze, Zellulosepilze und die Chitinpilze (= Fungi).

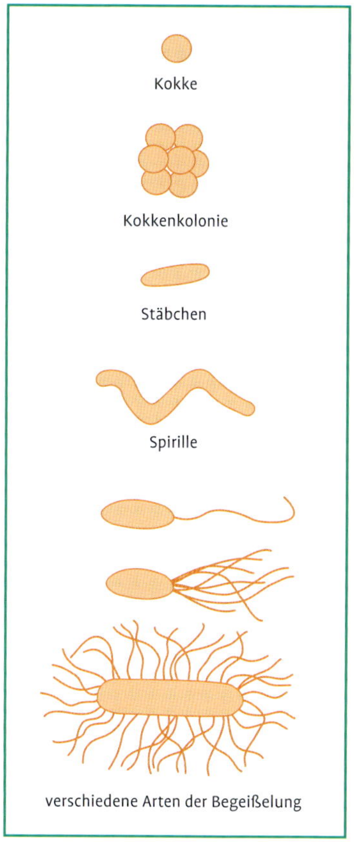

Abb. 4a
Verschiedene Bakterienformen

1.2.1 Bakterien

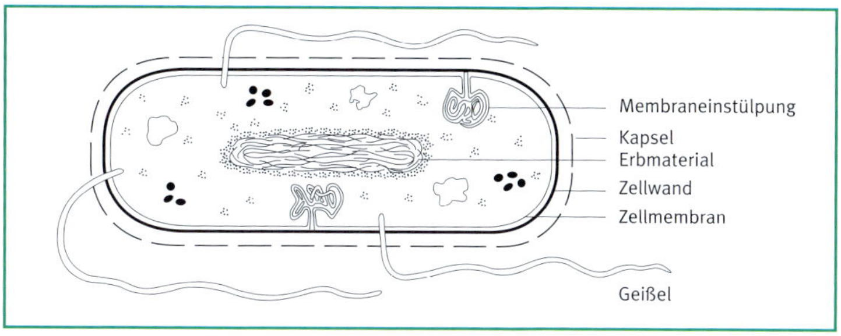

Abb. 4b
Bakterienzelle

Merkmale:
- kommen überall vor,
- kleine (1µm), einfach gebaute einzellige Lebewesen,
- vermehren sich durch Teilung,
- besitzen keinen echten Zellkern,
- treten in vielen Formen (Stäbchen, Kugeln, spiralförmige Bakterien) auf S. 118.

Bedeutung:
- Bakterien zersetzen tote organische Stoffe zu **Humus** (Krümelstruktur). Ein Gramm eines humosen Gartenbodens kann viele Millionen Bakterien enthalten.
- Neben den Saprophyten gibt es eine Vielzahl von **Parasiten** unter den Bakterien. Sie verursachen z.B. die Feuerbrandkrankheit oder die bakterielle Welke der Geranien.
- Unter Luftabschluss kommt es zu **Fäulen** durch anaerobe (sauerstofffeindliche) Bakterien.

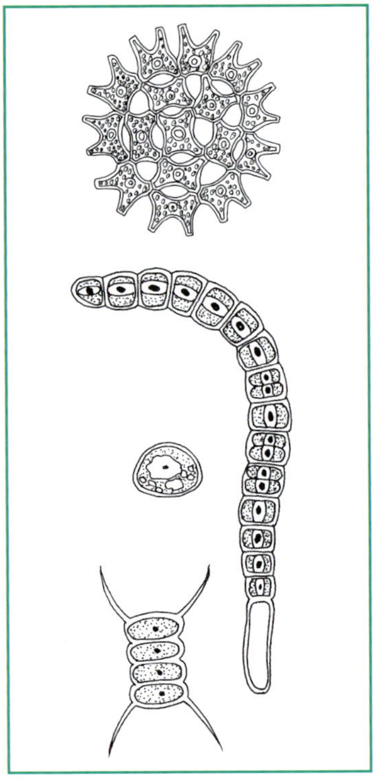

Abb. 5
Verschiedene Grünalgen, stark vergrößert

- Eine Sonderstellung nehmen Bakterien ein, die sich durch **Chemosynthese** selbst ernähren. Sie gewinnen ihre Energie durch Nitrifikation oder durch Schwefeloxidation.
- Im Boden frei lebende Bakterien, z.B. *Azotobacter,* können den **Luftstickstoff** binden.
- **Knöllchenbakterien** leben in den Wurzeln höherer Pflanzen, v. a. aus der Familie der *Fabaceae*. Sie können ebenfalls Luftstickstoff binden, welcher fast ganz den Wirtspflanzen zur Verfügung steht. 30–50 kg N/ha und Jahr werden auf diese Weise gewonnen.
- Bakterien werden weiterhin zur **Schädlingsbekämpfung** (*Bacillus thuringiensis*), zur Abwasseraufbereitung in Kläranlagen und in der Gentechnologie eingesetzt.

1.2.2 Algen

Zu den Algen gehören eine Reihe in sich weitgehend einheitliche, aber untereinander sehr verschiedene Gruppen. Dazu rechnet man auch die Blaualgen, die aber nicht zu den Pflanzen sondern zu den Prokaryoten gehören.

Merkmale:
- Einfache Pflanzen, die fadenförmige, flächige oder körperliche Verbände bilden.
- Die meisten leben im Wasser.
- Algengruppen unterscheidet man nach der Zusammensetzung ihrer Fotosynthesepigmente und -produkte.
- Algen rechnet man zu den Thallophyten.

Bedeutung:
- Sie gehören zu den **Hauptsauerstofflieferanten**.
- In eutrophierten Gewässern kann es zur **Wasserblüte** kommen. Durch anschließendes Absterben der Algen und den dadurch ausgelösten bakte-

Abb. 6
Veralgter Gartenteich

ZUSATZINFORMATION
Thallophyten (Lagerpflanzen) bilden einen Pflanzenkörper, der sich nicht aus den Grundorganen Wurzel, Sprossachse und Blätter zusammensetzt, aber Zelldifferenzierungen zeigt (Thallus). Zu den Thallophyten gehören neben den Algen, Pilze, Flechten und Moose.

riellen Abbau wird mehr Sauerstoff verbraucht, als ursprünglich gebildet wurde.
- Algen (Braunalgen) werden als **Nahrungsmittel** genutzt.
- Aus Algen werden **Agar** (Nährbodengrundlage), **Alginsäure** (Zusatz zu feuerfesten Textilien) und **Kieselgur** (Verpackungsmaterial) gewonnen.

1.2.3 Flechten

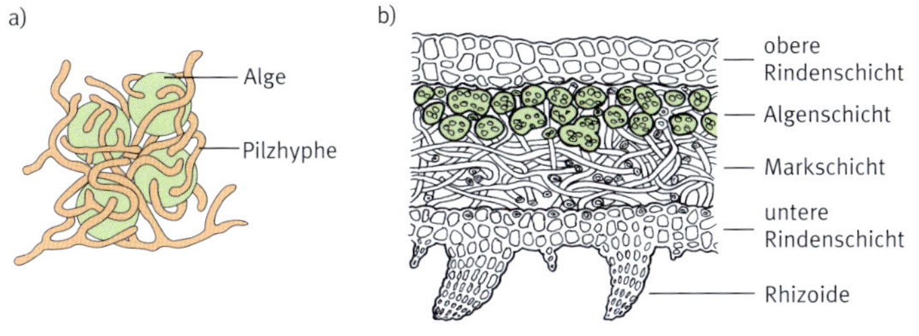

Abb. 7
a) Vermehrungskörper der Flechten.
b) Aufbau einer Flechte.

Merkmale:
- Doppellebewesen aus Pilz und Alge.
- Der Pilz bestimmt die Form und stellt die Verbindung zum Untergrund (Baumrinde, Gestein) her, die Alge ernährt die Flechte durch Fotosyntheseprodukte.
- Landbewohnend.
- Krusten-, laub- oder strauchartig.
- Sie können Extremstandorte besiedeln, vor allem in kalten und feuchten Gebieten.
- Vermehrung durch Bruchstücke.

Bedeutung:
- **Pionierpflanzen**. Sie sind an der Bodenbildung beteiligt (chemische Verwitterung).
- **Nahrungspflanze** für Rentiere. Die Rentierflechte wird bei uns als Islandmoos in der Floristik verwendet.
- Sie sind zuverlässige **Anzeiger** für Luftverschmutzungen (Bioindikator), da sie empfindlich auf Rauchgase reagieren.

1.2.4 Pilze

Merkmale:
- Sie besitzen kein Chlorophyll.
- Der vielzellige Körper ist aus **Hyphen** (Pilzfäden) aufgebaut, (Gesamtheit aller Hyphen = **Myzel**).
- Die Zellwand der höheren Pilze enthält Chitin.
- Sie vermehren sich geschlechtlich und ungeschlechtlich.
- Sie bilden Fruchtkörper und Sporen.
- Sie ernähren sich saprophytisch, parasitisch oder als Symbiosepartner.

ZUSATZINFORMATION

Die Seitenwurzeln von Kiefer, Eiche oder Lärche werden von Pilzmyzel dicht umwachsen **(Ektomykorrhiza).** Es übernimmt die Aufgabe der Wurzelhaare und versorgt die Pflanze mit Wasser und Nährstoffen. Als Gegenleistung erhält der Pilz von der Pflanze Assimilate. Bei den Orchideen wächst der Pilz in die Wurzeln hinein **(Endomykorrhiza).** Orchideensamen sind sehr klein und enthalten wenig Nährgewebe. Zur Keimung sind sie auf **Ammenpilze** angewiesen, die sie mit Wasser, Nährsalzen und organischen Stoffen versorgen.

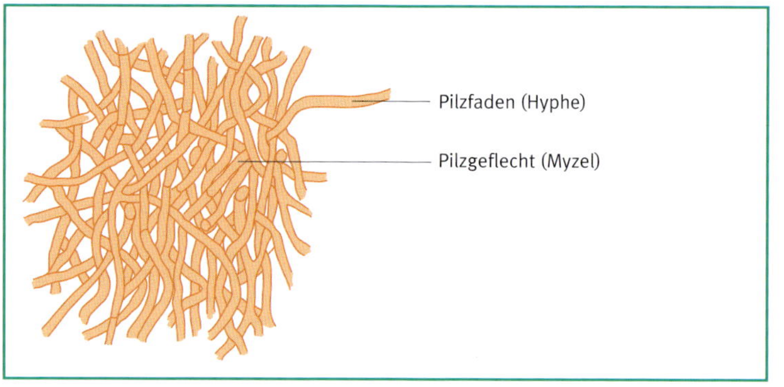

Abb. 8 Pilzgeflecht

ZUSATZINFORMATION

Der Mutterkornpilz setzt sich während der Getreideblüte an der Roggenähre fest. Er entwickelt sich zu einem 4 cm langen und etwa 3 mm breiten, blauschwarzen, kornähnlichen Gebilde. Mutterkorn enthält stark giftige Alkaloide, die früher häufig zum Tod führten. Mutterkornbefall tritt vor allem dann auf, wenn während der Blütezeit feuchte Witterung herrscht.

Bedeutung:

- Pilze sind **Nahrungsmittel** (Anbau von Speisepilzen).
- Als Bestandteil der Bodenflora **zersetzen** sie organische Stoffe.
- Sie sind nutzbar bei der Käse-, Wein- und Bierherstellung und der Produktion von Arzneimitteln.
- Pilze sind **Krankheitserreger** (Mehltau, Grauschimmel).
- Sie **zerstören** z.B. Holz, Textilien und Leder.
- **Mykorrhiza**-Pilze gehen enge Beziehungen zu Wurzeln vieler Pflanzen ein (siehe Abbildung 120 Seite 119).

Abb. 9
Mutterkorn an Roggen

Abb. 10
Ständerpilze

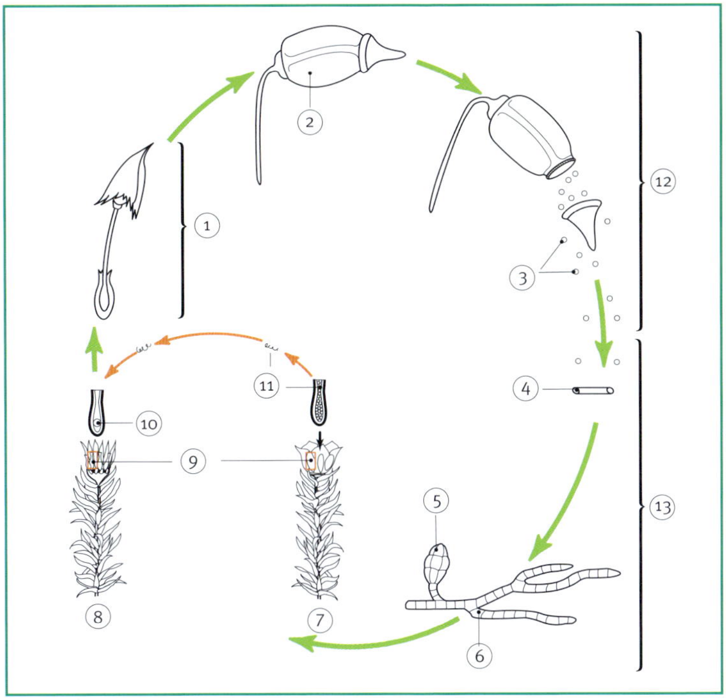

Abb. 11
Generationswechsel der Moose
1 = Sporenträger, 2 = Sporenkapsel, 3 = Sporen, 4 = Sporenkeimung, 5 = Moosknospe, 6 = Vorkeim, 7= ♂-Moospflanze, 8 = ♀-Moospflanze, 9 = Geschlechtsorgane (Archegonium und Antheridium), 10 = Eizelle, 11 = Schwärmer, 12 = ungeschlechtliche Generation, 13 = geschlechtliche Generation.

1.2.5 Moose

Das Bindeglied zwischen den niederen und den höheren Pflanzen sind die Moose. Moose sind Landbewohner, haben aber noch keine echten Wurzeln, sondern Gebilde, die an Wurzelhaare erinnern (Rhizoide). Die Wasseraufnahme erfolgt durch die gesamte Oberfläche, hauptsächlich aber durch die Blätter. Die Blätter besitzen Wasserspeicherzellen, so dass sie ein Mehrfaches ihres Gewichts an Wasser aufnehmen können. Das Wasser breitet sich von Zelle zu Zelle aus, da Moose noch keine Leitbündel besitzen.

Die Art der Fortpflanzung verbindet sie mit den Farnpflanzen. Es wechselt sich eine ungeschlechtliche Fortpflanzung durch **Sporen** mit einer geschlechtlichen Fortpflanzung durch Geschlechtszellen regelmäßig ab **(Generationswechsel)** (Abb. 11).

Eine Spore (mit einfachem = haploidem Chromosomensatz) keimt und bildet einen kleinen fadenförmigen, algenähnlichen Vorkeim. Aus dem Vorkeim entwickelt sich die Moospflanze. Auf dieser entstehen männliche **(Antheridien)** und weibliche **(Archegonien)** Geschlechtsorgane. Die männlichen Geschlechtsorgane bilden begeißelte Geschlechtszellen aus. Damit die Eizelle im Archegonium befruchtet werden kann, muss deshalb genügend Wasser vorhanden sein. Die befruchtete Eizelle (die jetzt einen doppelten = diploiden Chromosomensatz enthält) im Archegonium wächst sich zum **Sporenbehälter** aus. In den Sporenkapsel, die je nach Moosart unterschiedlich aussehen kann, entstehen wieder durch Reifeteilungen ungeschlechtliche (haploide) Sporen. Es wechselt sich also die ungeschlechtliche haploide Generation der Moospflanze mit der geschlechtlichen diploiden Generation des Sporenbehälters ab.

Moose werden in zwei Klassen eingeteilt, die Leber- und die Laubmoose.

Abb. 12
Echtes Brunnenlebermoos (*Marchantia polymorpha*)

Abb. 13
Sumpf-Bleichmoos (*Sphagnum palustre*)

Die **Lebermoose** sind einfacher gebaut als die bereits stärker differenzierten **Laubmoose**. (Abb. 12 und 13, S. 19)

Sie gelten wie die Flechten als **Pionierpflanzen** und können auch epiphytisch leben. Auch besitzen sie einen eingeschränkten Wert als **Zeigerpflanzen**. Das heißt, sie erlauben Aussagen z.B. über die Feuchtigkeitsverhältnisse, den Säuregrad und auch über die Lichtverhältnisse eines Standortes. Viele Moose sind für den Wasserhaushalt der Natur von Bedeutung.
Für Gärtner/innen wichtig sind die **Torfmoose** (*Sphagnum*-Arten). Torf aus Hochmooren besteht fast ganz aus mehr oder weniger zersetztem Torfmoos. Im Rasen auftretendes Moos ist unerwünscht. Nährstoffmangel, Lichtmangel, Staunässe oder zu tiefes Mähen begünstigen die Moosentwicklung.

ZUSATZINFORMATION

Im Gartenbau werden Farne als Zimmerpflanzen oder Stauden kultiviert. **Gartenbaulich bedeutend** sind z. B. Farne aus folgenden Gattungen: *Adiantum*, Frauenhaarfarn; *Blechnum*, Rippenfarn; *Dryopteris*, Wurmfarn; *Matteuccia*, Trichterfarn; *Osmunda*, Königsfarn; *Nephrolepis*, Schwertfarn; *Phyllitis*, Hirschzungenfarn; *Platycerium*, Geweihfarn; *Polystichum*, Tüpfelfarn; *Pteris*, Saumfarn; *Rumohra*, Lederfarn.

1.2.6 Farne

Zu den Farnpflanzen gehören auch die **Bärlapp**- und die **Schachtelhalm**gewächse. Nur die Farne haben gärtnerische Bedeutung. Im Gegensatz zu den Moosen haben sie echte Wurzeln und gut ausgebildete Leitbündel. Deshalb konnten sich vor Millionen Jahren 15 bis 20 m hohe Baumfarne entwickeln, die große Wälder bildeten. Heute findet man sie nur noch in den Tropen. Typisch für die Farne sind ihre meist großen gefiederten Blätter, die „Wedel" genannt werden. Im Jugendstadium sind sie zum Schutz der dort sitzenden Vegetationspunkte meist eingerollt. Farne mit ungeteilten Blättern, wie der Nestfarn *Asplenium nidus* oder die Hirschzunge *Asplenium scolopendrium*, sind Ausnahmen.

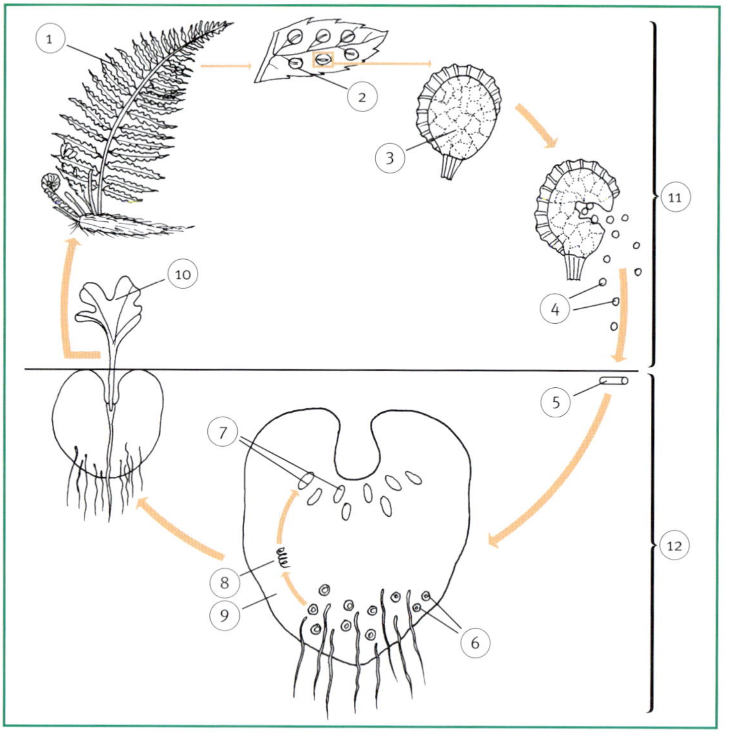

Abb. 14
Generationswechsel der Farne.
1 = Farnpflanze (Wedel),
2 = Sporenkapselhäufchen,
3 = Sporenkapsel,
4 = Sporen,
5 = Sporenkeimung,
6 = Antheridien,
7 = Archegonien,
8 = Schwärmer,
9 = Vorkeim,
10 = junge Farnpflanze,
11 = ungeschlechtliche Generation,
12 = geschlechtliche Generation.

Abb. 15
Farn

Abb. 16
Keulen-Bärlapp
(*Lycopodium clavatum*)

Abb. 17
Schachtelhalm (*Equisetum arvense*)

Wie die Moose sind die Farne Sporenpflanzen. Die Sporen (haploid) entstehen in **Sporenkapseln** auf der Unterseite der Wedel (Abbildung 14). Sie sind dort zu verschieden geformten **Sporenkapselhäufchen** (Sori) zusammengefasst. Form und Anordnung der Sori sind wichtige Bestimmungsmerkmale. Die Sporen werden entlassen, keimen und wachsen zu einem herzförmigen **Vorkeim** (Prothallium) heran. Auf dem Vorkeim, anders als bei den Moosen, bilden sich männliche (Antheridien) und weibliche Geschlechtsorgane (Archegonien). Zur Befruchtung, begeißelte männliche Geschlechtszellen müssen bei der Eizelle im Archegonium ankommen, ist auch bei den Farnen Feuchtigkeit Voraussetzung. Aus der befruchteten Eizelle (diploid) entsteht die neue Farnpflanze, die auf ihren Blattunterseiten wieder Sporenkapseln bildet. Diese enthalten nach erfolgter Meiose (Reifeteilung) wieder haploide Sporen (ungeschlechtliche Fortpflanzung).

Der **Generationswechsel** spielt sich zwischen der geschlechtlichen Vorkeimgeneration und der ungeschlechtlichen (diploiden) Generation der Farnpflanze ab. Dabei entspricht dem Sporenträger der Moose die diploide Farnpflanze und der Moospflanze der einfach gebaute haploide Vorkeim.

1.2.7 Samenpflanzen

Die Blütenpflanzen sind die höchstentwickelten, vollständig an das Landleben angepassten Pflanzen. Sie besitzen Blüten und bilden Samen aus. Ihr Körper zeigt die typische Gliederung in Organe (Wurzel, Spross, Blätter und Blüten). Als Anpassung an verschiedene Lebensbedingungen können diese Organe vielfach abgewandelt sein (Metamorphosen). Die Vermehrung ist nicht mehr vom Wasser abhängig und verläuft vermeintlich ohne Generationswechsel. Die geschlechtliche Generation verbleibt auf der ungeschlechtlichen Generation. Sie umfasst den kurzen Zeitraum von der Meiose, die zur Bildung der Pollenkörner und Eizellen führt, bis zur erfolgten Befruchtung. Nach der Befruchtung wächst sich die Samenanlage zum Samen aus.

Die Samenpflanzen werden nach der Stellung der Samenanlagen in zwei große Gruppen unterteilt: die **Nacktsamer** und die **Bedecktsamer**.

Abb. 18
Nacktsamer: Palmfarn

! ZUSATZINFORMATION

Wichtige Familien der Nacktsamer:
Ginkgoaceae, Araucariaceae, Pinaceae, Taxodiaceae, Cupressaceae, Taxaceae, Cycadaceae.

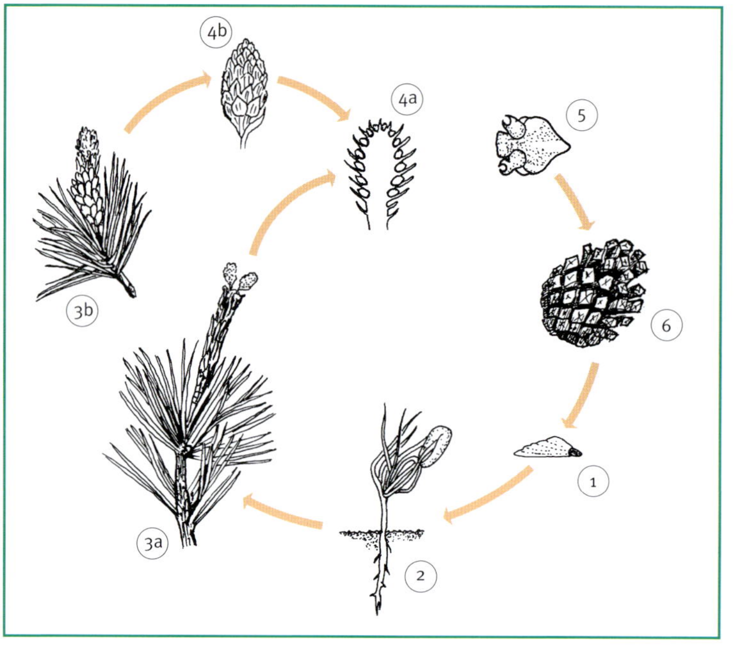

Abb. 19
Entwicklungszyklus der Nacktsamer.
1 = Same,
2 = Keimling,
3a = Zweig mit weiblichen Blüten,
3b = Zweig mit männlichen Blüten,
4a = weiblicher Blütenzapfen,
4b = männlicher Blütenzapfen,
5 = Fruchtschuppe mit zwei Samenanlagen,
6 = reifer Zapfen.

Abb. 20
Nacktsamer: Ginkgo

Bei den **nacktsamigen Pflanzen** sind die Samenanlagen nicht in einen Fruchtknoten eingeschlossen. Sie stehen frei zugänglich auf den Fruchtblättern. Die eingeschlechtlichen Blüten oder Blütenstände bestehen nur aus Frucht- oder Staubblättern und haben meist Zapfenform. Nach der Befruchtung werden die weiblichen Blüten häufig zu holzigen Zapfen (siehe Abb. 19). Alle Nacktsamer sind Holzpflanzen mit sekundärem Dickenwachstum im Kambium. Heute werden die Nacktsamer in die Unterabteilungen Gabel- und Nadelblättrige Nacktsamer *(Coniferophytina)* und Fiederblättrige Nacktsamer *(Cycadophytina)* eingeteilt. Zu den bekanntsten ausländischen Vertretern der Nacktsamer gehören u.a. der *Ginkgo* und *Cycas* (Palmfarn).

Bei den **bedecktsamigen Pflanzen** sind die Samenanlagen in einen Fruchtknoten eingeschlossen. Zum Fruchtblatt gehören Fruchtknoten, Griffel und die pollenaufnehmende Narbe. Der Fruchtknoten wandelt sich nach der Befruch-

Tab. 1 Merkmale der beiden Pflanzenklassen

Einkeimblättrige	Merkmal	Zweikeimblättrige
parallel verlaufende Adern	**Laubblatt**	netzadrig
Büschelwurzel	**Wurzel**	Hauptwurzel mit Seitenwurzeln
zerstreut liegende Leitbündel im Stängel	**Leitbündel**	ringförmige Anordnung der Leitbündel im Stängel
Kambium fehlt → kein Dickenwachstum	**Kambium**	Kambium vorhanden → sekundäres Dickenwachstum
vorwiegend dreizählig	**Blüte**	meist vier- und fünfzählig

tung zur samenumschließenden Frucht um. Die häufig zwittrigen Blüten besitzen eine doppelte Blütenhülle (Kelch- und Blütenblätter). Die Bedecktsamer werden nach der Zahl ihrer Keimblätter in **Einkeimblättrige Pflanzen** (Monokotyledonae) und **Zweikeimblättrige Pflanzen** (Dikotyledonae) eingeteilt.

1.3 Ökologie

Die Ökologie (von gr. *oikos* = Haus) beschäftigt sich mit den Beziehungen der Lebewesen zu ihrer Umwelt. Der Lebensraum wird in der Ökologie **Biotop** genannt. In ihm bilden Tiere, Pflanzen und Mikroorganismen eine Lebensgemeinschaft, die **Biozönose**. Die Zusammengehörigkeit von Biotop und Biozönose, die sich als Ergebnis aller Beziehungen darstellt, ergibt das **Ökosystem**. Es gibt verschiedene Ökosysteme, z.B. Wiese, Wald, Teich oder ein Moor. In einem gesunden Ökosystem herrscht ein biologisches Gleichgewicht, das durch viele vernetzte Stoffkreisläufe erhalten wird.

Nach ihrer Aufgabe werden die Lebewesen eines Ökosystems in Produzenten, Konsumenten und Reduzenten eingeteilt.

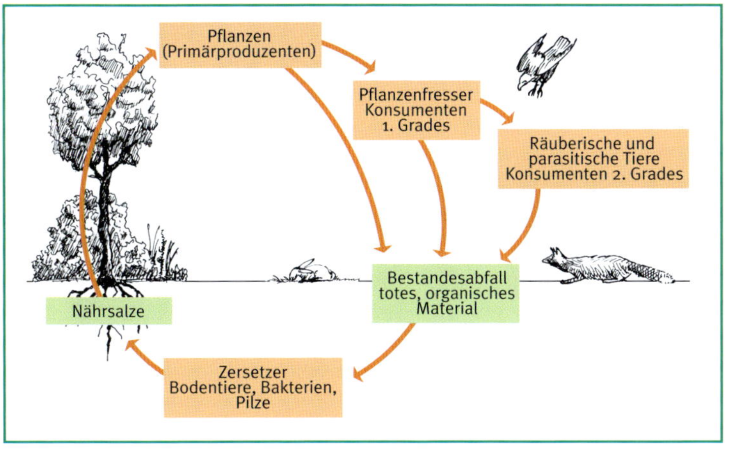

Abb. 21
Stoff- und Energiefluss im Ökosystem

Produzenten sind die grünen Pflanzen, die zur Fotosynthese fähig sind und Substanz aufbauen. Zu den **Konsumenten** gehören die Tiere und der Mensch. Als heterotrophe Lebewesen ernähren sie sich direkt oder indirekt von der durch die Produzenten bereitgestellten Biomasse. Man unterscheidet weiterhin zwischen Primär- (Pflanzenfressern), Sekundär- und Tertiärkonsumenten usw. (Fleischfressern). Die Ausscheidungen der Tiere, ihre Leichen und die abgestorbenen Pflanzenteile werden von **Reduzenten (Destruenten)**, z.B. Bakterien und Pilzen, in ihre anorganischen Bestandteile zerlegt.

Die in einem Ökosystem durch Erzeugung und Verbrauch miteinander verbundenen Lebewesen bilden eine **Nahrungskette**. Eine fünfteilige Nahrungskette bilden z.B. Apfelbaum – Blattlaus – Marienkäfer (Larve) – Singvogel – Raubvogel. Eine Nahrungskette stellt immer nur einen Teil eines komplizierten Nahrungs- und Beziehungsnetzes dar. In der Nahrungskette kommt es zu einem Energieverlust von einer Ebene zur nächsten, da die Lebewesen auch ihren eigenen Energiebedarf decken müssen. Dagegen können sich Schadstof-

! ZUSATZINFORMATION

Wichtige Familien

1. der Einkeimblättrigen:
Liliaceae, Agavaceae, Amaryllidaceae, Iridaceae, Orchidaceae, Bromeliaceae, Musaceae, Marantaceae, Cyperaceae, Poaceae, Arecaceae, Araceae

2. der Zweikeimblättrigen:
Ranunculaceae, Berberidaceae, Papaveraceae, Hamamelidaceae, Platanaceae, Fagaceae, Betulaceae, Moraceae, Hydrangeaceae, Philadelphaceae, Grossulariaceae, Saxifragaceae, Crassulaceae, Rosaceae, Mimosaceae, Caesalpiniaceae, Fabaceae, Onagraceae, Hippocastanaceae, Aceraceae, Geraniaceae, Cornaceae, Apiaceae, Vitaceae, Buxaceae, Euphorbiaceae, Violaceae, Brassicaceae, Cucurbitaceae, Tiliaceae, Ericaceae, Primulaceae, Caryophyllaceae, Cactaceae, Apocynaceae, Caprifoliaceae, Oleaceae, Boraginaceae, Solanaceae, Scrophulariaceae, Gesneriaceae, Lamiaceae, Campanulaceae, Asteraceae.

fe (z.B. Schwermetalle), die schwer abgebaut werden, in der Nahrungskette anreichern. Für die am Ende der Nahrungskette stehenden Konsumenten, wie z.B. den Menschen, ist dies besonders unangenehm.

Die Stabilität eines Ökosystems ergibt sich aus den vielfältigen Wechselbeziehungen der Lebewesen zu ihrer Umwelt. Über diese Beziehungen kann das Ökosystem auf **Störungen** reagieren.

Beispiel: Bei der massenhaften Vermehrung einer Tierart bewirkt die knapper werdende Nahrung und die Zunahme der natürlichen Feinde eine Selbstregulation. Erst wenn der Mensch in ein Ökosystem eingreift, um es wirtschaftlich zu nutzen, können das Gleichgewicht und die Fähigkeit zur Regulation für immer geschädigt werden, mit der Folge, dass das Ökosystem vernichtet wird (Waldsterben). Je vielfältiger die Beziehungen in einem Ökosystem sind, um so stabiler ist es gegenüber Störungen, aber um so eher kann es bei starker Schädigung zerstört werden.

1.3.1 Ökosystem Pflanzenkläranlage

Abb. 22
Pflanzenkläranlage

Definition: Als „Pflanzenkläranlage" (siehe Abb. 22) bezeichnet man naturnahe Abwasser-Reinigungsverfahren. Bei diesen Verfahren bauen Mikroorganismen einen Teil der Schadstoffe ab. Gemeinsam ist allen Systemen, dass einer mechanischen Reinigung in einer Mehrkammer-Absetzgrube (**„mechanische Stufe"**) eine **„biologische Stufe"** folgt. Die früher ausschließlich verwendeten Absetzgruben hatten beim Abbau organischer Stoffe (Fette, Eiweiße, Fäkalkeime) nur eine unbefriedigende Wirkung. Pflanzenkläranlagen sind eine echte Alternative zu aufwändigen technischen Lösungen, soweit ausreichend Fläche verfügbar ist. Zudem fügen sie sich gut in die Umgebung ein und können sogar neue Lebensräume für Vögel, Amphibien und Insekten erschließen.

Wirkungsweise und Bau: Das mechanisch vorgereinigte Abwasser wird in Pflanzenbeete geleitet. Hier filtern Mikroorganismen (und nicht Pflanzen!) unerwünschte Inhaltsstoffe aus dem Abwasser.

Sinn der Bepflanzung. In einem durchwurzelten Boden sind stets mehr Mikroorganismen zu finden als in einem wurzelfreien. Offenbar fördert Pflanzenbewuchs die Ansiedlungsmöglichkeiten. Außerdem beeinflussen Wurzelausscheidungen von Pflanzen Mikroorganismen günstig. Der Bereich um die Pflanzenwurzeln – die Rhizosphäre – kann demnach die Lebensbedingungen von Mikroorganismen verbessern!

Warum Sumpfpflanzen? Sumpfpflanzen, wie das Schilfrohr (*Phragmites australis*), sind durch ihren Bau an die sauerstoffarmen Verhältnisse ihres Standortes angepasst. Ein Luftkanalsystem (Aerenchym) verbindet Blätter, Halme und Wurzeln miteinander. Sauerstoff aus der Luft gelangt dadurch in die Wurzeln (Rhizomsystem). Ein Teil des Sauerstoffs wird von den Rhizomwurzeln auch an die Umgebung abgegeben. Schilfpflanzen schließen durch ihr Wurzelsystem (Wurzeltiefe über 150 cm) den Boden auf. Durch eine intensive Verdunstung kann an warmen Tagen fast das gesamte zulaufende Wasser verdunsten. Ein fallender Wasserspiegel fördert den Sauerstoffeintrag, der die Vorgänge beschleunigt. Die Halme des Schilfes bleiben bis ins Frühjahr stehen, schützen so den Boden vor Kälte und gewährleisten dadurch den Winterbetrieb. Der Boden der Pflanzenkläranlage sollte aus Gründen der Wasserdurchlässigkeit aus sandig-kiesigem Material bestehen (Anteil bindiger Bestandteile, wie

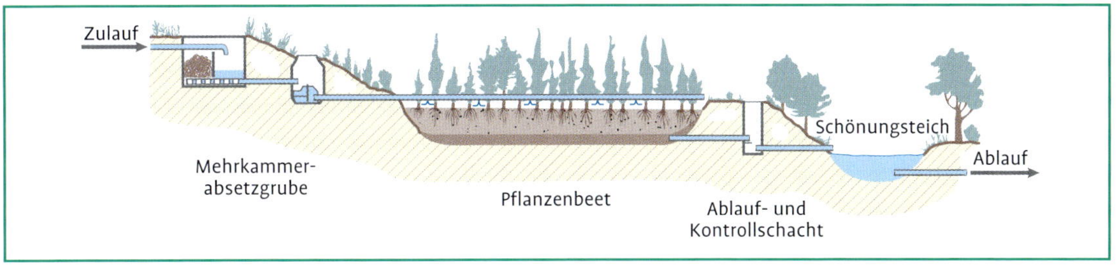

Abb. 23
Mehrkammer-Absetzgrube

Schluff und Ton höchstens 5–10 %). Der Boden hat eine Filterfunktion und bietet den Kleinstlebewesen einen Lebensraum. Die entscheidenden Faktoren für die Reinigungsleistung sind damit die Besiedelungsdichte des Sandes mit Bakterien und deren intensiver Kontakt mit dem Abwasser. Der Bodenfilter (Sand) setzt sich durch Trüb- und Sinkstoffe allmählich zu und es bildet sich eine undurchlässige Schicht. Das Sprosswachstum der Schilfpflanzen im Frühjahr und deren Pendelbewegungen im Wind zerstören diese Schicht. Für die Bepflanzung eignen sich besonders folgende Pflanzen: Scheincypergras-Segge, Sumpf-Schwertlilie, Flatter-Binse, Gewöhnliche Teichsimse (Seebinse, Flechtsimse), Breitblättriger Rohrkolben, Gewöhnliches Schilf.

Abwassermengen und -belastung: Pro Person sind im Durchschnitt täglich 150 Liter Abwasser-Anfall anzusetzen. Als Beetgröße werden pro Einwohner 5 bis 10 m^2 Oberfläche benötigt.

Absetz- und Abbauvorgänge:

Mechanische Stufe. In der Mehrkammer-Absetzgrube (siehe Abb. 23) hält sich das Abwasser etwa zwei Tage auf. Absetzbare Substanzen und Schwimmstoffe verbleiben dort als Fäkalschlamm, der typischerweise einmal im Jahr entfernt werden muss. In geringem Umfang können durch den im Wasser vorhandenen Sauerstoff aerobe[*1] Abbauvorgänge stattfinden.

Biologische Stufe. Organische Substanzen, wie z. B. Fette, Eiweiße, Kohlenhydrate, aber auch Tenside[*2], können durch aerobe und anaerobe[*3] bakterielle Abbauprozesse zersetzt werden. Dabei entstehen neben Kohlendioxid und Wasser vor allem Ammonium (NH_4^+) und Ammoniak (NH_3) als Zwischenprodukte. Stickstoff ist meist als Ammonium aus Harnstoff im Abwasser enthalten. Ziel ist, möglichst viel gebundenen Stickstoff in Biomasse oder Luftstickstoff umzuwandeln. Bei den Abbauvorgängen entsteht durch die Nitrifikation aus Ammonium Nitrat. Dieses wirkt als Dünger und regt in Gewässern auch die Algenproduktion an. Anzustreben ist daher, dass möglichst viel Nitrat unter Luftabschluss zu Stickstoffgas (N_2) umgewandelt (Denitrifikation) wird. Phosphor ist in der Regel als Phosphat im Abwasser enthalten und kann praktisch nur durch Ausfällung als Eisenphosphat aus dem Abwasser entfernt werden. Eisenhaltige Tone oder Eisenspäne im oberen Filterkörper können dies bewirken. Tenside aus Wasch-, Spül- und anderen Reinigungsmitteln verbleiben durch Ausfällung und Absorption zu einem großen Teil im Klärschlamm der Absetzgrube. Für einen weitergehenden Abbau (bis etwa 90 %) ist eine möglichst lange Aufenthaltsdauer des Abwassers in der Kläranlage hilfreich. Schwermetalle sind im häuslichen Abwasser kaum vorhanden. Sie gelten als nicht abbaubar.

Begriffserklärungen: [*1]: unter Sauerstoffverbrauch [*2]: Stoffe, welche die Oberflächenspannung des Wassers herabsetzen [*3]: Abwesenheit von Sauerstoff

▶ Aufgaben

Gruppe 1 → Zusammenfassung der Ergebnisse an der Tafel

1. Welche Aufgaben haben die Pflanzen in den Beeten?
2. Durch welche Besonderheit im Bau ist das Schilfrohr besonders gut für die Abwasserreinigung geeignet.
3. Wie schützen Schilfpflanzen den Boden vor einer Verstopfung durch Schwebstoffe?

Gruppe 2 → Zusammenfassung der Ergebnisse auf Metaplan-Karten

4. Beschreiben Sie, durch welchen Vorgang Stickstoff aus den Abwässern entfernt wird.
5. Ergänzen Sie bei den im Text genannten „Sumpfpflanzen" jeweils den botanischen Namen und die Familie.
6. Überlegen Sie, warum die Reinigungsleistung einer Pflanzenkläranlage im Winter sinkt?

Gruppe 3 → Zusammenfassung der Ergebnisse auf einer Folie

7. Geben Sie eine kurze Definition folgende Fachbegriffe aus der Ökologie (siehe Kapitel 1.3): Biozönose, Biotop, Ökosystem, Produzenten, Konsumenten, Reduzenten (= Destruenten).
8. Finden Sie anhand der Pflanzenkläranlage für jeden der in Aufgabe 7 genannten Fachbegriffe ein Beispiel.

Alle Gruppen → Lösen Sie das Rätsel auf Seite 28!

1.3.2 Geschützte Pflanzen, Artenschutz

Um das **Ausmaß** und die Art der Gefährdung der Pflanzen- und Tierarten zu ermitteln, haben Wissenschaftler eine Bestandsaufnahme durchgeführt. Die gefährdeten Arten hat man in sogenannten **Roten Listen** zusammengestellt. Über 30 % der Blütenpflanzen in der Bundesrepublik Deutschland werden als gefährdet eingestuft. Die Roten Listen sollen Öffentlichkeit, Politiker und Behörden informieren und Grundlagen für Gegenmaßnahmen liefern.
Der Artenrückgang hat viele **Ursachen**. Vor allem die Vernichtung der Lebensräume durch z.B. Versiegelung des Bodens, intensive Bewirtschaftung landwirtschaftlicher Flächen oder der Einsatz von Pestiziden, die zunehmende Umweltverschmutzung und der Landverbrauch durch den Massentourismus tragen zum Rückgang der Artenvielfalt bei. Das Verschwinden einer Wildkrautart zieht das Aussterben von etwa zehn Kleintierarten nach sich. Würde z.B. die Brennnessel ausgerottet, würden sechs Schmetterlingsarten aussterben, weitere 24 wären vom Aussterben bedroht. Auch die ungehinderte Entnahme von Wildpflanzen aus der Natur spielt eine zunehmend größere Rolle bei der weltweiten Vernichtung von Pflanzen.

Das **Bundesnaturschutzgesetz** ist ein Rahmengesetz für den Naturschutz in den Bundesländern. In den Ländern sind aufgrund dieser Vorschriften zum Schutz von Natur und Landschaft Naturschutzgebiete, Naturparks, Nationalparks und Landschaftsschutzgebiete geschaffen worden. Die **Bundesartenschutzverordnung** regelt ergänzend den Artenschutz. Danach ist es untersagt, besonders geschützte wildlebende Pflanzen oder Pflanzenteile aus der freien Natur zu entnehmen, zu erwerben oder zu verkaufen. Der internationale Handel mit gefährdeten Tier- und Pflanzenarten wird über das **Washingtoner Artenschutzübereinkommen** geregelt.

Geschützte Pflanzen aus gärtnerischem Anbau (z.B. Orchideen, Bromelien, Sukkulenten) unterliegen einer Aufzeichnungs- und Begleitpapierpflicht (CITES-Papiere). Laut Bundesartenschutzverordnung muss über den Erwerb, die Kultur und den Verkauf bzw. Verbleib gefährdeter Pflanzenarten genau Buch geführt werden. Gartenbaubetriebe, die von einer nach Landesrecht zuständigen Behörde überprüft werden, können, um den Handel mit diesen Pflanzen zu erleichtern, von der Buchführungspflicht befreit werden.

Der Gartenbau kann durch die Kultur besonders gefährdeter Pflanzen aktiven Artenschutz betreiben.

Wiederholungsfragen

1. Erklären Sie binäre Nomenklatur.
2. Welche Hinweise geben folgende Artnamen?
   a) alba b) aquatilis
   c) arvensis d) nidus
   e) glabra f) incanus
   g) reptans
3. Welche Bedeutung haben die Abkürzungen hinter den Gattungs- und Artnamen und die folgenden botanischen Zeichen?
   Cyclamen L. coum Mill. (Zander S.321)
   Convallaria L. majalis L. (Zander S.299)

Ausschnitte aus Zander: Handwörterbuch der Pflanzennamen, zu Frage 3:

coum Mill. · Vorfrühlings-Alpenveilchen · Cyclamen de Kos | ♃ △ III-IV ▽ *; Eur.: BG, Krim; TR, Cauc.

– **majalis** L. · Gewöhnliches Maiglöckchen · Lily-of-the-Valley · Muguet | ♃ ⋈ D ⋈ Off. V ▽ ☠; Eur.*, N-TR, Cauc., E-Sib., Amur, Sachal., China, Korea, Jap., nat. in N-Am.

4. Ein Mediziner veröffentlicht einen Artikel über den Erreger des Milzbrandes (Bacillus anthracis) in einer Zeitschrift für Botanik. Hat er das richtige Magazin für den Artikel gewählt?
5. Ein Ziel der Gentechnologie ist, Gene der Knöllchenbakterien auf Pflanzen zu übertragen. Welche Gene der Bakterien wären interessant? Welchen Vorteil hätten die Gärtner von solchen Pflanzen?
6. Erklären Sie den Unterschied zwischen Sporen und Samen.
7. Nennen Sie die unterschiedliche Ernährungsweisen der Pilze.
8. Erklären Sie den Begriff Mykorrhiza.
9. Was ist eine Flechte?
10. Welche Bedeutungen haben Flechten?
11. Nennen Sie Unterschiede zwischen Moosen und Farnen.
12. Erklären sie den Generationswechsel der Moose.
13. Erklären sie den Generationswechsel der Farne und zeigen Sie die Unterschiede zu den Moosen auf.
14. Zählen Sie die Unterschiede zwischen Nackt- und Bedecktsamern auf.
15. Palmfarne (Cycadeen) gehören nicht zu den Palmen, obwohl sie in ihrer Gestalt an sie erinnern. Zu welcher Großgruppe gehören Palmfarne (Begründung)?
16. In der unten stehenden Abbildung ist der Zweig einer Kiefer mit Blüten und Früchten zu sehen.
    Geben Sie die Bezeichnungen für die Ziffern an.

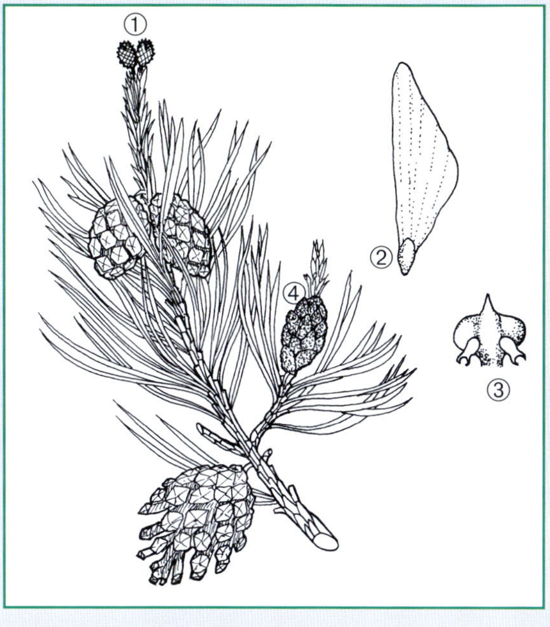

17. Welche Folgen hat das Fehlen der Ackerwildkräuter für ein Agrarökosystem?

zu Frage 15

Rätsel „Pflanzenkläranlage“

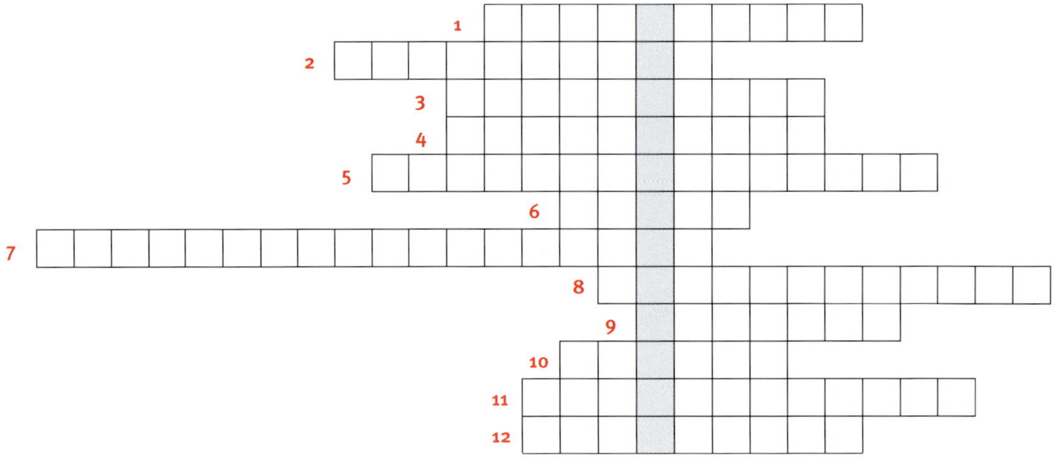

1. Biotop und Biozönose
2. Biotop
3. bot.: Schilf
4. Aufnahme eines Stoffes durch einen anderen
5. Abbau von Nitraten durch Bakterien
6. bot.: Rohrkolben
7. Biozönose
8. Für eine Pflanzenkläranlage geeignete Pflanze (dt. Name)
9. Ohne Sauerstoff
10. reinigender Stoff in Waschmitteln
11. Bereich um die Pflanzenwurzeln
12. Luftkanalsystem

Ä = AE, Ü = UE, Ö = OE

1.4 Literaturhinweise und Links

Literaturhinweise:

Aichele, D.: Das neue „Was blüht denn da“? Kosmos Naturführer. Franckh'sche Verlagshandlung, Stuttgart 2005, 57. Auflage.

Baumschul-Versuchsanstalt Boskoop, Niederlande (Hrsg.): Namensliste Gehölze; Namensliste Stauden. 2005.

Bund deutscher Baumschulen (BdB) e.V., Pinneberg (Hrsg.), BdB-Handbücher, alle Bände.

Erhardt,W., Götz, E., Bödeker,N., Seybold, S.: Zander Handwörterbuch der Pflanzennamen. Verlag Eugen Ulmer, Stuttgart 2008, 18. Auflage.

Götz, E.: Pflanzen bestimmen mit dem Computer, CD-Rom mit Booklet, Verlag Eugen Ulmer, Stuttgart 2001.

Haberer, M.: Ulmers großer Taschenatlas Garten- und Zimmerpflanzen. Verlag Eugen Ulmer, Stuttgart 2006.

Kreuzers Gartenpflanzenlexikon. Bernhard Thalacker Verlag, Braunschweig, Band 1–7.

Vereinigung Deutscher Blumengrossmärkte im ZVG e.V.: Das große Topfpflanzen-ABC.

Links:

http://www.

rz.uni-karlsruhe.de/~botanik/herbar.html → Hinweise zur Anlage eines Herbariums

biologie.uni-ulm.de/lehre/bestueb/HerbariumSS07.pdf → Anleitung zum Anlegen eines Herbars

farnfreunde.ch

bfn.de/0322_rote_liste.html → Rote Listen gefährdeter Pflanzenarten

biologie.uni-ulm.de/lehre/bestueb/index.htm→ Botanische Bestimmungsübungen **mit Einführung in die Familien**

forst.tu-muenchen.de/EXT/LST/BOTAN/LEHRE/xbestimm.htm → Bestimmungsübungen an Blütenpflanzen

internationalplantnames.com/ → Namenslisten der Gehölze und Stauden

2 Bau und Leben der Pflanze

2.1 Die Pflanzenzelle

2.1.1 Bau der Pflanzenzelle

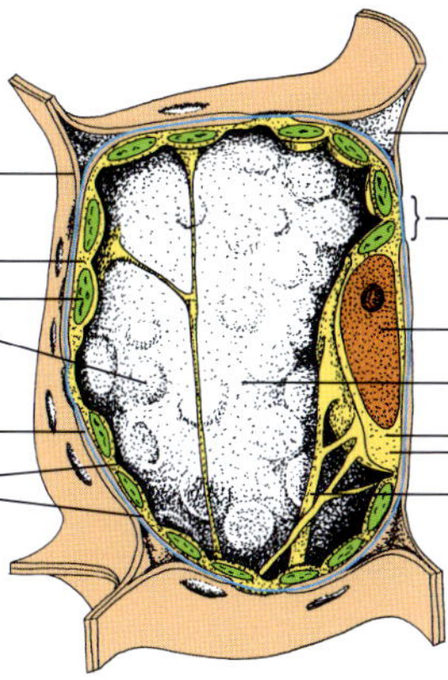

Abb. 24
Bau der Pflanzenzelle

Im jungen Zustand sind die Zellen, unabhängig von ihrer späteren Funktion, alle gleich. Ihr lebender Inhalt wird als **Protoplast** bezeichnet. Dieser wird von einer **Zellwand** umgeben, welche ihn von benachbarten Zellen abgrenzt. Den Hauptanteil des Protoplasten bildet das **Zytoplasma**, in das zahlreiche **Organellen**, Zellbestandteile mit besonderen Funktionen, eingebettet sind.

Pflanzen sind aus Zellen aufgebaut. Ihre Größe liegt zwischen 0,01 bis 0,1 mm, und ihre Form ist sehr vielgestaltig.

Zellwand

Alle Pflanzenzellen sind im Gegensatz zu tierischen Zellen von festen Zellwänden umgeben. Sie verleihen den Zellen und damit der Pflanze mechanische Festigkeit und schützen das Zellinnere. Die Zellwand ist schichtweise aus Zellulose aufgebaut. Um sie weiter zu stabilisieren, werden **Lignin** (= Holzstoff) und **Suberin** (= Kork) auf- bzw. eingelagert. Bei der Korkeiche (*Quercus suber*) wird das Abschlussgewebe (Korkschicht) immer wieder erneuert und kann alle 10 Jahre geerntet werden.

Mittellamelle

Die Zellwände sind über die Mittellamelle miteinander verkittet.

Tüpfel

Über Tüpfel stehen benachbarte Zellen in Verbindung. Ein Stoffaustausch von Zelle zu Zelle ist über Plasmabrücken (**Plasmodesmen**) möglich.

Zytoplasma

Die Grundsubstanz der Zelle besteht zu 60–90 % aus Wasser, ferner aus Proteinen (= Eiweiße), Fetten und Salzen. Sie wird nach innen (= **Tonoplast**) und nach außen **(= Plasmalemma)** von **Membranen** umgeben. Membranen sind halbdurchlässige Grenzschichten, die den Stoffaustausch kontrollieren.

Zellkern

Im **Zytoplasma** liegt der Zellkern. Er ist Träger der Erbanlagen und steuert alle Funktionen der Zelle.

Plastiden

Plastiden sind Farbstoffträger und entstehen aus gemeinsamen Vorstufen. Sie können sich zum Teil ineinander umwandeln.

> **ZUSATZINFORMATION**
>
> **Plastiden**
>
> - **Chloroplasten**
>   Chloroplasten besitzen den grünen Blattfarbstoff (= **Chlorophyll**) und sind für die Bildung von Zucker bei der Fotosynthese zuständig. Chloroplasten befinden sich in allen grünen Pflanzenteilen, v.a. in den Blättern.
> - **Leukoplasten**
>   Leukoplasten sind farblose Energiespeicher, die z. B. in Kartoffelknollen in großer Zahl als Stärkespeicher vorhanden sind. Sie kommen auch in Epidermiszellen vor.
> - **Chromoplasten**
>   Sie besitzen rote (Carotinoide) und gelbe (Xanthophylle) Farbstoffe und tragen zur Färbung von Blüten (Stiefmütterchen), Früchten (Hagebutte), Wurzeln (Gelbe Rübe) und Blättern (Wunderstrauch) bei.

Mitochondrien

Gerade noch mit einem guten Lichtmikroskop sichtbar sind die **Mitochondrien**. Die Mitochondrien sind die Kraftwerke der Zelle. Dort findet die Zellatmung statt (s. Kap. 2.5.3).

Vakuole

Mit der Zellstreckung entstehen **Vakuolen (= Zellsafträume)**. In fertig entwickelten Zellen kann die Vakuole fast den gesamten Innenraum einnehmen. Das Zellplasma bildet dann nur noch einen dünnen Wandbelag. Die Vakuole erfüllt folgende Aufgaben:

- Der Innendruck der Vakuole auf die Zellwand **(= Turgor)** trägt zur Festigkeit der Pflanzenzelle und damit ganzer Gewebe bei. Krautige Pflanzen erlangen dadurch eine gewisse Stabilität.

In den **Zellsäften** findet man unter anderem:

- Fette und Öle als Reservestoffe.
- Eiweißstoffe.
- Ätherische Öle, z.B. in Minzen.
- Farbstoffe, z.B. die Gruppe der Anthozyane, die je nach Säuregrad des Zellsaftes rot oder blau sein können. In den Blüten von Rosen und Kornblumen, in den Früchten von Kirschen und Heidelbeeren und in den Blättern von Blutbuche oder Bluthasel.
- Alkaloide, wie Nikotin, Coffein und Morphin. Stoffe, für die die Pflanze keine Verwendung mehr hat, die aber der Mensch nutzen kann.

- Die Vakuole kann Speicherort und Abfalleimer für die Zelle sein.

> **ZUSATZINFORMATION**
>
> Bei der Herbstfärbung wird das Chlorophyll der Chloroplasten abgebaut und wertvolle Nährstoffe, aus denen Chlorophyll besteht, wie zum Beispiel Stickstoff, in den Stamm und die Äste eingelagert. Bereits im Sommer vorhandene Carotinoide in den Chloroplasten werden jetzt sichtbar und rufen die gelbe oder rote Herbstfärbung hervor.

Interzellularen

Mit der Streckung runden sich die Zellen ab. Dadurch entstehen Hohlräume, die luftgefüllt sind und den ganzen Pflanzenkörper durchziehen können. Sie stehen über die Spaltöffnungen oder die Lentizellen mit der Außenluft in Verbindung und dienen dem Gasaustausch.

In den Pflanzenzellen sind weitere Organellen (Endoplasmatisches Retikulum, Ribosomen, Golgi Apparat u.a.) vorhanden, die aber mit einem Lichtmikroskop nicht mehr sichtbar sind und für den Gärtner keine herausragende Bedeutung haben. Sie werden deshalb hier nicht weiter behandelt.

2.1.2 Zellteilung und Zelldifferenzierung

Pflanzen wachsen durch Zellteilung und Zellstreckung. Das Teilungswachstum basiert auf dem Vorgang der **Mitose**. Die Wachstumszonen befinden sich in Knospen, in der Wurzelspitze und im Kambium. Diese Zonen mit teilungsfähigem Gewebe werden als **Meristeme** (= Bildungsgewebe) bezeichnet. Die sich teilenden Zellen durchlaufen dabei einen Zellzyklus, bei dem sich verschiedene Stadien unterscheiden lassen.

Vor einer Zellteilung liegt die sogenannte **Interphase**. Da bei jeder Mitose aus einer Zelle zwei Tochterzellen entstehen, muss das genetische Material verdoppelt werden. Die Erbinformation liegt in Form von **Chromosomen** im Zellkern vor. Die Anzahl der Chromosomen ist für jede Art kennzeichnend, aber in jeder Zelle einer Art gleich. Körperzellen der Blütenpflanzen enthalten einen doppelten Chromosomensatz, d.h. von den Chromosomen sind immer zwei in Form und Größe gleich (**homologe Chromosomen**). Solche Zellen nennt man **diploid.** Am Ende der Interphase liegt eine teilungsbereite Zelle vor. Die Chromosomen haben sich verdoppelt, hängen aber an einer Stelle, dem **Centromer**, noch zusammen.

- **Prophase**. Die Chromosomen verdicken sich und werden deshalb sichtbar. Sie bestehen aus zwei Hälften, den **Chromatiden**. Die Kernhülle löst sich auf.
- **Metaphase**. Die Chromosomen werden weiter schraubig verkürzt und ordnen sich nebeneinander in der Äquatorialebene an. Von den Polen aus werden Spindelfasern gebildet, die sich an das Centromer heften.
- **Anaphase**. Die beiden Chromatiden trennen sich und werden von den Spindelfasern zu den entgegengesetzten Polen der Zelle bewegt. Die Spindelfasern lösen sich auf.
- **Telophase**. Jeder Pol hat einen vollständigen Satz an Chromatiden erhalten. Sie entschrauben sich und sind nicht mehr im Lichtmikroskop erkennbar. Um die neu entstandene Chromosomenansammlung bildet sich eine Kernhülle. Eine neue Zellwand trennt die Zellen.

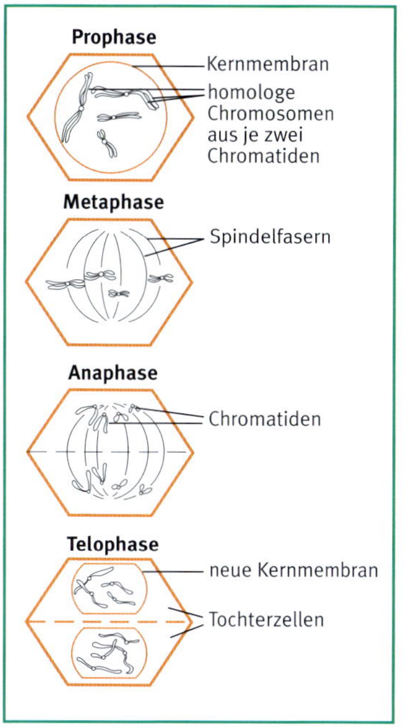

Abb. 25
Mitose (Schema)

Meiose, siehe Seite 56

Tab. 2 Vergleich von MITOSE und MEIOSE

	Mitose	Meiose
Ort der Zellteilung	Vegetationspunkte, Kambium	Staubbeutel, Fruchtknoten
Ablauf	Chromosomen ordnen sich nebeneinander in der Äquatorialebene	Paarung homologer Chromosomen
Verteilung der Cromosomen	Gerecht und gleichmäßig	Zufallsgemäß
Biologischer Sinn	Bildung neuer Zellen mit doppeltem Chromosomensatz	Bildung der Geschlechtszellen Umbau der Chromosomen, des Genoms Halbierung des Chromosomensatzes
Zweck	Vegetatives Wachstum	Generatives Wachstum
Ergebnis	Zwei neue Tochterzellen mit diploidem Chromosomensatz	Vier neue Zellen mit haploidem Chromosomensatz

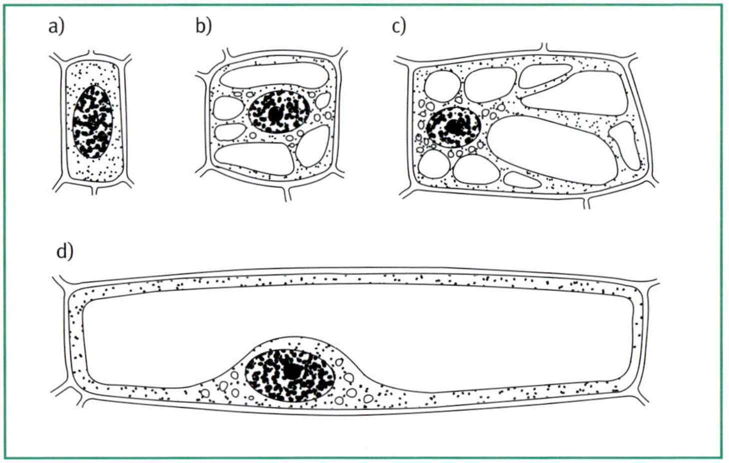

Abb. 26
Vakuolenbildung:
a) embryonale Zelle
b) und c) sich streckende Zellen mit zahlreichen Vakuolen
d) ausgewachsene Zelle

Zwei neue identische Tochterzellen sind entstanden.

Jede Zelle, die sich nicht erneut teilt, wächst zu ihrer endgültigen Größe und Form heran, d.h. sie streckt sich. Zellstreckungszonen liegen dicht hinter den Vegetationskegeln. Das äußerlich sichtbare Wachstum basiert zum größten Teil auf Zellstreckungen. Das Streckungswachstum ist mit einer Volumenzunahme des Pflanzenkörpers verbunden. Die Zelle nimmt Wasser auf, im Inneren der Zelle bilden sich mehrere kleine oder eine große Vakuole.

Die völlig gleichen jungen Zellen können sich ganz verschieden entwickeln. Sie übernehmen teilweise sehr spezielle Aufgaben, d.h. sie **differenzieren**. Diese Differenzierung läuft meistens in mehreren Zellen ab, die dann die gleiche Form und auch die gleiche Aufgabe übernehmen. Zellen mit gleicher Funktion werden als **Gewebe** bezeichnet.

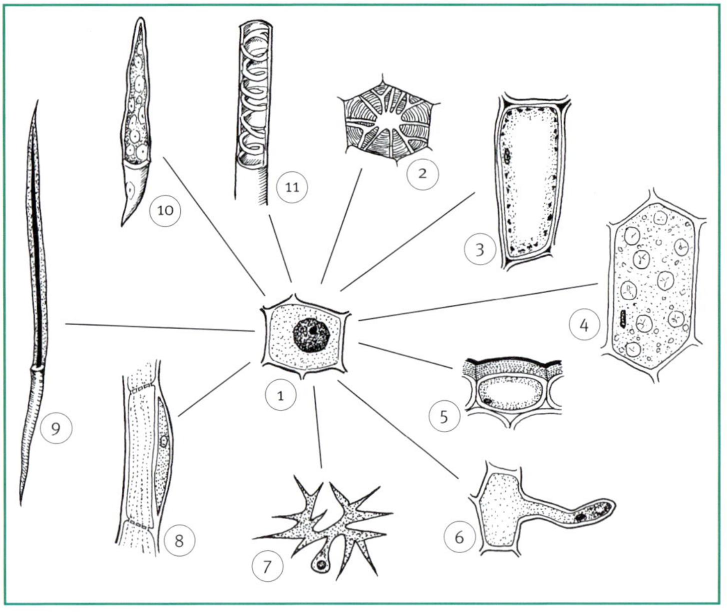

Abb. 27
Zelltypen der Pflanzen:
1 = junge Zelle
2 = Steinzelle
3 = Assimilationszelle
4 = Speicherzelle
5 = Epidermiszelle
6 = Wurzelhaarzelle
7 = Haarzellen
8 = Siebzelle mit Geleitzelle
9 = Bastfaser
10 = Tracheide
11 = Trachee

Zellgruppen, die teilungsfähig bleiben, nennt man Bildungsgewebe oder **Meristeme**. Man findet sie in den Vegetationspunkten und im Kambium. Die Masse der ausdifferenzierten Zellen bildet das **Grundgewebe** oder **Parenchym**. Es besteht aus Zellen, die in allen Richtungen den gleichen Durchmesser zeigen und leicht wieder teilungsfähig werden können. Zum Grundgewebe werden auch das **Assimilationsgewebe**, das **Speichergewebe** und das **Durchlüftungsgewebe (Aerenchym)** gerechnet. **Abschlussgewebe** schützen die inneren Pflanzenteile, müssen aber Wasser und Gase durchlassen. Deshalb sind die **Epidermis** des Blattes sowie die **Rhizodermis** der Wurzel besonders aufgebaut (s. Kap. 2.5.1). Die **Leitgewebe** enthalten verschiedene Zellarten, die zu zwei Bereichen mit unterschiedlichen Aufgaben zusammengefasst sind. Im nach innengerichteten **Xylem** (= Holzteil) übernehmen bestimmte Gefäße den Wasser- und Nährsalztransport, im nach außen gerichteten **Phloem** (= Siebteil) den Zuckertransport. **Festigungsgewebe** bestehen aus langgestreckten Zellen mit verdickten Zellwänden. Man unterscheidet lebende **Kollenchyme** und tote **Sklerenchyme**. Es gibt noch eine Reihe weiterer, stärker spezialisierter Gewebe, wie z.B. **Ausscheidungsgewebe**. Beispiele dafür wären Nektardrüsen, Harzgänge oder Milchröhren.

2.2 Bau der höheren Pflanze

Die typische Blütenpflanze besteht aus einer unterirdischen **Wurzel** und dem oberirdischen **Spross**. Zum Spross gehören die **Sprossachse**, die **Laubblätter** und die **Blüten.**

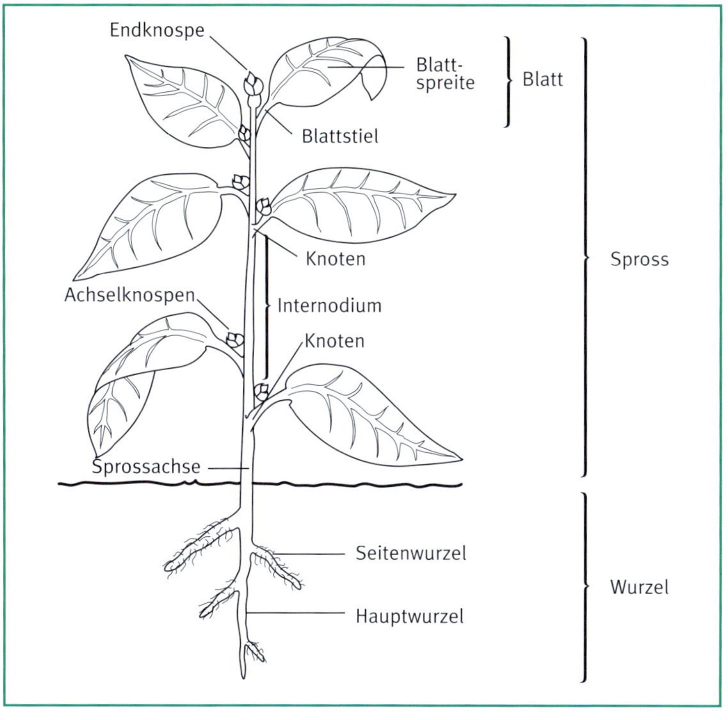

Abb. 28
Grundbauplan der Pflanze

Im Samenkorn zeigt bereits der enthaltene Keimling die Gliederung in Wurzel (Keimwurzel) und Spross (Keimachse mit Keimblättern). Der Übergang zwischen Wurzel und Sprossachse wird als **Wurzelhals** bezeichnet. Der Abschnitt der Sprossachse unterhalb der Keimblätter bis zum Wurzelhals heißt **Hypokotyl** (Keimstängel).

Wurzel, Sprossachse und Laubblätter gehören zum vegetativen Teil der Pflanze, ihre Entwicklung wird als **vegetatives Wachstum** bezeichnet. Das **generative Wachstum** der Pflanzen dient der Vermehrung der Pflanze durch die Samen. Generative Teile der Pflanze sind Blüten und Früchte. Außer den Blüten und Laubblättern werden an der Sprossachse Knospen gebildet, die sich später zu Blüten, Laubblättern oder wieder zu Sprossen weiterentwickeln.

Neben dieser Gleichförmigkeit im Aufbau weisen Blütenpflanzen grundsätzliche Unterschiede auf im Hinblick auf Lebensdauer und Wuchsform.

Man unterscheidet krautige Pflanzen und Holzgewächse.
Zu den Pflanzen mit **krautigen Sprossachsen** gehören die ein- und zweijährigen Pflanzen sowie die Stauden.

Einjährige (annuelle) **Pflanzen** kommen im Jahr der Aussaat nach einer kurzen vegetativen Phase zur Blüte und Samenreife und sterben danach ab. Einjährige Pflanzen sind zum Beispiel Ringelblume (*Calendula officinalis*), Löwenmaul (*Antirrhinum majus*) und die Sommer-Aster (*Callistephus chinensis*).

Zweijährige (bienne) **Pflanzen** werden im Sommer oder Herbst ausgesät und wachsen zunächst nur vegetativ. Nach dem Winter bilden sie im zweiten Jahr ihre Blüten und Früchte. Nach der Samenreife sterben diese Pflanzen ebenfalls ab. Zu ihnen gehören die Bart-Nelke (*Dianthus barbatus*), die Marien-Glockenblume (*Campanula medium*) und der Goldlack (*Erysimum cheiri*).

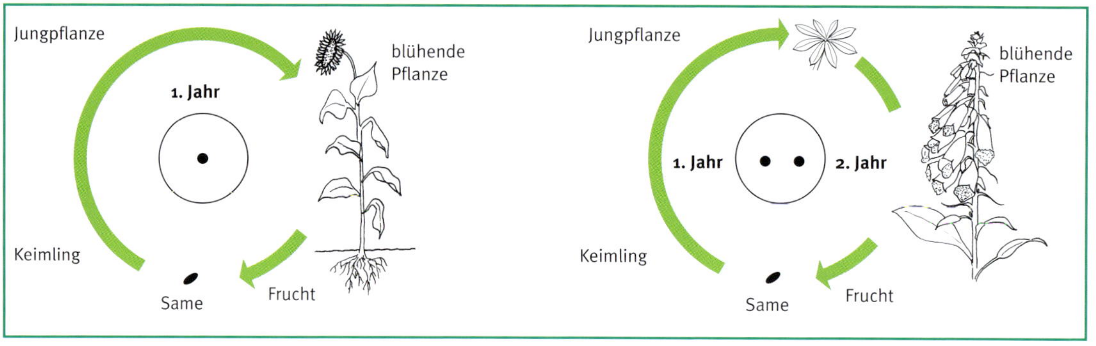

Abb. 29
Einjährige/Zweijährige Pflanze

Ausdauernde (perenne) **Pflanzen** (Stauden) entwickeln jedes Jahr neue Sprosse, Blätter und Blüten. Sie überwintern z.B. in Form von Knollen, Rhizomen, Zwiebeln. Das Wissen um die Staude geht heute mehr und mehr verloren, da auch viele Stauden als kurzlebige Zierpflanzen angezogen und vermarktet werden.

Halbsträucher
nehmen eine Mittelstellung zwischen krautigen und holzigen Pflanzen ein. Sie sind dadurch charakterisiert, dass die älteren Sprossteile verholzen und die jüngeren krautig bleiben. Halbsträucher sind z.B. Lavendel (*Lavandula angustifolia*), Schleifenblume (*Iberis sempervirens*) und der Sommerflieder (*Buddleja davidii*).

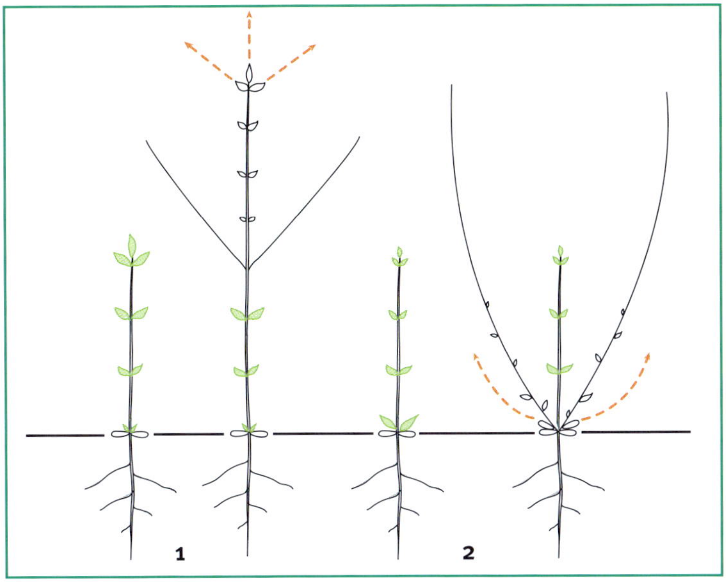

Abb. 30
Baumförmiger (1) und strauchförmiger (2) Wuchs bei Holzgewächsen

Bäume und **Sträucher** sind Pflanzen mit **verholzter Sprossachse**.
Bäume, z.B. Buche (*Fagus sylvatica*), Eiche (*Quercus robur*) und Fichte (*Picea abies*), bestehen aus einem Stamm und einer Krone. Zu diesem Aufbau kommt es deshalb, da die höher am Stamm angelegten Knospen stärker austreiben als die tiefer sitzenden.

Bei Sträuchern, z. B. Goldglöckchen (*Forysthia x intermedia*), Schneeball (*Viburnum lantana*) und Liguster (*Ligustrum vulgare*), treiben aus Basisknospen mehrere mehr oder weniger verzweigte Stämme aus, da die Knospen im Basisbereich und im mittleren Sprossbereich stärker gefördert sind als in den oberen Lagen.

Abb. 31 und 32
Wurzelformen.
oben: Pfahlwurzel (Löwenzahn)
unten: Flachwurzel (Fichte)

2.3 Die Wurzel

2.3.1 Bau und Aufgaben

Einige Wasserpflanzen und ein paar epiphytisch wachsende Orchideen und Bromelien kommen ohne Wurzeln aus. Alle übrigen Pflanzen werden durch ihr Wurzelsystem fest im Boden verankert. Die **Verankerung im Boden** übernehmen hauptsächlich die älteren Wurzeln. Die jungen Wurzeln nehmen **Wasser** und **Nährsalze** aus dem Boden auf und leiten sie zur Sprossachse weiter.

Bei Birken, vielen Erikengewächsen und Orchideen wird die Nährsalzaufnahme durch eine Symbiose zwischen den Wurzeln dieser Pflanzen und sie umgebende oder durchdringende Pilzfäden verbessert (Mykorrhiza).

Außerdem speichern die Wurzeln **Reservestoffe** während der Ruhezeiten der Pflanzen.

Vergleicht man die Wurzelsysteme verschiedener Pflanzen, so zeigen sich deutliche Unterschiede. Entwickelt sich die Hauptwurzel deutlich stärker als die untergeordneten Seitenwurzeln, dann formt sich eine **Pfahlwurzel** wie bei

ZUSATZINFORMATION
Die Ausbildung des Wurzelsystems kann noch von vielen weiteren Faktoren beeinflusst werden, wie Nährstoffgehalt und Erwärmbarkeit des Bodens, Wassergehalt, pH-Wert, Bodenart usw.

Kiefer, Löwenzahn und Salat. Bleibt die Hauptwurzel in ihrer Entwicklung zurück und bilden sich viele gleich kräftige Seitenwurzeln, so entsteht ein stark verzweigtes Wurzelsystem in den oberen Bodenschichten (**Flachwurzel**). Während Pflanzen mit Pfahlwurzeln an einen tiefen Grundwasserstand angepasst sind, sind flachwurzelnde Pflanzen an Böden mit hohem Grundwasserstand und flachgründige Böden angepasst. Flachwurzler sind Fichte, Himbeere und Alpenrose. Bei einkeimblättrigen Pflanzen stirbt die Keimwurzel bald ab, es bilden sich dann gleichkräftige Wurzeln aus dem unteren Sprossbereich (**sprossbürtige Wurzeln**). Solche Büschelwurzelsysteme kommen bei Gräsern und Zwiebelgewächsen vor. Die Wurzeln sind in ihrem Aufbau den verschiedenen Aufgaben angepasst.

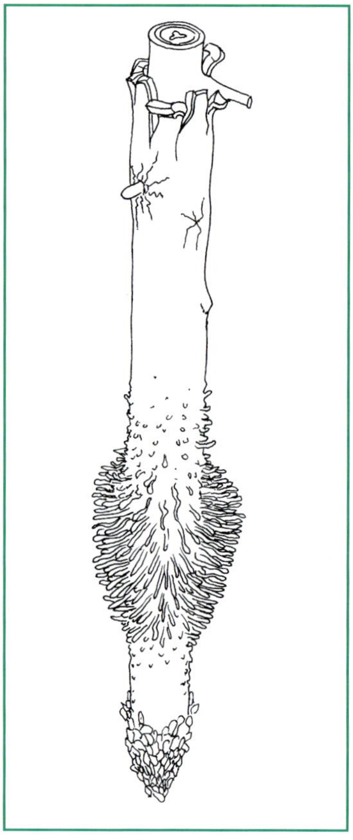

Abb. 33
Bau der Wurzelspitze

Bau der Wurzelspitze

Die Wurzel wächst durch Zellteilung im Vegetationspunkt und Zellstreckung in der nur wenige Millimeter langen **Streckungszone** hinter dem Vegetationspunkt. Um gegen Verletzungen geschützt zu sein, sind die jungen Zellen von der **Wurzelhaube** umgeben. Die äußeren Zellen der Wurzelhaube verschleimen und erleichtern so das Eindringen der Wurzel in den Boden. In der anschließenden **Ernährungszone** wachsen die Zellen der Oberhaut (Rhizodermis) zu feinen **Wurzelhaaren**. Wurzelhaare haben nur eine Lebensdauer von wenigen Tagen. Ihre Bildung führt zu einer erheblichen Vergrößerung der Wasser und Nährsalz aufnehmenden Fläche. Mit dem weiteren Wachstum verdickt sich und verholzt die Wurzel (**Verzweigungs-, Verholzungszone**).

Im **Wurzelquerschnitt** lassen sich zwei deutliche Bereiche erkennen, die **Rinde** und der **Zentralzylinder**. Das Rindengewebe, ein mehrschichtiges Speichergewebe, ist bei Speicherwurzeln besonders stark ausgebildet. Die letzte Zellschicht der Rinde vor dem Zentralzylinder, die **Endodermis**, besitzt verstärkte Zellen. Sie hat eine regulierende Funktion bei der Wasser- und Nährsalzaufnahme. Aus der äußersten Zellenlage des Zentralzylinders, dem **Perizykel,** entstehen die Seitenwurzeln. Die Mitte des Zentralzylinders enthält die **Leitungsbahnen** (Holzteil = Xylem und Siebteil = Phloem) für den Stofftransport.

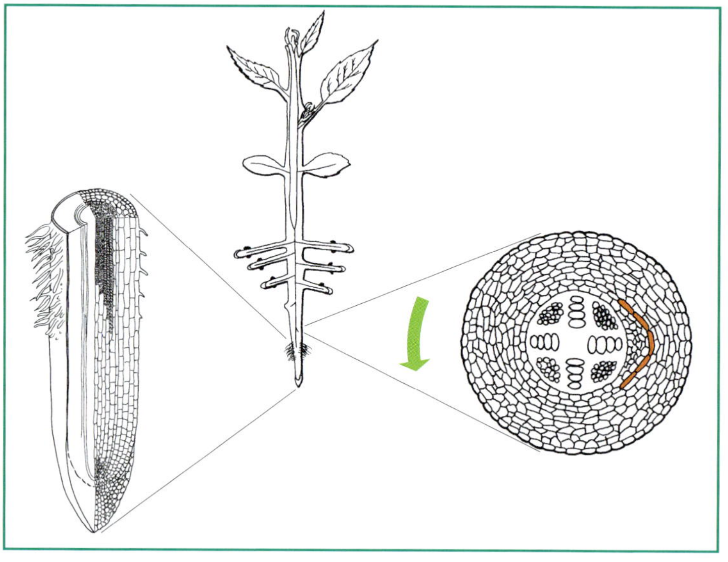

Abb. 34
Wurzellängsschnitt, -querschnitt

2.3.2 Wurzelmetamorphosen

Als Reaktion auf veränderte Lebensweisen und Standortbedingungen können Umwandlungen der Wurzeln zusätzliche oder andere Aufgaben erfüllen. (Abb. 35)

Abb. 35
Wurzelmetamorphosen:
1 = Rüben (Möhre)
2 = Wurzelknollen (Dahlie)
3 = Haftwurzel (Efeu)
4 = Stelzwurzel (Mangrove)
5 = Luftwurzel (Fensterblatt)

Wird die Hauptwurzel verdickt und als **Speicherorgan** ausgebildet, wie z.B. bei Möhre, Zuckerrübe und Meerrettich, so erhält man Rüben. Sind die Seitenwurzeln verdickt, nennt man sie **Wurzelknollen**, typisch für Dahlie, Zierspargel und Grünlilie. Beide Metamorphosen werden angelegt, um ungünstige Klimaperioden zu überdauern. Pflanzen, die selbst keine tragende Sprossachse haben, klettern mit Hilfe von **Haftwurzeln** an Baumstämmen und Mauern hinauf, um ihre Blätter ans Sonnenlicht zu bringen. Haftwurzeln besitzen der Efeu, die Kletterfeige und die Kletterhortensie. Tropische Pflanzen haben das Lichtproblem auf andere Weise gelöst. Als Aufsitzer (= **Epiphyten**) bilden sie meist unverzweigte, sprossbürtige **Luftwurzeln** aus. Solche Pflanzen (Orchideen, Fensterblatt, Baumfreund) können jetzt Wasser und Nährstoffe aus der Luft aufnehmen. Die Sumpfzypresse sowie die Mangroven haben sich einen anderen Lebensbereich erobert, das Wasser. **Atemwurzeln**, über die Boden-, Wasseroberfläche herausragende Wurzeln, ermöglichen es diesen Pflanzen, auch an Standorten mit schlechter Sauerstoffversorgung (Sumpf) zu überleben. Mangroven bilden außerdem **Stelzwurzeln** aus, da sie auch mit der mechanischen Belastung durch die Gezeiten zu kämpfen haben. Stelzwurzeln heben Spross und Blätter über die Schlickregionen hinaus und verankern die Pflanze fest im sumpfigen Boden, da sie sich im Boden stark verzweigen. Die **Stützwurzeln** des Schraubenbaums und der Maispflanzen erhöhen ebenfalls die Standfestigkeit dieser Pflanzen. Haustorien (= **Saugwurzeln**) werden die wurzelähnlichen Gebilde von Parasiten (Schmarotzern) genannt. Die Mistel, die als Halbparasit auf Bäumen lebt, dringt mit ihren Haustorien in den Holzteil der Äste ihrer Wirtspflanze ein. So verankert sie sich und entnimmt Wasser und Nährsalze. Da die Mistel Chlorophyll besitzt, kann sie die organischen Stoffe durch Fotosynthese selbst herstellen.

Abb. 36
Mistel

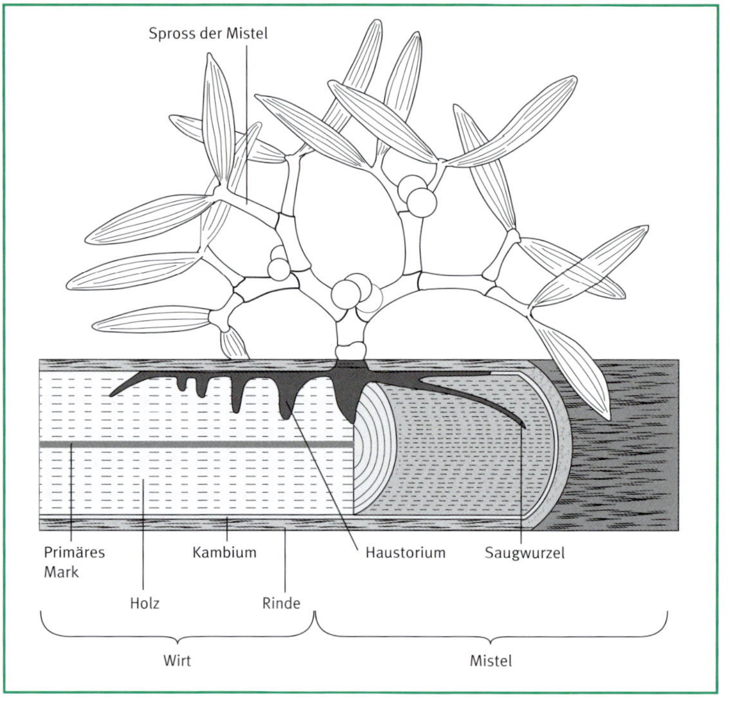

Abb. 37
Pikieren

2.3.3 Förderung der Wurzelbildung

Gärtner sollten immer bemüht sein, Pflanzen mit gut durchwurzelten Ballen zu kultivieren. Der Pflanzschock wird durch gut ausgebildetes Wurzelwerk gemindert und die Anwachsrate erhöht.

Bereits bei der Anzucht der Pflanzen macht man sich die Erkenntnis zu nutze, dass Pflanzen in nährstoffarmen Erden/Substraten mehr Wurzeln ausbilden, denn sie müssen nach Nährstoffen suchen. Geeignete **Vermehrungssubstrate** sind deshalb TKS1, Einheitserde VM oder selbsthergestellte Torf-Sand-Gemische.

Bei der Weiterkultur werden durch das **Pikieren** der Sämlinge auf weitere Abstände die Wurzelspitzen abgetrennt, was die Entstehung von Seitenwurzeln anregt. Die gleiche Wirkung wird in der Baumschule durch den **Wurzel-**

schnitt beim Verpflanzen erreicht. Sind die Gehölze zu groß geworden, um sie noch leicht umzupflanzen, werden sie umstochen oder mit dem Unterschneidepflug unterschnitten.

Durch **Anhäufeln** von Pflanzen (Tomaten, Kohl) im Gemüsebau erreicht man eine Förderung der Adventivwurzelbildung. An den Sprossteilen, die mit Erde bedeckt sind, entstehen zahlreiche sprossbürtige Wurzeln.

2.3.4 Wasser- und Nährsalzaufnahme

Die Zellwand einer Zelle ist für Wasser und darin gelöste Nährsalze durchlässig. Wasser kann auch die Membranen passieren. Aber Teilchen bestimmter Größe (Düngeteilchen oder Zucker) können diese Grenzschicht nicht mehr ohne weiteres passieren. Die Membranen sind **halbdurchlässig** (= semipermeabel). Die Wasseraufnahme aus der Bodenlösung geschieht mit dem Ziel, die Konzentration an gelösten Stoffen im Zellsaft zu verdünnen, damit in den Vakuolen und der Bodenlösung die gleiche Konzentration vorliegt.

In einer Pflanzenzelle herrscht stets ein Innendruck (Turgor), der das die Vakuole umgebende Plasma gegen die Zellwand drückt. Dieser Druck trägt zur Festigkeit ganzer Gewebe und damit krautiger Pflanzen bei. Wird eine Pflanze überdüngt, z.B. mit einer zu hoch konzentrierten Düngerlösung gegossen, so lässt sich beobachten, dass die Pflanze welkt und später sogar vertrocknet. Bei Überdüngung liegt in der Bodenlösung eine höhere Konzentration vor als in der Wurzelhaarzelle. Deshalb gibt die Pflanze Wasser an die Bodenlösung ab. Normalerweise kommt es aufgrund der Teilchenbewegung, in unserem Fall Wasser- und Düngerteilchen, zu einem Konzentrationsausgleich im gesamten System (Diffusion). Da die Membranen diesem Ausgleich eine Sperre entgegensetzen, kann nur ein **einseitiger Konzentrationsausgleich über die semipermeable Membran (= Osmose)** erfolgen. Die Vakuole gibt Wasser ab, der Turgordruck lässt nach und durch die Abnahme des Vakuoleninhaltes löst sich das Plasma von der Zellwand ab. Die Pflanze welkt. Dieser Vorgang wird **Plasmolyse** genannt.

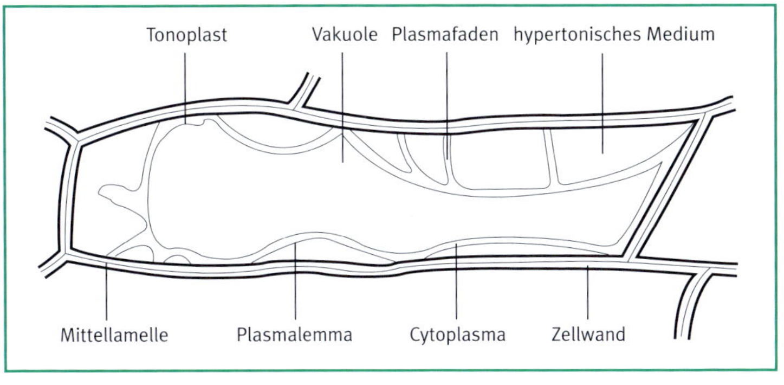

Abb. 38
Plasmolyse in Epidermiszellen der Küchenzwiebel

Wasseraufnahme

Durch **Osmose** und **Diffusion** gelangt das Wasser aus dem Boden bis zur Endodermis. An der Endodermis fällt die Saugkraft der Wurzelzellen schlagartig ab. Jetzt zieht ein Unterdruck, der in den Gefäßen des Zentralzylinders herrscht, das Wasser in die Leitbahnen (Abb. 39).

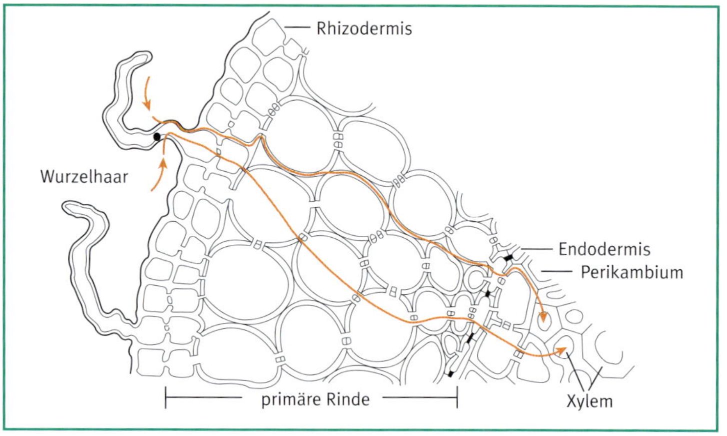

Abb.39
Wasseraufnahme und Wassertransport

! ZUSATZINFORMATION

Der Wurzeldruck ist auch die Ursache für das **Bluten** der Pflanzen (Flüssigkeitsaustritt aus Schnittwunden).

Damit auch unter sehr feuchten Bedingungen und damit bei ruhender Verdunstung (Transpiration) Wasser und damit auch Nährsalze transportiert werden können, wird der Wasserfluss durch den **Wurzeldruck** aufrechterhalten.

Nährsalzaufnahme

Die **Nährsalze** werden in Form von Ionen (elektrisch geladene Teilchen, siehe Kapitel 7.3) aus dem Boden aufgenommen. Die Ionen befinden sich in der Bodenlösung oder werden an Bodenteilchen angelagert. Sie können genau wie die Wassermoleküle in das Zellulosegeflecht der Zellwände eindringen und sich dort durch Diffusion bewegen. Entscheidende Barrieren für die Nährionen sind die Membranen, durch die sie entgegen dem Konzentrationsgefälle transportiert werden müssen. Dieser Transport erfolgt mit Hilfe von Trägermolekülen in der Membran. Um das elektrische Gleichgewicht zwischen Bodenlösung und Pflanzeninnerem zu erhalten, werden Ionen ausgetauscht. Die der Pflanze zur Verfügung stehenden Austauschionen entstehen bei der Zellatmung. Wie bei allen Lebewesen produziert die Pflanze bei der Atmung Kohlendioxid CO_2. Das Kohlendioxid verbindet sich mit Wasser zu Kohlensäure H_2CO_3. Diese wiederum zerfällt in positiv geladene H^+-Ionen und negativ geladene HCO_3^--Ionen, welche für den Austausch verwendet werden. Die Nährsalzaufnahme ist ein aktiver, energieverbrauchender Vorgang. Die verwendete Energie stammt ebenfalls aus der Zellatmung (Seite 52).

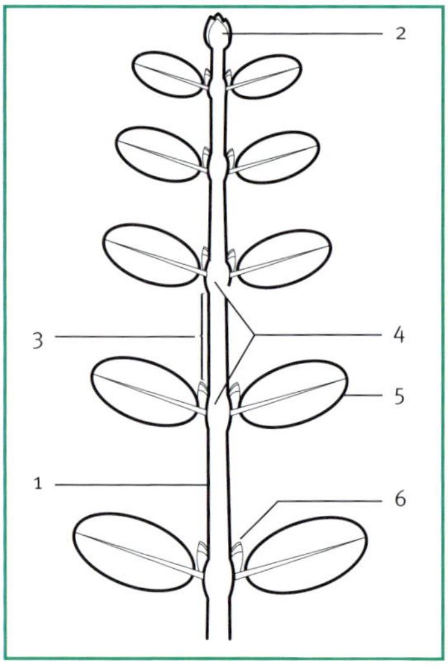

Abb. 40
Bau der Sprossachse:
1 = Sprossachse, 2 = Endknopse (Vegetationspunkt), 3 = Internodium, 4 = Nodien, 5 = Laubblatt, 6 = Achselknospe

2.4 Die Sprossachse

2.4.1 Bau und Aufgaben

Die Sprossachse trägt die Laubblätter und bringt sie in die nützlichste Stellung zum Sonnenlicht. In der Sprossachse werden Stoffe zwischen Wurzel und Blättern transportiert und oft auch gespeichert: Wasser und gelöste Nährsalze aufwärts, von den Blättern gebildete Assimilate abwärts. Außerdem muss die Sprossachse vor allem bei Bäumen eine beträchtliche mechanische Stabilität besitzen. Die Sprossachse grenzt mit dem Wurzelhals an die Wurzel und schließt mit der Endknospe ab. Sie ist gegliedert.

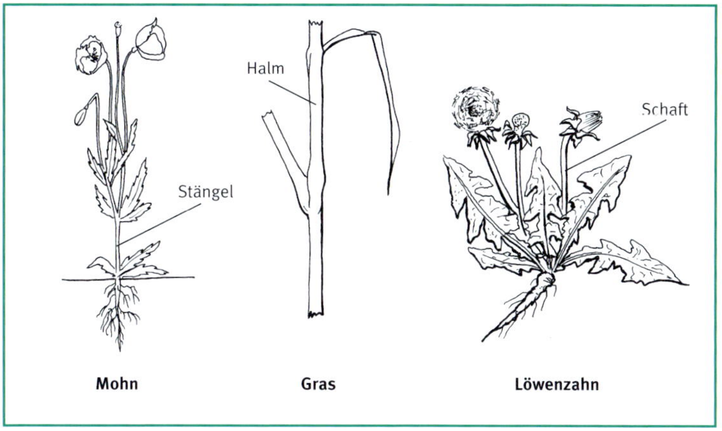

Abb. 41
Sprossformen

Die Ansatzstellen der Blätter werden **Knoten** (= Nodien) genannt. Sie sind oft als deutliche Verdickungen der Sprossachse sichtbar. Die blattfreien Abschnitte zwischen zwei Knoten heißen Internodien oder **Stängelglieder**. Im Bereich der Nodien werden **Seiten- oder Achselknospen** angelegt; sie entwickeln sich zu Seitensprossen. Die **Endknospe** (Terminalknospe) an der Sprossspitze enthält den Vegetationspunkt, der von Blattanlagen schützend umgeben ist.

Je nach Pflanzenart bilden sich verschiedene Sprossformen aus. Der Stängel ist beblättert und verzweigt (Abb. 41), z.B. bei Nelke, Löwenmaul, Aster. Der Schaft ist blattlos, unverzweigt und trägt immer eine Blüte oder einen Blütenstand, z.B. bei Flamingoblume, Amaryllis und Gerbera. Der Halm ist die Sprossachse der Gräser. Er ist beblättert und unverzweigt mit deutlich sichtbaren Nodien.

Bei Halbsträuchern, wie Hortensien, Lavendel und Rosmarin, bleiben die jüngeren Sprossteile krautig und die älteren verholzen.
Bei ausdauernden Holzgewächsen wird zwischen Sträuchern und Bäumen unterschieden. Sträucher verzweigen sich bereits an der Basis, sie sind vielstämmig. Bäume bestehen aus einem Stamm und der Krone.

Die Sprossachse ist auch durch ihren inneren Bau an ihre Aufgaben angepasst. Nach außen schützt ein **Abschlussgewebe** (= Epidermis). Darunter befindet sich ein locker aufgebautes Grundgewebe, die **Rinde**, in die Reservestoffe eingelagert werden können. Im Inneren der Sprossachse liegen die **Leitbündel**, die von **Festigungsgewebe** umgeben sind. Sie enthalten die transportierenden Gefäße. Im Querschnitt außen liegt der **Siebteil (= Phloem)**, welcher Assimilate von den Blättern abwärts leitet. Phloemgewebe bestehen aus lebenden Zellen, deren Querwände siebartig durchbrochen sind. Das Phloem ist oft mehrere Vegetationsperioden tätig. Im Querschnitt innen befindet sich der **Holzteil (= Xylem)**, der Wasser und darin gelöste Salze nach oben transportiert. Es sind lange Gefäße, die durch Auflösung der Querwände entstanden sind und nur noch aus der verholzten Zellwand bestehen. Sie sind meist mehrere Jahre aktiv. An der Anordnung der Leitbündel können ein- und zweikeimblättrige Pflanzen unterschieden werden. Sind die Leitbündel im Querschnitt verstreut angeordnet, ist die Pflanze einkeimblättrig (monokotyl). Liegen die Leitbündel auf einem Ring, handelt es sich um eine zweikeimblättrige (dikotyle) Pflanze. Bei dieser befindet sich zwischen Xylem und Phloem ein Bildungsgewebe, das **Kambium**. Das im Zentrum der Sprossachse liegende

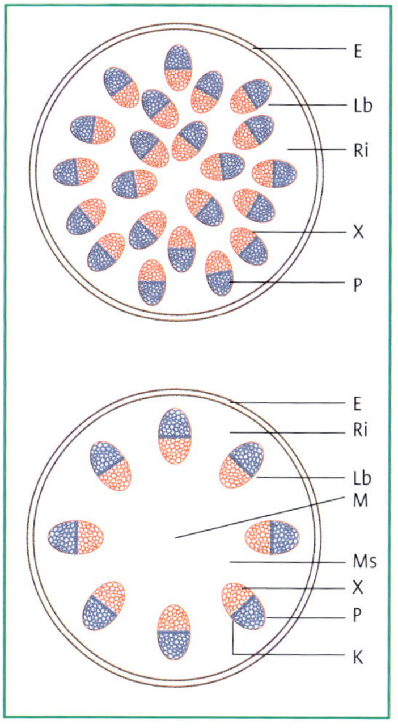

Abb. 42
Sprossquerschnitt (Einkeimblättrige und zweikeimblättrige Pflanze):
E = Epidermis, Lb = Leitbündel, Ri = Rinde, X = Xylem, P = Phloem, M = Mark, Ms = Markstrahl.

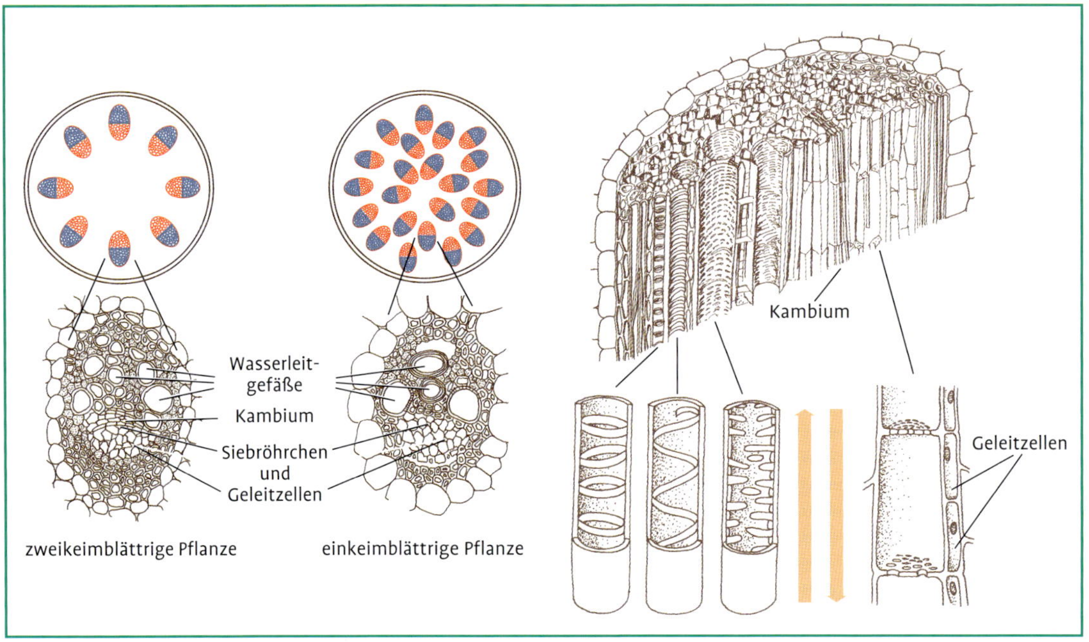

Abb. 43
Verteilung und Bau der Leitbündel (links).
Leitbündel (längs- und quergeschnitten) einer zweikeimblättrigen Pflanze (rechts oben).
Wasserleitgefäße und Siebröhre im Detail (rechts unten).

Grundgewebe heißt **Mark**, zwischen den Leitbündeln verlaufen die **Markstrahlen**. Das Mark kann im Wachtumsverlauf zerreißen, die Sprossachse wird dann hohl.

2.4.2 Sprossmetamorphosen

Wie bei der Wurzel treten auch bei der Sprossachse Umbildungen auf. **Zwiebeln, Knollen** und **Rhizome** sind unterirdische Sprossachsen, die der Speicherung von Reservestoffen und der vegetativen Vermehrung dienen. Bei der Zwiebel (Tulpe, Narzisse, Lilie) sitzt auf dem Zwiebelboden, der gestauchten Sprossachse, eine Knospe, die von Zwiebelschalen, fleischig verdickten Blättern, umgeben ist. Knollen bestehen aus einheitlichem Gewebe, ihre Knospen sind auf der Außenseite sichtbar, wie z.B. bei Kartoffeln, Alpenveilchen und Krokus. Bei den Rhizomen ist die Internodienstreckung meist unterblieben, sie kommen bei Schwertlilien, Maiglöckchen und dem Salomonsiegel vor. Waagrechte unter- oder oberirdische Seitensprosse mit starker Internodienstreckung werden als **Ausläufer** (= Stolonen) bezeichnet. Sie werden von Erdbeere, Günsel und Grünlilie zur Vermehrung genutzt. Als Anpassung an trockene Standorte sind bei **sprosssukkulenten** Pflanzen, z.B. Kakteen und Wolfsmilchgewächsen, die Sprossachsen verdickt und zu Wasserspeichern ausgebildet. Da die Blätter dieser Pflanzen zu Dornen umgewandelt sind, übernehmen die Sprossachsen auch die Fotosynthese. Durch **Sprossranken**, umgewandelte Seitensprosse, gelingt es z.B. dem Wein und der Passionsblume zu klettern und damit den Lichtbedarf zu decken. Andere Pflanzen (Hopfen, Blauregen, Bohnen) können durch **Windebewegungen der gesamten Sprossachse** an geeigneten Kletterhilfen aufsteigen und so ihre Lichtversorgung optimieren. Bei Sanddorn, Feuerdorn und Schlehe kommen **Sprossdornen**

Abb. 44
Sprossmetamorphosen:
1 = Zwiebel (Küchenzwiebel),
2 = Sprossknollen (Kartoffel),
3 = Ausläufer (Erdbeeren),
4 = Sprosssukkulenz (Kaktus),
5 = Windespross (Bohnen).

vor. Diese umgewandelten Seitensprosse brauchen die Pflanzen als Fraß- und Verdunstungsschutz. Im Gegensatz zu Stacheln sind Dornen mit dem Leitgewebe verbunden und fest verwachsen. Sie lassen sich nur schwer entfernen und nicht wie Stacheln als Epidermisausstülpungen leicht beseitigen.

2.4.3 Wassertransport

Das von der Wurzel aufgenommene Wasser und die darin vorhandenen Nährsalze müssen über das Xylem in alle Teile der Pflanze transportiert werden. Dabei wirken mehrere Kräfte. Der **Wurzeldruck** (siehe Seite 40) befördert das in den Wurzelzellen vorhandene Wasser in die Wasserleitungsbahnen und drückt es nach oben. Zum Aufbau des Wurzeldrucks benötigt die Pflanze Energie. Dieser Druck hat alles in allem eine geringere Bedeutung für den Wassertransport, er lässt auch im Laufe der Vegetationsperiode nach.

Die Hauptantriebskraft ist die Sogwirkung, die von den Blättern ausgeht. Sobald die Spaltöffnungen geöffnet sind, verdunstet Wasser. Der Wasserdampfgehalt der Luft ist meistens niedriger als im Blatt. Die an der Spaltöffnung sitzende Zelle verliert ständig Wasser, folglich steigt ihr osmotischer Wert. Um ihre Wasserbalance zu erhalten, entzieht sie der Nachbarzelle Wasser. Die Saugkraftkette setzt sich als Unterdruck in den Leitungsbahnen bis in die Wurzeln fort. Dieser **Transpirationssog** bewirkt, dass das Wasser in enorme Höhen (bis 120 m) aufsteigt.

Abb. 45
Wassertransport

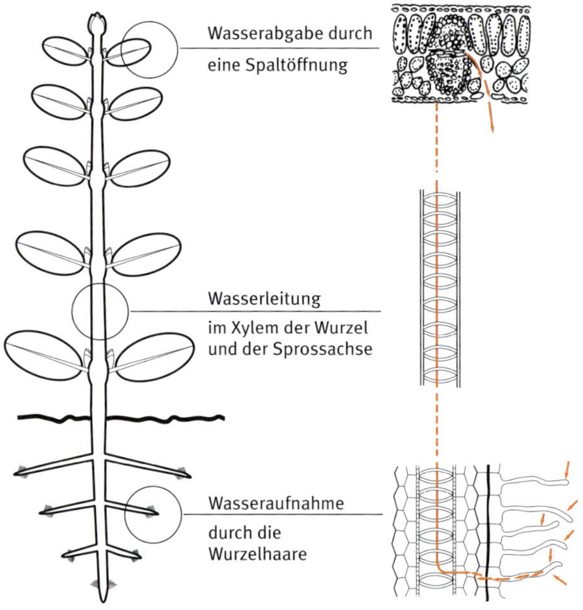

ZUSATZINFORMATION
Der Wurzeldruck ist auch Ursache für die **Guttation** (= Wasserabgabe in Tropfenform über Wasserspalten an den Blatträndern bei hoher Luftfeuchtigkeit). Dadurch stellen Pflanzen sicher, dass auch Nährsalze bei ungünstigen Luftfeuchtebedingungen aufgenommen und weitertransportiert werden.

Abb. 46
Guttation (Frauenmantel).

Zwei weitere Kräfte sorgen dafür, dass der dünne Wasserfaden nie abreißt. Durch die **Zusammenhaltekraft** zwischen den Wasserteilchen (= Kohäsion) und die **Anhangskraft** zwischen Wasserteilchen und Wänden der Gefäße (= Adhäsion) kann das Wasser in geringem Maße selbsttätig aufsteigen. Diesen Wasseraufstieg in den engen Röhren nennt man **Kapillarität**.

2.4.4 Sekundäres Dickenwachstum

Selbst die Sprossachsen einjähriger zweikeimblättriger Pflanzen werden zum Teil so kräftig, dass die Versorgung mit den vorhandenen Leitungsbahnen nicht ausreicht. Es setzt das sekundäre Dickenwachstum ein, nachdem die

Abb. 47
Sekundäres Dickenwachstum, unverdickter Spross (links),
nach Aufnahme des Dickenwachstums (rechts)

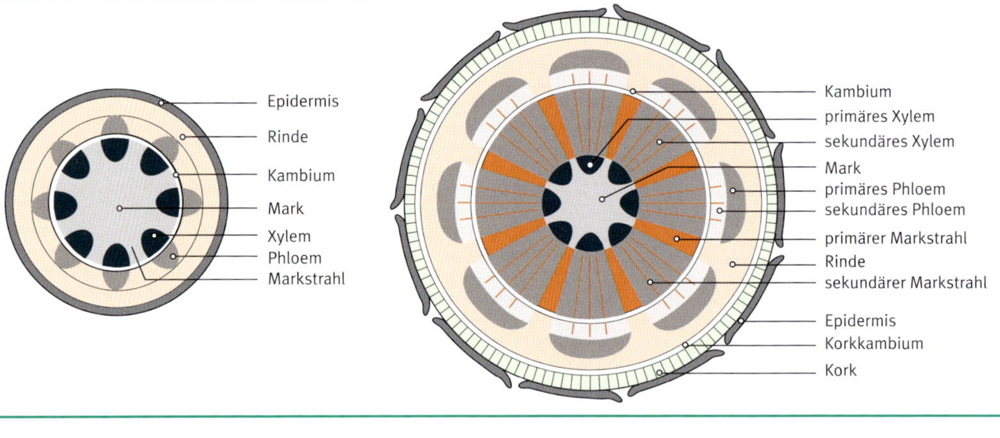

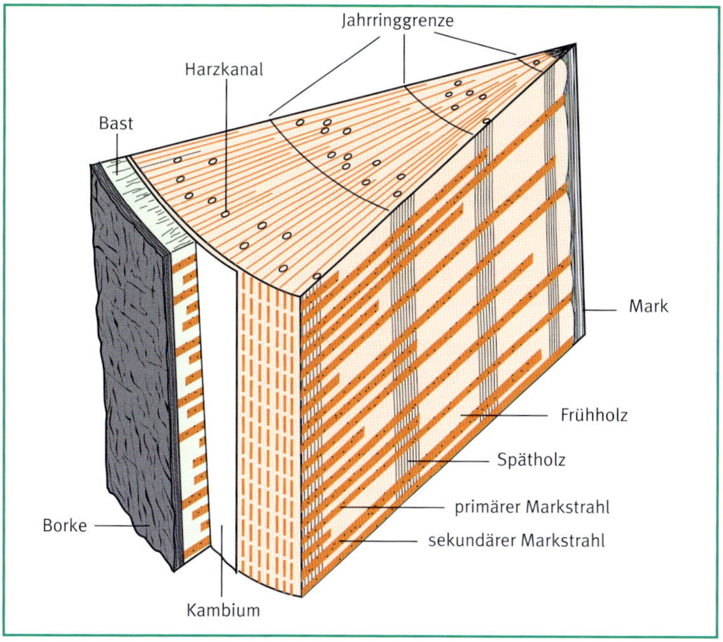

Abb. 48
Stück eines vierjährigen Kiefernstammes

Abb. 49
Stammquerschnitt mit Jahresringen

Zellvergrößerung abgeschlossen ist. Zunächst entsteht ein geschlossener Kambiumring. Dieser produziert nach innen relativ viel **Holz** (= Xylem) und nach außen relativ wenig **Bast** (= Phloem). Der Xylemzuwachs wird in Form von **Jahresringen** sichtbar. Jahresringe entstehen dadurch, dass das Kambium im Frühjahr weitlumige Gefäße (Zellen mit großem Durchmesser), sogenanntes **Frühholz,** und im Sommer nur noch englumige Gefäße bildet, das **Spätholz**. Frühholz und Spätholz zusammen bilden einen Jahresring (Abb. 48 und 49).

Die typische Holzmaserung kommt ebenfalls durch die Jahrringbildung zustande. Dabei sind die Jahresringe im Längsschnitt und nicht im Querschnitt zu sehen. Bei vielen Holzgewächsen sind die inneren Holzschichten durch Einlagerungen (Gerbstoffe, Harze, u.a.) verstopft und konserviert (= **Kernholz**). Der Wassertransport findet nur noch in den äußeren, jüngsten Holzschichten statt (= **Splintholz**). Dem Dickenwachstum können Epidermis und Rinde nicht folgen, sie reißen auf. Deshalb entstehen in der Rinde und später im Bastbereich neue Kambiumschichten (= **Korkkambium**), um neue Abschluss-

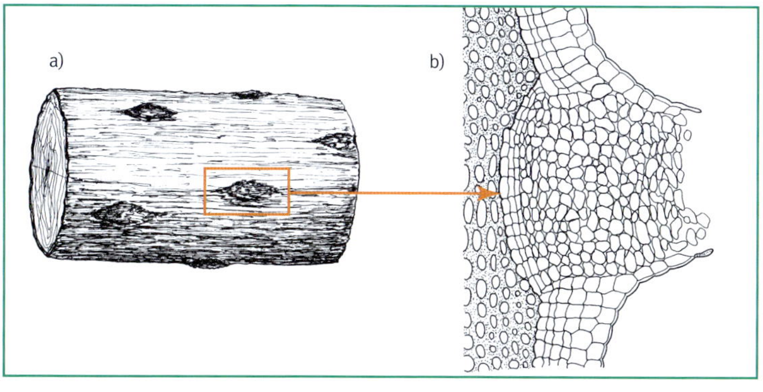

Abb. 50
Lentizellen
a) Linsenförmige Korkwarze an Holunder
b) Interzellularenreiches Durchlüftungsgewebe im Bereich der Lentizelle

gewebe zu bilden. Die **Borke**, alle Zellschichten außerhalb des jüngsten Korkkambiums, wird je nach Anlage der neuen Korkkambiumschichten als Schuppen-, Streifen- oder Ringelborke erscheinen.

Da auch in holzigen Geweben lebende Zellen vorhanden sind, muss ein Gasaustausch erfolgen können. Als Ersatz für Spaltöffnungen findet man auf sekundären Abschlussgeweben die **Lentizellen**. Diese sind als warzenartige Gebilde erkennbar und bei der Gehölzbestimmung eine wichtige Hilfe.

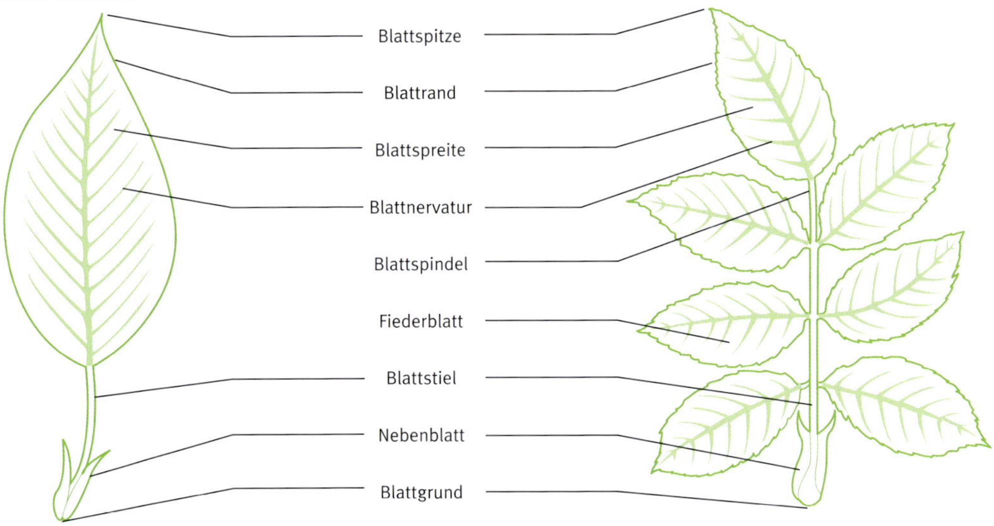

Ein Blatt besteht aus **Blattspreite** (die eigentliche Blattfläche), **Blattstiel** und **Blattgrund**.

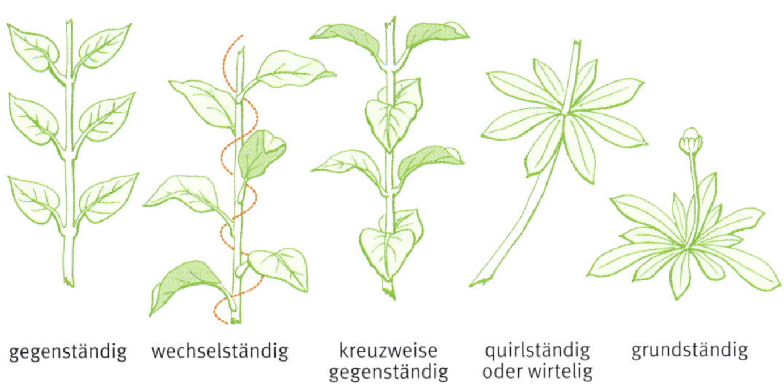

Die Blattspreite schließt mit dem **Blattrand** ab, der bei jeder Pflanzenart unterschiedlich geformt sein kann.

Die Blattfläche wird von den **Blattadern** durchzogen, die das Leitgewebe der Sprossachse fortsetzen und wesentlich zur Stabilität der Blätter beitragen. An den Nodien kann eine unterschiedliche Anzahl von Blättern befestigt sein. So werden **wechselständige, gegenständige** und **quirlständige Blattstellungen** unterschieden.
Sind alle Blätter am Grund der Pflanze angeordnet, so nennt man die Blattstellung **grundständig**.

2.5 Das Blatt

2.5.1 Bau und Aufgaben

Laubblätter erledigen wichtige Aufgaben im Stoffwechselgeschehen der Pflanze. Sie ernähren die Pflanzen, indem sie aus Wasser und Kohlendioxid mit Hilfe von Blattgrün und Sonnenlicht Traubenzucker herstellen (siehe Seite 50).

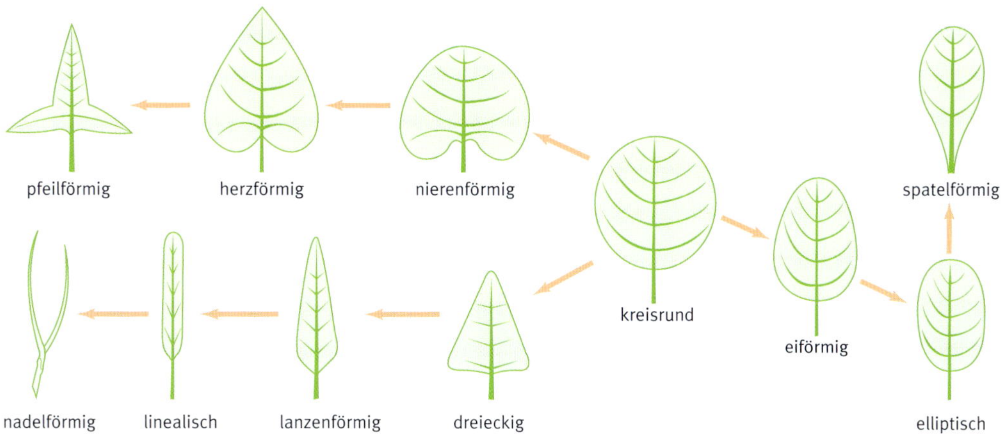

Die **Blattform** ist ebenfalls sehr vielgestaltig.
Sie ist auch ein wichtiges Unterscheidungsmerkmal bei der Bestimmung der Pflanzen. Die Blattfläche kann **ungeteilt** sein oder wie bei **zusammengesetzten** Blättern aus mehreren Blättchen oder Fiedern bestehen.

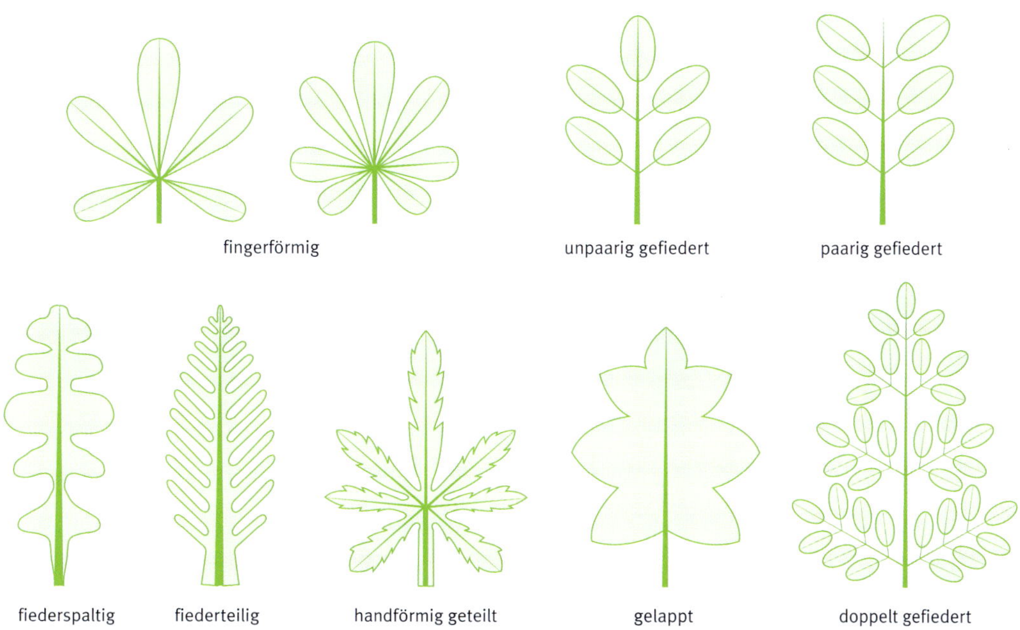

Abb. 51
Blattquerschnitt

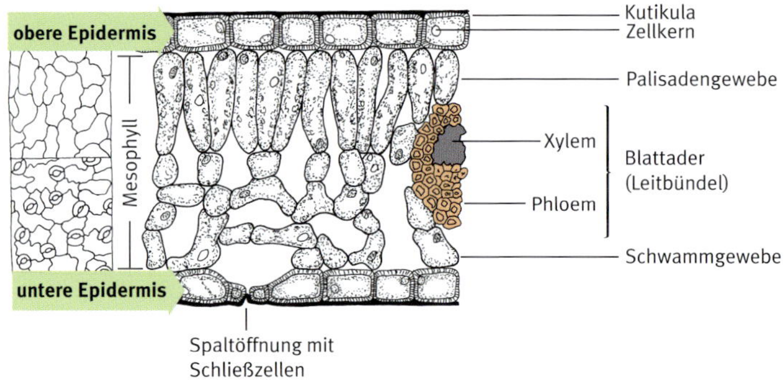

Durch die Wasserverdunstung sorgen sie für den Nährsalztransport und die Abkühlung der Blatttemperatur bei hohen Temperaturen durch die entstehende Verdunstungskälte. Darüber hinaus werden in den Blättern Pflanzenhormone gebildet und Lichtreize aufgenommen und z. T. weitergeleitet.

Der innere Blattaufbau

Ein Laubblatt wird ringsum von der meist einschichtigen **Epidermis** umgeben. Diese schützt durch die dichte Verzahnung ihrer Zellen die inneren Blattgewebe und verringert die Verdunstung. Dazu sind die Außenwände der Epidermiszellen durch Zelluloseanlagerungen verdickt. Diese bilden Kutin (wachsähnlicher Stoff), das nach außen abgegeben und als **Kutikula** bezeichnet wird. In der unteren Epidermis befinden sich zahlreiche **Spaltöffnungen**. Zwischen der unteren und oberen Epidermis liegt das chlorophyllhaltige **Mesophyll**. Es besteht aus dem oberen Palisadengewebe, senkrecht stehende Zellen mit ca. 80% des Blattgrüns, in denen die Fotosynthese hauptsächlich stattfindet, und

ZUSATZINFORMATION

Der Grundbauplan des Blattes kann als Anpassung an Umweltbedingungen vielfältig abgewandelt sein. Bereits an einer Pflanze können **Sonnen- und Schattenblätter** vorhanden sein, die sich im Bau deutlich unterscheiden.
Sonnenblätter sind kleiner und dicker als Schattenblätter, ihr Palisadengewebe ist mehrschichtig und die einzelnen Zellen liegen dicht beieinander. Das reichlich vorhandene Licht kann auch noch in die tieferen Schichten des Blattes eindringen.
Schattenblätter haben ein einschichtiges, lockeres Palisadengewebe. Sie sind dünner und größer, um möglichst viel Licht einzufangen.

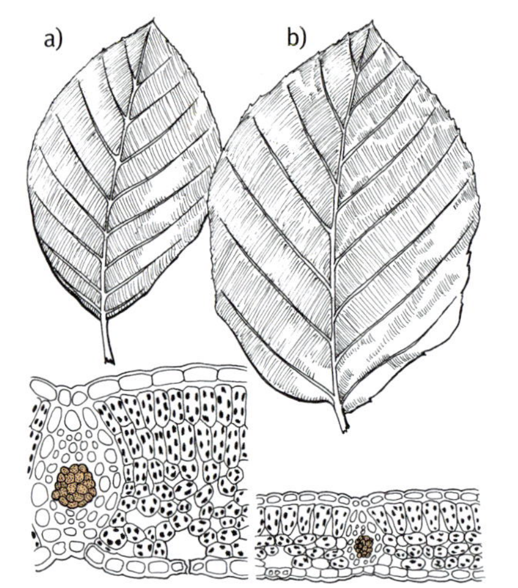

a) Sonnenblatt
b) Schattenblatt

dem unteren Schwammgewebe. Zwischen den unregelmäßig gestalteten und angeordneten Zellen des Schwammgewebes befinden sich zahlreiche Hohlräume (Interzellularen), die über die Spaltöffnungen mit der Außenluft in Verbindung stehen. Sie steuern die Wasserverdunstung und den Gasaustausch. Die durch das Blatt verlaufenden **Blattadern** (Leitbündel) versorgen die Zellen mit Wasser und Nährstoffen und transportieren die bei der Fotosynthese produzierten Assimilate.

Pflanzen, die an heißen und trockenen Standorten leben, haben Einrichtungen zum **Verdunstungsschutz** entwickelt.

Die Trockenpflanze hat mehrere Epidermisschichten, die von einer dicken Kutikula bedeckt sind. Palisaden- und Schwammschicht, die aus kleinen Zellen bestehen, sind ebenfalls mehrschichtig. Dadurch wird das Blatt hart und widerstandsfähig. Die Spaltöffnungen sind in das Blatt eingesenkt, und diese Vertiefungen sind mit Haaren ausgestattet. Dadurch wird die Verdunstung zusätzlich eingeschränkt, da jetzt in diesem Raum weniger Luft zirkuliert.

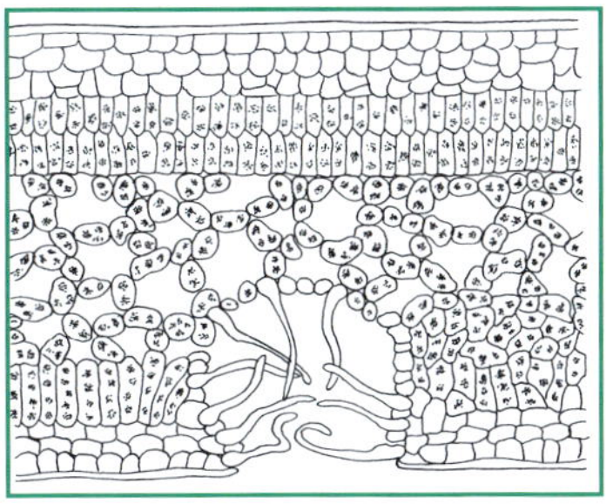

Abb. 52
Blattquerschnitt eines Xerophyten

2.5.2 Blattmetamorphosen

Laubblätter können auch andere Aufgaben in Anpassung an bestimmte Gegebenheiten übernehmen. Dazu ist eine entsprechende Umgestaltung notwendig.

Hochblätter: Diese bunten Laubblätter in Blüten oder Blütenstandsnähe sollen bei Pflanzen mit unscheinbaren Blüten die Bestäuber anlocken. Auffällig sind die Brakteen des Weihnachtssterns oder die Spatha (einzeln stehendes Hochblatt) bei der Anthurie oder dem Taubenbaum.

Speicherblätter: Bei Zwiebelgewächsen übernehmen die schalenförmigen Zwiebelschuppen die Einlagerung der Reservestoffe.

Blattsukkulenz: Pflanzen wie Agave, Mauerpfeffer und Geldbaum speichern in den Blättern Wasser, um längere Trockenperioden zu überdauern.

1

Abb. 53
Blattmetamorphosen:
1 = Hochblätter (Weihnachtsstern)
2 = Blattsukkulenz (Hauswurz)

Abb. 54
Blattmetamorphosen:
3 = Blattdornen (Berberitze)
4 = Blattranken (Glockenrebe),
5 = Fangblätter (Sonnentau).

Blattdornen: Als Schutz gegen Tierfraß und zur Verringerung der Verdunstungsfläche haben Berberitze, Christusdorn und Kakteen Blattdornen entwickelt.

Blattranken: Vollständige Blätter oder nur Blattteile sind bei Wicke, Erbse oder Waldrebe zu dünnen, fädigen Kletterhilfen umgebildet.

Besondere Blattmetamorphosen zeigen die **Insektivoren** (insektenfangende Pflanzen). Sie wachsen auf nährstoffarmen, insbesondere stickstoffarmen Standorten und haben deshalb Fangblätter ausgebildet, mit denen sie Insekten fangen und verdauen.

ZUSATZINFORMATION

Der **Sonnentau** lockt Insekten an, die an den klebrigen Tentakeln haften bleiben und schließlich verdaut werden. Klappfallen sorgen für zusätzliche Nahrung bei der **Venusfliegenfalle**. Nach Berührung der Sinnesborsten auf der Innenseite der geöffneten Blätter klappen die Blatthälften zusammen und halten das Insekt fest. Bei der **Kannenpflanze** hat sich die Blattspreite zu einem Schlauchblatt weiterentwickelt. Über den glatten Rand, auf dem angelockte Insekten nicht landen können, rutschen sie in eine Lösung, in der sie verdaut werden. Beim **Wasserschlauch** werden unvorsichtige Beutetiere, die die blasenartig ausgebildeten Blattzipfel berühren, durch Unterdruck eingesaugt.

2.5.3 Fotosynthese und Atmung

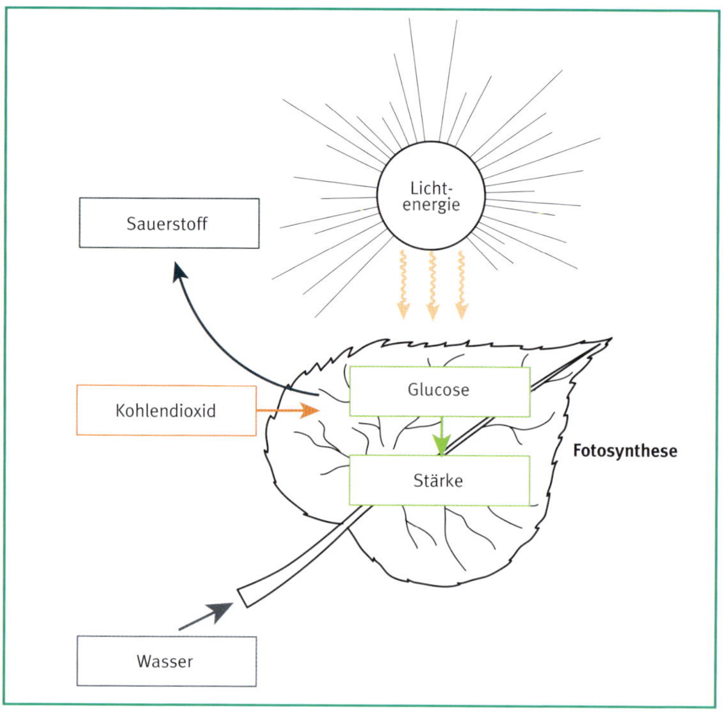

Abb. 55
Fotosynthese

Grüne Pflanzen besitzen die Fähigkeit, aus Kohlendioxid und Wasser sämtliche in ihnen enthaltene Verbindungen herzustellen und dabei Sauerstoff abzugeben. Solche Verbindungen sind vor allem Eiweiße, Kohlenhydrate und Fette, die, da sie Kohlenstoff enthalten, als organische Stoffe bezeichnet werden. Bei diesem Vorgang dient Licht als Energiequelle; man bezeichnet ihn deshalb als Fotosynthese. Er findet in allen grünen Teilen der Pflanze in den Chloroplasten statt.

ZUSAMMENFASSUNG

Die **Fotosynthese** ist ein komplizierter chemischer Vorgang, der sich aus verschiedenen Teilvorgängen zusammensetzt. Zusammenfassend ergibt sich die folgende **Gleichung**:

$6\,CO_2 + 6\,H_2O + \text{Lichtenergie} \rightarrow C_6H_{12}O_6 + 6\,O_2$

Kohlendioxid + Wasser + Lichtenergie → Traubenzucker + Sauerstoff

Um wachsen zu können, müssen die Voraussetzungen für die Fotosynthese erfüllt sein und in einem für die Pflanze günstigen Bereich liegen.

Licht ist der sichtbare Bereich der elektromagnetischen Strahlung. Neben der ausreichenden Lichtmenge ist auch die Lichtqualität von Bedeutung. Die Fotosyntheserate nimmt mit steigender Lichtintensität bis zu einem Sättigungspunkt zu, der bei 5000 Lux bzw. 50000 Lux erreicht wird (Schatten- bzw. Sonnenpflanze).

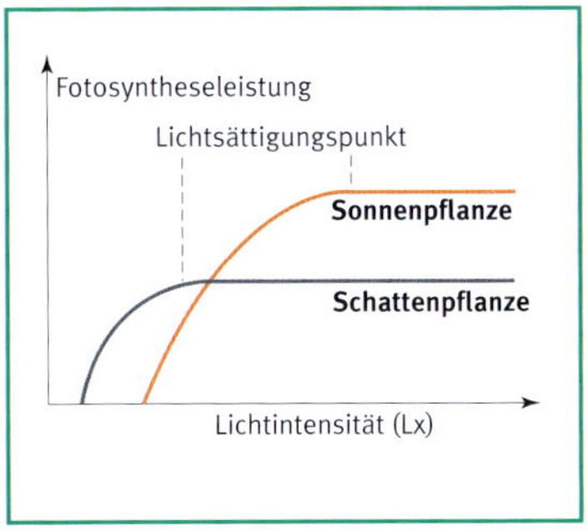

Abb. 56
Abhängigkeit der Fotosynthese von der Lichtintensität

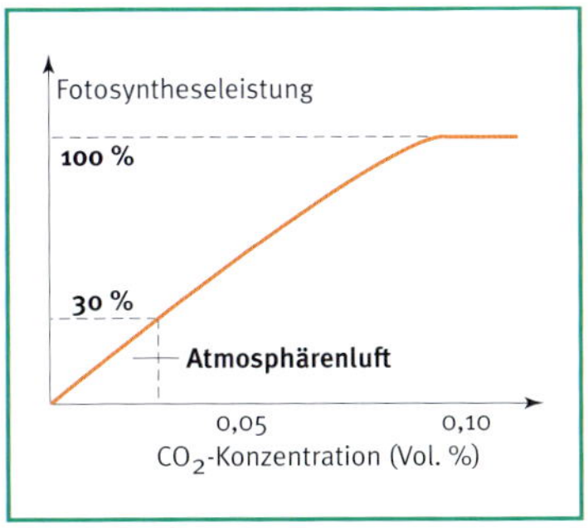

Abb. 57
Abhängigkeit der Fotosynthese von der CO_2-Konzentration

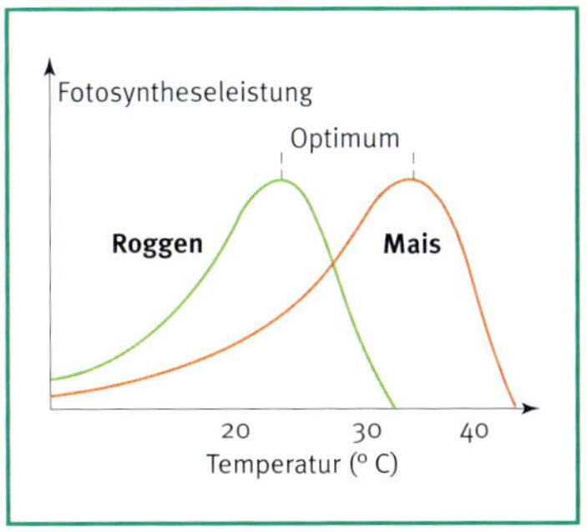

Abb. 58
Abhängigkeit der Fotosynthese von der Temperatur

Besonders intensiv werden blauviolette und rotorange Bereiche des Lichtspektrums für die Fotosynthese genutzt. Durch viele gärtnerische Maßnahmen ist die Schaffung optimaler Lichtverhältnisse möglich:
- Genügend Standraum für die Einzelpflanze,
- standortgerechte Pflanzenverwendung,
- Zusatzlicht im Gewächshaus mit speziellen Leuchten,
- Auslichtungsschnitt u.a.

Kohlendioxid CO_2. Der Kohlendioxidgehalt der Luft liegt mit 0,03% für die meisten Pflanzen unter dem Optimum. Das **CO_2** kommt über die Spaltöffnungen in das Blatt. Sind diese infolge Wassermangels geschlossen, tritt zu wenig CO_2 in das Blatt ein. Eine gute Wasserversorgung ist deshalb Grundvoraussetzung für die CO_2-Aufnahme. Die Erhöhung der CO_2-Konzentration bietet die Möglichkeit, die Fotosyntheseleistung zu steigern (Abb. 57).
- Durch CO_2-Begasung gelingt es in Gewächshäusern, die Erträge auf das Dreifache zu erhöhen.
- Durch die Aktivierung des Bodenlebens und
- durch organische Düngung kann die CO_2-Versorgung ebenfalls verbessert werden.

ZUSATZINFORMATION

Bedeutung der Fotosynthese

Pflanzen sind zum Aufbau organischer Verbindungen fähig. Sie werden deshalb als **autotroph** bezeichnet. Alle anderen Lebewesen sind auf die Zufuhr energiereicher organischer Verbindungen angewiesen; sie sind **heterotoph**. Die autotrophen Pflanzen nehmen jährlich 200 Milliarden t Kohlenstoff aus dem CO_2 der Luft auf und legen ihn in organischen Verbindungen wie Stärke, Fruchtzucker, Harzen, Ölen, Fetten und natürlich Eiweißen fest. Da die Fotosynthese oder Assimilation Ausgangsstation all dieser organischen Stoffe ist, fasst man sie unter dem Begriff **Assimilate** zusammen.

Temperatur. Wie andere biologische Vorgänge ist auch die Fotosynthese temperaturabhängig. Mit steigender Temperatur nimmt die Fotosyntheseleistung zu, erreicht einen Höchstwert und fällt danach wieder ab (Abb. 58).

Das Temperaturoptimum liegt je nach Pflanzenart zwischen 20 und 30 °C. Im Unterglasanbau gehört eine exakte Temperatursteuerung zum Kulturprogramm, ergänzt durch Temperaturabsenkung bei Nacht und lichtabhängige Temperaturregelung.

Wasser. Das Wasser wird in vergleichsweise geringen Mengen für die Fotosynthese benötigt. Es wirkt aber auch über andere Vorgänge, z. B. Bewegung der Spaltöffnungen, auf die Fotosyntheseleistung ein. Für die Pflanze problematisch bleibt die Regulierung der Spaltöffnungen. Spaltöffnung geschlossen bedeutet geringe CO_2-Zufuhr, Spaltöffnung offen dagegen hohe Verdunstung. Gießen und alle Maßnahmen, die die unnötige Transpiration verringern, fördern die Fotosyntheseleistung der Pflanzen.

Chlorophyll. Chloroplasten sind kleine linsenförmige Gebilde, die oft zu Hunderten in einer Zelle liegen. Am Bau der darin enthaltenen grünen Blattfarbstoffe sind auch Magnesium- und Stickstoffatome beteiligt. Eine ausreichende Versorgung mit diesen Nährstoffen und Eisen tragen ebenfalls zu einer hohen Fotosyntheseleistung bei. Pilze und Schädlinge haben eine Vorliebe für chlorophyllhaltige Pflanzengewebe. Durch geeignete Pflanzenschutzmaßnahmen können die Fotosyntheseorgane der Pflanzen geschützt werden.

DEFINITION

Die Zellatmung oder **Dissimilation** lässt sich durch folgende Gleichung beschreiben:

$C_6H_{12}O_6 + 6O_2 \rightarrow 6H_2O + 6CO_2 + \text{Energie}$

Traubenzucker + Sauerstoff → Wasser + Kohlendioxid + Energie

Die Zellatmung

Für alle Lebensvorgänge in den Zellen braucht die Pflanze Energie. Diese gewinnt sie, indem sie Traubenzucker in den Mitochondrien unter Verbrauch von Sauerstoff abbaut, dabei entstehen Wasser und Kohlendioxid.

Im Gegensatz zur Fotosynthese findet die Atmung in allen lebenden Pflanzenteilen Tag und Nacht statt. Trotzdem wird durch die Fotosynthese mehr Zucker gebildet als bei der Atmung veratmet wird. Andernfalls würde die Pflanze nicht mehr wachsen oder sogar eingehen. Ein Teil der freiwerdenden Energie wird als Wärme abgegeben.

Außenfaktoren

Die Stärke der Atmung hängt hauptsächlich von der **Temperatur** ab. Sie nimmt bis etwa 45 °C zu und sinkt dann stark ab.

Durch eine Nachtabsenkung der Temperatur in Gewächshäusern um wenige °C, wird verhindert, dass ein Großteil der am Tage produzierten Assimilate wieder abgebaut werden. Heute bedient man sich der **negativen Differenztemperaturführung**, um Pflanzen an übermäßigem Streckungswachstum zu hindern und somit Hemmstoffe einzusparen. Dazu werden in bestimmten Kulturabschnitten die Nachttemperaturen über die Tagtemperaturen angehoben.

Bei **Sauerstoff**-Verarmung. z.B. in nassem Boden, wird die Atmung behindert. Eine gewollte Sauerstoffknappheit in Verbindung mit niedrigen Temperaturen wird bei der Obst- und Gemüselagerung **(CA-Lager)** zur Verlängerung der Haltbarkeit eingesetzt. Auch Schnittblumen oder andere Pflanzenteile (Stecklinge) werden zur Verlängerung der Haltbarkeit kühl gelagert. Schnittblumen erhalten durch Blumenfrischhaltemittel Zucker, den sie veratmen und damit länger frisch bleiben.

ZUSATZINFORMATION

Bei immergrünen Pflanzen besteht im Winter die Gefahr der **Frosttrocknis**. Diese Pflanzen können an einem sonnigen Wintertag oder bei extremem Wind beträchtliche Wassermengen verdunsten, aber nicht aus dem gefrorenen Boden aufnehmen. Wenn solche Pflanzen nicht geschützt werden oder sich selber schützen, zum Beispiel indem sie die Blätter einrollen, treten Trockenschäden auf.

2.5.4 Transpiration

Das meiste von der Wurzel aufgenommene Wasser wird durch die Blätter in Form von Wasserdampf wieder abgegeben. Bei dieser **Transpiration** kann das Wasser durch die Kutikula der Epidermiszellen bzw. über die Spaltöffnungen an die Luft abgegeben werden. Der Anteil der Kutikula liegt dabei unter 10 % der gesamten Transpiration.

Die Transpiration ist die Hauptantriebskraft für den Wasser- und Nährsalztransport. Gleichzeitig hat sie einen kühlenden Effekt, der eine Überhitzung der Blätter bei starker Sonneneinstrahlung verhindert.

Die Transpiration verläuft hauptsächlich durch die **Spaltöffnungen**. Diese befinden sich in großer Zahl, 100 bis 700 Stück/mm^2, an der Blattunterseite. In den an die Spaltöffnungen angrenzenden Interzellularen ist die Luftfeuchtigkeit sehr hoch. Sind die Spaltöffnungen offen, so diffundieren die Wassermoleküle nach außen, da dort in der Regel eine niedrigere Luftfeuchte herrscht. Die Pflanze kann ihre Wasserabgabe durch Öffnungs- und Schließbewegungen regulieren, und zwar über Veränderungen des Turgors in den Schließzellen (Abb. 59).

Jede Spaltöffnung besteht aus zwei bohnenförmigen Schließzellen. Diese weichen, aufgrund ihres Baus, bei hohem Turgor auseinander und geben einen Spalt frei. Bei abnehmenden Innendruck schließt sich der Spalt wieder. Durch das Öffnen und Schließen der Spaltöffnungen wird nicht nur die Verdunstung reguliert, sondern auch ganz maßgeblich der Gasaustausch.

Das Ausmaß der Transpiration hängt von Luftfeuchtigkeit, Temperatur, Wind und vom Bau der Pflanze ab. Xerophyten zum Beispiel haben sich durch Verdunstungsschutzeinrichtungen an trockene, heiße Standorte angepasst (s. Seite 49).

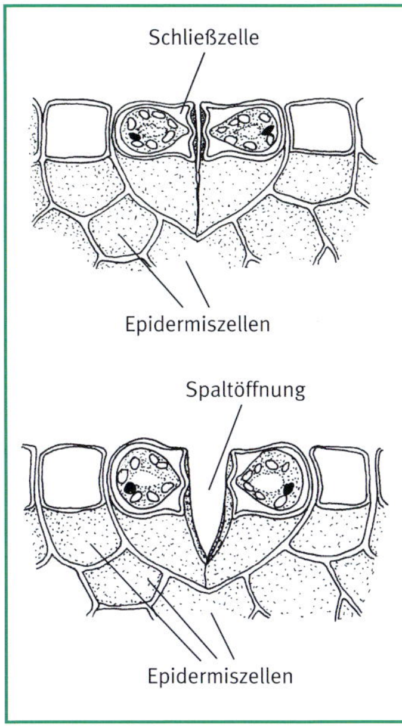

Abb. 59
Spaltöffnung geschlossen und geöffnet

2.6 Die Blüte

2.6.1 Bau und Aufgaben

Die Blüten dienen der geschlechtlichen (= generativen) Fortpflanzung. Als Gesamtheit entspricht die Blüte einem gestauchten Spross.

Bei einer vollständigen Blüte lassen sich folgende Blattkreise unterscheiden: Kelchblätter, Blütenblätter, Staubblätter und Fruchtblätter. Die kleinen grünen Kelchblätter schützen die Blütenknospe und geben manchen Blüten Halt. Die **Blüten-** oder **Kronblätter** sind groß, farbig und auffällig in der Form. Sie dienen der Anlockung von Bestäubern. Gleichzeitig schützen sie die inneren Blütenteile bei ungünstigen Witterungsbedingungen, indem sie sich schließen. Kelch- und Blütenblätter bilden zusammen die **Blütenhülle** (= Perianth).

Bei manchen Pflanzen, wie z.B. der Tulpe, haben die Kelchblätter die Farbe und Form der Blütenblätter angenommen, sie fehlen scheinbar. Deren Blütenhülle wird dann **Perigon** genannt.
Die **Staubblätter** bestehen aus dem Staubfaden und dem Staubbeutel. In ihnen entstehen die Pollenkörner, die aus Reifeteilungen (=Meiosen) hervorgehen, (s. Seite 56). Im Zentrum der Blüte befindet sich der **Stempel**, der den weiblichen Teil der Blüte bildet. Bei einem Stempel sind viele **Fruchtblätter** verwachsen; sie können aber auch einzeln stehen. Der Stempel besteht aus

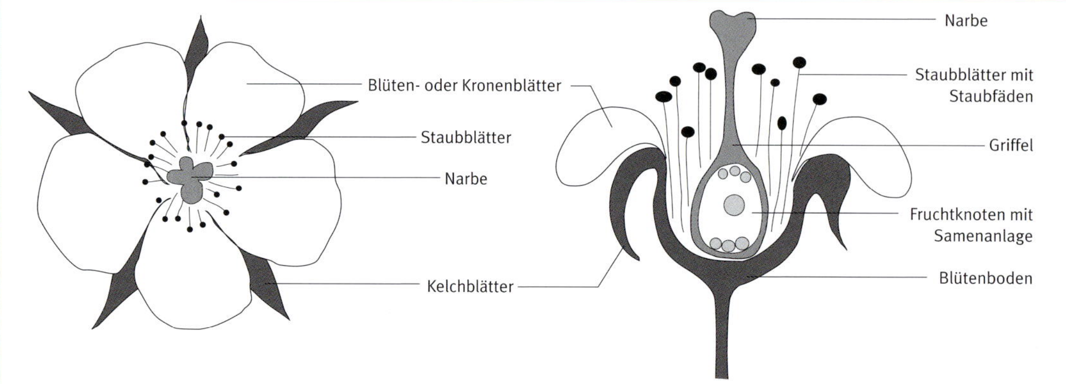

Abb. 60
Bau der Blüte (Aufsicht und Längsschnitt)

Narbe, **Griffel** und **Fruchtknoten.** Die Narbe nimmt den Pollen auf, der durch das Griffelgewebe zum Fruchtknoten wächst, welcher die Samenanlagen enthält. Weiterhin ist der Fruchtknoten an der Frucht- und Samenbildung sowie an der Verbreitung der Früchte und Samen beteiligt.
Die Stellung des Fruchtknotens in der Blüte kann verschieden sein:

- **oberständig**: Fruchtknoten befindet sich über dem Blütenboden.
- **mittelständig**: Fruchtknoten wird vom Blütenboden umgeben, ist aber nicht mit ihm verwachsen.
- **unterständig**: Fruchtknoten fest mit dem Blütenboden verwachsen.

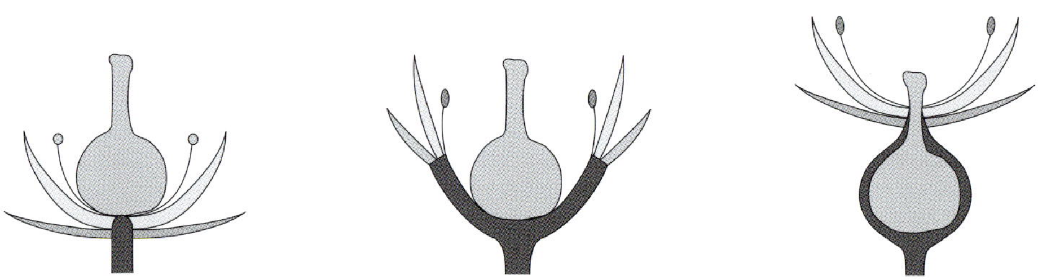

Abb. 61
Stellung des Fruchtknotens

Geschlechtsverteilung

Zwitterblüten enthalten gleichzeitig männliche und weibliche Blütenteile. **Eingeschlechtliche** Blüten haben nur Staubblätter (männliche Blüten) oder nur Fruchtblätter (weibliche Blüten). Bei **einhäusigen** (= monözischen) Pflanzen befinden sich männliche und weibliche Blüten an einer Pflanze, wie bei Hasel *(Corylus avellana)*, Birke *(Betula pendula)* und Buche *(Fagus sylvatica)*. **Zweihäusig** (= diözisch) sind Pflanzen, die entweder weibliche oder männliche Blüten tragen, wie z.B. Weide *(Salix caprea)*, Hopfen *(Humulus lupulus)* und Große Brennnessel *(Urtica dioica)*. Blüten, die weder Staub- noch Fruchtblätter besitzen, sind **unfruchtbar** (= steril). Sie sind entweder durch Züchtung bei Blütenfüllungen entstanden oder sollen als Schaublüten für die unauffälligen fruchtbaren Blüten dienen, z.B. bei der Hortensie.

Blütendiagramm – Blütenformel

Ein **Blütendiagramm** ist eine zeichnerische Darstellung der einzelnen Blütenteile nach ihrer Zahl und Stellung im jeweiligen Blattkreis (Abb. 62 a).

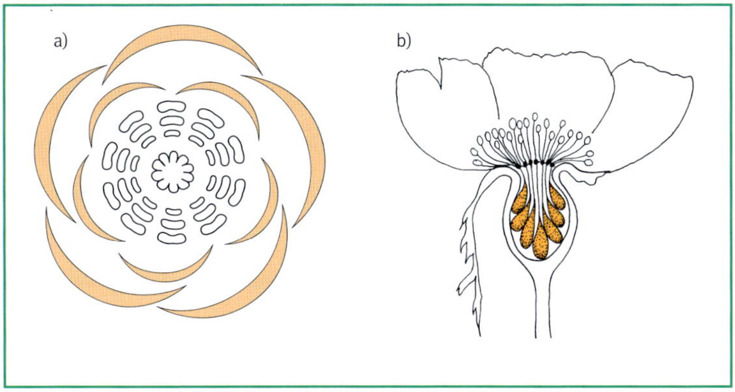

Abb. 62
Rosengewächse:
a) Blütendiagramm,
b) Längsschnitt durch eine Blüte

Die **Blütenformel** verwendet nur noch Symbole, um den Aufbau von Blüten darzustellen. Zum Beispiel: **K 5 C 5 A ∞ G 1 - ∞**. Diese Blütenformel gibt den Blütenaufbau der *Rosaceae* wieder. Deren Blüten besitzen fünf Kelchblätter, fünf Kronblätter, viele Staubblätter und bei den Fruchtblätter kann eines oder es können auch mehrere vorhanden sein. Auch Aussagen über die Symmetrieverhältnisse in Blüten können Bestandteile von Blütenformeln sein. **Radiärsymmetrische** Blüten lassen sich durch mehrere Längsschnitte in spiegelgleiche Hälften zerlegen, zum Beispiel bei Rosen und Tulpen. **Zygomorphe (= dorsiventrale)** Blüten (z.B. von Stiefmütterchen und Löwenmaul) haben nur eine Symmetrieebene, durch die sie sich in zwei spiegelgleiche Hälften zerlegen lassen.

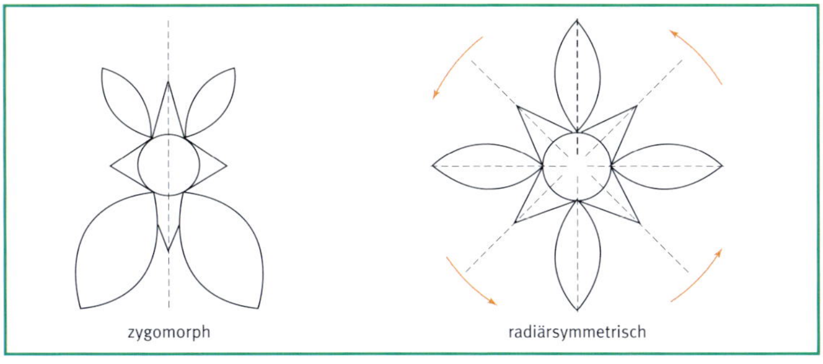

Abb. 63
Symmetrieverhältnisse der Blüte: zygomorph, radiärsymmetrisch

2.6.2 Blütenstände

Um die Attraktivität von kleinen Einzelblüten zu erhöhen, sind sie oft zu Blütenständen (= Infloreszenzen) zusammengefasst.
Man unterscheidet **einfache** (Ähre, Kolben, Köpfchen, Körbchen, Traube) und **zusammengesetzte** (Rispe, Dolde, Wickel) **Blütenstände**. Sie unterscheiden sich im Grad der Verzweigung.

Abb. 64
Blütenstände

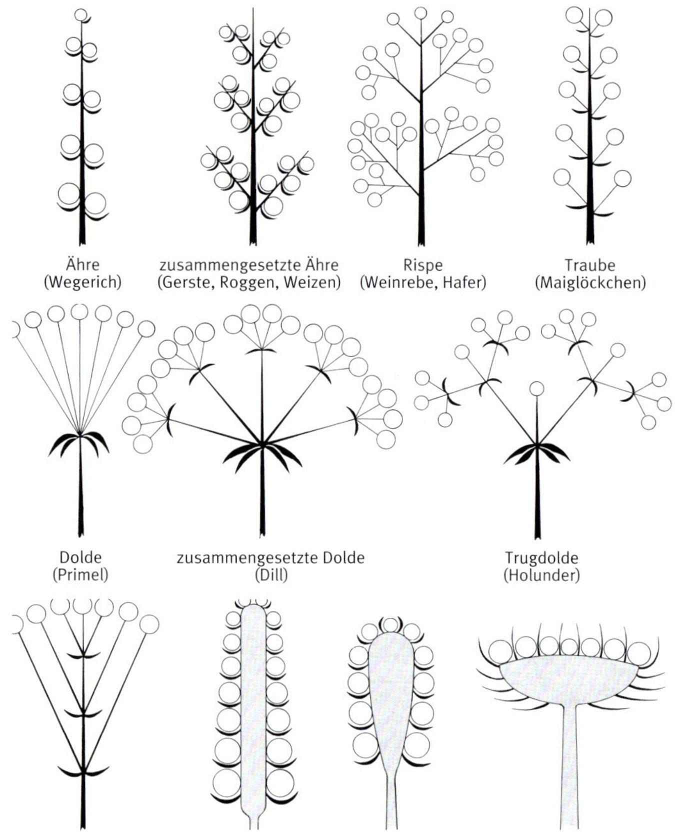

ZUSATZINFORMATION

Um eine Selbstbestäubung zu verhindern bzw. zu erschweren, haben die Pflanzen verschiedene Einrichtungen entwickelt:

- **Vormännigkeit** bzw. **Vorweibigkeit**: Zeitliche Entflechtung der Pollenreifung und der Reifung der Eizellen. Beispiele vormännig: Eisenhut, Korbblütler, Beispiele vorweibig: Apfel, Birne und Kreuzblütler.
- **Verschiedengriffligkeit** (= Heterostylie): Es finden sich zwei verschiedene Blütenformen, die sich außer in der Griffellänge noch in weiteren Merkmalen unterscheiden. Beispiele: Primel, Lein und Lungenkraut.
- **Einhäusigkeit und Zweihäusigkeit**: Verteilung der Geschlechter auf verschiedene Blüten (s. Seite 54).
- **Selbststerilität**: Der Pollen einer Sorte keimt nicht auf Narben von Blüten der gleichen Sorte. Beispiele: Apfel, Süßkirsche, Gräser.

2.6.3 Bestäubung

In der Blüte müssen noch mehrere Vorgänge stattgefunden haben, damit Samen erzeugt werden können.

• Meiose

Wenn die Blüten heranreifen, entstehen in Staubbeuteln und Fruchtknoten **Geschlechtszellen** (= Pollen und Eizellen). Diese enthalten nur noch die halbe Chromosomenzahl. Ansonsten würde sich die Chromosomenzahl von Generation zu Generation verdoppeln. Die Meiose, bei der die Halbierung des Chromosomensatzes erreicht wird, verläuft in zwei Teilungsschritten, den **Reifeteilungen**.

Sie beginnt nach dem Sichtbarwerden der Chromosomen mit der Paarung der homologen Chromosomen. In der **ersten Reifeteilung** werden dann die homologen Chromosomen voneinander getrennt. Dabei wird es dem Zufall überlassen, welches der beiden homologen Chromosomen (das ursprünglich mütterliche oder väterliche) in die Tochterzellen gelangt. Die so entstandenen

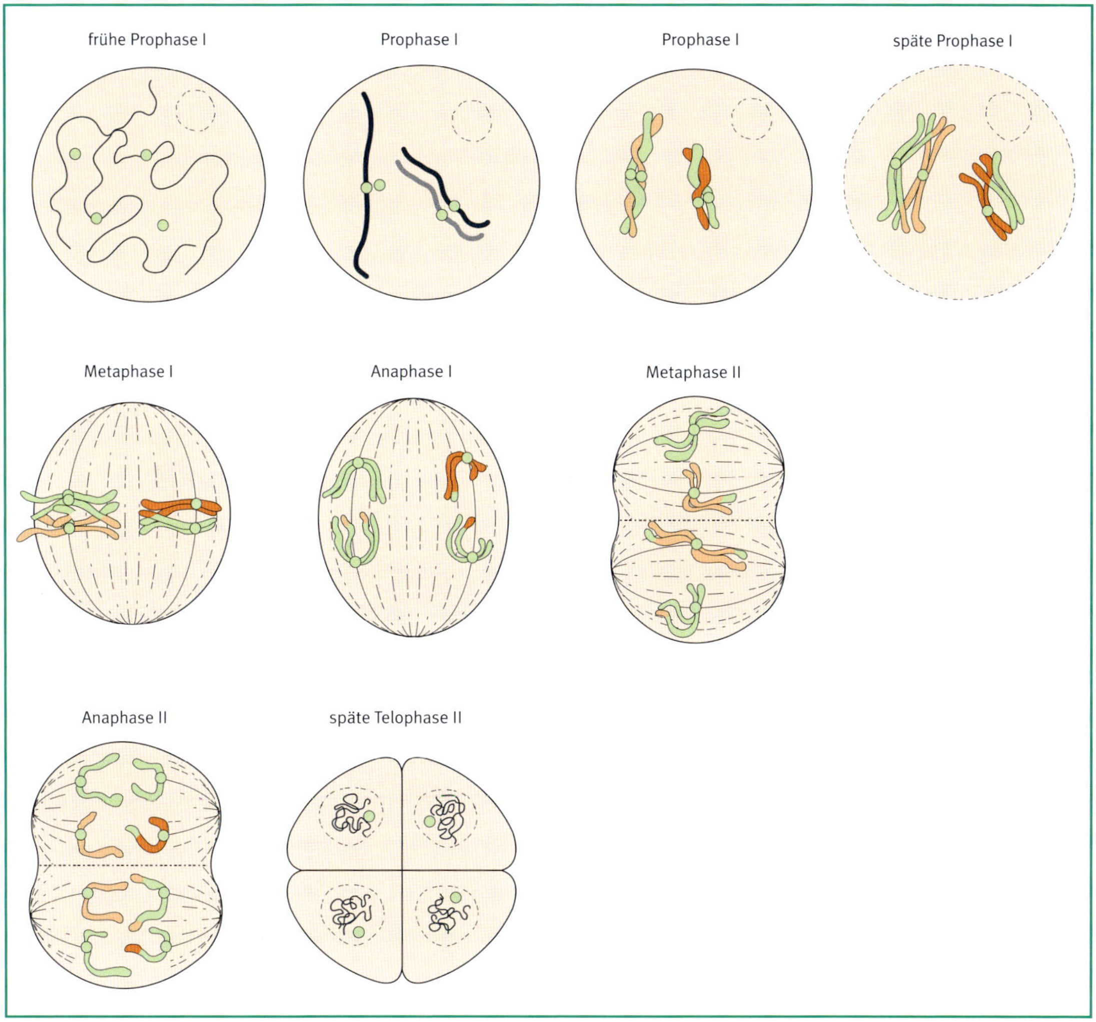

Abb. 65
Meiose (Schema)

haploiden (= einfachen) Chromosomensätze der Tochterzellen stellen also eine Mischung aus väterlichem und mütterlichem Erbgut dar. Es schließt sich die **zweite Reifeteilung** an, die wie eine Mitose abläuft. Die Meiose führt zur Erzeugung von vier haploiden Zellen (s. auch Tabelle 2 Seite 31).

Bestäubung

Die Übertragung des Pollens auf die Narbe bezeichnet man als **Bestäubung**. Bei Zwitterblüten kann der Pollen leicht die Narbe derselben Blüte treffen (**= Selbstbestäubung**). Die Folgen dieser Inzucht sind nachlassendes Wachstum und geringere Lebenskraft der so entstandenen Pflanzen.

Selbstbestäubung findet sich bei Pionierpflanzen, Unkräutern und in extremen, an Bestäubern armen Lebensräumen. Sie ermöglicht Fruchtbildung und Fortpflanzung auch an Einzelpflanzen.

Nach den äußeren Einflüssen, die bei der Übertragung des Pollens helfen, können tier- und windblütige Pflanzen unterschieden werden.

Windbestäubung

Windbestäubte Pflanzen sind in ihrem Bau diesem Übertragungsmechanismus angepasst:

- Die Blütenhülle ist nicht oder nur verkümmert ausgebildet, um dem Wind freien Zugang zu ermöglichen.
- Die Pollen sind klein, leicht oder gut flugfähig und werden in riesigen Mengen erzeugt. Ihre Oberfläche ist glatt.
- Die Narben ragen weit aus den Blüten heraus und sind großflächig ausgebildet.
- Die Blüte findet oft vor dem Laubaustrieb statt, so dass dem Wind die Blätter nicht im Wege sind.
- Die Staubbeutel stehen auf langen, zarten Staubfäden, z.B. Kätzchenblüher.

Beispiele: Hasel, Birke, Erle, Hainbuche, Eiche, Fichte, Gräser, Brennnessel u.a.

Abb. 66
Blüte des Wiesensalbei mit blütenbesuchendem Insekt

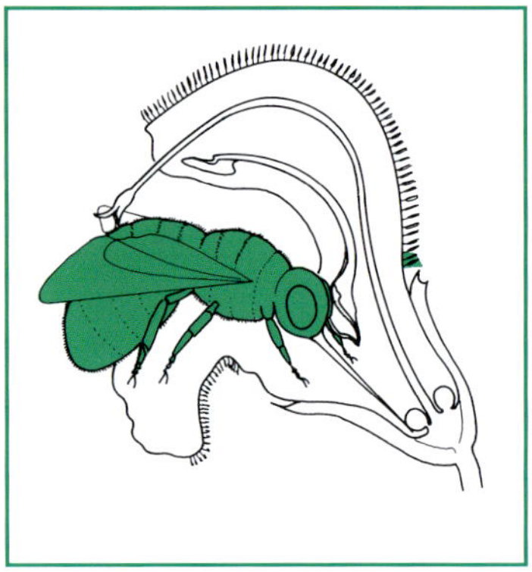

Tierbestäubung

Tierbestäubung ist an eine Reihe von Voraussetzungen gebunden:

- Blüten sind groß, farbig und duftend (Reizmittel).
- Die Blüten bieten Pollen und Nektar als Nahrung (Lockmittel).
- Pollen und Narbe müssen regelmäßig berührt werden, deshalb gibt es spezielle Anpassungen zwischen bestäubenden Insekten und Blütenbau (Beispiel Salbei).
- Der Pollen ist klebrig und verklumpt oder mit Stacheln besetzt. Solche Oberflächen erleichtern das Festhalten im Haar- und Federkleid der Tiere.
- Die Pollenmenge ist geringer, da die Bestäubung gezielt erfolgt.

2.6.4 Befruchtung

Die Absonderungen der Narbe bewirken, dass das Pollenkorn einen **Pollenschlauch** bildet. Dieser enthält drei Kerne. An seiner Spitze den vegetativen Kern, der das Pollenschlauchwachstum bewirkt; zurückliegend zwei genera-

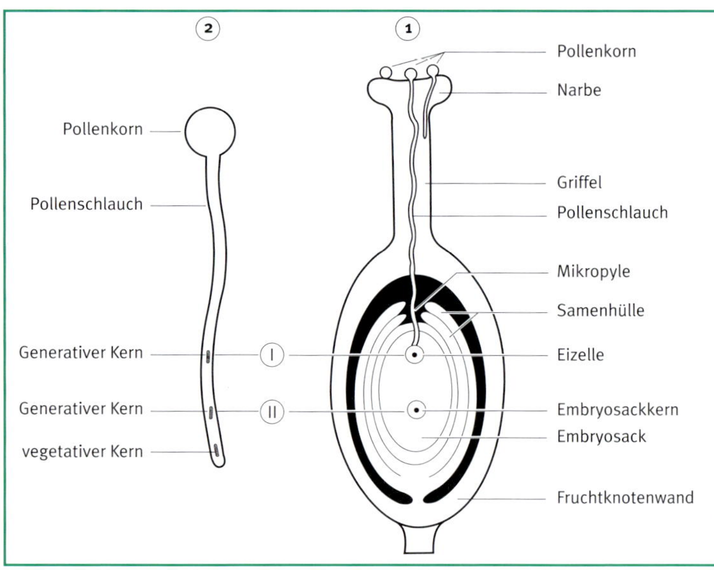

Abb. 67
Befruchtung
1 = Keimung des Pollens und Wachstum des Pollenschlauchs
2 = Pollenschlauch mit Kernen

Abb. 68 Fruchtformen

tive Kerne (Abb. 67). Der Pollenschlauch wächst durch das Griffelgewebe auf die Samenanlage zu. Wird die **Mikropyle** erreicht, geht der vegetative Kern zugrunde. Einer der generativen Kerne verschmilzt mit dem **Embryosackkern**, der andere mit der **Eizelle**. Somit erfolgt eine **doppelte Befruchtung**.

2.6.5 Frucht- und Samenbildung

Nach der Befruchtung bildet sich aus der befruchteten Eizelle der **Keimling** (= Embryo), der bereits die Anlagen einer jungen Pflanze enthält. Aus dem Embryosackkern entwickelt sich das **Nährgewebe** (= Endosperm). Keimling, Nährgewebe und Samenschale machen zusammen den **Samen** aus.

Mit der Entwicklung der Samenanlage wird die Fruchtknotenwand zur **Fruchtwand** (= Perikarp), die sich aus drei Schichten zusammensetzt: Außenschicht (= Exokarp), Mittelschicht (= Mesokarp) und Innenschicht (= Endokarp). Die Fruchtwand umgibt den Samen und bildet mit diesem die **Frucht**.

Die Fruchtknotenwand kann sich dabei ganz unterschiedlich entwickeln. Sie kann eintrocknen, verholzen oder ein fleischiges und saftiges Fruchtgewebe ausbilden. Während **Einzelfrüchte** aus einem Fruchtknoten hervorgehen, bilden sich aus Blüten mit mehreren Fruchtknoten **Sammelfrüchte**. Einzelfrüchte werden in **Streufrüchte**, die sich noch an der Pflanze bei der Samenreife öffnen und den Samen freigeben, und **Schließfrüchte**, die sich in reifem Zustand als Ganzes von der Pflanze lösen, unterteilt. Es gibt verschiedene Einteilungen der Fruchtformen, die diese Ordnungskriterien in unterschiedlicher Weise berücksichtigen (Abb. 68).

! ZUSATZINFORMATION

Bei einigen Pflanzen kann es auch ohne Befruchtung bzw. Samenbildung zur Ausbildung von Früchten kommen.
Z.B. Sorten von Weintrauben, Mandarinen, Gurken u.a.
Diese Erscheinung nennt man **Jungfernfrüchtigkeit** (= Parthenokarpie).

Neben den hier aufgeführten Fruchtformen gibt es noch Sonderformen, zu denen Scheinfrüchte und Fruchtstände gehören. Bei den **Scheinfrüchten** sind außer dem Fruchtknoten noch andere Blütenteile an der Fruchtbildung beteiligt. Bei Apfel und Birne (Kernfrüchte) bildet der Blütenboden, der mit dem unterständigen Fruchtknoten verwachsen ist, das Fruchtfleisch. **Fruchtstände** entstehen aus einem Blütenstand, z.B. bei Ananas, Maulbeeren und Feigen. Die Achse des Blütenstandes und die Deckblätter der dicht zusammensitzenden Blüten werden zu saftigem Fruchtfleisch.

2.6.6 Fruchtverbreitung

Früchte haben zwei Aufgaben. Die erste Aufgabe ist, den sich entwickelnden Samen zu schützen. Die zweite Aufgabe besteht darin, bei der Verbreitung der Samen mitzuwirken. Die Verbreitung der Früchte und Samen kann auf vielfältige Weise erfolgen.

Selbstverbreitung

Manche Pflanzenarten sind in der Lage, ihre Samen aktiv auszuschleudern. Diese Mechanismen beruhen auf Geweben mit unterschiedlicher Quellbarkeit oder Turgorveränderungen.
Beispiele: Springkraut, Sauerklee, Storchschnabel.

Fremdverbreitung

Wind: Kleine und staubförmige Samen oder Samen mit Flugvorrichtungen erleichtern die Verbreitung mit dem Wind. Sehr kleine Samen besitzen zum Bei-

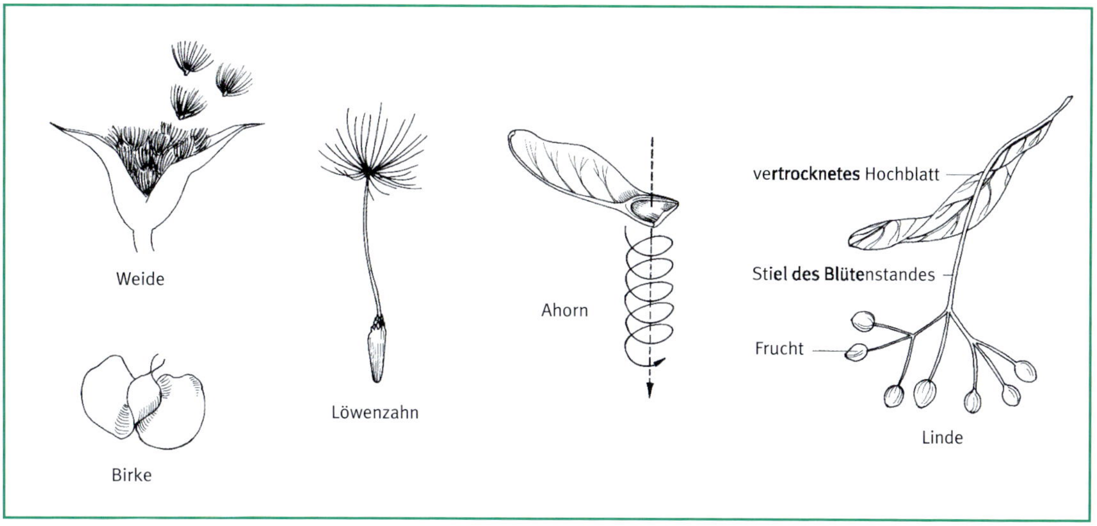

Abb. 69
Fruchtverbreitung

spiel die Orchideen. Haarbildungen findet man bei Weide und Waldrebe, Schirmflieger sind Löwenzahn und Baldrian, Flügel besitzen die Samen von Fichte, Ahorn und Linde.

Wasser: Schwimmfähige Samen und Früchte finden sich zum Beispiel bei Wasserpflanzen wie der Sumpfschwertlilie aber auch bei der Kokosnuss.

Tiere: Manche Früchte und Samen haben Widerhaken und Klebstoffe (Klette, Nelkenwurz) und werden so unfreiwillig von Tieren fortgetragen. Andere dienen als Nahrung für Vögel. Diese und andere Tiere verzehren die Früchte, scheiden aber den Samen unverdaut wieder aus (Holunder, Eibe, Vogelbeere). Früchte und Samen werden auch (Eichhörnchen, Eichelhäher) als Wintervorrat gesammelt, vergraben und schließlich vergessen, wie z.B. Nüsse und Eicheln.

Mensch: Auch der Mensch nimmt bewusst bzw. unbewusst an der Verbreitung von Früchten und Samen teil. Nahrungspflanzen wie Bohne und Mais wurden bewusst verbreitet, während eine Reihe von Wildkräutern, wie Franzosenkraut oder Wegerich, ungewollt über die Erdteile verbreitet wurden.

2.7 Phytohormone

Phytohormone sind pflanzeneigene Stoffe, die das **Wachstum regulieren**. Sie greifen in die verschiedensten Stoffwechselvorgänge ein. Nach ihrer chemischen Struktur werden sie in fördernde und hemmende Stoffe eingeteilt. Zu den Wuchsstoffen gehören Auxine, Gibberelline und Cytokinine, zu den pflanzeneigenen Hemmstoffen gehören Abscisinsäure und Äthylen. Die verschiedenen Pflanzenhormone wirken oft gleichzeitig im Stoffwechselgeschehen mit, wobei sie sich gegenseitig fördern oder hemmen. Außerdem reagieren die einzelnen Pflanzenteile unterschiedlich empfindlich auf die Wuchsstoffe und deren Konzentration. Die Wurzeln brauchen z.B. für ihr Wachstum bedeutend geringere Auxinmengen als die Sprosse. Aus diesem Grund ist die Wahl der richtigen Menge bei der Anwendung der Pflanzenhormone besonders schwierig.

Auxine

Wirkung (Beispiele):
- Förderung der Zellteilung und -streckung,
- Verhinderung des Seitenknospenaustriebs,
- Parthenokarpie.

Auxine (Indolessigsäure) werden v. a. in den Vegetationspunkten, jungen Blättern, in jungen Samen und auch in den Wurzelspitzen gebildet.

In der gärtnerischen Praxis werden Auxine hauptsächlich zur Stecklingsbewurzelung eingesetzt. Z.B. sind es Indolbuttersäuren oder Naphthylessigsäure in Rhizopon oder Seradix. Weitere Einsatzbereiche sind im Obstbau zur Fruchtausdünnung, aber auch zur Verhinderung des Fruchtfalls. In Gewebekulturen werden Auxine dem Nährboden zugesetzt, um die Zellteilung zu fördern oder die Differenzierung einzuleiten. Ein anderes Auxin, 2,4 D, wird in Herbiziden verwendet, was dafür sorgt, dass sich die Pflanzen totwachsen.

Gibberelline

Wirkung:
- Förderung der Zellstreckung,
- Aufhebung der Blühhemmung bei Pflanzen, die vernalisationsbedürftig sind,
- Aufhebung der Keimhemmung.

In Spross- und Wurzelspitzen sowie in Keimlingen werden Gibberellinsäuren hergestellt.

Gibberelline werden heute bei der Kultur von Hochstämmchen eingesetzt. Viel häufiger werden Stoffe eingesetzt, die als Gegenspieler die Wirkung solcher Streckungshormone aufheben. Diese Hemmstoffe, wie z.B. Cycocel, bewirken einen kompakteren Pflanzenaufbau und einen besseren Knospenansatz bei Zierpflanzen.

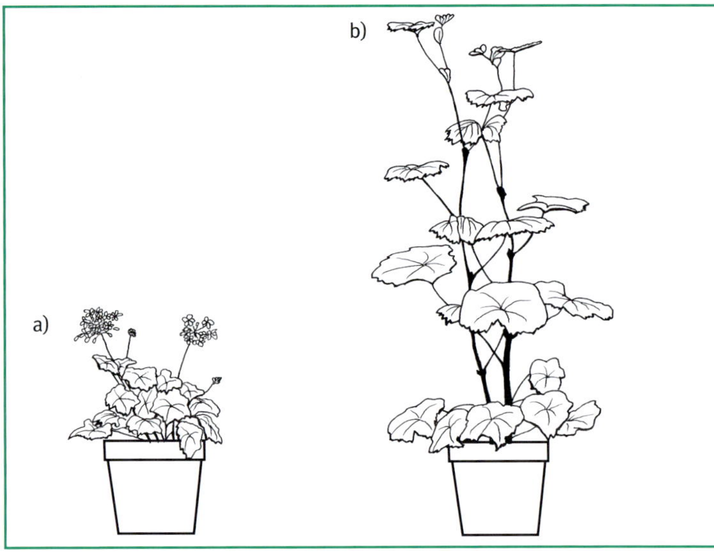

Abb. 70
Gibberellinwirkung
a) Kontrolle
b) 100 ppm Gibberlin

Cytokinine

Wirkung:
- Förderung der Zellteilung,
- Förderung der Verzweigung,
- Verzögerung von Alterungsvorgängen.

Cytokinine kommen in den Wurzelspitzen, wie auch in den Keim- und Laubblättern vor.

In Gewebekulturen werden Cytokinine dem Nährboden zugemischt, um Zellteilungen anzuregen. Zur Kultur von Pflanzen werden Cytokinine noch nicht eingesetzt.

Abscisinsäure

Die Synthese von Abscisinen findet überwiegend in alternden Blättern und Früchten statt. Abscisinsäure ist ein Hemmstoff und der natürliche Gegenspieler der Wuchsstoffe.

Auch die Knospenruhe wird durch Abscisinsäure gesteuert. So müssen Gehölzzweige, die im Winter austreiben sollen, erst niedrigen Temperaturen ausgesetzt werden. Das gleiche trifft für Samen von Kaltkeimern zu, bei denen Abscisinsäure als keimhemmende Substanz vorhanden ist.

Wirkung:
- Löst das Abstoßen von Blättern und Früchten aus,
- leitet bei Samen und Früchten die Ruheperiode ein,
- hemmt die Zellteilung.

Äthylen

Äthylen fördert fast ausschließlich Alterungsprozesse. Eine Ausnahme liegt bei den Bromelien vor, weil hier Äthylen die Blütenbildung auslösen kann. Bei der Obstlagerung wird zur Verlängerung der Haltbarkeit Äthylen durch Aktivkohlefilter aus der Lagerluft entfernt. Auch Schnittblumen altern schneller mit Äthylen. Deshalb sollten sich keine verwelkenden Pflanzenteile oder Obst und Gemüse im Kühlraum befinden.

Wirkung:
- Blatt-, Fruchtfall,
- Welken der Blüten,
- Reifebeschleunigung bei Früchten.

2.8 Vererbung und Züchtung

2.8.1 Mendelsche Regeln

Im Zellkern befinden sich die **Chromosomen**. Als Träger der Erbinformation bestimmen sie alle vererbbaren Eigenschaften einer Pflanze. Da in jedem Zellkern einer Pflanze die gleiche Erbinformation vorhanden ist, ist sichergestellt, dass vegetativ vermehrte Pflanzen diese Erbinformation enthalten und in Aussehen und Eigenschaften den Ausgangspflanzen (= Mutterpflanzen) vollständig gleichen.

Ähnlich wie auf einem Computerprogramm sind auf den Chromosomen für jedes Pflanzenmerkmal genaue „Produktionsanweisungen" gespeichert. Da dieses Programm in jedem Zellkern einer Pflanze vorliegt, arbeitet jede Pflanzenzelle nach dem gleichen Programm.

Ein Chromosom ist in Abschnitte gegliedert. In diesen Abschnitten sind die Erbinformationen für jedes Merkmal gespeichert. Sie werden auch **Gene** genannt. Das Gen für die Blütenfarbe z.B. steuert, ob die Pflanze Anthozyane bildet und damit rote Blüten hat oder kein Anthozyan aufbaut und dann weiß blüht. Der Chromosomenbestand und die darin enthaltene Erbinformation wird als **Genotyp** bezeichnet (Abb. 71).

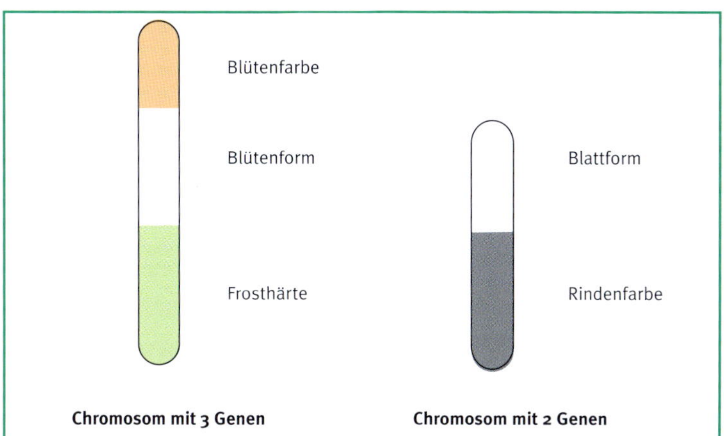

Abb. 71
Schema eines Chromosomensatzes mit Genen

Die Geschlechtszellen, also Eizelle und Pollenzelle, haben nur den einfachen (= haploiden) Chromosomensatz, in dem jedoch sämtliche Erbinformationen enthalten sind. Durch die Befruchtung der Eizelle entsteht die erste Zelle des neuen Lebewesens mit doppeltem (diploidem) Chromosomensatz, d.h. es befinden sich in dieser neu entstandenen Zelle zwei Informationen für jedes Merkmal.

Abb. 72
Mögliche Kombinationen bei der Befruchtung

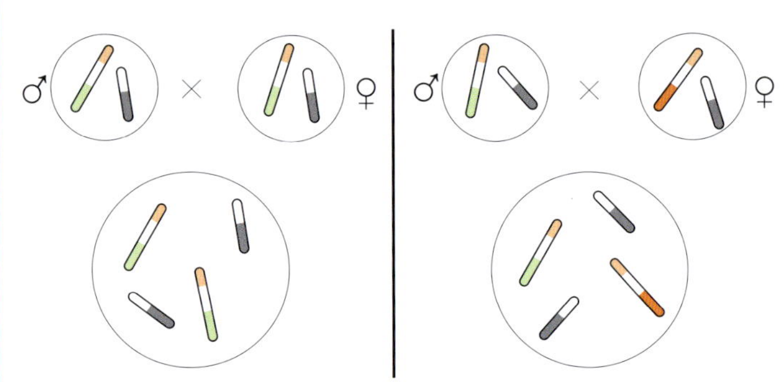

DEFINITION

Wichtige Begriffe:
- Gen – Erbfaktor
- homozygot – reinerbig – RR oder rr
- heterozygot – mischerbig – Rr oder rw
- dominant-rezessiv: im Erscheinungsbild tritt nur das dominante Gen auf
- intermediär: im heterozygoten Zustand erscheint eine Merkmalsmischung
- diploid sind die Körperzellen mit doppeltem Chromosomensatz
- haploid sind die Geschlechtszellen mit einfachem Chromosomensatz
- Phänotyp – äußere Erscheinungsform
- Genotyp – Gengruppierung, die das Erscheinungsbild bewirkt

Wenn bei einer Befruchtung eine Eizelle und eine Pollenzelle zusammentreffen, die die gleichen Erbinformationen enthalten, so entstehen Nachkommen, die als **reinerbig (= homozygot)** bezeichnet werden. Sind in den Chromosomensätzen von Eizelle und Pollenzelle jedoch unterschiedliche Erbinformationen (= Programme) für ein Merkmal enthalten, z.B. Blütenfarbe oder Blattform, so entstehen **mischerbige (= heterozygote)** Nachkommen (Abb. 72). Somit wird deutlich, dass das Erbbild die äußere Erscheinungsform **(= Phänotyp)** bestimmt.

Es ist selten vorherzusagen, wie bei einer generativen Vermehrung die Nachkommenschaft aussehen wird. Betrachten wir als Beispiel die Blütenfarbe einer Pflanze. Trifft bei der Befruchtung die Information „Blütenfarbe rot" auf die Information „Blütenfarbe weiß" so sind folgende Möglichkeiten gegeben: Folgt die Pflanze in der Ausbildung der Blütenfarbe nur einer der beiden Erbinformationen und lässt die andere außer acht, so spricht der Züchter von einem **dominanten** Erbgang. Die nicht in Erscheinung tretende Erbinformation nennt man **rezessiv.**

Die andere Möglichkeit besteht darin, das beide Erbinformationen an den Nachkommen äußerlich sichtbar werden. In unserem Beispiel mischen sich also Rot und Weiß, die Erbinformationen ergeben also die Blütenfarbe Rosa. Hier spricht man von einem zwischenelterlichen **(= intermediären)** Erbgang. Schon der Mönch und Lehrer Gregor Mendel (1822–1884) hatte bei seinen Beobachtungen und Versuchen erkannt, dass sich die Nachkommen von der Elterngeneration unterscheiden können. Durch zahlreiche Kreuzungsversuche kam er schließlich zur Aufstellung bestimmter Gesetzmäßigkeiten. Um diese Mendel-Regeln zu verstehen, sollen hierzu einige Beispiele erläutert werden.

Als Ausgangsmaterial betrachten wir eine reinerbig rotblühende und eine reinerbig weißblühende Pflanze. Diese Ausgangspflanzen sind die Elterngeneration oder **Parentalgeneration** bei Kreuzungen. Die Nachkommen, die aus

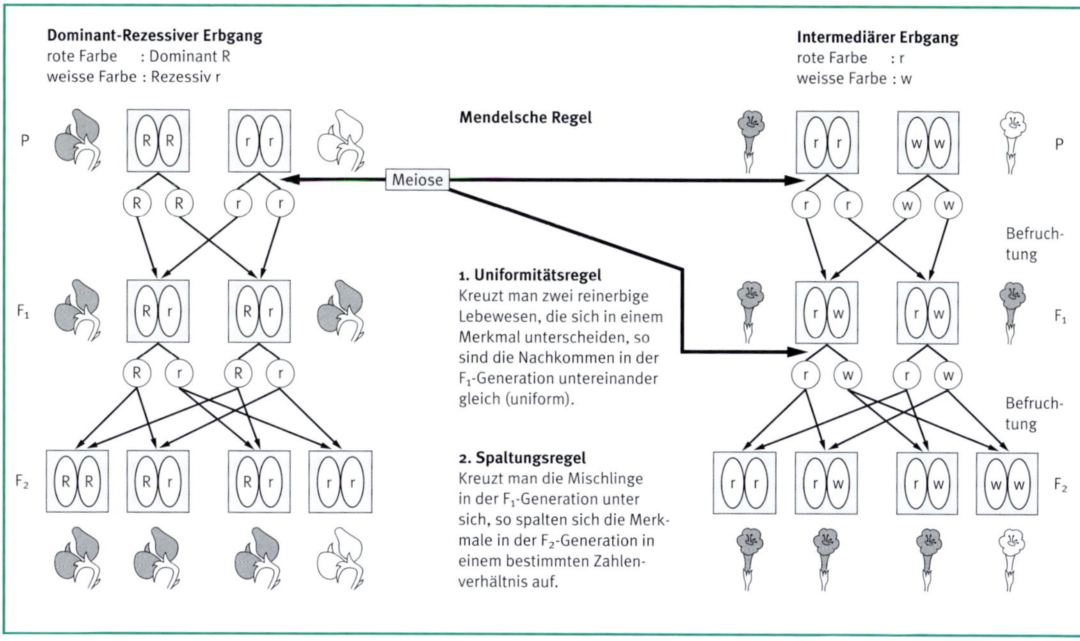

Abb. 73
Dominant-Rezessiver und Intermediärer Erbgang

der Parentalgeneration entstehen, werden als **1. Filialgeneration** bezeichnet, die Nachkommen der 1. Filialgeneration als **2. Filialgeneration.**

In der Vererbungslehre ist es üblich, dass durch große Buchstaben der dominante Partner und mit dem kleinen Buchstaben der rezessive Partner dargestellt wird. In der Abb. 73, in der ein dominant-rezessiver und ein intermediärer Erbgang verdeutlicht werden soll, sind nur die Chromosomen dargestellt, die für die zu betrachtenden Eigenschaften von Bedeutung sind. Wie aus der Abbildung zu entnehmen ist, sind alle Nachkommen zweier reinerbiger Eltern in der 1. Tochtergeneration gleich. MENDEL war in seinen Kreuzungsversuchen zu diesem Ergebnis gekommen und stellte folgende Regel auf:

1. Mendel-Regel

Kreuzt man zwei reinerbige Lebewesen, die sich in einem Merkmal unterscheiden, so sind die Nachkommen in der F1-Generation untereinander gleich (uniform).

Deshalb wird die erste Mendel-Regel auch **Uniformitätsregel** genannt. Die entstandenen Nachkommen bezeichnet man als F1-Hybriden. Diese Pflanzen sind in vielen Merkmalen den Elternpflanzen überlegen, z.B. in der Gleichzeitigkeit der Blüte und Erntereife **(Heterosiseffekt)**.

Kreuzt man zwei Pflanzen der F1-Generation miteinander, ergibt sich der in Abb. 73 dargestellte Erbgang.

Aus dem Ergebnis hat MENDEL eine 2. Regel abgeleitet:

2. Mendel-Regel

Kreuzt man die Mischlinge in der F1-Generation unter sich, so spalten sich die Merkmale in der F2-Generation in einem bestimmten Zahlenverhältnis auf.

Folglich wird die 2. Mendel-Regel **Spaltungsregel** genannt. Bei einem dominant-rezessiven Erbgang spalten die Nachkommen im Verhältnis 1:3 auf,

ZUSAMMENFASSUNG

Mendel-Regeln

1. **Regel** (Uniformitätsregel)
Kreuzt man reinerbige Lebewesen einer Art, die sich in einem Merkmal unterscheiden, so sind die Nachkommen in der F_1-Generation untereinander gleich.
2. **Regel** (Spaltungsregel)
Kreuzt man die Mischlinge der F_1-Generation unter sich, so treten in der F_2-Generation auch die Merkmale der P-Generation in einem bestimmten Zahlenverhältnis wieder auf.
3. **Regel** (Unabhängigkeitsregel)
Kreuzt man zwei Lebewesen, die sich in mehreren Merkmalen unterscheiden, werden in der F_2-Generation die einzelnen Merkmale unabhängig voneinander vererbt und neu kombiniert.

bei intermediären Erbgängen ergibt sich ein Spaltungsverhältnis von 1:2:1. In bezug auf die Erbfaktoren kommt es in beiden Fällen zur Aufspaltung im Verhältnis 1:2:1.

In weiteren Kreuzungsversuchen verwendete MENDEL Pflanzen, die sich in mehreren Merkmalen unterschieden, so dass er in der 3. Mendel-Regel zu folgendem Ergebnis kam:

3. Mendel-Regel

Kreuzt man Lebewesen, die sich in mehreren Merkmalen unterscheiden, so werden die Merkmale unabhängig voneinander vererbt. Neben den Merkmalskombinationen der Eltern treten in der F2-Generation auch völlig neue Merkmalskombinationen auf.

Diese freie Kombinierbarkeit der Merkmale ist nur möglich, wenn diese auf verschiedenen Chromosomen liegen. Zur Verdeutlichung der Regel wählen wir das Erbsenbeispiel von MENDEL. Er kreuzte zwei verschiedene Erbsensorten miteinander, die sich in zwei Merkmalen voneinander unterschieden. Die Elternpflanzen sind reinerbig in bezug auf Farbe und Oberflächenbeschaffenheit der Erbsen:

Sorte 1: gelbe, runde Erbsen (GG, RR),

Sorte 2: grüne, runzelige Erbsen (gg, rr).

Bei der Bildung der Geschlechtszellen in der F1-Generation können vier unterschiedliche Geschlechtszellen entstehen. Da jede weibliche Geschlechtszelle mit jeder männlichen Geschlechtszelle kombiniert werden kann, stellt man ein Kreuzungsschema auf. Damit lässt sich die Vielzahl der Kombinationsmöglichkeiten übersichtlich darstellen.

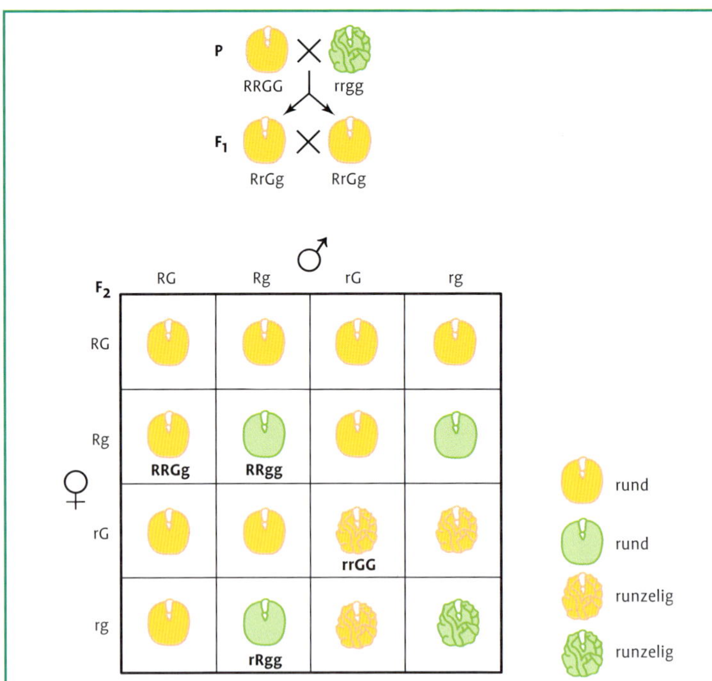

Abb. 74
Vererbung von zwei Merkmalen – Neukombination der Erbanlagen

Grüne-runde und gelbe-runzelige Erbsen sind neu entstanden. Zählt man die Phänotypen im vorliegenden Beispiel, so kommt man zu folgenden Verhältniszahlen:

9 (gelb + rund), 3 (gelb + runzelig), 3 (grün + rund), 1 (grün, runzelig).

2.8.2 Züchtung

Mit Hilfe verschiedener Methoden versucht der Züchter, Pflanzen so zu formen, dass sie seinem Wunschbild entsprechen. Züchtungsziele sind z.B. hohe und sichere Erträge, Widerstandsfähigkeit gegenüber Krankheiten und Witterung oder Vielfalt in Form und Farbe.

• Auslesezüchtung

Die älteste Form der Pflanzenzüchtung ist die Auslesezüchtung. Aus einem Pflanzenbestand werden die Pflanzen für die weitere Vermehrung ausgelesen, die dem Züchtungsziel entsprechen (**positive Massenauslese).** Diese planmäßige Auslese über viele Generationen ist zwar eine einfache, aber langwierige Methode zur Neuzüchtung von Sorten. Bei der **Erhaltungszüchtung (= negative Massenauslese)** werden alle Pflanzen entfernt, die nicht dem gewünschten Typ entsprechen. So wird eine Sorte auf ihrem Leistungsniveau gehalten.

• Kombinationszüchtung

Pflanzen, die jeweils erwünschte Merkmale besitzen, werden miteinander gekreuzt. Dadurch soll erreicht werden, dass sich diese Eigenschaften bei den Nachkommen auf einer Pflanze vereinen. Auslese und Prüfung der Nachkommen über viele Generationen schließen sich an, um die neue Sorte mit den erwünschten Merkmalen zu bekommen. Diese Pflanzen sind dann reinerbig für die betreffenden Merkmale und damit samenbeständig, was bedeutet, dass sie in den nachfolgenden Generationen nicht aufspalten.

Auch das Einkreuzen günstiger Eigenschaften, wie z.B. Krankheitsresistenz, in bereits bestehende Sorten, gehört zur Kombinationszüchtung. Durch Verstärken der Kutikula bei Rosen, Spinat und Salat erhöht sich die Resistenz gegen echten Mehltau.

• Hybridzüchtung

F1-Hybriden finden im Gemüsebau und im Zierpflanzenbau immer weitere Verbreitung. Durch Kreuzung reinerbiger Eltern entstehen einheitliche Nachkommen, in denen die Merkmale kombiniert auftreten. Manche dieser F1-Hybriden überbieten ihre Eltern an Wüchsigkeit und anderen Leistungsmerkmalen. Dieses Ergebnis wird als **Heterosiseffekt** bezeichnet. Der Effekt ist aber in der nachfolgenden Generation nicht mehr vorhanden.

• Mutationszüchtung

Mutationen sind sprunghafte Veränderungen in der Erbsubstanz. Sie gehen aus der Veränderung eines Gens (**Genmutation)**, eines Chromosoms (**Chromosomenmutation**) oder der Vervielfachung eines Chromosomensatzes einer Zelle (**Polyploidie**) hervor. Die durch Mutation erworbenen neuen Eigenschaften werden auf die nachfolgenden Generationen weitervererbt. Mutationen können von selbst entstehen oder künstlich hervorgerufen werden, z.B. durch die Einwirkung chemischer Stoffe, UV- oder radioaktiver Strahlung. Die Aus-

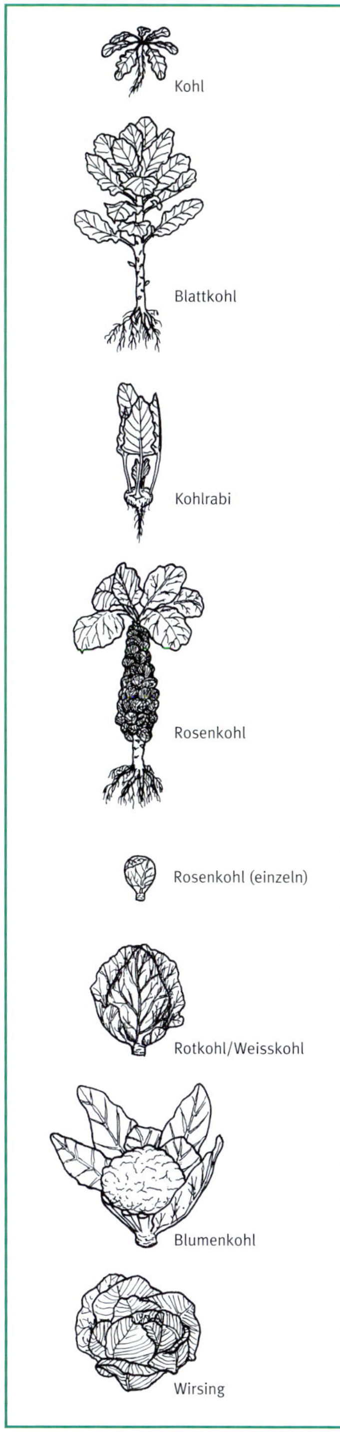

Abb. 75
Kulturformen des Kohls

Abb. 76
Laburnocytisus adamii (Adams Goldregen) als Propfchimäre

wirkung einer Mutation kann die Vitalität eines Lebewesens stark oder ganz schädigen. Sie kann aber auch Vorteile gegenüber anderen Pflanzen der gleichen Art oder konkurrierenden Pflanzen bringen.

Bei **Modifikationen** sind nicht Erbgutveränderungen sondern Umwelteinflüsse für die Veränderungen des Pflanzenwuchses verantwortlich. Pflanzen aus dem Gebirge sind niedrig und dicht behaart. So sind sie besonders gut angepasst an die kurze Vegetationsperiode und die hohe UV-Strahlung, die in dieser Vegetationszone herrschen. Werden diese Alpenpflanzen in Hausgärten im Flachland angesiedelt, verlieren sie ihren typischen Charakter. Aufgrund abweichender Bodenbedingungen und der geringeren Einstrahlung verändert z.B. das Edelweiß seine Blütenfarbe und den gedrungenen Wuchs.

Natürlich auftretende Mutationen sind z.B. die rotschaligen Formen bekannter Apfelsorten, wie 'Boskoop' und 'James Grieve'. Auch bei Azaleen, Nelken oder Chrysanthemen treten in einem Bestand immer wieder Triebe auf, die neue Blütenfarben hervorbringen. Solche Knospenmutationen, die eine Farb- oder Wuchsvariante erzeugen, werden als **Sports** bezeichnet. Diese Pflanzen bestehen dann aus genetisch verschiedenen Körperzellen und sind **Chimären**. Sports müssen vegetativ vermehrt werden, da sie bei generativer Vermehrung verschwinden. Ein durch vegetative Vermehrung aufgebauter Pflanzenbestand ist ein **Klon**.

Polyploidie

Die Vervielfachung des Chromosomensatzes bezeichnet man als **Polyploidie**. Sie kann durch eine Colchizinbehandlung wachsender Pflanzenteile bewirkt werden. Colchizin ist ein Gift der Herbstzeitlose (*Colchicum autumnale*). Es verhindert die Spindelbildung bei der Mitose und damit die Verteilung der Chromosomen auf die Pole.

Polyploide Zellen werden wesentlich größer als normale Zellen; es lassen sich damit also Pflanzen mit Riesenwuchs erzeugen. Bei Nutzpflanzen hat die Polyploidie wirtschaftliche Bedeutung.

2.8.3 Gentechnik

Die Gentechnik beschäftigt sich mit der Isolierung von genetischem Material, welches dann über die Artgrenzen hinweg in die Erbsubstanz anderer Pflanzen eingebaut wird.

Vorgehensweise:
- Das gewünschte Gen muss aus vielen hundert Genen gefunden und isoliert werden.
- Das Gen wird in die Zelle der zu verändernden Pflanze gebracht.
- Diese Zellen werden vermehrt und anschließend zu kompletten Pflanzen regeneriert.

Für die Übertragung werden verschiedene Verfahren angewendet:

Protoplastenfusion

Pflanzen, die in ihren Zellen die Informationen zweier verschiedener Pflanzen enthalten, gewinnt man durch die Verschmelzung von **Protoplasten** (Zellen ohne Zellwand).

ZUSATZINFORMATION

Ungeklärte Probleme:
- Wie wirkt sich das einzelne übertragene Gen im Zusammenhang mit allen bereits vorhandenen Genen aus?
- Erfolgt ein Austausch gentechnisch veränderter Pflanzen mit ihrer Umwelt und wie weit werden andere Pflanzen/Lebewesen beeinflusst?
- Wie schnell werden erworbene Einzelgene wieder durch Mutaion verloren gehen?
- Welche Auswirkungen hat die Genübertragung auf die Artenvielfalt?

Mikroinjektion von Genen

Ein gewünschtes Gen wird aus einer DNA chemisch herausgeschnitten und in isolierte Protoplasten mit Hilfe von hauchdünnen Kanülen eingespritzt. Einzelne Gene sollen jetzt in den Zellkern gelangen und in die Erbinformation eingebaut werden.

Genübertragung mittels Bakterien

Als Überträger benutzt man ein Bakterium, welches Wucherungen an Pflanzen hervorruft (*Agrobacterium tumefaciens*). Das gewünschte Gen wird in das Erbgut des Bakteriums eingebaut, indem man das krankmachende Gen „Tumorbildung" durch das gewünschte Gen ersetzt. Das so veränderte Bakterium überträgt jetzt die neue Eigenschaft.

ZUSATZINFORMATION

Zur Vermeidung von möglichen Gefahren soll der Verbraucher durch **Gesetze und Verordnungen** geschützt werden:
- Gentechnikgesetz
- Saatgutverkehrsgesetz
- Lebens- und Bedarfsgegenständegesetz
- Zusatzstoff-, Zulassungsverordnung
- Lebensmittelkennzeichnungsverordnung

Wiederholungsfragen und Aufgaben

1. **Die Abbildung zeigt die Schemazeichnung einer Zelle bei lichtmikroskopischer Betrachtung.**

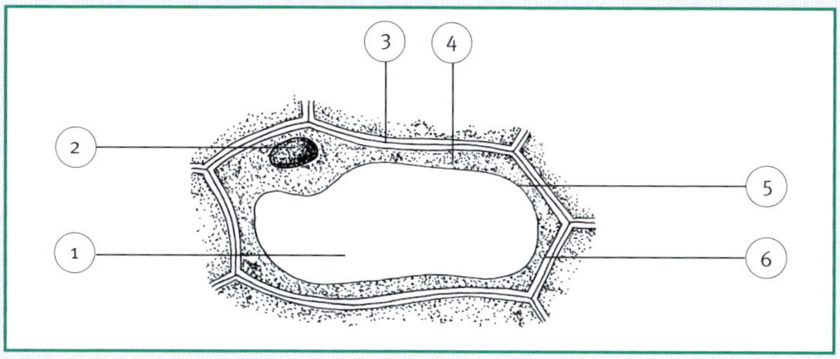

Abb. 77

a) Beschriften Sie die abgebildete Zelle, indem Sie den Ziffern die richtigen Begriffe zuordnen.
b) Geben Sie an, ob es sich um eine pflanzliche oder tierische Zelle handelt.

2. **Ein nicht beschriftetes Präparat eines Gewebes zeigt verschiedene Zellteilungsstadien.**
a) Woran kann man erkennen, ob es sich um tierisches oder pflanzliches Material handelt?
b) Aus welchen Teilen einer Pflanze könnte ein solches Präparat stammen?
c) Beschreiben Sie, welche Strukturen und Vorgänge im abgebildeten Mitosestadium zu erkennen sind.

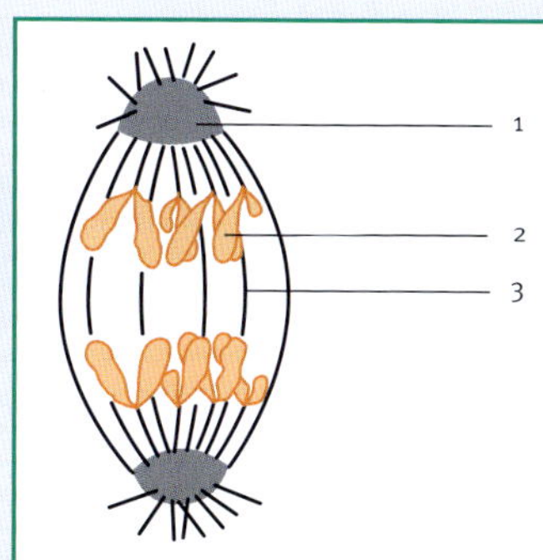

Abb. 78

3. **Außer durch erbliche Faktoren wird das Wachstum und die Entwicklung der Wurzeln durch Umweltfaktoren bestimmt.**
a) Nennen Sie vier Umweltfaktoren, die die Wurzelentwicklung beeinflussen können.
b) Auf welche Art und Weise beeinflussen gärtnerische Maßnahmen die Wurzelbildung? Beschreiben Sie zwei Möglichkeiten.

c) Gibt es auch wurzellose Pflanzen? Wenn ja, geben Sie zwei Beispiele an.

4. **Pflanzen werden durch eine Vielzahl von Stoffen gefärbt.**
a) Nennen Sie zwei Farbstoffe, die in roten Blüten vorkommen können und geben Sie die Zellbestandteile an, in denen die Farbstoffe zu finden sind.
b) Nennen Sie jeweils zwei Pflanzen sowie deren Pflanzenteile, die durch die oben genannten Farbstoffe ihre Färbung erhalten.
c) Erklären Sie die Herbstfärbung der Gehölze.

5. **Im Kampf um das Licht sind Pflanzengruppen mit eigenartigem Bau entstanden.**
Kletterpflanzen, Epiphyten oder Aufsitzer und Parasiten ist es gelungen, einen Platz an der Sonne zu erobern.
Nennen Sie jeweils eine Pflanze aus den oben angegebenen Gruppen und geben Sie an, mit welchen Umbildungen diese Pflanzen in ihren Lebensräumen bestehen können.

6. **Wasser hat eine formgebende Bedeutung.**
a) Erklären Sie in diesem Zusammenhang den Begriff Turgor.
b) Wie ändert sich der Turgor in den Wurzelzellen bei Überdüngung? Erklären Sie, weshalb der Turgor sich ändert.
c) Fertigen Sie eine Zeichnung einer solchen überdüngten Zelle an und beschriften Sie alle wichtigen Zellbestandteile.

7. a) Skizzieren Sie den **Sprossquerschnitt** einer krautigen zweikeimblättrigen Pflanze und beschriften Sie alle wesentlichen Teile.
b) Erklären Sie das Entstehen der Jahresringe unter Verwendung der entsprechenden Fachbegriffe.
c) Warum haben Bäume in den Tropen selten Jahresringe?

8. **In tropischen Regenwäldern herrscht eine hohe Luftfeuchtigkeit.**
a) Durch welche Kräfte wird das Wasser bei Pflanzen unserer Breiten aus den Wurzeln in die Blätter getrieben und ein konstanter Wasserstrom aufrechterhalten?
b) Weshalb können Pflanzen dort nicht, wie untergetaucht lebende Wasserpflanzen, ohne Wasseraufnahme durch die Wurzeln auskommen?
c) In welchem Teil der Pflanze erfolgt der Wassertransport? Durch welches einfache Experiment ließe sich dies beweisen?

9. **Der Wassertransport bei Pflanzen setzt vor allem dann in Erstaunen, wenn 100 m hohe Bäume auch noch in ihrem Gipfelbereich mit Wasser versorgt werden.**
Schildern Sie die Veränderungen eines Birkenstammes mit Hilfe der Abbildung 79 und erklären Sie diese.

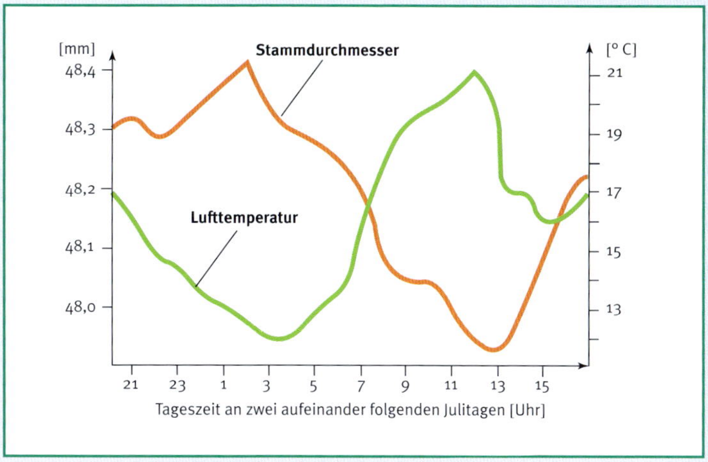

Abb. 79

10. Die Sprossachse trägt Blätter und leitet Stoffe.

a) Beschreiben Sie den Aufbau einer Knospe.

b) Nennen Sie die Kennzeichen von Stängel und Schaft und geben Sie jeweils zwei Pflanzenbeispiele an.

c) Wie unterscheidet sich ein Halbstrauch von einem Strauch?

11. Wie bei der Wurzel treten auch bei der Sprossachse Umbildungen zwecks Übernahme anderer oder zusätzlicher Aufgaben auf.

a) Kakteen und Euphorbienarten wachsen an trockenen Standorten. Durch welche Umbildungen sind diese Pflanzen in der Lage, an solchen Standorten zu wachsen? (mit Erklärung)

b) Tulpen, Narzissen und Hyazinthen haben Zwiebeln. Beschreiben Sie den Bau einer Zwiebel und geben Sie Unterschiede zu den Knollen an.

12. Wichtige Pflanzenmerkmale sind die Anordnung der Blätter an der Sprossachse und die Ausformung der Blattfläche.

a) Beschreiben Sie folgende Blattstellungen (auch zeichnerisch möglich): wechselständig und grundständig – und geben Sie je eine Pflanze an, die eine solche Blattstellung besitzt.

b) Skizzieren Sie ein unpaarig gefiedertes Blatt und kennzeichnen Sie aus folgender Pflanzenliste die Pflanzen, die solche Blätter aufweisen: Kastanie, Walnuss, Erbse, Rose, Mahonie.

c) Neben der Blattform und Blattstellung kann auch der Blattrand ein wichtiges Unterscheidungsmerkmal sein.
Die nebenstehende Abbildung des Blattes besitzt sechs verschiedene Ränder. Ergänzen Sie die richtigen Bezeichnungen.

Abb. 80

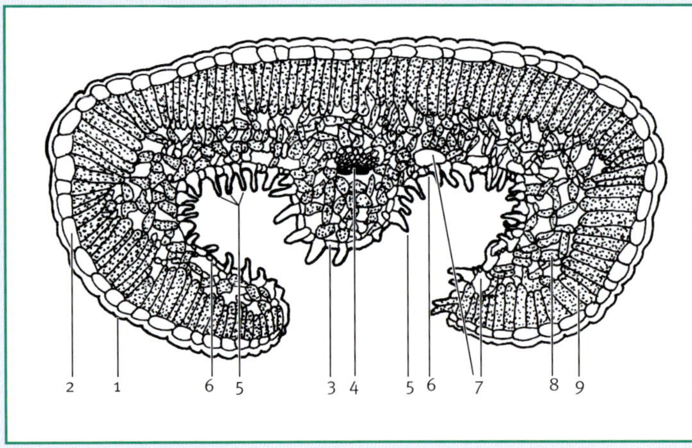

Abb. 81

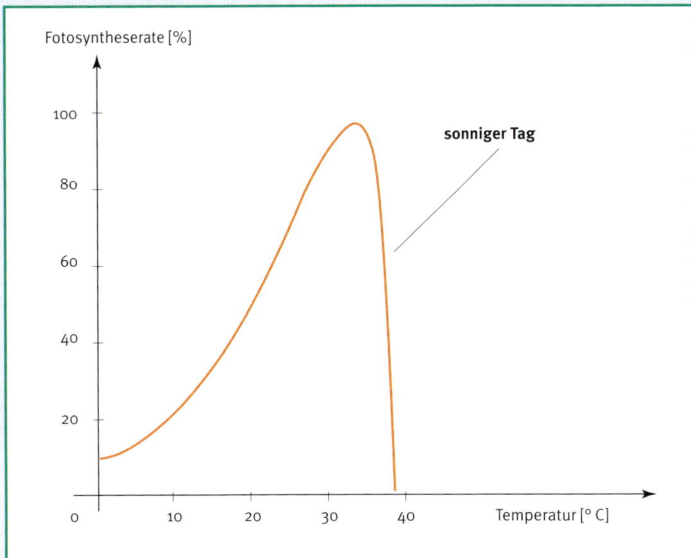

Abb. 82

13. **Der Querschnitt durch ein Laubblatt von Heidekraut zeigt neben normal angeordneten pflanzlichen Geweben eine Besonderheit in der Blattform. Betrachten Sie dazu die Abbildung 81.**

a) Benennen Sie die mit Ziffern bezeichneten Strukturen.

b) Leiten Sie aus dem Blattbau die Anpassung des Heidekrauts an seinen Standort ab. Begründung nicht vergessen.

14. **Mit Hilfe von Experimenten lässt sich die Abhängigkeit der Fotosyntheserate von Außenfaktoren bestimmen. Die unten dargestellte Kurve Abb. 82 beruht auf Messergebnissen einer Versuchsreihe an einer Gartenpflanze.**

a) Erklären Sie den Kurvenverlauf.

b) Zeichnen Sie eine weitere Kurve ein, die sich ergibt, wenn man obige Versuchsreihe bei stark bewölktem Himmel wiederholt.

c) Erörtern Sie, ob sich die Fotosyntheserate in beiden Versuchsreihen durch Erhöhung der CO_2-Konzentration noch steigern ließe.

15. Begründen Sie, warum eine **Kühllagerung von Pflanzen** und Pflanzenteilen (Obst, Gemüse, Stecklinge, Baumschulware) deren Haltbarkeit verlängert.

16. Die Blüte ist ein gestauchter Spross, der die männlichen und weiblichen Fortpflanzungsorgane trägt.

a) Skizzieren Sie schematisch den Längsschnitt durch eine zwittrige Blüte und benennen Sie die entsprechenden Teile.

b) Welche Vorgänge (3) sind bei der Entwicklung von der Blüte zur Frucht notwendig?

17. Zur Bestimmung von Pflanzen ist die Kenntnis des Blütenaufbaus von entscheidender Bedeutung.

a) Erläutern Sie folgende Blütenformel:
*K5 C(5) A5+5 G($\underline{5}$)

b) Was verstehen Sie unter:
Perigon, Zweihäusigkeit und gefüllten Blüten?

18. Oft wird durch morphologische Einrichtungen eine Selbstbestäubung und damit Inzucht verhindern.

a) Auf welche Weise wird bei den höheren Pflanzen Fremdbestäubung gefördert bzw. erzwungen? Geben Sie drei Möglichkeiten an.

b) Welche Anlockungs- und Reizmittel können Blüten besitzen? (4 Angaben).

19. Pollen können auch durch den Wind auf andere Pflanzen übertragen werden.

a) Geben Sie vier Merkmale windblütiger Pflanzen an.

b) Nennen Sie zwei windbestäubte Pflanzen.

20. In der Reifeteilung (Meiose) werden die Erbanlagen neu kombiniert.

a) In welchen Teilen der Blüte finden Meiosen statt?

b) Warum wird die Meiose auch Reduktionsteilung genannt?

c) Machen Sie die Unterschiede zwischen Mitose und Meiose in der Metaphase (Stadium der Äquatorialplatte) und der Anaphase (Stadium des Auseinanderstrebens) klar.

21. Ein Blütenstand zeichnet sich oft durch bestimmte Verzweigungsformen aus.

a) Was ist ein Blütenstand (allgemeine Definition)?

b) Zeichnen und beschreiben Sie Rispe, Traube, Kolben.

c) Nennen Sie zwei Blütenpflanzen, die keinen Blütenstand ausbilden.

22. Zwischen Früchten, Frucht- und Blütenständen wird in der Alltagssprache nicht eindeutig unterschieden.

a) Was ist an den Bezeichnungen Walnuss, Weintraube und Paprikaschote falsch?

b) Welche ehemaligen Blütenteile essen wir bei Birnen mit?

c) Was verstehen Sie unter Parthenokarpie?

23. Eine Frucht besteht aus der Fruchtwand und dem Samen.

a) Nennen Sie die drei Teile eines Samenkorns, und geben Sie an, aus welchen Fruchtknotenteilen sie entstanden sind.

b) Die Samen der Orchideen sind außerordentlich klein und weisen eine geringe Keimfähigkeit auf.
Welchen Grund hat diese schlechte Keimfähigkeit? Wie können Orchideen diesen Mangel ausgleichen?

24. Die frei werdenden Samen des Schneeglöckchens besitzen einen Anhang mit öl- und eiweißreichem Gewebe, sogenannte Elaiosomen.

a) Welche Fremdverbreitungsformen von Samen und Früchten werden unterschieden?

b) Welche Verbreitungsart trifft für die Schneeglöckchensamen zu?

25. Die Lilien bilden Zwiebeln aus. Außerdem bilden sie Blüten, aus denen nach der Befruchtung kapselartige Früchte heranwachsen.

In einem Versuch werden aus den Samen einer Lilie neue Pflanzen herangezogen. Aus der Zwiebel der selben Lilie werden durch

Abtrennen von Zwiebelschuppen ebenfalls neue Pflanzen aufgezogen. Zwischen den neuen Lilien lassen sich zahlreiche Unterschiede feststellen.
Womit lassen sich die Unterschiede erklären, zwischen
a) den Pflanzen, die alle aus Samen aufgewachsen sind?
b) den Pflanzen, die aus Samen gezogen wurden, und den Pflanzen, die aus Zwiebelschuppen entstanden sind?

26. Ein Kunde möchte selbstgeerntetes Saatgut einer Zimmerpflanze zum Keimen bringen:
a) Beschreiben Sie ihm, aus welchen Teilen der Same besteht.
b) Unter welchen Bedingungen keimt der Same am besten?
c) Sollte der Kunde eine nährstoffreiche oder eine nährstoffarme Erde verwenden? (Begründung)
d) Wie sollte Saatgut aufbewahrt werden, damit es möglichst lange keimfähig bleibt?

27. Erklären Sie folgende Begriffe aus der Vererbungslehre:
- homozygot
- intermediärer Erbgang
- Gen
- diploid

28. Ein Gärtner erhielt nach einer Kreuzung 240 blaue und 80 weiße Pflanzen.
a) Erklären Sie die dafür zuständige Mendelsche Regel.
b) Beschreiben Sie an einem Schema, wie die Elterngeneration aussah (Erbbild und Erscheinungsbild).

29. Folgende Pflanzen (Löwenmäulchen) sollen miteinander gekreuzt werden:
Vaterpflanze: rote Blüten, zygomorph (Blüte mit nur einer Symmetrieebene) = (RRZZ); beide Merkmale sind dominant
Mutterpflanze: weiße Blüten, radiär (Blüte mit mehr als 2 Symmetrieebenen) = (rrzz); beides rezessiv
Beschreiben Sie, wie die Pflanzen in der F1 und F2 aussehen können.

2.9 Literaturhinweise und Links

Literaturhinweise

BAYRHUBER, H., KULL, U.: Linder Biologie. Schroedel Schulbuchverlag, Hannover 2005, 22. Aufl.

JÄGER, E.J., NEUMANN ST.OHMANN, E.: Botanik. Spektrum Akademischer Verlag, Heidelberg, Berlin 2003, 5. Auflage.

JESSEN, H., SCHULZE, H.: Botanik in Frage und Antwort. Verlag M. und H. Schaper, Hannover 2001, 15. Auflage.

KRULL, U.: Grundriss der allgemeinen Botanik. Spektrum Akademischer Verlag, Heidelberg, Berlin 2001, 2. Auflage.

NUTT, H.G.: Botanik, Eine Einführung. Verlag Sauerländer, Aarau/Switzerland 2005, 4. Auflage.

PEWS-HOCKE, C.: Anatomie und Physiologie von Samenpflanzen, Pilzen und Bakterien. Paetec – Gesellschaft für Bildung und Technik mbH, Berlin 1992.

PURVES, W.K., SADAVA, D., ORIANS, G.H., HELLER, H.C.: Biologie. Spektrum Akademischer Verlag, Heidelberg, Berlin 2007, 6. Auflage.

RAVEN, P.H., EVERT, R.F., EICHHORN, S.E.: Biologie der Pflanzen. de Gruyter, Berlin, New York 2006, 4. Auflage.

THROM, G.: Grundlagen der Botanik. Nikol Verlag, Hamburg 2007, 2. Auflage.

WELLE, E.F.: Kleines Repetitorium der Botanik. Verlag Handwerk und Technik, Hamburg 2006, 14. Auflage.

Links:

http://www.

biologie.uni-ulm.de/lehre/botanik/morphologie/index.html → Basistexte zu Blatt, Blüte u. a. mit vielen hervorragenden Pflanzenbildern

biologie.uni-hamburg.de/b-online/doo/inhalt.htm → viele Seiten zu allen hier im Buch besprochenen Botanikthemen wie z. B. Aufbau einer Pflanzenzelle, Gewebe, Meristeme

2.vobs.at/bio/ → Botanik Vorarlberger Bildungsserver

payer.de/cifor/cifo1.htm → Aufbau des Holzes und viele weitere Informationen zu Waldpflanzen

carnivoren.de/index.htm →fleischfressende Pflanzen

carnivoren.org/gfp/index.htm → Gesellschaft für fleischfressende Pflanzen

biosicherheit.de/ → Gentechnik, Pflanzen, Umwelt

transgen.de/home/ → Informationen zu Gentechnik

digitalefolien.de/ → Mediendatenbank Biologie

http://

pharm1.pharmazie.uni-greifswald.de/systematik/ergaenz/eingesch.htm → zum Geschlecht der Blüten

baum-des-jahres.de/index.php

3 Vermehrung der Pflanzen

Gärtner vermehren Pflanzen. Die zunehmende Spezialisierung der Betriebe hat dazu geführt, dass einige Betriebe ausschließlich Jungpflanzen produzieren (z.B. Pelargonien, Chrysanthemen, Gemüsejungpflanzen oder Veredlungsunterlagen). Andere Betriebe vermehren keine oder wenige Pflanzen und kaufen Jungpflanzen für die Weiterkultur zu.

Bei vielen Pflanzenarten werden die natürlichen Vermehrungsmethoden genutzt. Dem Gärtner hilft aber auch die Fähigkeit der Pflanzen, dass abgetrennte Pflanzenteile sich wieder zu vollständigen Pflanzen regenerieren können. Die Eigenschaften der zu vermehrenden Pflanzen und die Wirtschaftlichkeit der Vermehrungsart bestimmen, welche Vermehrungsart angewendet wird. Grundsätzlich lassen sich **generative (= geschlechtliche)** und **vegetative (= ungeschlechtliche)** Vermehrung unterscheiden.

3.1 Vermehrung durch Aussaat (Generative Vermehrung)

Nach Bestäubung und Befruchtung bilden sich Samen, aus denen sich neue Pflanzen entwickeln können. Während Pflanzenzüchter ständig neue Sorten erhalten wollen, möchten Gärtner einheitliche Jungpflanzenbestände heranziehen. Deshalb beschränkt sich die generative Vermehrung auf solche Pflanzen, deren Nachkommen bei der Aussaat „echt fallen", d.h. einheitlich ausfallen und den Ausgangspflanzen genau gleichen. Die F1-Hybriden (s. Kap. 2.8.1) fallen ebenfalls einheitlich aus und sind den Elternpflanzen oft überlegen. Hier spricht man vom **Heterosis-Effekt** (z.B. höhere Wuchskraft, größere Blüten, leuchtendere Farben).

ZUSATZINFORMATION

Durch **Aussaat** vermehrt werden u.a.:

Topfpflanzen: Cyclamen persicum, *Pericallis* x *hybrida*, *Sinningia*
Beet- und Balkonpflanzen: *Antirrhinum majus*, *Begonia*-Semperflorens-Gruppe, *Helianthus annuus*
Stauden: Arten von *Aquilegia*, *Campanula*, *Viola*
Gemüse: Möhren (Daucus), Erbsen (*Pisum*), Bohnen (*Phaseolus*)
Gehölze: *Pinus sylvestris*, *Fagus sylvatica*, *Quercus robur*

Vorteile der Aussaat:

- Weniger arbeitsaufwändig,
- am Anfang nur kleine Anzuchtflächen nötig,
- Massenvermehrung,
- Sämlinge sind langlebig, widerstandsfähig, wüchsig und gut bewurzelt,
- Saatgut ist häufig preiswert.

3.1.1 Saatgut und Saatgutarten

Saatgutqualität

Voraussetzung für die generative Vermehrung ist Saatgut, das bestimmte Qualitätseigenschaften aufweist. Das Saatgut wird entweder durch eigene Ernte gewonnen oder zugekauft. Der Fachhandel garantiert eine bestimmte **Rein-**

heit und **Keimfähigkeit** des Saatgutes. Die Reinheit wird in % angegeben: 97% Reinheit heißt z.B., dass in einer 100-g-Lieferung 97 g Samen und 3 g Verunreinigungen (Fruchtreste, Samenanhängsel, beschädigte Körner, Unkrautsamen) enthalten sind. Die Keimfähigkeit wird durch **Keimproben** festgestellt. Dabei werden 100 Samenkörner (oder eine andere genau abgezählte Anzahl) ausgesät und unter optimalen Keimungsbedingungen gehalten. Nach der angemessenen, für jede Pflanzenart genau festgelegten Keimzeit werden die gekeimten Samen ausgezählt und der Prozentsatz ermittelt (keimen von 100 Körnern 86, so beträgt die Keimfähigkeit 86%; keimen von 50 Körnern 46, so beträgt die Keimfähigkeit 92%). Die Dauer der Keimfähigkeit ist bei den einzelnen Pflanzenarten sehr unterschiedlich. Sie liegt bei der Mehrzahl der Samen zwischen 1 und 6 Jahren. Die Keimfähigkeit hängt nicht nur von der Pflanzenart, sondern auch vom Erntejahr, dem Standort der Mutterpflanze, den Lagerbedingungen und der Lagerdauer ab. Mit zunehmendem Alter verbrauchen die Keimlinge die eingelagerten Reservestoffe und sterben schließlich ab.

Abb. 83
Pneumatisches Sägerät

Tab. 3 Keimfähigkeit und Lagerzeit

Pflanzenart in %	Keimfähigkeit Jahre	Lagerzeit
Hainbuche	65	1,5
Kiefer	95	4–6
Achilléa filipendulína	60	1–3
Scabiósa caucásica	35	1
Gurke	80	5
Schwarzwurzel	80	1

Bei zugekauftem Saatgut ist das Herkunftsgebiet (die **Provenienz**) wichtig. Bei Gehölzen sollte das Saatgut aus Gebieten stammen, deren Klima unserem ähnelt oder sogar rauer ist. Saatgut von Pflanzen aus unseren Klimabedingungen ist besonders wertvoll. Deshalb nehmen einige Baumschulen die benötigten Saatgutmengen aus der eigenen Baumsammlung (Arboretum).

Das **1000-Korn-Gewicht (TKG)** bzw. die Angabe, wie viele Körner in 1g Saatgut enthalten sind, gibt Auskunft über die Größe der Samenkörner.

Tab. 4 Beispiele für 1000-Korn-Gewichte (in g)

1000-Korn-Gewichte (in g)		Anzahl Samenkörner in 1 g Saatgut:	
Weißtanne	45	*Láthyrus latifólius*	20
Rotbuche	225	*Prímula denticuláta*	20 000–22 000
Kopfkohl	2,6–4	*Rhododéndron catawbiénse*	12 500
Buschbohnen	280–500	*Pícea sitchénsis*	500
Alpenveilchen	11	Begónia-Semperflorens-Gruppe	70 000–100 000
Gerbera	2–3	*Pelargónium* × *hortorum*	200

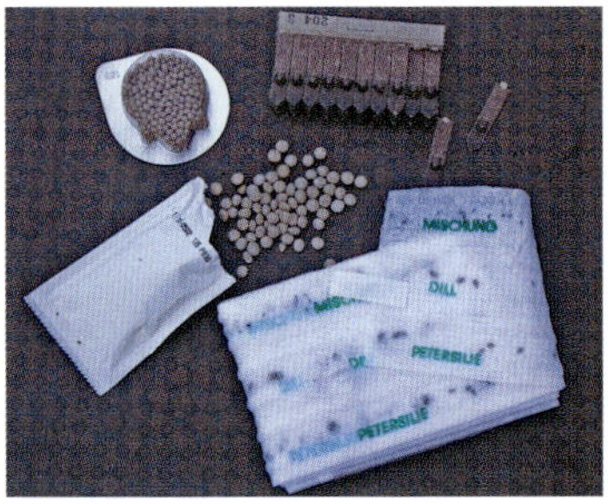

Abb. 84
Granuliertes Saatgut, pilliertes Saatgut, Saatbänder und Saatsticks

Kalibrieren, Pillieren, Granulieren

Nach Größe sortiertes Saatgut (mit gleichem Kaliber) nennt man **kalibriertes Saatgut**. Im Gemüsebau ist es üblich, dieses Saatgut zu verwenden. Die größeren Samenkörner einer Ernte keimen schneller und haben einen Wachstumsvorsprung; so können ganze Beete auf einmal geerntet werden (z.B. Radieschen, Kohlrabi, Rettich).

Eine weitere Saatgutbehandlung ist das **Pillieren**. Die kleinen und unrunden Samenkörner werden künstlich vergrößert, damit man sie für die maschinelle Einzelkornsaat verwenden kann. Sie werden mit einer Hüllmasse umgeben und zu „Pillen" geformt. Die Hüllmasse besteht aus Lehm, Torf, Kaolin (besondere Tonart) und enthält oft noch Zusätze von Nährstoffen, Fungiziden und Insektiziden. Der Durchmesser der Pillen liegt bei 2,5–4 mm. Pilliertes Saatgut gibt es für Sommerblumen (*Ageratum, Petunia, Tagetes*) und Gemüsearten (Kohl, Möhren, Lauch u.v.a.). Die aufwändige Saatgutbehandlung setzt voraus, dass die Samen hoch keimfähig sind.

Sehr feines Saatgut, wie das von Begonien und Lobelien oder Farnsporen, wird **granuliert**. Bei diesem Verfahren werden Samenkörner mit einer Streckmasse vermengt und in Granulatform gepresst (Abb. 84). Die Granulatkörner sind 1,5–3 mm groß und enthalten mehrere Samenkörner. Sie lassen sich jetzt viel gleichmäßiger aussäen.

Saatbänder oder **Saatplatten** enthalten Saatgut, welches im Endabstand in wasserlösliches Papier oder Folie eingearbeitet wurde. Die Verwendung dieser Saatgutart erspart die Pikierarbeit v.a. bei Gemüsearten.

Sortenschutz

Der Handel von Saatgut ist zum Schutz des Verbrauchers durch das **Saatgutverkehrsgesetz** geregelt. Eine Sorte erhält Sortenschutz und wird in die **Sortenliste** des Bundessortenamtes in Hannover eingetragen, wenn
- sie von anderen unterscheidbar,
- beständig und
- hinreichend einheitlich ist.

Beschreibende Sortenlisten gibt es für gärtnerische und landwirtschaftliche Erzeugnisse, wie z.B. Gemüsearten, Getreide, Gräser u.v.a.

Weiterhin unterscheidet das Gesetz verschiedene Saatgutkategorien:
- **Basissaatgut:** anerkennungspflichtig, unter Aufsicht des Züchters gewonnen.
- **Zertifiziertes Saatgut:** anerkennungspflichtig, aus Basissaatgut entstanden, sortenecht, rein, mit hoher Keimfähigkeit.
- **Standardsaatgut:** gleiche Anforderungen wie bei zertifiziertem Saatgut, nicht anerkennungspflichtig, geht aus zertifiziertem Saatgut hervor.

> **ZUSATZINFORMATION**
>
> **Lagerung von Saatgut**
> Das Ziel der Lagerung ist die Erhaltung der Keimfähigkeit. Die Keimfähigkeit hängt von der Atmungsintensität des Keimlings ab. Deshalb muss die Zellatmung auf ein Minimum begrenzt werden. Auch Pilzbefall (Schimmelbildung) der Samenkörner muss verhindert werden. Deshalb werden Samen aus trockenen Fruchtkapseln bei 10 °C und 30% Luftfeuchte gelagert, während andere Samen nicht austrocknen dürfen (z.B. Kastanien, Bucheckern) und in luftigen Erdmieten feucht gelagert werden. **Keimschutzpackungen**, z.B. kunststoffbeschichtete Papiertüten, erhalten die Keimkraft, da sie wasserdampfundurchlässig sind.

3.1.2 Durchführung der Aussaat

Vorbereitung

Um die Sämlinge vor Pilzinfektionen zu schützen, kann eine Reihe von Maßnahmen ergriffen werden: Aussaatgefäße wie Schalen, Multitopfplatten oder Töpfe vor der Verwendung desinfizieren. Aussaaterden sollten keimfrei, wasserhaltend, gut durchlüftet und salzarm sein. Deshalb sind Einheitserden,

Torfkultursubstrate oder selbst hergestellte gedämpfte Aussaaterden zu empfehlen. Das **Beizen** des Saatgutes verhindert den Pilzbefall des Saatgutes selbst. Bei der **Nassbeize** wird das Saatgut kurz in das flüssige Beizmittel getaucht. Nach dem Antrocknen wird sofort ausgesät. Im **Trockenbeizverfahren** erhalten die Samenkörner eine pulverförmige Beizmittelschicht. Der Rest des Mittels wird abgesiebt (= Überschussverfahren).

ZUSATZINFORMATION

Vorsicht:
Nicht alle Samen vertragen alle Beizmittel. Beim Beizen **(Gift)** und bei der Verwendung von bereits gebeiztem Saatgut Sicherheits- bzw. Vorsichtsmaßnahmen beachten.

Aussaattermine

Im Freiland wird gewöhnlich im Frühjahr ausgesät. Der Boden muss sich soweit erwärmt haben, dass die günstigste Keimtemperatur erreicht wird. Dieser Termin liegt je nach Pflanzenart zwischen März und Mai.

Bei den meisten Zierpflanzen bestimmen die Absatztermine die Aussaatzeiten. Sie werden zu verschiedenen Terminen, also in mehreren Sätzen ausgesät (z.B.: *Begonia*-Semperflorens-Gruppe, *Primula obconica*).

Aussaatorte

Im **Freiland** werden Gemüsearten ohne Vorkultur (Möhren, Bohnen, Spinat u.v.a.) und viele Gehölze (*Quercus robur, Betula*-Arten, *Taxus baccata*) ausgesät. Der Boden wird gelockert und eventuell durch Zusätze verbessert, wie Sand oder Torf. Als Startdüngung empfiehlt sich eine schwache Volldüngergabe. Die Saattiefe soll etwa das 3- bis 4fache der Samengröße betragen. Damit das Saatgut nach der Aussaat Bodenschluss erhält, werden die Beete gewalzt oder angedrückt. Um ein Austrocknen der Beete besonders bei Gehölzsamen zu verhindern, werden diese abgedeckt, z.B. mit Matten.

In **Kulturkästen** können Samen von Gehölzen, deren Sämlinge kälteempfindlich sind, wertvolle Gehölzsamen oder Staudensaatgut mit Fenstern abgedeckt werden. In den Kästen sind die Wachstumsfaktoren leichter zu kontrollieren. Um die Sämlinge abzuhärten wird nach dem Auflaufen gelüftet.

Ins **Gewächshaus** sät man im Zierpflanzenbau, in der Staudengärtnerei, bei Gemüse mit Vorkultur und bei hochwertigem und empfindlichem Saatgut in der Baumschule. Die Aussaaten können so leichter und besser kontrolliert und die Wachstumsfaktoren optimal gesteuert werden. Unabhängig von der Jahreszeit und der Witterung können die Aussaaten zum passenden Termin vorgenommen werden.

Abb. 85
Saatbänder werden auf der vorbereiteten Fläche ausgelegt und mit Boden oder Substrat bedeckt.

Aussaattechniken

Die Aussaat erfolgt von Hand oder maschinell. Üblich sind Breitsaat, Reihensaat und Einzelkornsaat.

Bei der **Breitsaat** werden die Samenkörner möglichst gleichmäßig in der gewünschten Dichte über die gesamte Aussaatfläche verteilt. Diese Aussaatmethode lässt sich rasch mit der Hand durchführen, sie erfordert aber bei feinem Saatgut viel Übung und Geschick. Als Hilfsmittel eignen sich ein geknicktes, kräftiges Blatt Papier oder batteriebetriebene Sägeräte. Die Breitsaat ist beliebt, wenn die Sämlinge bald pikiert werden. Bodenpflege und Unkrautbekämpfung sind nur schwer möglich. Der Vorteil dieser Methode liegt in der gleichmäßigen Nutzung des Standraumes.

Die **Reihensaat** erleichtert die Pflege der Kulturen und wird bei länger stehenden Freilandkulturen bevorzugt. Die Entscheidung für Breit- oder Reihensaat hängt auch von der Erntemöglichkeit der Pflanzen ab. Für die Aussaat kommen verschiedene Maschinen zum Einsatz, wie Drill- und Dibbelmaschinen.

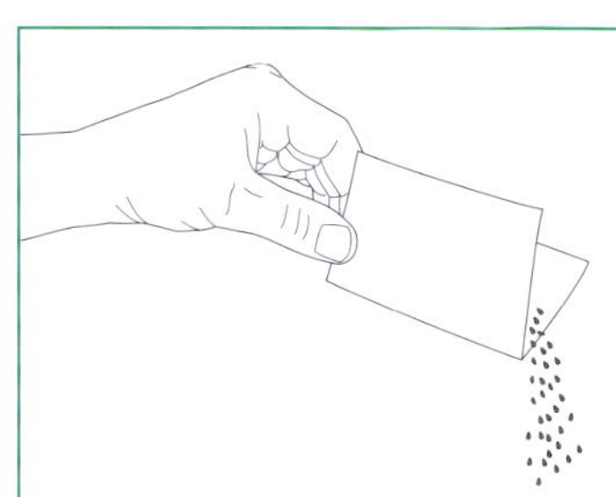

Abb. 86
Breitsaat

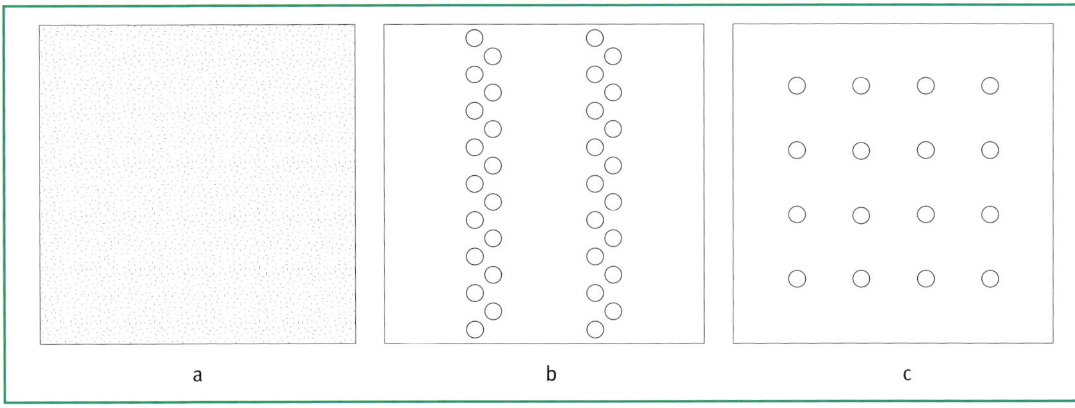

Abb. 87
Aussaatformen:
a = Breitsaat
b = Reihensaat
c = Einzelkornsaat

Wenn die Samen innerhalb der Reihe auf den gleichen Abstand gebracht werden, wird eine **Einzelkornsaat** durchgeführt. Voraussetzung ist Saatgut mit einer hohen Keimfähigkeit und mit möglichst gleicher Größe (kalibriertes oder pilliertes Saatgut). Nur dann können Maschinen sinnvoll eingesetzt werden (Zellenradsägeräte oder pneumatische Sägeräte).

ZUSATZINFORMATION

Besonderheiten der Keimung

Neben der optimalen Temperatur, dem richtigen Feuchtegehalt und Sauerstoff sind bei einigen Pflanzen weitere Bedingungen zur Keimung notwendig. **Lichtkeimer** (*Petunia*, *Aechmea*, *Lactuca*) sollen nach der Aussaat nicht abgedeckt werden, also hell liegen. Während **Dunkelkeimer** (*Cyclamen*, *Delphinium*, *Lycopersicon*) besser keimen, wenn die Samen mit Substrat oder schwarzer Folie abgedeckt werden. Werden die ersten Keimlinge sichtbar, müssen die Aussaaten wieder unbedingt hell stehen.
Kaltkeimer (*Gentiana*, *Aquilegia*, *Trollius*) benötigen vor der eigentlichen Keimung den Einfluss niedriger Temperaturen (2 bis 5 °C) auf die gequollenen Samen. Die natürlichen Temperaturschwankungen des Winters bauen diese Keimhemmung bei Aussaat im Herbst ab. Oder man behilft sich mit einer wechselnden Lagerung im Kühlschrank.

3.1.3 Keimung

Die Keimung beginnt mit der **Quellung** der Samen. Der Samen wurde angedrückt, um den Bodenschluss herzustellen und so Anschluss an das Kapillarwasser zu erhalten. Durch die Aufnahme des Wassers (Enzymaktivierung) wird der Abbau der gespeicherten Reservestoffe eingeleitet.

Enzyme sind Eiweiße, die den Stoffwechsel regulieren. Sie beschleunigen die Reaktionsgeschwindigkeit biochemischer Vorgänge und gehen selbst unverändert aus der Reaktion hervor.

Nebenbei wird die Samenschale gesprengt, da sich das Volumen des Keimlings und des Nährgewebes vergrößert. Dann streckt sich die Keimwurzel, verankert die Pflanze im Boden und nimmt Wasser auf. Die Keimblätter entfalten sich. Erscheinen die Keimblätter über der Erde, z.B. bei Linde, Buche und Ahorn, spricht man von der **oberirdischen** (= epigäischen) Keimung . Bei anderen Pflanzen, wie Eiche, Kastanie und Wicke, bleiben die Keimblätter im Boden. Dann handelt es sich um die **unterirdische** (= hypogäische) Keimung (Abb. 88). Die Sprossachse, entweder das Epikotyl oder das Hypokotyl, streckt sich und die ersten Laubblätter fangen an, Fotosynthese zu betreiben und übernehmen die Versorgung der Pflanze. Damit ist die Keimung abgeschlossen.

Neben dem **Wasser** ist ausreichend **Sauerstoff** wegen der verstärkten Zellatmung in den Samenkörnern nötig. Die optimale **Keimtemperatur** ist für jede Pflanzenart unterschiedlich.

3.1.4 Keimhemmungen

Trotz günstiger äußerer Bedingungen lässt sich beobachten, dass die Keimung frischen Saatgutes unterbleibt. Es liegt eine **Keimhemmung** vor. Diese soll verhindern, dass junge Keimlinge nach einer Keimung im Herbst oder Sommer

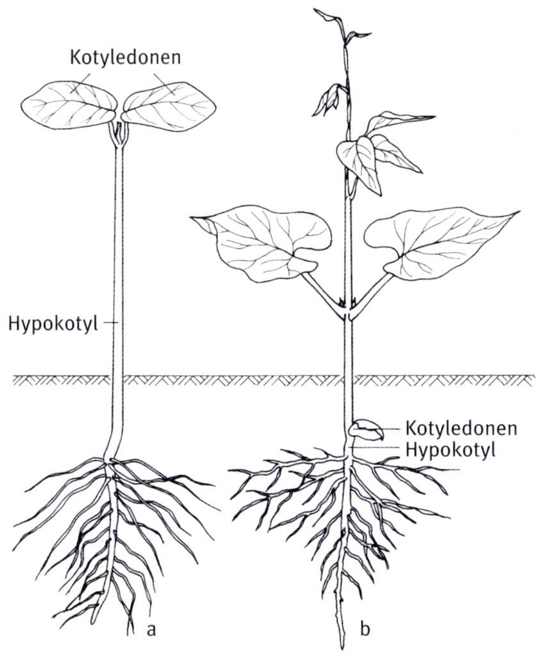

Abb. 88
a) Oberirdische und
b) unterirdische Keimung

erfrieren. Die Keimung soll in günstigere Witterungsbedingungen verlagert werden. Dieses sogenannte „Überliegen" des Saatgutes kann drei verschiedene Ursachen haben.

1. Wasserundurchlässige, harte Samenschale.
2. Unvollkommen entwickelter Keimling.
3. Keimhemmende Stoffe im Fruchtfleisch oder im Samen.

Die **Hartschaligkeit** der Samenschale, z.B. bei vielen Leguminosen, *Hamamelis, Taxus,* verhindert die Wasseraufnahme. Unter natürlichen Bedingungen werden die Samenschalen durch die Klimaeinwirkungen porös (feucht – trocken, kalt – warm). Bei der Saatgutaufbereitung werden die Samen mit Säure (Schwefelsäure) behandelt, wobei genaue Einwirkzeiten einzuhalten sind, oder mit Glasscherben oder Eisenspänen angeritzt. Nach diesen Behandlungen **(Skarifikation)** kann die Keimung bald nach der Aussaat beginnen.

Samen mit **unvollkommen entwickelten Embryos** können noch nicht keimen und brauchen eine entsprechende **Nachreife**zeit. In dieser Zeit wächst der Keimling zur Endgröße heran (z.B. bei *Acer campestre, Carpinus betulus)*. Die Samen müssen in der Baumschule feucht eingeschichtet werden. Der Vorgang der Nachreife lässt sich nicht beschleunigen.

Keimhemmende Stoffe im Samen selbst oder im Fruchtfleisch verhindern ebenfalls eine sofortige Keimung. In der Natur keimen die Samen erst, wenn sich das Fruchtfleisch von den Samen gelöst hat (z.B. *Mahonia aquifolium,*

Viburnum lantana, Rosa rugosa). Das passiert durch Verrotten im Boden oder durch Vögel, die die Früchte fressen und den Samen unverdaut wieder ausscheiden. Durch **Vergären**, (Früchte in Eimer mit Wasser), werden solche Samen in der Baumschule vom Fruchtfleisch befreit. Es wird weich und kann abgespült werden. Samen von Rosen-, Kern- und Steinobstunterlagen werden **stratifiziert**, d.h. es wird mit Sand und Torf vermischt eingelagert und feucht und kühl gehalten. Dadurch werden Bedingungen zur Überwindung der Keimhemmung geschaffen und die Aussaaten laufen gleichmäßig auf.

3.2 Vermehrung durch Pflanzenteile

Die vegetative oder ungeschlechtliche Vermehrung führt zu identischen Nachkommen. Voraussetzung ist ein Bestand gesunder, typischer Mutterpflanzen. Sie wird gebraucht, wenn

- die zu vermehrenden Pflanzen steril sind, also keine Samen mehr ausbilden,
- die Pflanzen hybriden Ursprungs sind und die Nachkommen bei generativer Vermehrung aufspalten würden,
- sie wirtschaftlicher ist als die Aussaat, z.B. durch kürzere Kulturzeiten,
- die Aussaat nur schwierig auszuführen ist, wie z.B. bei den Orchideen.

3.2.1 Entwicklung an der Mutterpflanze

Die Wurzelbildung findet statt, während die Jungpflanzen noch in Verbindung mit der Mutterpflanze sind.

Abb. 89
Ausläufer (Grünlilie)

Ausläufer

Ausläufer (= Stolonen) sind ober- oder unterirdische **Sprossachsen** mit starker Internodienstreckung, an deren Nodien Jungpflanzen entstehen. Sind diese ausreichend bewurzelt, werden sie von der Mutterpflanze abgetrennt und weiterkultiviert (Abb. 89).

Beispiele: *Chlorophytum comosum, Saxifraga stolonifera, Fragaria, Sempervivum, Hypericum calycinum, Kerria japonica.*

Abb. 90
Kindel (*Tillandsia ixioides*)

Kindel

Einige Zierpflanzen, wie *Sansevieria, Agave, Ananas,* bringen aus dem Wurzelhals junge Pflänzchen (= Kindel) hervor. Mit einem Teil eigener Wurzeln werden sie von der Mutterpflanze abgetrennt und als selbstständige Pflänzchen weiterkultiviert (Abb. 90).

Ähnlich ist die Bildung von Brutpflanzen am Blattrand von *Bryophyllum tubiflorum* (Brutblatt) oder auf den Blättern bei *Tolmiea menziesii* (Henne mit Küken). In beiden Fällen können die Jungpflanzen mit entsprechender Größe in Kisten pikiert werden.

Absenker

Diese Vermehrungsmethode hat heute noch z.B. bei *Nothofagus, Corylus maxima* oder *Fothergilla* Bedeutung. Die Mutterpflanzen werden zurückgeschnitten, damit sie viele Triebe bilden. Diese Triebe werden im nächsten Jahr in

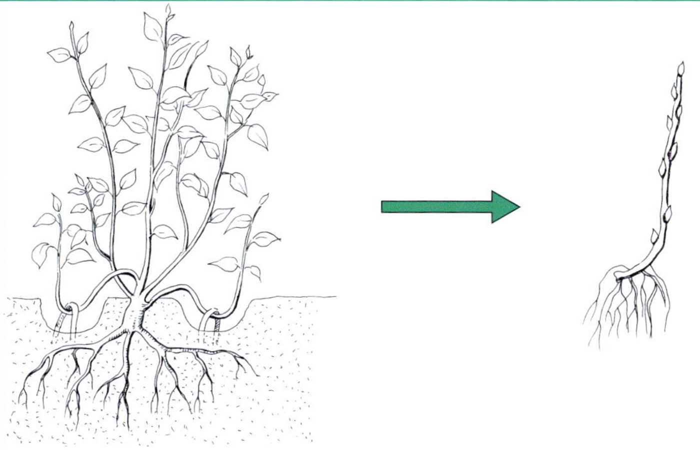

Abb. 91
Absenker
Beim Absenken werden alle Triebe strahlenförmig mit einem kurzen Bogen in einen Spalt gelegt. Die Spitze des Zweiges ragt aus der Erde. Mehrjährige Triebe müssen mit Haken befestigt werden.

kurzem Bogen sternförmig um die Mutterpflanze in die Erde abgesenkt und, falls nötig, mit einem Haken befestigt. Die Triebspitzen ragen aus dem Boden heraus. Nach erfolgter Bewurzelung (1–3 Jahre) werden die Triebe von der Mutterpflanze getrennt. Pro Trieb erhält man nur eine Jungpflanze.

Ableger

Auch diese Methode wird ausschließlich in der Baumschule angewandt. Die jungen Triebe werden im Frühjahr strahlenförmig um die Mutterpflanzen in ganzer Länge in Rillen abgelegt und festgesteckt. Mit dem Knospenaustrieb entlang der abgelegten Triebe wird Erde in die Furchen gefüllt. Die Neuaustriebe bewurzeln im Laufe des Sommers und können im Herbst geerntet werden.

Abb. 92
Ableger
Vorjährige Triebe werden in handbreit tiefe Rillen gelegt, die zunächst offen bleiben. Sobald die jungen Triebe handhoch über die Bodenoberfläche hinausgewachsen sind, werden die Rillen mit Erde aufgefüllt.

Abb. 93
Zwiebel- und Knollengewächse:
1 Wunderblume
2 Amaryllis
3 Alpenveilchen
4 Freilandgloxinie
5 Schleierkraut
6 Narzisse
7 Schneeglöckchen
8 Prachtscharte
9 Montbretie
10 Maiglöckchen
11 Wunderlilie
12 Dahlie
13 Lilie
14 Gladiole
15 Freesie
16 Stern-Anemone
17 Stern-Gladiole
18 Sternblume
19 Traubenhyazinthe
20 Japan-Orchidee
21 Ranunkel
22 Tulpe
23 Stern-Anemone
24 Riesenhyazinthe
25 Gladiole
26 Tigerblume
27 Klebschwertel
28 Babiana

Teilung

Bei sehr vielen Stauden (z.B. *Iris germanica, Hemerocallis, Aster* u.v.a) und Gräsern *(Festuca, Pennisetum, Cortaderia)* ist die Teilung die wichtigste Vermehrungsmethode. Auch der Rhabarber und manche Gehölze können auf diese Art vermehrt werden. Mutterpflanzen werden in gleichgroße Teile zerrissen oder zerschnitten. Jedes Teilstück sollte mindestens eine Knospe und genügend Wurzeln haben. Die Vermehrungstermine richten sich nach den Ruhephasen der Pflanzen, üblich ist der Herbst und das zeitige Frühjahr. Einige Stauden werden auch gleich nach der Blüte aufgenommen und geteilt, wie z.B. *Iris*. Durch die Teilung erhält man große Jungpflanzen, die bald verkaufsfertig sind. Es sind aber große Mutterpflanzenbestände nötig, damit man eine größere Anzahl Jungpflanzen erhält.

Abrisse nach Anhäufeln

Durch Rückschnitt werden Mutterpflanzen wieder zur starken Neutriebbildung angeregt. Im Frühjahr werden diese Triebe nach und nach angehäufelt, wobei die Erde die Triebe fest umschließen muss. Sie bewurzeln im Laufe des Sommers und werden im Herbst nach dem Laubfall freigelegt. Heute werden die Triebe möglichst tief von der Mutterpflanze abgeschnitten, während sie früher abgerissen wurden (Name!). Beispiele: Apfel-Typenunterlagen, Pflaumenunterlagen, Quittentypen als Birnenunterlagen.

Brutzwiebeln, Brutknollen

An den Stellen, an denen die Zwiebelschalen am Zwiebelboden sitzen, bilden sich Brutzwiebeln. Brutknollen entstehen an der Mutterknolle (Abb. 93). Diese können wie die Brutzwiebeln im Herbst aufgenommen, geputzt und einge-

lagert werden. Im Frühjahr werden sie wieder auf Beete gepflanzt und sind nach 1–3 Jahren blühfähig.
Beispiele: Zwiebeln: *Tulipa, Narcissus, Hyacinthus;* Knollen: *Gladiolus, Crocus, Freesia.*

3.2.2 Entwicklung getrennt von der Mutterpflanze

Pflanzenteile sind in der Lage, fehlende Organe unter günstigen Bedingungen zu regenerieren. Das bedeutet, dass Sprossteile Adventivwurzeln bilden und manche Wurzelteile Adventivknospen.

Stecklinge

Kopfstecklinge sind beblätterte Triebspitzen von 3–8 cm Länge. Teilstecklinge sind vergleichbar lange Stücke von Trieben.

Grundregeln für den Stecklingsschnitt

Zum **Schneiden** nimmt man ein scharfes Messer, damit die Schnittstellen nicht gequetscht werden. Der Stecklingsschnitt wird waagrecht und meistens unter einem Auge ausgeführt. Waagrecht, damit die Wunde möglichst klein ausfällt. Unter einem Nodium, weil sich dort Wuchsstoffe und Assimilate stauen, die für das Verheilen der Wunde gebraucht werden und für ein schnelles Nachwachsen der fehlenden Organe sorgen. Da die unteren Blätter faulen können, wenn sie in die Erde kommen, werden sie oft entfernt oder zur Verringerung der Verdunstung bei Stecklingen mit großen Blättern eingekürzt. Zur Förderung der Bewurzelung v.a bei holzigen Stecklingen lassen sich eine Reihe von Bewurzelungspräparaten einsetzen (s. Kap. 4.4).

Man braucht Erfahrung, um den richtigen **Zeitpunkt** des Stecklingsschnitts zu bestimmen. Er richtet sich nach dem Reifegrad der Triebe. Zu weiche Triebe faulen leicht. Zu sehr verholzte Triebe bilden nur schwer Wurzeln. Bei Gehölzen, deren Stecklinge von Freilandpflanzen gewonnen werden, haben sich
- der Juni für laubabwerfende Gehölze,
- ab Juli/August für immergrüne Laubgehölze und Heidepflanzen,
- und ab September für Nadelgehölze

als günstigste Termine für die Stecklingsgewinnung erwiesen.

Das **Substrat** muss gut durchlüftet, aber auch feuchtigkeitshaltend, keimfrei und nährstoffarm sein. Deshalb werden spezielle Vermehrungssubstrate wie Einheitserde Typ VM oder TKS 1 und selbst hergestellte Torf-Sand-Gemische verwendet. Gesteckt wird heute meist in mit diesen Substraten befüllte Pikierkisten, die anschließend im Gewächshaus aufgestellt werden können.

Klimabedingungen

Um die Stecklinge vor übermäßiger Verdunstung zu schützen, müssen sie unter Folie aufgestellt werden. So erhalten sie die erforderliche „gespannte Luft“ (hohe Luftfeuchtigkeit). Oder eine Sprühnebelanlage sorgt für einen dauerhaften Feuchtigkeitsfilm durch feinstes Versprühen von Wasser. Damit wird die Verdunstung bei den Stecklingen verhindert und sie werden bei vollem Licht frisch gehalten.

Die Kisten mit den Stecklingen sollten auf Tische mit Untertischheizungen gestellt werden. So bekommen die Stecklinge einen „warmen Fuß“ (höhere

ZUSATZINFORMATION

Abmoosen
Eine Methode, die besonders bei Hobbygärtnern beliebt ist zur Verjüngung zu groß gewordener Pflanzen. Unter einem Nodium wird die Sprossachse ein Drittel eingeschnitten. Damit die Wunde erhalten bleibt und um einen Saftstau zu bewirken, wird ein Steinchen eingeklemmt. Anschließend wird die Schnittstelle mit feuchtem Moos (Torfmoos = *Sphagnum*) umhüllt, das durch eine Folie vor dem Austrocknen geschützt wird. Nachdem sich über der Schnittstelle genügend Wurzeln gebildet haben, wird die Sprossachse durchtrennt.

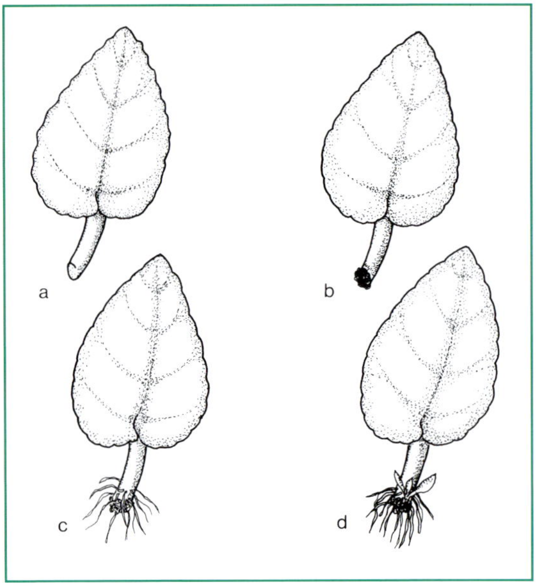

Abb. 95
Blattsteckling:
a = frisch geschnitten
b = mit Kallus
c = mit ersten Wurzeln
d = mit Adventivknospe (Usambaraveilchen)

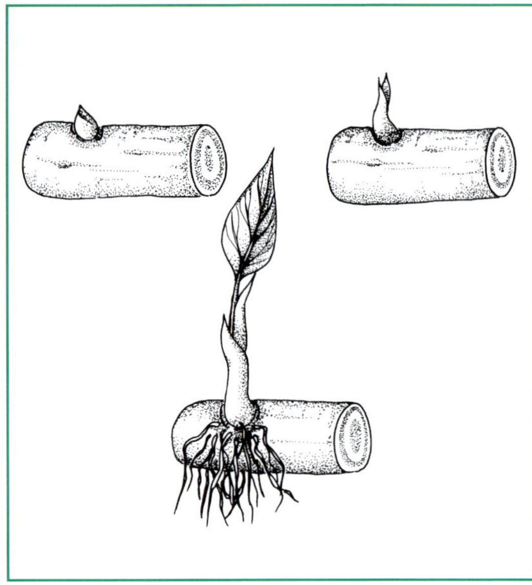

Abb. 96
Stammsteckling (Dieffenbachia)

Bodentemperatur). Dieser fördert die Zellatmung und damit die Zellteilung und die Wurzelbildung.

Grundständige Stecklinge

Manche Stauden (*Delphinium, Lupinus, Dicentra*) besitzen hohle Stängel. Deshalb muss beim Stecklingsschnitt ein kleines Stück Wurzelansatz am Trieb verbleiben, der nicht hohl ist. Die Vermehrung solcher Pflanzen lässt sich aus diesem Grunde nur im Frühjahr durchführen, wenn der Austrieb 8–10 cm lang ist.

Stammstecklinge

Bei *Monstera, Dieffenbachia* und *Aphelandra* genügen kurze Triebstücke von 2–3 cm Länge mit oder ohne Laubblätter, aber mit einem Knoten und damit mit ruhenden Knospen in der Mitte.

Blattstecklinge

Ausgereifte Blätter von Usambaraveilchen, Lorraine-Begonien oder *Peperomia* werden mit kurzen Stielen in das Substrat gesteckt. Es bilden sich Adventivknospen und -wurzeln, die sich zu ganzen Jungpflanzen entwickeln. Die jungen Pflänzchen werden pikiert, das Vermehrungsblatt wird entfernt.

Blattteilstecklinge

Bei Rex-Begonien oder der Drehfrucht werden nur Teilstücke von Blättern, die aber ein kräftiges Adernstück besitzen müssen, aufrecht in das Substrat gesteckt. Oder man legt ganze Blätter flach auf das Vermehrungssubstrat, beschwert sie mit Steinen, damit sie Bodenberührung erhalten, und schneidet dicke Blattadern durch. An den Schnittstellen entwickeln sich nach kurzer Zeit junge Pflanzen (Abb. 97).

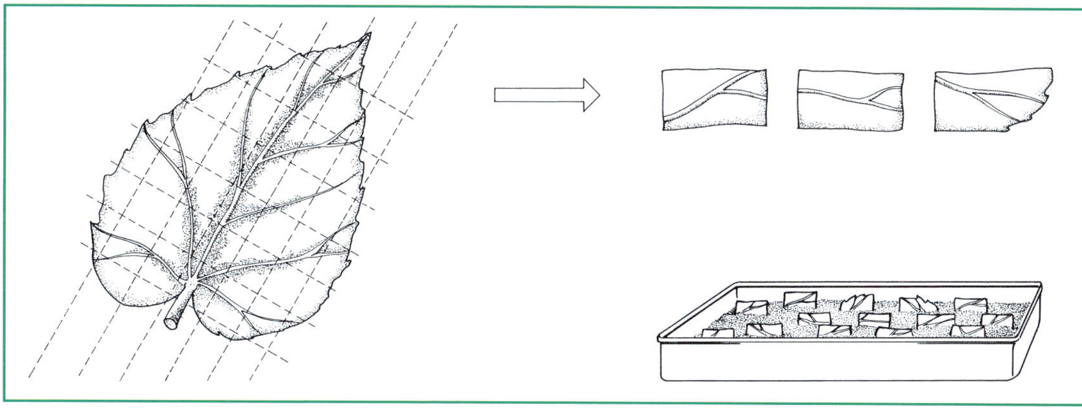

Abb. 97
Vermehrung durch Blatt-Teilstecklinge

Wurzelschnittlinge

Manche Pflanzen besitzen die Fähigkeit, sich aus Wurzeln zu regenerieren. Die Wurzeln solcher Pflanzen werden abgeschnitten, gründlich gewaschen und in etwa 6 cm lange Stücke geschnitten. Die Wurzeln werden dann einheitlich in Kisten gelegt, damit die Wurzelrichtung nicht vertauscht wird; früher wurde das untere Ende schräg angeschnitten. Diese Schnittlinge werden in Kisten oder Töpfe gesteckt, wobei auf die Polarität der Wurzeln geachtet werden muss.
Stauden: *Anemone hupehensis* var. *japonica, Eryngium, Papaver*
Gehölze: *Aralia, Rhus, Campsis*

Steckholz:

Von stark wachsenden laubabwerfenden Gehölzen, vor allem von Blütensträuchern (*Forsythia, Philadelphus, Spiraea)* werden verholzte einjährige Triebe zur Vermehrung geschnitten. Nach dem Laubfall werden lange, gut ausgereifte Ruten von ausgesuchten Mutterpflanzen abgetrennt. Dieses Material wird feucht und kühl aufbewahrt. Ende Dezember bis Anfang Januar werden die Hölzer mit Messer, Schere oder auch mit der Bandsäge auf ihre endgültige Länge geschnitten, etwa 20 cm. Oben wird waagrecht über einem Auge, unten genau unter einem Auge geschnitten. Die fertigen Steckhölzer werden gebündelt (20, 30 oder 50 Stück), etikettiert und erneut kühl und feucht aufbewahrt (feuchter Sandeinschlag oder Folientüten im Kühlraum). An den Schnittstellen bildet sich während der Lagerung Kallus. Ende März Anfang April, werden die Steckhölzer auf Beete im Freiland gesteckt, so dass höchstens $^1/_3$ ihrer Länge aus dem Boden ragt. Bereits im Herbst können die Jungpflanzen gerodet werden.

3.2.3 Veredlung

Die aufwändigste Vermehrungsart ist das Veredeln. Sie wird gebraucht,
- wenn andere Vermehrungsmethoden unwirtschaftlicher sind;
- wenn Pflanzen auf eigener Wurzel krankheitsanfälliger sind (Gurken, Kakteen);
- wenn bestimmte Eigenschaften beeinflusst werden sollen (Ertragsbeginn, Wuchsstärke und Fruchtqualität bei Obstgehölzen);
- wenn bestimmte Wuchstypen und Sorten erhalten werden sollen (Hängewuchs, Apfelsorten).

Abb. 98
Spaltpfropfen bei Parthenocissus

Bei der Veredelung wird die Wurzel einer Pflanze **(= Unterlage)** mit dem Spross einer anderen Pflanze **(= Edelreis)** zusammengefügt und dauerhaft verbunden. Damit sie dauerhaft verwachsen, müssen folgende Voraussetzungen gegeben sein:

- Unterlage und Edelreis müssen möglichst nahe verwandt sein;
- „Kambium auf Kambium“;
- richtiger Zeitpunkt der Veredelungsmaßnahme;
- sauberes und genaues Arbeiten.

So werden Sorten am besten auf die dazugehörige Art gesetzt (z.B. auf *Corylus avellana* die Sorte *Corylus avellana* 'Contorta'). Aber auch verschiedene Arten einer Gattung werden zusammengefügt: so ist *Picea abies* die Universalunterlage für alle anderen *Picea*-Arten.

Okulation (Augenveredlung) (Abb. 99)

Vor der Okulation wird der Wurzelhals der Unterlage „geputzt“. Anschließend wird in die Rinde der Unterlage ein **T-Schnitt** (zuerst ein Längs-, dann ein Querschnitt) ausgeführt. Die Rinde kann jetzt mit dem Rindenlöser des Okuliermessers gelöst werden. Aus dem Edelreis wird ein ovales Rindenstück mit einer Knospe in der Mitte herausgelöst und in den T-Schnitt der Unterlage eingesetzt. Die Augen entnimmt man Trieben, die gut ausgereift sind und erst unmittelbar vor dem Veredeln geschnitten wurden. Nachdem das Auge eingefügt ist, wird das überstehende Rindenstück abgeschnitten und die Veredlungsstelle mit einer **Okulette** (OSV = Okulations-Schnell-Verschluss) verbunden. Diese kleinen dünnen Gummirechtecke, welche mit einer Drahtklammer befestigt werden, schützen die Veredlung vor dem Vertrocknen und verhindern, dass die Okuliermade eindringt. Außerdem sorgen sie dafür, dass die Kambiumschichten von Edelauge und Unterlage fest aufeinander sitzen. Nur deshalb ist das Anwachsen nach wenigen Wochen gesichert. Die Okulation ist eine weit verbreitete Vermehrungsmethode, bei der hohe Arbeitsleistungen erzielt werden können. Sie wird zu verschiedenen **Terminen** durchgeführt:

a) **Okulation auf das treibende Auge:** im Mai/Juni. Es werden ruhende Augen des Vorjahres verwendet, die bald nach dem Veredeln austreiben. Nach dem Austrieb wird die Unterlage über dem Edeltrieb abgeschnitten. Beispiele: *Acer negundo*-Sorten, gelegentlich Birken.

Abb. 99
Okulation

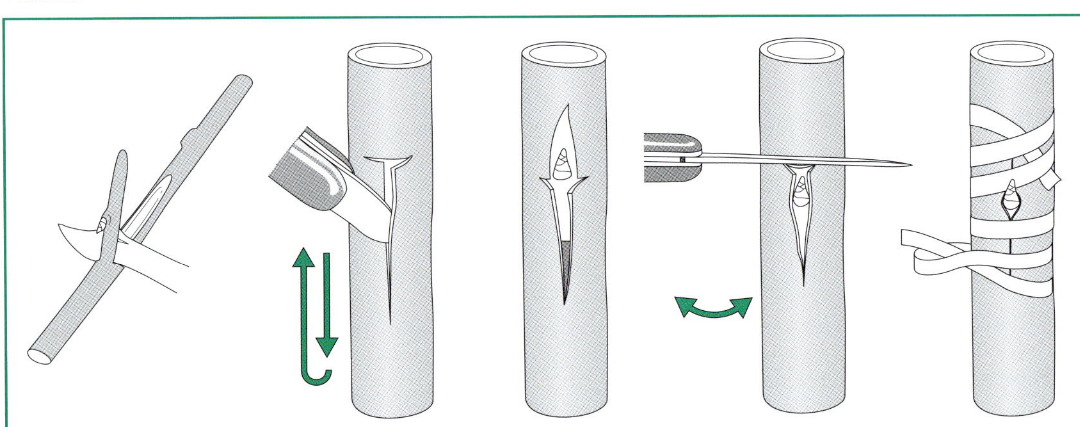

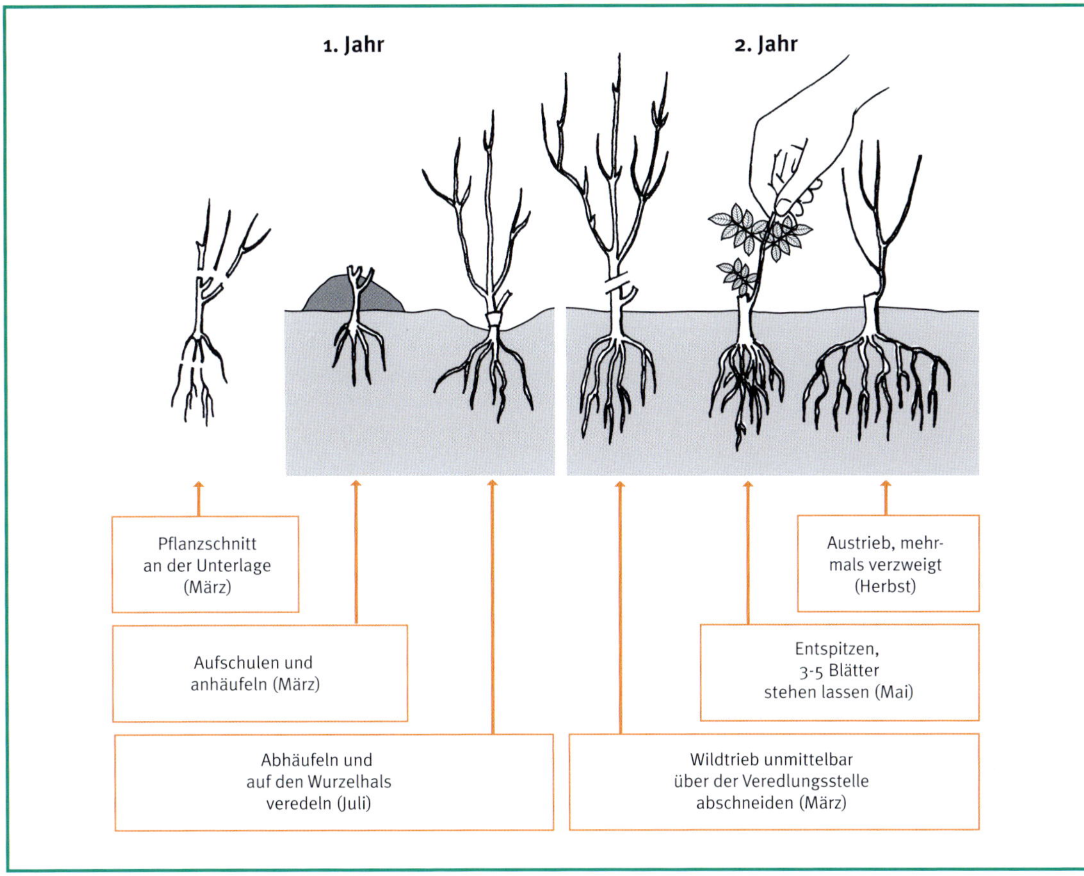

Abb. 100
Rosenveredelung

Abb. 101
Kopulation

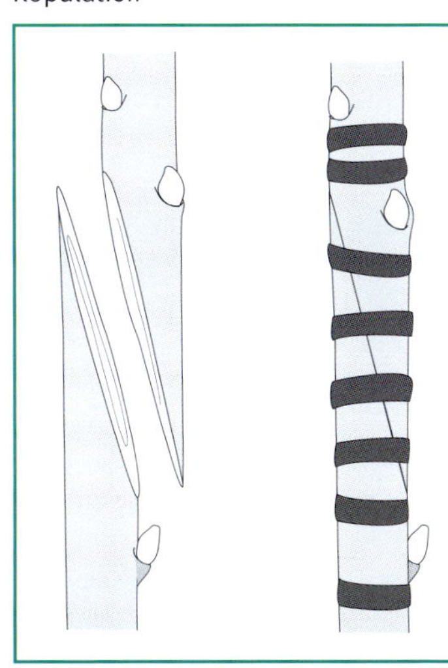

b) Okulation auf das schlafende Auge: von Ende Juli bis September. Der Austrieb der angewachsenen Augen soll erst im nächsten Frühjahr erfolgen. Die jungen Austriebe sind frostempfindlich. Der Termin muss aber auch so gewählt werden, dass die Unterlage noch gut im Saft steht und die Rinde sich noch löst (Abb. 100).
Beispiele: *Rosa, Malus, Pyrus, Prunus* u.a.

• Kopulation (Abb. 101)

Unterlage und Edelreis müssen nahezu gleich stark sein. Am Wurzelhals oder in der gewünschten Stammhöhe wird der „Kopf" der Unterlage durch einen etwa 3 cm langen schrägen Schnitt abgeworfen. Ein gegengleicher Schnitt erfolgt beim Edelreis. Die Schnittflächen werden nun so aufeinander gelegt, dass deren Kambiumschichten aufeinandertreffen. Sind die Schnittflächen nicht genau gleich groß, sind sie so aufeinander zu legen, dass sich die Kambiumschichten von Unterlage und Edelreis mindestens an einer Seite berühren. Hinterher wird verbunden und mit Wachs verstrichen (Verdunstungsschutz). Die Kopulation wird nur bei Laubgehölzen durchgeführt.

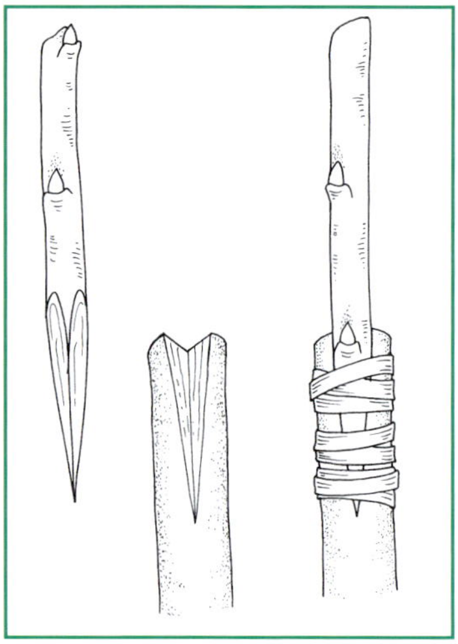

Abb. 102
Geißfußpfropfen

• Geißfußpfropfen (Abb. 102)
Wenn die Unterlage wesentlich stärker ist als das Edelreis, wird der „Geißfuß" verwendet. Der Kopf der Unterlage wird in der gewünschten Höhe waagrecht abgeschnitten. Anschließend wird am oberen Ende der Unterlage ein 3–5 cm langer Holzkeil herausgeschnitten. Das Edelreis wird ebenfalls keilförmig zugeschnitten, so dass es genau in den Einschnitt der Unterlage passt. Die Veredlungsstelle wird dann verbunden und mit Wachs verstrichen.
Beispiele: Birken-, Weiden- und Buchenhochstämme, Goldregen, Eschen.

• Pfropfen in den Spalt (Abb. 103)
Bei *Hibiscus* oder *Parthenocissus* sind die Edelreiser sehr dünn und damit ein Geißfuß nur schwierig durchzuführen. Deshalb wird das Spaltpfropfen durchgeführt. In der gewünschten Höhe wird die Unterlage waagrecht abgeschnitten und mit einem Messer gespalten. In diesen Spalt werden dann zwei keilförmig zugeschnittene Edelreiser eingeschoben. Auch hier sollten die Kambiumschichten aufeinanderliegen; also muss die Rinde der Reiser nach außen mit der Rinde der Unterlage abschließen. Zum Schluss die Veredlungsstelle verbinden und alle Schnittstellen mit Wachs verstreichen.

• Seitliches Anplatten (Abb. 104)
Bei starktriebigen Nadelgehölzen, wie *Abies-*, *Picea-* und *Pinus*-Arten, wird diese Methode angewandt. Die Unterlagen sind dreijährige Jungpflanzen mit bleistiftstarken Trieben. Bei diesen wird nahe dem Wurzelhals ein 3–5 cm langer Rindenstreifen gelöst und bis auf ein kurzes Endstück (wenige mm) abgeschnitten. Am Edelreis erfolgt ein entsprechender Schnitt. Nach dem Aufeinanderlegen wird verbunden. Das Verstreichen erübrigt sich bei den stark harzenden Nadelgehölzen. Wird der Rindenstreifen nur gelöst und nicht gekürzt (**Anplatten mit langer Gegenzunge**) muss das Edelreis an beiden Seiten zugeschnitten werden. Es wird zwischen Unterlage und Rindenzunge eingefügt (Abb. 105).

! ZUSATZINFORMATION
Die Freilandveredelung erfolgt im Februar/März und wird in der Regel als Kopulation oder Geißfußveredlung durchgeführt.

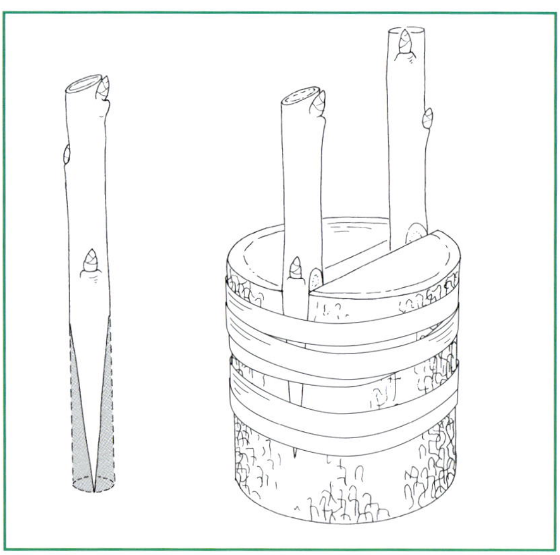

Abb. 103
Pfropfen in den Spalt

Abb. 104
Seitliches Anplatten

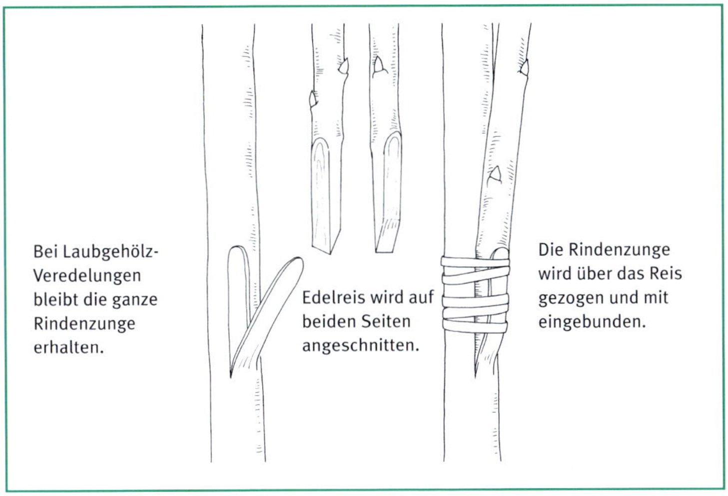

Abb. 105
Seitliches Anplatten mit Rindenzunge

- **Seitliches Einspitzen** (Abb. 106)

Bei feintriebigen Nadel- und Laubgehölzen, wie *Juniperus, Chamaecyparis* und *Camellia japonica,* wählt man diese Veredelungsart. Mit dem Messer wird die Rinde der Unterlage durch einen senkrecht verlaufenden Schnitt gelöst. In die entstandene „Tasche" wird ein keilförmig zugeschnittenes Edelreis eingeschoben, damit wieder Kambium auf Kambium zu liegen kommt. Die Veredlung wird dann wie beim Anplatten weiterbehandelt.

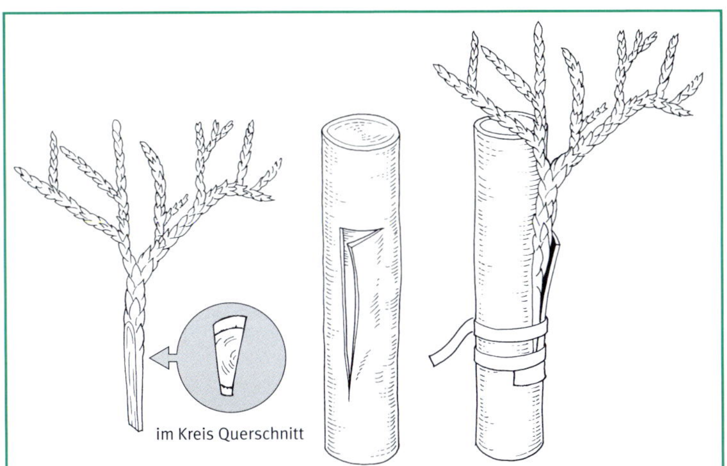

Abb. 106
Seitliches Einspitzen bei *Chamaecyparis*
An der Unterlage wird ein Rindenlappen einseitig gelöst. Das keilförmig zugeschnittene Edelreis wird so eingesetzt, dass auf einer Seite Kambium auf Kambium zu liegen kommt.

3.2.4 Gewebekultur

Eine außergewöhnliche Methode der Pflanzenvermehrung ist die Vermehrung im Reagenzglas **(= In-vitro-Kultur)**. Bei diesem Verfahren werden aus winzigen Pflanzenteilen im Labor auf künstlichen Nährböden vollständige neue Pflanzen gewonnen. Wenn Bildungsgewebe für diese Art der vegetativen Vermehrung verwendet wird, spricht man auch von **Meristemkultur** (Abb. 107).

Abb. 107
Gewebekultur

Sprossspitze →
Meristem →
Explantat →
Übertragung auf ein Nährmedium →
Sprossentwicklung →
Zerteilung →
Bewurzelung →
abgehärtete, getopfte Pflanze

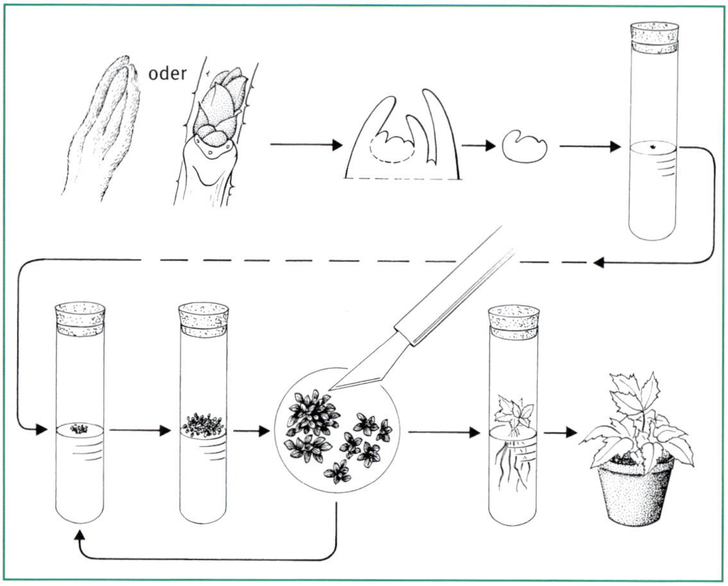

Die Durchführung der Gewebekultur ist nur im Spezialbetrieb mit Labor möglich, in dem unter absolut sterilen Bedingungen (clean benches) gearbeitet werden kann. Die winzigen Pflanzenteile werden mit Hilfe eines Mikroskops unter der Sterilbank gewonnen und auf spezielle Nährböden in Reagenzgläser oder Glasschälchen gebracht. Der Nährboden enthält außer Agar-Agar (Masse aus Rot- und Braunalgen) hauptsächlich Zucker, Aminosäuren, Haupt- und Spurennährelemente, Wuchsstoffe und Vitamine. Auf diesen Nährböden unter festgelegten Kulturbedingungen (Belichtung 14 Stunden, 20 °C) entwickeln sich die Zellhäufchen zu kleinen Pflanzen mit Wurzeln und Trieben. Ab einer bestimmten Größe werden die Pflanzen in das gebräuchliche Substrat gesetzt und „normalen" Kulturbedingungen im Gewächshaus überlassen. Diese Pflanzen bilden dann die Mutterpflanzen für die Stecklingsproduktion.
Im Gartenbau hat die Gewebekultur in den letzten Jahren große Bedeutung gewonnen. Durch diese Art der Pflanzenvermehrung können in kurzer Zeit bestimmte Sorten in **Massen** vermehrt, **krankheitsfreie Mutterpflanzen** gefunden und **neue Sorten** im Rahmen der Mutationszüchtung hervorgebracht werden.

Zur Massenvermehrung werden Gewebestücke mit Kallus in flüssiger Nährlösung in ständiger Bewegung (Rotor) gehalten. Durch das Schütteln bleiben die Zellen teilungsfähig und differenzieren nicht. Werden die Zellhäufchen auf feste Nährböden übertragen, entwickeln sie sich schnell zu vollständigen Pflanzen. Auf diese Weise können neue Sorten schnell auf den Markt gebracht werden.

Der Anzucht virusfreier Pflanzen geht manchmal eine Wärmebehandlung voraus. Die Pflanzen werden bei hohen (z.B. bei 37–40° C) Temperaturen kultiviert, um die Lebenstätigkeit der Viren und damit ihre Verbreitung in der Pflanze zu behindern. Die Triebspitzen (0,1 bis 0,3 mm kleine Meristeme), die von diesen Pflanzen entnommen werden, enthalten deshalb noch keine Viren. Praktische Bedeutung hat die In-vitro-Kultur zur Entfernung von Viren zum Beispiel bei Pelargonien und Nelken.

In der Pflanzenzüchtung werden ebenfalls Gewebekulturen durchgeführt. Durch Bestrahlung oder den Einsatz chemischer Mittel bei Zellkulturen lassen sich weit mehr Mutationen auslösen als bei der Behandlung ganzer Pflanzen. Entsprechend den genetischen Veränderungen entstehen Pflanzen mit unterschiedlichen Eigenschaften. Der hohe Einsatz von Fachpersonal und Geräten hat bewirkt, dass ausschließlich spezialisierte Labore mit der Gewebekultur arbeiten.

Wiederholungsfragen und Aufgaben

1. **Im Gartenbau werden verschiedene Saatgutarten verwendet.**
   a) Zeichnen und beschriften Sie den Bau eines Samenkorns.
   b) Erklären Sie den Begriff Reinheit bei Saatgut.
   c) Was versteht man unter granuliertem Saatgut und unter einem Saatband?
   d) Welche Saatgutart verwenden Sie, um Radieschen mit einer Einzelkornsämaschine auszusäen? (Begründung)

2. **10000 Korn Kopfsalat-Samen kosten um 30 € als Normalsaatgut und etwa 140 € als pilliertes Saatgut.**
   a) Begründen Sie den Preisunterschied (zwei Gründe)!
   b) Welche Vor- und Nachteile hat die Verwendung von pilliertem Saatgut?

3. **Bei der vegetativen Vermehrung sind die Eigenschaften der Tochterpflanze mit denen der Mutterpflanze identisch.**
   a) Geben Sie eine Definition für vegetative Vermehrung an.
   b) Welche Voraussetzungen muss ein Pflanzenteil erfüllen, damit es für die vegetative Vermehrung geeignet ist?
   c) Warum können Tulpen und Narzissen nicht durch Stecklinge vermehrt werden?
   d) Warum kann *Aesculus hippocastanum* 'Baumannii' (Gefülltblühende Kastanie) nicht durch Aussaat vermehrt werden?

4. **Warum können folgende Pflanzenarten oder -sorten nur vegetativ oder besser vegetativ als generativ vermehrt werden:**
   a) Gefüllt blühende Chrysanthemen.
   b) x *Fatshedera lizei*.
   c) Apfel-Sorten, z. B.: 'Boskoop'.
   d) Weiden.

5. **Im Gartenbau werden verschiedene vegetative Vermehrungsmethoden angewandt.**
   a) Auf welche Weise werden nachstehende Pflanzenarten vermehrt?
   - *Pelargonium zonale*
   - Stachelbeere *(Ribes uva-crispa)*
   - *Peperomia caperata*
   - *Sansevieria trifasciata*
   - *Streptocarpus Cultivars*
   - *Rhipsalidopsis gaertneri*

   b) Beurteilen Sie den Kopfsteckling und den Blattsteckling anhand selbstgewählter Kriterien (mindestens drei).
   c) Viele Stecklinge sollen unterhalb der Nodien geschnitten werden. Begründen Sie diese Empfehlung.

6. **Stecklingsvermehrung**
   a) Für die Stecklingsvermehrung werden spezielle Substrate verwendet. Welche Anforderungen müssen diese Substrate erfüllen?
   Geben Sie zwei geeignete Substrate an.
   b) Begründen Sie, warum direkt nach dem Stecken für eine hohe Luftfeuchtigkeit gesorgt werden muss.

7. **Stecklinge bilden zunächst Wundkallus an der Schnittstelle.**
   a) Was ist Kallus?
   b) Wie gelangt die Information zur Wurzelbildung an die Schnittstelle?
   c) Warum sollten Stecklinge am besten nach Sonnentagen in den Nachmittagsstunden geschnitten werden?
   d) Warum hält sich kaum jemand an diese Empfehlung?

8. Einige Laubgehölze werden durch Absenker oder Ableger vermehrt.

a) Beschreiben Sie die Vorgehensweise bei der Vermehrung durch Absenker.

b) Welche Vorteile hat das Ablegen gegenüber dem Absenken?

9. Viele Gartenpflanzen, die man in Baumschulen erwirbt, sind veredelt.

a) Erklären Sie, was eine Veredlung ist.

b) Welche Veredlungsmethode wendet man an?

- bei Teehybrid-Rosen (Edelrosen)
- bei *Picea pungens* 'Glauca' (Stechfichte)
- auf einen älteren Apfelbaum soll eine bessere Sorte veredelt werden

c) In welchen Monaten werden die oben genannten Veredlungen durchgeführt?

d) Erklären Sie genau die Durchführung einer Okulation.

e) Geben Sie jeweils einen Grund an, warum die oben genannten Pflanzen veredelt werden?

10. Ein Kunde reklamiert folgendes:

- Eine Korkenzieherhasel zeigt eine Vielzahl gerader Triebe.
- Ein Apfelbaum auf einer schwachwüchsigen Unterlage wächst in seinem Garten trotzdem sehr stark und fruchtet wenig.
- Eine Edelrose treibt im Frühjahr nicht mehr aus.

Nennen Sie jeweils mögliche Ursachen sowie die erforderlichen Maßnahmen, um den Kunden zufrieden zu stellen.

11. Die Samen vieler Gehölzarten unterliegen einer Keimruhe.

a) Erklären Sie die Bedeutung für die Pflanze.

b) Nennen Sie drei Ursachen für die Keimruhe und geben Sie Möglichkeiten zu deren Überwindung an.

3.3 Literaturhinweise und Links

Literaturhinweise

Jansen, H., Bachthaler, E., Fölster, E., Scharpf, H.-C.: Gärtnerischer Pflanzenbau. UTB, Stuttgart 1998, 3. Auflage.

Kawollek, Dr. M.: Alles über Pflanzenvermehrung – Methoden – Praxis – Handgriffe. Verlag Eugen Ulmer, Stuttgart 2008.

Toogood, A. (Hrsg.): Handbuch der Pflanzenvermehrung. Verlag Eugen Ulmer, Stuttgart 2000.

Links:

http://www.
suet.de/ → Informationen zu Saatgut und Saatgutformen
bundessortenamt.de/internet30/index.php?id=3 → zuständig für Saatgut und Sortenwesen
wzw.tum.de/ob/index.php?id=41 →Gewebekultur und Mikrovermehrung im Reagenzglas

4 Steuerung des Pflanzenwuchses

Wachstum und Entwicklung der Pflanzen sind abhängig von inneren und äußeren Faktoren (Wachstumsfaktoren). Durch den gezielten Einsatz dieser Wachstumsfaktoren lässt sich die Pflanzenentwicklung und damit der Kulturverlauf wirksam beeinflussen. Es lassen sich Entwicklungsvorgänge verzögern, unterdrücken, beenden oder einleiten und beschleunigen.

4.1 Begriffserklärung

Normalkultur. Die Pflanzenentwicklung verläuft naturgemäß, der Gärtner greift nicht regulierend in den Kulturverlauf ein. Die Kulturdauer richtet sich nach den Witterungsbedingungen und nach der Jahreszeit. Es ist deshalb mit jahreszeitlich bedingten Überangeboten und Preisrückgang zu rechnen.

Gesteuerte Kultur. Durch den zielbewussten Einsatz der Wachstumsfaktoren lässt sich beispielsweise die Blütezeit mancher Pflanzen genau festlegen oder unterdrücken. Die gesteuerte Kultur weist viele Vorteile auf:

- Ganzjährige Produktion erreichbar,
- satzweise Kultur von Pflanzen möglich,
- kürzere Kulturzeiten (geringere Heizkosten, bessere Flächenausnutzung),
- bessere Angebots- und Terminplanung.

4.2 Gesetzmäßigkeiten der Wachstumsphasen

Wachstum geschieht bei Pflanzen durch Zellteilung und Zellstreckung.

Durch Zellteilung erhöht sich die Anzahl der Zellen und die Plasmamenge vermehrt sich **(embryonales Wachstum)**. Ein Teil dieser Zellen kann sich fortwährend teilen, so lange es die äußeren Wachstumsbedingungen zulassen. Zellteilungen finden an den Vegetationspunkten (Sprossspitze, Wurzelspitze, Knospen) und im Kambium statt.

Beim **Streckungswachstum** vergrößert sich die Zelle durch die Bildung und Vergrößerung von Vakuolen. Ihre besondere Form erhalten die Zellen durch die Übernahme einer Aufgabe, sie **differenzieren** sich.

• Entwicklungsstadien der Pflanze (Abb. 108)

Das **Keimlingsstadium** ist abgeschlossen, sobald die Pflanze sich selbst ernährt. Sie besitzt ihre ersten Laubblätter. Es schließt sich das **Jugendstadium** an. Die Pflanze wächst jetzt **vegetativ**, d.h. es werden Blätter und Triebe gebildet. Darauf folgt das **generative** Wachstum. Blüteninduktion (Umstimmung des Vegetationkegels), Blütendifferenzierung (Ausbildung der Blütenorgane

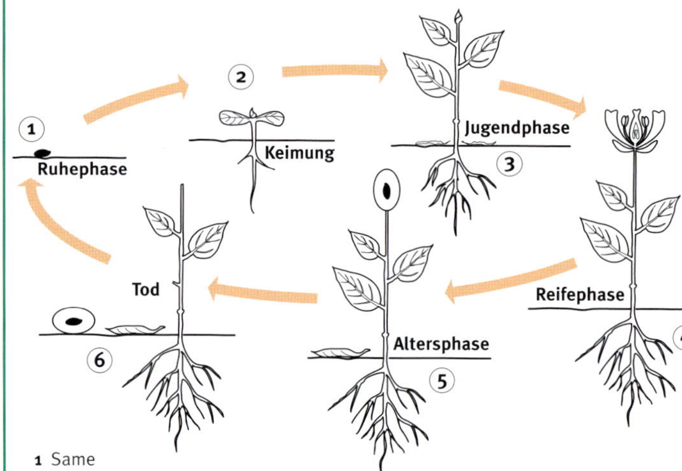

Abb. 108
Lebenszyklus einer Samenpflanze

1 Same
2 Keimung
3 junge Pflanze
4 blühende Pflanze
5 Pflanze mit Frucht
6 absterbende Pflanze und reife Frucht

bis zur Knospe) und Blütenentwicklung (Entfaltung der Blütenanlagen) finden in diesem Abschnitt statt. Er wird auch **reproduktive Phase** genannt.

Das **Altersstadium** ist gekennzeichnet durch Abbauerscheinungen und Funktionsstörungen bis zum Absterben der Pflanze.

4.3 Kultursteuerung durch äußere Faktoren

Will man Kulturen genau steuern, dann muss man wissen, welche Bedeutung die Wachstumsfaktoren für die Pflanze haben.

> **! ZUSATZINFORMATION**
> Die **kritische Tageslänge** ist die Tageslänge in Stunden, bei deren Über- oder Unterschreitung fotoperiodisch reagierende Pflanzen z.B. in ihrem Blühverhalten beeinflusst werden. **Langtagpflanzen** induzieren, wenn die kritische Tageslänge überschritten wird.

Licht

- Licht ist Energielieferant (Fotosynthese).
- Licht löst Entwicklungsvorgänge aus, z.B.: vegetatives Wachstum, Blühen, Knollenbildung (Fotoperiodismus).
- Licht beeinflusst die Gestalt der Pflanzen (Fotomorphogenese).

Vegetatives Wachstum. Im Winter ist das Licht neben der Temperatur der begrenzende Wachstumsfaktor. Sollen in dieser Zeit Jungpflanzen zügig heranwachsen, muss zusätzlich belichtet werden. Durch die Belichtung mit speziellen Lampen in den frühen Morgenstunden und nachmittags (z.B. bis 18 h) wird das vegetative Wachstum der Jungpflanzen gefördert. Die sich geänderten Ansprüche der Pflanzen an die anderen Wachstumsfaktoren müssen dabei Beachtung finden.

Generatives Wachstum. Manche Pflanzen blühen unabhängig von der Tageslänge, wenn sie ein bestimmtes Alter erreicht haben. Diese Pflanzen werden als **tagneutrale Pflanzen** bezeichnet. Hierzu gehören z.B. *Saintpaulia ionantha, Cyclamen persicum, Begonia*-Semperflorens-Gruppe.

Es gibt aber etliche Pflanzen, deren Blütenbildung von der Tageslänge abhängt; sie reagieren fotoperiodisch.

Fotoperiodismus ist eine Reaktion der Pflanzen auf die Dauer des täglich zur Verfügung stehenden Lichts. Entscheidend sind die Länge der Dunkelphasen (Nacht) und der Lichtphasen (Tag). Die Beleuchtungsstärken zur Auslösung dieser Reaktionen sind gering (etwa 50 Lux).

Abb. 109
Abhängigkeit der Blüteninduktion von der Belichtungsdauer

Blüteninduktion bedeutet, dass der Vegetationspunkt der Pflanze von der vegetativen in die generative Phase umgestimmt wird. In der Folge wird der Wachstumspunkt zur Blütenknospe.

Beispielsweise bilden sie ihre Blüten aus, wenn über 30 Tage der Tag länger als 14 Stunden ist. Ist die gegebene Lichtdauer kürzer als die kritische Tageslänge, wächst die Langtagpflanze vegetativ.

Kurztagpflanzen kommen dann zum Blühen, wenn die kritische Tageslänge unterschritten wird. Ist die gegebene Lichtdauer länger als die kritische Tageslänge, wächst die Kurztagpflanze vegetativ. Im Zierpflanzenbau hat die Steuerung der Blühtermine, besonders bei Kurztagpflanzen (*Chrysanthemum, Euphporbia, Kalanchoe* u.a.) eine große Bedeutung. Um die Blühtermine der genannten Kulturen zu steuern, muss deren kritische Tageslänge bekannt sein. Sie liegt zwischen 11 und 14 Stunden. Wird dieser Richtwert unterschritten, erfolgt die Blütenbildung (Induktion), wird er überschritten, dann wächst die Pflanze vegetativ weiter (Abb. 108).

Die Induktion wird außerhalb des natürlichen Kurztages durch entsprechende Maßnahmen erreicht. Die Beete oder Tische werden mit schwarzem Tuch oder Folie oder ein ganzes Gewächshaus mit schwarzem Tuch verdunkelt. Nach der notwendigen Kurztagbehandlung blühen die Pflanzen auch im natürlichen Langtag. Damit verkürzt sich die Kulturzeit wesentlich, die Pflanzen blühen zu beliebigen festlegbaren Terminen, die Qualität der Gesamtpflanzen kann sich verbessern und die Kulturflächen werden besser genutzt.

Soll bei Kurztagpflanzen (wie z.B. bei Chrysanthemen-Mutterpflanzen) während der natürlichen Kurztagperiode die Blütenbildung verhindert werden, müssen sie zusätzlich belichtet werden. Bei dieser schwachen Zusatzbelichtung werden 60–100 Watt/m^2 gegeben. Um Stromkosten zu sparen wird eine **Intervall- oder zyklische Belichtung** durchgeführt, bei der Licht- mit Dunkelphasen abwechseln. Dieses Störlicht während der Nacht verhindert die Umstimmung zur generativen Phase. Die Pflanzen wachsen weiter vegetativ.

Temperatur

Auch die Temperatur beeinflusst viele Lebensvorgänge der Pflanzen.

- Wärme ist Voraussetzung für die Fotosynthese.
- Bestimmte Temperaturen lösen Entwicklungsvorgänge (Aktivitätswechsel, Blütenbildung, Keimung) aus.
- Kälte / Wärme bewirkt Gestaltveränderungen bei Pflanzen.

Die Pflanzen im Freiland machen in unserem Klima einen steten Aktivitätswechsel durch. Ruhezeiten von Herbst bis Winter wechseln sich mit Zeiten der Aktivität im Frühjahr und Sommer ab. Kürzerwerdende Tage und sinkende Temperaturen leiten im Herbst die Ruhephase ein. Der Ablauf der Ruhe verläuft in mehreren Schritten:

- **Vorruhe:** Aktivität nimmt langsam ab.
- **Hauptruhe:** Austriebshemmung liegt vor. Das Austreiben bei der absoluten Ruhe kann nicht erzwungen werden.
- **Nachruhe:** Aktivität nimmt aufgrund günstiger werdender Umweltbedingungen langsam wieder zu.

Werden die Wachstumsfaktoren während der Nachruhe günstig gestaltet (Erhöhung der Temperatur, ausreichende Wasserversorgung), treiben die Knos-

! ZUSATZINFORMATION

In jüngerer Zeit werden auch **Temperaturstrategien** eingesetzt, um das Streckungswachstum von Pflanzen zu beeinflussen. Die spezifische Tagesmitteltemperatur

$$= \frac{(\text{Tages- + Nachtemperatur})}{2}$$

stellt die für das Pflanzenwachstum optimale Grundlage dar.

Liegen die gegebenen Temperaturen deutlich über der optimalen Tagesmitteltemperatur, muss mit starkem Wachstum (langen Internodien, großen Blättern) gerechnet werden. Bei gleicher Tagesmitteltemperatur fördert eine hohe Tagestemperatur das Längenwachstum. Während bei hoher Nacht- und niedriger Tagestemperatur (z.B. 20 °C nachts, 18 °C tags) die Pflanze gedrungener wächst. Die richtige Temperaturkombination vorausgesetzt, ist diese **Temperaturdifferenz-Methode** eine gute Möglichkeit die Qualität von Zierpflanzen zu verbessern. Dadurch können Hemmstoffbehandlungen eingespart werden. Mit der **Cool-Morning-Strategie** kann das Streckungswachstum ebenfalls gehemmt werden. Mit Sonnenaufgang werden bei dieser Methode die Temperaturen für z.B. zwei Stunden deutlich gesenkt (Lüftungen geöffnet). Dadurch wird die Tagesmitteltemperatur niedriger und der entsprechende Effekt erzielt.

pen aus. Diese Verfahren, welche die Zwangsruhe aufheben, werden als **Verfrühen** bezeichnet.

Bei Pflanzen, die sich in der Hauptruhe befinden, genügt es nicht, günstige Wachstumsbedingungen zu schaffen. Das vorzeitige Beenden der Hauptruhe lässt sich nur mit besonderen Verfahren erreichen und nur bei Pflanzen, die sich in der sogenannten relativen Ruhe befinden. Diese Maßnahmen werden dann **Treiben/Treiberei** genannt. Blumenzwiebel (Tulpen, Narzissen, Hyazinthen) brauchen zur Überwindung der Wachstumsruhe und zur Einleitung des Streckungswachstums niedrige Temperaturen. Freesien dagegen benötigen nach dem Roden 3–4 Monate bei 27–30 °C um ihre Ruhezeit zu beenden. Frühjahrsblühende Ziergehölze lassen sich ebenfalls durch eine entsprechende Temperaturführung, vorzeitig zur Blüte bringen. Nachdem ihr Kältebedürfnis im Kühlraum erfüllt ist und dadurch die Hemmstoffe in den Knospen abgebaut sind, treiben die Zweige bei höheren Temperaturen aus.

Wasser

Sparsame Wassergaben führen zu kompakten Pflanzen. Dabei ist es wichtig, die Düngung nicht zu vernachlässigen. Wird die Wassermenge verringert, muss die Düngermenge erhöht werden.

Nährsalze

Stickstoff fördert das vegetative Wachstum, Phosphor die Blütenbildung. Durch die gezielte Düngung mit phosphorbetonten Düngern zu bestimmten Zeiten **(Termindüngung)** lassen sich Zierpflanzen in ihrem Blühverhalten steuern. Eine Besonderheit stellt die Umfärbung von Hortensienblüten durch spezielle Düngergaben dar. Sie ist an weitere Voraussetzungen gebunden, wie ein niedriger pH-Wert des Substrates und die Anwesenheit von Aluminiumionen.

CO_2-Gehalt der Luft

Gärtner erreichen durch CO_2-Begasung im Gewächshaus besseres Wachstum. Dabei kann die CO_2-Konzentration der Luft auf etwa 0,1 %vol angehoben werden. Erntegut bleibt länger frisch, wenn die Gaszusammensetzung der Lagerluft kontrolliert wird. Der O_2-Gehalt wird erniedrigt und durch einen erhöhten CO_2-Anteil ersetzt (CA-Lager). Dadurch können die Früchte oder andere gelagerte Pflanzenteile nicht mehr so intensiv atmen und bleiben länger frisch.

4.4 Kultursteuerung durch innere Faktoren

Alle Vorgänge in den Pflanzen werden durch Hormone gesteuert (siehe auch Kap. 2.7). Viele dieser **Phytohormone** können inzwischen künstlich hergestellt und bei Pflanzen angewendet werden. Bei der Anwendung sind vorwiegend die richtige Konzentration und der Anwendungszeitpunkt zu beachten.

Bewurzelungsmittel

Wuchsstoffe aus der Gruppe der **Auxine** finden sich in Bewurzelungspräparaten. Es sind

- β-Indolylessigsäure (IES),
- β-Indolylbuttersäure (IBS),
- α-Naphthylessigsäure (NES).

Abb. 110
Bewurzelungspräparat (Neudorf Wurzelfix)

Man erhält die Mittel in unterschiedlichen Konzentrationen und Formen, z.B. in Rhizopon A (IES), Rhizopon AA (IBS) oder Rhizopon B (NES).

1. **Tablette**. Die Tabletten werden aufgelöst, die Stecklinge werden in die Lösung gestellt (4 Stunden und länger) und anschließend gesteckt.
2. **Puder**. Die Stecklinge werden mit der Schnittstelle im Puder bewegt. Eine dünne Schicht bleibt an der Schnittstelle haften. Zu hohe Konzentrationen können zu Wachstumshemmungen führen, deshalb sollten die Stecklinge bei der Anwendung trocken sein (Abb. 110).

Wuchsstoffe erst kurz vor dem Gebrauch ansetzen. Sie behalten ihre Wirkung etwa eine Woche lang, wenn sie kühl und dunkel aufbewahrt werden. Für das Ansetzen und Aufbewahren der Mittel nur Kunststoffgefäße verwenden, da sie mit Metallen chemische Verbindungen eingehen und unwirksam werden.

• Förderung der Blütenbildung

Bromelien, wie z.B. *Aechmea* oder *Vriesea,* blühen als Sämlingspflanzen im Alter von etwa 4 Jahren. Werden sie mit Präparaten wie Ethrel A oder Ethrel-Brom behandelt, ist die Blütenbildung bereits nach 2 bis 3 Jahren möglich.

• Einsatz von Hemmstoffen

Wenn Pflanzen natürlicherweise oder durch gärtnerische Maßnahmen (z.B. Verdunklung) zu stark wachsen, werden Hemmstoffe (z.B. Cycocel) eingesetzt. Als Gegenspieler pflanzlicher Streckungshormone bewirken sie eine Verkürzung der Internodien. Die Anzahl der Blätter bleibt unverändert, dafür bleiben sie etwas kleiner und bekommen eine dunkelgrüne Färbung. Für die Blüten oder Blütenstände gilt entsprechendes. Die Triebe sind stabiler, die Gesamtpflanze ist gedrungener und standfester. Angewendet werden Hemmstoffe z.B. bei Poinsettien, Hibiskus, Geranien, Chrysanthemen und vielen anderen Pflanzen.

Der Hemmstoffeinsatz wird aber mehr und mehr angefochten. Die lang anhaltende Wirkung mancher Stoffe in Böden und Substraten stellt deren Gebrauch aus ökologischer Sicht in Frage. Deshalb werden Hemmstoffalternativen (Temperaturstrategien, Wassermangel) in Versuchsanstalten erprobt, die zur Wuchsregulierung benützt werden können.

! ZUSATZINFORMATION

Zu lang gewordene Pflanzen können mit Hemmstoffen nicht wieder „kurzgestaucht" werden. Der Hemmstoffeinsatz muss vielmehr als eine Kulturmaßnahme geplant und gezielt, termingerecht und „vorbeugend" erfolgen. Die Hemmstoffbehandlung sollte immer möglichst früh erfolgen, da Hemmstoffe nur bei Pflanzen mit teilungsfähigem Gewebe wirken. Wird das Gießverfahren verwendet sollten die Pflanzen gut eingewurzelt sein (etwa 1–3 Wochen nach dem Topfen). Wird der Hemmstoff gespritzt, muss genügend Blattmasse zur Wirkstoffaufnahme vorhanden sein (4–6 Blätter oder 2–6 cm Neuaustrieb nach dem Stutzen).
Zur Zeit (Oktober 2008) sind als Wachstumsregler zugelassen: Caramba, Cycocel 720, Regalis und Topflor.

• Chemisches Stutzen

Durch das Stutzen (Entfernen der Triebspitze), werden Topfazaleen buschiger und damit blütenreicher. Durch das chemische Mittel „Off-Shoot-O" konnte viele Jahre die aufwändige Handarbeit ersetzt werden. Es verätzte die weichen Triebspitzen, so dass diese abstarben und die Seitenknospen austreiben mussten. Es ist nicht mehr zugelassen.

Präparate, die tief sitzende schlafende Augen und Triebe zum wachsen bringen, haben das chemische Stutzmittel bei Azaleen abgelöst. Auch so können sich gut verzweigte und kompakte Pflanzen entwickeln.

Wiederholungsfragen und Aufgaben

1. **Licht und Fotoperiodismus**
   a) Was verstehen Sie unter dem Begriff „kritische Tageslänge“?
   b) Wie lange dauert ein Kurztag?
   c) Wie reagiert eine Langtagpflanze im Winter in unseren Breiten?
   d) Was verstehen Sie unter einer Intervallbelichtung?
   e) Wie verändert sich der Habitus einer Pflanze, die einem Lichtüberschuss ausgesetzt wird?
2. **Manche Pflanzenarten benötigen für die Blütenbildung die Einwirkung niedriger Temperaturen.**
   a) Welches Kulturverfahren bezeichnet man als „Treiben“?
   b) Erklären Sie den Begriff Vernalisation.
   c) Welche Pflanzen benötigen tiefe Temperaturen, um ihre generative Phase einleiten zu können? (3 Angaben)
   d) Aus welchem Grund werden Anfang Dezember Blütenzweige (z.B. von Forsythien) geschnitten?
   e) Könnte man das Abschneiden der Forsythienzweige auch vorverlegen? (Begründung)
   f) Spricht man auch im Fall der Forsythien von Vernalisation? Wenn nein, erklären Sie den Unterschied.
3. **Wachstumsregulatoren sind natürliche oder künstliche Stoffe, die das Wachstum und die Entwicklung von Pflanzen beeinflussen.**
   a) Geben Sie für folgende Anwendungsbereiche einen entsprechenden Stoff **oder** ein Präparat an sowie eine Kultur, die damit behandelt werden kann.
      - Verbesserung der Wurzelbildung bei Stecklingen
      - Hemmung des Längenwachstums der Sprossachse
      - Austrieb von Seitenknospen zur Erzielung stark verzweigter Pflanzen
      - Förderung des Längenwachstums der Sprossachse
      - Blüteninduktion
   b) Eine Hemmstoffbehandlung hat nicht gewirkt. Das Mittel wurde gespritzt. Geben Sie 5 mögliche Ursachen an.

Tab. 5 Blüteninduktion

Anwendungsbereich	Stoff oder Präparat	Kultur
Wurzelbildung		
Hemmung Längenwachstum		
Austrieb Seitenknospen		
Förderung Längenwachstum		
Blüteninduktion		

4.5 Literaturhinweise und Links

Links:

http://www. **rhizopon.com/de/** → Produktinformationen

biologie.uni-hamburg.de/b-online/d31/31.htm → Phytohormone und andere Wachstumsregulatoren

5 Bodenkunde

5.1 Was ist Boden?

Untersucht man Boden mit einfachen Hilfsmitteln, z.B. einer Lupe, erkennt man deutlich, dass er aus verschiedenen Bestandteilen besteht. **Mineralische Teile** unterschiedlichster Art und Größe, die aus Gestein entstanden sind, haben mit etwa 95% den größten Anteil. Man spricht deshalb bei den meisten Böden von **Mineralböden**. Abgestorbene Tier- und Pflanzenteile in verschiedenen Zersetzungsgraden bilden den sogenannten **Humus**. Normale Ackerböden weisen einen Humusgehalt von 1,5 bis 4% auf.

Mit bloßem Auge sind zahlreiche **Bodenlebewesen** erkennbar. Zwischen den festen Bodenbestandteilen gibt es viele Hohlräume, die man als **Poren** bezeichnet. Sie sind entweder mit **Luft** oder mit **Wasser** gefüllt. Das Bodenwasser enthält viele gelöste Salze und Gase.

Gräbt man ein tiefes Loch, bemerkt man, dass sich der Boden von oben nach unten verändert, bis man schließlich auf festes oder lockeres Gestein trifft. Daraus ist Boden durch Verwitterungsvorgänge entstanden. Das Ausgangsgestein begrenzt somit den Boden nach unten, während die Pflanzendecke ihn nach oben begrenzt.

ZUSAMMENFASSUNG

Boden besteht aus:
- Mineralischen Bestandteilen,
- Humus,
- Bodenlebewesen,
- Wasser,
- Luft.

5.1.1 Mineralische Bestandteile

Die mineralischen Bestandteile bestehen aus Körnern unterschiedlicher Größe. Sie sind häufig zu größeren Einheiten verklebt, den **Aggregaten**. Sie müssen zur Größenbestimmung der Einzelkörner durch Zerreiben oder durch Behandlung mit speziellen Chemikalien zerlegt werden. Körner über 2 mm Durchmesser werden als **Bodenskelett** und solche unter 2 mm als **Feinboden** bezeichnet (siehe Tabelle 6). Zum Feinboden gehören:

- **Sand** (von 0,06 bis 2 mm, Abkürzung S),
- **Schluff** (von 0,002 bis 0,06 mm, Abkürzung U),
- **Ton** (kleiner als 0,002 mm, Abkürzung T).

Körnung und Bodenarten

Im Labor kann genau ermittelt werden, wie hoch der Anteil jeder Korngröße (Sand, Schluff oder Ton) in einer Bodenprobe ist. Man spricht in diesem Zusammenhang von der **Korngrößenverteilung** oder **Körnung**. Anhand der vorherrschenden Teilchengröße erfolgt eine Einteilung in **Bodenarten**. Besteht eine Bodenprobe z.B. aus einem hohen Anteil an Tonteilchen, spricht man von einem Tonboden. Sind alle drei Korngrößen bei einem Mindesttongehalt von 15% vorhanden, spricht man von **Lehmboden**.

Kennt man die prozentualen Anteile der Korngrößengruppen, ermöglicht das **Bodenartendreieck** (siehe Abb. 111) eine noch genauere Bestimmung der Bodenart. Die weitere Benennung erfolgt mit Hilfe zusätzlicher Begriffe, wie:

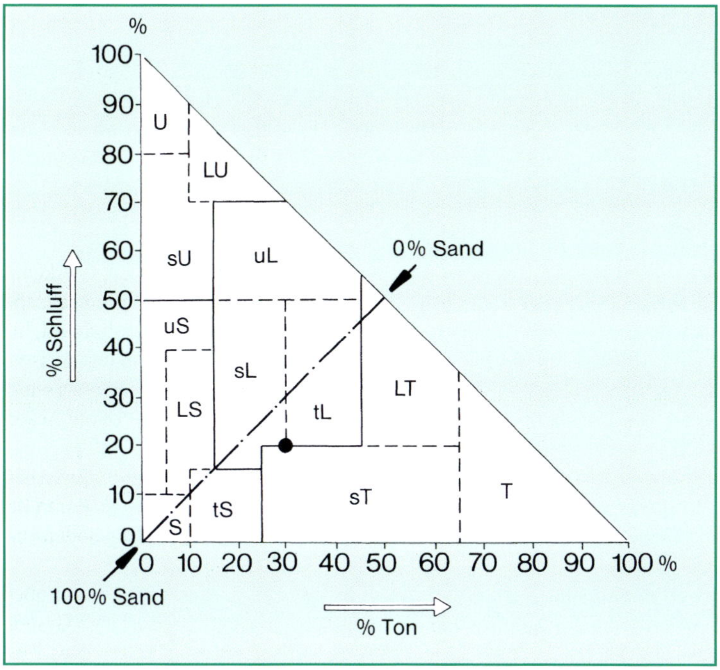

Abb. 111
Bodenartendreieck

Beispiel:
Der Punkt entspricht einem Boden mit 30% Ton und 20% Schluff.
Die Differenz auf 100% ergibt den Sandanteil von 50%.

sandig, schluffig, lehmig und tonig. Ein Boden, der zu 25% aus Sand, 40% aus Schluff und 35% aus Tonteilchen besteht, wird demzufolge als schwach toniger Lehm bezeichnet. Beim Ablesen ist zu beachten, dass sich die Bodenart aus dem Schnittpunkt der Schluff- und Tonanteile ergibt. Der Sandanteil wird bestimmt, indem der Schluff- und der Tontanteil von 100% abgezogen werden. Die Differenz ergibt den Sandanteil.

* Abhängig von der Untersuchungsmethode wird die Grenze zwischen abschlämmbaren und nicht abschlämmbaren Teilchen auch zwischen Grob- und Mittelschluff statt zwischen Feinsand und Grobschluff gezogen.
** G von engl. **G**rant für „Kies“

Tab. 6 Korngrößengruppen und ihre Bezeichnung

	Bezeichnung			**Durchmesser (mm)**		**Vergleichsmaß**
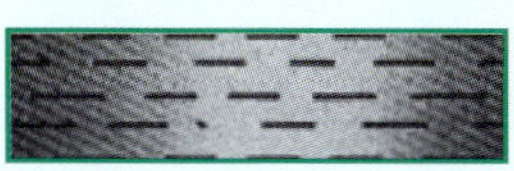	Ton (T)		Feinboden	kleiner als 0,002	abschlämmbar*	
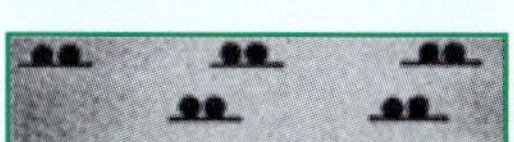	Schliff (U)	Feinschluff Mittelschluff Grobschluff	Feinboden	0,002–0,006 0,006–0,02 0,02–0,06	abschlämmbar*	
	Sand (S)	Feinsand Mittelsand Grobsand	Feinboden	0,06–0,2 0,2–0,6 0,6–2	nicht abschlämmbar	Einzelkörner gerade noch sichtbar Grieß Zuckerkristall
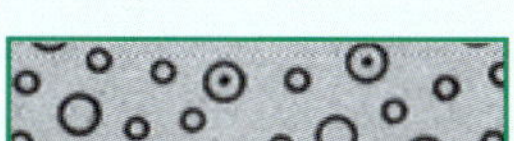	Kies (G**)	Feinkies (Grus) Mittelkies Grobkies	Bodengerüst (Skelett)	2–6 6–20 20–60	nicht abschlämmbar	Erbse Haselnuss Hühnerei
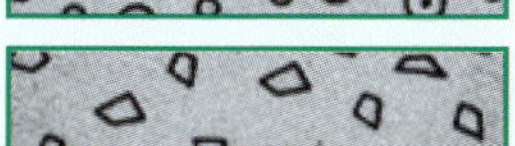	Steine (X), Blöcke (Y)		Bodengerüst (Skelett)	über 60	nicht abschlämmbar	

Fingerprobe

Eine einfache und schnelle Methode zur Bestimmung der Bodenart stellt die Fingerprobe dar. Dazu benötigt man eine etwa esslöffelgroße Bodenprobe. Der Boden soll feucht aber nicht nass sein. Die Probe wird intensiv geknetet, bis der Glanz des Wassers gerade verschwindet. Dann führt man die in Tabelle 7 beschriebene Bestimmung durch. Auch das Gehör unterstützt dieses Verfahren: In Schritt 5 zerreibt man die Probe in der Nähe des Ohres zwischen den Fingern. Ist ein deutlichen Knirschen zu hören, enthält der Boden einen größeren Anteil Sand. Mit etwas Übung bringt die Fingerprobe relativ genaue Ergebnisse.

Pipettanalyse

Im Labor ermöglicht die Pipettanalyse eine genaue Bestimmung der Bodenart. Man bedient sich dabei der Tatsache, dass die einzelnen Korngrößenfraktionen bei Aufschwemmung einer Bodenprobe unterschiedlich lang in der Schwebe bleiben und dadurch voneinander getrennt werden können (siehe Tabelle 8). Eine vereinfachte Methode stellt die **Schlämmanalyse** dar, die aufgrund der unterschiedlichen **Sinkgeschwindigkeiten** zwischen **abschlämmbaren** und **nicht abschlämmbaren Teilchen** unterscheidet (siehe Tabelle 6 und 8). Abschlämmbare Teilchen bleiben dabei in einem Schlämmzylinder so lange in der Schwebe, dass sie mit dem Wasserüberstand abgegossen werden können. Nicht abschlämmbare Teilchen sinken dagegen schnell zu Boden. Aus diesen Ergebnissen kann auf die Bodenart geschlossen werden.

! ZUSATZINFORMATION

Pipettanalyse

Eine Bodenaufschwemmung wird in einem Glaszylinder kräftig geschüttelt und abgesetzt. Ab diesem Moment wird die Zeit gestoppt.
Um den Anteil der Korngrößen unter 0,06 mm (also Schluff und Ton, siehe Tabelle 6) zu bestimmen, entnimmt man früher als 28 sec (siehe Tabelle 8) mit einer **Pipette** (Name!) eine Probe der Aufschwemmung. Nach dem Trocknen und Wiegen kann man daraus den Anteil der Korngrößen bestimmen.

Tab. 7 Schätzen der Bodenart

Diagnose an der Bodenprobe	Bodenart
1. Bodenprobe zwischen den Handtellern rasch zu einer bleistiftstarken Wurst auszurollen A. nicht ausrollbar – weiter mit 2. B. ausrollbar – weiter mit 4.	
2. Prüfen der Bindigkeit zwischen Daumen und Zeigefinger	
A. bindig	lehmiger Sand (lS)
B. nicht bindig – weiter mit 3.	
3. Zerreiben auf der Handfläche	
A. kein toniges Material in den Handlinien	Sand (S)
B. toniges Material in den Handlinien	stark lehmiger Sand (lS)
4. Versuch, Bodenprobe zu einer dünnen Wurst von halber Bleistiftstärke auszurollen	
A. nicht ausrollbar	sandiger Lehm (sL)
B. ausrollbar – weiter mit 5.	
5. Quetschen der Probe zwischen Daumen und Zeigefinger in Ohrnähe	
A. starkes Knirschen	sandiger Lehm (sL)
B. kein oder nur schwaches Knirschen – weiter mit 6.	
6. Beurteilen der Gleitfläche bei der Quetschprobe	
A. Gleitfläche stumpf	Lehm (L)
B. Gleitfläche glänzend – weiter mit 7.	
7. Prüfen zwischen den Zähnen	
A. Knirschen	lehmiger Ton (lT)
B. butterartig	Ton (T)

Tab. 8 Sinkzeit verschiedener Korngrößen in Wasser von 20°C bei 10 cm Sinkhöhe

Korngröße	⌀ in mm	Sinkzeit
Ton	0,002	7 h 43 min
Feinschluff	0,006	51 min 26 sec
Mittelschluff	0,02	4 min 38 sec
Grobschluff	0,06	31 sec
Sand	0,2	5 sec

Ausgangsgesteine der Bodenbildung

Zu Beginn dieses Kapitels wurde schon erwähnt, dass die mineralischen Bodenbestandteile durch Verwitterungsvorgänge aus massivem Gestein entstanden sind. Die Böden vieler Regionen unterscheiden sich deutlich voneinander. Um die Unterschiede zu verstehen, muss man sich daher mit den Ausgangsgesteinen der Bodenbildung beschäftigen. Dazu ist auch ein wenig geologisches Grundwissen nötig.

Da die mineralischen Anteile oft mehr als 90% der Festsubstanz eines Bodens ausmachen, sind Entstehung und Zusammensetzung der Gesteine von großer Bedeutung. **Gesteine** bestehen aus einem Gemisch von Mineralen und Gesteinsbruchstücken oder Resten von Lebewesen. Man unterscheidet Gesteine, die nur aus einem einzigen Mineral bestehen (Kalkstein z.B. besteht aus dem Mineral Calcit = Kalkspat), und solche die aus mehreren Mineralen bestehen (Granit z.B. besteht aus den Mineralen Feldspat, Quarz und Glimmer) (siehe Tabelle 9).

Minerale sind feste, anorganische Elemente (z.B. Gold, Silber, Schwefel, Diamant) oder Verbindungen aus mehreren Elementen. Sie kommen meist in Kristallform vor (siehe Abb. 112 und 113).

Mit etwa 500 verschiedenen Mineralen haben die **Silikate** (Salze der Kieselsäure) den größten Anteil an den gesteinsbildenden Mineralen. Der chemische Grundbaustein dieser Gruppe ist das Silikat-Ion $[SiO_4]^{4-}$. Es ist in Verbindung mit zahlreichen anderen Elementen, wie Aluminium (Al), Calcium (Ca), Magnesium (Mg), Kalium (K) und Eisen (Fe) in den Mineralen enthalten. Wichtige Vertreter der Silikate sind Feldspäte, Hornblende, Olivin, Topas, Glimmer oder Quarz. Andere in Gesteinen häufig vorkommende Mineralgruppen sind die **Carbonate** mit etwa 200 Vertretern (z.B. Calcit, Dolomit), die **Sulfate** (z.B. Gips), die **Phosphate** (z.B. Apatit) oder die **Halogenide** (z.B. Steinsalz, Kalisalz).

Der Kreislauf der Gesteine

Magmatite. Die Erstarrungsgesteine (Abb. siehe Tabelle 9) entstehen aus dem Magma nach Abkühlen und Auskristallisieren. Bei langsamer Abkühlung bilden sich **Tiefengesteine** mit relativ großen Kristallen, wie der Granit (Abb. siehe Tabelle 9). Man findet bedeutende Granitvorkommen z.B. im Schwarzwald, im Bayrischen Wald und in Skandinavien. Erreicht das Magma die Erdoberfläche, entstehen aus der ausfließenden Schmelze die **Ergussgesteine** (z.B. Basalt), die wegen ihrer raschen Abkühlung und Erstarrung nur kleine Kristalle bilden können. Grobkörnige Tiefengesteine verwittern physikalisch meist schneller als feinkörnige Ergussgesteine. Wird die Schmelze in glutflüs-

DEFINITION

Gestein: Aus Mineralien zusammengesetztes Baumaterial der Erdkruste.

Mineral: Natürlicher, im allgemeinen fester Bestandteil der Erde von einheitlicher physikalischer und chemischer Form. Die meisten Minerale zeigen regelmäßig aufgebaute Körper (Kristalle).

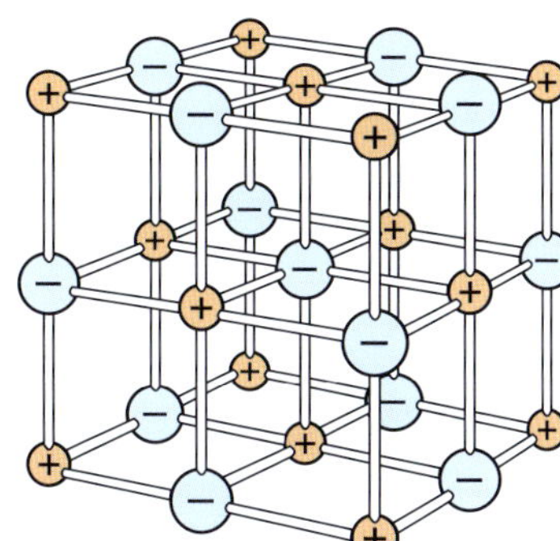

Abb. 112
Kristallstruktur von Mineralen.

Abb. 113
Quarz

Tab. 9 Gesteinsarten

Erstarrungsgesteine (= Magmatite)

Granit

Basalt

Tiefengestein (Plutonit)

Granit:
Ganz aus Kristallen bestehend, grob- bis feinkörnig, verwittert relativ leicht. Verwendung: Pflasterstein, Bau- und Dekorationsstein. Mineralzusammensetzung: Quarz, Feldspat, Glimmer (Biotit) → verwittert zu Sand oder sandigem Lehm.

Ergussgestein (Vulkanit)

Basalt (= „Diabas“): Feinkristallin, dunkelgrün, dunkelgrau oder schwarz. Verwendung: Pflasterstein, Baustein, Schotter. Mineralzusammensetzung: Feldspat, Silikate (Quarz fehlt in der Regel) → verwittert zu steinigem bis tonigem Lehm.

Auswurfgestein

Bims, Tuff: Im Gestein sind Gasblasen eingeschlossen, das porige Material findet gemahlen als Dämmmaterial, Dränschicht und als Substrat Verwendung.

Absatz- oder Schichtgesteine (= Sedimente)

Sandstein

„Trümmergesteine“

Durch Verwitterung der Gesteine entstehen Lockersedimente. Daraus entwickeln sich unsere Böden. Durch Druck und Verkittung können wiederum Gesteine entstehen:

Lockersedimente	→	Festsedimente
Kies, Schotter	→	Konglomerat/Breccie
Sand	→	Sandstein
Schluff/Feinsand	→	Siltstein
Ton	→	Tonstein/Schieferton

Fossil

Biogene Sedimente

Aus Skelett- und Schalenresten von Tieren entstanden (z.B. Kalkstein, Mergel, Dolomit)

Chemische Sedimente

Transport leichtlöslicher Salze aus verwittertem Gestein in Seen und Meer. Ausfällung von Salzen. Daraus entstehen Salzlagerstätten (z.B. Gips, Steinsalz, Kalisalze, Tropfsteine)

Organische Sedimente

Aus organischen Rückständen von Tieren und Pflanzen entstanden (z.B. Torf, Braunkohle, Erdgas, Erdöl)

Umwandlungsgesteine (= Metamorphite)

Quarzit

Ausgangsgestein		Umwandlungsgestein
Tiefen- und Ergussgesteine (z.B. Granit)	→	Gneis
Torf, Braunkohle	hohe Druck +	Steinkohle
Schieferton, saure Ergussgesteine	hohe Temperatur	Tonschiefer
Sandstein	→	Quarzit
Kalkstein oder Dolomit		Marmor

siger oder schon fester Form in die Atmosphäre geschleudert, entstehen vulkanische **Locker- oder Festgesteine** (z.B. Asche, Tuff, Bims).

Sedimente. An der Erdoberfläche verwittern die Gesteine durch Einwirkung von Wind, Wasser, Temperaturschwankungen und chemischen Einflüssen. Die Verwitterungsreste werden durch Wind, Wasser und Eis als Bruchstücke oder in gelöster Form forttransportiert und an anderer Stelle wieder abgelagert. Es entstehen zunächst unverfestigte Sedimente (Ablagerungsgesteine), wie Schutt, Kies oder Sand. Durch Druck und Verkleben (z.B. durch Tonminerale, Kalk oder Quarzlösungen) werden diese Gesteinstrümmer erneut zu festem Gestein verkittet. Man bezeichnet diese Sedimentgesteine dann als **„Trümmergesteine“** (z.B. Sandstein, Tonstein). Lösliche Verbindungen wurden vor Jahrmillionen von Meeresbewohnern aufgenommen und in ihr Skelett eingebaut. Die mineralischen Überreste dieser Lebewesen setzen sich am Meeresboden ab und werden z.B. zu Kalkstein. Daraus besteht z.B. die Schwäbische Alb. Diese Gesteine werden als **biogene Sedimente** bezeichnet. Kam es infolge von Übersättigung des Meerwassers mit gelösten Verbindungen zu Ablagerungen (z.B. Steinsalz, Gips), bezeichnet man diese Gesteine auch als **chemische Sedimente**. Typisch für viele Sedimentgesteine ist eine deutlich erkennbare Schichtung und der Gehalt an Fossilien. Aus tierischen und pflanzlichen Rückständen sind die **organischen Sedimente** entstanden. Hierzu gehören Torf, Braunkohle, Erdgas, Erdöl, Steinkohle usw. Trotz ihrer nichtmineralischen Beschaffenheit werden auch die organischen Sedimente zu den Gesteinen gerechnet.

DEFINITION
biogen = durch die Tätigkeit von Lebewesen entstanden

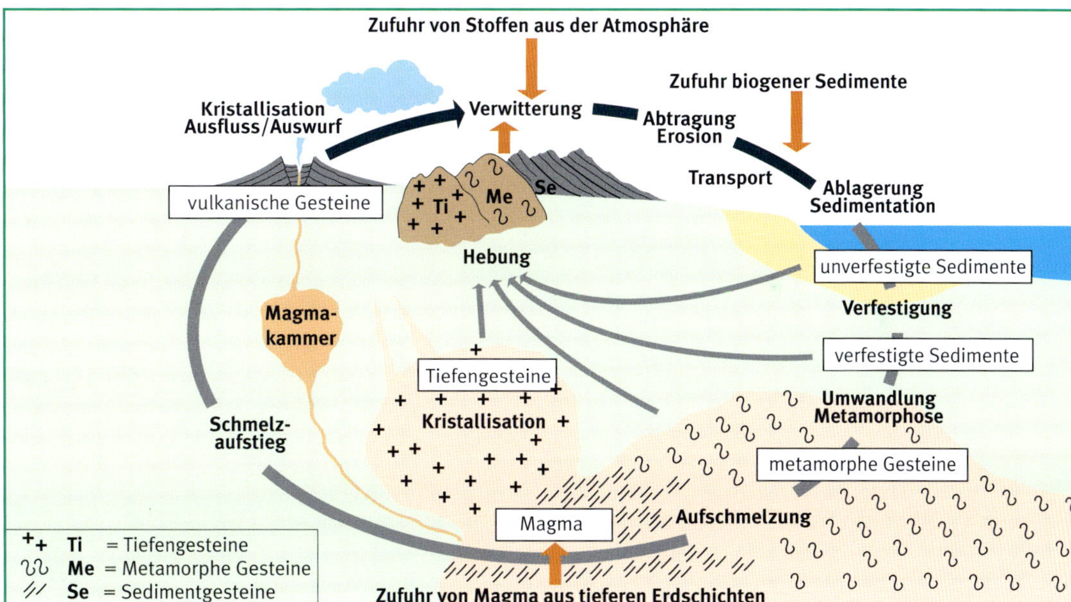

Abb. 114
Kreislauf der Gesteine.

Metamorphite. Die Sedimentgesteine wie auch die Magmatite können wiederum der Verwitterung, Abtragung und Ablagerung unterliegen. Es ist auch möglich, dass sie sich völlig verändern: Bei Gebirgsbildungen können sie tiefer absinken und sich durch Druck und Temperaturerhöhung in Zusammensetzung und Gefüge neu formen. Aus Sandstein entsteht dann Quarzit, aus Kalkstein Marmor und aus Tonstein Schiefer. Man bezeichnet diese Gesteine als

Umwandlungsgesteine oder **Metamorphite**. Da sie durch hohen Druck entstanden sind, kam es zu einer Entwässerung und zu einer Abnahme des Volumens. Umwandlungsgesteine zeigen grundsätzlich eine kristalline Struktur und sind hart. Daher verwittern sie langsamer und die Bodenbildung dauert länger als bei den „weicheren" Ablagerungsgesteinen.

DEFINITION
Verwitterung = Zerfall von Gesteinen und Mineralien durch äußere Einflüsse an oder nahe der Erdoberfläche.

Verwitterung

Verwitterungsvorgänge sind Voraussetzung für die Bodenbildung.

Physikalische Verwitterung. Die physikalische Verwitterung verursacht den mechanischen Zerfall der Gesteine in Teilchen kleinerer Korngröße. So entstehen besonders in Situationen mit extremen und sich schnell ändernden Temperaturen Spannungen im Gestein. Die Minerale im Gestein dehnen sich bei Erwärmung unterschiedlich stark aus. Dunklere Minerale nehmen außerdem

Abb. 115
Von der Verwitterung zur Korngrößensortierung.

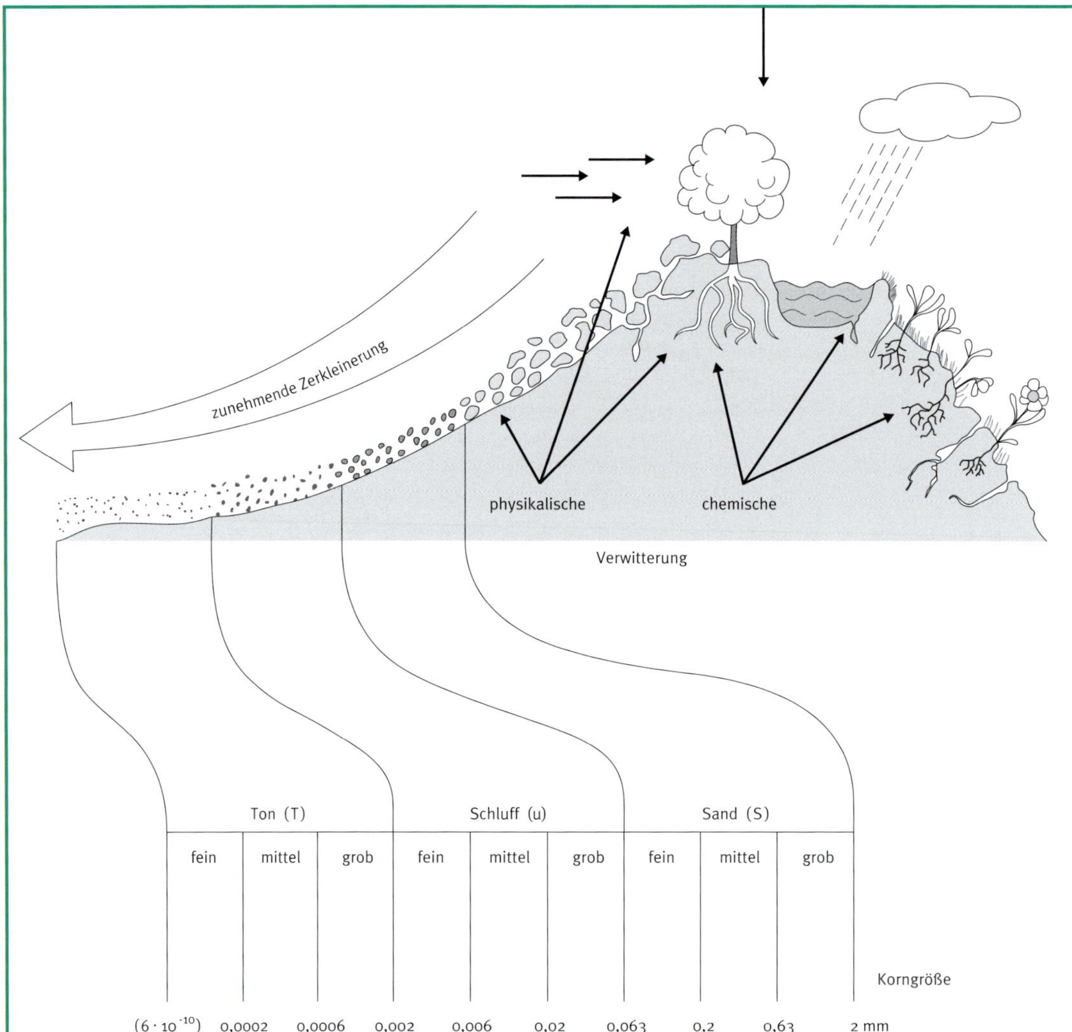

mehr Sonnenstrahlung auf und erwärmen sich stärker als helle, die das Sonnenlicht reflektieren. Diese Vorgänge führen letztlich zu einer Spaltenbildung und zu Absprengungen (siehe Abb. 115). Diese Erscheinungen bezeichnet man als **Temperatursprengung**. Regenwasser kann nun in das Gestein eindringen. Bei Temperaturen unter dem Nullpunkt dehnt sich das Wasser beim Gefrieren um bis zu 10% aus und bewirkt durch den entstehenden Druck die sogenannte **Frostsprengung**. Eine weitere Zerkleinerung findet durch mechanischen Abrieb beim **Transport** der Gesteinstrümmer durch Wasser, Eis und Wind statt. Wie groß die Abriebkraft ist, zeigt Tabelle 10. Durch solche Vorgänge können größenmäßig sogar Tonteilchen entstehen (siehe Abb. 115), die aber aufgrund der rein physikalischen Entstehung noch nicht die typischen Eigenschaften der für die Bodenfruchtbarkeit so wichtigen Tonminerale aufweisen.

Tab. 10 Erosionswirkung des Wassers (Gefälle 0,2 % = 2 m auf 1000 m)

Gesteinsart	Granit	Sandstein
Ausgangsgröße	⌀ 10 cm	⌀ 10 cm
Endgröße	⌀ 2 cm	⌀ 2 cm
Transportstrecke	11 km	1,5 km

Chemische Verwitterung. Das zerkleinerte Gestein weist nun eine deutlich größere Oberfläche auf. Dies erleichtert chemische Reaktionen. Die ursprüngliche Mineralzusammensetzung des Gesteins verändert sich z.B. durch Lösungsvorgänge. Bei der **Lösungsverwitterung** werden durch das Niederschlagswasser leicht lösliche Salze (z.B. NaCl, KCl) aus den Gesteinen gelöst. Diese Reaktionen haben heute nur noch eine geringe Bedeutung. Im Laufe von Jahrmillionen sind diese leicht löslichen Verbindungen längst aus dem Gestein gelöst worden, so dass der „Nachschub" in der heutigen Zeit sehr gering ist, was man beim Vergleich der natürlichen Gehalte an löslichen Salzen im Fluss- und Meerwasser feststellen kann. Im Flusswasser sind manche Ionen kaum noch nachweisbar (siehe Tabelle 11), während sie im Meerwasser konzentriert vorkommen. Interessant ist in diesem Zusammenhang, dass die Salzkonzentration des menschlichen Blutes der des Meerwassers entspricht. Man sieht dies als einen Beweis dafür an, dass das Leben im Meer seinen Ursprung nahm.

Tab. 11 Ionen-Konzentration im Wasser (in g/l)

Substanz	Flusswasser	%	Meerwasser	%
Na^+	0,002	2,4	10,7	31,7
Cl^-	0	0	19,7	58,3
HCO_3^-	0,06	73,2	1,4	4,0
Mg^{2+}	0,003	3,7	1,2	3,6
K^+	0,002	2,4	0,4	1,2
Ca^{2+}	0,015	18,3	0,4	1,2
	100		100	

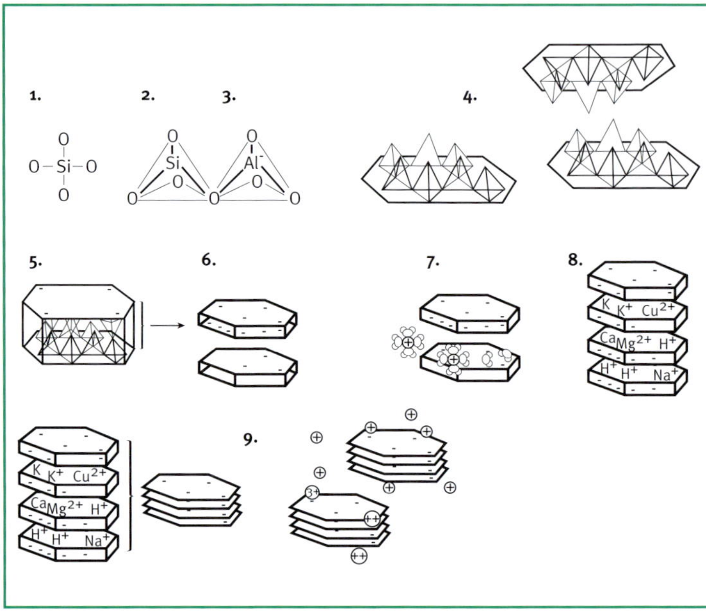

Abb. 116
Aufbau eines Tonminerals
Grundbestandteile sind Si, O, Al, K^+, Ca^{2+}.

1. Vier O-Atome sind mit einem Si-Atom verbunden. Daraus entsteht der Grundbaustein der Silikate, das $[SiO_4]^{4-}$ (siehe Seite 105).
2. Diese Atome ordnen sich in Form eines Tetraeders an (ein Tetraeder ist eine dreiseitige Pyramide), mit Silizium in der Mitte.
3. In einigen Tetraedern ist das Silizium, das vier Bindungen eingehen kann (Si^{4+}), durch das Aluminium, das nur drei Bindungen eingehen kann (Al^{3+}), ersetzt. Dadurch sind diese Tetraeder negativ geladen.
4. Diese beiden Tetraedertypen sind über gemeinsame Sauerstoffatome zu einer Schicht verknüpft. Zwei oder mehrere Schichten „verkleben" miteinander und bilden Schichtpakete.
5. Diese Schichtpakete sind immer dort, wo Aluminium statt Silizium eingebaut wurde, negativ geladen.
6. Die Schichtpakete halten aufgrund ihrer negativen Ladung Abstand voneinander (gleiche Ladungen stoßen sich ab!). Dadurch entsteht eine Zwischenschicht.
7. Positiv geladene Kalium-Ionen (K^+-Ionen) in den Zwischenschichten verkleben einzelne Schichtpakete zu Stapeln. Auch andere Ionen (z.B. Ca^{2+}) und Wassermoleküle können eingelagert werden.
8. Ein Stapel aus mehreren Schichtpaketen bildet ein Tonmineral.
9. Das Tonmineral besitzt an seiner Ober- und Unterseite eine negative Ladung, die durch Anlagerung positiv geladener Ionen neutralisiert werden kann. Aufgrund ihrer geringen Größe und ihrer elektrischen Ladung werden die Tonminerale auch Tonkolloide [von kolla (gr.) = Leim] genannt.

Eine weitaus stärkere Wirkung auf das Gestein haben verschiedene **Säuren**. Regenwasser bildet mit dem CO_2 aus der Luft bzw. der Bodenatmung Kohlensäure (H_2CO_3). Diese ist aggressiver als Wasser und zersetzt daher Minerale schneller. Auch organische Säuren und starke anorganische Säuren (Schwefelsäure, Salpetersäure) tragen zur chemischen Verwitterung bei. Werden **Karbonate**, z.B. Kohlensaurer Kalk, von Säuren angegriffen, kommt es zu folgender Reaktion: $CaCO_3 + H^+ \rightarrow Ca(HCO_3)_2$. Das entstandene Calciumhydrogencarbonat weist eine bedeutend höhere Wasserlöslichkeit auf als die Ausgangsverbindung Kohlensaurer Kalk. Aus den **Silikaten**, z.B. Kalium-Feldspat, werden durch Säureeinwirkung wichtige Pflanzennährstoffe freigesetzt und es entstehen die für die Bodenfruchtbarkeit wichtigen **Tonminerale**: $K[AlSi_3O_8] + H^+ \rightarrow H[AlSi_3O_8] + K^+$. Das entstandene $[AlSi_3O_8]^-$ kann stark vereinfacht als chemisches Grundmodell eines negativ geladenen Tonminerals angesehen werden.

Die Anlagerung von Sauerstoff an Eisen-, Schwefel- oder Mangan-Ionen führt zu einer Volumenvergrößerung. Durch diese **Oxidationsvorgänge** passen die Bausteine der Minerale nicht mehr genau in das vormals feste Kristallgitter, sodass dieses instabil wird und zerfällt. Äußerlich sichtbar wird dieser Vorgang an einer Braun- oder Rotverfärbung. Die bräunliche Farbe der meisten Böden geht auf diese Vorgänge zurück. Man könnte diese Erscheinung mit dem „Rosten" von Eisen vergleichen.

Biologische Verwitterung. Das Lockergestein, welches durch physikalische Vorgänge entstanden ist, dient Tieren als Lebensraum. Sie verstärken Verwitterungsvorgänge durch ihre Wühltätigkeit. Pflanzenwurzeln, die in Gesteinsspalten wachsen, können über ihr Dickenwachstum einen erheblichen Druck ausüben, der zu einer Abspaltung von Gesteinsteilen führt. Auch organische Säuren können das Gestein angreifen. Sie entstehen bei der Zersetzung organischer Stoffe (Huminsäuren) oder werden von den lebenden Pflanzenwurzeln ausgeschieden.

ZUSAMMENFASSUNG
Kohlensaurer Kalk: $CaCO_3$
Calciumhydrogencarbonat: $Ca(HCO_3)_2$
Kaliumfeldspat: z.B. $K[Al\,Si_3\,O_8]$

Tonminerale

Tonminerale entstehen z.B. aus der Verwitterung von Quarz, Glimmern und Feldspäten, alles Hauptbestandteile des Granits. Dabei werden diese Minerale chemisch so umgebaut, dass sie wertvolle Eigenschaften erhalten, wie ein hohes Wasser- und Nährstoffspeichervermögen. In der nebenstehenden Abbildung wird der typische Aufbau eines Tonminerals schrittweise dargestellt.

Wasserspeicherfähigkeit. Die Zwischenschicht-Kationen ziehen aufgrund ihrer starken elektrischen Ladung die ebenfalls elektrisch geladenen Wasserteilchen zwischen die Schichten und weiten diese auf (= **Quellung**). Diese Eigenschaft ist für die **Verformbarkeit** und **Wasserspeicherfähigkeit** von Ton verantwortlich. Bei Wassermangel wird das Wasser aus den Zwischenschichten herausgezogen; die Blättchen lagern dicht aufeinander (= **Schrumpfung**). Stark tonhaltige Böden zeigen daher bei Trockenheit Schrumpfungsrisse, die sich bei Niederschlag wieder schließen (siehe Abb. rechts). In Böden mit weniger als 10 % Ton kommt es zu keiner Schrumpfung.

Abb. 117
Schrumpfungsrisse in tonhaltigem Boden.

Nährstoffhaltevermögen. Die in die Tonminerale eingebauten und angelagerten Kationen machen auch den **Nährstoffreichtum** eines Tonbodens aus. Die Pflanze nimmt die gebundenen Nährstoffkationen im Austausch gegen H^+-Ionen auf. Im Laufe langer Zeiträume versauern Böden allmählich. Die Anreicherung von H^+-Ionen führt über einen fortgesetzten Säureangriff schließlich zu einer Trennung der Schichtpakete. Schließlich werden auch die Schichtpakete völlig aufgelöst. Übrig bleibt Quarz (SiO_2), ein einfaches kristallines Mineral. Saure Böden enthalten daher häufig Quarzsande, jedoch meist wenig Nährstoffaustauscher.

DEFINITION
Bodenkolloide sind fein verteilte Bodenteilchen, die in der Regel negativ geladen sind (Ton- und Humusteilchen).

Wiederholungsfragen

1. Erklären Sie an zwei Beispielen, welchen Einfluss die Körnung auf die Bodenfruchtbarkeit hat.
2. Machen Sie jeweils einen Vorschlag, wie man einen leichten und einen schweren Boden verbessern kann und erläutern Sie die Wirkungsweise der vorgeschlagenen Maßnahme.
3. Ordnen Sie die nachfolgenden Maßnahmen zur Bodenverbesserung der richtigen Bodenart (**Sand**- oder **Tonboden**!) zu und begründen Sie jeweils Ihre Zuordnung:
   - Häufige Zufuhr organischer Substanzen,
   - Einarbeiten schwer zersetzbarer, gröberer organischer Substanzen,
   - geringere und dafür häufigere Düngergaben,
   - häufige Bewässerung.
4. Nennen Sie je drei Eigenschaften eines leichten und eines schweren Bodens!
5. Welche Aussage(n) ist / sind richtig:
   - Die großen Sandteilchen bilden eine große Oberfläche.
   - Tonteilchen bilden Feinstporen.
   - Humus besteht aus Ton, Schluff und Pflanzenteilen.
   - Die Kapillaren des Sandes verstopfen nicht so leicht und sind deshalb für die Böden am günstigsten.
6. Gesteine sind das Ausgangsmaterial für die Bodenbildung. Unterscheiden Sie Magmatite, Sedimentgesteine und Metamorphite nach ihrer Entstehung.
7. Beschreiben Sie, durch welche Vorgänge (zwei Angaben) es zur Ansammlung von Gesteinsschutt am Fuße von Gebirgswänden kommen kann.
8. Warum können durch die unter 7. beschriebenen Vorgänge nicht die für die Bodenfruchtbarkeit wichtigen Tonminerale entstehen?

9. Warum rechnet man „Kalksteine“ zum Teil zu den biogenen Sedimenten und zum Teil zu den chemischen Sedimenten?
10. Geben Sie jeweils ein Beispiel für einen biogen und einen chemisch entstandenen Kalkstein.
11. Welche Mineralgruppe hat den größte Anteil an den bodenbildenden Gesteinen?
12. Geben Sie die chemische Zusammensetzung des Grundbausteines der unter 11. genannten Mineralgruppe an.
13. Erklären Sie, warum „tongebundene Sandsteine“ frostempfindlich sind.
14. Aus Granit entsteht durch hohen Druck und bei hohen Temperaturen das „Umwandlungsgestein“ Gneis. Obwohl die Mineralienzusammensetzung gleich ist, kann man die beiden Gesteinsarten optisch gut unterscheiden. Nennen Sie Unterscheidungsmerkmale.
15. Beschreiben Sie zwei Arten der physikalischen Verwitterung, die bei der Bodenbildung eine Rolle spielen.
16. Beschreiben Sie zwei Vorgänge der chemischen Verwitterung und begründen Sie, warum man die physikalische Verwitterung als Wegbereiter der chemischen Verwitterung bezeichnen kann.

5.1.2 Humus

Viele Hobbygärtner bezeichnen einen ihrer Ansicht nach wertvollen Boden als „Humus“. Auch zahlreiche Baustoffhändler liefern zur Verbesserung eines Gartenbodens, z.B. bei Neubauten, oftmals „Humus“. Würde man solch eine Lieferung auf ihren tatsächlichen Humusgehalt untersuchen, fände man in der Regel nicht sehr viel mehr als 1,5 bis 4 % Humus. Genau genommen müsste man in diesem Fall von einem humosen Oberboden aber keinesfalls von Humus sprechen.

ZUSAMMENFASSUNG
Humus (= organische Substanz) besteht aus Streu und Huminstoffen.

Woraus besteht Humus und was macht ihn auch bei geringen Gehalten so wertvoll?

Zusammensetzung

Als **Humus** (= organische Substanz) bezeichnet man alle abgestorbenen pflanzlichen und tierischen Stoffe sowie deren Umwandlungsprodukte, die sich im oder als Auflage auf dem Boden befinden können. Alle lebenden Bodenbewohner gehören nicht zur organischen Substanz. Humus besteht zum einen aus der **Streu**, das sind nicht oder nur schwach zersetzte Ausgangsprodukte („Man erkennt noch, was es war!“), und zum andern aus stark umgewandelten, dunkel gefärbten Substanzen, den sogenannten **Huminstoffen**. Diese Huminstoffe

Tab. 12 Beurteilung des Humusgehaltes nach der Farbe (bei lehmigen Böden)

Bezeichnung	Humusgehalt in %	Farbe
humusarm	bis 1	hellgrau
schwach humos	1–2	grau
mittel humos	2–4	dunkelgrau
stark humos	4–8	schwarzgrau
sehr stark humos	8–15	schwarz
humusreich	15–30	

stellen den eigentlich wertvollen Teil des Humus dar. Ein hoher Humusgehalt ist in der Regel an einer typischen Dunkelfärbung des Oberbodens erkennbar. In reinen Moorböden kann der Humusgehalt über 95 % betragen. Die Einstufung nach der Farbe ist nicht ganz einfach, da die Bodenfeuchte einen starken Einfluss auf die Farbe hat.

Organische Ausgangsstoffe und ihre Umwandlung.

1. Abschnitt: Im Herbst vor dem Laubfall

- Rücktransport der Nährstoffe in die Wurzel.
- Abbau von Stärke und Eiweißen.

2. Abschnitt: Kurz nach dem Laubfall auf demBoden

- Verstärkte Besiedelung des Blattes mit Mikroorganismen.
- Auswaschung wasserlöslicher Bestandteile durch den Regen.
- Beginn der Laubzersetzung:

2.1 mechanische Zerkleinerung durch:

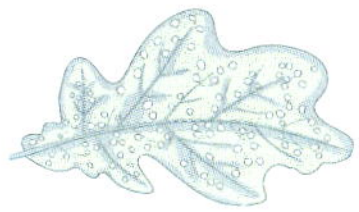

Springschwänze, Milben (Fensterfraß)

Fliegenlarven, Asseln, Tausendfüßler (Lochfraß)

Tausendfüßer, Schnecken, Ohrwürmer (Skelettierfraß)

2.2 Mischung mit Mineralien durch:
Regenwürmer, Gliederfüßer (Insekten, Tausenfüßer, Spinnen, Milben)

2.3 Beginn der Humusbildung. Umwandlung durch:
Regenwürmer, Gliederfüßer

3. Abschnitt

- Humusbildung und Entstehung der Krümelstruktur.
- Abbau von organischem Material durch Bakterien und Pilze (beginnt bereits im Darm vieler Bodentiere):

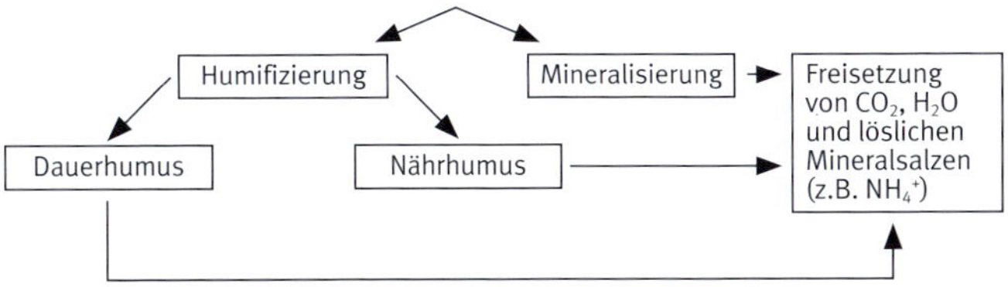

Abbauz der Streu am Beispiel eines Laubblattes (nach B. Hülsmeyer)

DEFINITION

Rohhumus = Humusform, die unter gärtnerisch ungünstigen Standortbedingungen entsteht (auf nährstoffarmen, sauren und grobkörnigen Böden und einer Vegetation (Heide, Koniferen), die schlecht abbaubare Streu liefert).

Wie entstehen aus einem Blatt, das auf den Boden fällt, letztlich Huminstoffe? Die Humusbildung ist ein komplizierter Vorgang, der im wesentlichen in drei Abschnitten verläuft. Beim herbstlichen Laubfall beginnt der **erste Abschnitt** kurz vor oder unmittelbar nach dem Absterben der Pflanzenteile. Im Blattgewebe setzen noch am Baum Abbauvorgänge in den Zellen ein, die z.B. an der Herbstfärbung äußerlich sichtbar werden. Der **zweite Abschnitt** beginnt, wenn das Blatt auf den Boden gefallen ist. Bodentiere zerkleinern die Pflanzenrückstände und vermischen diese intensiv mit den mineralischen Bodenteilchen. Der Regenwurm spielt bei diesen Vorgängen eine bedeutende Rolle. Im **dritten Abschnitt** werden die zerkleinerten Pflanzenrückstände durch Bodenpilze und Bakterien umgesetzt. Abhängig von anschließend erklärten Eigenschaften des Ausgangsmateriales findet jetzt entweder die Umwandlung in Huminstoffe (= **Humifizierung**) oder die vollständige Zersetzung zu Mineralsalzen, Wasser und CO_2 unter Wärmeentwicklung statt (= **Mineralisierung**). Die Huminstoffe werden, wenn sie über einen längeren Zeitraum im Boden verbleiben, auch als **Dauerhumus** bezeichnet, schnell abbaubare organische Substanz dagegen als **Nährhumus**, da aus ihr freigesetzte Nährsalze eine Düngerwirkung für die Pflanzen haben.

C/N-Verhältnis. Wovon ist es abhängig, ob aus Pflanzenrückständen Nähr- oder Dauerhumus entsteht?
Schwer zersetzbares Material mit einem hohen Gehalt an Holzstoff (Lignin) oder Cellulose wird weitestgehend zu Dauerhumus. Dabei ist entscheidend, wie hoch der Stickstoffgehalt des Ausgangsmateriales ist. Um Vergleichswerte zu erhalten, bezieht man den Stickstoffgehalt (N) der organischen Substanz auf den Kohlenstoffgehalt (C), aus dem die organische Substanz größtenteils besteht. Dieses sogenannte **C/N-Verhältnis** ist in Tabelle 13 für unterschiedliche Pflanzenmaterialien aufgeführt. Ist das C/N-Verhältnis weit, d.h. besteht

Tab. 13 Kohlenstoff / Stickstoff -Verhältnis (C/N-Verhältnis) organischer Materialien

Pflanzenmaterial	C/N-Verhältnis
Mistkompost	10 : 1
Rasenschnitt	12–20 : 1
Reine Gemüseabfälle	13 : 1
Leguminosen-Gründüngungsmasse	15–25 : 1
Gemischte Gartenabfälle	20 : 1
Stallmist	20–30 : 1
Schilf	20–60 : 1
Gemischte Küchenabfälle	23 : 1
Schwarztorf	30 : 1
Rindenhumus	30 : 1
Laub	40–50 : 1
Weißtorf	50 : 1
Kiefern- und Fichtenstreu	50 : 1
Stroh	50–125 : 1
Sägemehl	500 : 1

ein Pflanzenteil aus sehr viel Kohlenstoff und wenig Stickstoff (C/N größer als 25), kommt es in der Regel zur Dauerhumusbildung. Bei einem engen C/N-Verhältnis, wie es etwa Rasenschnitt oder Gemüseabfälle aufweisen, erfolgt eine schnelle Mineralisierung.

Stickstoff-Sperre (N-Sperre). Arbeitet man Materialien mit einem weiten C/N-Verhältnis wie Rindenhumus, Stroh oder Sägemehl in den Boden ein und kultiviert man anschließend Pflanzen in diesem Boden, wird mit hoher Wahrscheinlichkeit die sogenannte Stickstoff-Sperre (N-Sperre) auftreten und die Pflanzen zeigen Stickstoffmangel-Erscheinungen. Der Grund ist, dass Bodenlebewesen einen ähnlichen Nährstoffbedarf haben wie höhere Pflanzen. Bietet man ihnen organisches Material an, beginnen sie sich stark zu vermehren, um dieses abzubauen. Zum Aufbau ihrer eigenen Körpersubstanz benötigen sie viel Stickstoff, z.B. für die Eiweißbildung. Wenn das angebotene Material wenig Stickstoff liefert, greifen sie auf den Boden-Stickstoff zurück, der den Pflanzen als Dünger dienen sollte. Sie bauen ihn in ihren Körper ein. Der Stickstoff ist somit nicht mehr für die Pflanzen verfügbar, er ist „gesperrt", und zwar so lange, bis die Mikroorganismen absterben.

ZUSAMMENFASSUNG
- **weites C/N-Verhältnis**
  = Pflanzenteile bestehen aus viel Kohlenstoff und wenig Stickstoff
- **enges C/N-Verhältnis**
  = Pflanzenteile weisen im Vergleich zum Kohlenstoff einen relativ hohen Stickstoffgehalt auf

Mineralisierung. Auch die Lebensbedingungen der Bakterien haben Einfluss darauf, ob und wie schnell Humus abgebaut wird. Mit steigender Durchschnittstemperatur werden nicht nur das Pflanzenwachstum sondern auch der bakterielle Abbau der organischen Substanz begünstigt. Da der Abbau stärker gefördert wird, sinkt mit steigender Temperatur auch der Gehalt des Bodens an organischer Substanz. Aus diesem Grund findet auch an Südhängen ein stärkerer Humusabbau statt als an Nordhängen. Häufige Bodenbearbeitung verbessert die Durchlüftung des Bodens, was die Bakterientätigkeit stark anregt. Der sich daran anschließende Humusabbau ist um so stärker, je intensiver der Boden bearbeitet wird. Wald- und Wiesenböden weisen dagegen einen hohen Gehalt an organischer Substanz auf, da mehr Streu anfällt und keine Bodenbearbeitung stattfindet. Bei guter Bodenpflege stellt sich langfristig ein Gleichgewicht zwischen Humusabbau und Humusaufbau ein. Hohe Kalkgaben kurbeln die Mineralisierung an, wenn der Boden vorher versauert war. Die meisten Bakterien bevorzugen leicht saure bis neutrale pH-Bereiche. Der anfängliche Humusabbau kann jedoch über später verstärkt anfallende Pflanzenrückstände wieder ausgeglichen werden.

ZUSATZINFORMATION
Bei gütegesichertem Rindenhumus ist der N-Gehalt ausgeglichen, d.h. eine N-Sperre tritt nicht auf. Außerdem wird bei der Gütesicherung getestet, ob wachstumshemmende Stoffe im Humus enthalten sind.

Humusanreicherung. Abbauhemmend wirken hohe Niederschläge oder ein hoher Grundwasserstand, wie er etwa in Mooren zu finden ist. Die Bakterien leiden unter Sauerstoffmangel. Da Schluff-, Lehm- oder Tonböden ein hohes Wasserspeichervermögen besitzen, kommt es nach starken Niederschlägen zeitweilig ebenfalls zu Sauerstoffmangel. Zum Teil kann damit der höhere Humusgehalt dieser Böden im Vergleich zu Sandböden erklärt werden. Auch sind Tonminerale in der Lage, organische Substanz fest zu binden und damit den Abbau zu bremsen. Längere Trockenheit wirkt ebenfalls abbauhemmend und damit humuserhöhend. Geringe Bodennährstoffgehalte und ein niedriger pH-Wert beeinträchtigen die Bakterien und bremsen somit ebenfalls den Humusabbau.

Organische Düngung führt über eine direkte Zufuhr organischer Substanz ebenso zu einer Zunahme des Humusgehaltes wie eine anorganische Düngung. Letztere wirkt indirekt über einen steigenden Ertrag und damit einer Zunahme der Pflanzenabfälle und der Wurzelrückstände.

ZUSAMMENFASSUNG

Humusabbau (Mineralisierung) wird **gefördert** durch:

- Wärme,
- Bodenbearbeitung,
- Kalkung.

Humusabbau wird **gehemmt** durch:

- Staunässe,
- Trockenheit,
- geringe Bodennährsalzgehalte,
- niedrigen pH-Wert.

Eigenschaften von Huminstoffen (Humus)

Huminstoffe (Dauerhumus) stellen eine langsam fließende **Nährstoffquelle** für die Pflanzen und „**Futter**" für die Bodenlebewesen (Mikroorganismen) dar. Aufgrund ihrer chemischen Zusammensetzung – sie tragen genau wie die Tonminerale eine negative Ladung – können sie **Nährstoffe speichern**. Ihr poröser Aufbau befähigt sie zu einem hohen **Wasserspeichervermögen**. Mit Hilfe dieser Eigenschaften sind sie in der Lage, Schwankungen im Wasser- und Nährstoffhaushalt eines Bodens auszugleichen (siehe Kapitel 5.2.6 Puffersystem Boden). Die typisch dunkle Farbe der Huminstoffe begünstigt die **Erwärmung** der Böden im Frühjahr, was die Vegetationsperiode verlängert und den Anbau von Frühkulturen ermöglicht. Huminstoffe und Tonteilchen können stabile Verbindungen eingehen, sogenannte Ton-Humus-Komplexe (siehe Seite 144). Dadurch entstehen **stabile Krümel**. In dieser Form sind Huminstoffe lange Zeit vor mikrobiellem Abbau geschützt. Huminstoffe besitzen **Säurecharakter**. Ihre Huminsäuren sind an der chemischen Verwitterung von Gesteinen beteiligt.

Wiederholungsfragen

1. Der **Humusgehalt** eines Bodens hängt eng mit der Nutzung bzw. der Vegetation zusammen.
   a) Erklären Sie, warum ein Ackerboden in der Regel einen deutlich niedrigeren Humusgehalt (etwa 2 %) als ein Boden mit Nadelwaldvegetation (etwa 6%) aufweist. (Insgesamt vier Angaben)
   b) Beurteilen Sie die Humusqualität eines Nadelwaldbodens (zwei Angaben).
2. In Steppengebieten der ehemaligen UdSSR sind mächtige **Schwarzerdeböden** entstanden, die bis zu 10% Humus enthalten (vgl. einheimische Ackerboden mit etwa 2% Humus).
   a) Beschreiben Sie mögliche Ursachen dieser Humusanreicherung. (zwei Angaben)
   b) Erklären Sie, warum es dagegen in einem intensiv gärtnerisch genutzten Boden häufig zu einem Humusabbau kommt.
3. „Kalk macht reiche Väter und arme Söhne". Erklären Sie dieses Sprichwort!
4. Die **Bodenstruktur** eines Bodens soll langfristig durch Zufuhr organischer Substanz verbessert werden. Ihnen stehen folgende Materialien zur Verfügung: Leguminosenrückstände (C/N 15:1), Stroh (C/N 100:1) und Mist (C/N 20:1).
   a) Erklären Sie die Bedeutung des C/N-Verhältnisses für Vorgänge im Boden.
   b) Welches organische Material erscheint Ihnen am ehesten geeignet, um die Bodenstruktur zu verbessern? Begründen Sie Ihre Antwort.
   c) Welche Schwierigkeiten könnten bei der Verwendung von Stroh für später auf dieser Fläche kultivierte Pflanzen entstehen und welche Gegenmaßnahme empfehlen Sie, um dies zu verhindern?
5. Warum führt eine starke Zerkleinerung organischer Substanz zu einer beschleunigten Mineralisierung?
6. Folgende Umweltbedingungem haben Einfluss auf die **Geschwindigkeit der Mineralisierung**:
   a) hohe Niederschläge,
   b) hoher Tongehalt,
   c) Nordhang,
   d) Bodenbearbeitung,
   e) niedriger pH-Wert.
   Geben Sie jeweils an, ob die Mineralisierung durch die genannten Punkte gehemmt oder gefördert wird und begründen Sie stichwortartig, warum das so ist.
7. Sogenannte **Biotöpfe** (Altpapiertöpfe) werden teilweise für Stauden, Gehölze oder Beet- und Balkonpflanzen verwendet. Oft wachsen Pflanzen darin im Vergleich zu Pflanzen in Ton- oder Kunststofftöpfen deutlich schlechter und zeigen typische Stickstoffmangel-Symptome.
   a) Erklären Sie diese Beobachtungen.
   b) Was würden Sie einem Gärtner mit diesen Problemen raten?

5.1.3 Bodenleben (Edaphon)

Untersucht man Boden auf seinen Gehalt an Lebewesen, kommen ganz erstaunliche Zahlen zu Tage. In einer Handvoll Boden sind mehr Lebewesen enthalten, als Menschen auf der Erde leben! Dieses Bodenleben setzt sich aus **Bodenflora** (pflanzliche Lebewesen) und **Bodenfauna** (tierische Lebewesen) zusammen.

Zur **Bodenflora** gehören Bakterien, Strahlenpilze (Actinomyceten) und Pilze. Zur **Bodenfauna** gehören neben einfachsten einzelligen Lebewesen (Amöben, Flagellaten, Ciliaten), Fadenwürmer (Nematoden), Regenwürmer, Asseln, Milben, Springschwänze (Collembolen), Insektenlarven, Tausendfüßler, Ameisen, Maulwürfe, Nagetiere und viele andere (siehe Abb. 118). Über das Gesamtgewicht der Bodenlebewesen auf einem Hektar Fläche gibt es sehr widersprüchliche Aussagen. Die Angaben variieren zwischen 3 t bis über 40 t pro ha. Wenn man sich vor Augen führt, dass ein Hektar Weide zwei bis drei Kühe oder 25 Schafe ernähren kann, findet man in den obersten 30 cm Boden gewichtsmäßig zwei- bis zehnmal so viele Bodenlebewesen, die sich ebenfalls von dieser Fläche ernähren.

Bedeutung der Bodenflora

Bakterien. Diese kleinen, einzelligen Organismen (Größe: 0,5 bis 3µm) werden nach äußeren Merkmalen eingeteilt. Sie haben typische Formen wie Kokken, Stäbchen oder Spirillen Eine der wichtigsten Aufgaben der Bakterien ist die Mineralisierung der organischen Substanz. Da sie sich von dieser ernähren, gehören sie im Gegensatz zu den grünen Pflanzen zu den heterotrophen Lebewesen (siehe Seite 119). Bakterien sind oft von einer Schleimschicht umgeben. Mit Hilfe dieses Schleims können sie Bodenbestandteile verkleben und

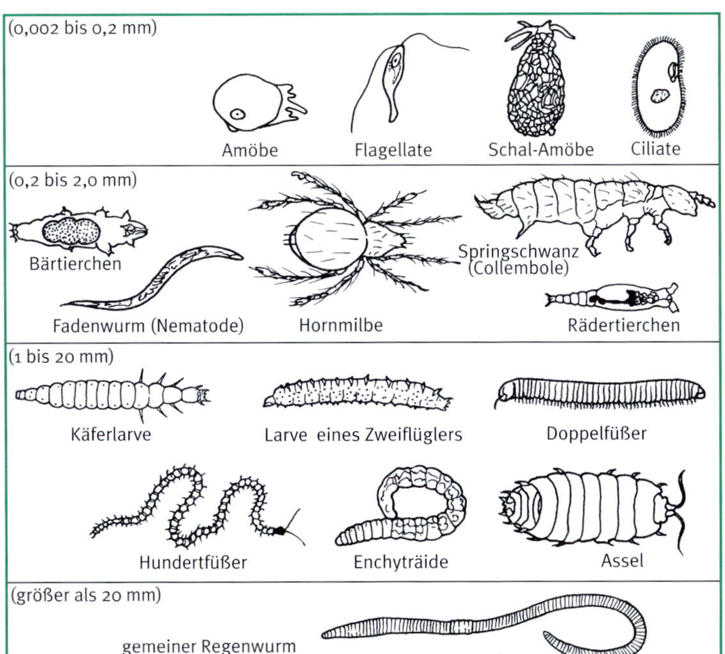

Abb. 118 Bodenfauna

DEFINITION
Edaphon: von griech. édaphos = Grund, Boden.

ZUSATZINFORMATION
Das Bodenleben besteht aus etwa 60 % Pilzen, 30 % Bakterien und 10 % Bodentieren.

ZUSATZINFORMATION
Enchyträide: 1-50 mm „lange" Kleinringelwürmer, die sich hauptsächlich von Bakterien, Mikroorganismen und Kotkrümeln ernähren. Sie sind v.a. auf sauren Standorten wichtige Humusbildner. Man findet sie verstärkt dort, wo Regenwürmer selten sind.

ZUSATZINFORMATION
Systematisch ist die Zuordnung der Pilze zum Pflanzenreich nicht mehr korrekt. Die Pilze bilden aufgrund zahlreicher Besonderheiten neben dem Reich der Pflanzen und dem Reich der Tiere ein gesondertes Reich. Trotzdem bleiben die meisten Bodenkundler bei der alten Zuordnung.

DEFINITION

Leguminosen: Pflanzen aus der Familie der Fabaceae (früher Leguminosae) werden auch als Leguminosen bezeichnet. Die deutsche Bezeichnung „Hülsenfrüchtler" leitet sich von ihrem Fruchttyp „Hülse" (siehe Kapitel 2.6.5) ab. Die meisten Leguminosen leben in Symbiose mit stickstoffbindenden Bakterien (*Rhizobium*-Arten).

DEFINITION

µm: Mikrometer (Längenmaß). 1µm = 10^{-6}m = 1/1000mm.

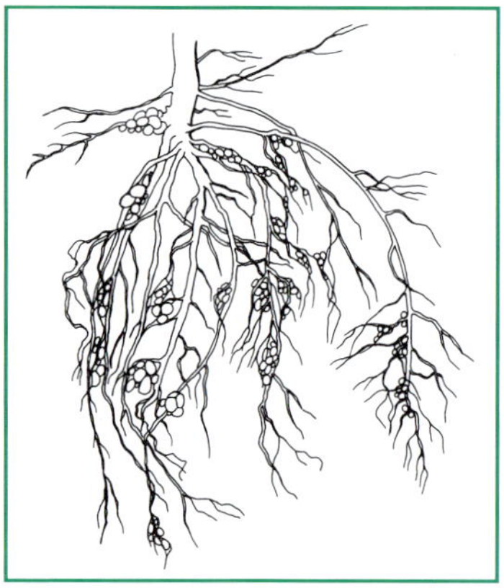

Abb. 119
Knöllchenbakterien

ZUSAMMENFASSUNG

Leistungen der Bakterien:
- Mineralisierung
- Lebendverbauung
- Bindung von Luftstickstoff
- Nitrifikation
- Denitrifikation

stabilisieren. Diese Erscheinung bezeichnet man auch als Lebendverbauung. Spezielle Bakterienarten wie die Knöllchenbakterien (*Rhizobium*) sind in der Lage, Luftstickstoff zu binden. Sie leben mit den Wurzeln von Schmetterlingsblütlern (Fabaceae) in Symbiose (siehe Abb. 119). Die Bakterien liefern den Pflanzen ihren Stickstoffüberschuss und erhalten dafür Nährstoffe, vorwiegend Zucker. So verbessern die Pflanzen deren Lebensbedingungen. Im Zuge des Abbaus stickstoffhaltiger organischer Substanz wird im Boden Ammonium (NH_4^+) freigesetzt. Eine weitere wichtige Bakteriengruppe, zu der z.B. die Bakterienarten *Nitrosomonas* und *Nitrobacter* gehören, wandelt Ammonium in Nitrat (NO_3^-) um. Dieser Vorgang wird als Nitrifikation bezeichnet (siehe Kapitel 7.5.1). Bei Staunässe benutzen Bakterienarten wie *Pseudomonas* und *Bacillus* Sauerstoff aus dem Nitrat für ihre Atmung. Dadurch wird Nitrat in molekularen Stickstoff (N_2), wie er in der Atmosphäre zu finden ist, umgewandelt. Der gasförmige Stickstoff entweicht aus dem Boden, was zu beträchtlichen Stickstoffverlusten (= Denitrifikation) führen kann.

Strahlenpilze (Actinomyceten). Die Strahlenpilze sind Bakterien, die wie die Pilze ein weitverzweigtes **Myzel** (Pilzgeflecht) bilden Sie bauen besonders schwer zersetzbare organische Stoffe ab, sind am **Humusaufbau** beteiligt und verleihen vielen Böden durch ihre Stoffwechselprodukte einen typischen frischen **Erdgeruch**.

Pilze. Pilze kommen bevorzugt in leicht sauren Waldböden vor. Sie können sowohl Temperaturen bis 60 °C als auch extreme Kälte ertragen. Pilze durchziehen den Boden mit ihrem **Myzel**, das aus dünnen, reichverzweigten **Hyphen** (Pilzfäden) besteht. Sie bilden besondere sporentragende Organe, mit deren Hilfe sie sich vermehren. Wichtige Vertreter sind z.B. die Schimmelpilze. Sie leben ausschließlich von toter organischer Substanz (heterotrophe Lebensweise) und tragen entscheidend zur Dauerhumusbildung bei. Mit Hilfe ihres Pilzkörpers stabilisieren sie Bodenkrümel. Einige Pilze können als Krankheitserreger schädlich oder als Symbionten (Mykorrhiza) nützlich sein. Sehr viele Pflanzenarten leben in Wurzelsymbiose mit Mykorrhiza-Pilzen. Der Pilzkörper umhüllt die Wurzelhaare und vergrößert die Wurzeloberfläche dadurch um das 100- bis 1000fache (siehe Abb. 120).

Die Pilze übernehmen für die Pflanze die Aufnahme von Nährsalzen, die Nährsalzspeicherung, die Wasseraufnahme und den Schutz der Wurzel vor Infektionen. Im Gegenzug erhält der Pilz von der Pflanze Assimilate. Mit Mykorrhiza-Pilzen „infizierte" Pflanzen können ungünstige Bedingungen wie Trockenheit oder Nährstoffmangel viel besser überstehen als vergleichbare Pflanzen ohne Mykorrhiza. Es gibt zahlreiche Versuche, in denen Böden und Substrate mit Mykorrhiza-Pilzen geimpft wurden. Insbesondere auf schadstoffbelasteten Flächen führte diese Maßnahme bei einer Wiederaufforstung zu erstaunlich gutem Wachstum. Da jede Pflanzenart spezielle Mykorrhiza-Pilze benötigt, ist der Einsatz dieses Verfahrens bisher jedoch auf Spezialfälle beschränkt.

Algen. Die chlorophyllhaltigen Einzeller, zu denen Grün-, Blau- und Kieselalgen gehören, kommen mit einfachsten anorganischen Verbindungen als Nahrung aus. Das ermöglicht ihnen zusammen mit der Fähigkeit zur Photosynthese die Erstbesiedlung von Gesteinen (zum Teil in Symbiose mit Pilzen als Flechten) und extremen Standorten (z.B. Wüstenböden).

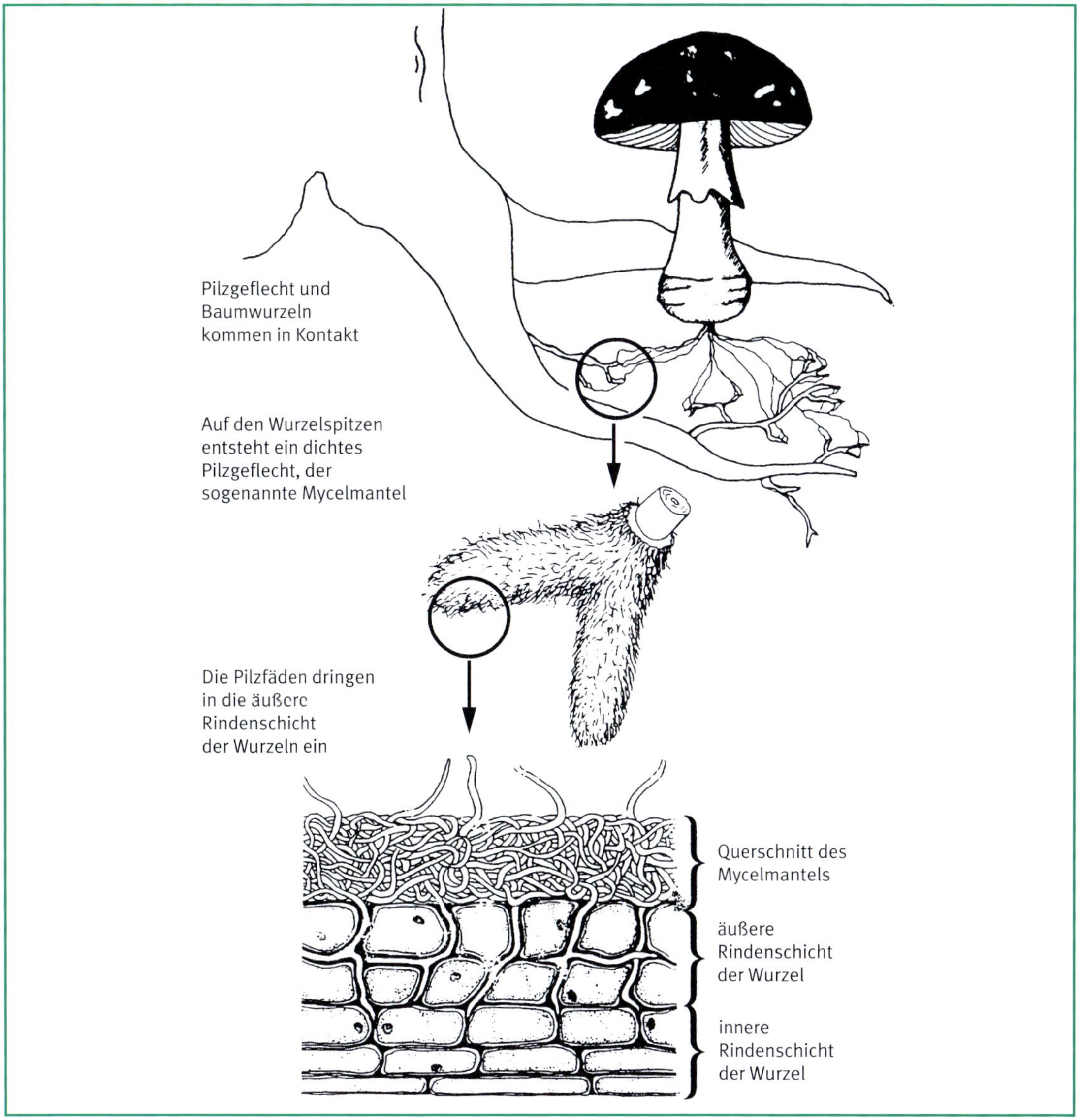

Abb. 120
Mykorrhiza, Lebensgemeinschaft zwischen Pilzen und Pflanzen.

Bedeutung der Bodenfauna

Unter günstigen Bedingungen findet man im Boden auf einem Hektar Fläche bis zu einer Tonne Regenwürmer. Dies entspricht in etwa dem Gewicht von zwei Kühen. Die Regenwürmer sollen stellvertretend für alle Bodentiere betrachtet werden. Kein anderes Mitglied der Bodenfauna erfüllt so viele für den Boden günstige Aufgaben gleichzeitig wie der Regenwurm. Im folgenden Text, der in einer Fachzeitschrift erschienen ist, werden die Bedeutung des Regenwurms für den Boden und Möglichkeiten zur Förderung des Bodenlebens beschrieben. Lesen Sie den Text aufmerksam durch und beantworten Sie die darauf folgenden Fragen schriftlich – Sie erhalten damit einen guten Überblick über die Leistungen der Bodenfauna.

DEFINITION
heterotroph: auf organische Nahrung angewiesen

Abb. 121
Regenwurmkot

ZUSAMMENFASSUNG
Funktionen der Bodenpilze:
- Dauerhumusbildung
- Lebendverbauung
- Wurzelsymbiose (Mykorrhiza-Pilze)

DEFINITION
pelletiert = zu kleinen Kugeln oder Tabletten zusammengefügtes, feinkörniges Material.

Regenwürmer und Bodenpflege

Geschichtlicher Rückblick. Über die Bedeutung der Regenwürmer bestanden in früheren Zeiten große Meinungsverschiedenheiten. Im 18. Jahrhundert galten sie allgemein als schädlich. In der damaligen gärtnerischen Fachpresse liest man fast nur über Mittel zur Bekämpfung dieser Tiere. Der Verfasser eines frühen Fachbuches der Blumengärtnerei schrieb im Jahre 1715 über die Regenwürmer:

> „Diese zernagen die Wurtzeln an den Gewächsen ... Derowegen muß man sie in den Gärten, so wenig als nur möglich leiden. Dannenhero wartet man, bis es geregnet hat, ... Dann da kommen sie aus ihren Löchern hervor, da man sie dann mitten voneinander schneiden kann, und die Blumen vor ihrem nagen verwahren".

Anfang des vorigen Jahrhunderts wurden Stimmen laut, dass Regenwürmer im Boden eine nützliche Funktion besitzen. Eine umfassende Würdigung erfolgte schließlich in CHARLES DARWINS Buch „Über die Bildung der Ackererde durch die Tätigkeit der Würmer", welches ein Jahr vor seinem Tode im Jahre 1881 erschien und in alle Kultursprachen übersetzt wurde.

Regenwürmer und Pflanzen. Bereits 1877, also vor der Veröffentlichung des Regenwurmbuches von Darwin, wies der Kieler Professor VICTOR HENSEN darauf hin, dass vor allem der Unterboden „durch die Tätigkeit der Regenwürmer in doppelter Beziehung und in ausgiebigem Maße den Pflanzen nutzbar gemacht wird, nämlich durch Eröffnung von in die Tiefe führenden Wegen für die Wurzeln und durch Belegung dieser Wege mit Humus". Spätere wissenschaftliche Untersuchungen bestätigen diese Behauptung. Die Gänge der tiefgrabenden Regenwürmer (z.B. der größte einheimische Regenwurm, der Tauwurm) stellen tatsächlich bevorzugte Bahnen für die Wurzeln dar, vor allem in dichtem Boden. Die Wände der Gänge werden zur Stabilisierung von ihren Erbauern häufig mit Losung ausgekleidet. Diese Losung enthält (wie der Kot aller Tiere) den Anteil der nicht vom tierischen Körper assimilierten Stoffe, welche aber zum großen Teil von den Pflanzen verwertet werden können. Die Losung stellt gewissermaßen ein Konzentrat von Pflanzennährstoffen dar, ähnlich den käuflichen, pelletierten Nährstoffdüngern. Kürzlich konnte in Gefäßversuchen nachgewiesen werden, dass Regenwürmer in der Lage sind, auch äußerst dichte Bodenbereiche zu überwinden, was für viele durch schwere Fahrzeuge verdichtete Böden von Bedeutung sein kann. Auch brechen Regenwürmer eine nach Starkregen verschlämmte Bodenoberfläche wieder auf, was der besseren Durchlüftung und damit indirekt der Pflanzenwurzel zugute kommt. Zusammen mit Insektenlarven, Springschwänzen und anderen Bodentieren zerkleinern Regenwürmer organisches Material (z.B. Pflanzenreste). Dies ist eine wichtige Voraussetzung für den weiteren Ab- und Umbau von Pflanzenresten durch die Bodenmikroorganismen. Regenwürmer setzen ihren Kot auch an der Bodenoberfläche ab (siehe Abb. 121). Der durch Schleimstoffe verkittete Kot bildet stabile Krümel, die der Verschlämmung und der Erosion entgegenwirken.

Förderung der Regenwürmer. In gärtnerischen Böden kann also die Dichte sowie die Artenzahl der Regenwürmer hoch sein. Voraussetzung ist eine geeignete Bodenpflege, wie organische Düngung, regelmäßige Bewässerung, flache, schonende Bearbeitung, sparsamer Pestizidaufwand. In Erwerbsgärtnereien sollte eine Mineraldüngung nicht ohne gleichzeitige Gaben organischer Stoffe oder organischer Bodenverbesserungsmittel erfolgen. Manche Gärtner versuchen daher auch wieder, bei den altüberlieferten Verfahren anzuknüpfen. Sie

Aufgaben

1. Halten Sie stichwortartig fest, welche Aufgaben Regenwürmer im Boden erfüllen!
2. Durch welche gärtnerischen Maßnahmen können Regenwürmer (und damit auch viele andere Bodenlebewesen) gefördert werden?

pflegen Kompostwirtschaft und organische Düngung. Der Anstieg der Regenwurmpopulation ist ein Zeichen für bodenbiologisch richtige Maßnahmen. Zu den Maßnahmen, die ein für Regenwürmer (und für viele andere Bodenlebewesen) günstiges Kleinklima schaffen, gehört das Mulchen. Bei einer Bodenbedeckung mit organischem Material wird die Tätigkeit der Regenwürmer im Oberboden auf mannigfache Weise begünstigt: Lichtschutz, Schutz vor Feinden, Minderung von Temperaturextremen, Verringerung der Verdunstung, höheres Nahrungsangebot. Bodenpflegerische Maßnahmen können auch Bodenruhe (Brache) umfassen. Vielleicht wäre es gelegentlich auch im Gartenbau lohnend, den Boden zwischendurch ruhen zu lassen, damit sich die Bodenfauna regenerieren kann. Quelle: GRAF, O. und JOSCHKO, M.: „Regenwürmer und Bodenpflege". Deutscher Gartenbau 15/1994, verändert.

Wiederholungsfragen

1. Stimmt es, dass man den Regenwurmbesatz in einem Boden verdoppeln kann, wenn man alle Regenwürmer in der Mitte teilt? Begründen Sie Ihre Antwort.
2. Erklären Sie, ob das Bodenleben durch eine starke mineralische Düngung gefördert werden kann.
3. Warum konzentriert sich das Bodenleben auf die obersten 30 cm eines Bodens? (zwei Angaben)
4. Nennen Sie drei Vertreter der Bodenflora und geben Sie jeweils an, welche Aufgaben diese im Boden erfüllen.
5. Beschreiben Sie an vier Beispielen, durch welche gärtnerischen Maßnahmen das Bodenleben gefördert werden kann.
6. Im Weinbau kann an steilen Hängen der Bodenabtrag durch Erosion nach Regenfällen 50 bis 150 t/ha und Jahr ausmachen. Als Gegenmaßnahme werden das Einsäen einer Gründüngung und die Ansiedlung von Regenwürmern empfohlen. Beurteilen Sie, ob dieser Vorschlag Aussicht auf Erfolg hat! Gehen Sie dabei sowohl auf den möglichen Sinn der Gründüngung sowie der Ansiedlung von Regenwürmern ein!
7. Erklären Sie, worauf das verbesserte Wachstum von Pflanzen, die in Symbiose mit Mykorrhiza-Pilzen leben, zurückzuführen ist.
8. Orchideenvermehrung durch Aussaat scheiterte oftmals, bis man anfing, das Vermehrungssubstrat mit Mykorrhiza-Pilzen zu impfen. Auf welche botanische Besonderheit der Orchideen könnte diese Erscheinung zurückzuführen sein?

5.1.4 Poren

Die Körnung oder die Bodenart, der Humusgehalt und die Tatsache, wie stark ein Boden verdichtet ist, bestimmen die Zahl und Größe seiner Hohlräume (= **Gesamtporenvolumen**). Die Poren sind entweder mit Luft oder mit Wasser gefüllt. Ein einfacher Versuch (siehe Abb. 122) zeigt, wovon dies abhängt. Das Ergebnis bestätigt eine Beobachtung, die viele schon im Alltag gemacht haben: Ein Boden, der überwiegend aus Sand besteht, nimmt Wasser schneller auf und lässt es schneller durchfließen als toniger Boden. Letzterer kann dagegen

ZUSATZINFORMATION

Unter Freilandbedingungen weisen **tonige Böden** eine Besonderheit auf. Nach Trockenheit bilden sich oft Risse, durch die das Wasser schnell ablaufen kann.

Abb. 122
Versuch zur Wasserdurchlässigkeit.

Versuchsanleitung:
1. Zwei Kaffeefilter mit Filterpapier auskleiden und auf zwei Bechergläser stellen.
2. Einen Filter mit Sandboden (lufttrocken) und den anderen mit Tonboden (lufttrocken) füllen.
3. Beide Bodenproben jeweils langsam mit der gleichen Wassermenge übergießen.
4. Das „durchgelaufene“ Wasser mehrmals erneut über die Poren gießen, um eine vollständige Durchdringung zu gewährleisten.
5. Während des Versuchs die Durchickerungsgeschwindigkeit stoppen und schließlich die in den Bechergläsern aufgefangenen Wassermengen messen.

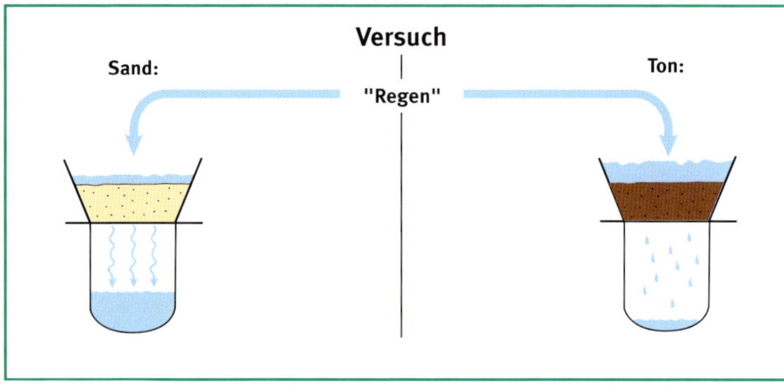

Tab. 14 Porenvolumen und Porengrößenbereiche

Bodenart	GPV	gP	mP	fP
S	42%	30%	7%	5%
U	45%	15%	15%	15%
T	53%	8%	10%	35%

Abkürzungen: GPV: Gesamtporenvolumen gP: Grobporen mP: Mittelporen fP: Feinporen

mehr Wasser speichern. Es ist nicht einfach, diese Beobachtung zu erklären. Naheliegend wäre die Vermutung, dass ein Sandboden mehr Hohlräume (Poren) besitzt als ein Tonboden. Versuchsergebnisse (siehe Tabelle 14) zeigen jedoch, dass es genau umgekehrt ist. Untersucht man dagegen die Größe der in beiden Proben vorkommenden Poren, findet man deutliche Unterschiede. Da sich Sandkörner aufgrund ihrer Größe nicht so dicht aneinander lagern können wie Tonteilchen, entstehen zwischen ihnen zwangsläufig größere Poren, sogenannte **Grobporen**. Zwischen Tonteilchen findet man dagegen **Feinporen**. Diese unterschiedlichen Porengrößen verursachen das unterschiedliche Verhalten der beiden Proben. Je größer die Poren in einem Boden sind, desto schneller läuft aus ihnen das Sickerwasser nach Niederschlägen ab und desto

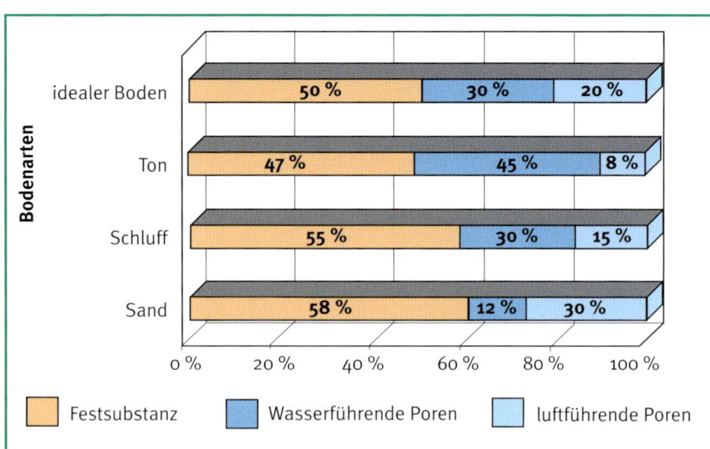

Abb. 123
Boden - Wasser - Luft - Verteilung in verschiedenen Böden.

besser ist der Boden durchlüftet. Umgekehrt halten kleinere Poren das Wasser länger fest (siehe Kapitel 5.1.6). Der hier nicht untersuchte Schluff- oder Lehmboden besitzt besonders viele **Mittelporen**.

Ein hoher Gehalt an poröser organischer Substanz erhöht das Gesamtporenvolumen beträchtlich. Für die Wasser- und Luftversorgung der Pflanzen ist es günstig, wenn ein Boden zu 50% aus Festsubstanz und 50 % aus Poren besteht. Die 50% Poren sollten sich folgendermaßen aufteilen:

20 % luftführende Grobporen und 30 % wasserführende Mittel- und Feinporen (siehe Abb. 123).

ZUSAMMENFASSUNG

Sandboden: geringes Gesamtporenvolumen, hoher Grobporenanteil

Tonboden: hohes Gesamtporenvolumen, hoher Feinporenanteil

5.1.5 Gefüge (Bodenstruktur)

Das eben beschriebene Porensystem tritt in dieser Form nur dann auf, wenn Sand- Schluff- oder Tonteilchen isoliert nebeneinander als einzelne Körner vorkommen. Man spricht in diesem Fall von einem **Einzelkorngefüge** (Einzelkornstruktur). Dies ist typisch für reine Sandböden oder für frisch abgelagerte, schluffreiche Sedimente. Da die Teilchen nicht miteinander verklebt sind, bildet Sand niemals Aggregate, wie man dies etwa von Lehm oder Ton kennt. Die Luftzufuhr ist jederzeit gesichert, da zwischen den groben Sandkörnern immer genügend Hohlräume vorhanden sind. Auch reine Tonböden können Einzelkorngefüge zeigen. Die kleinen Teilchen lagern sich aber zum Teil so eng aneinander, dass es hier zu einer dichten Einzelkornstruktur kommt. Diese Böden leiden unter Luftmangel.

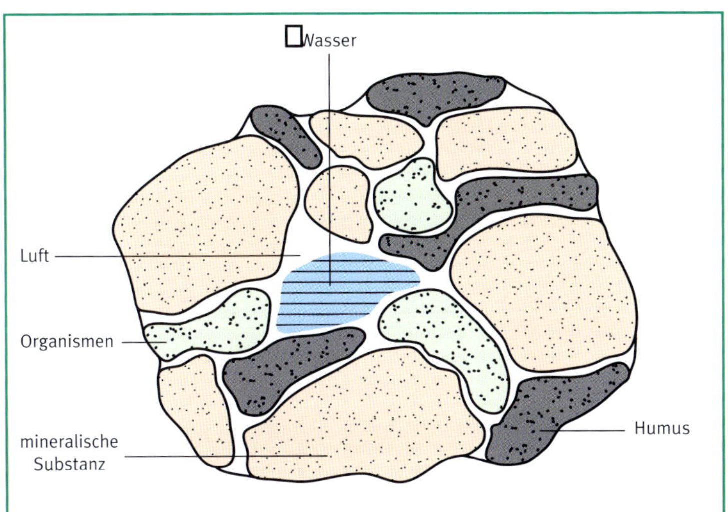

Abb. 124
Krümelgefüge – Aufbau

Eine entscheidende Änderung im Gesamtporenvolumen und der Anteile der verschiedenen Porenarten tritt ein, wenn mineralische und organische Bodenbestandteile miteinander verkittet werden. Insbesondere als Folge der Regenwurmtätigkeit entsteht ein **Krümelgefüge**. Regenwürmer scheiden „poröse Krümel" mit einem hohen Humusgehalt aus. Diese unregelmäßig geformten Gebilde (siehe Abbildung 124 und 121) sind 1 bis 10 mm groß. Zwischen den Krümeln findet man große und innerhalb der Krümel feine Poren. Nur im

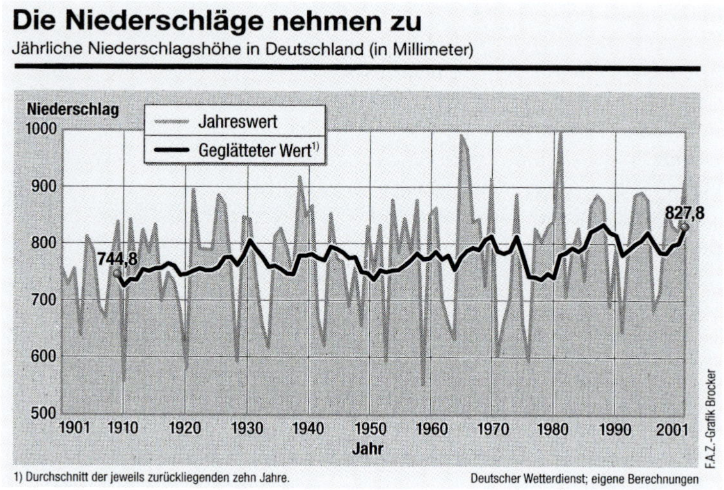

Abb. 125
Die Niederschläge nehmen zu.

Krümelgefüge gibt es ein optimales Verhältnis von Festsubstanz zu Porenvolumen und eine optimale Porenverteilung.

5.1.6 Bodenwasser

Das Wasser ist eine entscheidende Voraussetzung für das Pflanzenwachstum. Fast alle Verwitterungsvorgänge, mit denen die Bodenbildung beginnt, sind an das Vorhandensein von Wasser gebunden. Der **Bodenwassergehalt** beeinflusst z.B.:

- Humusaufbau,
- Humusabbau,
- Transport gelöster Nährsalze zur Pflanze,
- Nährsalzauswaschung,
- Tonverlagerung in tiefere Bodenschichten.

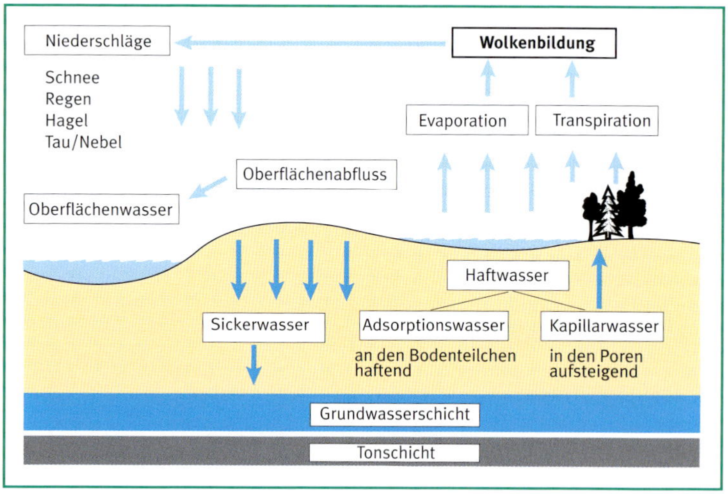

Abb. 126
Kreislauf des Wassers.

DEFINITION

Adsorption: Anlagerung von Wasser an der Oberfläche fester Teilchen.
Adhäsion: von lat. adhaerere = anhängen, ankleben.

Der Weg des Wassers

Das **Bodenwasser** (siehe Abb. 126) entstammt überwiegend den Niederschlägen (Regen, Schnee) und zu einem kleinen Teil der dampfförmigen Luftfeuchtigkeit (Tau, Nebel). Nach Regenfällen kann ein Teil des Wasser oberflächlich in Vorfluter abfließen. Dieses Wasser bezeichnet man als Oberflächenwasser. Das in den Boden eindringende Wasser verhält sich je nach Größe und Zusammensetzung der Poren unterschiedlich. Ein Teil fließt über die Grobporen als Sickerwasser direkt ins Grundwasser ab. Als **Grundwasser** bezeichnet man Bodenwasser, das während des ganzen Jahres anzutreffen ist. Stauwasser kommt dagegen nur zu bestimmten Zeiten vor (meist im Frühjahr). In Mittel- und Feinporen wird der größere Teil als Haftwasser festgehalten.

Das Bodenwasser kann an der Bodenoberfläche auch direkt verdunsten (= Evaporation). Zu den Bodenwasserverlusten trägt natürlich auch die Transpiration der Pflanzen bei. Wasserverluste werden in gewissem Umfang durch aufsteigendes Wasser aus tieferen Schichten ausgeglichen. Es findet ein kapillarer Wasseraufstieg statt.

DEFINITION

Vorfluter: natürlich abfließender Wasserlauf (Gräben, Bäche oder Flüsse).
Verdunstung: Übergang des Wassers vom flüssigen in den gasförmigen Zustand.
Evaporation: Verdunstung über unbewachsenem, freiem Land oder über einer reinen Wasserfläche.
Transpiration: Verdunstung in Zusammenhang mit der Pflanzen- und Tierwelt (z.B. die gezielte Abgabe von Wasserdampf durch Pflanzen).
Evapotranspiration: Da es an Land nicht möglich ist, die Evaporation und die Transpiration zu trennen, werden die beiden Vorgänge als „Evapotranspiration" zusammengefasst.

Haftwasser. An der Oberfläche von Ton- und Humusteilchen wird sehr viel Wasser festgehalten. Man bezeichnet diese Form des Haftwassers als Adsorptionswasser. Um dies zu verstehen, muss man sich mit einer chemischen Besonderheit des Wassermoleküls beschäftigen. Das Wassermolekül besteht aus einem Sauerstoff-Atom (O) und zwei Wasserstoffatomen (H). Eigentlich ist es elektrisch neutral, denn die beiden negativen Ladungen, die der Sauerstoff mitbringt (O^{2-}), werden durch jeweils eine positive Ladung der beiden Wasserstoffatome (H^+) ausgeglichen.

Infolge des gewinkelten Baus des Wassermoleküls (siehe Abb. 127) liegen jedoch die positiven Teilladungen des Wasserstoffs auf der einen und die negative Teilladung des Sauerstoffs auf der anderen Seite des Moleküls. Das Wassermolekül besitzt somit zwei verschieden geladene Pole, weshalb es auch als **Dipol** bezeichnet wird.

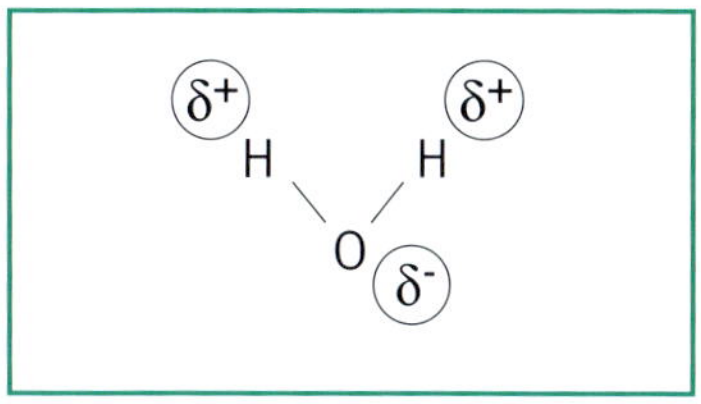

Abb. 127
Gewinkelter Bau des Wassermoleküls (δ^+ = positiver Ladungsschwerpunkt, δ^- = negativer Ladungsschwerpunkt)

Kommt ein Wasserteilchen in die Nähe einer negativ geladenen Oberfläche, richtet sich das Molekül so aus, dass sich die positiv geladenen Wasserstoffionen zu dieser Oberfläche drehen (siehe Abb. 128). Gegensätzliche Ladungen ziehen sich nämlich an, während sich gleiche Ladungen abstoßen. Man spricht von **Adhäsionskräften**. Auch die Wasserverdunstung ist durch diese Bindung vermindert. Daher enthält ein lufttrockener Boden noch Wasser.

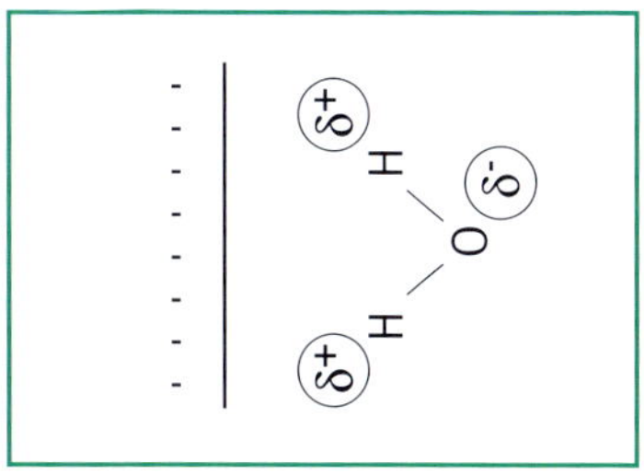

Abb. 128
Adhäsion

Sandteilchen besitzen keine elektrische Ladung und können deshalb nur wenig Wasser festhalten (siehe Abb. 129). Hohlräume zwischen mehreren Tonteilchen (Feinporen) zeigen bezüglich der Wasserbindung eine Besonderheit. Auf die Wasseroberfläche wirken über sehr kurze Entfernungen Anziehungskräfte von mehreren Seiten. Je kleiner die Poren sind, desto stärken wirken diese Kräfte. Das geht soweit, dass die Pflanzenwurzeln schließlich nicht mehr genügend Saugkraft aufbringen können, um dieses sehr fest gebundene Wasser aufzunehmen.

Obwohl ein Tonboden nach längerer Trockenheit noch erhebliche Wasserreserven besitzt, sind diese für die Pflanzen aufgrund der starken Bindung wertlos. Daher heißt dieses Wasser auch **Totwasser**.

Der kapillare Wasseraufstieg. In Ton- und Schluffböden bilden viele Feinporen ein zusammenhängendes Porensystem. Dieses wirkt wie feine Röhrchen (= Kapillaren), in denen das Wasser gegen den Einfluss der Schwerkraft nach oben steigt. Diese besondere Form des Haftwassers heißt Kapillarwasser. Nach

DEFINITION

Kapillare: von lat. kapillar = haarfein.

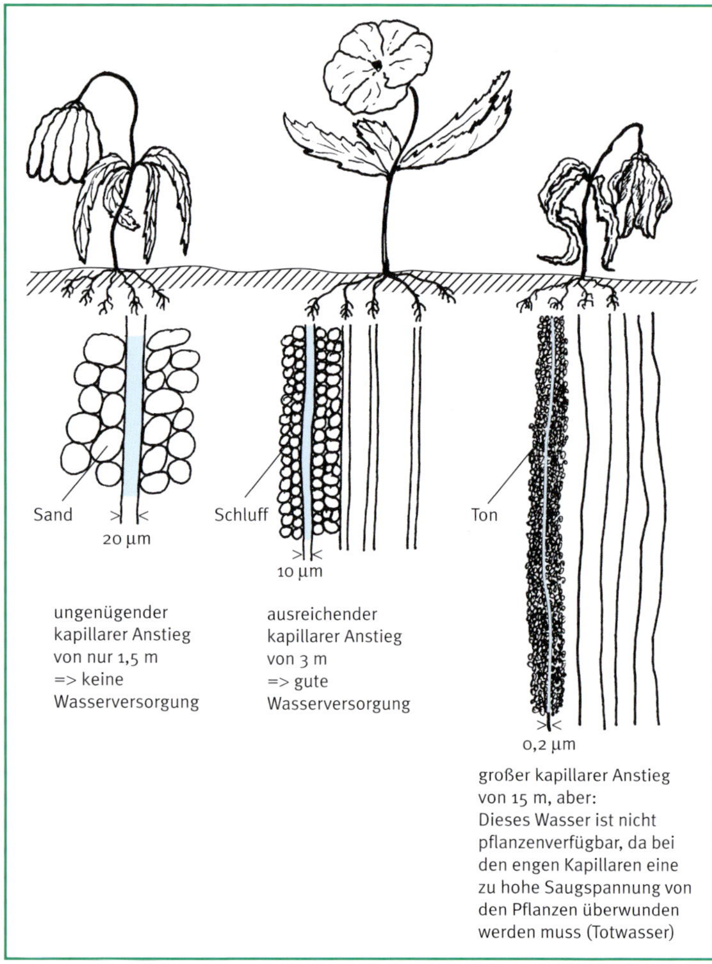

Abb. 129
Die Wasserversorgung von Pflanzen durch kapillaren Anstieg.

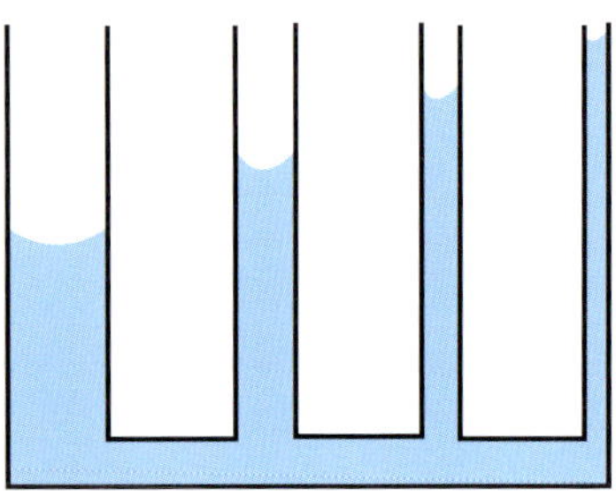

Abb. 130
Kapillarmodell

längerer Trockenheit sind diese feinen Hohlräume noch mit Wasser gefüllt, wenn sie Kontakt zum Grundwasser haben. Der kapillare Aufstieg kann über mehr als 15 m Höhe erfolgen (siehe Abb. 129).

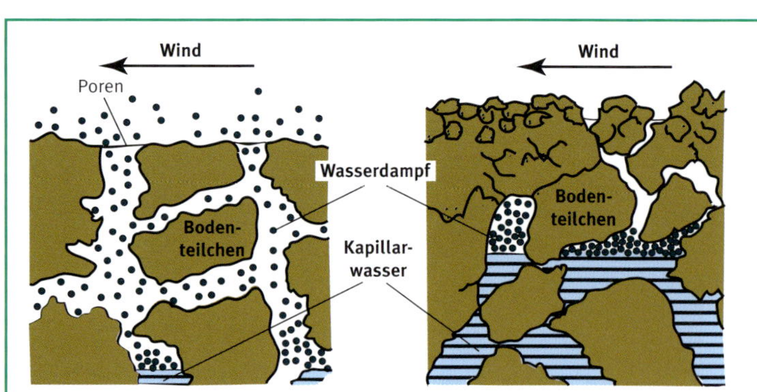

Abb. 131
Verminderte Verdunstung als Folge der Bodenbearbeitung.

Grobporen sind dagegen nur in unmittelbarer Nähe des Grundwasserspiegels mit Wasser gefüllt. Zum Verstehen dieser Erscheinung hilft ein kleiner Versuch mit Hilfe des „Kapillarmodells" (siehe Abb. 130). Füllt man das Modell soweit mit Wasser auf, dass die verschieden dicken Röhrchen, auch Kapillaren genannt, alle Kontakt mit Wasser haben, macht man folgende Beobachtungen:

- Das Wasser steigt gegen den Einfluss der Schwerkraft in den engen Röhren höher auf als in den weiten.
- Am Rand der Glasröhren ist die Wasseroberfläche nach oben gekrümmt. Diese besondere Oberflächenform wird als Meniskus bezeichnet.

Die Ausbildung eines **Meniskus** ist leicht zu erklären: Am Rand der Glasröhrchen ziehen Adhäsionskräfte das Wasser etwas hoch. Diese Wandanziehungskräfte sind auch die Ursache für das Aufsteigen des Wassers. Die Anziehungskräfte können nur ein geringes Gewicht halten. Die maximale Steighöhe hängt von der Wassermenge in den Röhrchen und damit vom Gesamtgewicht des Wassers ab. In engen Kapillaren, in denen nur Platz für eine geringe Wassermenge ist, steigt daher das Wasser viel höher als in weiten Kapillaren. Man kann diese Versuche sehr leicht auf die Poren im Boden übertragen. In Böden mit einem hohen Feinporen-Anteil wird bei Trockenheit Wasser aus tieferen Bodenschichten nachgeliefert. Bei anhaltender Trockenheit kommt es zu starken Bodenwasserverlusten durch Evaporation. Um dies zu vermeiden, sollte man ein altes gärtnerisches Sprichwort beachten: „...Einmal Hacken spart dreimal Gießen...". Durch Bodenbearbeitung (Hacken) werden die Kapillarporen an der Bodenoberfläche zerstört. Dies mindert die Verdunstung (siehe Abb. 131).

Wichtige Bodenkennwerte

Die Bodenkundler haben eine **Maßeinheit** entwickelt, mit der angegeben werden kann, wie stark das Wasser im Boden gebunden ist, d.h. wie stark Pflanzen saugen müssen, um Wasser aus dem Boden aufzunehmen. Dieser **pF-Wert** kennzeichnet die **Wasserspannung** (siehe Tabelle 15). Hat es gerade intensiv geregnet, sind alle Poren mit Wasser gefüllt (= pF 0).

Tab. 15 Wasserspannung und Bodenfeuchtegrad

Wasserspannung	Feuchtegrad
pF 0	alle Hohlräume wassergefüllt
pF 1	nass
pF 2	feucht
pF 3	frisch
pF 4	trocken
pF 5	dürr

Nach längerer Trockenheit enthalten schließlich nur die Feinporen Wasser (siehe Tabelle 16). Der Boden ist trocken. Schon bei pF 4 ist das Wasser so fest gebunden, dass eine Pflanze mit mehr als 10 bar saugen müsste, um es aufzunehmen. Nach starken Regenfällen (Wassersättigung) ist das Wasser innerhalb von zwei Tagen aus den Grobporen eines normal durchlässigen Bodens ausgeflossen und in die Tiefe versickert. Den Wassergehalt, den ein Boden

DEFINITION

bar: In dieser Einheit wurde früher der Druck angegeben (1 bar = 1000 mbar). Heute wird die Einheit Pascal (Pa) benutzt.

1 mbar = 1 hPa (Hektopascal).

Tab. 16 Luft- und wassergefüllte Poren bei unterschiedlicher Bodenfeuchte

Bodenfeuchte	Porenfüllung wgP	egP	mP	fP
vernässt, volle Sättigung, Wasser staut, Sauerstoffmangel	W	W	W	W
feucht, schnell bewegliches Sickerwasser ist weg, **FK**	L	W	W	W
ziemlich trocken, erste Welkeerscheinungen setzen ein, die über Nacht wieder verschwinden	L	L	W	W
trocken, kein Wachstum mehr, Pflanzen können Restwasser nicht aufnehmen, **PWP**	L	L	L	W

Abkürzungen: W = wassergefüllt L = luftgefüllt

dann erreicht hat, bezeichnet man als **Feldkapazität** (FK). Da die Pflanzen das Wasser aus den Feinporen nicht aufnehmen können, muss man dieses von der Feldkapazität abziehen und erhält dann die **nutzbare Feldkapazität** (nFK). Wenn die Pflanzen welken und sich auch in der Nacht nicht wieder erholen, ist der **permanente Welkepunkt** erreicht (PWP) erreicht.

Am Beispiel der Sonnenblume und der Kiefer hat man ermittelt, dass das Wasser dann mit mehr als 15 bar festgehalten wird. Dies entspricht pF 4,2. Tabelle 17 kennzeichnet die Stärke, mit der das Wasser in den verschiedenen Porenarten gebunden ist.

Tab. 17 Porengröße und Wasserspannung

Porenart	Porengröße	pF-Wert	Eigenschaften
Feinporen (fP)	< 0,2 µm	> 4,2	• enthalten nicht pflanzenverfügbares Totwasser • sind nur bei starker Austrocknung luftgefüllt • Feinporen sind für Mikroorganismen nicht zugänglich
Mittelporen (mP)	0,2–10 µm	2,5–4,2	• enthalten pflanzenverfügbares Wasser
enge Grobporen (egP)	10–50 µm	1,8–2,5	• enthalten nutzbares Sickerwasser • langsam entwässernde Poren (etwa 3 cm pro Tag)
weite Grobporen (wgP)	> 50 µm	< 1,8	• enthalten schnell abfließendes Wasser • sind meist luftgefüllt • sind für das Pflanzenwachstum wichtig, da Wurzelhaare ausschließlich in diese größte Porenart eindringen können • Pilzmyzele und Bakterien können auch in Mittelporen leben

1 µm = 1/1000 mm

Zeigerpflanzen für den Bodenwassergehalt

An naturbelassenen Standorten treten bestimmte **typische Pflanzen** auf, die ähnliche Ansprüche an ihre Umwelt haben. Sie leben in **Pflanzengesellschaften** zusammen. Die Pflanzengesellschaft eines Standortes erlaubt es dem Fachmann, Schlüsse auf Klima und Boden oder sonstige Einflüsse zu ziehen.

Einzelne typische Pflanzen, die Auskunft über spezielle Bodeneigenschaften (Bodenreaktion, Bodenfeuchte usw.) geben, nennt man **Zeigerpflanzen**. Zeigerpflanzen für die Wasserversorgung im Boden sind in Tabelle 18 aufgeführt.

Tab. 18 Zeigerpflanzen für den Bodenwassergehalt

Nässe im Boden
Gänsefingerkraut (*Potentilla*)
Hahnenfuß (*Ranunculus*)
Krötenbinse (*Juncus*)
Sumpfziest (*Stachys*)
Gemeiner Beinwell (*Symphytum*)
Wasserdost (*Eupatorium*)
Blutweiderich (*Lythrum*)
Rasenschmiele (*Deschampsia*)
Trockenheit
Gemeiner Andorn (*Marrubium*)

Wiederholungsfragen

1. Manche **Topfpflanzen** vertragen es besser, wenn sie von unten gegossen werden (d.h. das Wasser kommt in den Untersetzer).
   a) Beschreiben Sie, durch welche Vorgänge das Wasser vom Untersetzer nach oben an die Wurzeln der Topfpflanze gelangt. (Verwenden Sie dabei die entsprechenden Fachausdrücke.)
   b) Bei der **Hydrokultur** stehen Pflanzen mit ihren Wurzeln in Blähtonkügelchen, die einen Durchmesser von 8–16 mm aufweisen. Kleinere Teilchen sind nicht im Topf vorhanden. Auf welchem Wege könnte das Wasser in diesem Falle vom Topfboden an die weiter oben liegenden Wurzeln gelangen? (Hinweis: Die Blähtonkügelchen haben eine wasserdichte Außenhaut.)
2. Erklären Sie, warum bei der Rasenaussaat der Boden nach der Lockerung wieder angewalzt wird!
3. „Einmal Hacken spart dreimal Gießen“ sagt ein Sprichwort Erklären Sie diesen Sachverhalt an einem Bespiel.
4. Geben Sie jeweils an, welche Eigenschaften folgende Porentypen bezüglich des Wasserhaushaltes besitzen:
   a) weite Grobporen
   b) enge Grobporen
   c) Mittelporen
   d) Feinporen
5. Bei Feldkapazität beträgt das Luftvolumen im Mittel in Sandböden etwa 30–40%, in Lehmböden 10–25% und in Tonböden 5–10%.
   a) Erklären Sie die Begriffe Feldkapazität und Lehmboden.
   b) Beurteilen Sie anhand obiger Angaben die Eignung der drei genannten Böden für den gärtnerischen Anbau!
   c) Erklären Sie, warum Tonböden den niedrigsten Luftgehalt bei Feldkapazität aufweisen!
   d) Geben Sie mögliche Ursachen für die große Schwankungsbreite des Luftvolumens in Lehm- und Tonböden an.
6. Warum gibt das Gesamt-Porenvolumen eines Bodens allein noch keine Auskunft über seinen Wasser- und Lufthaushalt? Welche genaueren Angaben benötigen Sie?
7. Ergänzen Sie bei den in Tabelle 18 aufgeführten Zeigerpflanzen für die Wasserversorgung jeweils den vollständigen botanischen Namen sowie die Familie.
8. Erklären Sie unter Berücksichtigung der chemischen Grundlagen, wie sich Totwasser im Boden bildet.

ZUSAMMENFASSUNG
Luftkapazität = Porenvolumen – Feldkapazität

5.1.7 Bodenluft

Tab. 19 Zusammensetzung der Bodenluft

Atmosphäre % vol.	Bodenluft % vol.	
N_2	78,08	~ 79,00
O_2	20,95	< 20,60
CO_2	0,034	> 0,20

Die Bodenluft ist Voraussetzung für die Atmung der Pflanzenwurzeln und der Bodenlebewesen. Auch Verwitterungsvorgänge hängen von der Zusammensetzung der Bodenluft ab (z.B. Oxidation bei hohem Sauerstoffgehalt). Die Bodenluft unterscheidet sich von der atmosphärischen Luft durch einen geringeren Sauerstoff- und einen höheren Kohlendioxidgehalt (siehe Tabelle 19). Die Unterschiede kommen durch den Sauerstoffverbrauch der Bodenlebenwesen und der Pflanzenwurzeln zustande. Die relative Luftfeuchte der Bodenluft liegt bei über 95%.

Als Maßstab für die Luft- bzw. Sauerstoffversorgung gilt die **Luftkapazität**. Darunter versteht man den Luftgehalt bei Feldkapazität. Sandige Böden weisen eine hohe Luftkapazität auf, während Tonböden häufig unter Sauerstoffmangel leiden (siehe Tabelle 20).

Tab. 20 Luftgehalt bei Feldkapazität

Bodenart	Luftkapazität
Sandboden	30–40 %
Schluff- und Lehmboden	10–25 %
Tonboden (bei Verdichtung weniger)	5–10 %

Pflanzen, die den Boden intensiv durchwurzeln, benötigen eine gute Durchlüftung des Ober- und des Unterbodens. Flachwurzelnden Rasengräsern genügt dagegen eine gute Durchlüftung des Oberbodens. Einige Gehölze (Pappeln, Weiden) geben sich sogar mit dem in Wasser gelösten Sauerstoff zufrieden. Sie zeigen selbst dann noch ein gutes Wachstum, wenn das gesamte Wurzelwerk in fließendem Wasser steht.

Verschlämmung, Verkrustung, Bodenverdichtung oder überschüssiges Wasser vermindern die Luftkapazität ganz entscheidend. Folgen sind ein gehemmtes Pflanzenwachstum und eine gebremste Mineralisierung. Die Luftkapazität kann durch Bodenlockerungsmaßnahmen (Fräsen, Hacken) deutlich erhöht werden.

Wiederholungsfragen

1. Begründen Sie die Notwendigkeit eines guten Lufthaushaltes im Boden. (zwei Angaben)
2. Welcher Zusammenhang besteht zwischen Bodenluft und Bodenwasser?
3. Beschreiben Sie, wie eine günstige Porenvolumenaufteilung aussehen sollte. (Begründung!)

5.2 Weitere Bodeneigenschaften

5.2.1 Bodentemperatur

Bedeutung

Für das Pflanzenwachstum spielt die Bodentemperatur eine entscheidende Rolle. Keimungs- und Wachstumsvorgänge beginnen meist erst oberhalb einer Bodentemperatur von etwa 5 °C. Auch die Geschwindigkeit von Verwitterungsvorgängen und die Aktivität des Bodenlebens (Mineralisierung, Humifizierung) werden stark von der Bodentemperatur beeinflusst.

Ein einfacher **Versuch** (siehe Abb. 132) zeigt, von welchen Faktoren die Bodentemperatur abhängt. Dazu werden drei große Reagenzgläser folgendermaßen befüllt:

- Heller, trockener Sandboden,
- dunkler (humusreicher), trockener Boden,
- Wasser (stellvertretend für einen vernässten Boden).

Anschließend werden die Proben mit einer Glühlampe bestrahlt und die Temperatur zu Beginn und am Ende des Versuches abgelesen. Man stellt fest, dass sich der dunkle Boden am stärksten und das Wasser, also der vernässte Boden, am geringsten erwärmt hat (siehe Tabelle 21).

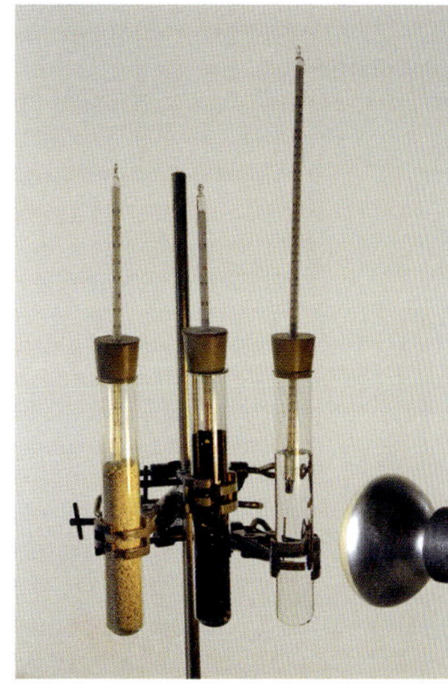

Abb. 132
Versuch zur Bodentemperatur.

Tab. 21 Versuch zur Bodentemperatur

Bodenart Versuchsbeginn	Temperatur zu Versuchsende	Temperatur am
heller, trockener Sandboden	20 °C	29 °C
dunkler, trockener Boden	20 °C	36 °C
vernässter Boden (Wasser)	20 °C	24 °C

Wie kann man diese Versuchsergebnisse erklären? Unser Versuch bestätigt eine Tatsache, die jedem bekannt ist: Dunkle Flächen heizen sich im Sommer viel stärker auf als helle. Sie **absorbieren** (= aufnehmen) viel mehr Wärmeenergie aus der Sonneneinstrahlung als helle Flächen, die einen großen Teil der Sonnenstrahlung **reflektieren** (zurückstrahlen). Auf den Boden übertragen bedeutet dies, dass sich dunkle, humusreiche Böden im Frühjahr sehr viel schneller erwärmen als helle, humusarme. Ein vernässter Boden erwärmt sich aus mehreren Gründen nur langsam.

Das liegt zum einen an der hohen **Wärmekapazität** des Wassers. Beim Vergleich verschiedener Bodenbestandteile hinsichtlich dieser Eigenschaft (siehe Tabelle 22) nimmt das Wasser eine absolute Spitzenstellung ein. Dazu kommt, dass bei einer Bodenerwärmung ein Teil des im Boden enthaltenen Wassers verdunstet. Die zum Verdunsten nötige Wärmeenergie wird teilweise dem Boden entzogen. Es tritt die sogenannte **Verdunstungskälte** auf. Die gleiche Erscheinung kann man beobachten, wenn man beim Baden aus dem Wasser kommt und sich nicht gleich abtrocknet. Man beginnt zu frieren, besonders, wenn es windig ist.

Bei Wassersättigung wird die Wärme auch in tiefere Bodenschichten abgeleitet. Dichte Substanzen leiten Wärme besser als Wasser (siehe Tabelle 22). Ein Boden ist jedoch nie völlig dicht! Die zahlreichen Poren haben eine isolierende Wirkung, wenn sie luftgefüllt sind. Ein hoher Wassergehalt des Bodens

DEFINITION

Wärmekapazität: gibt an, wie viel Wärmeenergie zugeführt werden muss, um eine Substanz von 1 kg Gewicht um 1 °C zu erhitzen. Temperaturdifferenzen müssen physikalisch korrekt in Kelvin (K) angegeben werden.

1 K = 1 °C.

Tab. 22 Wärmekapazität und Wärmeleitfähigkeit verschiedener Bodenbestandteile

Bodenbestandteil	Wärmekapazität (J/cm^3 × °C)		Bodenbestandteil	Wärmeleitfähigkeit (J/cm^3 × s × °C)	
		niedrig			hoch
Luft	0,0012		Quarz	0,088	▲
Quarz	2,11	¦	Ton	0,029	¦
Ton	2,49	¦	**Wasser**	0,0059	¦
Humus	2,76	▼	Humus	0,0025	¦
Wasser	4,19		Luft	0,00025	
		hoch			niedrig

wirkt dieser Erscheinung entgegen. Das Wasser erhöht die Berührungsflächen zwischen den Bodenbestandteilen und ermöglicht so eine bessere **Wärmeleitung**. Je dichter und je feuchter ein Boden ist, um so tiefer dringt die Wärme in den Boden ein. Es ist jedoch bedeutend mehr Wärme nötig, um die Bodentemperatur merklich zu erhöhen. Ein einmal aufgeheizter, wasserreicher Boden kühlt im Herbst nur langsam ab („Wärmflascheneffekt") und kann Pflanzen durch Wärmeabstrahlung vor Frühfrösten schützen. Für Frühkulturen (z.B. Frühgemüse) sind staunasse Böden jedoch ungeeignet, da sie sich aus den oben genannten Gründen nur sehr langsam erwärmen.

Die Wärmezufuhr erfolgt hauptsächlich durch die Sonneneinstrahlung. Ein Boden erhält nur dann die gesamte mögliche Sonneneinstrahlung, wenn die Sonne senkrecht auf die Fläche abstrahlt. Dies hängt von der Jahres- und Tageszeit und von der Ausrichtung einer Fläche zur Sonne (= **Exposition**) ab. Deshalb sind Böden an Südhängen viel wärmer als solche an Nordhängen. An einem Sommertag werden von der Sonne durchschnittlich in jeder Stunde 0,5 kWh pro m^2 eingestrahlt. Je nach Einfallswinkel gibt es beträchtliche Unterschiede.

Beeinflussung der Bodentemperatur. Die Bodentemperatur kann durch gärtnerische Kulturmaßnahmen erheblich beeinflusst werden. Eine **Mulchschicht** vermindert die Wärmeabstrahlung des Bodens und verhindert so ein schnelles Auskühlen und Gefrieren des Bodens im Winter. Immergrüne Laubgehölze (*Rhododendron*, *Prunus laurocerasus*) können dadurch vor **Frosttrock-**

! ZUSATZINFORMATION

In geringem Umfang spielen auch Umsetzungsvorgänge des Bodenlebens eine positive Rolle für die Bodentemperatur. Früher wurden diese in Form von **„Mistbeeten"** gezielt zur Verfrühung von Kulturen genutzt.

Tab. 23 Minimumtemperatur (°C) in 50 cm Höhe und Frostschäden an Apfelblüten

Bodenbedeckung	offen	Ackersenf	Strohmulch
Min.-Temperatur in °C	–3,0	–3,4	–4,8
Erfrorene Blüten in 40–70 cm Höhe	14 %	19 %	64 %
Erfrorene Blüten in 150–180 cm Höhe	14 %	19 %	33 %

nis geschützt werden. Eine Mulchschicht bremst im Frühjahr die Erwärmung des Bodens. Pflanzenteile, die aus einer Mulchschicht oder Schneedecke herausragen, sind aufgrund der geringen Wärmeabstrahlung des Bodens stärker spätfrostgefährdet als bei offenem Boden (siehe Tabelle 23).

Wiederholungsfragen

1. Beurteilen Sie die Auswirkungen folgender Bodenbedeckungsmaterialien auf mögliche Blütenfrostschäden an Obstbäumen bei Spätfrösten im ausgehenden Winter (s. Tab. 23):
   a) Strohmulche,
   b) unbedeckter Boden,
   c) Gründüngung mit Ackersenf.
2. Welchen der vier genannten Böden würden Sie bevorzugen, um Frühgemüse anzubauen? Begründen Sie Ihre Antwort.
   a) hellen, humusreichen Boden,
   b) dunklen, tonigen Boden,
   c) hellen, humusarmen Boden,
   d) entwässerten, trockenen Moorboden (Hinweis: hat ähnliche Eigenschaften wie ein torfhaltiges Substrat).
3. Wird ein Niedermoorboden entwässert und in Kultur genommen, erzielt man oft sehr hohe Erträge. Allerdings ist die Frostgefahr auf diesen Böden sehr groß.
   a) Erklären Sie, warum es auf diesen Böden häufig zu Frösten kommt.
   b) Machen Sie einen Vorschlag, um die Frostgefahr zu verringern, und erklären Sie die Wirkung der von Ihnen vorgeschlagenen Maßnahme.
4. Erklären Sie, warum ein Gehölz, das über eine geschlossene Schneedecke herausragt, in seinen oberirdischen Teilen bei niedrigen Temperaturen extrem frostgefährdet ist, während bei denselben Bedingungen jedoch ohne geschlossene Schneedecke die Frostgefahr wesentlich geringer ist.

5.2.2 Nährstoffhaltevermögen

Gartenbau und Landwirtschaft werden häufig für eine Verunreinigung des Grundwassers durch Düngemittel verantwortlich gemacht. Insbesondere das **Nitrat** spielt dabei eine große Rolle (siehe unten stehenden Zeitungsartikel – Abb. 133). Nitrat (chemisch NO_3^-) kann zu schwerwiegenden Gesundheitsschäden führen. Nach Umwandlung in Nitrit (NO_2^-) kann es bei Säuglingen Blausucht auslösen. Eine zweite mögliche Folge ist die Bildung krebserregender **Nitrosamine** (siehe Kapitel 7.5.1).

UMWELT / Werte im Grundwasser steigen wieder

Nitrat bleibt Problem

Die Nitratwerte im Grundwasser steigen in Südwürttemberg wieder. Experten führen die Zunahme auf den extrem trockenen Sommer des Jahres 2003 zurück.

RAIMUND WEIBLE

TÜBINGEN ■ Beständig waren die Nitratwerte im Grundwasser in den vergangenen Jahren zurückgegangen. Doch dieser Trend ist, wie Untersuchungen der Landesanstalt für Umwelt ergeben haben, im Jahr 2005 gestoppt worden. Die Werte stiegen wieder leicht an, teilte gestern das Regierungspräsidium Tübingen mit. Fachleute führen den Anstieg auf den extrem heißen Sommer 2003 zurück. Trockenheit und Ernteeinbußen hätten zu hohen Nitratwerten im Boden geführt, die mit Verzögerung auf das Grundwasser durchschlugen.

„Nitrat bleibt ein Problem", stellt Regierungspräsident Hermann Strampfer fest. An sechs Prozent der Messstellen in Südwürttemberg-Hohenzollern wurde der Grenzwert der Trinkwasserverordnung von 50 Milligramm Nitrat pro Liter überschritten. Besonders viele Überschreitungen wurden in Oberschwaben gemessen, einem Schwerpunkt intensiver Landwirtschaft. An der Spitze liegen dabei die Landkreise Sigmaringen und Biberach, aber auch der Stadtkreis Ulm.

INFO

Nitrat entsteht durch zu hohen Düngereinsatz. Die Salze der Salpetersäure sind zwar weitgehend ungiftig, doch besteht insbesondere bei Säuglingen die Gefahr, dass das Nitrat im Darm zu giftigem Nitrit umgewandelt wird.

Abb. 133
Meldung aus der NWZ vom 6.10.2006.

ZUSATZINFORMATION

Auswaschungsvorgänge werden durch hohe Niederschläge oder Beregnung und einen hohen Grobporen-Anteil im Boden begünstigt. Tonhaltige Böden zeigen bei Anionen eine geringere Auswaschung. Eine direkte Bindung ist zwar auch hier nicht möglich, das Sickerwasser fließt aber infolge des hohen Feinporen-Anteils sehr viel langsamer ab.

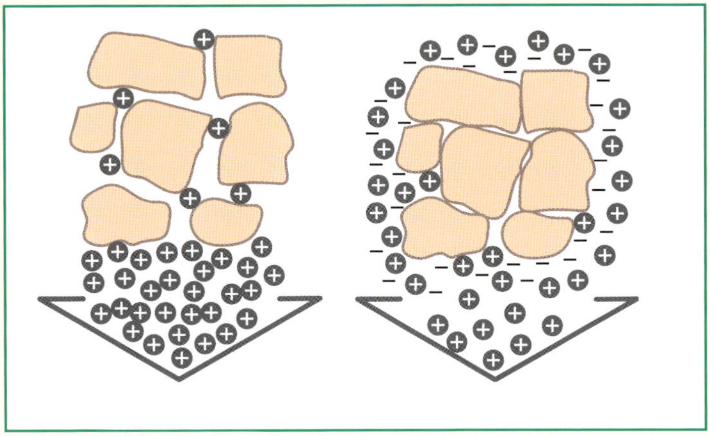

Abb. 134
Abwaschungsvorgänge.

Wieso wird ausgerechnet das schädliche Nitrat so leicht ausgewaschen?
Düngemittel sind häufig **Salze** (z.B. Kalksalpeter $Ca(NO_3)_2$). Sie zerfallen beim Lösen in Wasser in geladene Teilchen (= **Ionen**). Kalksalpeter zerfällt in das positiv geladene Ca^{2+}-Ion (= **Kation**) und zwei negativ geladene NO_3^--Ionen (= **Anionen**). Kommen diese Ionen mit negativ geladenen Ton- und Humusteilchen im Boden in Kontakt, werden die positiv geladenen Ca^{2+}-Ionen festgehalten und die negativ geladenen NO_3^--Ionen abgestoßen. Wie schon beim Haftwasser gilt auch hier, dass sich ungleiche Ladungen gegenseitig anziehen und gleiche Ladungen abstoßen. Ausgerechnet der wichtigste Pflanzennährstoff liegt häufig in einer Form vor, die die Auswaschung begünstigt. Auch andere Anionen (Cl^-, SO_4^{2-}) können dieser Erscheinung unterliegen. Da Sandteilchen keine elektrische Ladung tragen, können sie auch keine Ionen binden. Tonminerale, organische Substanz und Ton-Humus-Komplexe sind somit in der Lage, Kationen festzuhalten (= zu **sorbieren**). Sie schützen Nährstoffe vor Auswaschung. Gebundene Ionen sind austauschbar, d.h. sie können unter bestimmten Bedingungen wieder in die Bodenlösung freigesetzt werden. Ton- und Humusteilchen bezeichnet man deshalb auch als **Austauscher**. Beispiele für wichtige Nährsalz-Kationen sind: K^+, Ca^{2+}, Mg^{2+}, NH_4^+.

Zeigerpflanzen

Zeigerpflanzen für die Nährstoffversorgung sind in Tabelle 24 aufgeführt.

Tab. 24 Zeigerpflanzen für den Nährstoffgehalt des Bodens

Nährstoffmangel	Nährstoffe ausreichend (Stickstoff)
Hungerblümchen (*Draba*)	Große Brennessel (*Urtica*)
Hasenklee (*Trifolium*)	Vogelmiere (*Stellaria*)
Schafschwingel (*Festuca*)	Kreuzkraut (*Senecio*)
Arnika (*Arnica*)	Erdrauch (*Fumaria*)
Melde (*Atriplex*)	

Wiederholungsfragen

1. Nitrat (NO_3^-) ist ein wichtiger Pflanzennährstoff, gleichzeitig aber auch ein gefährlicher Schadstoff im Trinkwasser.
   a) Erklären Sie, warum Nitrat leicht ausgewaschen wird.
   b) Erklären Sie, warum die Auswaschung in schweren Böden geringer ist als in leichten Böden.
2. Erklären Sie, warum Gärtner immer wieder durch die Nitratbelastung des Grundwassers in die Schlagzeilen geraten, während andere Pflanzennährstoffe keine Probleme zu machen scheinen.
3. Ergänzen Sie bei den in Tabelle 24 aufgeführten Zeigerpflanzen für die Nährstoffversorgung von Böden jeweils den vollständigen botanischen Namen sowie die Familie.

Abb. 135
Rhododendron mit Eisenmangelsymptomen.

5.2.3 Die Bodenreaktion (der Säuregrad des Bodens)

Im süddeutschen Raum zeigen *Rhododendron*-Arten häufig Chlorosen (siehe Abb. 135) und Kümmerwuchs. Im Extremfall gehen sie nach wenigen Jahren ein. Die Vermutung ist naheliegend, dass ein Nährstoffmangel vorliegt. Tatsächlich findet man bei Laboruntersuchungen einen sehr niedrigen Eisengehalt in vielen Pflanzenteilen. Die meisten Böden sind jedoch so reich an Eisen, dass die Mangelerscheinungen eine andere Ursache haben müssen. Werden die Rhododendren in Moorböden gepflanzt, tritt der Mangel in der Regel nicht auf. Da Böden in Hochmooren zu den sauren Böden gehören, ist es wahrscheinlich, dass die Eisenaufnahme vom Säuregrad des Bodens beeinflusst wird. Das gilt nicht für alle Pflanzen im gleichen Maße.

• pH-Wert

Aus dem täglichen Leben ist uns bekannt, dass der Saft vieler Früchte, z.B. von Zitronen, **sauer** schmeckt. Dieser Geschmack wird durch Stoffe hervorgerufen, die im Wasser gelöst sind. Untersucht man dagegen eine Seifenlösung, fühlt diese sich glitschig, seifig an und hat einen unangenehmen Geschmack. Solche Lösungen werden **alkalisch** genannt. Trifft weder das eine noch das andere zu, spricht man von **neutralen** Lösungen (z.B. Wasser). Abb. 136 zeigt den Säuregrad von Flüssigkeiten, die im täglichen Leben häufig vorkommen. Bei einer chemischen Untersuchung findet man bei einem hohen Säuregrad viele Wasserstoff- Ionen (H^+). Ist die Lösung alkalisch, kommen dagegen sehr viele Hydroxid-Ionen (OH^-) und nur wenige H^+-Ionen vor. Nur im neutralen Bereich ist die Menge der H^+-Ionen genauso hoch wie die Menge der OH^-Ionen.

DEFINITION
pH: Abkürzung für lat. pondus hydrogenii = Gewicht des Wasserstoffs.

Um den Säuregrad des Bodens zu ermitteln, wird das Gewicht der H^+-Ionen in einer Lösung festgestellt. In einem Liter chemisch reinen Wassers findet man die unvorstellbar geringe Menge von 1 / 10 000 000 g H^+-Ionen. Nach Anwendung einiger rechnerischer „Tricks" entsteht daraus ein Wert, mit dem man besser arbeiten kann: Die Zahl unter dem Bruchstrich besitzt sieben Nullen. Vereinfacht kann sie als 10er Potenz dargestellt werden:

10^7 ($=10 \times 10 \times 10 \times 10 \times 10 \times 10 \times 10$).

Der umgewandelte Wert würde dann wie folgt aussehen: $1/10^7$g H^+. Diese Zahl ist immer noch „unhandlich". Wenn man stattdessen 10^{-7}g H^+-Ionen schreibt, ist der Bruch unnötig. Auch die Grundzahl 10 ist entbehrlich. Indem man den „Lo-

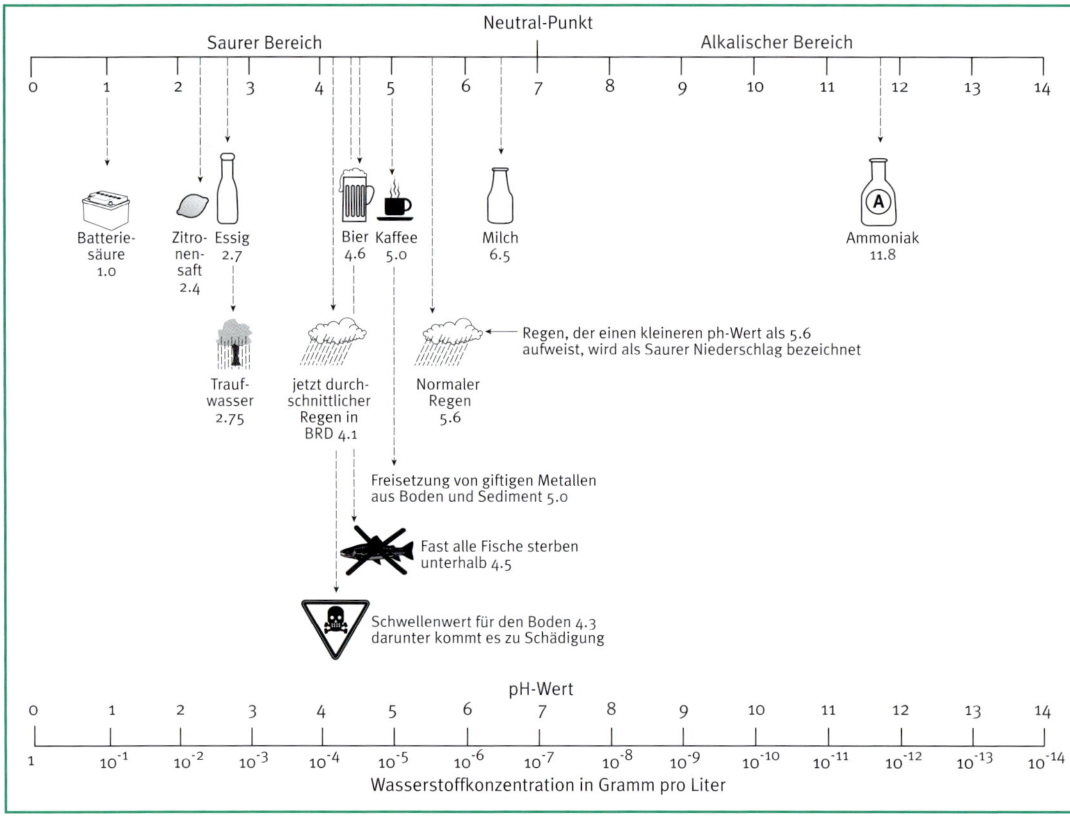

Abb. 136
pH-Wert Skala

garithmus" bildet, verschwindet die Grundzahl. Übrig bleibt dann „–7". Maßeinheiten mit negativen Zahlen sind unüblich. Um dies zu vermeiden, multipliziert man den erhaltenen Wert mit „–1" und schreibt die Abkürzung „pH" (→ pH7) davor. Mit Hilfe des pH-Wertes kann der Säuregrad des Bodens nun sehr leicht eingeschätzt werden, wenn Vergleichszahlen zur Verfügung stehen (siehe Tabelle 26). Die Pflanzen haben unterschiedliche Ansprüche an den pH-Wert des Bodens. Dies muss bei der Kultur berücksichtigt werden (siehe Tabelle 27).

Tab. 25 Beispiele für Säuren und Basen

Säuren	Chemische Formel
Salzsäure	HCl
Schwefelsäure	H_2SO_4
Salpetersäure	HNO_3
Phosphorsäure	H_3PO_4
Basen	
Natronlauge	NaOH
Löschkalk (Calciumhydroxid)	$Ca(OH)_2$
Kalilauge	KOH

Tab. 26 pH-Einstufung der Böden

pH-Zahl	Bodenreaktion
> 7,20	alkalisch
6,51–7,20	neutral
5,51–6,50	schwach sauer
4,51–5,50	sauer
< 4,50	stark sauer

Der vorher durchgeführte „Rechen-Trick" hat einen Nachteil. Bei den meisten Maßeinheiten wird durch eine größere Zahl auch ein größerer Wert beschrieben (1000kg sind mehr als 10kg). Beim pH-Wert müsste man dann annehmen, dass eine Säure mit pH14 viel stärker ist als eine mit pH2. Da die Zahl 14 ursprünglich die Anzahl Nullen des Teilers angibt und damit ein sehr geringer Wert entsteht, sind in der Lösung fast keine H^+-Ionen mehr enthalten. Das bedeutet, je mehr H^+-Ionen vorhanden sind, desto saurer ist der Boden und desto niedriger der pH-Wert.

Warum versauert ein Boden?

Die Wasserstoff-Ionen im Boden stammen aus mehreren Quellen. Durch die Atmung der Bodenlebewesen und Pflanzenwurzeln entsteht Kohlensäure, die H^+-Ionen freisetzt ($H_2CO_3 \rightarrow H^+ + HCO_3^-$) und dadurch sauer wirkt. Pflanzenwurzeln geben H^+-Ionen ab, wenn sie Nährsalz-Kationen aufnehmen (siehe Kapitel 7.3). Der Boden im unmittelbaren Wurzelbereich ist bis zu zwei pH-Einheiten saurer als wurzelfreier Boden. Huminsäuren, die beim Abbau organischen Materials entstehen, tragen ebenfalls zur Bodenversauerung bei. Sie senken den Boden-pH meist viel stärker als die Kohlensäure (in Hochmooren findet man pH-Werte unter 4). Auch die Mineraldüngung beeinflusst den pH-Wert. Bei Verwendung physiologisch saurer Dünger wie Schwefelsaures Ammoniak, Harnstoff und bei allen Volldüngern sinkt der pH-Wert. Bei der Nitri-

Tab. 27 Ansprüche verschiedener Pflanzen an den pH-Wert des Bodens

pH 4–6,5	pH 6,5–7,2	pH > 7,2
Acer japonicum	*Brassica oleracea* var. *gemmifera*	Cactaceae
Araucaria auracana	*Brassica olearcea* var. *gongylodes*	
Bromeliaceae	*Daucus carota*	
Calluna vulgaris	*Pisum sativum* subsp. *sativum*	
Erica-Arten		
Hydrangea-Arten		
Kalmia angustifolia		
Pinus mugo		
Raphanus sativus		
Thuja occidentalis		
Vaccinum-Arten		

ZUSAMMENFASSUNG

Bodenversauerung entsteht durch:
- Bodenatmung,
- Nährsalzaufnahme,
- Huminsäuren,
- physiologisch saure Dünger,
- Nitrifikation,
- Luftschadstoffe (Saurer Regen).

fikation (siehe Kapitel 7.5.1) werden ebenfalls H^+-Ionen freigesetzt. Im Industriezeitalter sind bedeutende, vom Menschen verursachte Quellen dazugekommen: Luftschadstoffe (Schwefeldioxid und Stickoxide) reagieren mit Wasser zu Säuren. Sie gelangen mit den Niederschlägen als „Saurer Regen" in den Boden. Früher lag der pH-Wert der Niederschläge etwa bei pH6. Heute findet man abhängig von der Jahreszeit und der Region deutlich niedrigere Werte (siehe Tabelle 28). In unseren Breiten mit einem humiden (= feuchten) Klima gibt es insgesamt gesehen eine natürliche Tendenz zur Versauerung. In den Boden einsickerndes, saures Regenwasser verstärkt diese Tendenz. Es wäscht wertvolle Kationen (Ca^{2+}, Mg^{2+}) aus.

Tab. 28 pH-Werte von Niederschlägen

Region / Jahreszeit	pH-Wert
ländliche Regionen	4,1 bis 4,5
Ballungsgebiete (Ruhrgebiet)	3,9
Winterhalbjahr (Heizperiode)	bis unter 3,5
Sommerhalbjahr	über 4,5

Welche Folgen hat die Versauerung der Böden?

Niedrige pH-Werte schädigen das Bodenleben. Der erste „Flüchtling" ist der Regenwurm. Auch die Bakterientätigkeit ist gehemmt. Das Herbstlaub bzw. abgefallene Nadeln sammeln sich an und werden kaum noch zersetzt. Im Frühjahr fehlen den Pflanzen die Nährsalze aus dieser nicht zersetzten Streuschicht. H^+-Ionen verdrängen wertvolle Nährsalz-Kationen von den Austauschern. Dies beschleunigt die Nährsalzauswaschung. Tiefwurzelnde Pflanzen sind in der Lage, Ionen wieder „hochzupumpen", die nach unten verlagert wurden. Sie bremsen so den Versauerungsprozess. Flachwurzlern wie der Fichte ist das nicht möglich. Ein hoher Bodensäuregehalt zerstört die Bodenstruktur. Stabile Krümel lösen sich auf, da das Bodenleben gehemmt ist und weniger verkittend wirkende Ca^{2+}-Ionen vorhanden sind (siehe Seite 144). Bei sehr niedrigen pH-Werten werden aus den mineralischen Bodenbestandteilen Aluminium-Ionen freigesetzt. Aluminium-Ionen sind Zellgifte, die die Feinwurzeln von Bäumen absterben lassen können. Für einige wenige Pflanzen (Farne, Teepflanze) ist Aluminium ein nützliches Element. Bei Hortensien ist es zur Erzielung der blauen Blütenfarbe sogar nötig. Zahlreiche Bodenpilze finden bei niedrigen pH-Werten bessere Lebensbedingungen. Ausgerechnet die nützlichen Mykorrhiza-Pilze zeigen aber Vergiftungserscheinungen. Hohe Säuregehalte setzen Schwermetall-Ionen frei, die die Mykorrhiza-Pilze vergiften. Diese Erscheinungen werden zusammen mit anderen Faktoren als Ursachen des Waldsterbens angesehen. Alle Hauptnährstoffe (bis auf Phosphor, siehe Kapitel 7.5.2) werden bei niedrigen pH-Werten (siehe Abb. 137) von der Pflanze in geringerem Maße aufgenommen. Aufgrund vorangegangener Auswaschungsvorgänge sind weniger Nährstoffe verfügbar.

ZUSAMMENFASSUNG

Negative Folgen der Bodenversauerung:
- Beschleunigte Nährsalzauswaschung,
- geringeres Angebot an Hauptnährstoffen,
- Schädigung des Bodenlebens,
- Zerstörung der Bodenstruktur,
- Freisetzung giftiger Aluminiumionen,
- Vergiftung von Mykorrhiza-Pilzen,
- Waldsterben.

Welche Folgen haben hohe Boden-pH-Werte?

Kommen wir auf unser Beispiel vom Anfang des Kapitels zurück! Warum zeigt ein *Rhododendron* Eisenmangelerscheinungen, auch wenn der Boden genug Eisen enthält? In Abb. 146 wird deutlich, dass **Eisen** (und andere **Spurennähr-**

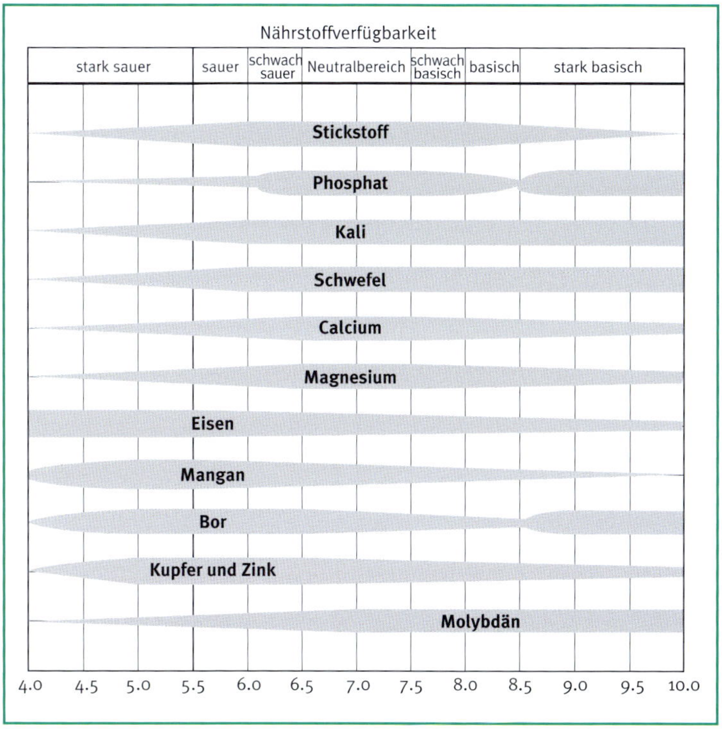

Abb. 137
Einfluss des pH-Wertes auf die Verfügbarkeit von Nährstoffen.

stoffe) nur bei niedrigen pH-Werten gut verfügbar ist. Viele Böden in Süddeutschland zeigen eine neutrale bis schwach saure Bodenreaktion. Dies behindert die Eisenaufnahme ganz erheblich. *Rhododendren* und andere sogenannte „Moorbeetpflanzen" leiden besonders stark unter diesen Erscheinungen, weil sie natürlicherweise auf sauren Böden vorkommen. Deshalb brauchten die Moorbeetpflanzen auch nicht die Fähigkeit entwickeln, das Eisen bei hohen pH-Werten aufnehmen zu können. Hohe pH-Werte fördern meist den **Humusabbau**. Aus dem Humus freigesetzte Nährstoffe haben eine Düngewirkung. Als Folge des dadurch geförderten Pflanzenwachstums fallen verstärkt Pflanzenrückstände an, die den Humusverlust langfristig wieder ausgleichen.

ZUSAMMENFASSUNG
Folgen hoher Boden-pH-Werte:
- schlechte Verfügbarkeit vieler Spurennährstoffe,
- verstärkter Humusabbau.

Messung des pH-Wertes

Hellige-Pehameter. Zur groben Orientierung eignet sich das **Hellige-Pehameter** (siehe Abb. 138). Es besteht aus einer Kunststoffschale mit einer Vertiefung für die Bodenprobe und einer Messrinne mit einer Farbskala. Mit einem kleinen Löffel entnimmt man aus etwa 10cm Tiefe eine Bodenprobe. Diese wird in die große runde Vertiefung des Messtäfelchens gefüllt und mit einer Indikator-Lösung beträufelt. Nach kurzem Umrühren lässt man die Lösung zwei bis drei Minuten einwirken. Durch Schräghalten des Pehameters läuft die überstehende Lösung in die Längsrinne. An der Farbe der Lösung lässt sich der pH-Wert mit Hilfe der Farbskala auf dem Messtäfelchen abschätzen.

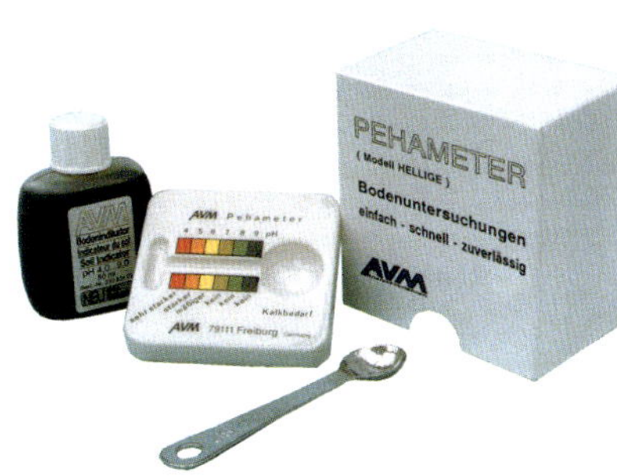

Abb. 138
Hellige-Pehameter

Indikatorstäbchen. Mit Hilfe „nichtblutender" Indikatorstäbchen ist eine preisgünstige pH-Bestimmung möglich. Abhängig vom pH-Wert verfärben sich die Stäbchen unterschiedlich. Durch Vergleich mit einer Farbskala kann der pH-Wert abgelesen werden. Dabei tritt oft eine Abweichung von ± 0,5 pH-Einheiten auf. Die pH-Messung erfolgt in einer Boden-Aufschwemmung (**Suspension**). Diese stellt man nach folgendem Rezept her: 10g Boden (lufttrocken) mit 25ml Lösungsmittel vermischen (Verhältnis 1:2,5). Bei stark torfhaltigen Substraten ist ein Verhältnis von 1:10 gebräuchlich. Als Lösungsmittel wird in der Regel eine 0,01M $CaCl_2$-Lösung verwendet (v.a. bei tonhaltigen Böden). Demineralisiertes Wasser ist bei Sandböden oder Torfsubstraten gebräuchlich. Um vergleichbare und aussagekräftige Messergebnisse zu erhalten, muss das Verhältnis zwischen Boden und Lösungsmittel immer gleich bleiben. Trübe Lösungen sollten gegebenenfalls filtriert werden. Falsche Lagerung (Temperatur zu hoch) oder zu kurze Eintauchzeit verfälschen das Ergebnis.

Abb. 139
Einstichelektrode

DEFINITION

0,01M $CaCl_2$-Lösung: 1,46g $CaCl_2$ pro 1Liter destilliertes Wasser.
Demineralisiertes Wasser: Demineralisiertes Wasser ist einfacher herzustellen als destilliertes Wasser. Mittels eines Ionenaustauschers werden alle Salze entfernt. Eventuell gelöste organische Verbindungen bleiben dabei erhalten. Bei der Herstellung destillierten Wassers werden gelöste Stoffe dagegen durch Verdampfen und Kondensieren entfernt.

Einstich-Elektrode. Genauere Werte erhält man, wenn mit einer **Einstich-Elektrode** gearbeitet wird (siehe Abb. 139). Diese Glaselektrode kann mit einer Batterie verglichen werden, da sie wie diese eine elektrische Spannung liefert. Die Höhe der Spannung hängt vom pH-Wert (von der Menge der H^+-Ionen) ab und kann nach automatischer Umrechnung direkt als pH-Wert abgelesen werden. Die Elektrode ist sehr empfindlich und darf zur Messung nicht einfach in den Boden gesteckt werden. Wie bei den Indikatorstäbchen erfolgt die Messung in einer Boden-Aufschwemmung. Verschmutzung und Alterung der Elektrode können das Messergebnis verfälschen.

Verwendet man **demineralisiertes Wasser statt $CaCl_2$-Lösung** als Lösungsmittel, liegen die Messergebnisse um 0,3 bis 0,7 pH-Einheiten höher als bei einer $CaCl_2$-Lösung. Welche Erklärung gibt es dafür?

Außer den frei in der Bodenlösung vorkommenden H^+-Ionen existieren natürlich noch solche, die an den Ton-Humus-Teilchen gebunden sind. Letztere erfasst man durch eine Messung in demineralisiertem Wasser nicht. Verwendet man dagegen $CaCl_2$-Lösung, erfolgt ein Austausch der gebundenen H^+-Ionen gegen die Ca^{2+}-Ionen der Lösung. Dadurch sinkt der pH-Wert. Mit Hilfe dieser Methode erhält man genauere Ergebnisse.

Mischprobe (Sammelprobe) aus mindestens 10 Einzelproben herstellen. Die Mischprobe sollte **repräsentativ** für die zu untersuchende Fläche sein.

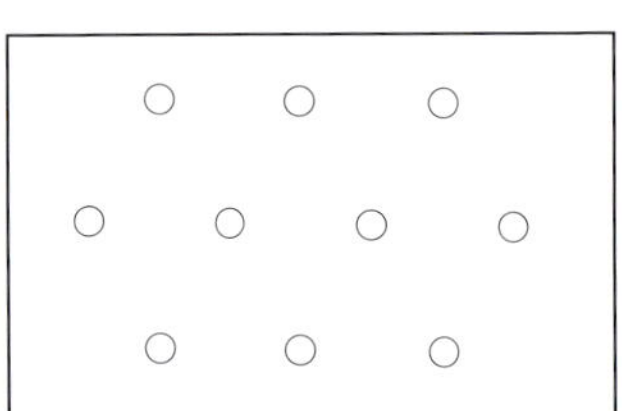

Entnahmetiefe aus dem Hauptwurzelbereich:

Gemüse, Stauden	0–30 cm
Obstbäume, Gehölze	0–20 cm
Rasen, Wiese	0–10 cm

Abb. 140
Entnahme von Bodenproben.

Entnahme einer Bodenprobe

Alle staatlichen und viele private Bodenuntersuchungs-Institute arbeiten nach den Empfehlungen des VDLUFA-Methodenbuches. Trotzdem gibt es in den einzelnen Bundesländern unterschiedliche Vorgehensweisen zur Entnahme und Untersuchung von Bodenproben. Auf der Homepage der Landesanstalt für landwirtschaftliche Chemie der Universität Stuttgart/Hohenheim (www.uni-hohenheim.de) findet man z.B. folgende Anleitung zur Entnahme von Bodenproben. Diese gilt natürlich auch für Untersuchungen des Nährstoffgehaltes:

„... Im allgemeinen ist eine Aussage über Nährstoffversorgung, aber auch über das Vorhandensein von Schadstoffen und deren Wirkung erwünscht. Dabei interessiert in der Regel nicht ein einzelner Punkt einer Fläche sondern die ganze Fläche, z.B. ein Beet oder ein Acker. Damit das Untersuchungsergebnis einen Aussagewert hat, sollten bei der Probenahme die folgenden Hinweise berücksichtigt werden. Die Probennahmetiefe spielt eine entscheidende Rolle. Im Hinblick auf das Pflanzenwachstum sollte die Probennahme aus dem Hauptwurzelbereich erfolgen. Dieser ist bei Gemüse 0–30 cm, bei Wiesen (Rasen, Grünland) 0–10 cm und im Obst- und Weinbau (auch Ziergehölze) 0–20 cm. Bei bestimmten Fragestellungen ist es sinnvoll, auch den Unterboden (30–60 oder 20–40 cm) zu untersuchen. Als Probennahmegerät wird in der Regel ein Bohrstock verwendet. Es kann aber auch mit einem Spaten gearbeitet werden. Um eine repräsentative Mischprobe zu erhalten, entnimmt man von der Fläche 15–20 Einzelproben, die nach statistischen Gesichtspunkten (siehe Abb. 140) zu verteilen sind. Grundsatz ist: Viele kleine Proben sind besser als wenige große Proben. Die Einzelproben werden zu einer Mischprobe vereinigt, diese gründlich gemischt und ca. 200–300 g für die Untersuchung in einen Plastikbeutel abgefüllt. Der Probenbeutel wird mit einem wischfesten Stift oder einem Aufkleber außen gekennzeichnet; bitte keinen Zettel einlegen. Die Kennzeichnung sollte möglichst kurz sein, z.B. Ziffer oder Buchstabe. Alle weiteren Angaben wie Nutzung, Untersuchungswünsche, Beschreibung von Schäden etc. werden auf einem Probenbegleitzettel oder einem Begleitschreiben vermerkt ..."

ZUSATZINFORMATION

Bei der Grundbodenuntersuchung werden folgende Werte bestimmt:
pH-Wert
Phosphat, Kali, Magnesium

(Quelle: Landesanstalt für landwirtschaftliche Chemie der Universität Hohenheim).

Entnahme einer Substratprobe

Für diese Untersuchung ist ebenfalls eine repräsentative Substratprobe nötig. Empfohlen werden etwa 200 ml Substrat aus 10–20 Proben. Dazu soll aus jedem Ballen ein etwa 3cm langer Keil herausgeschnitten werden. Nach intensiver Durchmischung kann die pH-Wert-Messung (wie oben beschrieben) selbst durchgeführt oder zu einem Bodenuntersuchungsinstitut geschickt werden.

Zeigerpflanzen

Nicht immer muss ein Boden so aufwändig untersucht werden. Oft genügt schon ein Blick auf die an einem Standort natürlich vorkommenden Pflanzen, um zu erkennen, mit welchen Bodeneigenschaften wir es zu tun haben. Tabelle 29 liefert eine Auswahl von Zeigerpflanzen für die Bodenreaktion.

Tab. 29 Zeigerpflanzen für die Bodenreaktion

Kalk im Boden (pH 7–8)
Adonisröschen (*Adonis*)
Knollenplatterbse (*Lathyrus*)
Rapunzelglockenblume (*Campanula*)
Leinkraut (*Linum*)
pH für die meisten Kulturen geeignet (pH 6–7)
Erdrauch (*Fumaria*)
Saudiestel (*Sonchus*)
Flughafer (*Avena*)
Persischer Ehrenpreis (*Veronica*)
Schwach saurer Boden (pH 5,5–6,5)
Reiherschnabel (*Erodium*)
Stängelumfassende Taubnessel (*Lamium*)
Saurer Boden (pH 4–5,5)
Kleiner Sauerampfer (*Rumex*)
Ackerspörgel (*Spergula*)
Hasenklee (*Trifolium*)
Sandstiefmütterchen (*Viola*)

Maßnahmen zur Änderung des pH-Wertes

Um der natürlichen Tendenz der Bodenversauerung entgegenzuwirken, ist eine regelmäßige **Kalkung** nötig (siehe Kapitel 5.2.4 Kalk und Boden). In seltenen Fällen muss der pH-Wert, z.B. für die Kultur von Moorbeetpflanzen, gesenkt werden. Die häufigste Maßnahme besteht dann in der Anlage eines „**Moorbeetes**" (siehe Abb. 141).

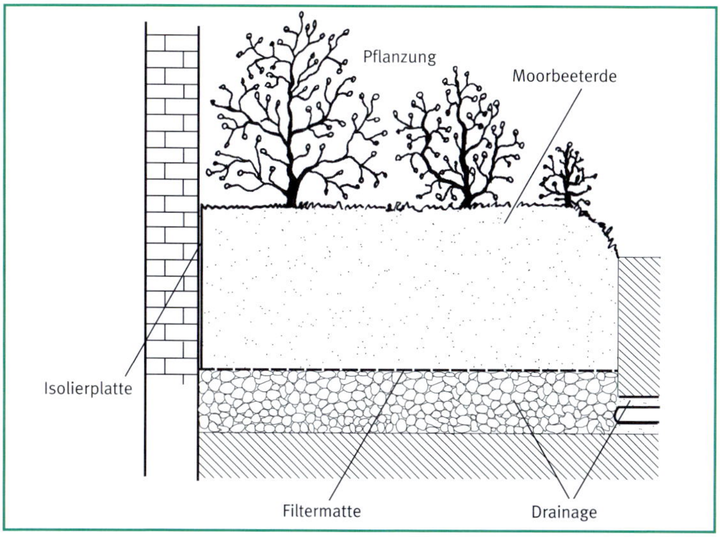

Abb. 141
Aufbau eines Moorbeetes.

Dazu wird der natürlich anstehende Oberboden gegen eine Moorbeeterde aus (saurem) Weißtorf und Rindenhumus ausgetauscht. Mit Hilfe **physiologisch saurer Dünger** (siehe Seite 210) kann der pH-Wert ebenfalls gesenkt werden. **Hartes Gießwasser** enthält viele Ionen, die den pH-Wert in den alkalischen Bereich verschieben. Verwendet man dagegen **weiches** (und saures) **Regenwasser**, wird der pH-Wert langfristig nicht angehoben.

Wiederholungsfragen

1. Warum ist es schwierig, Rhododendron, Azaleen oder Heidelbeeren in kalkhaltigen Böden erfolgreich zu kultivieren?
2. Welche Tipps würden Sie einem Kunden geben, der bei diesen Bedingungen Rhododendron in seinen Garten pflanzen möchte?
3. Nennen Sie Ursachen und Folgen der Bodenversauerung.
4. Welche Gegenmaßnahme würden Sie bei einem stark versauerten, schweren Boden empfehlen? Begründen Sie Ihre Antwort.
5. Voraussetzung für die Wahl der richtigen Maßnahme ist eine Bodenprobe, die auf ihren pH-Wert untersucht werden sollte. Begründen Sie, worauf bei der Entnahme der Bodenprobe besonders zu achten ist.
6. Ergänzen Sie folgenden Text:
   Säuren zerfallen in wässriger Lösung in .... und die .... geladenen Säurerest-Ionen (beispielsweise HCl ⇢ ....). Man bezeichnet dies als Dissoziation (lat.= Trennung). Die saure Wirkung von Säuren beruht auf der Gegenwart von .... in der Lösung.
7. Wird der pH-Wert eines Bodens in einer Aufschwemmung der Probe mit destilliertem Wasser gemessen, liegt das Ergebnis der Messung oft um 0,5 bis 1 pH-Wert-Einheiten höher, als wenn man eine $CaCl_2$-Lösung für die Aufschwemmung verwendet. Erklären Sie den Zusammenhang mit Hilfe einer beschrifteten Skizze.
8. Ergänzen Sie bei den in Tabelle 29 aufgeführten Zeigerpflanzen für die Bodenreaktion jeweils den vollständigen botanischen Namen sowie die Familie.

5.2.4 Kalk und Boden

Im vorigen Kapitel wurde die Kalkung als wichtige Maßnahme gegen die Versauerung unserer Böden genannt (**chemische** Wirkung). Kalk beeinflusst auch das Gefüge (**physikalische** Wirkung) und das Bodenleben (**biologische** Wirkung).

ZUSAMMENFASSUNG

Kalkverluste durch:

- Bodenatmung,
- Säurebildung durch Wurzeln und Bodenlebewesen,
- kalkzehrende Düngemittel,
- saure Niederschläge,
- Auswaschung,
- Ernteentzug.

• Chemische Wirkung

Die H^+-Ionen, die von Säuren freigesetzt werden, müssen mit Hilfe alkalischer OH^--Ionen unschädlich gemacht werden. Es entstehen neutrale Wassermoleküle. Jede Neutralisation findet nach folgendem Prinzip statt:

Säure	+	Base	→	Salz	+	Wasser
(sauer)		(alkalisch)		(neutral)		(neutral)
H_2SO_4	+	$Ca(OH)_2$	→	$CaSO_4$	+	H_2O
(Schwefelsäure)		(Löschkalk)		(Calciumsulfat)		(Wasser)

Leider folgen die Reaktionen im Boden nur teilweise diesem klaren und einfachen Prinzip. Löschkalk ist eine Verbindung, die nach einer Kalkung mit

Branntkalk im Boden entsteht. Viel häufiger wird jedoch Kohlensaurer Kalk ($CaCO_3$) verwendet, der sogar natürlich in Böden vorkommt. Auch die Schwefelsäure stellt ein Extrembeispiel dar. Die verbreitetste Säure ist die Kohlensäure (H_2CO_3).

Kohlensaurer Kalk und **Kohlensäure** verhalten sich folgendermaßen: Kohlensaurer Kalk gehört zu den Karbonaten. Chemisch betrachtet sind Karbonate Salze. Auf den ersten Blick passen sie daher nicht in unsere Neutralisationsreaktion. Lässt man Kohlensauren Kalk und Kohlensäure miteinander reagieren entsteht Calciumhydrogencarbonat. Diese Verbindung ist im Gegensatz zu Kohlensaurem Kalk gut wasserlöslich und zerfällt in Calcium-Ionen und Hydrogencarbonat. Die Kohlensäure ist nun so umgewandelt worden, dass keine H^+-Ionen mehr abgegeben werden können. Die sauer wirkende Kohlensäure wurde somit „unschädlich" gemacht. Der pH-Wert steigt leicht.

$CaCO_3$	+	H_2CO_3	$\rightarrow$	$Ca(HCO_3)_2$	$\rightarrow$	Ca^{2+}	+	$2\,HCO_3^-$
Kohlensaurer Kalk		Kohlensäure		Calcium-hydrogen-carbonat		Calcium		Hydrogen-carbonat

Physikalische Wirkung

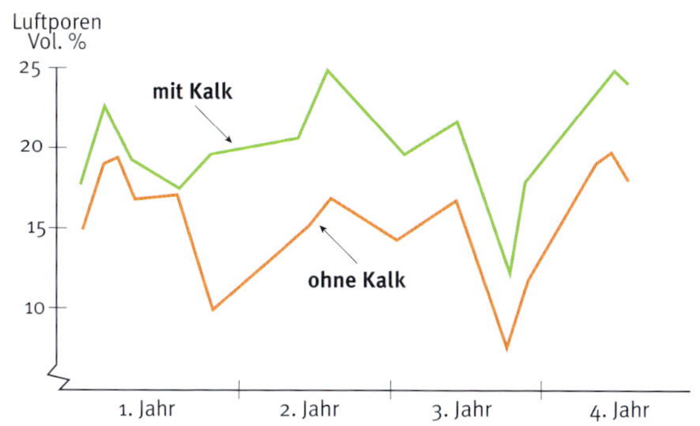

Abb. 142
Erhöhung des Luftporenvolumens durch Kalk auf einem sauren Lehmboden.

Durch eine Kalkung wird die Bildung von Aggregaten gefördert (siehe Seite 144). Als Folge nimmt das Luftporenvolumen zu (siehe Abb. 142). Mehr Luft im Boden und eine verbesserte Wasserführung fördern die Wurzelbildung auch in größerer Tiefe. Dadurch können Nährstoffe besser ausgenutzt werden.

Biologische Wirkung

Ein höherer pH-Wert als Folge einer Kalkung kurbelt die Tätigkeit der Bodenbakterien an (siehe Seite 139). Dadurch werden aus dem Humus Nährstoffe schneller freigesetzt. Eine verstärkte Nährsalzaufnahme durch die Wurzeln ist die Folge. Das angeregte Bodenleben gibt durch intensive Atmungstätigkeit viel Kohlendioxid an die bodennahe Luftschicht ab. Dies verbessert die Fotosynthese-Leistung der Pflanzen. Die Kalkdüngung und die Kalkarten werden ausführlich im Kapitel 7.5.4 behandelt.

Wiederholungsfrage

Folgende pH-Werte sollen bei den genannten Bodenarten angestrebt werden:
S: pH 5,5
sL: pH 6,5
tL: pH über 7

a) Was bedeuten die Abkürzungen „S", „sL" und „tL"?
b) Erklären Sie jeweils diese unterschiedlichen Empfehlungen!
Hinweis: Siehe dazu auch das Kapitel über den Pflanzennährstoff Calcium.

5.2.5 Bildung stabiler Krümel

Abb. 143
Verschlämmte Bodenoberfläche

Zur Vorbereitung einer Pflanzung oder Aussaat wird der Boden gelockert. Bindige Böden pflügt man dazu im Herbst. Das im Boden enthaltene Wasser dehnt sich beim Gefrieren aus und bewirkt eine mechanische Zerkleinerung größerer Schollen. Diese **Frostgare** ist in der Regel nicht von Dauer. Auch durch das Fräsen kann vorübergehend ein „krümelartiges" Gefüge entstehen. Diese **Bearbeitungsgare** ist ebenfalls nur von kurzer Dauer. Beide Garearten werden bei starken Regenfällen „zusammengeschlagen" (siehe Abb. 143). Es kann zur **Verschlämmung** kommen. Mechanisch entstandene Krümel zerfallen dabei in ihre Einzelbestandteile.

Beim Abtrocknen verkrustet die Bodenoberfläche. Nachfolgendes Regenwasser kann nicht mehr so gut in den Boden eindringen und die Bodenwasservorräte auffüllen. Stattdessen fließt es oberflächlich ab und fördert die **Bodenerosion**. Humoses Oberbodenmaterial wird dabei insbesondere an Hanglagen weggeschwemmt. Die Verkrustung behindert auch den **Gasaustausch** (O_2/CO_2) zwischen der erdnahen Luft und dem Boden und die **Keimung** von Samen. Bodenlebewesen und Pflanzenwurzeln leiden in der Folge unter Sauerstoffmangel. Das Kapillarsystem des Bodens ist nicht mehr durch Grobporen unterbrochen, da diese von Feinmaterial verstopft wurden. Eine starke **Wasserverdunstung** ist die Folge. Tonhaltige Böden können bei anhaltender Trockenheit tiefgründig austrocknen, was an **Schrumpfungsrissen** (siehe Abbildung 117 Seite 111) deutlich wird.

ZUSAMMENFASSUNG
Frostgare und **Bearbeitungsgare** werden auch als **Scheingare** bezeichnet, da beide Gareformen mechanisch nicht stabil sind.

DEFINITION
Bodenerosion: durch Wasser und Wind ausgelöste, von Menschen meist verstärkte, über das natürliche Maß hinausgehende Abtragung von Boden.

Wie können die Krümel stabilisiert werden?

Kalkung. Eine Kalkung verbessert die Bodenstruktur ganz erheblich. Sie bewirkt eine länger anhaltende Stabilität der Krümel gegenüber der zerstörerischen Kraft des Wassers. Alle Kalke setzen im Boden das zweiwertige Calcium-Ion (Ca^{2+}) frei. Aufgrund der beiden positiven Ladungen ist das Calcium in der Lage, negativ geladene Ton- und Humusteilchen zu verknüpfen. Es entstehen **Ton-Humus-Komplexe** (siehe Abb. 144).

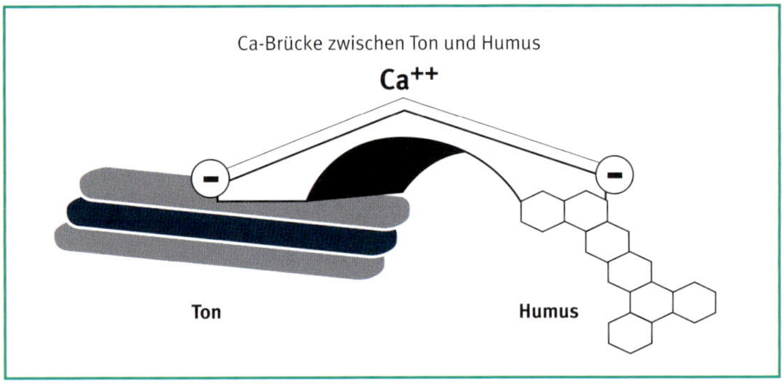

Abb. 144
Ton-Humus-Komplex

Lebendverbauung. Die Kalkung regt auch das Bodenleben an. Es trägt durch Ausscheidung von Schleim- und Kittstoffen zur Bildung stabiler Krümel bei (siehe S. 117). Auch Regenwürmer als Gefügeverbesserer arbeiten nach einer Kalkung besser. Die Haarwurzeln höherer Pflanzen sind ebenfalls in der Lage, Bodenbestandteile zu stabilen Krümeln zu verkleben. Pilzfäden, Schleimstoffe und Wurzelhaare sind mikrobiell sehr leicht abbaubar. Durch die Tätigkeit des

Bodenlebens entstandene Krümel bleiben nur erhalten, wenn Boden intensiv durchwurzelt wird und das Bodenleben ständig neue Nahrung in Form von Pflanzenrückständen oder Humus erhält.

Schattengare. Die Lebendverbauung wird unter dem Schutz eines natürlichen Blätterdaches (Mischwaldboden) oder einer Mulchschicht gefördert. Es entsteht eine abbaustabile Krümelstruktur. Diesen Zustand bezeichnet man als Schattengare.

ZUSAMMENFASSUNG

Als **Bodengare** bezeichnet man einen für das Pflanzenwachstum idealen Bodenzustand. Er ist folgendermaßen gekennzeichnet:

- locker,
- angenehm „erdiger" Geruch,
- Krümelstruktur,
- günstige Porengrößenverteilung,
- hoher Humusgehalt,
- neutraler pH-Wert,
- leicht durchwurzelbar,
- reiches Bodenleben.

Wiederholungsfragen

1. Früher wurde als Stickstoffdünger der natürlich vorkommende Chilesalpeter (Formel: $NaNO_3$) verwendet.
   a) In welche Bestandteile zerfällt diese Verbindung in Wasser?
   b) Warum kann eine häufige Düngung mit diesem Dünger zu einer Verschlämmung des Bodens führen?
   c) Skizzieren Sie den Aufbau eines Ton-Humus-Komplexes.
2. Begründen Sie, welche Art der Bodengare langfristig angestrebt werden soll.
3. Nennen Sie Merkmale, an denen man „garen" Boden erkennt.
4. Jeder Gärtner will Böden mit stabiler Krümelstruktur, d.h. Krümel, die nicht gleich nach einem Regen in sich zusammenfallen. Beschreiben Sie an drei Beispielen, wie Sie die Bildung stabiler Krümel fördern können.

5.2.6 Puffersystem Boden

In den 70er und 80er Jahren gab es erstmals dramatische Berichte über versauerte Gewässer in Skandinavien. Luftschadstoffe aus westeuropäischen Industrieländern fielen dort als „Saurer Regen" zur Erde mit allen Folgen, die in Kapitel 5.2.3 beschrieben sind. Anfang der 90er Jahre erreichten diese Erscheinungen schließlich auch den süddeutschen Raum (siehe dazu den nebenstehenden Zeitungsartikel). Der pH-Wert der Gewässer ist stellenweise unter pH 4,5 gefallen. Obwohl der pH-Wert des Regens schon seit vielen Jahren im Durchschnitt bei 4,1 liegt (siehe Tabelle 28), weisen die meisten Böden Deutschlands einen sehr viel höheren pH-Wert auf.

Abb. 145
Bericht in der NWZ vom 27.01.1993.

Saure Bäche im Schwarzwald

In 30 Prozent der Gewässer gibt es keine Fische mehr

KARLSRUHE (lsw). Alarmierende Werte über die Gewässer im Nordschwarzwald hat eine Untersuchung der Landesanstalt für Umweltschutz (LfU) zu tage gefördert. Rund die Hälfte der Bäche in dieser Region ist demnach übersauert. In etwa einem Drittel der dortigen Gewässer gibt es deshalb keine Fische mehr, in annähernd 20 Prozent schwimmen nur noch alte Fische.

Hauptverantwortlich für den Schadstoffeintrag über die Luft oder den Regen ist nach LfU-Mitteilung der Kraftfahrzeugverkehr. Doch auch jahrzehntelange intensive Waldbewirtschaftung – etwa durch Fichten-Monokulturen – trage zur Übersäuerung bei. Weitere Maßnahmen zur Luftreinhaltung seien dringend notwendig.

Als Säure-Indikatoren wurden bei der Untersuchung an 50 Bäumen im Nord- und Mittelschwarzwald in den Jahren 1990 und 1991 der Bestand an Bachforellen sowie die Moosvegatation herausgezogen. Bachforellen wandern laut LfU bei zu starken Säureschüben in andere Gewässer ab oder verenden. Besonders empfindlich seien Bachforelleneier und Jungfische. Ältere Fische gebe es dagegen noch in sauren Bächen. Nach der Analyse schneidet der Mittlere Schwarzwald besser ab: Befunde anhand der Fischfauna zeigen, daß dort zwölf Prozent der Gewässer „sehr stark sauer" sind.

Die Gewässer im Land werden seit 1984 regelmäßig untersucht.

Warum reagiert Boden anders als Wasser auf einen beständigen Säureeintrag?

Boden besitzt die begrenzte Fähigkeit, seinen Säuregehalt selbst „einzustellen". Das bedeutet, dass von außen kommende Säure (Saurer Regen) bis zu einem gewissen Maß aufgenommen werden kann, ohne dass sich der pH-Wert ändert. Diese Eigenschaft nennt man **Puffervermögen** oder **Pufferkapazität**. Pflanzen sind dadurch vor plötzlichen und starken pH-Änderungen geschützt, auf die sie empfindlich reagieren.

Wie funktioniert dieses System?

In Böden, die einen natürlich hohen Kalkgehalt aufweisen oder die regelmäßig gekalkt werden, reagiert der Kalk mit Säuren. Dabei löst sich Kalk in Säuren auf. Durch diese Reaktion werden die Säuren vollständig neutralisiert. Solange freier Kalk im Feinboden enthalten ist, liegt der pH-Wert des Bodens **über 6,2**. Da diese Reaktion nur beim Vorhandensein von Kalk stattfindet, spricht man vom **Kalkpuffer**.

Sind die Böden von Natur aus kalkarm und findet keine regelmäßige Kalkung statt, beginnt der **Silikatpuffer** (siehe untenstehende Abb. 146) zu arbeiten. Dieses zweite Puffersystem hält den pH-Wert in einem Bereich zwischen **6,2 und 5,0** konstant. Die Silikatminerale enthalten viele basisch wirkende Kationen (Ca^{2+}, Mg^{2+}). H^+-Ionen der Säuren greifen die Minerale an, werden gebunden und setzen dadurch viele für die Pflanzen günstige Nährstoff-Kationen frei. In diesem pH-Bereich herrschen günstige Bedingungen für Pflanzen und Bodenlebewesen. Das Puffervermögen ist jedoch begrenzt, da die Silikate dabei langsam aufgelöst werden. Ohne den vom Menschen verursachten Sauren Regen wäre dieser pH-Bereich in Mitteleuropa vorherrschend.

Mittlerweile ist das **Austauscher-Puffersystem** zum wichtigsten Puffer geworden. Die Austauscher sind in „guten Böden" mit vielen Pflanzennährstoffen besetzt. H^+-Ionen werden an den Austauschern gebunden. Im Gegenzug kommt es zur Freisetzung von basisch wirkenden Ionen (siehe Abb. 147).

Im Gegensatz zu den ersten beiden Puffersystemen sind die Säuren jedoch nicht neutralisiert sondern erst einmal nur „unschädlich" gespeichert. Auf lange Sicht führt dies zur Nährsalzauswaschung und damit zum Nährstoffmangel. Solange noch wertvolle Nährsalze an den Austauschern gebunden sind, bleibt der pH-Wert im Bereich zwischen **5,0 und 4,2**. Die beschriebenen Reaktionen sind umkehrbar. D.h. der Boden kann durch regelmäßige Kalkung und Düngung „aufgeladen" werden und so den pH-Wert halten. Ist das Pufferver-

ZUSAMMENFASSUNG

Kalkpuffer
- pH über 6,2
- Kalk ($CaCO_3$) als Puffer
- optimale Lebensbedingungen für das Bodenleben
- rasche Umsetzung der Streu

Silikatpuffer
- pH zwischen 6,2 bis 5,0
- Silikate als Puffer
- Freisetzung von Pflanzennährstoffen (Ca^{2+}, Mg^{2+}, K^+)

Austauscherpuffer
- pH zwischen 5,0 bis 4,2
- Bodenkolloide als Puffer
- Verdrängung und Auswaschung von Pflanzennährstoffen
- Humusform: Moder

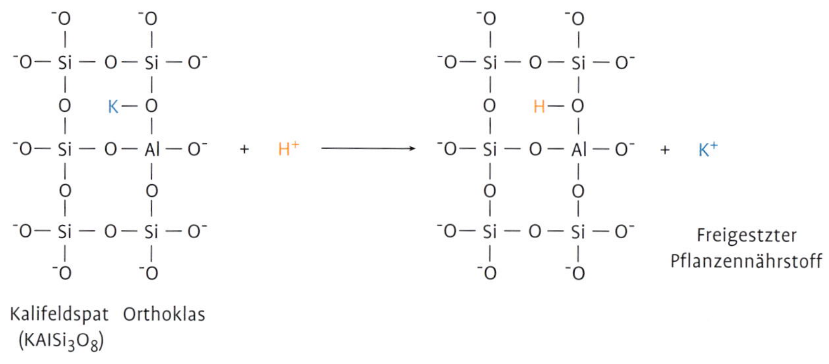

Abb. 146
Silikatpuffer

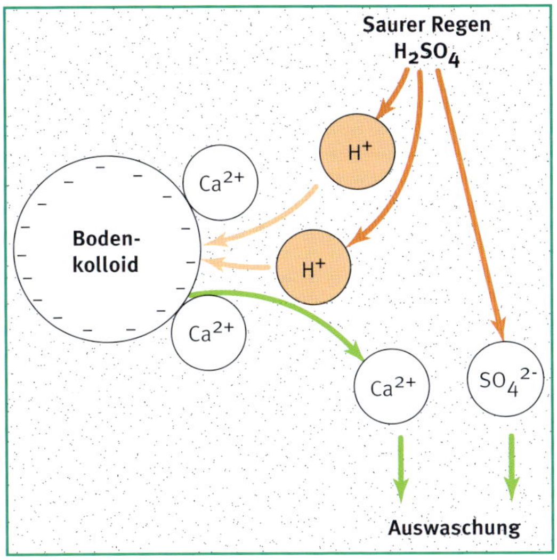

Abb. 147
Arbeitsweise des Austauscher-Puffers

Abb. 148
Kalkung stark versauerter Schwarzwaldböden (NWZ vom 01.08.2001).

mögen jedoch erschöpft, fällt der pH-Wert mit einem Schlag in den nächsttieferen Bereich. Unterhalb von pH4,2 werden Aluminium- und Eisen-Ionen aus den Bodenmineralen freigesetzt. Aluminium-Ionen sind starke Zellgifte, die nun in der Bodenlösung pflanzenverfügbar sind und schädlich wirken (siehe Seite 138). Viele Schwarzwaldgemeinden beziehen ihr Trinkwasser aus Waldquellen. Um zu verhindern, dass sich Schwermetalle im Grundwasser anreichern, werden die stark versauerten Böden mittlerweile mit einem Spezialfahrzeug (siehe Abb. 148) gekalkt.

Kommen wir zu unserer Eingangsfrage zurück. Wasser kann Säuren nur neutralisieren, wenn basisch wirkende Bestandteile gelöst sind. Es hängt von der Zusammensetzung des vorherrschenden Gesteins ab, ob basisch wirksame Bestandteile in Bächen oder Flüssen vorkommen. Im Bereich des Schwarzwaldes findet man nur basenarme Gesteine wie Sandstein, Granit oder Gneis. Das erklärt die alarmierende Lage im Schwarzwald.

Nährstoff-Pufferung

Ein hoher Gehalt an Austauschern mildert auch starke Nährstoffschwankungen. Bei Überdüngung werden die Nährsalz-Kationen genau wie im vorigen Beispiel die H^+-Ionen an den Austauschern gebunden. Das Bodenwasser weist deshalb nur eine geringe Salzkonzentration auf und die Pflanzen leiden nicht unter Salzschäden. Umgekehrt reagieren Pflanzen bei starkem Wachstum nicht sofort mit Nährstoffmangelerscheinungen. In gut versorgten Böden können die Austauscher über einen langen Zeitraum Nährsalze nachliefern.

ZUSAMMENFASSUNG

Die Fähigkeit des Bodens, die Menge gelöster Nährsalz-Ionen in der Bodenlösung durch Austauschvorgänge auf gleichbleibender Höhe zu halten, wird als **Nährstoff-Pufferung** bezeichnet.

Wiederholungsfragen

1. Eine Topferde auf Torfbasis besitzt in der Regel eine geringere Pufferkapazität als eine Topferde, die aus einer Mischung aus Ton und Torf besteht (sogenannte „Einheitserde"). Für salzempfindliche Kulturen wird deshalb die Verwendung der oben beschriebenen Einheitserde empfohlen.
   a) Erklären Sie den Fachbegriff „Pufferkapazität".
   b) Erklären Sie mit Hilfe einer Skizze, auf welchen Vorgängen im Substrat die Pufferkapazität beruht.
   c) Was ist Ihrer Meinung nach die Ursache für die höhere Pufferkapazität der „Einheitserde"?
2. Erklären Sie, warum eine Überdüngung auf einem humosen Sandboden eher zu „Verbrennungserscheinungen" bei Pflanzen führt als auf einem tonreichen Boden.

5.2.7 Die Bodenarten im Überblick

Tab. 30 Die Bodenarten im Überblick

Eigenschaften	Sandboden	Schluffboden	Tonboden	Lehmboden
Körnung	einseitige Zusammensetzung, hoher Sand-Anteil	einseitige Zusammensetzung; hoher Schluffgehalt, Anteile über 80 % sind selten	einseitige Zusammensetzung, hoher Ton- und Schluffgehalt	ausgeglichene Zusammensetzung (Sand-, Schluff- und Tonanteile)
Wasserkapazität	sehr gering	hoch	sehr hoch	sehr hoch
Nutzbare Feldkapazität	gering	hoch	gering	hoch
Luftkapazität	hoch, da hoher Grobporenanteil	gering	sehr gering	optimal
Nährsalzspeichervermögen	sehr gering	gering	sehr hoch, aber schlecht verfügbar	hoch
Natürlicher Nährstoffgehalt	gering	mittel	hoch	sehr hoch
Bearbeitbarkeit	leicht	mittel	schwer	mittel
Erwärmung im Frühjahr	schnell	mittel	langsam	mittel
Durchwurzelbarkeit	gut, aber nur für anspruchslose Arten	gut	schlecht	gut, für die meisten Kulturpflanzen gut geeignet

5.3 Entstehung eines Bodens

Boden entsteht aus Gestein unter dem Einfluss von Klima, Vegetation und Bodenleben. Diese bodenbildenden Faktoren führen zur Bildung von meist deutlich erkennbaren Schichtungen, den **Bodenhorizonten**. Die Horizonte sind oft unterschiedlich gefärbt und besitzen unterschiedliche Eigenschaften. An einem Bodenprofil (siehe Abb. 149) erkennt man verschiedene Schichten.

DEFINITION
Bodenprofil: Gräbt man ein Loch in einen Boden, kann man verschiedene Horizonte unterscheiden. Diese seitliche Ansicht des Bodens nennt man Bodenprofil.

Häufig kann man mindestens drei Horizonte unterscheiden:

A-Horizont (Oberboden). Dieser Horizont (umgangssprachlich = „**Mutterboden**") ist am stärksten belebt und weist den höchsten Humusgehalt auf. Daher ist er meist dunkel gefärbt.
B-Horizont (Unterboden). Dieser Horizont ist in der Regel wenig belebt und humusfrei.
C-Horizont (Ausgangsgestein). Hier findet man nicht oder nur wenig zersetztes Ausgangsgestein. Der C-Horizont kann auch aus Lockersedimenten bestehen.

Welcher **Bodentyp** sich entwickelt, hängt vom Ausgangsgestein, vom Klima, von der Vegetation, vom Grundwasserstand, von der Tätigkeit des Menschen und von der Geländeneigung (Relief) ab.

Beispielhaft soll die Bodenentwicklung auf einem kalkreichen Gestein (Geschiebemergel) besprochen werden:

DEFINITION
Bodentyp: Ein Bodentyp ist gekennzeichnet durch eine typische Abfolge und durch typische Merkmale seiner Horizonte. Böden mit gleicher Horizont-Abfolge befinden sich im gleichen Entwicklungszustand und bilden einen bestimmten Bodentyp.

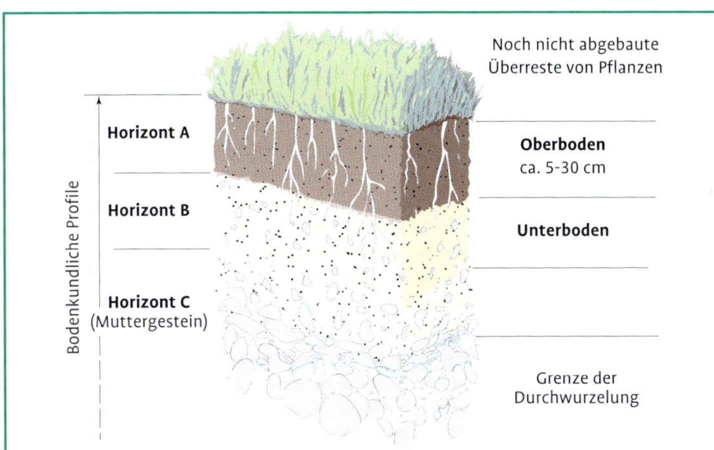

Abb. 149
Bodenprofil

ZUSATZINFORMATION
Abkürzungen für einige Horizontmerkmale:
O Organische Auflage
A Oberboden
h humos
l lessivé = ausgewaschen
B Unterboden
v verwittert (verbraunt)
t tonangereichert

Bodenentwicklung auf Geschiebemergel

Als Folge der Eiszeit hat sich in Teilen Süddeutschlands eine Moränenlandschaft gebildet. Das Ausgangsgestein der Bodenbildung ist dort Geschiebemergel.

Pararendzina. In den zahlreichen Klüften und Spalten der Grundmoräne siedelten sich erste Pflanzen an. Diese Pioniervegetation beschleunigte zusammen mit Bodenlebewesen die Verwitterungsvorgänge. Durch abgestorbene Pflanzenreste kam es zu einer Humusanreicherung im Oberboden. Aus Streu und Gestein entstand über dem unverwitterten Ausgangsgestein ein humoser Oberbodenhorizont (A_h). Man findet diesen Bodentyp heute nur noch an Hängen. Dort kann sich der Boden nicht mehr weiter entwickeln, weil die oberste Bodenschicht durch Erosionsvorgänge ständig abgetragen wird. Der vorher

DEFINITION
Geschiebemergel: Durch Gletscher transportiertes, kalkhaltiges Absatzgestein.
Moräne: Von Gletschern transportierter und wieder abgelagerter Gesteinsschutt.
Grundmoräne: Der vom Gletschereis abgehobelte Grundschutt aus den unteren Eisschichten wird als Grundmoräne bezeichnet. Es handelt sich um sehr dichtes Material.

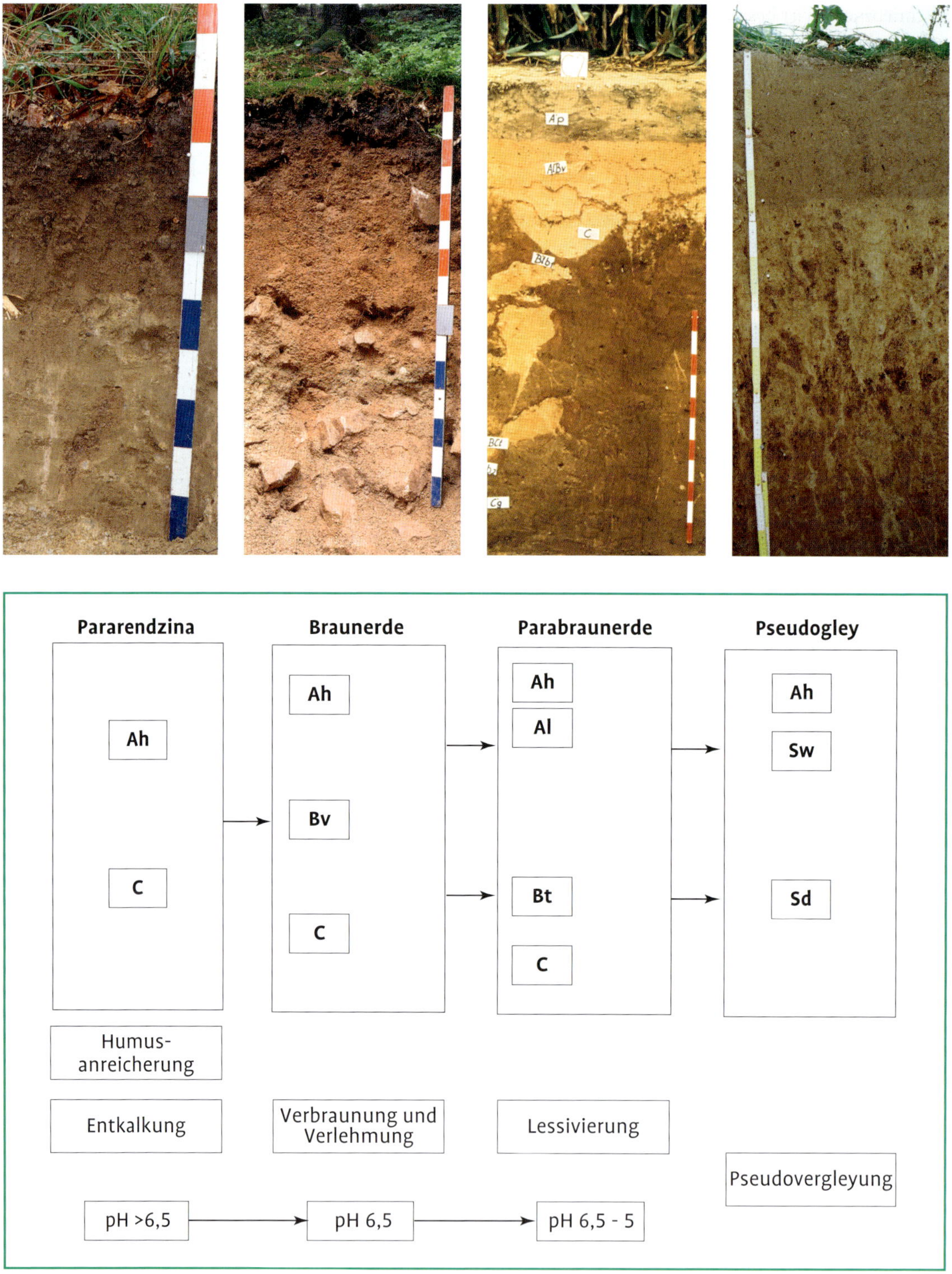

Abb. 150 Bodenentwicklung auf Geschiebemergel

beschriebene Ranker besitzt ebenfalls einen A_h-Horizont über einem C-Horizont. Ranker entstehen jedoch aus kalkfreiem Ausgangsgestein.

Braunerde. Die chemische Verwitterung führte zu einer Entkalkung des Oberbodens. Übriggebliebene Silikate verwitterten unter Bildung von Tonmineralen. Eine Anreicherung dieser Tonminerale bewirkte die **Verlehmung** des Bodens. Aus den Mineralen freigesetztes Eisen wurde oxidiert, was zu einer **Verbraunung** des Bodens führte. Die Braunerde besitzt einen humosen Oberboden (A_h-Horizont), einen verbraunten und verlehmten Unterboden (B_v-Horizont) und einen C-Horizont aus wenig verwittertem Ausgangsgestein.

Parabraunerde. Das abwärts gerichtete Bodenwasser und ein fortgesetzter Säureangriff führen zu einer weiteren Nährstoffauswaschung, was die Zerstörung stabiler Krümel bewirkt. Ton wird aus dem Oberboden ausgewaschen (A_l-Horizont) und reichert sich im Unterboden an (B_t-Horizont). Parabraunerden sind meist günstige Ackerstandorte.

Pseudogley. Die Tonanreicherung im Unterboden führt zu einer immer stärkeren Verstopfung der wasserabführenden Poren im Unterboden. Der Oberboden bleicht durch anhaltende Eisenauswaschung aus. Im Unterboden kommt es bei Staunässe zu einer Reduktion des Eisens (erkennbar an einer fleckigen Graufärbung) und bei Trockenheit, wenn Sauerstoff vorhanden ist, zu einer Oxidation des Eisens, erkennbar an einer fleckigen Braunfärbung. Der B_t-Horizont erhält im Laufe der Zeit ein „marmoriertes", rostfleckiges Aussehen. Die Ackernutzung ist wegen anhaltender Staunässe im Frühjahr erschwert. Nach Tiefenlockerung ist eine Bewirtschaftung möglich.

DEFINITION

Reduktion: Eine chemische Reaktion, bei der Sauerstoff abgegeben wird. Die Reduktion ist die Umkehrung der Oxidation.

Boden- und Ackerzahl

Die Bodentypen sind für eine gärtnerische Nutzung unterschiedlich gut geeignet. Mit Hilfe der **Bodenzahl** können sie bewertet werden. Sie ist ein Maß für die Ertragsfähigkeit der Böden. Die Bodenzahlen reichen von unter 10 bis 100. Sie können aus einer Tabelle (**Ackerschätzungsrahmen**) bei Vorliegen folgender Informationen ermittelt werden:

- Bodenart (nach der Reichsbodenschätzung, siehe Tabelle 31),
- Entstehung bzw. geologische Herkunft (z.B. Boden aus Lössablagerungen, Verwitterungsboden aus Kalkstein usw.),
- Bodenalter
  Zustandsstufe: Stufe 1 = sehr guter Bodenzustand, Stufe 7 = sehr schlechter Boden (siehe Abb. 151).

Tab. 31 Bodenarten nach Reichsbodenschätzung

Bodenarten	Symbol	Abschlämmbare Teile (∅ < 0,01 mm) in %
Sand	S	< 10
Anlehmiger Sand	Sl	10–13
Lehmiger Sand	lS	14–18
Stark sandiger Lehm	SL	19–23
Sandiger Lehm	sL	24–29
Lehm	L	30–44
Schwerer Lehm	LT	45–60
Ton	T	> 60

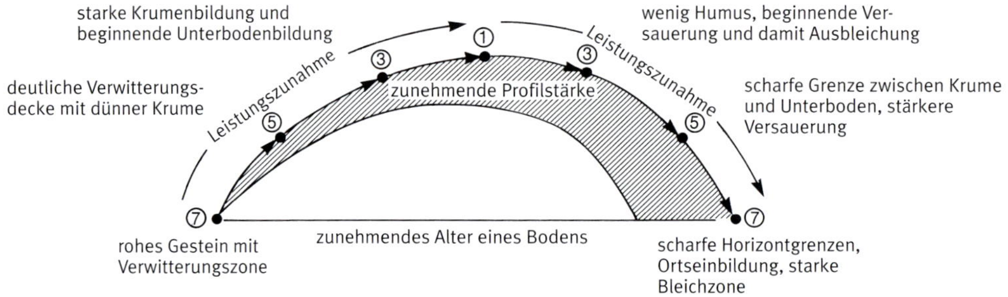

Abb. 151
Bodenalter (Zustandsstufe)

Mit ihrer Hilfe vergleicht man die Erträge eines Bodens mit dem des fruchtbarsten Bodens Deutschlands, der Schwarzerde der Magdeburger Börde. Während die Bodenzahl ausschließlich die Qualität des Bodens bewertet, berücksichtigt die **Ackerzahl** zusätzlich die jeweiligen Klima- und Geländeverhältnisse (Hangneigung, Exposition, Waldrandlage), die den Ertrag der Pflanzen stark beeinflussen. Die Ackerzahl dient als Grundlage zur Festsetzung der Grundsteuer (seltener auch der Einkommenssteuer). Auch bei Grundstückskäufen oder Entschädigungszahlungen hat sie Bedeutung. Grundstückseigentümer erhalten beim Amtlichen Landwirtschaftlichen Sachverständigen der Finanzverwaltungen Auskunft über die Ackerzahlen ihrer Grundstücke. Teilweise gelten die Zahlen schon seit Verabschiedung des Reichsbodenschätzungsgesetzes 1934. Eine Neubewertung kann nach einer Flurbereinigung, bei dauerhaft auftretender Staunässe, bei Auffüllungen, Nutzungsänderungen usw. beantragt werden. (Beispiel: Gemüsekulturen werden steuerlich niedriger bewertet als Zierpflanzenkulturen.

ZUSAMMENFASSUNG

Bodenzahl: Maß für die Ertragsfähigkeit eines Bodens.
Ackerzahl: Maß für die Ertragsfähigkeit eines Bodens unter Berücksichtigung von Klima und Geländegestalt.

Wiederholungsfragen

1. Erklären Sie folgende Begriffe aus der Bodenkunde:
   a) B-Horizont
   b) A_h-Horizont
   c) Verlehmung
   d) Verbraunung
2. Erklären Sie den Unterschied zwischen Bodenart und Bodentyp.
3. Das Alter eines Bodens wird durch seine Zustandsstufe gekennzeichnet. Erklären Sie, warum Böden am Anfang und am Ende ihrer Entwicklung für eine gärtnerische Nutzung sehr viel schlechtere Eigenschaften aufweisen als in der Mitte (Zustandsstufe 1).
4. Die Bodenzahl ist ein Maß für die Ertragsfähigkeit eines Bodens (0=schlecht / 100=sehr gut). Bei der Ackerzahl werden zusätzlich noch die jeweiligen Klima- und Geländeverhältnisse berücksichtigt, die den Ertrag der Pflanze stark beeinflussen können. Folgende Tabelle gibt Boden- und Ackerzahlen für verschiedene Bodenarten an:

Bodenart	**Bodenzahl**	**Ackerzahl** bei einem Grundwasserstand von (in m) **0,5**	**2,0**
lS	30	80	73
tL	66	60	100

   a) Was bedeuten die Abkürzungen „lS“ und „tL“?
   b) Erklären Sie jeweils, worauf die unterschiedliche Bewertung beider Bodenarten bei den Boden- und Ackerzahlen zurückzuführen ist.

5.4 Bodenbearbeitung

Bei Dauerkulturen (Wald, Wiese) wird der Boden nur vor der Bepflanzung oder Aussaat bearbeitet. Unter einer Pflanzendecke entwickelt sich dann das Bodenleben ungestört. Durch natürliche Lockerung und Durchmischung entsteht eine sehr gute Bodenstruktur mit einem hohen Porenvolumen (**Schattengare**, siehe Kapitel 5.2.5).

Ein offen gehaltener Boden, wie er typisch für viele gärtnerische Kulturen ist, verdichtet sich. Das Bodenleben findet keine optimalen Bedingungen mehr vor. Die Ausbreitung der Wurzeln ist erschwert und stauende Nässe tritt auf. Sauerstoffmangel im Boden ist die Folge. Die Pflanze nimmt aufgrund einer gehemmten Wurzelatmung weniger Nährstoffe aus dem Boden auf und wächst daher schlechter.

Ein wichtiges Ziel der Bodenbearbeitung (siehe Tabelle 32) ist daher das Herstellen und Erhalten der **Bodengare**. Die größte Schwierigkeit liegt für den Gärtner darin, das richtige Bodenbearbeitungsgerät auszuwählen und dieses zum richtigen Zeitpunkt einzusetzen. Fehler, wie etwa die Bearbeitung eines zu nassen Bodens, führen zur Zerstörung der Bodenstruktur, luftführende Po-

Tab. 32 Bodenbearbeitung (Übersicht)

Ziele	Arbeitsgänge	Ergebnis	Arbeitsgeräte
Grundbodenbearbeitung im Herbst			
• **Frostgare** • Speichern der Winterfeuchtigkeit	• Lockern • Wenden	• Eindringen von Luft und Feuchtigkeit • Wurzelraumvergrößerung • Einarbeiten von Unkraut und Ernteresten	• Pflug • Spatenmaschine • Schwergrubber • Spaten • Grabegabel • (Fräse)
Oberflächenbearbeitung im Frühjahr			
• **Bearbeitungsgare** • Saat- bzw. Pflanzbettbereitung	• Einebnen und Zerkleinern der Schollen (Krümeln) • flache Lockerung • Rückverdichten (Bodenschluss)	• schnelles Abtrocknen • feine Krümelung der Oberfläche (→ Saatbett) • Bodenschluss zur kapillaren Wassernachlieferung	• Fräse • Eggen • Feingrubber • Walze • Packer • Rechen • Kreil
Oberflächenbearbeitung im Sommer			
• **Schattengare**	• flache Lockerung	• Unkrautbekämpfung • verminderte Verdunstung • erleichterte Wasseraufnahme • Einarbeiten von Dünger	• Handhacke • Hackmaschine • Reihenhackfräse • Reihenhackbürste • Motorhacke • Egge
Tiefenlockerung			
• **Tiefenlockerung**	• Aufbrechen von Verdichtungshorizonten unterhalb der Krume	• Vertiefung der Krume • höhere Wasserspeicherkapazität	• Tiefgrubber • Tiefpflug • Hubschwenklockerer • Wippscharlockerer

ren „verschmieren“ mit den schon beschriebenen Folgen für das Pflanzenwachstum und Bodenleben.

Grundbodenbearbeitung im Herbst

Mit dieser Form der Bodenbearbeitung sollen die schädlichen Folgen der Saat-, Pflanzungs-, Pflege- und Erntemaßnahmen des vorangegangenen Jahres beseitigt werden. Oberstes Ziel ist dabei die **Bodenlockerung**, um den Luft- und Wasserhaushalt wieder zu verbessern. Gleichzeitig können Ernterückstände, organische Düngemittel und Gründüngungspflanzen eingearbeitet und aufgelaufenes Unkraut vernichtet werden. Das Wenden des Bodens ermöglicht das Heraufholen nach unten verlagerter Nährstoffe.

DEFINITION
Ackerkrume: Hauptsächlich durchwurzelte Zone.

Die Bodenbearbeitung erfolgt **krumentief** und stellt somit den stärksten Eingriff in die natürliche Bodenschichtung dar. Sie sollte deshalb möglichst nur einmal im Jahr erfolgen, da das Bodenleben sonst zu stark gestört wird.

Die dabei stattfindende Bodenlockerung bewirkt eine starke Vergrößerung der Bodenoberfläche. Dies fördert das Eindringen von Wasser und Luft. Die **Winterfeuchte** kann besser gespeichert werden, was die **Frostgare** erhöht.

Für die Grundbodenbearbeitung eignen sich gezogene Geräte (Pflug, Schwergrubber), zapfwellenbetriebene Geräte (Spatenmaschine, Fräse, Rotoregge) oder der Handspaten.

Oberflächenbearbeitung im Frühjahr (Saat- bzw. Pflanzbettbereitung)

Mit der Oberflächenbearbeitung wird eine Fläche für eine Pflanzung oder Aussaat vorbereitet. Die Saatbettbereitung stellt höchste Anforderungen an eine sorgfältige Bodenbearbeitung. Der Boden soll dafür 3 bis 5 cm tief gelockert werden (siehe Abb. 152).

So entsteht eine **krümelige Oberfläche**, die den Keimlingen ein leichteres Durchstoßen ermöglicht. Außerdem dringen Luft und Wärme besser in den Boden ein. Unterhalb dieser lockeren Schicht soll der Boden leicht verdichtet

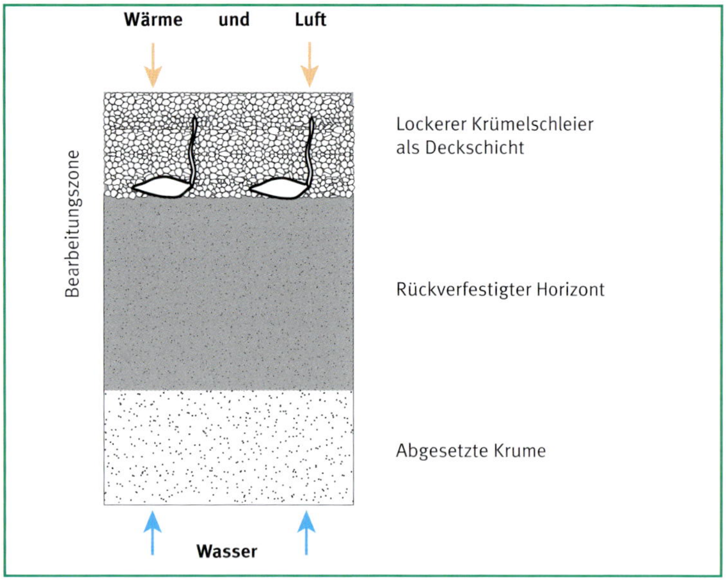

Abb. 152
Optimales Saatbett

sein (**Bodenschluss**). Diese Verdichtung fördert das Aufsteigen von Kapillarwasser, das die Samen für die Keimung unbedingt benötigen. Daneben dient die Oberflächenbearbeitung auch der mechanischen Unkrautbekämpfung, dem Einmischen von Mineraldüngern und Bodenherbiziden und dem Einebnen der Bodenoberfläche. Für die Oberflächenbearbeitung eignen sich gezogene Geräte (Feingrubber, Eggen, Walzen), zapfwellengetriebene Geräte (Fräse, Kreisel-, Rüttel-, Taumelegge) und Rechen oder Kreil.

DEFINITION
Bodenschluss: Rückverdichtung des Bodens unterhalb der Saatgutablage.

Oberflächenbearbeitung im Sommer

Diese Oberflächenbearbeitung dient in erster Linie der **Unkrautbekämpfung** sowie der Verminderung der **Wasserverdunstung**. Durch eine flache Bearbeitung werden die Kapillaren unterbrochen. Die Lockerung der obersten Bodenschicht fördert außerdem die Belüftung. Geeignete Geräte sind Hackmaschinen, Hackfräsen, Eggen und natürlich die Handhacke.

Tiefenlockerung

Verdichtungen unterhalb der Krume (z.B. Pflugsohle, Ortsteinschicht) sollen aufgebrochen werden. Dafür sind Bearbeitungstiefen zwischen 50 bis 90 cm nötig. Diese Maßnahme darf nur bei trockenem Boden durchgeführt werden. Der Wurzelraum vergrößert sich und der Boden kann mehr Wasser speichern. Eine Erhaltung des lockeren Zustands lässt sich durch eine gleichzeitig durchgeführte „Tiefenkalkung" oder den Anbau tiefwurzelnder Gründüngungspflanzen erreichen. Diese aufwändige Bodenverbesserungsmaßnahme (Melioration) sollte nur nach vorhergehender Beratung durchgeführt werden. Es gibt zwei häufig verwendete Gerätetypen: Unterbodenlockerer mit starren Werkzeugen und Unterbodenlockerer, deren Werkzeuge von der Zapfwelle angetrieben werden.

5.4.1 Geräte zur Grundbodenbearbeitung

Pflug. Dieses Gerät gehört zu den ältesten Bodenbearbeitungsgeräten der Erde. Es dient in erster Linie der Grundbodenbearbeitung (siehe Abb. 153).

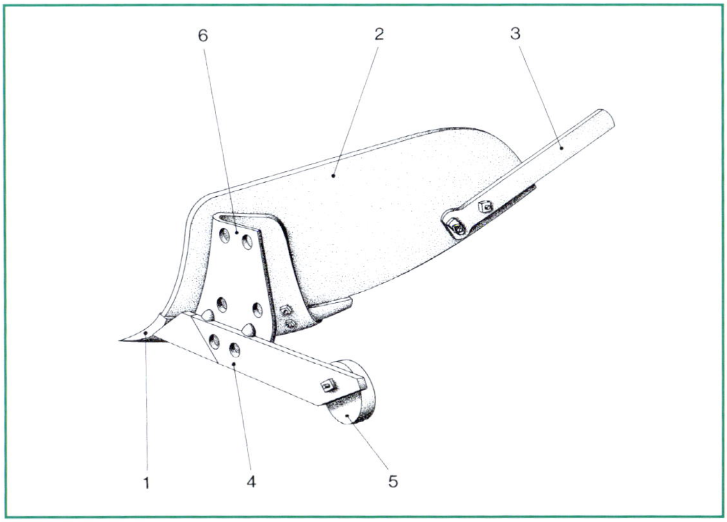

Abb. 153
Bauteile des Pfluges.

1. Schar: Schneidet aus dem festen Boden einen „Erdbalken" heraus.
2. Streichblech: Hebt den abgetrennten „Erdbalken" weiter an, wendet ihn und legt ihn seitlich in die zuvor erzeugte Furche.
3. Streichschiene: Unterstützt den Wendevorgang des Streichblechs und verhindert somit ein Zurückfallen von Teilen des „Erdbalkens".
4. Anlage: Gibt dem Pflug eine Längsführung.
5. Schleifklotz: Stützt das Gewicht des Pfluges an der Pflugsohle ab.
6. Rumpf: Dient der Befestigung der Pflugbauteile.

Mit dem Pflug sind mehrere Ziele in einem Arbeitsgang zu erreichen. Der Boden wird **gewendet**, was das Einbringen von Ernteresten oder organischen Düngern ermöglicht. Dabei kommt es zu einer **Krümelung** und **Auflockerung** bis zu 40%. Eine Mischung findet dabei kaum statt. Das Pflügen im Herbst ist Voraussetzung für das Entstehen der **Frostgare**. In schweren und mittleren Böden kann das mehrjährige Pflügen in gleicher Tiefe die Ausbildung einer **Pflugsohle** verursachen. Diese Verdichtung hemmt die Wurzelentwicklung

Tab. 33 Bodenbearbeitungsgeräte – Einsatzbereiche im Gartenbau

Beim Einsatz von Geräten zur Bodenbearbeitung müssen Investitionskosten, Energiekosten für den Betrieb und geforderte Leistung miteinander verglichen werden.

Pflug:	
Einsatzbereich:	Gemüsebau, Baumschule, Obstbau, Landschaftsbau
Arbeitsweise:	Wenden und Lockern des Bodens bis 30 cm Bodentiefe
Gerätetypen:	Beetpflug für große, ebene Flächen, meist Anbau-Drehpflug
Vorteile:	Lockerung und Nivellierung großer Flächen in kurzer Zeit
Nachteile:	Keine Durchmischung, Gefahr der Pflugsohle!
Tiefenlockerer:	
Einsatzbereich:	Böden vor Inkulturnahme für gärtnerische Kulturen
Arbeitsweise:	Lockern des Unterbodens ohne Wenden des Oberbodens
Gerätetypen:	Tiefpflug bis mindestens 50 cm, Hubschwenklockerer, Wippscharlockerer bis 100 cm
Vorteile:	Brechen von Staunässehorizonten, z. B. Pflugsohlen, Ortsteinschichten
Nachteile:	Hohe Schlepperleistung erforderlich, Doppelreifen oder Gitterräder notwendig!
Spaten- oder Grabemaschine:	
Einsatzbereich:	Baumschule, Freiland-Zierpflanzenbau, Landschaftsbau
Arbeitsweise:	Wenden **und** Lockern des Bodens, gute Durchmischung bis 30 cm
Gerätetypen:	Starre Blätter, bewegliche Blätter (vorteilhaft, simuliert Umgraben)
Vorteile:	Bodenschonend, auch für kleine Flächen
Nachteile:	Empfindlich gegen größere Steine im Boden, wartungsintensiv
Grubber:	
Einsatzbereich:	Gemüsebau, Baumschule, Obstbau
Arbeitsweise:	Lockern der obersten Bodenschicht bis max. 30 cm
Gerätetypen:	Schwer- oder Pfluggrubber, Feingrubber (bis 20 cm Tiefe)
Vorteile:	Bodenschonend, auch für kleine Flächen. Pflugersatz!
Nachteile:	Empfindlich gegen größere Steine im Boden
Egge:	
Einsatzbereich:	Gemüsebau, Baumschule, Obstbau
Arbeitsweise:	Zerkleinerung „Krümeln" der Oberfläche
Gerätetypen:	Zinkenegge (Saatbeet), Scheibenegge, Spatenrollegge (Einarbeitung org. Materials), Wälzegge (Bodenschluss)
Vorteile:	Keine Verdichtung des Unterbodens
Nachteile:	Zinkenegge: Zu häufiger Einsatz entmischt Bodenteilchen
Fräse:	
Einsatzbereich:	Zierpflanzenbau, Baumschule, Landschaftsbau, Obstbau
Arbeitsweise:	Starkes Zerkleinern von Bodenteilchen, gute Durchmischung bis 15 cm
Gerätetypen:	Einachsfräse, Anbaufräse, früher: Einradfräse
Vorteile:	Rasche Herstellung eines feinen Pflanz- oder Saatbeetes
Nachteile:	Zerschlagen der Bodenstruktur, Gefahr von Verschlämmung, Zerstörung der Bodenfauna bei häufigem Einsatz

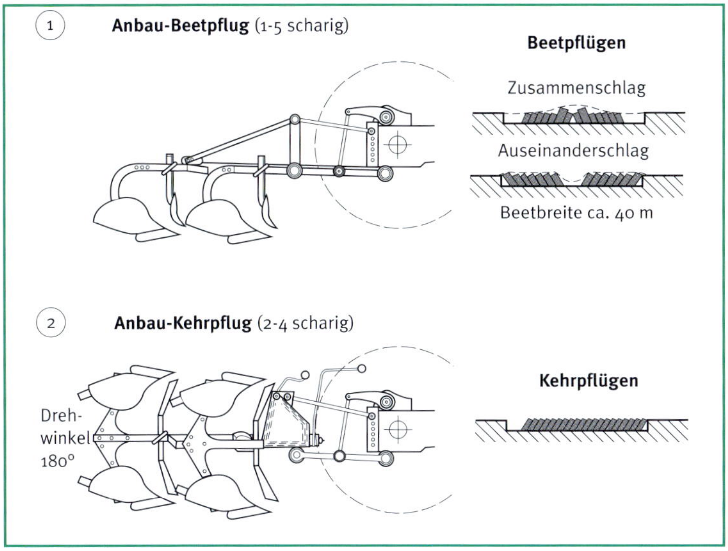

Abb. 154
Beetpflug und Drehpflug

und den Wasserablauf. Eine vorbeugende Maßnahme ist das Arbeiten mit wechselnden Pflugtiefen. Nach der Arbeitsweise unterscheidet man **Beetpflug** und **Drehpflug (Kehrpflug)** (siehe Abb. 154). Der **Beetpflug** wendet den Boden nur nach einer Seite, meist nach rechts. Dadurch entstehen Furchen und Oberflächenveränderungen, die in den folgenden Jahren wieder beseitigt werden müssen. Dazu erfolgt eine Einteilung der Fläche in einzelne Beete. Diese werden jährlich wechselnd „zusammengepflügt" und „auseinandergepflügt". Die Vorteile des Beetpfluges liegen in seiner **einfachen Bauform**, die ein **geringes Gewicht** und einen **niedrigen Preis** bedingen. Er ist sehr gut für große, ebene Flächen geeignet. Das umständliche Wenden und nötige Leerfahrten verringern die Arbeitsleistung. Der **Drehpflug** ist mit der doppelten Pflugkörperzahl ausgestattet. Am Furchenende kann der Pflug mit seinen Pflugkörpern um seine Längsachse gedreht werden. Beim Zurückfahren in der gleichen Furche fallen die Schollen in die gleiche Richtung wie beim Herfahren. Es entsteht anders als beim Beetpflug ein **ebenes Feld** mit nur einer Furche an einer Feldseite. Der Drehpflug ist für Flächen mit ungünstigen Abmessungen und Hanglagen sehr gut geeignet. Aufgrund seiner Bauweise ist er bis zu 60% **schwerer** und damit natürlich auch **teurer** als der Beetpflug.

Spatenmaschine. Dieses Gerät ermöglicht eine **tiefe Grundbodenbearbeitung** (bis 45 cm). Die Spatenmaschine ahmt die Arbeit des Handspatens nach. Sie ist ideal für den Einsatz in Gewächshäusern oder für die beetweise Bodenbearbeitung, wenn zum Beispiel Kulturen auf einer größeren Fläche nicht vollständig geräumt bzw. gerodet werden. Mit der Spatenmaschine können **stark verhärtete Böden** bei Trockenheit oder Frost bearbeitet werden. Schwere, feuchte Böden werden kaum gekrümelt, sondern eher in Blöcken abgelegt. Nach dem Einwirken von Frost (Frostgare) zerfallen die Blöcke und es entstehen **viele grobe Hohlräume**. Im Vergleich zu anderen Bodenbearbeitungsverfahren setzt sich der Boden langsamer. Der **Zugkraftbedarf** ist **gering**. Daher tritt auch auf schweren Böden **kein** schädlicher **Radschlupf** auf. Der Schlepper fährt immer auf unbearbeitetem Boden. Radspuren werden vollständig durch-

DEFINITION

Schlupf: In der Kraftfahrzeugtechnik beschreibt man damit den Unterschied zwischen der Umfangsgeschwindigkeit eines Rades und der Fahrgeschwindigkeit. Diese Erscheinung wird bei der Bodenbearbeitung v.a. bei hohem Zugkraftsbedarf und nassem Boden am Durchrutschen der Schlepperantriebsräder sichtbar.

Kröpfung: Abbiegung eines metallenen Bauteils.

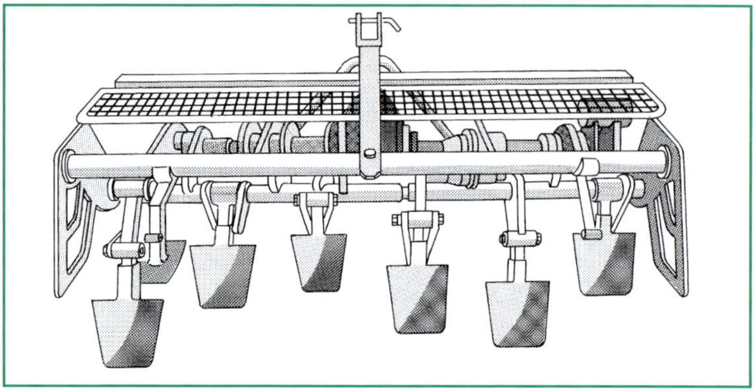

Abb. 155
Spatenmaschine

Abb. 156
Bauformen und Arbeitsprinzip der Spatenmaschine

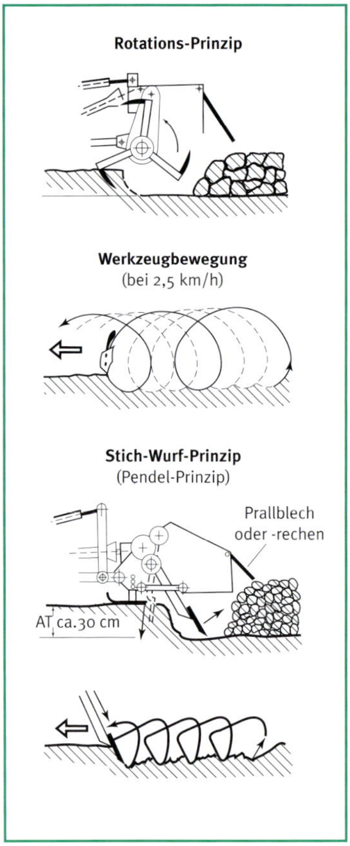

gearbeitet. Die Spatenmaschine besitzt **viele bewegliche Teile**, die einem starken **Verschleiß** unterliegen. Die aufwändige Konstruktion ist entsprechend **teuer**. Die Arbeitsgeschwindigkeit liegt bei 2 bis 4 km/h, was zu einer **geringen Flächenleistung** führt. Gründüngungspflanzen, Ernterückstände oder Stallmist werden oft nur unbefriedigend eingearbeitet. Nach Arbeits- und Bauweise unterscheidet man Spatenmaschinen nach dem Rotationsprinzip und nach dem Stich-Wurf-Prinzip (siehe Abb. 156).

Beim **Rotationsprinzip** sind spatenförmige Messer versetzt zueinander an einer quer zur Arbeitsrichtung liegenden Welle angeordnet. Die Werkzeuge rotieren ähnlich wie bei der Fräse. Bei feuchtem Boden ist bei diesem Arbeitsprinzip die Entstehung eines Schmierhorizontes möglich. Beim **Stich-Wurf-Prinzip** sind Einzelspaten an einer gekröpften Welle angeordnet. Die Spaten stechen nahezu senkrecht in den Boden ein und werfen ihn gegen ein dahinterliegendes Prallblech. Bei diesem Prinzip entstehen auch bei feuchtem, bindigem Boden keine Schmierhorizonte oder Pflugsohlen.

Schwergrubber (Pfluggrubber). Dieses Anbaugerät kann den Pflug auf schweren Böden teilweise ersetzen. Es **lockert**, **krümelt**, **mischt** den Boden und ebnet eine Fläche in einem Arbeitsgang ein. Der Boden wird jedoch **nicht ausreichend gewendet**. Pflanzenreste verbleiben dadurch an der Oberfläche. Das Erhalten der natürlichen Bodenschichtung wird als großer Vorteil angesehen.

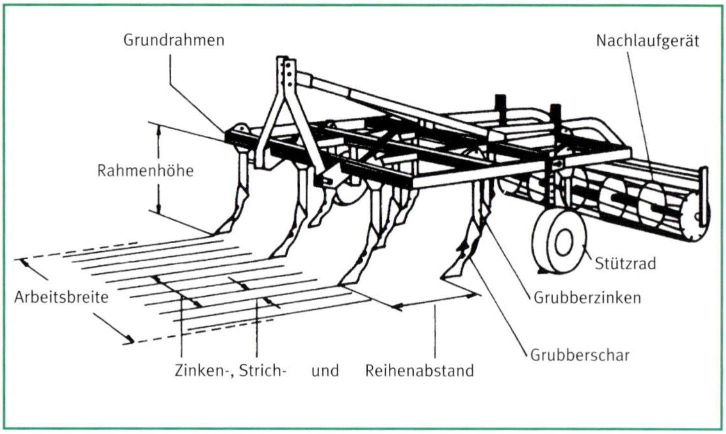

Abb. 157
Schwergrubber

In biologisch arbeitenden Betrieben ist der Schwergrubber daher verbreitet. Bei einer Arbeitstiefe bis zu 40 cm können Pflugsohlen unterfahren und aufgebrochen werden. Der Schwergrubber eignet sich auch zur Lockerung größerer, festgefahrener Flächen (v.a. im Garten- und Landschaftsbau). Dabei ist es günstig, dass der Schlepper auf der unbearbeiteten Bodenoberfläche fährt. Verdichtungen durch die Schlepperspur werden sofort wieder gelockert. Das einfach gebaute Gerät (siehe Abb. 157) ist preiswert und hat eine hohe Flächenleistung. Nachteilig ist der hohe Zugkraftbedarf.

Spaten und Grabegabel. Bodenlockerung, Pflanzarbeiten und das Einarbeiten von organischer Substanz sind mit Hilfe dieser beiden Handarbeitsgeräte bodenschonend möglich. Bei einer Bearbeitungstiefe von 25 bis 30 cm erreicht man mit dem Spaten eine Stundenleistung von 10 bis 40 m^2. Dabei sollen die Schollen der ersten Furche zurückgelegt werden, damit eine durchgehende Grabefurche entsteht. Der Arbeitsvorgang setzt sich aus dem Einstoßen, dem Ausbrechen und dem Abwerfen mit Wenden zusammen.

Der Ursprung des Spatens liegt schätzungsweise mehr als 5000 Jahre zurück. Früher war er vollständig aus Holz. Heute besteht er meist aus einem **Spatenblatt** aus gewalztem Stahl und einem **Stiel** aus Eschenholz. Die Länge des Stieles erlaubt dann ein ermüdungsfreies Arbeiten, wenn der Spaten bis zur untersten Rippe des Gärtners reicht. Arbeitstechnisch günstig ist der **T-Griff**. Die klobigen und etwas unhandlichen D- und Y-Griffe findet man vor allem bei schweren Rodespaten im Baumschulbereich. Knopfgriffe sind in der Regel ungeeignet, da sie schnell zur Blasenbildung auf der Handfläche führen. Die **Spitze des Spatenblattes** ist meist leicht gebogen. Eine ovale bis spitzovale Schneidekante erleichtert das Einstechen in harte bzw. schwere Böden. Ideal ist ein quergewölbtes Spatenblatt, das sich nach unten leicht konisch verjüngt. Bei ölgehärtetem Edelstahl rutscht die Erde gut ab und die Abnutzung ist gering. Die **Halterung des Stieles** soll aus dem Blatt herausgearbeitet sein. Dadurch ist das Blatt gegen Abknicken stabilisiert.

Bei **Grabegabeln** ist das Spatenblatt durch vier bis fünf etwa 2 cm breite Stahlzinken ersetzt. Das verringert den Kraftaufwand beim Graben schwerer Böden und ermöglicht auch die Bearbeitung steiniger Böden. Außerdem lassen sich Wurzelunkräuter gut entfernen.

ZUSATZINFORMATION

Beim Umgang mit der Fräse sind die **Unfallverhütungsvorschriften** der Gartenbauberufsgenossenschaft zu beachten:

- Sicherheitsschuhe tragen,
- Fremdkörper (z.B. Steine) vor Beginn der Arbeiten von der Fläche entfernen,
- nur mit Abdeckhaube arbeiten,
- blockiertes Fräswerk bei eingeschaltetem Rückwärtsgang,
- Notausschalter oder Totmannschaltung im direkten Griffbereich,
- beim Wenden Hackwerkzeuge ausschalten.

5.4.2 Geräte zur Saat- bzw. Pflanzbettbereitung

Fräse. Das Universalgerät des Gärtners ermöglicht eine **tiefe Lockerung** und ein **Wenden** des Bodens bei intensiver **Durchmischung**. Eine Grundbodenbearbeitung ist ebenso möglich wie die Herstellung eines Saat- oder Pflanzbettes in nur einem einzigen Arbeitsgang. Gleichzeitig kann das Einarbeiten von organischem oder mineralischem Dünger erfolgen. Die Arbeitstiefe beträgt etwa 15 bis 30 cm. An einer rotierenden Welle sind Fräsmesser spiralförmig montiert (siehe Abb. 158), die „Bissen" aus dem Boden schneiden und sie nach hinten gegen ein Prallblech schleudern. Die **Arbeitsqualität**, also die Feinheit der Krümelung, hängt von folgenden Faktoren ab:

- Bodenart und Bodenzustand (Wassergehalt)
- Prallblecheinstellung
- Anzahl und Form der Fräsmesser
- **Bissenlänge** (siehe Abb. 159)

Abb. 158
Frässchwanz an Einachsschlepper

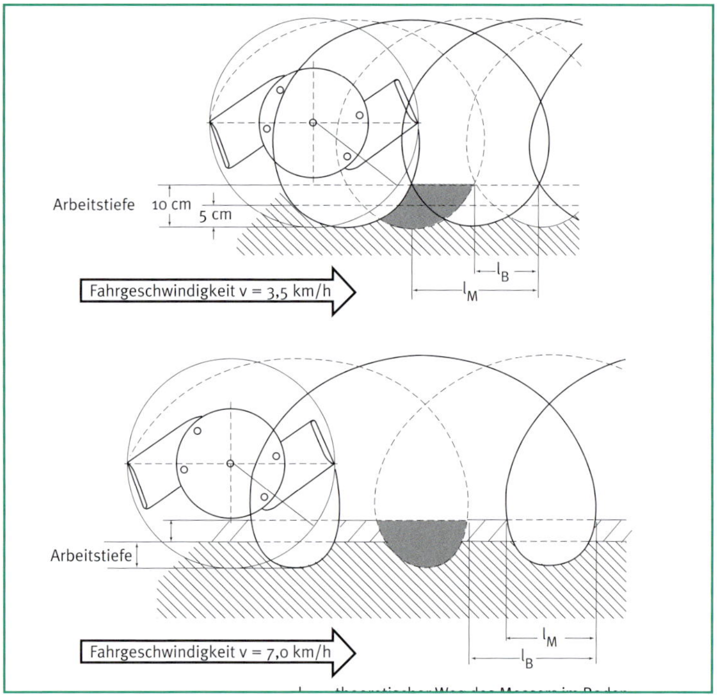

Abb. 159
Bissenlänge: Bewegungsbahnen der Fräsmesser bei unterschiedlichen Fahrgeschwindigkeiten.

l_M = Theoretischer Weg des Messers im Boden
l_B = Bissenlänge

DEFINITION

Bissenlänge: Abstand von einem Messereinschlag in den Boden bis zum nächsten. Je geringer die Fahrgeschwindigkeit und je höher die Messerdrehzahl, desto kleiner ist die Bissenlänge und desto feiner die Krümelung.

Besonders bei zu **feuchtem Boden** entstehen beim Fräsen walnussgroße Brocken, die auch durch erneutes Fräsen nicht mehr zu zerkleinern sind. Erst der nächste Frost bringt sie zum Zerfallen. Das **Prallblech** am Ende der Abdeckhaube lässt sich verstellen. Ein hochgestelltes Blech bringt eine grobe, ein tiefgestelltes Blech eine feine Krümelung. Boden wird dann nämlich durch die Abdeckung wieder nach vorne geschleudert und erneut zerkleinert, wodurch feinere Krümel entstehen. Je nach Bearbeitungsziel können verschiedene **Fräswerkzeuge** verwendet werden (siehe Abb. 160).

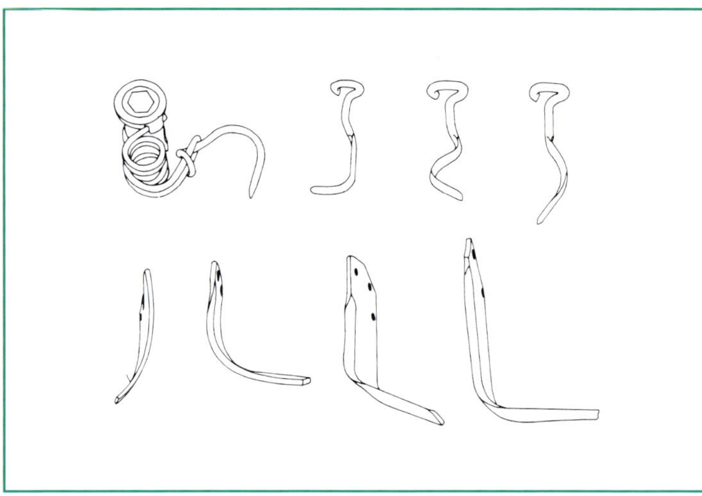

Abb. 160
Werkzeuge für Bodenfräsen

Federnde Werzeuge
a) Spitzhaken
b) Schälhaken
c) S-Haken
d) Tiefarbeitshaken

starre Werkzeuge
e) Hackmesser (Sichelmesser)
f) Krümelmesser
g) Mulchmesser (Winkelmesser)

Ein Boden kann durch häufiges Fräsen auch „**totgefräst**“ werden: Die starke Lockerung fördert den **Humusabbau**. Größere **Bodentiere** werden getötet. Das führt zu einer **Zerstörung stabiler Krümel**. Nach Regenfällen verschlämmt die Bodenoberfläche sehr schnell. Aufgrund der starken Lockerung ist das Kapillarsystem des Bodens unterbrochen. Der **fehlende Bodenschluss** behindert die Wassernachlieferung aus dem Unterboden und fördert so die Austrocknung der Krume. In häufig gefrästen Böden ist eine **Frässohle** zu erkennen. Diese entsteht durch Zuschmieren der Kapillaren und wirkt sich ungünstig auf das Pflanzenwachstum aus. **Wurzelunkräuter** (z.B. Quecke) werden durch das Fräsen zerteilt und damit regelrecht vermehrt.

Eggen. Neben gezogenen Eggen (siehe Abb. 161) gibt es auch zapfwellenangetriebene Geräte (siehe Abb. 162). Sie eignen sich in erste Linie zum **Einebnen der Oberfläche** und für die **Saatbettbereitung**.

Die oberste Bodenschicht wird gelockert und intensiv gekrümelt. Das **Einarbeiten** von **Mineraldüngern** und **Herbiziden** sowie die **Unkrautbekämpfung** sind ebenfalls möglich. Die Bearbeitungstiefe variiert zwischen 5 und 10 cm. Zapfwellenangetriebene Geräte (Kreiselegge, Rüttelegge, Taumelegge, Rotoregge) erlauben eine sehr intensive Bearbeitung der Ackerkrume. Dadurch stellen sie eine Alternative zur Fräse dar. Beim Einsatz der Rotoregge wird der Boden anders als bei der Fräse nicht „zerschnitten“. Dadurch entsteht kein Schmierhorizont.

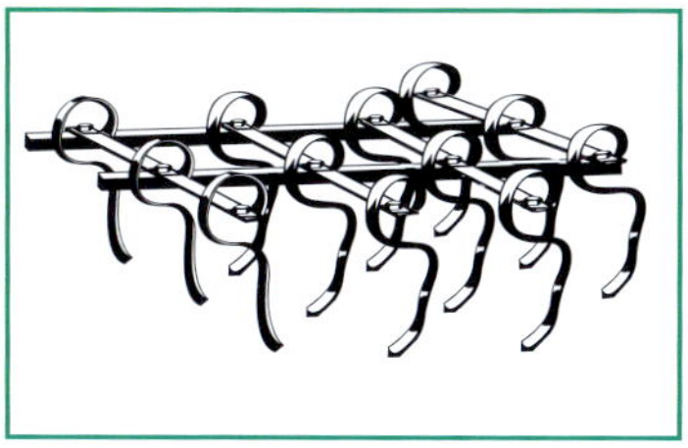

Abb. 161
Garegge (Egge mit kurzen Federzinken)

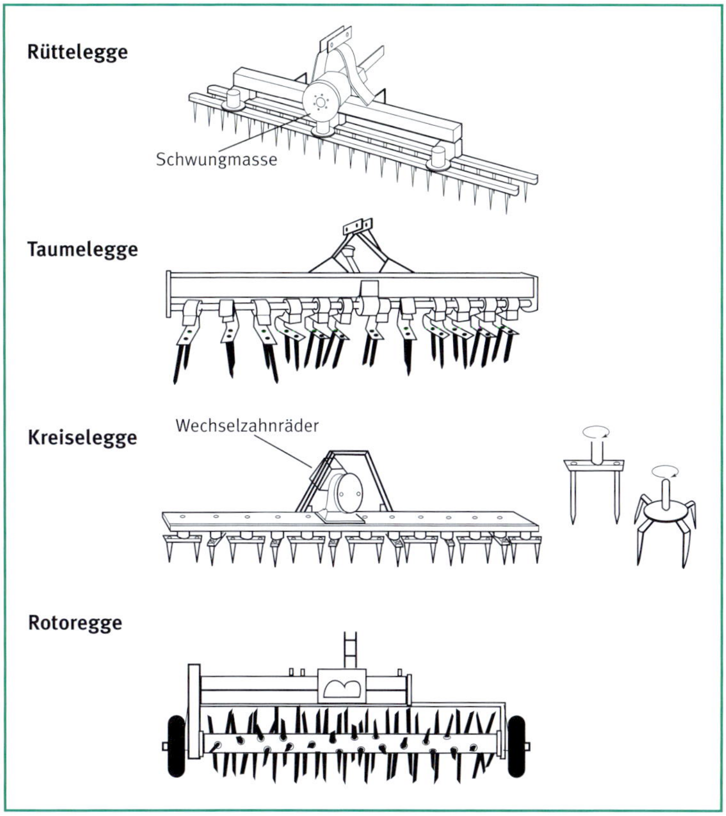

Abb. 162
Zapfwellenangetriebene Eggen

Feingrubber (Kultivator). Feingrubber werden ähnlich wie Eggen eingesetzt. Man benutzt sie zur **Bodenlockerung** im Frühjahr, nachdem der Boden durch Frostgare gut zerfallen ist. Dabei kommt es bei hohen Fahrgeschwindigkeiten zu einer Vibration der Federstahlzinken. Dies bewirkt eine gute **Krümelung** der Oberfläche. Die großen S-förmigen Federstahlzinken sind bei einem Zinkenabstand von etwa 40 cm drei- bis vierreihig versetzt angeordnet (siehe Abb. 163). Die Bodenlockerung bis zu einer Tiefe von 12 cm führt bei einer hohen Arbeitsgeschwindigkeit zu einer unebenen Oberfläche. Das macht ein Einebnen und Rückverfestigen des Saathorizontes nötig. Der Feingrubber wird deshalb häufig in Kombination mit Krümelwalzen oder Wälzeggen verwendet.

Abb. 163
Feingrubber mit Wälzegge

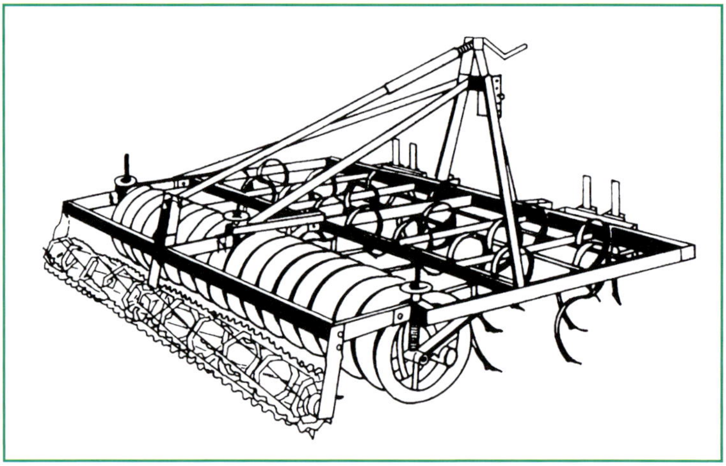

Walzen und Packer. Walzen zerdrücken Bodenklumpen und verfestigen vorher gelockerten Boden wieder soweit, dass Bodenschluss entsteht und Kapillarität hergestellt ist. **Rauwalzen** (siehe Abb. 164) schaffen dabei eine krümelige Oberfläche mit genügend Feinerde für nachfolgende Aussaat- und Pflanzarbeiten. **Glattwalzen** bestehen aus einem Stahlzylinder mit glatter Oberfläche. Um ihr Gewicht zu erhöhen, erhalten sie eine Sand- oder Wasserfüllung. Gärtnerisch werden sie hauptsächlich bei der Rasenansaat benutzt.

Abb. 164
Walzen und Packer:
a) Glattwalze
b) Ringelwalze
c) Sternwalze
d) Cambridge-Walze
e) Cambridge-Croskill-Walze
f) Untergrundpacker

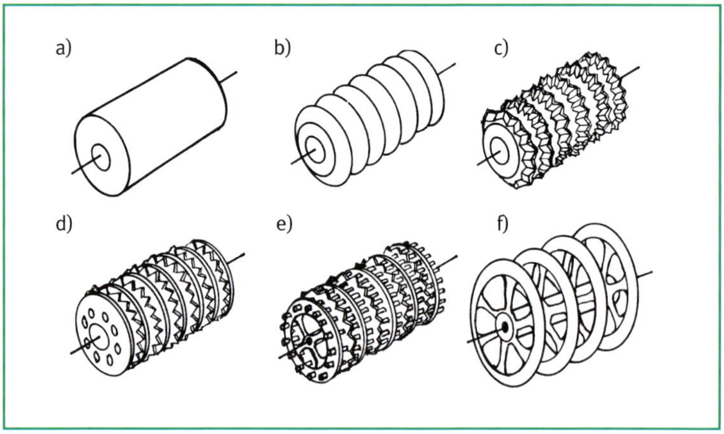

Je lockerer Böden bearbeitet werden, desto druckempfindlicher sind sie. Vor einem weiteren Befahren sollte daher eine Rückverfestigung mit einem Packer erfolgen. **Packer** werden häufig nach dem Pflügen oder Fräsen eingesetzt. Sie bestehen aus mehreren schmalen Ringen, die durch ihr hohes Gewicht tief in den Boden eindringen. Ihre Hauptwirkung üben sie im Gegensatz zu den Walzen auf die unteren Schichten des Oberbodens aus. Die Bodenoberfläche bleibt locker und krümelig.

Rechen und Krail. Mit dem **Rechen** (Harke) werden Saat- und Pflanzflächen nach vorangegangener Bodenbearbeitung „planiert". Es ist auch möglich, oberflächlich Saatgut oder Dünger einzubringen oder Beete von Pflanzenresten zu säubern. Rechen aus Holz sind dabei nur für leichte und humose Böden geeignet. Die Flächenleistung liegt beim groben Harken bei etwa 140 m^2/h und beim feinen bei etwa 80 m^2/h. Der **Krail** (auch Kreil) besitzt vier klauenartig abgebogene Zinken. Er kommt zur Bodenbearbeitung in leichten Böden und zum groben Planieren nach vorheriger Bodenbearbeitung zum Einsatz. Es können damit Erdklumpen zerkleinert sowie Rindenhumus, Kompost oder Dünger eingearbeitet werden.

5.4.3 Geräte für die Oberflächenbearbeitung im Sommer (Unkrautbekämpfung, flache Lockerung)

Handhacken. Bei den Handhacken unterscheidet man zwischen **Schlaghacken** und **Zughacken**. Hacken für eine schlagende Arbeitsbewegung sind für schwere Böden erforderlich. Eine günstige, ermüdungsfreie Körperhaltung ist dann möglich, wenn der Stiel bis zur Stirn reicht. Zughacken (siehe Abb. 165) erfordern eine geringere körperliche Anstrengung. Die Schneide (das Blatt) wird meist von einem Bügel gehalten (Bügelzughacke).

Hackgeräte für den Schlepperanbau. Diese sind meist mit Gänsefußscharen oder Winkelmessern ausgestattet. Der Anbau kann im Heck-, Zwischenachs- und Frontanbau erfolgen. Beim Heckanbau ist meist eine zweite Person als „Steuermann" zur Feinsteuerung nötig. Die Wirkung beruht bei kleineren Un-

Abb. 165
Schlag- oder Zughacken?
Bei der schlagenden Arbeitsweise muss der aufgelockerte Boden immer wieder betreten werden. Bei der ziehenden Arbeitsweise bleibt er nach der Bearbeitung unberührt.
Beim Hacken erfolgt die Lockerung in handbreiten Stückchen. Beim Ziehen fördert jeder Zug mindestens einen halben Meter.
Bei der schlagenden Arbeit wird das Gerät für jeden einzelnen Schlag emporgehoben. Die ziehende Arbeit belässt das Gerät im Boden und erfordert erheblich weniger Kraftaufwand.
Bei der schlagenden Arbeit wird der Körper nach vorn gebeugt. Beim Rückwärtsziehen wird in gesunder Körperhaltung gearbeitet.
Das Ergebnis:
Die ziehende Arbeitsweise vollbringt die gleiche Arbeitsleistung in einem Drittel der Arbeitszeit.

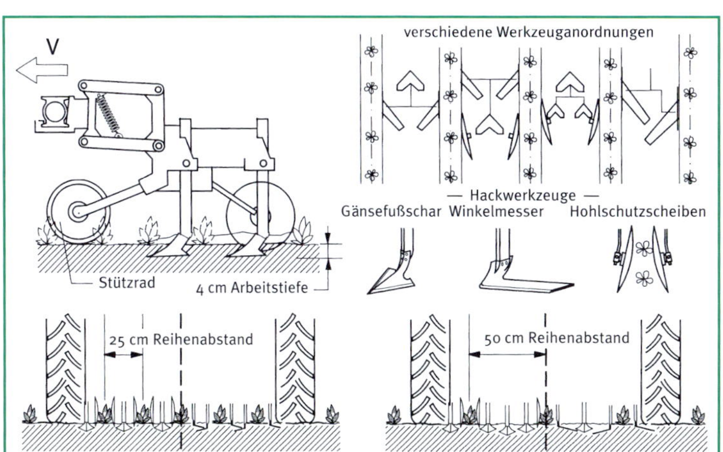

Abb. 166
Hackgerät für den Schlepperanbau
Reihenhacke
(für Front-, Zwischenachs- und Heckanbau)
VF : 3–7 km/h

Abb. 167
Reihenhackfräse

krautpflanzen auf dem „Verschütten“ der Unkräuter. Größere Pflanzen werden abgeschnitten. Mit Hilfe spezieller Hohlschutzscheiben können die Kulturpflanzen geschützt werden (siehe Abb. 166).

Reihenhackfräse. Vor allem im Baumschulbereich und im Gemüsebau kommt dieses Gerät zum Einsatz. Die Bearbeitung erfolgt mit beweglich aufgehängten Fräselementen (siehe Abb. 167). Die Fräsbreite kann variiert werden. Da die Umrüstung auf unterschiedliche Arbeitsbreiten sehr zeitaufwändig ist, sollte ein standardisierter Reihenabstand eingehalten werden. Die unkrautvernichtende Wirkung beruht in erster Linie auf dem Vergraben der Pflanzen. Ein Zerschneiden findet kaum statt.

Reihenhackbürste. Diese ist ähnlich aufgebaut wie die Reihenhackfräse. Die Fräselemente sind hier jedoch durch rotierende Bürstenwalzen mit Kunststoffborsten ersetzt (siehe Abb. 168). Spezielle Tunnel in unterschiedlichen Breiten schützen die Kulturpflanzen. Da auch hier der Umbau zeitaufwändig ist, gilt bezüglich der Reihenabstände das Gleiche wie bei der Reihenhackfräse. Die Bürstenwalzen lösen die oberste Erdschicht zusammen mit den Unkrautpflanzen und schleudern sie gegen einen Prallvorhang. Die herausgezogenen Pflanzen vertrocknen dann auf der Bodenoberfläche.

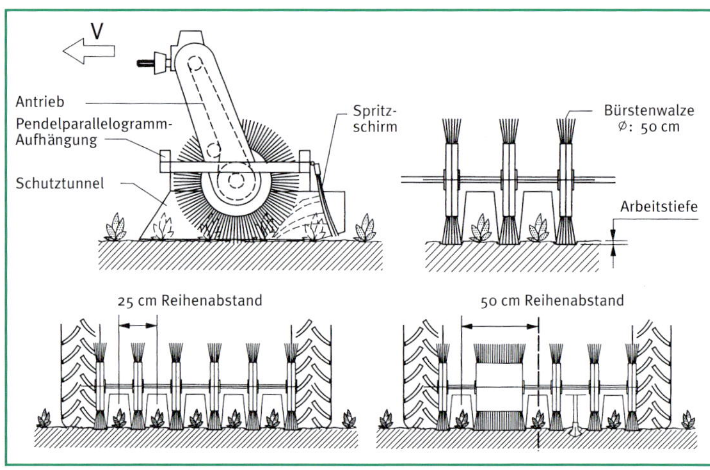

Abb. 168
Reihenhackbürste
(für Heck- und Zwischenachsanbau)
Arbeitsgeschwindigkeit:
VF : 3–7 km/h

Motorhacke (= Hackfräse). Bei der nah mit der Fräse verwandten Motorhacke sind die Fräsmesser durch Hackmesser ersetzt. Das hat eine geringere Arbeitstiefe (bis etwa 10 cm) zur Folge. Weitere typische Merkmale sind die geringere Bissenlänge und eine niedrigere Messerdrehzahl. Unter den Kleingeräten ist die **triebradlose Motorhacke** mit Bremssporn verbreitet (siehe Abb. 169). Der Bremssporn dient der Einstellung der Arbeitstiefe. Über die Drehung der Hackwelle wird das Gerät gleichzeitig auch angetrieben. Das erschwert bei harten Böden die Steuerung. Die Maschine neigt dazu, sich entweder mit Hilfe des Bremssporns in den Boden einzugraben oder über eine verhärtete Oberfläche zu springen. Die Arbeitsqualität ist daher oft unbefriedigend. Häufig werden diese Geräte auch wie Bodenfräsen für eine Bodenlockerung eingesetzt. Die **Motorhacke mit Triebrad** (siehe Abb. 170) ist für Pflegearbeiten in Kulturen mit größeren Reihenabständen geeignet. Theoretisch bestimmt das Triebrad die Fahrgeschwindigkeit. Da die Hackwerkzeuge mit einer größeren Geschwindigkeit als das Triebrad rotieren, gibt es dadurch immer

Abb. 169
Triebradlose Motorhacke

Abb. 170
Motorhacke mit Triebrad

wieder unerwünschten Vorschub. Insbesondere bei harten Böden kann es zum „Ausbrechen" des Gerätes in eine unerwünschte Richtung kommen. Trotzdem ist die Bearbeitungsqualität deutlich besser als beim erstgenannten Typ. Ein **Einachsschlepper mit angebautem Frässchwanz** kann nach Umrüsten der Fräsmesser gegen Hackmesser ebenfalls für Hackarbeiten eingesetzt werden. Allerdings muss der Reihenabstand entsprechend groß sein.

5.4.4 Geräte zur Tiefenlockerung

Diese Geräte bestehen aus einem schmalen **Schar**, das über ein breites **Schwert** mit dem Rahmen verbunden ist. **Tiefgrubber** und **Tiefpflüge** sind mit **starren Werkzeugen** ausgestattet. Sie weisen einen einfachen Bau auf, sind billig, haben jedoch einen hohen Zugkraftbedarf. Ihre Wirkung ist relativ gering, da der

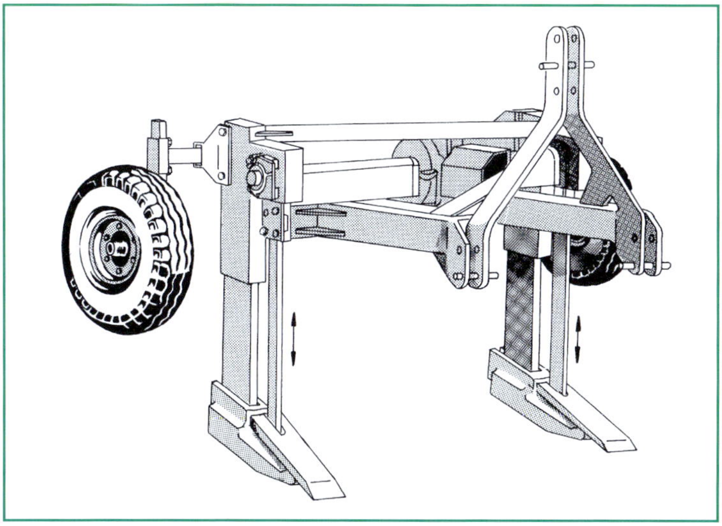

Abb. 171
Wippscharlockerer

Boden nur zusammengepresst und nicht gelockert wird. Das Arbeitsergebnis **zapfwellenangetriebener Geräte** ist deutlich besser. Sie belasten jedoch Getriebe und Dreipunktaufhängung des Schleppers stark. Beim **Hubschwenklockerer** pendelt das Schwert, während das Schar starr ist. Der Schwertantrieb benötigt 80% der Motorleistung, verringert aber den Radschlupf. Dieses Gerät ist für steinige Böden ungeeignet. Es wird häufig zur Sportplatzmelioration eingesetzt.

DEFINITION
Melioration: Bodenverbesserung.

Beim **Wippscharlockerer** ist das Schwert starr (siehe Abb. 171), während sich das Schar wippend bewegt. Der Scharantrieb benötigt nur 30% der Motorleistung. Dieses für alle Böden geeignete Gerät bewirkt eine besonders intensive und haltbare Auflockerung.

Wiederholungsfragen

1. Wie unterscheidet sich eine triebradlose Motorhacke im Bau von einem Einachsschlepper mit Fräswerk?
2. Erklären Sie, welche Nachteile der zu häufige Einsatz einer Fräse für den Boden haben kann. (vier Angaben)
3. Beschreiben Sie, durch welche Bodenbearbeitungsmaßnahmen Verdichtungen im Unterboden (z.B. Pflugsohle) beseitigt werden können.
4. Nennen Sie wichtige Unfallverhütungsmaßnahmen, die beim Arbeiten mit der Fräse beachtet werden sollten.
5. Für welche unterschiedlichen Arbeiten werden Motorhacke und Motorfräse eingesetzt?

5.5 Bodenschutz

Justus von Liebig (1803–1873) erkannte schon frühzeitig die Bedeutung des Bodens als Grundlage des Lebens. Von ihm stammt der Satz „Der Boden ist die Quelle aller Güter". Böden erfüllen folgende Funktionen: Sie sind Lebensraum für Pflanzen und Tiere. Sie dienen als Filter und Puffersystem für Schadstoffe und Säuren. Böden wirken ausgleichend auf den Wasserkreislauf. In ihnen finden zahlreiche Abbau-, Umbau- und Aufbauvorgänge statt. Sie sind Grundlage jeder land- und forstwirtschaftlichen Nutzung. Gleichzeitig werden sie als Flächen für Siedlung, Gewerbe, Verkehr, aber auch für Erholung genutzt. Böden dienen als Lagerstätten für Rohstoffe und Abfall. Sie besitzen außerdem eine Funktion als Archiv der Natur- und Kulturgeschichte. Böden können sowohl die natürliche Bodenbildung als auch vom Menschen direkt oder indirekt verursachte Prozesse der Bodenbildung (z.B. Waldrodung, Ackerbau) und Bodenzerstörung dokumentieren. Sie erlauben damit Rückschlüsse auf die Kulturgeschichte der Menschheit. Eine Veröffentlichung des Umweltbundesamtes (siehe Kasten unten) erläutert sehr anschaulich Funktion und Gefährdung des Bodens und regt zum Nachdenken über einen nachhaltigen Bodenschutz an. Diese teilweise miteinander konkurrierenden Nutzungsansprüche führen vielerorts zu erheblichen Überbeanspruchungen und sogar zur Zerstörung des Bodens: Mit **Schadstoffen** angereichertes Sickerwasser (z.B. aus un-

ZUSAMMENFASSUNG
Funktionen des Bodens nach dem Bundesbodenschutzgesetz:
Natürliche Funktionen
- Lebensgrundlage für Mensch, Tier, Pflanzen und Bodenorganismen
- Bestandteil des Naturhaushalts (Wasser- und Nährstoffkreisläufe)
- Filter-, Puffer- und Reaktionsraum (Insbesondere zum Schutz des Grundwassers)

Nutzungsfunktionen
- Fläche für Siedlung und Erholung
- Standort für die land- und forstwirtschaftliche Nutzung
- Standort für sonstige wirtschaftliche und öffentliche Nutzung
- Rohstofflagerstätte

Funktionen als Archiv der Natur- und Kulturgeschichte

zureichend abgedichteten Altdeponien) verunreinigt und vergiftet Sicker- und Oberflächenwasser. Diese Altlasten-Standorte müssen saniert werden. Da es sich um unbekannte, teils hochgiftige Chemikalien handeln kann, gestaltet sich diese Aufgabe als schwierig. Außerdem sind die Verursacher meist nicht mehr zu ermitteln, so dass die Sanierung von der öffentlichen Hand bezahlt werden muss.

Der zunehmende Verbrauch fossiler Rohstoffe (Öl, Kohle) fördert durch den Sauren Regen den **Säureeintrag** in den Boden. Je nach Puffersystem sind die Böden unterschiedlich lange vor Versauerung geschützt. Dann kommt es zu dauerhaften Schädigungen des Ökosystems: Nährstoffauswaschung verursacht Nährstoffmangel bei Pflanzen, Bodenorganismen werden geschädigt und mit dem Bodenwasser werden vermehrt schädliche Stoffe in Gewässer transportiert. Gärtnerisch genutzte Böden lassen sich durch eine regelmäßige Kalkung vor diesen Erscheinungen schützen. Im Gesamten gesehen haben jedoch ein sparsamerer Energieverbrauch und eine geringere Schadstofffreisetzung (Filter, Entschwefelungsanlagen, Katalysatoren) eine viel größere Wirkung.

Auch einige **Pflanzenschutzmittel** können sich im Boden anreichern. Seit der Nachkriegszeit tauchte das schwer abbaubare, wenig selektive Insektizid DDT sogar in der Nahrungskette auf. Jährlich werden etwa 30000 Tonnen Pflanzenschutzmittel in Deutschland eingesetzt. Die heute zugelassenen Pflanzenschutzmittel schädigen das Bodenleben über längere Zeit nur bei unsachgemäßer Handhabung und zu hoher Konzentration. Trotzdem stellen sie für den Menschen und den Boden Fremdstoffe dar, die auch bisher unbekannte negative Wirkungen haben können. Sie sollten daher sparsam verwendet werden.

DEFINITION
selektiv: auswählend.

Der Düngerverbrauch ist über die Jahre beständig gestiegen (siehe Tabelle 34). Der Höhepunkt des Düngerverbrauchs wurde 1988/89 erreicht. Maßvoll eingesetzt sind **Düngemittel** bodenverträglich, da sie Bodenfruchtbarkeit und Ernteerträge steigern. Bei überhöhter Düngung wird das Grundwasser dagegen häufig durch eine verstärkte Nitratauswaschung belastet. Eine angepasste Düngung (z.B. Düngung nach Bodenuntersuchung, N_{min}-Methode) und die Beachtung der Richtlinien für Wasserschutzgebiete stellen wirksame Maßnahmen zum sinnvollen Einsatz von Düngemitteln dar.

Tab. 34 Düngemittel-Verbrauch in den letzten 50 Jahren in kg/ha
Quelle: agrar.de nach Statistisches Bundesamt

Düngemittelverbrauch	1950/51	2000/01	Spitzenwert
Stickstoff	27 kg/ha	108 kg/ha	1987/88 mit 134 kg/ha
Kalk	58 kg/ha	117 kg/ha	1988/89 mit 189 kg/ha
Phosphor	24 kg/ha	21 kg/ha	1979/80 mit 71 kg/ha
Kali	50 kg/ha	32 kg/ha	1874/75 mit 96 kg/ha

Seit Jahren gehen Böden, die besonders gut für gärtnerische Zwecke geeignet sind, durch Überbauung oder **Versiegelung** verloren (siehe Tabelle 35). In Ballungsgebieten, die häufig in Regionen mit landwirtschaftlich hochwertigen Böden liegen, leben auf 30% der Fläche über 80% der Gesamtbevölkerung

Tab. 35 Bodenversiegelung in Deutschland

Jahr	Zunahme der Siedlungsfläche pro Tag
1950–73	94 ha
1973–78	113 ha
1981–85	120 ha

Deutschlands. Die Verstädterung wird sogar noch weiter zunehmen. Niederschläge fließen auf versiegelten Flächen bis zu zwanzigmal schneller ab als auf pflanzentragenden (siehe Tabelle 36). Bei hoher Versiegelung drohen Bächen und Flüssen somit häufiger Überschwemmungen und die Kommunen müssen viel Geld in den Bau von Regenrückhaltebecken investieren, um dies zu verhindern. Die Versiegelung bremst außerdem die Grundwasserneubildung und unterbindet jede weitere Bodenentwicklung. Vielbefahrene Straßen belasten Böden zusätzlich. So kommt es im Saumbereich von Verkehrsstraßen zu einer Anreicherung des Bodens mit Schwermetallen, Kohlenwasserstoffen und Streusalz. Nur eine möglichst geringe Flächenversiegelung kann diese Erscheinungen bremsen.

Tab. 36 Abflussbeiwerte von Niederschlägen

Art der Fläche	Abflussbeiwert
Dächer	1,00–0,95
Asphaltstraßen	0,90–0,85
Pflasterstraßen, Schlackenwege	0,85–0,60
sehr dichte Bebauung	0,90–0,70
geschlossene Bebauung	0,70–0,50
Kieswege	0,30–0,15
Sportplätze	0,25–0,10
Gärten	0,15–0,05
Parks	0,10–0,00

DEFINITION

Abflussbeiwert:
Verhältnis vom oberflächlichen Abfluss zum Niederschlag. Dieser drückt aus, wie viel vom Wasser versickert und wie viel oberflächlich abfließt.

Bodenkrümel können von der Wucht auftreffender Regentropfen zerschlagen und durch fließendes Wasser und Wind abgetragen werden **(Bodenerosion)**. Jährliche Bodenverluste von 4 bis 8mm sind in Extremfällen möglich (Die jährliche Bodenbildungsrate in Deutschland beträgt nur etwa 0,25 bis 0,5 mm!). Gerade die nährstoff- und humusreiche Ackerkrume ist von diesen Vorgängen betroffen. Während Böden unter geschlossenen Pflanzendecken nahezu voll-

ZUSATZINFORMATION

Wussten Sie schon, dass...

... es 100 bis 300 Jahre dauert, bis in unserer Klimazone eine Humusschicht von ein Zentimeter Dicke entsteht? Für eine hohe Fruchtbarkeit unserer Ackerböden benötigen wir eine Humusschicht von immerhin 30 bis 40 Zentimeter Dicke!

... der Boden pro Jahr und Hektar rund 1000 Kubikmeter Grundwasser neu bildet und dabei überwiegend Trinkwasserqualität erreicht wird?

... für 95 % aller Insekten in ihrer Entwicklung ein bodenbewohnendes Stadium lebensnotwendig ist?

... in der oberen Bodenschicht (30 cm) eines fruchtbaren Bodens pro Quadratmeter eine Billiarde Bakterien leben? Würde man diese „Zwerge“ zu einer langen Kette aneinander reihen, so könnte man sie 25 mal um den Erdball legen.

... auf einem Hektar einer Allgäuer Wiese so viele Regenwürmer und andere kleine Bodentierchen leben, dass ihr Gewicht addiert dem zweier Kühe entsprechen würde?

... ein Boden darüber Auskunft geben kann, wann genau und warum im 14. Jahrhundert eine der größten Hungersnöte auf unserem Kontinent ausbrach?

... bei planierten Böden auf unseren Skipisten die Fähigkeit der Böden, Wasser zu speichern, bis zu 10mal geringer ist?

... wir täglich 129 Hektar Boden für Siedlungs- und Verkehrsfläche verlieren?

Bodenschutz funktioniert nur, wenn wir erkennen, was es zu schützen gilt. Boden ist ein endliches Gut, das mit Wasser und Luft die Grundlage des Lebens darstellt.

ständig vor Erosion geschützt sind, treten diese Erscheinungen bei Ackerböden in Hanglagen sehr stark auf. Erschwerend kommt hinzu, dass als Folge der **Flurbereinigung** relativ große „ausgeräumte" Ackerflächen entstanden sind, die eine große Angriffsfläche bieten. Mit Hilfe besonderer Bodenbearbeitungsmethoden, dem Anbau von Gründüngungspflanzen (v.a. über den Winter) und der Anlage von Windschutzstreifen kann diesen Erscheinungen entgegengewirkt werden.

Die **Verdichtung** des Bodens durch schwere Maschinen (v.a. im Gemüsebau und im Baumschulbereich, aber auch im Garten- und Landschaftsbau) verändert das Porengefüge des Bodens. Der Grobporenanteil verringert sich und Staunässe tritt auf. Das schädigt das Bodenleben. Bodenkrümel werden nicht mehr im gleichen Maße wie vorher über Lebendverbauung neu gebildet bzw. stabilisiert. In den besonders verdichteten Fahrspuren fließt das Oberflächenwasser schnell ab. Dies trägt erheblich zum Abschwemmen des Oberbodens (Erosion) bei. Durch eine schonende Bodenbearbeitung kann man diesen Erscheinungen vorbeugen. So sollte nasser Boden weder bearbeitet noch befahren werden. Mit Hilfe kombinierter Bodenbearbeitungsgeräte kann die Anzahl der Fahrten vermindert werden. Das Verwenden von Niederdruck-, Zwillings- oder Breitbereifung (siehe Abb. 172) sowie Gitterrädern mindert den Bodendruck erheblich. Die Aufteilung einer Fläche in Beete mit festen Fahrspuren ist ebenfalls bodenschonend. Mit Hilfe wechselnder Bearbeitungstiefen kann der Bildung einer Pflugsohle vorgebeugt werden. Neben diesen technischen Maßnahmen ist das Erhalten und Fördern der Bodengare unbedingt anzustreben. Dies ist durch ganzjährige Bodenbedeckung, Anbau tiefwurzelnder Pflanzen, oberflächennahes Einarbeiten von organischer Substanz und regelmäßige Kalkung möglich.

DEFINITION

Flurbereinigung: Zusammenlegen kleiner, oft weit auseinander liegender land- oder forstwirtschaftlicher Nutzflächen zu größeren Parzellen mit dem Ziel, die Bewirtschaftung zu erleichtern.

ZUSAMMENFASSUNG

Bodenschutz durch:

- Altlastensanierung,
- sparsamen Flächenverbrauch,
- Energiesparen,
- gezielte Düngung,
- gezielten (integrierten) Pflanzenschutz,
- Bodenbedeckung,
- schonende Bodenbearbeitung.

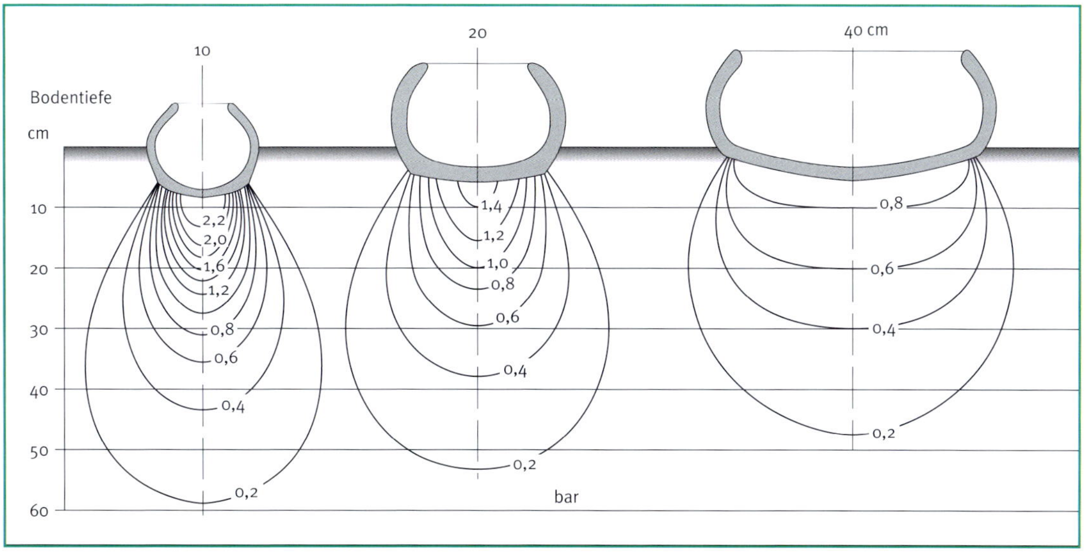

Abb. 172
Drucklinien bei unterschiedlich breiter Bereifung.

Wiederholungsfragen

1. Erläutern Sie, warum häufig hochwertige Böden durch Versiegelung verloren gehen.
2. Beschreiben Sie, welche Folgen die Nutzung schwerer Maschinen für den Boden haben kann.
3. Durch welche Maßnahmen kann man einer Bodenschädigung durch schwere Maschinen vorbeugen.
4. Erklären Sie, warum die Flurbereinigung in gefährdeten Regionen zu einer Zunahme der Bodenerosion geführt hat.

5.6 Literaturhinweise und Links

Literatur

Blum, W.: Bodenkunde in Stichworten. Borntraeger-Verlag, 7. überarbeitete Auflage, 2012.

Scheffer/Schachtschabel: Lehrbuch der Bodenkunde. Spektrum Akademischer Verlag, 16. Auflage, 2010.

Stahr, K. et al.: Bodenkunde und Standortlehre. UTB GmbH, 2. korr. Auflage, 2012.

Links:

http://www.

aid.de → Infodienst zu Verbraucherschutz, Ernährung und Landwirtschaft mit kostenlosem und kostenpflichtigem download-Bereich.

dwd.de → Informationen vom Deutschen Wetterdienst zu Bodentemperatur und Bodenfeuchte.

kleingarten-bund.de → Merkblätter zu Themen der Bodenkunde, des Pflanzenschutzes usw. durch den Bundesverband Deutscher Gartenfreunde (BDG)

ktbl.de → Informationen zur Bodenbearbeitung und vielen technischen Themen durch das Kuratorium für Technik und Bauwesen in der Landwirtschaft (KTBL).

landwirtschaft-mlr.baden-wuerttemberg.de → Infoservice Pflanzenbau und Pflanzenschutz durch den Infodienst Landwirtschaft, Ernährung und ländlicher Raum Baden-Württemberg.

um.baden-wuerttemberg.de → Informationen zum Bodenschutz durch das Ministerium für Umwelt, Klima und Energiewirtschaft Baden-Württemberg.

6 Erden und Substrate

Gärtnerische Erden und Substrate machen die Pflanzenkultur unabhängig von den gegebenen Bodenverhältnissen. Sie wurden entwickelt, um die Wachstumsbedingungen der Pflanzen zu verbessern. Mittlerweile sind für jeden noch so kleinen Produktionsbereich im Gartenbau Spezialsubstrate erhältlich.

Warum ist der gewachsene Boden nicht geeignet, um eine Pflanze im Topf zu kultivieren? Wenn man das Wurzelsystem einer Freilandpflanze mit dem einer Topfpflanze vergleicht, stellt man fest, dass die Pflanze im Freiland ein bis zu 20mal größeres Wurzelsystem aufweist. Die deutlich größere Wurzelmasse kann Fehler und Versäumnisse eher ausgleichen. Eine ungünstige Zusammensetzung des Substrates im Topf hat daher viel schwerwiegendere Folgen für das Pflanzenwachstum als im Freiland.

DEFINITION

Gärtnerische Erden werden durch Kompostierung organischer, rottefähiger Bestandteile gewonnen. Sie sind in der Regel **belebt** und daher weiteren Abbauvorgängen unterworfen. Früher hatten sie als selbst hergestellte „Betriebs- oder Praxiserden“ (z.B. Lauberde, Moorerde, Nadelerde usw.) eine sehr große Bedeutung. Heute sind sie weitgehend durch industriell hergestellte Substrate ersetzt worden. Eine Ausnahme stellen Grün- oder Biokomposte dar, die man vor allem zur Bodenverbesserung häufig einsetzt.

Substrate werden durch Mischung weitgehend rottefester, organischer und mineralischer Bestandteile hergestellt. Eine industrielle Herstellung mit gleichbleibender Qualität ist möglich geworden. Substrate sind **nicht belebt** und somit nicht biologisch aktiv. Sie basieren meist auf Torf, wenn auch zunehmend Torf-Ersatzstoffe gebräuchlich sind.

6.1 Eigenschaften eines idealen Substrates

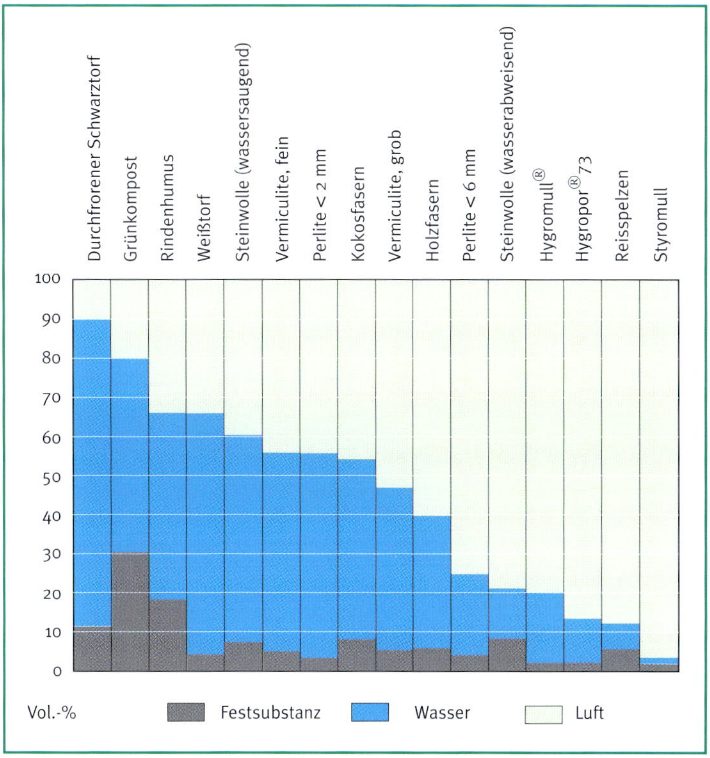

Abb. 173
Festsubstanz und Gesamtporenvolumen verschiedener Substrate.

Tab. 37 Rohdichte einiger im Gartenbau verwendeter Substrate bzw. Substratbestandteile*

Substrat	Rohdichte (g/l)
Vermiculite	50
Perlite	50–100
Weißtorf	50–100
Schwarztorf	120–200
TKS	120–300
Kiefernrinde	200
Rindenkompost	300–400
Blähton, 4/8, 8/16 mm	400–550
Einheitserde	500–600
Kompost	1000
Sand	1800
Ton	2000

* in g/l trockener Substanz

Gute Substrate kennzeichnet ein hohes Porenvolumen. Das **Gesamtporenvolumen** allein (siehe Abb. 173) sagt jedoch noch nicht genug über den Luft- und Wasserhaushalt aus. Wichtig ist ein hoher Anteil an Grob- und Mittelporen. **Grobporen** sind für die gute Durchlüftung auch nach starker Bewässerung verantwortlich. In den **Mittelporen** ist das Wasser gut pflanzenverfügbar. Je mehr Poren vorhanden sind, desto leichter wird das Substrat. Ein geringes Gewicht mindert Transportkosten und ist rückenschonend. Die Standfestigkeit der mit leichtem Substrat gefüllten Töpfe nimmt dagegen ab. Um Substrate vergleichen zu können, verwendet man in diesem Zusammenhang den Begriff **„Rohdichte"**. Damit wird das Gewicht der Trockensubstanz pro Liter Substrat bezeichnet (siehe Tabelle 37). Anders als im gewachsenen Boden ist **Bodenleben** in Substraten **unerwünscht**, besteht doch die Gefahr, dass das Bodenleben die organische Substanz abbaut. Dies führt zu einem „Zusammensacken" des Substrates im Topf und dadurch zu einer schlechteren Durchlüftung. Bodenlebewesen im Substrat konkurrieren außerdem mit den Wurzeln um Sauerstoff und Nährstoffe. Um Substrate herzustellen, werden Rohstoffe daher so ausgewählt und behandelt, dass die Substrate frei von Krankheitserregern und Unkrautsamen sind. Aufgrund der im Vergleich zu Freilandkulturen deutlich geringeren Wurzelmasse bei Topfkulturen, führen Düngungs- oder Bewässerungsfehler sehr schnell zu Schäden an den Pflanzen. Daher sollten Substrate ein hohes **Puffervermögen** aufweisen (siehe Kapitel 5.2.6). Das unterschiedliche Puffervermögen verschiedener Substrate gegenüber einer pH-Erhöhung ist in Abb. 174 dargestellt. Das Puffervermögen ist dann hoch, wenn der pH-Anstieg möglichst langsam erfolgt. Gleichbleibende Qualität, gute Verarbeitbarkeit, leichte Verfügbarkeit und ein annehmbarer Preis sind weitere wichtige Eigenschaften.

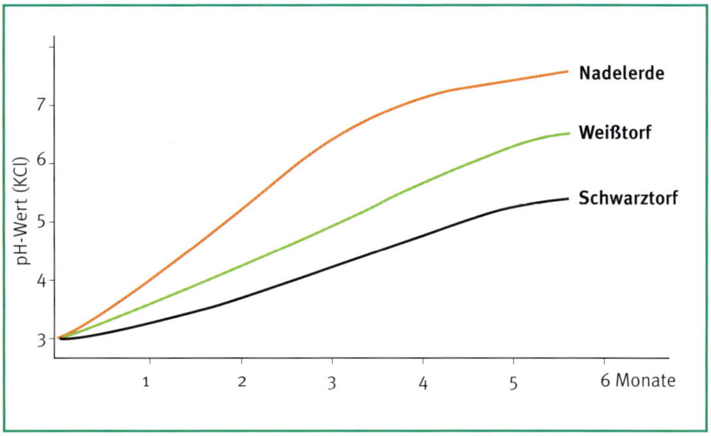

Abb. 174
Puffervermögen verschiedener Substrate bei Verwendung von extrem hartem Wasser.

ZUSAMMENFASSUNG

Eigenschaften eines idealen Substrats:
- hohes Gesamtporenvolumen,
- hoher Grob- und Mittelporenanteil,
- niedrige Rohdichte,
- unbelebt,
- hohes Puffervermögen,
- gute Verarbeitbarkeit,
- preiswert,
- Strukturstabilität.

Wiederholungsfrage:

Erklären Sie folgende Fachbegriffe:

a) Gärtnerische Erde

b) Substrat

6.2 Substrate auf Torfbasis

Tab. 38 Das ideale Substrat

Eigenschaften	Weißtorf	ideales Substrat	Grünkompost
Rohdichte (in g/l)	70–110	100–300	300–500
Porenvolumen (Vol-%)	95	85	70
Wasserspeicherfähigkeit (%)	65	60	50
Luftkapazität (%)	30	25	20
pH	2,5 bis 3,5	5,5 bis 6,5	7,2 bis 7,4
Salzgehalt (g/l)	< 0,4	< 1,5	1,3 bis 1,9
Nährsalzspeichervermögen (mval/l)	100–150	120–150	?

Torf ist der wichtigste Substratbestandteil in Deutschland. Vergleicht man seine physikalischen und chemischen Eigenschaften mit den Richtwerten, die für ein „ideales" Substrat gelten oder etwa mit Grünkompost, versteht man sehr schnell warum (siehe Tabelle 38). Diese günstigen Eigenschaften weist beileibe nicht jeder Torf auf. Sie sind abhängig von der Entstehungsgeschichte und Zusammensetzung des Torfes. Das Moor als Lagerstätte des Torfes ist bodenkundlich gesehen ein **organischer Boden**. Alle deutschen Moore sind nach der Eiszeit entstanden.

Hochmoore

Untersucht man die Standorte der deutschen Hochmoore, fällt auf, dass sie im norddeutschen Raum konzentriert vorkommen (siehe Abb. 176, Seite 174). Eine Grundvoraussetzung für die Hochmoorentstehung ist, dass mehr **Niederschlag** fällt, als Wasser versickern oder verdunsten kann. In Norddeutschland kann man aufgrund der Meeresnähe von einer höheren Luftfeuchte und damit einer geringeren Wasserverdunstung ausgehen. Entscheidend ist die Beschaffenheit des Untergrundes. Auf einem **wasserundurchlässigen Untergrund** staut sich das Niederschlagswasser.

Hochmoorvegetation. Die Pflanzenwelt wird fast ausschließlich durch Nährstoffe, die in den Niederschlägen enthalten sind, versorgt. Die Mineralisation absterbender Pflanzenreste setzt zusätzlich Nährsalze frei. Aufgrund dieser kärglichen Ernährung finden sich in Hochmooren sehr anspruchslose Pflanzen. Diese Pflanzen haben besondere Fähigkeiten entwickelt, um sich Nährstoffe zu beschaffen. **Fleischfressende Pflanzen** wie der Sonnentau (*Drosera*) verbessern ihren Stickstoffhaushalt durch Insektenfang, Heidekrautgewächse (Ericaceae) erhöhen durch Symbiose mit **Mycorrhiza-Pilzen** ihre Nährsalzaufnahme. **Torfmoose** *(Sphagnum)*, die über 90% der Hochmoorvegetation bilden, haben sich optimal an diesen Extremstandort angepasst. Über die Zellmembranen ihrer großen Wasserzellen (siehe Abb. 178, Seite 175) können sie Nährsalze direkt aus dem Wasser aufnehmen. Für jedes Kation geben sie im Austausch Wasserstoffionen (H^+) ab. Diese Fähigkeit ist sehr stark ausgeprägt und spielt eine große Rolle für das Überleben der Torfmoose. Durch die Abgabe der Wasserstoffionen versauern sie allmählich ihre Umgebung. Sie selbst können unter diesen Bedingungen bestens existieren. Viele andere Pflanzen haben dagegen keine Überlebenschancen. Dieser Kationenaustausch ist die

ZUSATZINFORMATION
Durch den hohen Säurengehalt wurden zahlreiche Moorfunde (Moorleichen, Bohlenwege) sehr gut konserviert.

Abb. 175 Tollundmann
Der berühmteste „Bürger" der dänischen Stadt Silkeborg ist der 2400 Jahre alte Tollundmann. Er war vor 50 Jahren in einem nahe gelegenen Moor gefunden worden, in das man ihn wahrscheinlich zur Strafe oder als Opfer an die Götter geworfen hatte. Als man ihn untersuchte, stellte sich heraus, dass seine gesamten inneren Organe erhalten waren. Es ließ sich sogar nachweisen, was er zu Abend gegessen hatte.

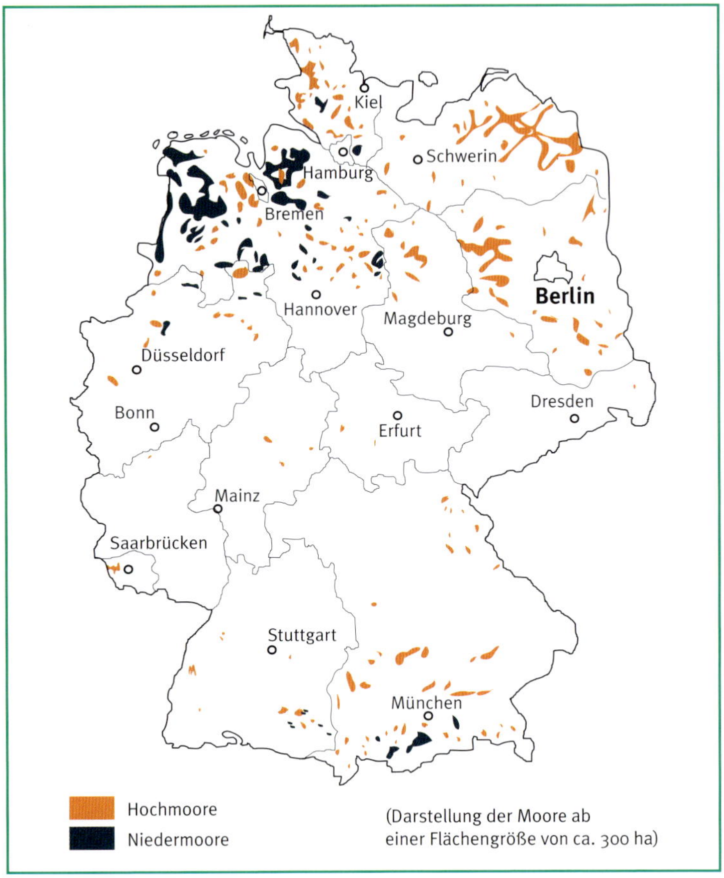

Abb. 176
Moore in der Bundesrepublik Deutschland (nach M. Succow).

ZUSATZINFORMATION

Mudde: aus organischen Stoffen zusammengesetzter Faulschlamm, der sich unter Wasser bei Luftabschluss absetzt.

Ursache für den extrem niedrigen pH-Wert von 2,5 bis 3,5 in Hochmooren und für den daraus gewonnenen Torf. In dieser für sie idealen Umgebung haben Torfmoose jährliche Wachstumsraten von etwa 20 cm und mehr, wobei der jährliche Torfzuwachs durchschnittlich nur bei 1mm liegt. Im Laufe vieler

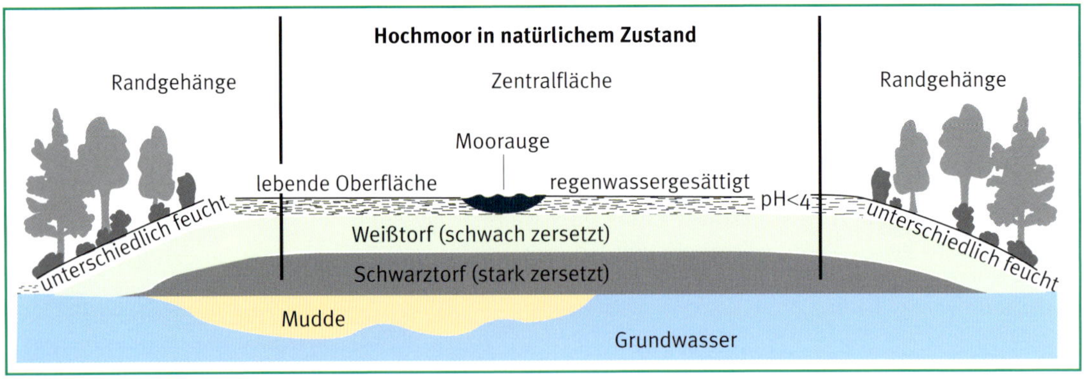

Abb. 177
Uhrglasförmiges Aufwölben des Hochmoores.

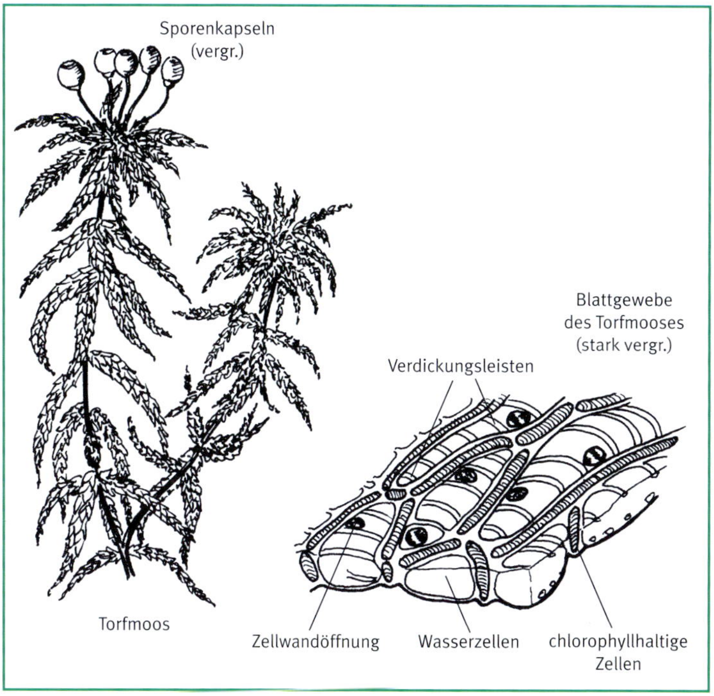

Abb. 178
Wasserzellen des Torfmooses.

ZUSAMMENFASSUNG

Merkmale der Torfmoose:
- große Wasserzellen,
- keine richtigen Wurzeln (Rhizoide → siehe Kap. 1.2.5),
- kein Wasserleitungssystem,
- hohes Wasserspeicher-vermögen.

Jahrhunderte wölbten sich die Hochmoore uhrglasförmig über der Oberfläche des Mineralbodens auf (siehe Abb. 177), was letztlich zu der Bezeichnung „Hochmoor" führte. Torfmoose besitzen **keine richtigen Wurzeln und kein Wasserleitungssystem**. In begrenztem Umfang kann Wasserleitung durch Kapillaren zwischen Stängel und Blättchen erfolgen. Da sie sich demnach bei fehlenden Niederschlägen nicht mit Wasser aus dem Untergrund versorgen können, müssen sie ihr Überleben durch ein ausgeprägtes Wasserspeichersystem sichern. Bezogen auf ihr Trockensubstanzgewicht können lebende Torfmoose in großen Wasserzellen das 15- bis 30fache an Wasser speichern (siehe Abb. 178). Diese Eigenschaft geht dem abgestorbenen Torfmoos, dem Torf, nicht vollständig verloren. Je nach Zersetzungsgrad kann dieser das 4- bis 14fache seines Trockensubstanzgewichtes speichern.

Weißtorf und Schwarztorf

Diese für den Gartenbau wichtigsten Torfarten weisen eine hohe Luft- und Wasserkapazität auf. Sie sind durch einen niedrigen pH-Wert und einen niedrigen Salzgehalt gekennzeichnet. Torf ist wenig belebt, frei von Schadstoffen und Krankheitserregern und besitzt eine hohe Strukturstabilität.

Die Moorbildung setzte in Deutschland etwa ab 5500 v.Chr. ein. Anfangs bildete sich ein stärker zersetzter Hochmoortorf, der aufgrund seiner **typischen Farbe** als **Schwarztorf** bezeichnet wird. Ab etwa 600 v.Chr. kam es zu einer geringfügigen Absenkung der Durchschnittstemperatur. Durch diese Klimaänderung wurden die Pflanzenreste nicht mehr so stark zersetzt und es entstand der für den Gartenbau wertvollere **Weißtorf**. Warum der Weißtorf wertvoller ist, wird aus Tabelle 39 ersichtlich. Der stärker zersetzte Schwarztorf weist bei gleicher Wasserkapazität eine deutlich geringere Luftkapazität

ZUSAMMENFASSUNG

Eigenschaften von Schwarztorf:
- dunkle Farbe,
- stark zersetzt,
- geringe Luftkapazität,
- hohe Wasserkapazität,
- hohe Klebfähigkeit.

Eigenschaften von Weißtorf:
- hellere Farbe,
- schwächer zersetzt,
- hohe Luftkapazität,
- hohe Wasserkapazität,
- geringe Klebfähigkeit.

Tab. 39 Vergleich von Weiß- und Schwarztorf

Eigenschaften	Weißtorf	Schwarztorf
Rohdichte (in g/l)	80	120 bis 150
Porenvolumen (in %)	95	80
Wasserkapazität (in %)	65	65
Luftkapazität (in %)	30	15

auf. Insbesondere Baumschul- und Staudenkulturen mit teilweise langen Standzeiten auf Freilandstellflächen reagieren auf eine schlechtere Durchlüftung mit deutlich vermindertem Wachstum. Aufgrund seiner guten „Klebfähigkeit" ist Schwarztorf häufig Bestandteil von Erdpresstopfsubstraten.

Niedermoore

Ohne Bedeutung für die Substratherstellung sind Torfe aus Niedermooren. Ein Niedermoor entsteht durch Verlandung bzw. Versumpfung nährstoffreicher Gewässer (siehe Abb. 179). Aufgrund des hohen Nährstoff- und Kalkgehaltes entwickelt sich eine üppige Vegetation aus Seggen, Schilf, Rohrkolben, Weiden usw. Beim Absterben der Pflanzen werden feuchte Mulden und Seen durch Pflanzenreste bis zur Wasseroberfläche aufgefüllt. Die daraus entstehenden Torfe sind in ihrer Zusammensetzung sehr unterschiedlich und meist

Tab. 40 Wesentliche Unterschiede zwischen Hoch- und Niedermooren

	Niedermoor	Hochmoor
Moorform:	flach (früher Flachmoor genannt) oder in der Mitte gesenkt	uhrglasförmig aufgewölbt
Wasserversorgung:	nährstoffreiches Oberflächenwasser Grund- oder Seewasser	im typischen Hochmoor nur über Niederschlagswasser
Entstehungsort:	dort, wo Gewässer verlanden oder an Quellenaustritten	entweder über Niedermoor oder „wurzelecht" auf wasserundurchlässigem Mineralboden bei hohen Niederschlägen und Wasserüberschuss
Nährstoffgehalt:	mittel bis hoch	sehr gering
Vegetation:	üppig, Artenvielfalt	artenarm, vorwiegend Hochmoorspezialisten
Haupttorfbildner:	Seggen, Schilf, Binsen, Gehölze u.a.	vorwiegend Torfmoose, daneben Wollgras u.a.
pH-Werte ($CaCl_2$):	können sehr unterschiedlich sein, zwischen 4 u. 7	recht gleichmäßig 2,5–3,5
Torf-Qualität:	häufig stärker zersetzt, heterogen, für gartenbauliche Zwecke wenig geeignet	wenig bis stark zersetzt, homogen, für gartenbauliche Zwecke sehr gut geeignet

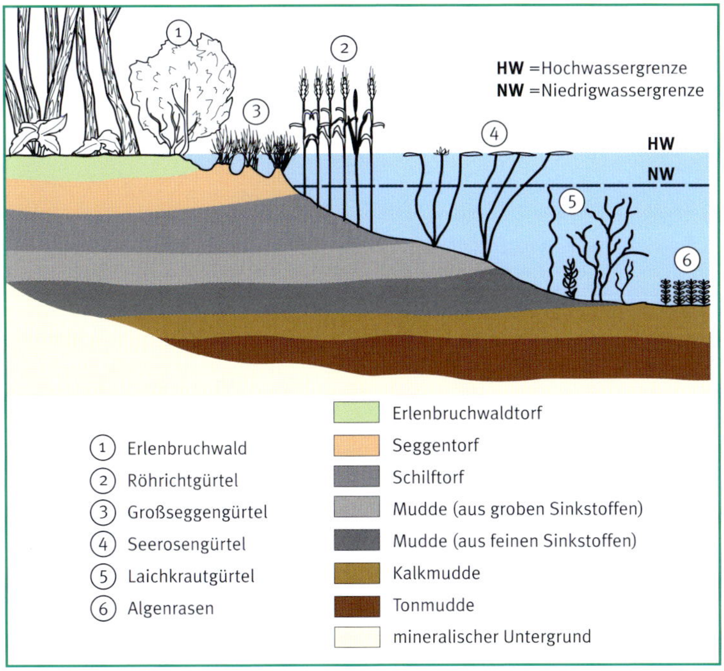

Abb. 179
Entstehung eines Niedermoors.

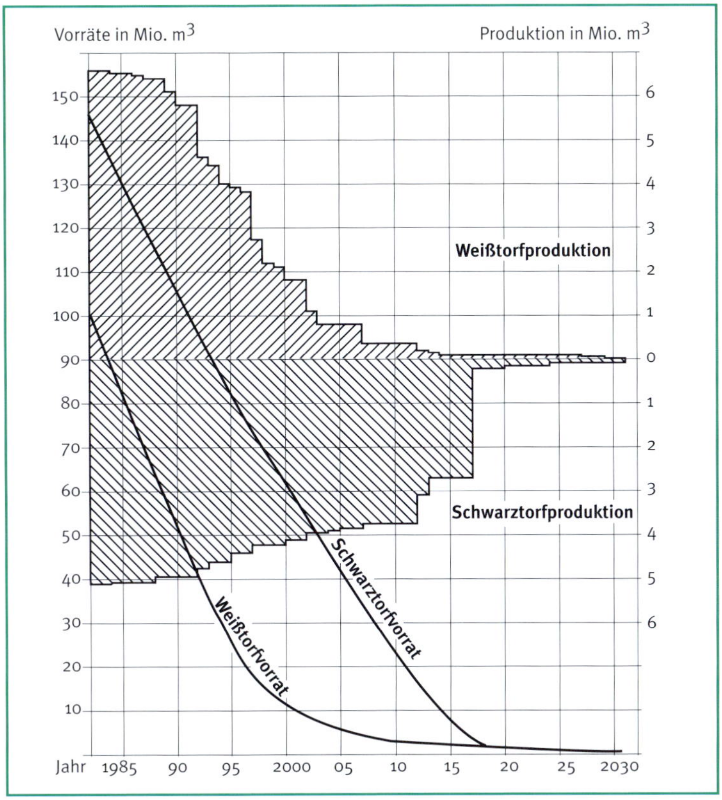

Abb. 180
Abnahme der Weiß- und Schwarztorfvorräte.

kalk- und stickstoffreich, schwach sauer und stark zersetzt. Ihre Eignung für Substrate ist daher eingeschränkt. Nach Entwässerung sind Niedermoorböden jedoch sehr ertragreich und ackerbaulich gut nutzbar (z.B. Teufelsmoor, Donaumoos). Ein Niedermoor kann sich zu einem Hochmoor weiterentwickeln. In Tabelle 40 sind die wesentlichen Unterschiede zwischen Hoch- und Niedermooren noch einmal zusammengefasst.

Umweltschutz

Der **Erwerbsgartenbau** verbraucht etwa 60% der gesamten Torfproduktion (ca. 8–9 Mio. m^2/Jahr). 20% werden zur **Bodenverbesserung** und 20% als Rohstoff für die Herstellung von **Torfaktivkohle** (aus Schwarztorf!) verwendet. Torfaktivkohle ist für die Trinkwasseraufbereitung sehr wichtig geworden. Verunreinigungen durch Giftstoffe (auch Pflanzenschutzmittelrückstände) können mit Torfaktivkohle fast vollständig herausgefiltert werden. Da die deutschen Torfherkünfte in absehbarer Zeit (siehe Abb. 180) vollständig ausgebeutet sein werden und da Moore einzigartige Biotope für seltene Tiere und Pflanzen darstellen, kommt der Verwendung von Torfersatzstoffen eine immer größere Bedeutung zu. Die Torfindustrie muss Teile der abgetorften Flächen wieder vernässen und regenerieren. Ob sich auf solchen Flächen die ehemaligen, hochspezialisierten Lebensgemeinschaften der Hochmoore wieder ansiedeln und wie lange dieser Prozess dauern wird, kann erst die Zukunft zeigen.

Torfkultursubstrate

In den 50er Jahren entwickelte PENNINGSFELD aus Weihenstephan Substrate auf Weißtorfbasis mit Zusätzen von Kalk und Mineraldüngern. Traditionell werden diese Substrate als **T**orf**k**ultur**s**ubstrate **(TKS)** bezeichnet. Die Abkürzung TKS® darf heute aus warenzeichenrechtlichen Gründen nur von der Firma Floragard genutzt werden. Zahlreiche andere Firmen, wie Klasmann-Deilmann, Compo, Brill, Hawita-Flor usw., bieten ähnliche Substrate an. Torfkultursubstrate weisen in der Regel einen **pH-Wert zwischen 5 und 6** und eine **Rohdichte von 100 bis 200 g/l** auf. Unterschiedliche Nährsalzgehalte werden meist durch Zahlenangaben, wie z.B. „0" für „nicht aufgedüngt", „1" für „schwach aufgedüngt" (etwa 1 g Salz/l) und „2" für „stark aufgedüngt" (etwa 2 g Salz/l), gekennzeichnet. Dabei wird **TKS 1** für die Jungpflanzenanzucht oder das Topfen salzempfindlicher Kulturen und **TKS 2** für Starkzehrer verwendet. Da reine Topfsubstrate nach einem Austrocknen schlecht wieder Wasser annehmen, gibt es Hersteller, die den Substraten Netzmittel zusetzen, um diese Eigenschaft zu verbessern. Die Firma Floragard kennzeichnet so verbesserte Torfkultursubstrate z.B. mit dem Zusatz „instant".

ZUSAMMENFASSUNG

Zusammensetzung und Eigenschaften von Torfkultursubstraten:

- Weißtorf,
- Kalk, Mineraldünger,
- pH 5–6,
- Rohdichte 100–200 g/l,
- TKS 1 : geringer Nährstoffgehalt (etwa 1 g/l),
- TKS 2 : höherer Nährstoffgehalt (etwa 2 g/l).

Probleme bei der Verwendung reiner Torfsubstrate:

- schlechte Wasserannahme nach Austrocknen,
- hohe Wasserdurchlässigkeit bedingt häufiges Gießen,
- aufgrund der geringen Rohdichte schlechte Standfestigkeit von Töpfen.

Wiederholungsfragen

1. Weißtorf wird in Hochmooren abgebaut. Die natürliche Vegetation besteht v.a. aus Torfmoosen (Sphagnaceae), Heidekrautgewächsen (Ericaceae), Sonnentaugewächsen (Droseraceae) und wenigen anderen Pflanzenarten.
   a) Was ist Torf?
   b) Erklären Sie, warum Heidekraut- und Sonnentaugewächse so stark vertreten sind.

c) Woher erhält das Torfmoos die Nährsalze, die es zum Wachsen benötigt?
d) Aufgrund welcher besonderen Eigenschaft kann das Torfmoos auch wochenlange Trockenperioden überstehen?
e) Wie beurteilen Sie nach fast vollständigem Torfabbau die Erfolgsaussichten einer Wiedervernässung und Renaturierung eines Hochmoores?

2. Erklären Sie, warum es zu der Entwicklung von Torfsubstraten mit dem Namenszusatz „instant" kam.
3. Über lange Zeit war Weißtorf Hauptbestandteil vieler Substrate. In den letzten Jahren stieg der Schwarztorf-Anteil immer mehr an (teilweise über 30 %).
   a) Wie kam es zu dieser Entwicklung?
   b) Weshalb sollte der Schwarztorf-Anteil in Substraten nicht zu hoch sein? Nennen Sie mögliche Probleme.

6.3 Rindenprodukte

In der Holzindustrie fallen jährlich etwa 2 bis 3 Mio. m^3 Baumrinde an (Anteil Fichtenrinde etwa 50 %). Früher wurde dieses Material oft zur Wärmegewinnung verbrannt oder deponiert. In den 80er Jahren zeigten Versuche, dass Pflanzen in aufbereiteter Rinde kultiviert werden können. Damit wurden Rindenprodukte als **Torfersatzstoffe** und als sinnvolle **Abfallverwertung** interessant. Anfangs wurde viel Rindenmaterial von Bäumen gewonnen, deren Rinde gegen Borkenkäferbefall mit **Insektiziden** (Lindan) behandelt worden war. Die Befürchtung, Produkte aus Baumrinden könnten mit Lindan verseucht sein, hielt viele Interessenten damals vom Kauf ab. In ersten Anbauversuchen reagierten gemulchte Pflanzen mit starken **Blattvergilbungen**. Untersuchungen zeigten daraufhin eine deutliche Unterversorgung mit Stickstoff. Mit der Gründung der „Gütegemeinschaft Rinde für Pflanzenbau e.V." im Jahre 1981 kam es zu einer deutlichen Qualitätsverbesserung, da Produkte, die das „RAL-Gütezeichen" tragen, laufend kontrolliert werden. **Die Gütegemeinschaft bietet folgende Standardprodukte an:**

Abb. 181
Häufig werden Gehölzpflanzungen alternativ mit Holzhäckseln gemulcht. Da man dieses Material auch von Laubgehölzen gewinnt, besteht die Möglichkeit, die Rotpustelkrankheit zu verbreiten. Der saprophytisch lebende Pilz Nectria cinnabarina verursacht diese Krankheit. Er befällt ausschließlich Laubgehölze. Daher sollte bei Infektionsgefahr mit **Rindenmulch** aus **Nadelholzrinde** gearbeitet werden. Setzt man Holzhäcksel Temperaturen von mindestens 60 °C aus (z.B. beim Kompostieren), stirbt der Pilz ab und einer Verwendung des Materials steht nichts entgegen.

• Rindenmulch (RM)

Rindenmulch ist die niedrigste Verarbeitungsstufe. Das Material besteht aus nach Größe sortierter (fraktionierter), zerkleinerter Nadelholzrinde ohne weitere Zusätze. Der Feinanteil (Teilchen unter 10mm) darf höchstens 5% betragen. Nach der Korngröße (Körnung) unterscheidet man folgende Rindenmulchtypen: RM 1 (10 bis 40 mm), RM 2 (10 bis 80 mm) und RM 3 (20 bis 80 mm).

Eigenschaften: Rinde enthält **Gerbstoffe, Polyphenole und Harze**. Das sind Substanzen, die die lebende Pflanze vor Insekten- und Krankheitsbefall schützen. Bei Verwendung frisch geschälter Nadelholzrinde als Mulchmaterial erleiden Neupflanzungen durch diese intensiv wirkenden Substanzen oft Schäden. Rindenmulch soll deshalb erst dann verwendet werden, wenn es nach Lagerung eine Selbsterhitzung erfahren hat. Leicht flüchtige schädliche Gerbstoffe werden abgebaut. Das **Absieben der Feinanteile** garantiert eine lange Beständigkeit der aufgebrachten Mulchschicht und mindert die Gefahr der **N-Sperre**. Um einen N-Mangel bei einer gemulchten Pflanzung zu vermeiden, wird zusätzlich eine Ausgleichsdüngung der Fläche mit Hornspänen (etwa 40 bis 80 g/m^2) oder Kalkammonsalpeter (etwa 30 g/m^2) empfohlen. Rindenmulch wird häufig eine bodenversauernde Wirkung nachgesagt. Untersuchungen an gemulchten Stauden- und Gehölzpflanzungen zeigten in der Regel jedoch **steigende pH-Werte** des Mineralbodens unter der Mulchschicht. In der Mulchschicht bilden sich Humusstoffe, die in der Lage sind, bodenversauernde H^+-Ionen abzupuffern.

Verwendung: Wie der Name schon sagt, wird dieses Material zum **Mulchen** von Pflanzungen (siehe Abb. 181) verwendet, also zum Abdecken des Bodens mit organischem Material. Rindenmulch soll zu diesem Zweck in 5 bis 7 cm Stärke ausgebracht werden. Insbesondere Samenunkäuter werden durch die zwei bis drei Jahre anhaltende herbizide Wirkung unterdrückt. Gegen Wurzelunkräuter wirken Mulchabdeckungen in dieser Stärke nicht. Das Bodenleben wird aktiviert. Aus der Mulchschicht fließen über eine langsame Mineralisierung Nährstoffe nach. Die Wasserverdunstung des Bodens wird deutlich vermindert, die Wasserspeicherfähigkeit deutlich erhöht. Das grobe, luftgefüllte Mulchmaterial wirkt wie eine Isolierschicht und schützt den Boden vor starken Temperaturschwankungen. An Böschungen ist die Wasser- und Winderosion deutlich vermindert. Das gleichmäßig braune Mulchmaterial gibt Pflanzungen einen ansprechenden optischen Eindruck. Im Garten- und Landschaftsbau kann Rindenmulch auch als **Wege- und Platzbelag** in Schichtstärken von 10 bis 25 cm genutzt werden. Empfehlenswert ist die Verwendung auch auf **Spielplätzen** als stoßdämpfendes Material in 20 cm Stärke unter Klettergerüsten.

ZUSAMMENFASSUNG

Günstige Wirkungen des Mulchens:
- Unkrautunterdrückung,
- Förderung des Bodenlebens,
- verminderte Bodenerosion,
- verringerte Wasserverdunstung,
- erhöhtes Wasserspeichervermögen,
- ausgeglichene Bodentemperatur,
- langsame Nährstoffnachlieferung aus dem Mulchmaterial.

Rindenhumus (RH)

Rindenhumus muss zunächst unter Zusatz von 1 kg N / m^3 Rinde (N als Harnstoff) etwa ein halbes Jahr kompostiert werden. Weil dieser Vorgang exakt gesteuert und überwacht wird, spricht man auch von **Fermentieren**. Nach diesem Zeitraum hat sich das C / N-Verhältnis von anfangs 170 : 1 auf etwa 20 bis

Tab. 41 Vergleich Rindenhumus – Weißtorf

Eigenschaften	Rindenhumus wenig zersetzt	Weißtorf,
Volumengewicht, trocken (g/l)	160–300	50–100
Porenvolumen (%)	85–91	94–97
Wasserkapazität (% vol.)	32–79	52–82
Luftkapazität (% vol.)	7–59	15–42
biologische Aktivität	hoch	gering
C/N-Verhältnis	30 : 1	60–100 : 1
Salzgehalt (mg/l)	500–1000	50–150
KAK* (mval/100 g TS)	40–90	100–150
pflanzenschädliche Stoffe Gerbstoffe	Harze, Phenole	keine

* KAK = Kationenaustauschkapazität

45 : 1 verengt. Nach der Körnung werden folgende Rindenhumustypen unterschieden: RH fein (0 bis 10 mm), RH mittel (0–20 mm) und RH grob (0–40 mm).

Eigenschaften: Im Vergleich zu Weißtorf (siehe Tabelle 41) zeigt Rindenhumus ein deutlich geringeres Wasserspeichervermögen. Als Substratzuschlagstoff ist diese Eigenschaft erwünscht, wenn Staunässe verhindert werden soll. Der hohe **Grobporen-Anteil** sorgt zudem für einen optimalen Lufthaushalt. Salzempfindliche Kulturen reagieren auf den relativ hohen **Salzgehalt** kritisch. Nur bei entsprechender Verdünnung durch Mischen mit anderen Zuschlagstoffen kann Rindenhumus verwendet werden. Rindenhumus weist ein hohes **Puffervermögen** gegenüber pH-Wert-Schwankungen auf.

Verwendung: Rindenhumus ist günstig zur **Bodenverbesserung**, denn er trägt zur Humusversorgung und Strukturstabilität des Bodens bei. Schwere Böden zeigen eine verbesserte **Durchlüftung**, leichte Böden eine verbesserte **Wasserhaltefähigkeit**. Außerdem wird das **Bodenleben** angeregt. Übliche Aufwandmengen sind 5 bis 10 l/m^2. Bei Gehölzpflanzungen kann Rindenhumus (bis zu 30%) mit der Pflanzerde gemischt werden. Es gibt mittlerweile **Substrate** mit Rindenhumusanteilen zwischen 30 bis 60%.

Rindenkultursubstrat (RKS)

Durch Mischung von **Rindenhumus** mit **Weißtorf** (mindestens 50% dabei Rindenanteil) oder Torf und **Ton** (mindestens 30% Rindenanteil) versucht man die Nachteile von reinem Rindenhumus auszugleichen. RKS wird in der Körnung 0 bis 20 mm angeboten. Abhängig vom Nährsalzgehalt unterscheidet man drei Qualitäten: RKS 0 (unter 1,5 g Salz/l), RKS 1 (unter 2 g Salz/l) und RKS 2 (unter 3 g Salz/l).

Eigenschaften: Der Rindenhumus-Anteil sorgt in dieser Mischung für Strukturstabilität und gewährleistet für einen relativ langen Zeitraum eine gute **Durchlüftung** des Bodens. Die Substratoberfläche trocknet sehr rasch ab, was den Befall durch Pilzkrankheiten wie Botrytis oder Phytophtora deutlich hemmt.

Verwendung: Rindenkultursubstrate finden bevorzugt als Containersubstrate im Baumschulbereich Verwendung (z.B. Forestina, Lignostrat, Cultural). Im Zierpflanzenbau hat sich dieses Substrat bei der Kultur auf Anstautischen oder Fließrinnen bewährt.

ZUSATZINFORMATION

Aufwandmengen bei der Verwendung von Rindenhumus: Großflächig rechnet man mit etwa 1 m^3 Rindenhumus auf 100 m^2, was einer Schichtdicke von 0,5 bis 1 cm entspricht.

Rindenerde (RE)

Rindenerde besteht aus Rindenhumus und 20 bis 50 Vol. % Grünkompost. Weitere Zuschlagstoffe sind bei gütegesicherten Produkten nicht zugelassen. Rindenerde wird in zwei Qualitäten angeboten: RE fein (Körnung 0 bis 10 mm) und RE grob (Körnung 0 bis 20 mm).

Eigenschaften: Die beiden Bestandteile ergänzen sich ideal. Während Kompost ein hohes Wasserhaltevermögen bei relativ schlechter Durchlüftung zeigt, verhält sich Rindenhumus genau umgekehrt. Oftmals ist zudem der Salzgehalt in Komposten relativ hoch. Da Rindenhumus ein hohes Puffervermögen besitzt, kann der vorher genannte Nachteil des Kompostes ausgeglichen werden.

Verwendung: Mit dieser Mischung gelingt es, vollständig ohne Torf auszukommen. Rindenerde eignet sich genauso wie Rindenhumus in erster Linie zur **Bodenverbesserung**. Eine Verwendung als **Substratbestandteil** für nährstoffbedürftige Beet- und Balkonpflanzen ist ebenfalls möglich.

ZUSAMMENFASSUNG

Rindenkultursubstrat:
30–50 % Rindenhumus + Torf + Ton mit oder ohne Aufdüngung.

Rindenerde:
Rindenhumus + 20–50 % Grünkompost mit oder ohne Aufdüngung.

Wiederholungsfragen

1. Es gibt verschiedene Rindenprodukte für den Gartenbau. Beschreiben Sie den Unterschied (Herstellung, Zusammensetzung) zwischen
   a) Rindenmulch,
   b) Rindenhumus,
   c) Rindenkultursubstrat.
2. Erklären Sie, weshalb frische, unkompostierte Rinde nicht als Substratzuschlagstoff geeignet ist.
3. Warum fördert gerade das Mulchen mit Rindenmulch das Pflanzenwachstum besonders?
4. Welche Eigenschaften von Rindenmulch machen es anderen Mulchmaterialien oft überlegen?
5. Welche Pflanzengruppen sollten nicht mit Rindenmulch gemulcht werden? Begründen Sie Ihre Antwort.
6. Es wird empfohlen, Rindenhumus zur Bodenverbesserung einzuarbeiten. Nach dem Einarbeiten von nicht gütegesichertem Rindenhumus kann es zu Wachstumsstockungen in einer Pflanzung kommen. Worauf ist dies zurückzuführen (genaue Erklärung!) und welche vorbeugenden Gegenmaßnahmen schlagen Sie vor?

6.4 Kompost

Verwendungsmöglichkeiten

Jährlich fallen in Deutschland mehrere Millionen m^3 organische Rückstände an. Diese wanderten jahrelang in Deponien oder wurden verbrannt. Mittlerweile ist es in Deutschland ein erklärtes Ziel, Abfälle wieder zu verwerten (Reycling). Dafür müssen Grün- und Bioabfälle getrennt erfasst und in speziellen Anlagen kompostiert werden.

- **Ist der entstehende Kompost als Alternative zu torfhaltigen Substraten im Gartenbau geeignet?**

- **Wo liegen sinnvolle Verwertungsmöglichkeiten für die riesigen Kompostmengen, die jährlich anfallen?**

Vergleicht man verschiedene Kompostarten (siehe Tabelle 42) mit den Richtlinien der VDLUFA für Topfsubstrate auf Torfbasis, wird verständlich, warum viele Erwerbsgärtner seit Jahren mit Torfkultursubstraten oder Einheitserden arbeiten: Das **hohe Volumengewicht** von Kompost mindert das Gesamtporenvolumen, insbesondere die luftführenden Poren sind deutlich vermindert. Bei Wassersättigung weisen Komposte deshalb einen **geringen Luftgehalt** auf, was sich nachteilig auf Wurzelwachstum und -aktivität auswirkt. Der häufig **hohe pH-Wert** kann zu Ernährungsstörungen (Festlegung von Spurennährstoffen) führen. Trotz des **hohen Salzgehaltes** ist ausgerechnet Stickstoff, der Motor des Pflanzenwachstums, in vielen Komposten in zu geringer Menge enthalten. Eine gezielte Aufdüngung, die den Gesamtsalzgehalt noch weiter erhöht, wäre nötig. Empfindliche Kulturen reagieren dann mit Salzschäden. Je nach Zusammensetzung der Ausgangsmaterialien zeigen fertige Komposte unterschiedlichste Eigenschaften. Der Gärtner benötigt jedoch ein standardisiertes Substrat, das er an die jeweilige Kultur ohne großen Aufwand anpassen kann. Mit Gründung der **„Bundesgütegemeinschaft Kompost“** wurde die Erzeugung von Kompost mit „... definierter, gleichbleibender und hoher Qua-

Tab. 42 Physikalische und chemische Eigenschaften verschiedener Komposte

Physikalische Eigenschaften				
Substrat	Volumengewicht (g/l)	Porenvolumen (%)	Wasserhaltende Poren (%)	Luftführende Poren (%)
Grünkompost	650	68	60	8
Torfkultursubstrat*	125	93	70	23

Chemische Eigenschaften					
Substrat	pH	Salzgehalt (g/l)	N-Gehalt (mg/l)	P_2O_5-Gehalt (mg/l)	K_2O-Gehalt (mg/l)
Grünkompost	7,4	2,7	121	1053	2714
Biokompost	7,2	6,6	354	1990	5152
Klärschlammkompost	6,9	2,4	296	1753	620
Torfkultursubstrat*	**5–6**	**1,5–3**	**200–450**	**200–400**	**200–500**

Achtung: Bei Substraten mit Kompost oder Rindenhumus darf der K_2O-Gehalt maximal 800 mg/l betragen!

Abkürzungen:
* Richtwerte der VDLUFA für Topfsubstrate auf Torfbasis
VDLUFA: Verband Deutscher Landwirtschaftlicher Untersuchungs- und Forschungsanstalten
Grünkompost: Kompost aus Pflanzenmaterial, das bei Pflegemaßnahmen anfällt, wie z. B. Gehölz- oder Rasenschnitt
Biokompost: Kompost aus Küchen- und Gartenabfällen

lität ...“ sichergestellt. Die Gütegemeinschaft gibt Qualitätskriterien und Güterichtlinien für das **RAL Gütezeichen „Kompost“** vor, die von Kompostproduzenten erfüllt werden müssen. Als reines Topfsubstrat sind Komposte dennoch den meisten Industrie-Substraten unterlegen. Mischungen mit Anteilen von 20 bis 50 % (volumenbezogen) sind dagegen möglich.

Viel günstiger ist Kompost als **Bodenverbesserungsmittel** zu beurteilen, z.B. im Garten- und Landschaftsbau. Neben seinem Gehalt an **Haupt- und Spurennährstoffen** hat Kompost noch weitere günstige Wirkungen auf den Boden. Er fördert das **Bodenleben**, **lockert den Boden**, verbessert die **Krümelstruktur**, erhöht die **Wasserhaltefähigkeit**, mindert die Nährstoffauswaschung und schützt vor Bodenversauerung und Erosion.

Trotzdem sollte Kompost nicht unüberlegt und in zu großen Mengen verwendet werden. Anhand der Untersuchungsergebnisse aus Tabelle 42 wird deutlich, dass der hohe P- und K-Gehalt vieler Komposte zu einer einseitigen **Nährsalzanreicherung** im Boden führen kann. Grünkomposte, die v.a. aus holzigem Material entstanden sind, verursachen unter Umständen eine **Festlegung von Nährstoffen** (N-Sperre), während größere Mengen Biokompost eine erhöhte **Nitratauswaschung** begünstigen. Bei Verwendung von nicht gütegesichertem Kompost, z.B. von öffentlichen Häckselplätzen, besteht die

Gefahr, **Krankheitserreger** und **Unkrautsamen** zu verbreiten. Die Gütegemeinschaft empfiehlt jährliche Aufwandmengen von etwa 2,5 l Fertigkompost pro m^2.

Grundlagen des Kompostierens

In der Natur gibt es keine Abfälle. Alles, was z.B. im Wald auf den Boden fällt, wird zu einer „humosen Walderde", die durch Mineralisationsvorgänge wiederum die Bäume ernährt. Bei der Kompostierung (von lat. **componere** = zusammen setzen) versucht man, die natürlichen Vorgänge im Wald nachzuahmen und zu beschleunigen.

ZUSAMMENFASSUNG

Gut geeignet zum Kompostieren:
- Gemüse- und Obstabfälle,
- Baum-, Hecken-, Rasenschnitt,
- Mist, Stroh, Sägespäne usw.

Zum Kompostieren ungeeignet:
- Glas, Metalle, Kunststoffe,
- Inhalte von Staubsaugerbeuteln,
- Kohlenasche,
- kranke Pflanzenteile,
- Samen- und Wurzelunkräuter.

Ausgangsmaterial: Grundsätzlich **gut** für eine Kompostierung **geeignet** sind die meisten organischen Abfälle. Bei der Verwendung der Materialien sollte auf C/N-Verhältnis, Strukturstabilität, Feuchtigkeit beim Anfall sowie auf die Verrottungsgeschwindigkeit geachtet werden (siehe Tabelle 43).

Grundsätzlich **nicht geeignet** sind alle nicht oder nur schwer verrottbaren Materialien. Problematisch kann auch die Kompostierung von kranken Pflanzenteilen, Samen- und Wurzelunkräutern sein, wenn nicht sichergestellt ist, dass hohe Kompostierungstemperaturen erreicht werden. Fleisch oder gekochte Speisereste können grundsätzlich kompostiert werden. Es besteht jedoch die Gefahr, dass Ungeziefer angelockt wird.

ZUSATZINFORMATION

Chemische Vorgänge bei der Reaktion von Branntkalk mit Ammonium:

- $CaO + H_2O \rightarrow Ca(OH)_2$
- $Ca(OH)_2 \rightarrow Ca^{2+} + 2\,OH^-$
- $NH_4^+ + OH^- \rightarrow NH_3\uparrow + H_2O$

Sind weitere Hilfsmittel nötig?

Mineralische Bestandteile wie **Kalk** zählten früher zu den Standardbeigaben bei der Kompostierung. Wie die Untersuchungsergebnisse in Tabelle 42 zeigen, ist für die Regulierung des pH-Wertes eine Kalkzugabe nur in den seltensten Fällen (z.B. bei Rinden- oder Laubkompost) nötig. Bei Ca-armem Material kann Kalk zur Nährstoffergänzung sinnvoll sein. Bewährt haben sich Zuschläge von **kohlensaurem Kalk** oder **Algenkalk**. Es werden Aufwandmengen von 1 bis 2 kg pro m^3 empfohlen. Branntkalk ist ungeeignet, da er den pH-Wert sehr schnell anhebt und hohe Stickstoffverluste verursacht. Ammonium (NH_4^+) wird nach Reaktion mit Branntkalk in das gasförmige Ammoniak ($NH_3\uparrow$) umgewandelt.

Tonmineralzusätze entweder in Form von **Tonmehlen** (Bentonit), in einer Aufwandmenge von 8 bis 10kg/m^3, oder in Form von **tonhaltiger Erde** (bis 10%) ermöglichen während des Kompostierungsvorgangs die Bildung der für die Bodenfruchtbarkeit wichtigen Ton-Humus-Komplexe. Bentonit ist jedoch sehr teuer, und bei einem Erdzusatz gestaltet sich die gleichmäßige Durchmischung von organischen und mineralischen Anteilen schwierig. **Stickstoff** in Form von Stallmist, organischen oder mineralischen Handelsdüngern ist dann wichtig, wenn der Anteil holziger Stoffe (Zweige, Schnittholz) bei den Abfällen überwiegt. Zur Einengung des C/N-Verhältnisses auf 20 bis 40 : 1 wird eine Zugabe von 2 bis 3 kg Horn- oder Blutmehl pro m^3 empfohlen. Kompostierungszusätze, wie **Kompoststarter**, arbeiten in der Regel auf der Basis spezieller Bakterienkulturen, mit denen der Kompost geimpft werden soll (ähnlich wie ein Hefewürfel bei der Zubereitung eines Hefeteiges). Bei guten Lebensbedingungen vermehren sich die im Kompost natürlich vorhandenen Mikroorganismen selbst ohne Kompoststarter in einem beinahe unvorstellbaren Ausmaß (siehe Abb. 182). Tun sie es nicht, helfen auch die relativ schwach dosierten Kompoststarter nicht. Mit Ausnahme weniger Spezialfälle ist daher von der Verwendung dieser teuren Präparate abzuraten. Zudem steht jedem

Tab. 43 Rohstoffe der Kompostierung und ihre wichtigsten Eigenschaften

Herkunft	C/N-Verhältnis, Nährstoff-Angebot	Struktur-stabilität	Feuchtigkeit beim Anfall	Verrottungs-möglichkeit	Verarbeitung	Unerwünschte Inhaltsstoffe
Holzindustrie						
Rinde	100–130, arm an P, Ca, niedriger pH-Wert	gut	variabel, eher zu trocken	mittel	mahlen	Insektizid-Behandlung möglich
Sägemehl – Buche – Fichte – alt	 – um 100 – um 230 – um 500	gut	frisch zu trocken, gelagert mittel	schlecht	–	–
Papier-Karton	200–500	mittel	zu trocken	gut	häckseln	Farbe
Asche	Mg, Spuren-elemente	schlecht	zu trocken	keine	–	–
Stadt und Haushalt						
Müll	30–40	gut	mittel – gut	mittel – gut	mahlen	Schwermetall
Küchenabfall	12–20	schlecht – mittel	zu nass – mittel	gut	evtl. pressen	–
Kaffeesatz		schlecht – mittel	gut	mittel	–	–
Landschaftspflege						
Holzschnitt	100–150	gut	zu trocken	schlecht	häckseln	–
Gartenabfälle	20–60	gut	mittel	mittel	häckseln	–
Laub	30–60	mittel – gut	mittel – zu trocken	gut	–	–
Rasenschnitt	12–25	schlecht	zu nass, nach Welke gut	gut	–	–
Landwirtschaft						
Hühnermist	13–18	mittel	mittel – zu trocken	gut	–	–
Rindermist	20	mittel	mittel	gut	–	–
Strohreicher Mist	25–30	gut	gut	gut	–	–
Pferdemist	25	gut	gut	gut	–	–
Gemüseabfälle	13	schlecht	zu nass	gut	häckseln	–
Roggenstroh	60	gut	zu trocknen	mittel	grob-häckseln	CCC *
Weizenstroh	100	gut	zu trocken	mittel	grob-häckseln	
Traubentrester	P und Ca arm	schlecht – mittel	mittel	mittel	–	–
Obsttrester	P und Ca arm	schlecht – mittel	mittel	gut	–	–
Sonstige						
Torf	30–50	gut	mittel	schlecht	–	–
Gesteinsmehle (Staub)	Ca, K, evtl. Mg Spurenelemente	schlecht	keine	keine	–	–

* Cycocel: Hemmstoff, Stauchemittel, Halmverkürzer

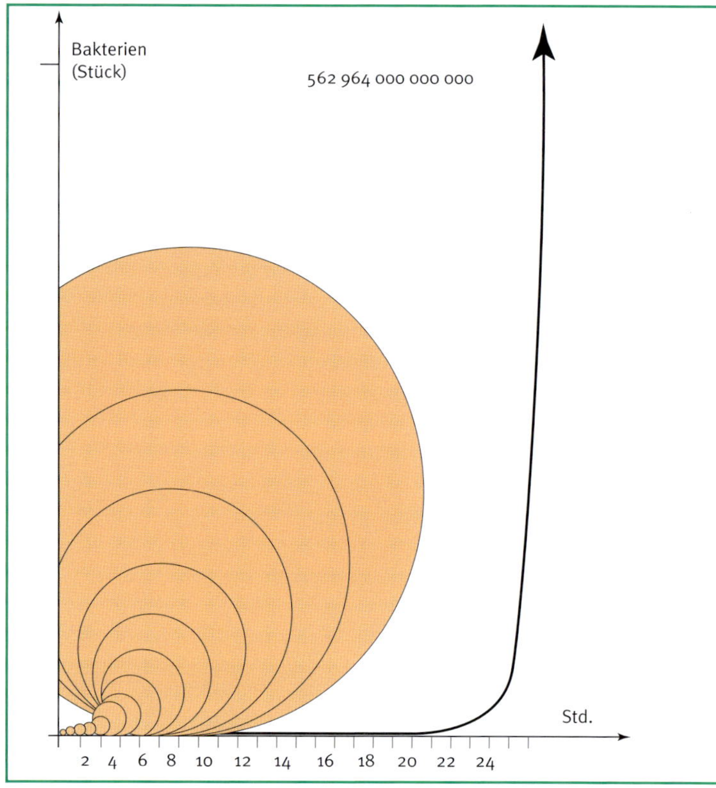

Abb. 182
Vermehrungsrate von Bakterien.

Gärtner mit zurückbehaltenen Resten reifen Kompostes ein sehr geeignetes und billiges Mittel zum Impfen neuer Kompostmieten zur Verfügung.

Der Ablauf der Kompostrotte

Trotz gleitender Übergänge gliedert sich der Kompostierungsvorgang in fünf Abschnitte (Rottephasen), die in Abb. 183 dargestellt sind.

1. **Abbauphase = Vorrotte:** In diesem ersten Abschnitt sind besonders Bakterien, Strahlen- und Schimmelpilze aktiv. Sie zersetzen leicht abbaubare Stoffe, wie Eiweiße und Zucker. Dabei entstehen im Innern der Kompostmiete Temperaturen bis 70°C, wodurch zahlreiche Unkrautsamen, Keimlinge und Schadorganismen abgetötet werden.
2. **Umbauphase:** Nach Zersetzung der leicht abbaubaren Substanzen sinken die Temperaturen auf etwa 35°C. Es kommt zu einer Verengung des C/N-Verhältnisses. Während dieses zwei- bis dreiwöchigen Stadiums vermindert sich die Bakterientätigkeit, während das Pilzwachstum stark zunimmt.
3. **Aufbauphase:** Der Kompost wird bei Temperaturen von etwa 20°C von Kleintieren, wie Springschwänzen, Asseln und Kompostwürmern, besiedelt. Diese zerkleinern und vermischen organische und mineralische Bestandteile. Während dieser mehrere Monate andauernden Phase färbt sich der Kompost zunehmend dunkel. Am Ende der Aufbauphase kann der Kompost jetzt als **Frischkompost** z.B. zum **Mulchen** verwendet werden.
4. **Reifung:** Die Komposttemperatur gleicht sich zunehmend der Bodentemperatur an. Das C/N-Verhältnis pendelt sich bei etwa 20 : 1 ein. Der

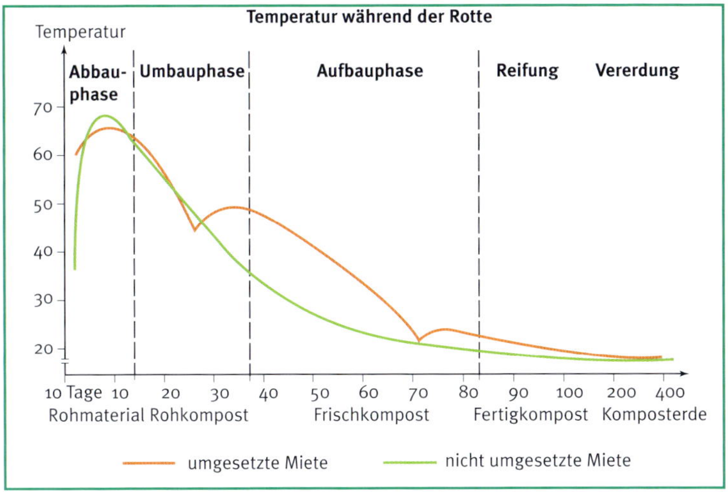

Abb. 183
Verlauf der Kompostrotte.

Kompost ist jetzt krümelig, erdig geworden und duftet nach Waldboden. Man kann viele Bodentiere, wie Springschwänze, Mistwürmer, Asseln, Milben, Ameisen usw. finden. Für diesen sogenannten **Reifkompost** gibt es zahlreiche Anwendungsmöglichkeiten.

5. **Vererdung:** In diesem letzten Abschnitt wird der Reifkompost zur **Komposterde**. Man kann dies daran erkennen, dass die Mistwürmer verschwinden und der große Regenwurm auftaucht. Der Kompost hat kaum noch düngende Wirkung. Allerdings ist durch den mittlerweile entstandenen Dauerhumus erstmalig eine **anhaltende Bodenverbesserung** möglich.

Das Aufsetzen des Komposts

Die Vorgehensweise hängt von der Menge der anfallenden organischen Abfälle ab. Zur Vorbereitung sollten die Materialien getrennt nach ihren Eigenschaften gesammelt werden. Hier ist es wichtig, zwischen „**Strukturmaterial**" zur Durchlüftung, z.B. Stroh, Hecken-, Baumschnitt usw., und strukturarmem Material, wie Rasenschnitt, Küchenabfälle, Laub usw., zu unterscheiden. Die Materialien sollten während der kurzen Lagerung möglichst nicht vernässen oder austrocknen.

Mietenkompostierung. Bei kleineren Mengen, die in vielen Betrieben oft aus Pflanzenresten und Unkräutern bestehen, kann das Material mit Hilfe einer Mistgabel oder einem Frontlader aufgesetzt werden. Verschiedenartige Stoffe werden locker gemischt: grobes mit feinem, trockenes mit feuchtem und stickstoffreiches mit stickstoffarmem Material. Die Miete soll nicht höher als 1,5 m (siehe Abb. 184) und etwa 1,5 bis 2 m breit sein. Bei höherer Schichtung kann es im Innern des Kompostes zu Sauerstoffmangel und damit zu Fäulnis kommen. Bei Bedarf erfolgt jetzt auch die Zugabe von Hilfsstoffen, wie z.B. Kalk. Die Masse soll **erdfeucht** sein. Mit Hilfe der **Faustprobe** ist die Überprüfung des Wassergehaltes möglich. Unter unseren klimatischen Verhältnissen treten in der Regel eher Probleme mit zu nassen Mieten auf. Daher ist es günstig, den Komposthaufen gegen Vernässung und Nährsalzauswaschung mit Folie abzudecken oder zu überdachen. Zum erneuten Ankurbeln des Rottevorgangs kann der Kompost nach etwa zwei Monaten umgesetzt werden.

Abb. 184
Kompostmiete

Komposter (Rotteboxen). Bei noch kleineren Mengen, wie sie z.B. in Privathaushalten anfallen, kann das Material in Kompostern (siehe Abb. 185) aufgesetzt werden. Die Vorgehensweise entspricht grundsätzlich der Mietenkompostierung. Es ist günstig, mit drei Boxen zu arbeiten: Eine zum kurzzeitigen Sammeln des Ausgangsmateriales, eine zum Aufsetzen des Kompostes und eine zum späteren Umsetzen.

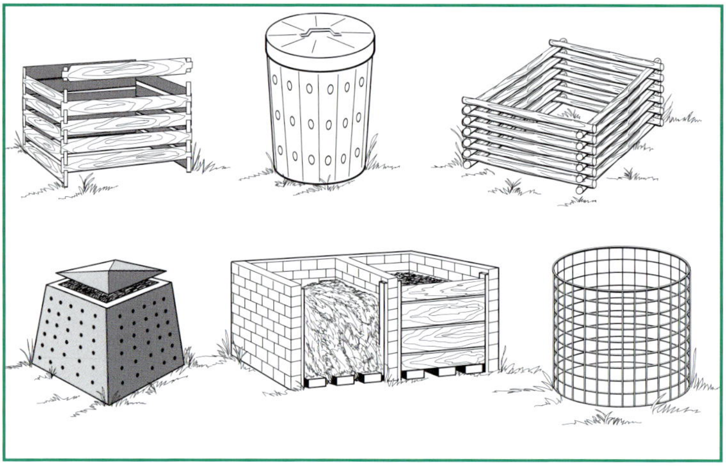

Abb. 185
Komposter

ZUSATZINFORMATION
Faustprobe: Eine Handvoll Kompostmaterial zusammen drücken. Bei optimaler Feuchtigkeit treten nur kleine Wasserperlen zwischen den Fingern hervor. Das gepresste Material behält beim Öffnen der Faust in etwa seine Form.

Kompostbereitung in großem Stil. Angeliefertes Material, das in der Regel zu einem großen Teil aus Gehölzschnitt besteht, wird zuerst mit großen Schreddern zerkleinert. Beim Aufsetzen der Mieten mit großen Radladern erfolgt das Mischen der Materialien. Aufgrund des großen Anteils an „Strukturmaterial" können die Kompostmieten bei diesem Verfahren bis zu 3 m hoch aufgeschichtet werden. Während der Rotte wird ständig die Temperatur überprüft und bei Bedarf bewässert. Nach mehrmaligem Umsetzen ist der Kompost nach etwa fünf bis sieben Monaten fertig. Abhängig vom Verwendungszweck erfolgt das Absieben in verschiedene Körnungen.

Wiederholungsfragen

1. In zahlreichen Hobby-Gartenratgebern finden Sie die Empfehlung, einen Kompost beim Aufsetzen zu kalken.
   a) Erklären Sie, was mit einer Kalkzugabe bezweckt werden soll.
   b) Begründen Sie, ob eine Kalkung immer nötig ist.
   c) Warum ist Branntkalk für diese Zwecke ungeeignet? (chemische Reaktion beschreiben!)
2. Erläutern Sie drei Maßnahmen, um die Rotte von Kompost zu beschleunigen.
3. Erklären Sie, welche Inhaltsstoffe im Kompost dem Gärtner Schwierigkeiten bereiten können.
4. Ein Bodenuntersuchungslabor hat für den Kompost eines Landschaftsgärtners folgende Untersuchungsergebnisse gefunden:
   - N-Gehalt: 99 mg/l
   - Gesamtsalzgehalt: 3100 mg / l
   - pH-Wert: 7,6
   - Volumengewicht: 0,86 kg / l

   Beurteilen Sie die Eignung des Kompostes für gärtnerische Zwecke, indem Sie zu jedem der aufgeführten Ergebnisse eine Aussage machen.

6.5 Substratzuschlagstoffe

Auf den folgenden Seiten finden Sie Informationen zu Zuschlagstoffen. Im Anschluss an die Fachtexte folgen Fragen, die Ihnen helfen sollen, die Texte zu erschließen. Das Thema ist so aufgearbeitet, dass eine besondere Form der Gruppenarbeit, das sogenannte **Gruppenpuzzle**, möglich ist. Gehen Sie dazu folgendermaßen vor:

▶ Gruppenpuzzle

1. Bilden Sie **Basis-Gruppen** zu jeweils fünf Mitgliedern (da es sich um fünf Sachtexte handelt). Jedes Gruppenmitglied soll sich mit einem anderen Text beschäftigen. In einer Klasse mit z.B. 25 Schülern gibt es dann fünf Gruppen zu je fünf Schülern.
2. Nach einer kurzen Einführung in das Thema durch den Lehrer treffen sich jetzt alle Gruppenmitglieder, die das gleiche Thema bearbeiten, in sogenannten **Experten-Gruppen**. Mit Hilfe der sich an den Text anschließenden Fragen soll der Stoff bearbeitet werden. Jeder Einzelne versucht die Fragen für sich allein oder in reger Diskussion mit seinen Gruppenmitgliedern so gut wie möglich zu beantworten. Am Schluss soll ein Mitglied der Expertengruppe mit einer sehr gut lesbaren Schrift, unterstützt durch seine Gruppenmitglieder, eine Musterlösung erstellen. Diese wird am Ende für alle Mitglieder der Expertengruppe kopiert.
3. Alle Experten kehren nun in ihre **Basisgruppen** zurück. Jeder Experte versucht nun den anderen Basisgruppen-Mitgliedern sein Thema mit Hilfe seiner Musterlösung zu vermitteln. Bei Unklarheiten sollte man sich gegenseitig Fragen stellen oder über Einzelpunkte diskutieren.
4. Im Anschluss an die Sachtexte finden alle Gruppenmitglieder ein **Kreuzworträtsel**, das Fragen aus allen fünf Themenbereichen enthält. Zur Kontrolle versuchen nun die Mitglieder der Basisgruppen dieses gemeinsam zu lösen.

Abb. 186
Perlite

ZUSATZINFORMATION
Nicht verwechseln: Vermiculit = Ausgangsmineral; Vermiculite = durch Erhitzung aufgeblähtes Material.

Abb. 187
Vermiculite

Mineralische Zuschlagstoffe

Perlite. Das vulkanische Ausgangsgestein „Perlit" wird im Tagebau gewonnen. Die bedeutendsten Vorkommen sind auf der griechischen Insel Milos sowie in Ungarn zu finden. Das im Gestein chemisch gebundene Wasser bewirkt bei Erhitzung auf etwa 1000°C in einem Spezialofen eine Expansion (Ausdehnung). Dabei wird das ursprüngliche Volumen um das Zehn- bis Zwanzigfache vergrößert. Perlite ist steril und kann nicht verrotten (siehe Abb. 186). Als Substrat findet Perlite v.a. in der **Stecklingsvermehrung** und bei der Produktion von Schnittblumen (z.B. Rosen) Anwendung. Als Zuschlagstoff wird es bei der Jungpflanzenanzucht oder bei empfindlichen Kulturen verwendet, um v.a. die Luftkapazität des Substrats zu verbessern.

Vermiculite. Das Tonmineral Vermiculit wird kurzfristig auf Temperaturen um 1000°C erhitzt. Dabei dehnt es sich um das 10- bis 15fache seines Ausgangsvolumens aus. Durch die Aufblähung weist Vermiculite ein sehr hohes Porenvolumen bei einem geringen Gewicht auf (siehe Abb. 187). Als einer der wenige Zuschlagstoffe hat Vermiculite die Fähigkeit, gleichzeitig die **Durchlüftung** eines Substrates zu verbessern und **Wasser** und **Nährsalze** zu **speichern**. Es wird hauptsächlich als Bestandteil von **Aussaatsubstraten** und zur Abdeckung von Aussaaten eingesetzt. In Stecklingssubstraten beschleunigt Vermiculite die Wurzelbildung. Theoretisch kann Vermiculite auch zur Bodenverbesserung eingesetzt werden, doch die geringe Strukturstabilität und der hohe Preis als Folge der energieaufwändigen Herstellung schränken die Anwendung ein.

Blähton. Blähton besteht aus salzarmen und schadstofffreien Tonen. Das Rohmaterial wird in einem Drehrohrofen bei 800°C getrocknet. Die Blähung erfolgt danach bei etwa 1200°C. Es entsteht eine poröse Innenstruktur. Dabei werden die Tongranulate um ein Mehrfaches ihrer ursprünglichen Größe aufgebläht. Gleichzeitig verschmilzt die äußere Tonschicht zu einer wasserundurchlässigen Außenhaut (siehe Abb. 188). Die raue Oberfläche hat eine Kapillarwirkung (Haarröhrchen-Wirkung). Durch das hohe Luftporenvolumen ist kein Vergießen möglich. Blähton kann unbegrenzt wieder verwendet werden. Im Angebot sind verschiedene Korngrößen (0/2, 2/4, 4/8, 8/16 mm). Am häufigsten wird die Größe 8 bis 16 mm verwendet. Hauptsächlich findet Blähton als **Hydrokultursubstrat** Verwendung, wobei die kleineren Korngrößen für die Jungpflanzenanzucht benötigt werden. In der Bauindustrie ist Blähton ein Zuschlagstoff bei der Herstellung von **Leichtbeton**. Als Zuschlagstoff zu bestimmten Substrattypen, die langfristig **Strukturstabilität** aufweisen müssen, wird vorwiegend gebrochener Blähton eingesetzt.

Abb. 188
Blähton

Steinwolle. Die Firma Grodania A/S aus Dänemark ist der bedeutendste Anbieter von Steinwolle im europäischen Gartenbau. Davon leitet sich auch der häufig benutzte Name „Grodan" ab. Bei der Herstellung von Steinwolle werden die Gesteine Basalt und Kalksandstein bei 1300°C geschmolzen und mit speziellen Maschinen in Faserform gebracht (siehe Abb. 189). Wassersaugende Steinwolle erhält bei der weiteren Verarbeitung einen Zusatz von Tensiden. In dieser Qualität wird Steinwolle v.a. im Gemüse- und Zierpflanzenbau bei **„Erdelosen Kulturverfahren"** verwendet. Bei diesen Kulturverfahren ist das Risiko bodenbürtiger Krankheiten sehr gering. Wasserabweisende Steinwolle (Grodan BU 20) wird als Substratzuschlagstoff mit einem Volumenanteil bis zu 20% v.a. in „dichte" Substrate gemischt, um die **Durchlüftung** zu verbessern.

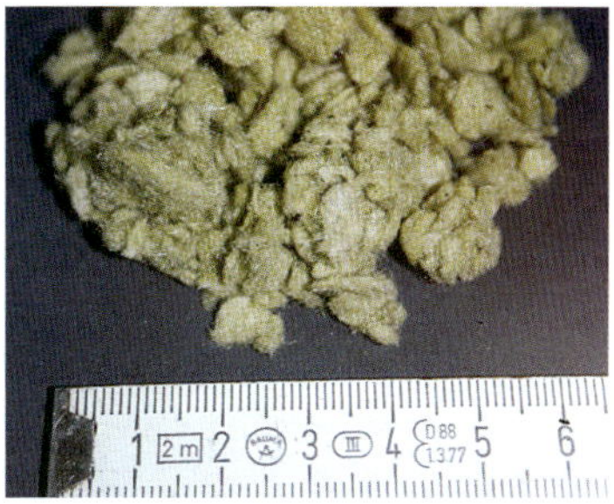

Abb. 189
Steinwolle

DEFINITION
Tenside: chemische Substanzen, die die Wasseraufnahme erleichtern.

Fragen zum Text

1. Beschreiben Sie für die genannten Zuschlagstoffe stichwortartig jeweils das Herstellungsverfahren!
2. Geben Sie die wichtigsten physikalischen und chemischen Eigenschaften der Zuschlagstoffe in Worten an! Verwenden Sie dazu auch die Untersuchungsergebnisse aus Tabelle 44!
3. Wo werden diese Zuschlagstoffe jeweils eingesetzt?
4. Warum sind die genannten Zuschlagstoffe relativ teuer?
5. Ist die Verwendung dieser Zuschlagstoffe umweltfreundlich? (Pro und Kontra)

Tab. 44 Physikalische und chemische Eigenschaften von Substraten und Zuschlagstoffen

Substrat-Bestandteile	Rohdichte (g/l*1)	Poren-Vol. (%)	Wasserkapazität (Vol.-%)	Luftkapazität (Vol.-%)	Kationenaustauschkapazität (mval/100 g TS*3)	Salzgehalt (mg/l)
Weißtorf, wenig zersetzt	50–100	94–97	52–82	15–42	100–150	50–150
Schwarztorf, stark zersetzt	120–200	88–93	74–87	6–14	120–170	50–150
Reisspelzen	88–97	95	7–9	86–88	–	250–500
Rindenhumus	160–300	85–91	32–79	7–59	40–90	500–1000
Kokosstaub	90–120	90–95	50–55	40–45	–	800–2500
Grünkompost	500–800	60–75	50–70	5–10	> 50	1500–3000
Holzfasern (TerrAktiv)	65–75	95	20	75	–	> 500
Grodan (BU 20, wasserabweisend)	100	90–95	20–30	60–75	–	0
Vermiculite	100	96	43	53	90	100–200
Perlite	120	95	22	73	–	0
Blähton (2–4 mm)	510	81	22	59	–	400–2000
Styromull	10	99	2	97*2	–	–
Hygromull	14	99	20	79	–	–
Hygropor 73	16	99	13	86	–	–

*1: in trockenem Zustand ***2:** theoretischer Wert → nicht pflanzenverfügbar *3: Trockensubstanz

Abb. 190
Holzfasern

Organische Zuschlagstoffe

Holzfasern. Anfang der 90er Jahre wurden Holzfasern (siehe Abb. 190) als Substratzuschlagstoff auf den Markt gebracht. Mittlerweile gibt es auch reine Holzfasersubstrate. Die Herstellung erfolgt aus unbehandeltem Sägerestholz oder Nadelholz. Die Zerfaserung findet mit Hilfe von Wasserdampf unter hohem Druck und bei hohen Temperaturen statt. Holzfasern weisen ein geringes Volumengewicht und einen hohen Grobporenanteil auf. Daraus folgt eine **hohe Luftkapazität** bei gleichzeitig relativ **niedriger Wasserkapazität**. Diese Eigenschaft macht man sich bei Substratmischungen mit Bestandteilen zunutze, die einen hohen Feinporenanteil (z.B. Schwarztorf) aufweisen. Reine Holzfasersubstrate müssen im Vergleich zu anderen Substratmischungen häufiger gegossen werden. Sie trocknen jedoch schnell ab und wirken daher Unkrautbewuchs und Pilzbefall entgegen. Durch die Zerfaserung erhalten sie eine große Oberfläche. Da der Stickstoffgehalt gering ist, kann die Zersetzung durch Mikroorganismen zu einer **Stickstofffestlegung** führen. Aufgrund ihrer physikalischen Eigenschaften sind sie günstige Zuschlagstoffe für geschlossene Kultursysteme (z.B. Ebbe- und Flut-Bewässerung). Auch als Zuschlagstoffe für Staudensubstrate und Containersubstrate im Baumschulbereich sind sie geeignet. Wichtige Handelsprodukte sind u.a. Hortifibre, Toresa und Culti-Fibre.

Reisspelzen. Seit Mitte der 80er Jahre werden Reisspelzen (siehe Abb. 191) als Substratzuschlagstoff eingesetzt. Der größte Teil der auf dem deutschen Markt erhältlichen Reisspelzen kommt aus Italien, wo in der Po-Ebene Reis angebaut wird. Grundsätzlich sind nur Reisspelzen aus dem sogenannten „Parboiled Verfahren" für die Substratherstellung geeignet. Hierbei wird geernteter Reis mit 150°C heißem Dampf behandelt und bei hohen Temperaturen getrocknet. Nach dem anschließenden Schälen erfolgt die Trennung der Spelzen von den Reiskörnern. Dieses Verfahren garantiert ein sauberes Produkt und die Abtötung keimfähiger Reiskörner. Reisspelzen sind aufgrund ihres hohen Siliciumgehaltes relativ **abbaustabil**. Bei Zumischung bis zu 30Vol.-% wird kaum Stickstoff festgelegt. Sie sind als Substratzuschlagstoff für die Kultur von Azaleen, Stauden und Baumschulcontainerpflanzen sehr gut geeignet und erhöhen **Luftkapazität** und **Drainageeigenschaften**. Bei empfindlichen Kulturen, wie Gesnerien, können Pflanzenschäden auftreten.

Abb. 191
Reisspelzen

Abb. 192
Kokospalme mit Fruchtständen.

ZUSATZINFORMATION

Die **Kokospalme** (Cocos nucifera, Arecaceae) verdankt ihre weite Verbreitung auch der Schwimmfähigkeit ihrer Früchte, die in keimfähigem Zustand bis über 4500 km mit Meeresströmungen driften können. Die Kokospalme besitzt einen schlanken, unverzweigten Stamm und kann bis zu 30 m hoch werden. Sie trägt an der Spitze einen Schopf von 30–40 bis zu 6 m langen, gefiederten Blättern (siehe Abb. 192), aus deren Achseln die Blütenstände entspringen.

Kokosfasern. Die Kokospalme ist eine wirtschaftlich bedeutsame Kulturpflanze der tropischen Meeresküsten. Seit Mitte der 80er Jahre werden Kokosfasern (siehe Abb. 193) als Substratzuschlagstoff eingesetzt. Dazu werden die Fasern von der Kokosschale getrennt. Da die Kokosnüsse vor der Trennung der Fasern zeitweilig in salzhaltigem Meereswasser eingeweicht werden, kann das fertige Produkt später auch **hohe Salzgehalte** aufweisen. Dadurch sind Schäden bei empfindlichen Kulturpflanzen nicht ausgeschlossen. Rohdichte, Porenanteil und organische Substanz ähneln den Werten von mäßig zersetztem Hochmoortorf. Die Wasserkapazität ist jedoch geringer. Aufgrund der hohen **Luftkapazität** eignen sich Kokosfasern als Zuschlagstoff für luftbedürftige Kulturen (z.B. Orchideen). Untersuchungen belegen, dass Kokosmaterialien sehr stark von Mikroorganismen belebt sind und dass dadurch **Stickstoff festgelegt** werden kann.

Abb. 193
Kokosfasern

▶ Fragen zum Text

1. Warum sollen Zuschlagstoffe generell einen niedrigen pH-Wert sowie geringe Salz- und Nährstoffgehalte aufweisen?
2. Wie sind organische Zuschlagstoffe hinsichtlich der Gefahr einer Stickstoff-Festlegung zu beurteilen?
3. Welche Substrateigenschaften können durch Beimischung oben genannter Zuschlagstoffe entscheidend verbessert werden? (siehe Tabelle 44)
4. Für welche Kulturen sind diese Zuschlagstoffe besonders geeignet?
5. Ermitteln Sie mit Hilfe Ihres Buches (siehe Kapitel 1.2), in welche Abteilung und Klasse des Pflanzenreiches die Kokospalme gehört. Nennen Sie weitere typische botanische Merkmale dieser Klasse.

ZUSATZINFORMATION

Tone sind Lockergesteine, die fast überall in Deutschland vorkommen und im Tagebau gewonnen werden. Besonders für die gartenbauliche Verwendung geeignete Tone (Tonminerale) findet man nur in bestimmten Regionen. So gibt es in Bayern verschiedene Lagerstätten für Bentonit (Hauptbestandteil ist das Tonmineral Montmorillonit, das Substraten häufig zugesetzt wird). Auf der griechischen Insel Milos existiert eine der weltgrößten „Bentonit-Minen“ .

Ton als Zuschlagstoff

Im Bestreben, ein optimales Substrat für Pflanzen zu schaffen, ist Ton als Zuschlagstoff für Torfsubstrate schon sehr früh genutzt worden. Der Durchbruch für die Verwendung von Ton in Substraten gelang PROF. ANTON FRUHSTORFER, der 1945 bis 1948 eine „Fruhstorfer Einheitserde“ entwickelte und patentieren ließ. Es war eine Mischung aus Hochmoortorf und Untergrundton, versetzt mit Dünger. Diese Bestandteile sind bis heute die Hauptkomponenten der Einheitserde.

Vorteile von Ton als Zuschlagstoff

Nährstoffspeicherung und -freisetzung. Ton hat durch seine negative Ladung die Fähigkeit, Nährstoffe zu speichern. Die gespeicherten Nährstoffe können nicht ausgewaschen werden, sind aber mittelbar für die Pflanzen verfügbar. Sie sind am Tonmineral sorbiert, können ausgetauscht, das heißt, in die Substratlösung abgegeben werden und stehen dann den Pflanzen zur Aufnahme zur Verfügung. Diese wichtigen Eigenschaften der Tone werden auch als Nährstoffpufferung bezeichnet.

Wasserspeicherung. Tonminerale können mit den Kationen Wasser aufnehmen und aufquellen. Dadurch steigt der Anteil an pflanzenverfügbarem Wasser im Substrat, das Wasserangebot für die Pflanze ist ausgeglichener. Außerdem wird der Benetzungswiderstand des Substrats verringert, das heißt, ein Torf-Ton-Substrat nimmt nach Austrocknung das Wasser besser wieder auf als ein reines Torfsubstrat.

Erhöhung des Volumengewichts. Durch eine Zumischung von Ton zum Torf wird insbesondere auch eine Erhöhung des Volumengewichts erreicht. Daraus

Tab. 45 Einheitserden • Haupterden

Erde Merkmale	Verwendung	pH	Salzgehalt
Typ 0: Nullerde	• für Aussaaten • wenn beim Gärtner Dünger zugesetzt werden soll	5,5 – 6,5	
Typ VM: Vermehrungserde	• für Aussaaten und Stecklinge • zum Pikieren salzempfindlicher Pflanzen	5,5 – 6,5	1 – 1,5 g/l
Typ P: Pikiererde	• zum Pikieren und Topfen salzempfindlicher Pflanzen	5,5 – 6,5	1 – 2 g/l
Typ T: Topferde	• zum Topfen nährstoffbedürftiger Pflanzen	5,5 – 6,5	2,5 – 3 g/l
Typ ED 73	• zum Topfen von Pflanzen mit mittlerer Salzempfindlichkeit • mit Langzeitdünger	5,5 – 6,5	2 – 2,5 g/l

ZUSATZINFORMATION

P von Pikieren, T von Topfen.

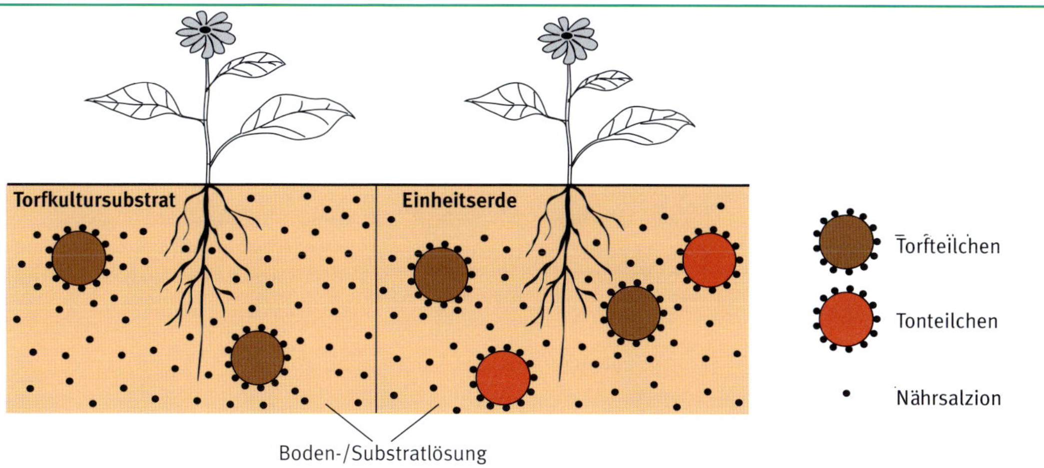

Abb. 194
Düngung von Torfkultursubstraten und Einheitserden.

ergibt sich eine bessere Standfestigkeit, was bei einigen Kulturen (zum Beispiel Elatior-Begonien) sehr von Vorteil ist.

Was ist zu beachten?

Bei Verwendung eines Substrats mit einer hohen Austauschkapazität ist eine andere Bewertung der Bodenuntersuchungsergebnisse notwendig als bei einem reinen Torfsubstrat. Die Nährstoffe werden vom Substrat (beziehungsweise vom Tonmineral) gebunden. Wie schon angesprochen, ist der Anteil an Ionen in der Bodenlösung in einem Torf-Ton-Substrat bei gleichem Nährstoffzusatz geringer als in einem reinen Torfsubstrat. Dennoch sind die Nährstoffe im Laufe der Zeit für die Pflanze verfügbar. Dadurch können in Torf-Ton-Substraten höhere Nährstoffgehalte und Salzgehalte toleriert werden, ohne dass die Pflanzen mit entsprechenden Salzschäden reagieren. Dieser Effekt ist besonders bei länger stehenden Kulturen von Bedeutung.

Substrate mit Ton

Die bekannteste Erde mit Tonanteil ist die **Einheitserde**. Seit der „Erfindung" der Fruhstorfer Einheitserde sind eine Vielzahl von Torf-Ton-Substraten auf den Markt gekommen. Sie unterscheiden sich vor allem durch die Tonart und die Körnung der Tone. Die Tongehalte schwanken zwischen 5 und 30 Vol.%. Auch werden Substrate angeboten, die neben Torf noch weitere Bestandteile aufweisen, wie zum Beispiel Rindenhumus, Kokosfaser, Perlite und andere. Dies geschieht einerseits vor dem Hintergrund, den Verbrauch an Torf zu verringern, andererseits geht es darum, die Eigenschaften der reinen Torfsubstrate zu ergänzen (zum Beispiel durch sorptionsstarke, puffernde Substanzen). Torf-Ton-Substrate werden wie TKS auch mit verschiedenen Düngungsstufen angeboten. Von nicht aufgedüngt (0-Erde) über wenig aufgedüngt (P-Erde) bis zu Topfsubstraten mit höheren Nährstoffgehalten (T-Erde) ist auch hier alles im Handel zu bekommen.*

* (Quelle: Wissen für junge Gärtner (5), 10, verändert und gekürzt. Ulmer-Verlag 1998.)

▶ Fragen zum Text

1. Aus welchen beiden Hauptbestandteilen sind Einheitserden zusammengesetzt?
2. Welche drei wesentlichen Vorteile bringt Ton als Substratbestandteil?
3. Versuchen Sie, den Fachbegriff „Benetzungswiderstand" in eigenen Worten wiederzugeben!
4. Warum können in Torf-Ton-Substraten höhere Nährsalzgehalte toleriert werden? (siehe Abb. 194)
5. Welcher Hauptunterschied besteht zwischen den im Text genannten Erden 0-Erde, P-Erde und T-Erde?
6. Welche weiteren Bestandteile können heutzutage in Torf-Ton-Substraten enthalten sein?

Synthetische Zuschlagstoffe

Synthetische Substratzuschlagstoffe sind Schaumkunststoffe, die aus Erdöl hergestellt werden. Im Angebot sind sie als Abfallprodukt der Styroporverarbeitung (z.B. Styromull) oder als speziell entwickelte Produkte zur Bodenverbesserung.

Styromull. Styromull besteht aus geschlossenporigen Polystyrol-Flocken, die einen Durchmesser von 4 bis 12 mm haben. Die luftgefüllten Zellen speichern weder Wasser noch Nährsalze. Diese Eigenschaft erhöht bei Zumischung die **Luftkapazität** und damit auch die Wasserdurchlässigkeit ganz entscheidend. Da Styromull sehr **leicht** ist, 1 m^3 wiegt nur etwa 15 bis 20 kg, wird es häufig Dachgartensubstraten zugemischt. Die Kunststoffflocken sind **biologisch nicht abbaubar**, zerfallen jedoch beim Dämpfen. Aufgrund des geringen Eigengewichts von Styromull kommt es bei der Substratherstellung relativ leicht zu Entmischungen. Die Flocken schwimmen später beim Gießen oft oben auf. Hauptanwendung findet Styromull bei der **Stecklingsvermehrung** und in Substraten für **nässeempfindliche Kulturen** (z.B. Anthurien (siehe Abb. 195), Orchideen). Schwere Böden können durch Einarbeiten von 1 bis 4 m^3 pro 100 m^3 verbessert werden.

Abb. 195
Styromull-Zusatz bei einem Substrat für Anthurien.

Hygromull. Hygromull ist ein offenporiger Harnstoff-Formaldehyd-Schaum. Die Zellen können sich im Gegensatz zu Styromull mit Wasser voll saugen. Hygromull zerfällt bei mechanischer Belastung. Er wird in erster Linie zur Verbesserung des **Wasserspeichervermögens** eingesetzt. Das Wasserhaltevermögen leichter Böden kann z.B. bei Baumpflanzungen deutlich erhöht werden (Aufwandmenge: etwa 2 m^3 pro 100 m^2). Für die Verbesserung von Substraten wird eine Beimischung bis 20Vol-% empfohlen. Hygromull enthält etwa 30 % Stickstoff in Form von Harnstoff, der durch mikrobiellen Abbau langsam freigesetzt wird (etwa 2 bis 5% pro Jahr). Die Abbaugeschwindigkeit ist abhängig von Temperatur, Feuchte und pH-Wert. Unter sauren Bedingungen können bis zu 20% pro Jahr mineralisiert werden. Beim Einsatz dieses Zuschlagstoffes darf das gemischte Substrat nicht sofort verwendet werden, da es nach dem Wässern zur Freisetzung des giftigen **Formaldehyds** kommt. Dies soll über einen Zeitraum von mehreren Tagen zunächst abdampfen.

Die **Erstbefeuchtung** der Hygromullflocken vollzieht sich relativ langsam. In den ersten Tagen muss daher gründlich gewässert werden, damit Hygromull als Wasserspeicher dienen kann.

Hygromull ist auch zur **Ölabsorption** geeignet. Es saugt schnell und sicher Heiz- und Dieselöl sowie andere Öle und Kraftstoffe von Straßen, Keller- und Garagenböden auf sowie Öllachen auf stehenden und langsam fließenden Gewässern.

Hygropor 73. Hygropor 73 ist eine Mischung aus Hygromull (70%) und Styromull (30%). In dieser Mischung stabilisiert der Styromull-Anteil das druckempfindlichere Hygromull. Die Eigenschaften dieses Mischproduktes ergeben sich aus den Eigenschaften der beiden Bestandteile sowie deren Anteil an der Mischung. Hygropor 73 verbessert die **Durchlüftung** und erhöht gleichzeitig das **Wasserhaltevermögen**.

Insgesamt geht die Verwendung synthetischer Zuschlagstoffe zurück. Dies ist auf das veränderte Umweltempfinden der Bevölkerung zurückzuführen. Außerdem sind genügend natürliche Stoffe vorhanden, die ähnliche Eigenschaften besitzen.

ZUSATZINFORMATION

Formaldehyd (= Methanal): farbloses, stechend riechendes, stark reizendes Gas. Formaldehyddampf verursacht Entzündungen der Atemwege, auch besteht der Verdacht auf krebserregende und erbgutverändernde Wirkung. Deshalb wurden zulässige Höchstkonzentrationen festgelegt, z.B. dürfen Wasch- und Reinigungsmittel nicht mehr als 0,2% Formaldehyd, Spanplatten und daraus hergestellte Möbel nur noch 0,1 ppm Formaldehyd enthalten.

Fragen zum Text

1. Wie unterscheiden sich Hygromull und Styromull im Bau und welche Folgen hat dies für ihre Verwendung?
2. Welche Bedeutung hat die aus dem Griechischen stammende Vorsilbe „Hygro“, die bei dem Zuschlagstoff Hygromull vorkommt und welchen Verwendungszweck kann man daraus ableiten?
3. Warum muss ein mit Hygromull versehenes Substrat nach dem Befeuchten einige Tage liegengelassen werden, bevor es verwendet wird?
4. Welche beiden Eigenschaften besitzt Styromull, die andere Zuschlagstoffe in dieser Kombination nicht aufweisen?
5. Nennen Sie mit Hilfe der Tabelle 44 auf Seite 191 jeweils zwei mineralische und organische Zuschlagstoffe, die ähnliche Eigenschaften wie Hygromull und Styromull haben!
6. Zu welchen Gesundheitsschäden kann es durch das Einatmen von Formaldehyddampf kommen?
7. Warum ist Hygromull im Gegensatz zu Styromull auch als Ölbindemittel bei Unfällen geeignet?

Dachgartenerde (extensiv)

Um den zahlreichen technischen und vegetationstechnischen Anforderungen gerecht zu werden, besteht der Aufbau von Dachbegrünungen aus verschiedenen Schichten. Abb. 196 zeigt die Grundform. Es ist möglich, Schichten zusammenzufassen. Man unterscheidet ein-, zwei- und mehrschichtige Bauweisen.

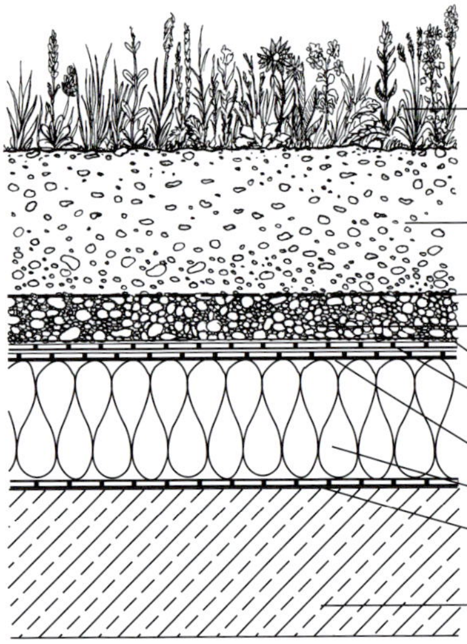

Abb. 196
Aufbau einer extensiven Dachbegrünung.

Chemische Eigenschaften

Von den chemischen Eigenschaften sind pH-Wert, Salz- und Nährstoffgehalte sowie Carbonatgehalt und Pufferungsvermögen wichtig. Sie müssen den Pflanzenbedürfnissen entsprechen. Andererseits begrenzen mögliche Auswaschungen (z.B. Nitrat) Aufdüngung und Stoffwahl. pH-Werte über pH 6,5 sind anzustreben. Durch höhere pH-Werte soll ein großer Artenreichtum entstehen. Außerdem wird damit eine Grundlage für einen Kalkmagerrasen geschaffen und der natürlichen Bodenversauerung entgegengewirkt.

Substratkomponenten. Grundsätzlich unterscheidet man: Bodengemische, Schüttstoffgemische, Schüttstoffe und Substratplatten. Zu den vorwiegend verwendeten mineralischen Stoffen zählen: Blähton- und Blähschiefer, Lava, Schlacke, Bims, Ziegelsplitt und -bruch sowie Sand. Als organische Stoffe sind Torf, Rindenhumus und Kompost zu nennen. Auch Boden wird verwendet.

Stoffwahl. Eine wichtige Größe für die Stoffwahl ist die Rohdichte, damit die zugelassene Dachbelastbarkeit nicht überschritten wird. Bei der Planung wird das höchstmögliche Substratgewicht angenommen, also die Rohdichte bei maximaler Wassersättigung. Auch die Abflussgeschwindigkeit des Niederschlagswassers hängt von Stoffwahl und Substrathöhe ab. Ein wichtiger Gesichtspunkt bei der Substratherstellung und -wahl ist die Handhabung beim Einbau. Das Substrat kann mit einem Radlader, in Big Bags oder mit einer Schütte an einem Kran auf das Dach gebracht werden. Zunehmend wird das Substrat direkt vom LKW durch ein Rohr auf das Dach geblasen. Bei der Stoffwahl ist auch der

Abb. 197
Extensive Dachbegrünung

Pflegeaufwand nach der Fertigstellung zu beachten. Die Vegetationstragschicht sollte unkrautfrei sein und ein schnelles flächendeckendes Pflanzenwachstum begünstigen. Die Forschungsgesellschaft Landschaftsentwicklung und Landschaftspflege e.V. (FLL) hat Richtlinien für die Planung, Ausführung und Pflege von Dachbegrünungen erarbeitet. Diese Richtlinien haben sich in der Praxis durchgesetzt und sind oft Grundlage von Ausschreibungen.

Fragen zum Text

1. Stellen Sie dar, welche Gesichtspunkte bei der Stoffwahl für die Dachgartensubstrate eine Rolle spielen!
2. Erklären sie den Begriff Rohdichte und ordnen Sie folgende Substratbestandteile in eine Reihenfolge mit zunehmender Rohdichte ein: Rindenhumus, Blähton, Kompost, Torf, Blähschiefer, Bims, Ziegelsplitt und Lava. (Hinweis: Verwenden Sie dazu die Tabelle 44 auf Seite 191 und Tabelle 46.)
3. Für die extensive Dachbegrünung werden überwiegend Schüttstoffe oder Schüttstoffgemische mit mineralischen Anteilen verwendet. Nennen Sie mindestens fünf Vorteile dieser Gemische gegenüber Kompost.
4. In welchem Bereich sollte der pH-Wert bei Extensivsubstraten liegen? (Begründung)

Tab. 46 Eigenschaften von Substratbetandteilen bei der extensiven Dachbegrünung

	Bims (2/8–2/12)	Blähschiefer (4/8–4/10)	Blähton (4/8–4/10)	Dachziegel (Ziegelsplitt) (4/8)	Lava (2/8–2/12)
Rohdichte (g/l)	480	640	390	1230	1110
pH-Wert ($CaCl_2$)	7,0	7,8	6,9	7,1	7,1
Gesamtporenvolumen (% vol.)	82,6	73,1	86,4	53,6	58,8
Wasserkapazität (% vol.)	37,2	13,2	24,4	10,8	17,2
Salzgehalt (g/l)	0,19	0,17	0,23	0,87	0,26
Strukturstabilität	nicht vollständig frosthart	hoch	hoch	hoch	hoch

Rätsel Substratzuschlagstoffe

1. Organischer Zuschlagstoff, der auch als Substrat Verwendung findet.
2. Wie bezeichnet man eine Kultur, die reinen Blähton als Substrat verwendet?
3. Wer mich anfasst, den kann ich unter Umständen schon mal reizen.
4. Hier sind leichte Substrate gefragt, damit einem die Decke nicht auf den Kopf fällt.
5. Jetzt wird's literarisch: „Zwei Seelen wohnen ach in meiner Brust", auch wenn ich künstlich hergestellt werde.
6. Hat etwas, was schwere Böden gerne hätten, behält's aber für sich. Bei Vernässungsgefahr trotzdem gerne verwendet.
7. Bei dieser Kulturpflanze ist Torf immer noch Substrat Nr.1.
8. An dieser Zierpflanze kann es schon mal Schäden geben bei der Verwendung von Reisspelzen.
9. Hier ist Sand ein wichtiger Tragschicht-Bestandteil.
10. Abkürzung für ein reines Torfkultursubstrat.
11. Kein Körperteil, sondern europäisches Herkunftsgebiet von Reisspelzen.
12. Welche Eigenschaft des Substrates verbessert sich durch Beimischung von Sand zu einem reinen Torfsubstrat?
13. Durch den Ersatz welcher organischen Substanz tragen Zuschlagstoffe zum Umweltschutz bei?
14. Weißer mineralischer Bestandteil zur Bodenverbesserung – auch verwendet zur Schalldämmung.
15. Auf welche physikalische Eigenschaft hat das Porenvolumen einen Einfluss?
16. Wird häufig Baumschulsubstraten zugemischt.
17. Unter welchem Handelsnamen wird Steinwolle vertrieben?
18. Wie heißt ein Zuschlagstoff, der aus „Nussschalen" gewonnen wird?
19. Kommt zum Einsatz, wenn Wasser benötigt wird. Die Substanz ist nicht ganz „ohne".
20. Häufig ein Nährstoffproblem bei organischen Zuschlagstoffen.
21. Wozu dienen die offenen Poren von Hygromull?
22. ...-Anteil macht die Bodenbearbeitung nach Niederschlägen problematisch („Minutenboden").
23. Geräusch nach Einnahme eines Bohnengerichtes – auch verwendet als Bestandteil von Leichtbeton.
24. „Blumentopf" in der Sprache der Baumschuler.
25. Zur Verbesserung dieser Eigenschaft kann man leicht zersetzbare organische Substanz nicht gebrauchen.

Die grau markierten Felder ergeben das Lösungswort! (Hinweis: Ä = AE)

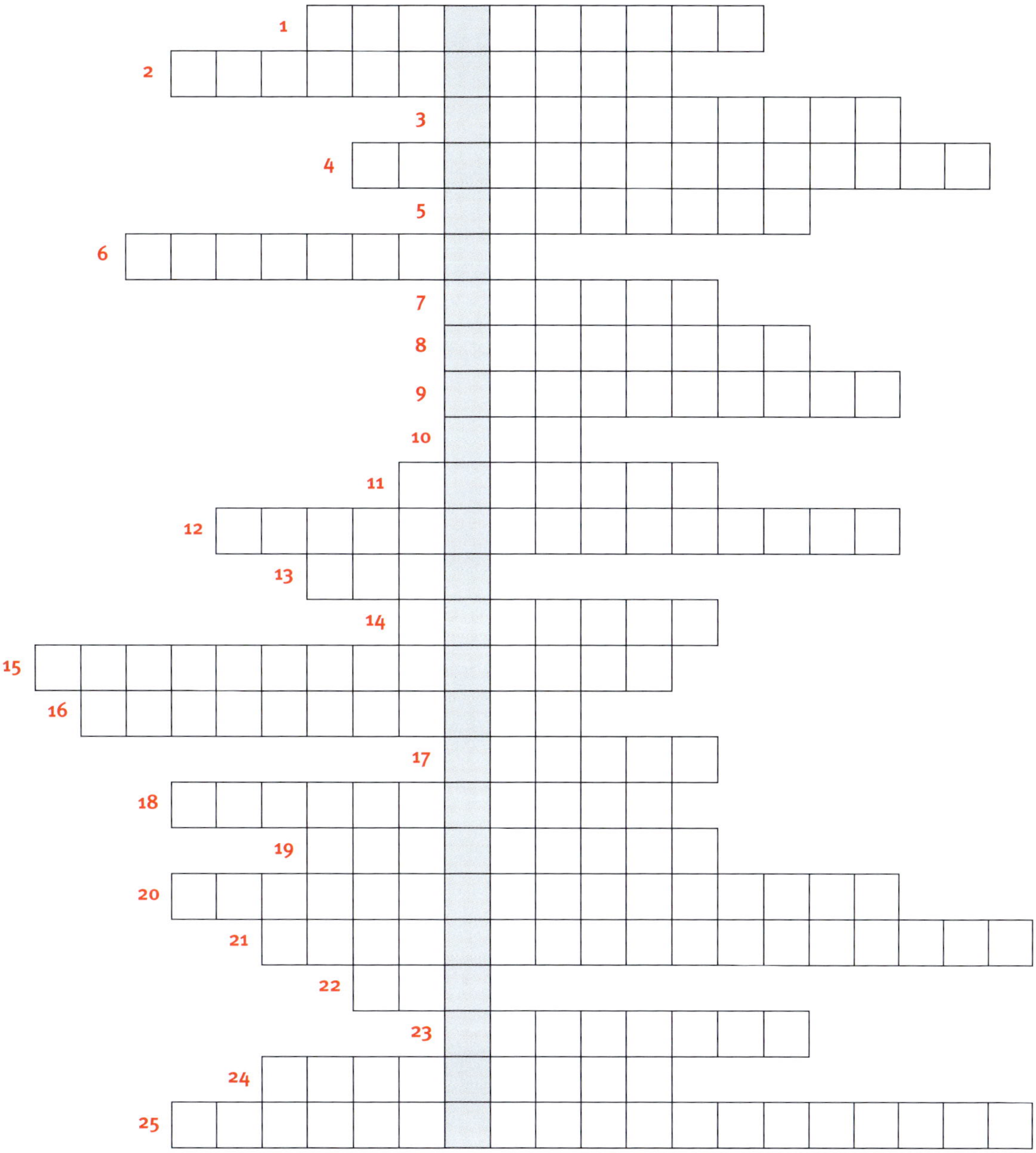
1
2
3
4
5
6
7
8
9
10
11
12
13
14
15
16
17
18
19
20
21
22
23
24
25

6.6 Literaturhinweise und Links

Literatur

AID (Hrsg.): Kompost im Garten. AID, Nr. 1104, 2011.
AID (Hrsg.): Kultursubstrate im Gartenbau. AID, Nr. 1185, 2. Auflage, 2011.
Jansen et al.: Gärtnerischer Pflanzenbau. UTB, 3. neubearbeitete Auflage, Stuttgart, 1998.

Links:

http://www.

archut.de → Produkte der HAWITA Gruppe: Fruhstorfer Erde, Hawita Flor Substrate, Hawita Baltic, Blumenampeln, Balkonkästen, Pflanzgefäße
brill-substrate.de → Brill Topfsubstrate
einheitserde.de → Einheitserde Profisubstrate, frux Qualitätserden und Dünger für Haus und Garten.
floragard.de → Torfkultursubstrate (TKS), Floradur, Spezialsubstrate.
kompostberatung.ch → Umfangreiche Empfehlungen zum Kompostieren.
ökohum.info/home.html → Torfersatzstoffe: Informationen zu Lava, Reisspelzen, Kokosfasern, Holzfasern, Dachgartenerde intensiv, Marktführer für Rindenkultursubstrate in Deutschland und der Schweiz.
substrate-ev.org → Gütegemeinschaft für Pflanzen (GGS): Gütesicherung Rinde, Substratausgangsstoffe, Blumenerden, Kultursubstrate, Dachsubstrate.
vulkatec.de → Aufbereitung vulkanischer Rohstoffe, Dachbegrünung.

7 Pflanzenernährung und Düngung

7.1 Was braucht die Pflanze zum Leben?

Geschichte

Schon vor mehr als 5000 Jahren war bekannt, dass verschiedene Stoffe das Pflanzenwachstum fördern, wenn man sie in den Boden einarbeitet (z.B. Asche, Streu und Bodenmaterial aus dem Wald, Kalk, Fäkalien, abgelagerter Vogelmist (Guano), Knochen, Mergel, Schlamm aus Flüssen und Teichen, Kompost, usw.). Über die Pflanzenernährung gab es aber lange Zeit falsche Vorstellungen. Die Folgen waren sehr geringe Erträge und Hungersnöte.

ARISTOTELES (350 v.Chr.) gilt als Begründer der **Humustheorie**. Seiner Ansicht nach nahm die Pflanze Humusstoffe mit ihren Wurzeln aus dem Boden auf. Nach ihrem Tod wurde sie selbst zu Humus, was „... den ewigen Kreislauf ..." schloss. Neuere wissenschaftliche Erkenntnisse ermöglichten Wissenschaftlern wie KARL SPRENGEL (1825) und JUSTUS VON LIEBIG (1840) die Begründung der **Mineralstofftheorie**. Liebig erkannte: „Die Nahrungsmittel aller grünen Gewächse sind anorganische Substanzen. Die Pflanze lebt von Kohlensäure, Ammoniak (Salpetersäure), Schwefelsäure, Kieselsäure, Kalk, Magnesia, Kali und Eisen, manche bedürfen Kochsalz". Basierend auf seinen Theorien entwickelte Liebig einen „Patentdünger", der in ersten praktischen Düngungsversuchen völlig versagte. Erst als er die Ursachen für diesen Misserfolg erkannte, war der Weg frei für die Einführung moderner Düngemittel.

Nährelemente

Untersucht man die Pflanzen auf ihren Gehalt an chemischen Elementen, bekommt man unter Umständen ein falsches Bild darüber, wie ein Dünger zusammengesetzt sein sollte. Die Pflanze hat nur ein eingeschränktes Wahlvermögen bei der Aufnahme von Nährstoffen. Deshalb findet man unter bestimmten Bedingungen auch giftige Substanzen wie Aluminium oder Schwermetalle im Pflanzengewebe. Nur die lebensnotwendigen Elemente gelten als **Nährelemente**.

Haupt- und Spurennährelemente

Pflanzen bestehen zu einem sehr großen Teil aus **Wasser**. Dabei ist der Wassergehalt eines Pflanzenteils um so höher, je intensiver es an Stoffwechselvorgängen beteiligt ist (siehe Tabelle 47). Nach Trocknung (bei etwa 105 °C) untersucht man die Pflanze auf ihren Gehalt an Mineralstoffen. Die so gewonnene

Tab. 47 Wassergehalt von Pflanzenteilen

Pflanzenteil	Wassergehalt
Blätter und fleischige Früchte	~ 90 %
stängelreiches Material, Wurzeln, Knollen	~ 75 bis 85 %
reife Samen, Stroh	~ 8 bis 15 %

ZUSAMMENFASSUNG

LIEBIGS Erkenntnisse:

- Pflanzen können Nährstoffe nur in **mineralischer Form** und nicht als Humus aufnehmen (heute weiß man, dass es Ausnahmen gibt, z.B. Stickstoff als Harnstoffverbindung über das Blatt).
- Die Nährstoffe müssen als **Salze** gelöst im Bodenwasser vorliegen.
- Die Pflanzen benötigen außer **Kohlenstoff** (C), **Sauerstoff** (O) und **Wasserstoff** (H) zehn weitere unentbehrliche Elemente (heute weiß man, dass es etwa **zwanzig Elemente** sind – und die Forschung darüber ist noch nicht abgeschlossen).
- Der Nährstoffbedarf der Pflanzen ist unterschiedlich und kann aus der Zusammensetzung gut ernährter Pflanzen (Pflanzenanalyse) ermittelt werden.
- Fruchtbar bleibt ein Boden nur, wenn die ihm entzogenen mineralischen Pflanzennährstoffe vollständig ersetzt werden.

ZUSAMMENFASSUNG

Nährelemente besitzen folgende Eigenschaften:

- Bei Fehlen oder Mangel eines Nährelementes ist ein normales Wachstum oder eine Vermehrung nicht möglich. Das Nährelement nimmt direkt oder indirekt an bestimmten Stoffwechselvorgängen in der Pflanze teil.
- Ein Nährelement kann in seiner Funktion nicht durch andere Stoffe ersetzt werden.
- Mangelerscheinungen werden bei Zufuhr des betreffenden Elementes behoben.

ZUSAMMENFASSUNG

Zusammensetzung der Pflanze:
etwa 80 % Wasser
etwa 20 % Trockensubstanz
- Kohlenstoff (C): etwa 44 %
- Sauerstoff (O): etwa 42 %
- Wasserstoff (H): etwa 5 %
- **Mineralische Elemente:** etwa 9 %

Trockensubstanz besteht zu 5 bis 10% aus **mineralischen Bestandteilen** und zu mehr als 90% aus **nichtmineralischen Bestandteilen**, wie Kohlenstoff, Wasserstoff und Sauerstoff. Die nichtmineralischen Nährelemente bilden die Grundbausteine der Pflanze (Kohlenhydrate wie Zucker oder Stärke, Fette, Eiweiße, Wachse, Gerbstoffe usw.).

Aufgrund des unterschiedlichen Gehaltes der **mineralischen Elemente** in der Trockensubstanz unterscheidet man zwischen Haupt- und Spurennährelementen. Die mengenmäßig wichtigsten Nährelemente **(=Hauptnährelemente)** sind:
- Stickstoff (N)
- Phosphor (P)
- Kalium (K)
- Calcium (Ca)
- Magnesium (Mg)
- Schwefel (S)

Besondere Bedeutung unter diesen haben N, P und K. Sie werden auch als **Kernnährelemente** bezeichnet und sind in allen mineralischen und organischen **„Volldüngern"** enthalten.

Zu den **Spurennährelementen** gehören:
- Eisen (Fe)
- Zink (Zn)
- Kupfer (Cu)
- Molybdän (Mo)
- Bor (B)
- Mangan (Mn)
- Chlor (Cl)

ZUSAMMENFASSUNG

Mit Hilfe folgenden Wortspiels kann man sich die Hauptnährelemente und die nichtmineralischen Nährelemente gut merken:

COHNS Pferd Mag CalK

Der jährliche Bedarf der Pflanzen an Hauptnährelementen ist relativ groß. Sie entziehen einem Hektar Fläche z.B. über 100 kg N. Spurennährelemente benötigen sie dagegen nur in sehr geringen Mengen (z.B. 5 g Molybdän pro Hektar!).

Daneben gibt es noch **nützliche Elemente,** wie Natrium (Na) oder Silizium (Si), die in begrenzter Konzentration das Wachstum fördern.

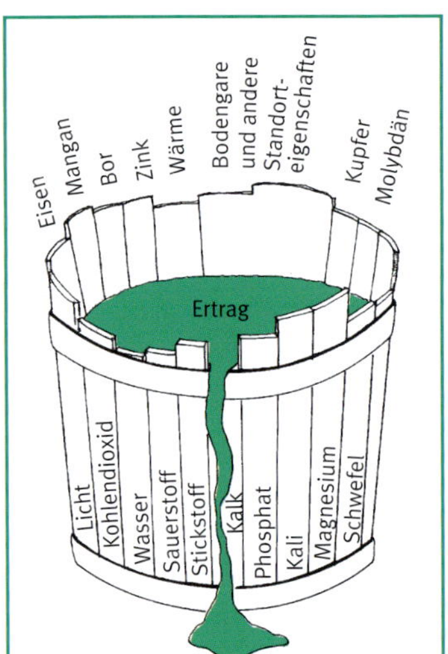

Abb. 198
Minimumtonne

7.2 Ertragsgesetze

JUSTUS VON LIEBIG formulierte 1855 das **Gesetz des Minimums:**
Der Ertrag richtet sich nach dem Nährelement, das in der geringsten Menge vorhanden ist. Die Pflanzennährstoffe können sich gegenseitig nicht ersetzen. Dieses Minimumgesetz veranschaulichte er durch die Minimumtonne (siehe Abb. 198).

Der Wasserstand (= Ertrag) kann nicht höher sein als die kürzeste Daube (= Seitenbrett eines Fasses) reicht. Diese Gesetzmäßigkeit gilt nicht nur für die Mineraldüngung sondern für alle Wachstumsfaktoren. Was nützt die beste Stickstoffdüngung, wenn die Pflanzen nicht mit Wasser versorgt werden oder wenn es zu kalt ist! Dieses Minimumgesetz ist aber nur bei starkem Mangel gültig. Sonst können Wechselwirkungen zwischen den Wachstumsfaktoren das Wachstum fördern, obwohl der Minimumfaktor nicht erhöht wurde.

EILHARD MITSCHERLICH formulierte 1906 das **Gesetz vom abnehmenden Ertragszuwachs**: Wird ein Wachstumsfaktor (z.B. ein Nährstoff bei der Mineraldüngung) gesteigert, nimmt der Ertrag zwar zu, die Ertragswirkung wird jedoch in dem Maße geringer, je näher man dem Höchstertrag kommt. Schließlich nimmt der Ertrag bei weiterer Düngung nicht mehr zu. Die Pflanze verbraucht Düngemittel, ohne zu reagieren. In diesem Fall spricht man von **„Luxuskonsum"**. Bei weiterer Nährstoffzufuhr kann der Ertrag sogar zurückgehen **(Überdüngung)**.

Aufgabe

Versuchen Sie MITSCHERLICHS Gedanken anhand des folgenden Düngungsversuchs der Lehr- und Versuchsanstalt für Zierpflanzenbau in Bonn nachzuvollziehen. Die Versuchsfrage lautete: „Wie wirkt sich unterschiedliche Stickstoffdüngung auf das Wachstum von *Saintpaulia ionantha* (Usambaraveilchen) aus?" Dazu wurden Saintpaulien in einem Versuch mit unterschiedlichen N-Mengen versorgt. Tabelle 48 zeigt die Ergebnisse.

Tab. 48 Zusammenhang zwischen Düngung und Wachstum bei *Saintpaulia ionantha*

Versuchsnummer (V)	1	2	3	4
Düngermenge in mg N/l Substrat	25	50	100	150
Ertrag in g/Pflanze	2,0	4,4	5,9	4,9

1. Stellen Sie die Versuchsergebnisse zeichnerisch dar. Fertigen Sie dazu eine Grafik (z.B. Kurvendiagramm) an. (Abb. 199)
2. Beschreiben Sie, wie die Pflanzen auf eine Düngung mit 150 mg N / l Substrat reagieren. Nennen Sie mögliche Ursachen!

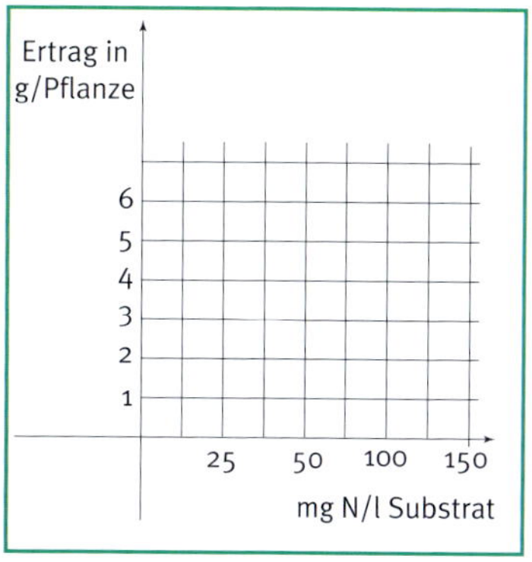

Abb. 199
Versuchsauswertung

Bei allen Düngungsmaßnahmen muss man auch die **Düngerkosten** berücksichtigen. Im Zierpflanzenbau ist der Anteil der Düngerkosten an den Produktionskosten relativ gering. Es soll in jedem Fall ein möglichst hoher Ertrag angestrebt werden, wenn die Pflanzen dabei gesund bleiben und eine hohe Qualität aufweisen. Bei anderen extensiven Kulturen, z.B. im Gemüsebau, können die Kosten für die letzte Düngereinheit, die den Höchstertrag ermöglicht, eventuell höher sein als der Verkaufserlös, der durch diesen Zuwachs erzielt wird. Diese Düngungsmaßnahme wäre wirtschaftlich unsinnig. Abb. 200 zeigt, dass Mitscherlichs Erkenntnisse auch noch für andere **Wachstumsfaktoren** gelten.

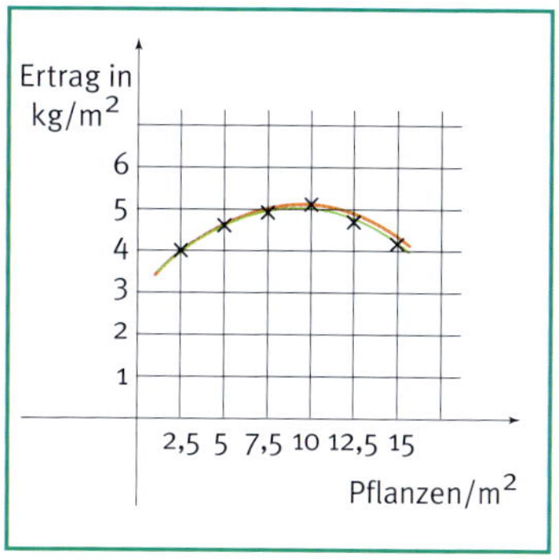

Abb. 200
Standweite und Ertrag von Stangenbohnen.

Wiederholungsfrage

Begründen Sie, ob das Gesetz vom abnehmenden Ertragszuwachs auch für klimatische Wachstumsfaktoren gilt.

7.3 Nährstoffaufnahme durch die Wurzel

DEFINITION

Dissoziation = Zerfall von Molekülen in einfachere Bestandteile (z.B. Salze in Ionen).

Die Wurzel kann Nährsalze nur in Wasser gelöst in Form von Ionen aufnehmen. Mineralische Dünger und vom Bodenleben mineralisierte Verbindungen sind daher nur bei ausreichender Bodenfeuchte verfügbar. Dabei spaltet das Wasser die Düngersalze in Ionen: Kalksalpeter ($Ca(NO_3)_2$) zerfällt beispielsweise in das positiv geladene Calcium-Ion (Ca^{2+}) und in zwei negativ geladene Nitrat-Ionen (NO_3^-). Tabelle 49 zeigt weitere Beispiele für diesen **Dissoziationsvorgang**.

Tab. 49 Dissoziation einiger Düngersalze

Salzmolekül	dissoziiert zu	Kationen		Anionen
K_2SO_4 Kaliumsulfat	→	K^+ K^+ Kaliumion	+	SO_4^{2-} Sulfation
$(NH_4)_2SO_4$ Schwefelsaures Ammoniak	→	NH_4^+ NH_4^+ Ammoniumion	+	SO_4^{2-} Sulfation
NH_4NO_3 Ammonsalpeter (Ammoniumnitrat)	→	NH_4^+ Ammoniumion	+	NO_3^- Nitration
$Ca(H_2PO_4)_2$ Calciumphosphat (primäres)	→	Ca^{2+} Calciumion	+	$H_2PO_4^-$ $H_2PO_4^-$ Dihydrogenphosphation
$NaNO_3$ Natronsalpeter (Chilesalpeter)	→	Na^+ Natriumion	+	NO_3^- Nitration

Bindungsformen

Die Nährsalz-Ionen kommen im Boden in drei Formen vor:

- in Wasser gelöst, als **frei bewegliche Ionen** → in dieser Form kann die Pflanze sie **sehr leicht** aufnehmen,
- austauschbar **an negativ geladene Ton- und Humusteilchen gebunden** → sie sind für die Pflanze **relativ leicht** verfügbar,
- als Reserve-Nährstoffe im **Kristallgitter von Mineralen** oder in schwer zersetzbarer **organischer Substanz** → der größte Teil der Bodennährstoffe liegt in dieser für die Pflanze **schwer verfügbaren** Form vor.

Wie kommen die Nährsalz-Ionen zur Pflanze?

Wurzelsog. Durch die Wasserverdunstung der Blätter entsteht im Wurzelbereich ein Unterdruck, der das Bodenwasser zu den Wurzelhaaren saugt. Dabei werden die im Wasser gelösten Ionen zur Pflanze „mitgenommen". Der Wurzelsog reicht nur wenige Zentimeter weit und erfasst ausschließlich frei bewegliche Ionen. Die Aufnahmemenge hängt von der Menge gelöster Ionen (Konzentration) und vom Wasserverbrauch der Pflanzen ab. Als Folge verarmt die Bodenlösung im unmittelbaren Wurzelbereich.

Diffusion. Weiter entfernt von der Wurzel ist die Konzentration der Nährsalz-Ionen höher. Von hier wandern Ionen oder Moleküle in den verarmten Wurzelbereich nach und gleichen die unterschiedlichen Konzentrationen aus. Da bei all diesen Vorgängen Wasser als Transport- und Lösungsmittel nötig ist, treten bei Trockenheit häufig Nährstoffmangelsymptome auf.

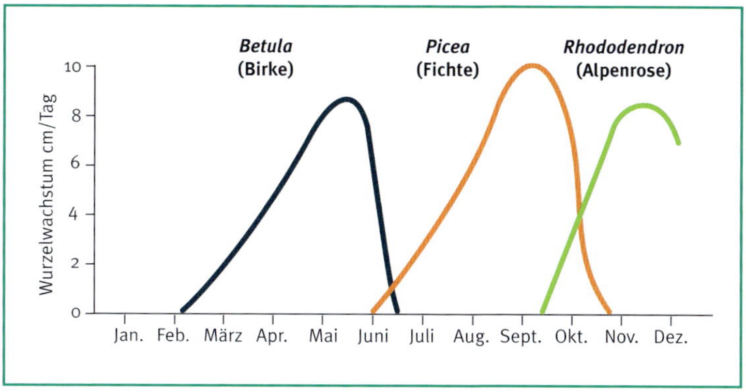

Abb. 201
Zeiten starken Wurzelwachstums.

Wurzelwachstum. Wurzelspitzen, die in direkten Kontakt mit Austauschern gelangen, können diese regelrecht „abweiden". Die Wurzel wächst aktiv zu den Austauschern hin. Jede Pflanzenart hat einen bestimmten Wachstumsrhythmus, in dem ihre Wurzeln unterschiedlich stark aktiv sind. Das Wissen um diese pflanzentypische Wurzelaktivität (siehe Abb. 201) kann genutzt werden, um einen optimalen Düngungstermin zu wählen. In Zeiten hoher Aktivität ist die Nährsalzaufnahme besonders gut, was hilft, Düngungskosten einzusparen und die Auswaschungsgefahr zu mindern.

Nährstoffaufnahme in die Wurzel (siehe Abb. 202)

Eine Pflanze kann nur Wasser aufnehmen, wenn die Salzkonzentration in den Wurzelzellen höher ist als im Bodenwasser. Bei der Nährsalzaufnahme müssen die Ionen somit in einen Bereich hoher Salzkonzentration wandern. Das wäre, als ob ein Auto ohne Motor auf einen Berg fahren würde. Da dies nicht möglich ist, müssen die Ionen aktiv (d.h. unter **Energieverbrauch**) gegen ein Konzentrationsgefälle in die Wurzelhaarzellen geholt werden. Mit Hilfe spezieller Träger (= **Carrier**) gelangen die Ionen durch die ansonsten für sie undurchdringliche Zellmembran ins Zellinnere. Die dafür nötige Energie wird durch

DEFINITION

Antagonismus = Eine hohe Konzentration eines Nährstoffes im Boden hemmt häufig die Aufnahme anderer Nährstoffe.

Abb. 202
Schema der Nährsalzionen-Aufnahme.

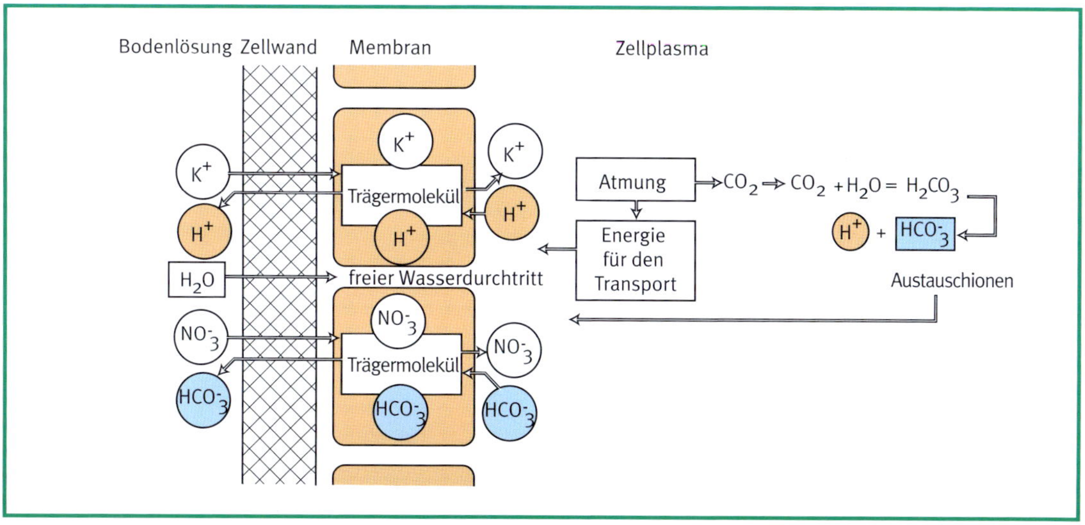

die Wurzelatmung erzeugt. Das erklärt auch, warum die Pflanzen bei Staunässe anfangs oft Nährstoffmangelsymptome zeigen. In einem solchen Fall verbessert eine Bodenlockerung den Gasaustausch, was über eine vermehrte Wurzelatmung zu einer erhöhten Nährsalzaufnahme führt. Die Wurzel muss außerdem ausreichend mit Reservestoffen versorgt sein.

Die Pflanze kann in begrenztem Umfang Nährsalz-Ionen von der Aufnahme ausschließen. Das beruht auf der Tatsache, dass für bestimmte Ionen bestimmte Träger vorhanden sind, die auf die elektrische Ladung und den Ionendurchmesser reagieren. Das Kalium-Ion (K^+) und das Ammonium-Ion (NH_4^+) besitzen die gleiche Ladung und in etwa den gleichen Ionendurchmesser. Sie konkurrieren somit um denselben Trägerplatz. Bei einem Überangebot an einem der beiden Ionen wird das andere in geringerem Umfang aufgenommen, was zu einem Nährstoffmangel führen kann. Diese Erscheinung wird als **Antagonismus** bezeichnet. Sie tritt z.B. auch in gut mit Kalk versorgten Böden oder Substraten auf. Dort sammeln sich die Calcium-Ionen aufgrund ihrer großen Konzentration in der Bodenlösung an der Wurzel an und behindern die Aufnahme anderer Ionen (z.B. Mg^{2+}, K^+).

Austauschvorgänge (siehe Abb. 203)

Anionen (z.B. SO_4^{2-}, NO_3^-) liegen meist frei in der Bodenlösung vor. Kationen sind dagegen an Ton- und Humusteilchen gebunden. Die Pflanze kann sie nur aufnehmen, wenn sie diese durch Abgabe von H^+-Ionen von den Austauschern verdrängt. Die dazu nötigen H^+-Ionen sind ein „Abfallprodukt" der Wurzelatmung: Zucker ($C_6H_{12}O_6$) + Sauerstoff (O_2) → Energie + Kohlendioxid (CO_2) + Wasser (H_2O). Kohlendioxid und Wasser verbinden sich zu Kohlensäure (H_2CO_3). Diese zerfällt in H^+-Ionen und HCO_3^--Ionen. Mit Hilfe der H^+-Ionen kann die Pflanze an Austauscher gebundene Nährstoffe freisetzen und in begrenztem Umfang Reserve-Nährstoffe freisetzen.

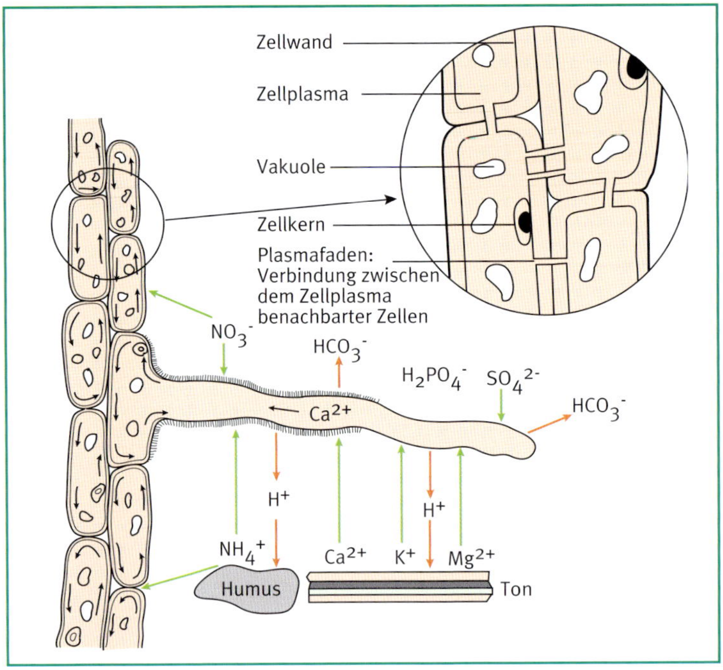

Abb. 203
Austauschvorgänge bei der Nährstoffaufnahme.

Tab. 50 Austauschbarkeit der wichtigsten Nährsalzionen

Nährsalzionen in der Bodenlösung	Austausch gegen	Ionen aus der Pflanzenzelle
NO_3^-	⇔	HCO_3^-
NH_4^+	⇔	H^+
$H_2PO_4^-$	⇔	HCO_3^-
HPO_4^{2-}	⇔	HCO_3^- HCO_3^-
K^+	⇔	H^+
Ca^{2+}	⇔	H^+ H^+
Mg^{2+}	⇔	H^+ H^+
SO_4^{2-}	⇔	HCO_3^- HCO_3^-

ZUSATZINFORMATION
Die Haarwurzeloberfläche reagiert immer sauer, da zusätzlich zu den H^+- und HCO_3^--Ionen noch organische Säuren abgegeben werden!

Auch die Abgabe der HCO_3^--Ionen erfüllt einen Zweck. Damit sich die **elektrische Ladung** in den Pflanzenzellen durch Ionenaufnahme nicht verändert, muss für jedes Anion ein HCO_3^--Ion und für jedes Kation ein H^+-Ion abgegeben werden (siehe Tabelle 50).

Pflanzen sondern außerdem weitere Verbindungen ab, mit denen Nährsalze verfügbar gemacht werden können. Dazu gehören z.B. die **„Chelate“** (siehe Seite 212), die festgelegte Nährionen „befreien“ und der Pflanzenwurzel zuführen. Diese Verbindungen spielen besonders dort eine Rolle, wo die Gefahr besteht, dass Nährionen (z.B. Eisen) ausgefällt werden.

Veränderung der Bodenreaktion durch die Nährsalzaufnahme

Wenn aus einem Mineraldüngersalz das Kation schneller von der Pflanze aufgenommen wird als das begleitende Anion, gibt die Pflanze zum Ladungsausgleich verstärkt H^+-Ionen ab. Der pH-Wert der Bodenlösung sinkt dadurch. In

Tab. 51 Wirkung von Düngemitteln auf den Kalkhaushalt des Bodens

Düngemittel	Nährstoffgehalte	Kalkverlust bzw. Kalkgewinn in kg CaO pro 100 kg Düngemittel
Kalksalpeter	15,5 % N	+13
Kalkstickstoff	20,5 % N	+39
Schwefelsaures Ammoniak	**21 % N**	**–63**
Kalkammonsalpeter	27 % N	–13
Ammonsulfatsalpeter	26 % N	–51
Harnstoff	46 % N	–46
Superphosphat	18 % P_2O_5	0
Hyperphosphat	26 % P_2O_5	+18
Triplephosphat	46 % P_2O_5	– 3
Alle Kalisalze		0
Kohlensaurer Kalk		+42 bis +58
Hüttenkalk		+47 bis +49
Branntkalk		+65 bis +100
NPK	15 % N, 10 % P_2O_5, 20 % K_2O	–15

ZUSAMMENFASSUNG

Physiologische Wirkung

Wie ein Düngersalz den pH-Wert des Bodens verändert, hängt nicht nur von seinem Eigen-pH-Wert ab. Wenn die Pflanze nach der Aufnahme von Kationen oder Anionen eines Düngersalzes mit Ionenabgabe reagiert, wirkt das Salz indirekt auf den pH-Wert. Da ein Organismus beteiligt ist, spricht man von einer physiologischen Wirkung.

diesem Fall handelt es sich um ein **physiologisch saures Düngemittel**. Diese Reaktion findet häufig dann statt, wenn das Kation einwertig (z.B. K^+, NH_4^+) und das begleitende Anion zweiwertig (SO_4^{2-}) ist. Typische Beispiele für physiologisch sauer wirkende Düngemittel sind Kaliumsulfat (K_2SO_4) und Schwefelsaures Ammoniak ($(NH_4)_2SO_4$). Bei letzterem kommt noch hinzu, dass die nicht sofort von der Pflanze aufgenommenen Ammonium-Ionen (NH_4^+) im Boden zu Nitrat (NO_3^-) umgewandelt werden (**Nitrifikation**, siehe Seite 215). Bei dieser Reaktion werden nochmals H^+-Ionen freigesetzt.

Eine bevorzugte Aufnahme des Anions führt dagegen zu einer verstärkten Abgabe von HCO_3^--Ionen, die den pH-Wert anheben. In diesem Fall spricht man von **physiologisch alkalischen Düngemitteln**. Typische Beispiele sind Natriumnitrat ($NaNO_3$) und Kalksalpeter ($Ca(NO_3)_2$).

Jedem Mineraldünger kann man zuordnen, welchen Einfluss er auf die Bodenreaktion hat (siehe Tabelle 51). Bei einer Düngung mit **Schwefelsaurem Ammoniak** bewirken die durch die physiologische Reaktion freigesetzten H^+-Ionen einen Kalkverlust. Werden 100 kg dieses Düngers ausgebracht, führt das zu einem Kalkverlust, der 63 kg Branntkalk (CaO) entspricht. Diese oft unerwünschte Nebenwirkung muss später durch eine entsprechende Kalkung ausgeglichen werden. In vielen Fällen hat dieser „Säurestoß" jedoch den Vorteil, dass Spurennährelemente besser verfügbar werden.

Wiederholungsfragen

1. Erläutern Sie stichwortartig, durch welche Vorgänge die Pflanze Nährsalze aufnehmen kann, die
   a) in der Bodenlösung als Ionen vorliegen,
   b) an Tonmineralien gebunden sind,
   c) Bestandteile von Mineralien sind,
   d) Bestandteil des Humus sind.
2. In Versuchen zur Nährsalzaufnahme durch die Wurzel kann man beobachten, dass sich Wurzeln bei Kontakt mit einer pH-Indikatorlösung rot verfärbten. Erklären Sie, was mit diesem Versuch gezeigt werden kann.
3. Welche Folgen haben die Erscheinungen, die Sie unter 2. erklärt haben, langfristig für den pH-Wert eines gärtnerisch genutzten Bodens?
4. Warum kann die Nährsalzaufnahme durch die Wurzel nicht über Osmose erfolgen? Beschreiben Sie, welche Vorgänge statt dessen ablaufen.
5. Erklären Sie, warum Pflanzen, die unter Staunässe leiden, anfänglich oft Nährstoffmangelsymptome zeigen.
6. In welchen Formen (chemische Formel!) kann die Pflanze die Nährstoffe N, P und K jeweils aufnehmen?
7. Wieso werden nicht alle Nährsalze in der Bodenlösung nach heftigen Regenfällen ausgewaschen? Gehen Sie dabei auf Bodenart und Ladung der Nährsalz-Ionen ein.

7.4 Nährstoffaufnahme über das Blatt

Blätter können Nährsalze in wässriger Lösung direkt aufnehmen. So erhalten viele Pflanzen auch mit jedem Regen eine gewisse, wenn auch geringe Düngung. Theoretisch ist sogar die ausschließliche Ernährung der Pflanze über die Blätter möglich. Sie ist jedoch in der Regel zu aufwändig.

Wie gelangt die Nährlösung in das Blatt?

Naheliegend wäre die Vermutung, dass die Aufnahme über die Spaltöffnungen erfolgt. Die Spaltöffnungen spielen bei diesem Vorgang jedoch keine Rolle.

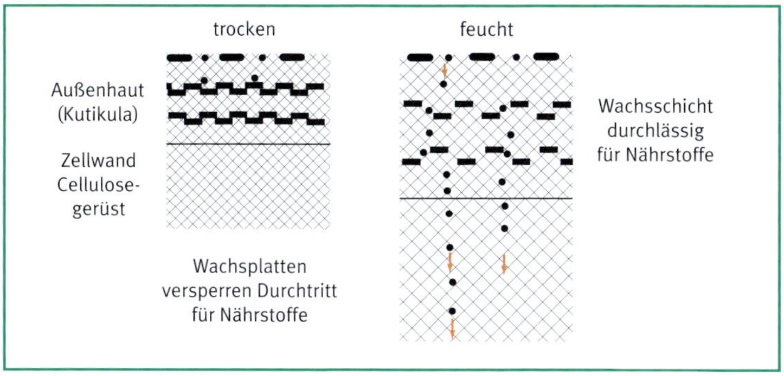

Abb. 204
Aufnahme von Nährstoffen durch das Blatt.

Untersucht man den Aufbau der Wachsschicht, findet man Wachsplättchen, die in ein Grundgewebe eingelagert sind (siehe Abb. 204). Sie liegen normalerweise schuppenartig dicht an dicht und behindern so den Wasserdurchgang bzw. die Wasserverdunstung. Bei hoher Luftfeuchte quillt das Grundgewebe auf und zwischen den **Wachsplättchen** entstehen feinste Poren. Durch diese **Mikroporen** kann die Nährlösung ins Blatt eindringen. Sie erreicht schließlich die Zellmembranen der obersten Zellschicht. Ab hier verläuft die Aufnahme gleich wie in der Wurzel. Alle anderen oberirdischen Organe, wie Stängel oder Früchte, sind ebenfalls in der Lage, Nährsalze aufzunehmen. Die Blätter spielen die wichtigste Rolle, da sie die größte Oberfläche und einen regen Stoffwechsel aufweisen.

Was muss bei einer Blattdüngung beachtet werden?

Bei starker Sonnenstrahlung verdunstet das Wasser der Düngerlösung. Die Salzkonzentration steigt und entzieht dem Blattgewebe osmotisch Wasser. Schließlich treten Verbrennungsschäden (z.B. Blattnekrosen) auf. Um die beschriebenen Schäden zu vermeiden, soll die Nährsalzaufnahme möglichst rasch erfolgen. Außerdem ist die Konzentration der Nährlösung so niedrig zu wählen, dass auch empfindliche Blätter nicht geschädigt werden. Je nach Nährelement und Pflanzenart gibt es erhebliche Unterschiede in der Aufnahmegeschwindigkeit (von wenigen Stunden bis zu mehreren Tagen). Da die Poren in der Wachsschicht nur bei **hoher Luftfeuchte** weit geöffnet sind, empfiehlt sich die Ausbringung bei bedecktem Himmel oder in den Abendstunden (siehe Tabelle 52). Bei **Temperaturen** unter 15°C (z.B. im Herbst) ist der Stoffwechsel so

Tab. 52 Witterung und Einsatz von Blattdüngern

Temperatur/Luftfeuchte	Einsatz
< 15 °C	eingeschränkte Blattdüngung
< 20 °C	Blattdüngung bis zur höchsten
Aufwandmenge möglich	
20–25 °C, bedeckt oder nachts	die jeweils geringere Aufwandmenge einsetzen
20–25 °C, klar, sonnig	keine Blattdüngung
> 25 °C	keine Blattdüngung
< 40 % relative Luftfeuchte	keine Blattdüngung

ZUSAMMENFASSUNG

Schnelle und vollständige Nährsalzaufnahme bei:
- hoher Luftfeuchte,
- Temperaturen um 20 °C,
- jungen Blättern,
- Blättern mit dünner Wachsschicht,
- Netzmittelzusatz,
- Feinzerstäubung der Spritzlösung.

gebremst, dass die Nährsalze nur zu einem geringen Teil aufgenommen werden. **Jüngere Blätter**, die auch einen aktiveren Stoffwechsel aufweisen, haben eine **dünnere Wachsschicht**. Das begünstigt eine schnelle Nährsalzaufnahme. Bei älteren Blättern sowie bei Blättern mit einer dickeren Wachsschicht ist der Zusatz eines **Netzmittels** zu empfehlen. Dieses mindert die Oberflächenspannung des Wassers und verhindert so das rasche Ablaufen der Spritzlösung. Bei vielen Pflanzen kann dies mit einer geringen Menge eines handelsüblichen Spülmittels erreicht werden. Eine **Feinzerstäubung** der Nährlösung beugt einem zu schnellen Abtropfen ebenfalls vor.

ZUSATZINFORMATION

Beim Ansetzen von Spritzlösungen geht man bei kleineren Flächen von einer Aufwandmenge von 4-5 $l/100\ m^2$ aus. Beim Sprühen genügen 1-2 $l/100\ m^2$.

Geeignete Düngemittel

Die Nährsalze werden bei einer Blattdüngung besser ausgenutzt als bei einer Bodendüngung. Um Verbrennungsschäden zu vermeiden, darf die Konzentration der Spritzlösung 2 bis 3% nicht überschreiten. Vielfach wird mit niedrigeren Konzentrationen (0,1 bis 0,5%) gearbeitet (siehe Tabelle 53). Bei den Hauptnährelementen wären aufgrund des hohen Bedarfes viele Behandlungen nötig. Bei Phosphor und Kalium spielt die Blattdüngung eine sehr geringe Rolle, zumal hier eine Vorratsdüngung über den Boden bei nur geringer Auswaschungsgefahr möglich ist. Dagegen ist bei Stickstoffmangel die **Harnstoffspritzung** sehr gebräuchlich. Harnstoff ist kein Salz. Es dissoziiert nicht und hat daher nur eine geringe osmotische Wirkung. Außerdem enthält Harnstoff mit 46% N bei gleicher Konzentration der Lösung doppelt so viel Stickstoff wie andere N-Dünger. Die Pflanze hat bei günstigen Bedingungen nach 24 Stunden bereits 85% des Harnstoffes aufgenommen. Die Aufnahmegeschwindigkeit eines Nährions wird auch durch das Begleition des entsprechenden Salzes (z.B. Chlorid oder Sulfat) beeinflusst. Der Vorteil einer N-Düngung mit Harnstoff liegt darin, dass das ganze Molekül ins Blattgewebe eindringt.

Deshalb wird auch Eisen meist als „**Chelat**" gedüngt. Chelate sind ringförmige Verbindungen (siehe Abb. 205), die das Eisen umschließen. Bei einer Blattdüngung werden sie ähnlich wie das Harnstoffmolekül vollständig aufgenommen oder es erfolgt an der Blattaußenseite eine Abspaltung des Nährions. Auch andere **Spurenelemente** wirken am günstigsten als Chelate (z.B. Bor, Molybdän).

DEFINITION

Dissoziation: siehe S. 206
Begleition: In Bittersalz liegt Magnesium chemisch als $MgSO_4$ vor. In dieser Verbindung stellt Schwefel in Form von SO_4^{2-} das Begleition dar.
Suspension: Aufschwemmung eines festen Stoffes in einer Flüssigkeit.
Tensid: Stoff, der die Oberflächenspannung des Wassers herabsetzt.

Magnesium ist als Blattdünger ebenfalls gut wirksam (Bestandteil des Blattgrüns!). Günstig ist die Verwendung von Bittersalz (Magnesiumsulfat). Das ebenfalls magnesiumsulfathaltige Kieserit ist aufgrund seiner schlechten Wasserlöslichkeit und des Gehaltes an Verunreinigungen nicht für eine Blattdüngung geeignet.

Abb. 205
Eisenchelat

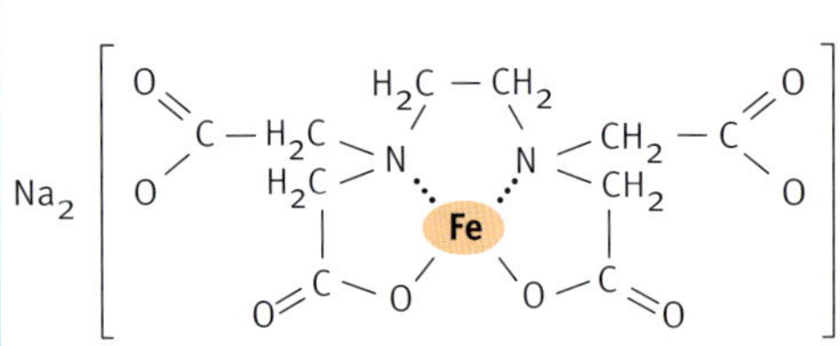

Tab. 53 Richtwerte für die Blattdüngung (Aufwandmenge 400 l/ha)

Nährelement / Dünger		Konzentration (%)	Düngermenge (kg/ha)
N	Harnstoff	1 (bis 8)	4 (bis 30)
N	Kalksalpeter	1	4
Mg	Bittersalz	2	8
Fe	Eisenchelat	0,25	1
Mo	Na-Molybdat	0,05	0,2

Blattdünger müssen gut wasserlöslich und pflanzenverträglich sein. Bei empfindlichen Pflanzen sind Probespritzungen zu empfehlen. Man geht von 400 l Spritzlösung pro Hektar aus. Blattdünger werden als Granulat, Pulver oder Suspension oft mit Zusatz von Netzmitteln (Tensiden) angeboten.

Vor- und Nachteile der Blattdüngung:

+ hohe Düngerausnutzung,
+ schnelle Wirkung („Feuerwehrmaßnahme"),
+ keine Auswaschung,
+ keine Festlegung im Boden,
+ auch bei Bodentrockenheit wirksam,
+ Kombination mit Pflanzenschutz-, Wuchs- oder Hemmstoffbehandlung möglich,

– nur in geringer Konzentration anwendbar,
– Gefahr von Verbrennungsschäden,
– keine nachhaltige Wirkung → häufige Behandlungen nötig,
– teure Spezialdünger.

Wiederholungsfragen

1. Wie gelangen Nährsalze nach einer Blattdüngung in die Pflanze?
2. Nennen Sie je zwei Vor- und Nachteile der Blattdüngung im Vergleich zur „normalen" Düngung über den Boden.
3. Erklären Sie jeweils, warum
   a) die Luftfeuchtigkeit,
   b) das Blattalter,
   c) und die Beschaffenheit der Wachsschicht (Cuticula) Einfluss auf die Nährsalzaufnahme bei der Blattdüngung haben.
4. Warum ernährt man Pflanzen nicht ausschließlich über Blattdüngung?

7.5 Hauptnährelemente

7.5.1 Stickstoff – der Motor des Pflanzenwachstums

Stickstoffkreislauf (siehe Abb. 206)
Alle Lebewesen enthalten Stickstoff, vor allem in Form von Eiweißen. Menschen und Tiere können diese Verbindungen nicht selbst herstellen. Sie müssen sie mit der Nahrung aufnehmen. Pflanzen stellen die von ihnen benötigten Eiweiße dagegen selbst her. Dazu nehmen sie Stickstoff aus dem Boden auf. Stickstoff ist im Ausgangsgestein der Böden kaum enthalten. Allerdings findet man ihn zu 95% organisch gebunden in Form von Humus.

Stickstoff-Quellen
Biologische N-Bindung. Die Luft besteht zu 78 Volumenprozent aus molekularem Stickstoff (N_2). In dieser Form ist Stickstoff chemisch zu stabil, um von der Pflanze direkt genutzt werden zu können. Im Boden existieren Bakterien, die in der Lage sind, den Luftstickstoff direkt in Nährsalze umzuwandeln. Dazu gehören freilebende Bodenbakterien wie *Azotobacter* und Bakterienarten, die in Symbiose mit den Wurzeln höherer Pflanzen leben: Knöllchenbakterien (*Rhizobium*) an Fabaceae (siehe Abb. 119 Seite 118) oder Actinomyceten an Erlen und Ölweidengewächsen (Elaeagnaceae).

ZUSATZINFORMATION
Chemische Reaktionen bei der biologischen N-Bindung:
- $N_2 + 3\,H_2 \rightarrow 2\,NH_3$ (Ammoniak)

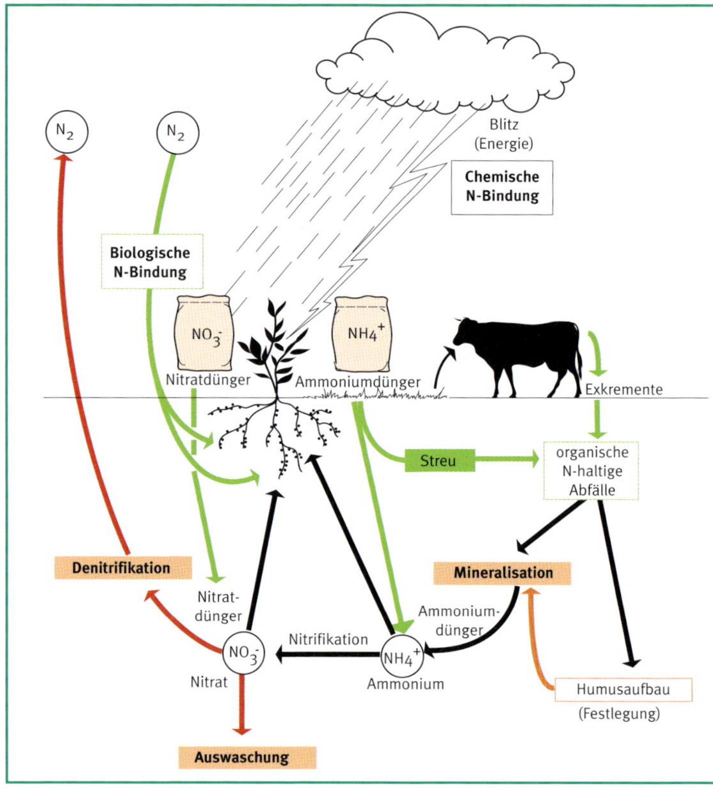

Abb. 206
Stickstoffkreislauf

Die Leistungen dieser Kleinstlebewesen sind sehr unterschiedlich (siehe Tabelle 54). Teilweise können Mengen bis zu 200 kg N pro Jahr und Hektar gebunden werden. Eine starke Mineraldüngung hemmt die biologische N-Bindung!

Chemische N-Bindung. Nur unter dem Einfluss hoher Energien (elektrische Entladungen bei Gewittern) kann sich der reaktionsträge atmosphärische Stickstoff der Luft zu Nitraten (NO_3^-) verbinden. Diese gelangen durch Niederschläge auf die Erdoberfläche. Unter unseren klimatischen Bedingungen sind die gebundenen Stickstoffmengen mit etwa 1 kg N pro Jahr und Hektar gering. Unter tropischen Bedingungen sind bis zu 5 kg N möglich.

Tab. 54 Biologische N-Bindung

Bodenlebewesen	kg N pro Hektar und Jahr
Rhizobium in Symbiose mit:	
• Ackerbohne	80– 90
• Kleearten	50–200
Actinomyceten in Symbiose mit:	
• Schwarzerle (*Alnus glutinosa*)	150–180
• Sanddorn (*Hippophae rhamnoides*)	150–180

ZUSATZINFORMATION

Chemische Reaktion beim Haber-Bosch-Verfahren:

$$\underset{\text{Luftstickstoff}}{N_2} + \underset{\text{Wasserstoff}}{3\,H_2} \xrightarrow[\text{200bar}]{550\,°C} \underset{\text{Ammoniak}}{2\,NH_3}$$

Luftschadstoffe. Aus Stickoxiden (NO_2), die zu mehr als 80% aus den Autoabgasen stammen, entsteht mit dem Regenwasser Salpetersäure (HNO_3). Das daraus freigesetzte Nitrat gelangt in einer Menge von 40–50 kg N pro Jahr und Hektar in denBoden.

Mineraldüngung. Die regelmäßige Düngung gärtnerisch genutzter Flächen führt Böden Stickstoff in Form von Nitraten, Ammoniumsalzen oder Harnstoff zu. Ammoniak ist dabei die Ausgangsverbindung zur Herstellung zahlreicher N-Dünger. Pro Jahr werden etwa 100 Millionen Tonnen Ammoniak produziert. Etwa drei Viertel der Produktion dienen der Düngemittelherstellung.

FRITZ HABER legte mit seinen Forschungsarbeiten die Grundlagen für das nach ihm benannte **Haber-Bosch-Verfahren** (1913) zur Synthese von Ammoniak (NH_3). Bei einem Druck von 200 bar und einer Temperatur von 550 °C reagiert der molekulare Stickstoff der Luft mit Wasserstoff. Zur Bereitstellung der beiden Ausgangsprodukte sind erhebliche Energiemengen nötig (etwa 1 l Öl für 1 kg N).

Organische N-haltige Abfälle. Wenn Pflanzen und Tiere sterben, gelangen eiweißhaltige Abfälle in den Boden. Das Bodenleben zersetzt diese unter Freisetzung von Ammoniak. Menschliche und tierische Ausscheidungen enthalten Harnstoff ($CO(NH_2)_2$), der ebenfalls unter Ammoniakbildung zersetzt wird. Dieser erste Schritt der **Stickstoffmineralisierung** wird als **Ammonifikation** bezeichnet. Das entstandene Ammoniak löst sich im Bodenwasser unter Bildung von Ammonium-Ionen (NH_4^+).

Als zweiter Schritt schließt sich die **Nitrifikation** sofort an diese Vorgänge an. Sie findet in zwei Stufen statt, für die unterschiedliche Bakteriengattungen zuständig sind (*Nitrosomonas*, *Nitrobacter*). Die Bakterien gewinnen aus diesen Vorgängen Energie. In der ersten Stufe der Nitrifikation entstehen H^+-Ionen, die mitverantwortlich für die allmähliche Versauerung zahlreicher Böden sind (siehe Abb. 207).

ZUSAMMENFASSUNG

Nitrifikation (Grundprinzip):

1. Stufe Nitrosomonas:

$NH_4^+ + O_2 \rightarrow NO_2^-\ H_2O + H^+$

Ammonium Nitrit

2. Stufe Nitrobacter:

$NO_2^- + O_2 \rightarrow NO_3^-$

Nitrit Nitrat

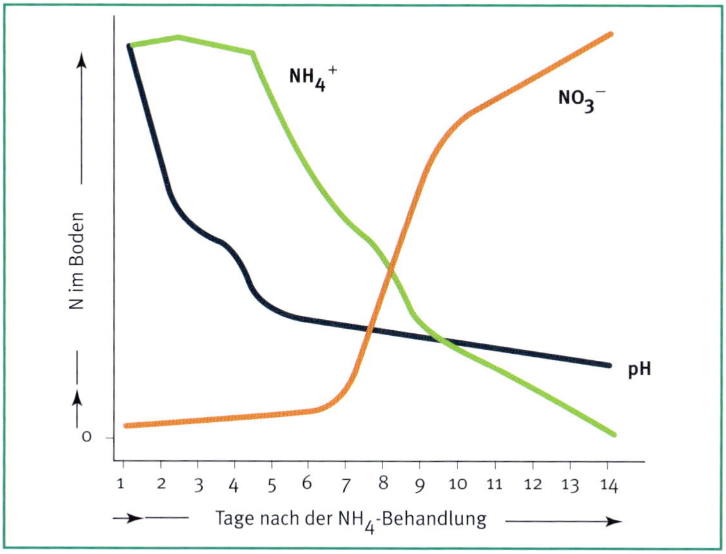

Abb. 207
Nitrifikationsverlauf

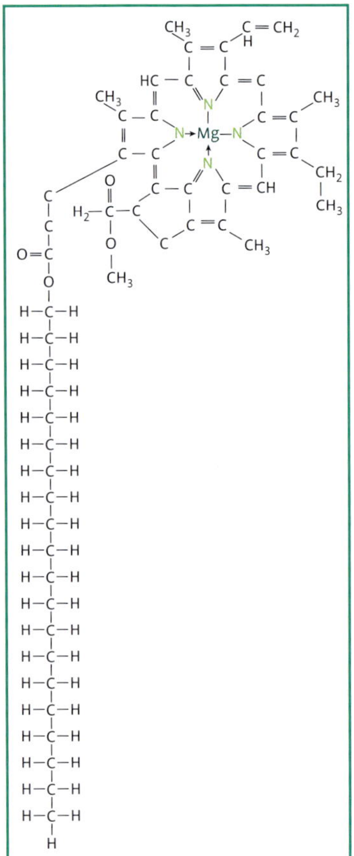

Abb. 208
Chemischer Bau des Chlorophylls

Bei guter Bodendurchlüftung und guter Bodenfeuchte (keine Staunässe!) wird bei 20°C in 14 Tagen etwa die Hälfte des Ammoniums nitrifiziert. Bei 30°C benötigt der Vorgang nur halb so viel Zeit. Unterhalb von 6°C findet keine Nitrifikation statt.

Was geschieht mit dem Stickstoff im Boden?

Festlegung. Ammonium oder Nitrat können in die körpereigene Substanz von Bodenlebewesen eingebaut werden und damit vorübergehend nicht für die Pflanze verfügbar sein (**N-Sperre**, siehe Kapitel 5.1.2). Nach Einbau in die organische Substanz (Dauerhumusbildung) des Bodens ist der Stickstoff langfristig „gesperrt".

Direkt verfügbarer Stickstoff. Das im Bodenwasser gelöste Nitrat (NO_3^-) ist für die Pflanze sofort verfügbar. Nach starken Regenfällen wird es jedoch ausgewaschen. Das locker an die Ton- oder Humusteilchen gebundene Ammonium (NH_4^+) ist vor Auswaschung geschützt. Die Pflanze kann es nach Austauschvorgängen aufnehmen.

Denitrifikation. Bei Sauerstoffmangel (Staunässe) verbrauchen Bakterien der Gattungen *Pseudomonas* und *Bacillus* Sauerstoff aus dem Nitrat für ihre Atmung. Das Nitrat wird dabei in molekularen Stickstoff (N_2) umgewandelt und entweicht gasförmig aus dem Boden. Die auftretenden Stickstoffverluste können beträchtlich sein (siehe Tabelle 55).

Tab. 55 N-Verluste durch Denitrifikation

Bodenart in % der N-Düngung	Maximale Verluste
sandige Böden	11–25
Tonböden	16–31
Moorböden	19–40

Stickstoff-Düngung

Bei diesem Nährelement besteht das größte Problem darin, die optimale Düngermenge zu finden. Bei einer zu knapp bemessenen Düngung treten sehr schnell deutlich sichtbare Mangelerscheinungen auf. Erhöhte Gaben führen häufig zu unerwünschten Überschusssymptomen und hohen Nitratgehalten insbesondere bei Gemüse und Obst. Außerdem wird Nitrat leicht ausgewaschen und reichert sich im Grundwasser und gegebenenfalls auch im Trinkwasser an.

Nitrat-Auswaschung. Im Winterhalbjahr kommt es auf nahezu allen Böden zu einer Nitratauswaschung (siehe Abb. 210). Die Auswaschungshöhe ist abhängig von:

- Niederschlagshöhe und -verteilung (⟶ Sickerwassermenge),
- Wasserspeicherfähigkeit des Bodens,
- Menge und Verteilung des Nitrats im Bodenprofil am Ende der Vegetationsperiode,
- Nitratmenge, die im Winterhalbjahr durch Mineralisation freigesetzt wird.

DEFINITION

Enzym: Organische Verbindung, die den Stoffwechsel steuert.
Nitrogenium: Das Elementsymbol **„N"** für Stickstoff leitet sich von diesem lateinischen Begriff ab.
hygroskopisch: Wasser an sich ziehend, bindend.
granuliert: gekörnt.

Steckbrief 1 Stickstoff (N)

Mangelerscheinungen: (siehe Abb. 209)

- **Ältere** Blätter hellgrün bis gelbgrün verfärbt (= **Chlorose**) durch verringerte Blattgrünbildung (N ist Bestandteil des Chlorophylls). Die Symptome beginnen an den älteren Blättern, da N bei Mangel in die jüngeren verlagert wird.
- **Kümmerwuchs:** Gebremster Stoffwechsel, da Stickstoff zur Bildung von Eiweißen und Enzymen fehlt.
- Vorzeitiger Blattfall, **Notblüte.**

Überversorgung:

- Üppiges Wachstum, schwammiges, **weiches Gewebe** mit **geringer Resistenz** gegen Krankheitserreger,
- **dunkelgrüne Blattfarbe** durch verstärkte Bildung von Blattgrün,
- höhere Anfälligkeit gegenüber **Frostschäden** durch verzögerte Ausreife,
- Gemüse und Obst mit **hohem Nitratgehalt.**

Aufnahme als:

- Nitrat: NO_3^-
- Ammonium: NH_4^+
- Harnstoff: $CO(NH_2)_2$

Düngerarten	Zusammensetzung	Eigenschaften
Ammoniumdünger (mäßig schnelle Wirkung)	Schwefelsaures Ammoniak • $(NH_4)_2SO_4$ • 21 % N; 24 % S	• weißes, gut wasserlösliches, nadelförmiges Salz • wenig hygroskopisch • physiologisch **saure** Wirkung
Nitratdünger (schnelle Wirkung)	Kalksalpeter • $Ca(NO_3)_2$ • 16 % N, (Ca)	• weißes, gut wasserlösliches Salz • neigt zur Klumpenbildung (stark hygroskopisch), daher oft gekörnt im Handel • physiologisch **alkalische** Wirkung
	Natronsalpeter = Chilesalpeter • $NaNO_3$ • 16 % N, (Na)	• weißes Salz • bodenverschlämmende Wirkung • Naturprodukt aus Salpeterlagern in Chile
Ammoniumnitratdünger (schnelle und langsame Wirkung)	Kalkammonsalpeter (KAS) • $NH_4NO_3 + CaCO_3$ • 27,5 % N, (Ca)	• weißliches Granulat • Kalkzusatz gleicht den größten Teil der Säurewirkung aus
	Ammonsulfatsalpeter (ASS) • $(NH_4)_2SO_4) \bullet NH_4NO_3$ • 26 % N, 15 % S	• in granulierter Form im Handel • gut wasserlöslich • physiologisch **saure** Wirkung
Amiddünger (langsame Wirkung bei Bodendüngung)	Harnstoff • $CO(NH_2)_2$ • **46 % N!**	• gut wasserlöslich, stark hygroskopisch • schnelle Aufnahme bei Blattdüngung • physiologisch **saure** Wirkung
 **Abb. 209** Stickstoffmangel an Rotbuche.	Kalkstickstoff • $CaCN_2$ • 22 % N, (Ca)	• grau-schwarz (C = Kohlenstoffanteil) • erhitzt sich bei Feuchtigkeitsaufnahme (CaO!) • im Boden Umwandlung zu Cyanamid (Blausäure-Verbindung) und Harnstoff • herbizide Nebenwirkung durch Cyanamid • fungizide Nebenwirkung • für den Menschen nach Einatmen giftig (v. a. nach erhöhtem Alkoholgenuss) • feingemahlen, geölt und gekörnt im Handel
Langzeitdünger	siehe Kapitel 7.11	
Organische N-Dünger	siehe Kapitel 7.9	

Tab. 56 Zusammenhang zwischen Bodenart und Nitratverlagerung

60 mm Niederschlag	transportieren Nitrat
• in Lössböden	um 20 cm nach unten
• in lehmigen Sanden	um 30 cm nach unten
• in Sandböden	um 60 cm nach unten

Im Sommerhalbjahr ist die anfallende **Sickerwassermenge** deutlich geringer als im Winter, da die Pflanzen viel Wasser für Photosynthese und Transpiration verbrauchen. Außerdem fördern erhöhte Temperaturen die Evaporation. Während der Sickerwasseranteil in **Lehmböden** im Sommer sehr niedrig ist, versickern in Sandböden auch im Sommer nennenswerte Anteile der Niederschläge (siehe Tabelle 56). Problematisch ist der Anbau von Pflanzen, die einen hohen Rest an sofort verfügbarem Stickstoff (= **N_{min}-Rest**) zum Erntetermin im Boden hinterlassen. Ein besonders krasses Beispiel ist der Anbau von Spinat. Bei einem optimalen Ertrag von etwa 240 dt/ha hinterlässt er einen N_{min}-Rest von über 100 kg pro ha (siehe Tabelle 57). Das im Oberboden enthaltene Nitrat

Tab. 57 Einfluss von N-Angebot auf Ertrag und N_{min}-Rest im Boden zum Erntetermin bei Spinat

Spinatertrag (dt/ha)	80	170	180	220	240	260	230
N-Angebot (kg N/ha)	40	110	160	210	260	310	410
N_{min}-Rest zum Erntetermin (0–60 cm) (kg N/ha)	35	38	60	95	148	159	195

wird im Laufe des Winters in tiefere Bodenschichten verlagert. Für tiefwurzelnde Pflanzen bleibt es verfügbar (siehe Tabelle 58). Der Anbau von Flachwurzlern führt dagegen häufig zur Anreicherung von Nitrat im Unterboden. Ist das Nitrat bereits im Unterboden angelangt, wird es während der Vegetationsruhe im Winter vollständig ausgewaschen. Liegen zum Ende der Vegeta-

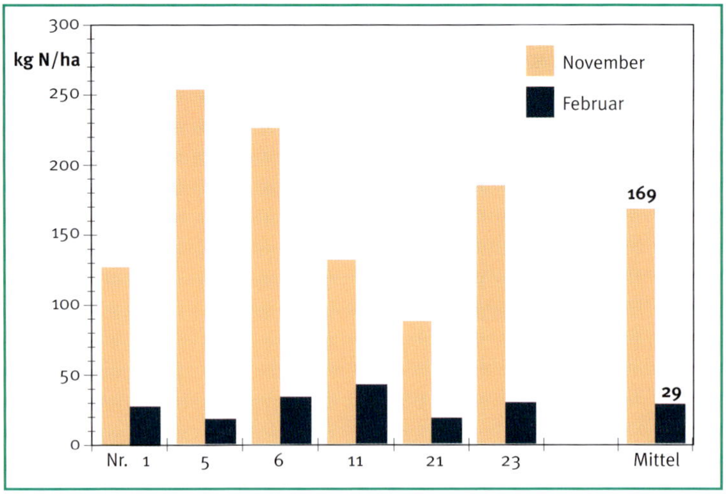

Abb. 210
Vergleich der Nitratgehalte einiger Baumschulflächen am Ende der Vegetationsperiode und im Februar des darauffolgenden Jahres.

Tab. 58 Durchwurzelungstiefe verschiedener Pflanzenarten bei tiefgründigem Boden

30 cm (Flachwurzler)	60 cm	90 cm (Tiefwurzler)
Kopfsalat	Spinat	Kohlarten
Erbsen	Lauch	Apfel
Sellerie		
Eissalat		
Erdbeeren		

tionsperiode große Mengen stickstoffreicher Ernterückstände vor, erfolgt während des ganzen Winters eine **Mineralisierung** (siehe Tabelle 59).

Tab. 59 Nitratgehalt des Bodens nach Einarbeitung von Ernterückständen

Ernterückstände		333 dt/ha
Nitratgehalt des Bodens		
am	06. 09.	20 kg N/ha
	13. 10.	20 kg N/ha
	10. 11.	28 kg N/ha
	06. 02.	38 kg N/ha
	01. 03.	50 kg N/ha

Verminderung der Nitratauswaschung. Die zu Kulturbeginn in der durchwurzelbaren Bodenschicht noch vorhandene Menge an sofort verfügbarem Stickstoff (Nitrat) wird als **N_{min}-Vorrat** bezeichnet (von **min = mineralisiert**). Die Menge an Stickstoff, die den höchsten Ertrag bei optimaler Qualität bringt, heißt **Sollwert**. Um die nötige Stickstoffdüngermenge zu errechnen, zieht man vom Sollwert den N_{min}-Vorrat ab. Die errechnete N-Düngermenge soll dabei möglichst auf **mehrere Düngertermine** aufgeteilt werden. Dadurch ist sichergestellt, dass während der Vegetationszeit ausreichend Stickstoff für die Pflanzen vorhanden ist und keine zu hohen N-Mengen gegen Kulturende zurückbleiben. Tabelle 60 zeigt eine beispielhafte Berechnung für den Anbau von Blumenkohl. Häufig sind Sollwerte angegeben, mit denen sich ein Höchstertrag erzielen lässt. Gerade bei Nahrungspflanzen bestimmt zunehmend auch die innere Qualität (Nährwert, Bekömmlichkeit, Gesundheitswert) die Höhe der N-Düngung.

Tab. 60 Berechnung der N-Düngermenge für den Anbau von Blumenkohl

Sollwert (kg N/ha)	300
N_{min}-Vorrat (kg N/ha)	
• 0–30 cm	50
• 30–60 cm	60
Summe	110
erforderliche N-Düngung (kg N/ha)	190
ausgebracht als	
• Grunddüngung	100
• Kopfdüngung	90

ZUSAMMENFASSUNG
Erforderliche N-Düngermenge = Sollwert – N_{min}-Vorrat

Weitere Maßnahmen zur Verringerung der Nitratauswaschung:

- Anbau tiefwurzelnder Kulturen, z.B. im Gemüsebau als Herbstkultur,
- Ernterückstände so spät wie möglich zerkleinern und in den Boden einarbeiten,
- Vermeiden übermäßiger oder unregelmäßiger Bewässerung,
- Verwenden von Langzeitdüngern.
- Begrünen der Flächen über Winter.

Überhöhte N-Düngung und Gesundheit. Säuglinge, die stärker nitrathaltiges Wasser trinken oder daraus zubereitete Speisen zu sich nehmen, können an der sogenannten **Methämoglobinämie** (Blausucht) erkranken. Bei dieser Krankheit verändert sich der Blutfarbstoff. Er verliert die Fähigkeit, Sauerstoff anzulagern und an die Organe und Körperteile abzugeben. In höherer Konzentration ist Tod durch innere Erstickung möglich. Nitrat wird außerdem im Magen zu Nitrit (NO_2^-) umgewandelt. In dieser Form kann es mit bestimmten N-haltigen Verbindungen zu krebserregenden **Nitrosaminen** bzw. **Nitrosamiden** reagieren.

Wiederholungsfragen

1. Unterscheiden Sie Nitrifikation und Denitrifikation.
2. Nennen Sie vier Maßnahmen zur Verringerung der Nitratbelastung von Grundwasser und Nahrung.
3. Zur Düngung von Staudenbeeten oder Gehölzpflanzungen werden häufig organische Düngemittel wie z.B. Oscorna Animalin, Hornmehl oder Hornoska verwendet.
   a) Beschreiben Sie, welche Vorgänge im Boden ablaufen müssen, bis aus diesen organischen N-Düngern* schließlich Nährionen freigesetzt werden, die die Pflanze aufnehmen kann. (Verwenden Sie dabei die Fachbegriffe!)
   b) Begründen Sie, ob bei rein organischer N-Düngung die Gefahr vermindert wird, dass größere Nitrat-Mengen ins Grundwasser gelangen.
4. Erklären Sie, warum es bei Staunässe und Bodenverdichtungen zu N-Verlusten aus dem Boden kommen kann.
5. Nennen Sie jeweils einen Ammoniumdünger, Nitratdünger, Ammoniumnitratdünger und Amiddünger!
6. Warum muss besonders bei Kalksalpeter darauf geachtet werden, dass er trocken gelagert wird und auch die Düngersäcke nach Öffnung wieder gut verschlossen werden?
7. Beschreiben Sie, welche Faktoren Einfluss auf den Nitrat-Gehalt von Lebensmitteln haben.
8. Beschreiben Sie, welche Folgen für die Gesundheit hohe Nitratgehalte in Gemüsepflanzen haben können.
9. Erläutern Sie, warum der N-Gehalt von Böden oder Substraten häufiger kontrolliert werden sollte als der P- oder K-Gehalt.
10. In einem Fachbuch finden Sie folgende Empfehlung zur Düngung von Rhododendron: „... Diese Gehölze sind in der Nährstoffversorgung anspruchsvoll. Bei Ihnen hat sich die Verwendung organischer Dünger bewährt. Zusätzlich sollten im Frühjahr geringe Mengen (20 g / m^2) Schwefelsaures Ammoniak gegeben werden ...“
    a) Beschreiben Sie, woran Sie einen N-Mangel bei Rhododendron sicher von anderen Mangelerscheinungen oder Krankheiten unterscheiden können.
    b) Erklären Sie, warum Schwefelsaures Ammoniak und nicht etwa Kalksalpeter für die Frühjahrsdüngung empfohlen wird.
    c) Beschreiben Sie, welchen Umsetzungen ein organischer N-Dünger im Boden unterliegen kann.
    d) Nennen Sie gärtnerische Maßnahmen, um die Wirkungsgeschwindigkeit eines organischen N-Düngers zu erhöhen.

---

* Hinweis: die genannten Dünger enthalten teilweise auch andere Nährstoffe, die hier jedoch nicht berücksichtigt werden sollen.

7.5.2 Phosphor – der Energieüberträger

P-Düngung

Vergleicht man Untersuchungsergebnisse von Baumschulböden hinsichtlich ihrer Phosphatversorgung über einen langen Zeitraum (siehe Abb. 211), kommt Erstaunliches zu Tage: Waren 1964 schon mehr als 60 % der Böden sehr hoch oder besonders hoch mit Phosphor versorgt, stieg der Anteil dieser Böden bis 1988 sogar auf über 80%. Nach den Düngungsempfehlungen (siehe Tabelle 62) ist dann nur eine geringe bzw. gar keine Düngung nötig. Trotzdem wurden und werden diese Böden teilweise auch heute noch über Volldünger oder Stallmistgaben mit Phosphor versorgt. Da das Phosphat von der Pflanze ebenso wie das Nitrat als negativ geladenes Ion aufgenommen wird, müsste man auch beim Phosphat hohe Auswaschungsverluste befürchten. Überraschenderweise wird kaum Phosphat ausgewaschen. Im Bodenprofil findet man eine starke P-Anreicherung in den oberen Bodenschichten und nur geringe P-Gehalte im Unterboden.

Wie sind diese Ergebnisse zu erklären? Lösliche Düngerphosphate werden im Boden sehr schnell chemisch gebunden oder ausgefällt. Anfangs sind die Bindungen locker und die Ausfällungsreaktionen umkehrbar. Bei sinkender Phosphatkonzentration der Bodenlösung füllt locker gebundenes = **labiles Phosphat** die Bodenlösung wieder auf. Ausfällung und Wiederauflösung finden in ständigem Wechsel statt. Im Laufe der Zeit altern die labilen Phosphate, sie kristallisieren aus und werden langfristig festgelegt. Es entsteht **stabiles Phosphat**, das für die Pflanzen vor allem auf schlecht versorgten Böden blockiert ist und nicht ausgewaschen werden kann. Lange Zeit nahm man an, dass eine P-Düngung nur zu 15–20% von der Pflanze ausgenutzt wird und empfahl daher eine Düngung, die deutlich über dem Entzug durch die Pflanzen liegt. Dies führte zu einer allmählichen Anreicherung vieler Böden mit Phosphat. Heute weiß man, dass den Pflanzen zwar nicht im Jahr der Düngung, langfristig jedoch das ganze Phosphat zur Verfügung steht (Ausnahme: stark verarmte Böden).

Düngungsmaßnahmen. Auf schlecht versorgten Böden sollte eine platzierte Düngung erfolgen (z.B. **Reihendüngung**). Der Dünger wird dabei in relativ

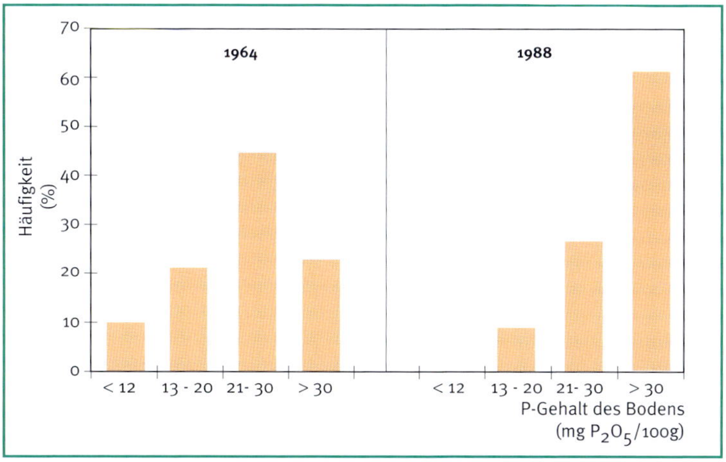

Abb. 211
P-Gehalte in Baumschulböden nach einer älteren und einer neueren Untersuchung.

Steckbrief 2 Phosphor (P)

Mangelerscheinungen:

- **Zwergwuchs**, vermindertes Wurzelwachstum, da P Bestandteil der Erbinformation (DNS, RNS) ist. Bei Mangel ist die Zellteilung gehemmt. Ständig mit P ablaufende chemische Reaktionen stellen außerdem die nötige Energie für alle Wachstums- und Stoffwechselvorgänge zur Verfügung.
- **Dunkel- bis schmutziggrüne Verfärbung** der gesamten Pflanze und **„Starrtracht"** (= aufrechter Wuchs und starre Haltung der Blätter). Chlorophyll- und Zellwandbildung finden trotz gestörter Zellteilung weiterhin statt, was zu einer Anreicherung dieser Zellbestandteile führt.
- **Ältere Blätter** sterben vorzeitig ab. P ist in der Pflanze gut beweglich und wandert bei Mangel aus den älteren in die jüngeren Pflanzenteile.
- **Rötliche Verfärbung** der Blattunterseite und Stiele älterer Blätter.
- **Behinderte Blütenentwicklung und Fruchtausreife**, da Vermehrungsorgane (Blüten, Samen, Früchte) P-reich sind.

P-Mangel an Bergahorn.

Überversorgung:

- **Zink- oder Eisenmangel**, da diese Elemente durch P festgelegt werden können.

Wirkung im Boden:

- Verbesserung der **Bodenstruktur** durch Förderung des Bodenlebens (→ Lebendverbauung, siehe Tabelle 61). Diese wirkt sich günstig auf den Luft- und Wasserhaushalt aus.

Aufnahme als:

- Dihydrogenphosphat: $H_2PO_4^-$, v. a. bei niedrigem pH
- Hydrogenphosphat: HPO_4^{2-}, bei neutralem pH

P_2O_5 (Diphosphorpentoxid) kommt weder in der Pflanze noch im Boden vor. Aus historischen Gründen dient es immer noch als Bezugsbasis, um den P-Gehalt eines Düngemittels anzugeben. Gleiches gilt für viele andere Nährelemente.
Zur Umrechnung von der Oxid- zur Elementform und umgekehrt gelten folgende Umrechnungsfaktoren:

$$P_2O_5 \underset{x\,0{,}44}{\overset{x\,2{,}29}{\leftrightarrows}} P$$

Düngerarten	Zusammensetzung	Eigenschaften
Thomasphosphat (langsame Wirkung)	• $Ca_3(PO_4)_2 \bullet x(CaSiO_4)$ • 15 % P_2O_5 • Spurenelemente	• grau-schwarzes Pulver • **alkalische** Wirkung • citronensäurelöslich
Hyperphos (langsame Wirkung)	• z. B. $Ca_5(PO_4)_3F$ • > 25 % P_2O_5 • Spurenelemente	• auch in granulierter Form • **alkalische** Wirkung • ameisensäurelöslich
Superphosphat (schnelle Wirkung)	• $Ca(H_2PO_4)_2$ • 18 % P_2O_5, 50 % $CaSO_4$	• granuliert • schwach versauernde bis **neutrale** Wirkung • wasserlöslich
Triplephosphat (schnelle Wirkung)	• $Ca(H_2PO_4)_2$ • 50 % P_2O_5	• granuliert • wasserlöslich
Organische P-Dünger	siehe Kapitel 7.9	

! ZUSATZINFORMATION

Phosphordünger werden meist aus Rohphosphaten gewonnen. Diese sind magmatischen Ursprungs (**harterdige Rohphosphate**) oder sie haben sich aus Ablagerungen P-haltiger Bestandteile abgestorbener Lebewesen (Knochen, Zähne) gebildet. Letztere bezeichnet man als **weicherdige Rohphosphate**.
In ihrer natürlichen Form sind Phosphate meist schwerlöslich und können von Pflanzen nicht aufgenommen werden. Vor ihrer Verwendung verbessert man ihre Löslichkeit durch **Feinvermahlen** (Oberflächenvergrößerung) oder durch chemischen Aufschluss mit **Säuren**.

Herstellung von Phosphat-Einzeldüngern:

Roheisen ↘
Kalkstein → Konverter → Schlacke → Mühle ▸ Thomasphosphat
Sauerstoff ↗

weicherdiges Rohphosphat + Feinstvermahlung ▸ Hyperphos
harterdiges Rohphosphat + Schwefelsäure ▸ Superphosphat
harterdiges Rohphosphat + Phosphorsäure ▸ Triple(super)phosphat

Entscheidend für die Qualität eines P-Düngers ist nicht der P_2O_5-Gehalt sondern die Löslichkeit der im Dünger enthaltenen Phosphate. Das Düngemittelgesetz verlangt daher neben der Angabe der Konzentration auch noch die Art der Löslichkeit. Um diese zu kennzeichnen, werden verschiedene Lösungsmittel angegeben. An der Stärke des Lösungsmittels erkennt man, ob der Dünger schnell oder langsam pflanzenverfügbar ist. Wasserlösliche Bestandteile sind schnell verfügbar, während säurelösliche erst im Boden aufgeschlossen werden müssen. Letztere sind zur Vorratsdüngung gut geeignet. Folgende Lösungsmittel werden zur Kennzeichnung der P-Dünger verwendet (in zunehmender Stärke!): Wasser < Neutrales Ammoncitrat < Citronensäure (2%) < Ameisensäure (2%) < Mineralsäure (z.B. Schwefelsäure).

Tab. 61 P-Düngung und Krümelbildung

Düngungshöhe (kg P_2O_5/ha)	zusätzliche Krümel (%)
40	11
80	38
120	42

hoher Konzentration bei wenig Bodenkontakt direkt in Wurzelnähe gebracht. Die Gefahr von Salzschäden durch P-Dünger ist im Vergleich zu N- oder K-Düngern sehr gering. Die Platzierung ist auch unter folgenden Bedingungen angebracht:

- bei geringen Niederschlägen,
- bei weitem Pflanzenabstand,
- bei tiefwurzelnden Pflanzen (zur besseren Versorgung tieferer Bodenschichten),
- bei Pflanzen mit kurzer Vegetationszeit, da eine gute Anfangs-P-Versorgung für ein zügiges Wachstum nötig ist.

Düngermenge. Die Düngung soll sich nach den Ergebnissen einer Bodenuntersuchung richten. Abhängig von den im Boden festgestellten Nährstoffgehalten findet eine Einteilung in verschiedene Nährstoffversorgungsstufen statt (siehe Tabelle 62). Die **Versorgungsstufe C** ist langfristig anzustreben. Diese Empfehlungen gelten übrigens in ähnlicher Weise für die Kalium- und Magnesium-Düngung. Die Stärke der **Wurzelbildung** hat ebenfalls Einfluss auf die Düngungshöhe, denn nur das Phosphat in unmittelbarer Nachbarschaft der Wurzeln wird aufgenommen. Humuszufuhr und regelmäßige Bodenbearbeitung fördern das Wurzelwachstum und damit die Düngerausnutzung. Auch die Pflanzenart spielt eine Rolle. Gräser, die mit ihren Wurzeln ein bis zu 10fach größeres Bodenvolumen durchdringen als viele andere Pflanzen, kommen mit einem niedrigeren Gehalt an verfügbarem Phosphat im Boden aus.

Tab. 62 Anzustrebende P-Gehalte im Boden und P-Düngungsempfehlung für die Düngung von Baumschulkulturen

Gehaltsklasse Bezeichnung	mg P_2O_5/100 g (CAL, DL)	P-Düngung
A niedrig	< 5	stark erhöht (2,5 x Entzug)
B mittel	5–10	höher (1,5 x) als Entzug
C hoch (= anzustreben)	11–20	wie Entzug
D sehr hoch	21–30	geringer (0,5 x) als Entzug
E besonders hoch	> 30	keine Düngung

Bodenreaktion. Die Wirkung der einzelnen P-Dünger ist besonders vom pH-Wert des Bodens oder Substrates abhängig. Die beste Verfügbarkeit liegt in einem pH-Bereich zwischen **pH 6 und 6,5**. Der pH-Wert ist durch eine Kalkung entsprechend einzustellen. Bei neutralen pH-Werten sind wasserlösliche P-Dünger zu bevorzugen. Im sauren Bereich sind wasserunlösliche Formen (z.B. Hyperphos) besser. Sie kommen nur dann zur Wirkung, wenn genügend H^+-Ionen im Boden vorhanden sind, um Phosphat-Ionen aus dem Kristallgitter zu lösen. Aus diesem Grund werden diese Formen auch fein vermahlen angeboten, was die Angriffsfläche für die H^+-Ionen erhöht.

Düngungstermin. Wasserlösliche Formen sollten als Grunddüngung zur Aussaat oder Pflanzung gegeben werden. Wird die Düngung schon im Herbst durchgeführt, besteht die Gefahr der Festlegung. Aus dem gleichen Grund werden wasserlösliche Formen granuliert angeboten. Die dadurch verkleinerte Oberfläche verhindert eine zu schnelle Freisetzung und Festlegung der Phosphate. Schwer lösliche Formen sollten längere Zeit vor der Aussaat oder Pflanzung oder sogar schon im Herbst verabreicht werden, um v.a. bei niedrigeren Boden-pH-Werten einen ausreichenden Aufschluss zu gewährleisten.

DEFINITION

Eutrophierung = unerwünschte Erhöhung des Nährsalzgehaltes von Flüssen und Seen.

P-Eutrophierung

Phosphate schaffen die Grundlage für die Massenvermehrung von Algen in Gewässern. Absterbende Algen werden von Bakterien abgebaut, die dabei Sauerstoff verbrauchen. Schließlich reicht der Sauerstoffgehalt im Wasser nicht mehr aus. Viele Wasserlebewesen sterben ab. Das Gewässer „kippt um" und es kommt zu Fäulnisprozessen. Gartenbau und Landwirtschaft werden teilweise für diese Erscheinungen mitverantwortlich gemacht. Aufgrund der raschen Festlegung der Phosphate beträgt die jährliche Auswaschung nur etwa 0,3 bis 1 kg P/ha aus lehmigen Böden und bis zu 5 kg P/ha aus groben Sanden. Diese Mengen haben keinen nennenswerten Einfluss auf die Eutrophierung. Bei falscher Kulturführung können dagegen durch oberflächlichen Bodenabtrag (Erosion) erhebliche P-Mengen in Oberflächengewässer gelangen. Den größten Einfluss haben jedoch P-haltige Waschmittel in kommunalen Abwässern.

ZUSATZINFORMATION

Als Folge der **Phosphathöchstmengenverordnung** ist die Phosphatbelastung aus Abwässern in Deutschland drastisch zurückgegangen (Phosphatersatzstoffe in Waschmitteln, Bau von Kläranlagen mit einer dritten Reinigungsstufe).

Wiederholungsfragen

1. Weshalb ist es möglich, P-Dünger auf Vorrat zu geben?
2. Nennen Sie einen schnell wirkenden P-Dünger. Geben Sie an, worauf die schnelle Wirkung beruht!
3. In welchen beiden Formen (chemische Formel!) kann die Pflanze Phosphor aufnehmen?
4. Obwohl die Pflanze Phosphor als negativ geladenes Ion aufnimmt, wird es im Gegensatz zu Nitrat so gut wie nicht ausgewaschen. Wie kann man dies erklären?
5. Warum sollte Phosphor nach Möglichkeit in den Boden eingearbeitet werden?

7.5.3 Kalium (Kali) – Regler des Wasserhaushalts

K-Düngung

In der Krume eines Ackerbodens (bis 30 cm Tiefe) findet man durchschnittlich 9000 bis 140000 kg Kalium pro Hektar. Es ist v.a. in Silikaten und Tonmineralen enthalten. Dagegen weisen Moor- und Quarzsandböden sowie die organische Substanz (< 0,1% K!) sehr geringe Gehalte auf.

Bindungsformen. Kalium liegt in vier verschiedenen Bindungsformen vor:
- wasserlösliches Kalium in der Bodenlösung,
- austauschbares Kalium v.a. an Tonteilchen gebunden,
- festgelegtes (= fixiertes) Kalium in den Zwischenschichten der Tonminerale,
- als Baustein im Kristallgitter von Mineralen.

ZUSATZINFORMATION

chlorid-liebende Pflanzen (chloridhaltige Kalidünger werden bevorzugt): Sellerie, Mangold.
chlorid-verträgliche Pflanzen (chloridhaltige Kalidünger sind einsetzbar; die meisten Gemüsearten bevorzugen aber wegen des Schwefelbedarfs sulfathaltige Kalidünger): Spargel, Grobkohlarten, Rote Beete, Rhabarber.
chlorid-empfindliche Pflanzen (es sollten nur Düngemittel angewendet werden, in denen Kali in sulfatischer Form vorliegt): Rote Johannisbeere, Stachelbeere, Himbeere, Erdbeere, Brombeere, Heidelbeere, Steinobst (speziell Süßkirsche), Buschbohne, Dicke Bohne, Gurke, Melone, Zwiebel, Salat, Frühgemüse, alle Unterglaskulturen, Koniferen, Blumen und Zierpflanzen sowie Jungpflanzen der meisten Pflanzenarten.

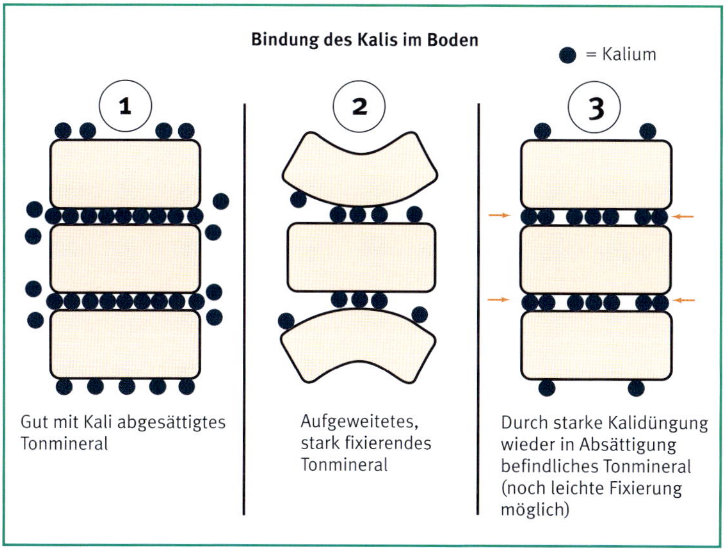

Abb. 212
Kaliumfixierung

Steckbrief 3 Kalium (K)

Mangelerscheinungen:

K-Mangel an Rebe.

- **Blattrandchlorosen**, die in **Blattrandnekrosen** übergehen, **„Welketracht"** (= gesamte Pflanze macht einen welken, schlaffen Eindruck), **Spitzendürre** bei Gehölzen. K regelt den Wasserhaushalt der Pflanze (Turgordruck, Öffnen und Schließen der Spaltöffnungen). Mangelerscheinungen treten zuerst an Orten der stärksten Transpiration (Blattspitzen, Blattränder) auf. **Ältere Blätter** sind zuerst von den Erscheinungen betroffen, da K bei Mangel in jüngere Pflanzenteile verlagert wird.
- **Erhöhter Krankheits- und Schädlingsbefall.** K fördert die Aktivität zahlreicher Enzyme. Bei Mangel ist die Bildung zellwandverstärkender Kohlenhydrate (Zellulose, Lignin) behindert. Dadurch können Pilzhyphen und Schädlinge leichter eindringen. Außerdem werden „leichtverdauliche" Assimilate langsamer zu den Speicherorganen transportiert und zu Reservestoffen umgebaut. Schädlinge und Krankheitserreger finden ein reichhaltiges Nahrungsangebot.
- **Verminderte Frostresistenz.** Kohlenhydrate, die die Zellwand elastisch machen, werden bei Mangel nur in geringer Menge gebildet. Beim Gefrieren des Zellsaftes machen die Zellwände die Dehnung nicht mit und reißen.
- **Geringe Transport- und Lagerfähigkeit von Früchten.** Bei Mangel ist die Ausbildung von Festigungsgewebe behindert.
- **Verminderte Bildung von Vitaminen, Geschmacks- und Farbstoffen.**

Überversorgung:

- **Salzschäden** (Verbrennungen) mit **Blattrandnekrosen.**

Wirkung im Boden:

- Hohe K-Gaben wirken **krümelzerstörend**, da zweiwertige Ca-Ionen aus den Krümeln verdrängt werden.

Aufnahme als:

- Kalium-Ion: K^+

Umrechnungsfaktoren:

$$K_2O \underset{x\,1{,}21}{\overset{x\,0{,}83}{\rightleftarrows}} K \;/\; K_2SO_4 \underset{x\,2{,}22}{\overset{x\,0{,}45}{\rightleftarrows}} K \;/\; KCl \underset{x\,1{,}91}{\overset{x\,0{,}52}{\rightleftarrows}} K$$

Düngerarten	Zusammensetzung	Eigenschaften
60er Kali	• KCl (Kaliumchlorid) • 60 % K_2O, Na, Cl, S	• chlorhaltig, v. a. für die Landwirtschaft • weißes Salz, fein bis grob gekörnt • oft Bestandteil von Mehrnährstoffdüngern • 25–120 g/m²
Kaliumsulfat	• K_2SO_4 (Kaliumsulfat) • 50 % K_2O, 18 % S, Na, Cl	• chloridarm, für alle gärtnerischen Kulturen • weißes Salz, fein bis grob gekörnt • zur Flüssigdüngung geeignet • für Ökoanbau zugelassen • 10–60 g/m²
Kalimagnesia = Patentkali	• K_2SO_4 • $MgSO_4$ (Magnesiumsulfat) • 30 % K2O, 10 % MgO, 17 % S, Na, Cl	• chloridarm, fein bis grob gekörnt • zur Grund- und Kopfdüngung • zur Aufdüngung von Substraten • für Flüssigdüngung ungeeignet • für alle Böden, leichte Böden im Frühjahr • für Ökoanbau zugelassen • 30–120 g/m²
Gesteinsmehl	• 7 % Kalium in leicht löslicher Form, viele wertvolle Nebenbestandteile	• v. a. im biologischen Gartenbau gebräuchlich • extrem langsam wirkend • Kieselsäureanteil erhöht die Widerstandskraft des Pflanzengewebes

ZUSATZINFORMATION

Kalirohsalze sind durch das Eintrocknen des Meerwassers früherer Ozeane entstanden. In Deutschland gibt es besonders in Niedersachsen reiche Vorkommen. Der Abbau der Salze erfolgt im Untertagebau.

Die **Kalidünger** werden durch Vermahlen und Abtrennen unerwünschter Begleitstoffe gewonnen.

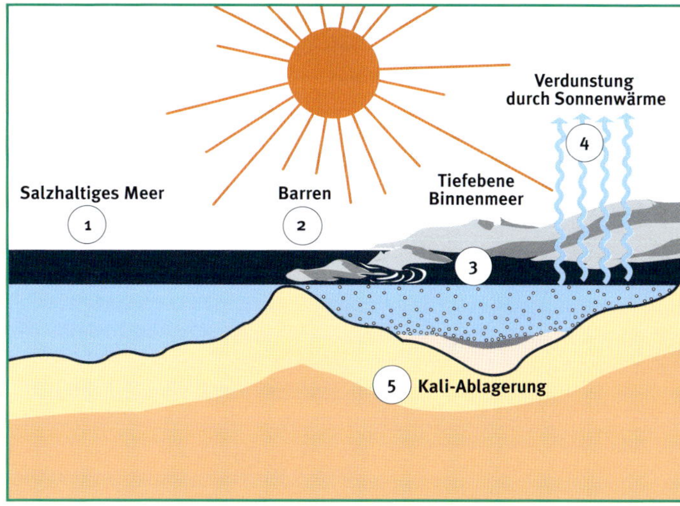

Kaliumfixierung. Nur die ersten beiden Bindungsformen sind direkt pflanzenverfügbar. Wird einem tonigen Boden über einen längeren Zeitraum Kalium entzogen und nicht durch Düngung ersetzt, kommt es schließlich zu einem Herauslösen der Zwischenschicht-Kalium-Ionen. Die Schichtpakete der Tonminerale weiten vom Rand her auf (siehe Abb. 212).

Es können auch andere Ionen wie NH_4^+, Ca^{2+}, Mg^{2+} oder H^+ in die Zwischenschichten einwandern. Die Kalium-Ionen passen jedoch aufgrund ihrer Größe und Ladung genau in das Kristallgitter. Erfolgt schließlich eine K-Düngung, werden die Zwischenschichten wieder mit Kalium aufgefüllt und die Schichtpakete „klappen" zusammen. Das Kalium ist jetzt wieder so fest gebunden, dass es den Pflanzen nicht mehr direkt zur Verfügung steht (= Kaliumfixierung). Erst nach mehrjährigen, sehr stark erhöhten Kaligaben (bis 600 kg K_2O/ha!) sind die Schichtpakete wieder aufgefüllt und leicht verfügbare Kalium-Ionen wieder in der Bodenlösung enthalten bzw. außen an den Austauschern gebunden.

ZUSATZINFORMATION

Chloridhaltige Kalidünger sind in der Regel durch einen **roten**, **chloridarme** durch einen **blauen Sackaufdruck** gekennzeichnet.

Düngermenge. Bei der Bemessung der Düngergaben (siehe Tabelle 63) ist die Bodenart von entscheidender Bedeutung. Um eine gleiche „Absättigung" der Austauscher zu erreichen, benötigt man bei hohem Tongehalt auch eine entsprechend höhere Düngermenge.

Da der K-Anteil eines Düngers wasserlöslich ist, sind alle K-Dünger sofort verfügbar und schnell wirkend. Mittlere und schwere Böden können vor einer Aussaat oder Pflanzung auf Vorrat gedüngt werden. Bei Sand- und schwach-lehmigen Sandböden wäre dagegen nach Niederschlägen mit hohen Auswaschungsverlusten zu rechnen.

Tab. 63 Anzustrebender Kaligehalt bei verschiedenen Bodenarten

Bodenart Boden (CAL)	mg K_2O/100 g
S	15
lS	20
sL	25
L	30

Wiederholungsfragen

1. Geben Sie die chemischen Formeln von Kaliumsulfat und Kalksalpeter an.
2. Beschreiben Sie, wie sich Kaliumsulfat nach starken Regenfällen in einem schweren Boden und in einem humosen, Sandboden verhält.
3. Worauf sollte man als Gärtner bei der Auswahl eines Kalium-Düngers achten?
4. Erklären Sie den Begriff Kalium-Fixierung (mit Skizze!).
5. Woran erkennen Sie einen Kalimangel an einer Pflanze?
6. Erklären Sie, warum gut mit Kalium versorgte Gehölze widerstandsfähiger gegenüber Frost sind.
7. Warum kann eine hohe K-Düngung die Bodenstruktur beeinträchtigen?
8. Welcher K-Dünger enthält zusätzlich 10 % MgO, und in welcher Form liegt das Magnesium vor?
9. Vor allem in der Bundesrepublik Deutschland verfügen wir über recht große Kali-Vorkommen. Beschreiben Sie die Entstehung der Kalilager.

7.5.4 Calcium

Ca-Düngung

Calcium-Dünger dienen in erster Linie der **Calcium-Versorgung der Pflanzen**. Eine reine Calcium-Düngung ist meist unnötig, da Calcium auf den meisten Standorten ab etwa pH 4,5 in ausreichender Menge vorhanden ist. Für die zusätzliche Calcium-Versorgung der Pflanzen wird häufig Calciumchlorid eingesetzt. Meist erfolgt nur die Versorgung bestimmter Pflanzenteile (Blätter, Früchte) über eine Blattdüngung, da Ca-Mangel selten aufgrund geringer Ca-Gehalte des Bodens sondern fast immer durch einen gehemmten Transport in der Pflanze auftritt (= **physiologischer Mangel**).

Kalkdüngung

Tab. 64 Anzustrebende pH-Werte

Bodenart	pH-Optimum	bei pH	Kalkbedarf in kg CaO / 100 m²
Sand	5,3–5,7	5,3–5,5	5
	unter 5,3	über 5	
lehmiger Sand	5,8–6,2	5,8–6,0	10
	unter 5,8	über 10	
sandiger Lehm	6,3–6,7	6,3–6,5	10
	6,0–6,2	15	
	unter 6,0	über 15	
Löss, Lehm	6,9–7,5	6,5–7,0	20
	6,3–6,4	25	
	6,0–6,2	30	
	unter 6,0	über 30	
toniger Lehm, Ton	6,9–7,5	6,5–7,0	30
	6,3–6,4	40	
	6,0–6,2	50	
	unter 6,0	über 50	

ZUSAMMENFASSUNG

Kalkverluste durch:
Ernteentzug
Auswaschung, gefördert durch
- Saurer Regen
- Bodenatmung
- Säurebildung durch Pflanzenwurzeln
- physiologisch saure Düngemittel

Tab. 65 Aufwandmengen bei der Kalkdüngung

	Kohlensaurer Kalk	Branntkalk
Erhaltungskalkung = kleine jährliche Gaben, um Kalkverluste auszugleichen	• leichte Böden: 20–30 kg $CaCO_3$/100 m^2 • schwere Böden: 40–50 kg $CaCO_3$/100 m^2	10–15 kg CaO/100 m^2
Gesundungskalkung = erhöhte Kalkgaben, um eine starke Bodenversauerung v.a. bei schweren Böden zu neutralisieren		30–50 kg CaO/100 m^2 in mehreren Teilgaben
Aufkalkung von **Substraten**	Bei Weißtorf etwa 2 kg $CaCO_3$/m^3 für jede pH-Einheit. Rindenkompost und Schwarztorf benötigen aufgrund ihres höheren Volumengewichtes mehr Kalk, um den pH-Wert anzuheben	

Eine Kalkdüngung dient der pH-Erhöhung. Obwohl die meisten Pflanzen tatsächlich pH-Werte zwischen pH 6 und 7 bevorzugen, ist das Ziel dieser Maßnahme aber vor allem die Verbesserung der **Bodenstruktur**. Abhängig von der Bodenart strebt man folgende pH-Werte (siehe Tabelle 64) an. Tonarme Sandböden mit geringem Gehalt an organischer Substanz sollen nicht unnötig aufgekalkt werden. Das Pflanzenwachstum wird durch die Kalkung nicht verbessert. Es besteht sogar die Gefahr eines beschleunigten Humusabbaus. Mit zunehmendem Tongehalt steigt der anzustrebende pH-Wert. Eine Verbesserung der Bodenstruktur über eine verstärkte Krümelbildung wird immer wichtiger. Tabelle 65 gibt einen Überblick über Aufwandmengen bei der Kalkdüngung.

Wasserlöslichkeit und Reaktionsgeschwindigkeit von Kalken. Karbonathaltige Kalkdünger (z.B. $CaCO_3$) wirken langsam. Sie müssen erst im Boden umgesetzt werden. Ein zunehmender CO_2-Gehalt des Bodenwassers verbes-

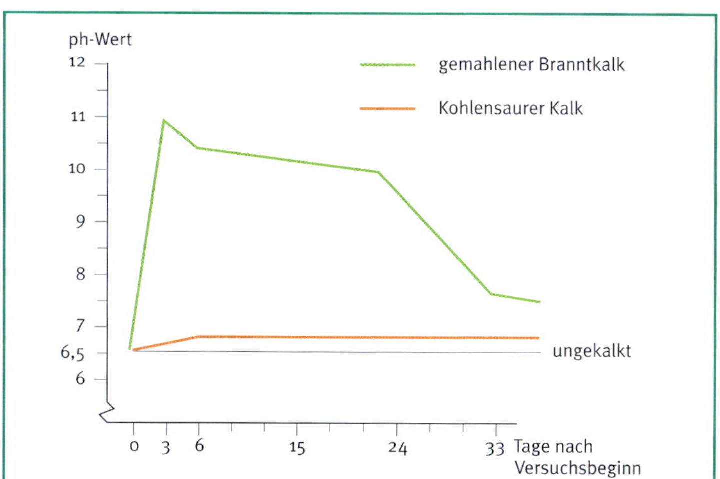

Abb. 213 Entwicklung der pH-Werte bei verschiedenen Kalkdüngern.

Steckbrief 4 Calcium (Ca)

Mangelerscheinungen:

Stippe beim Apfel.

- **Blattrandnekrosen** (z. B. „Randen" bei Kopfsalat), Verbräunung der Blattadern, Nekrosen im Fruchtfleisch (z. B. **„Stippe"** bei Äpfeln, **„Fruchtendfäule"** bei Tomaten), Abknicken der Sprossspitze (z. B. **„Umkippen"** von Tulpen). Ca ist Bestandteil der Mittellamelle und trägt zur **Versteifung der Zellwände** bei. Bei Mangel bricht das Pflanzengewebe zusammen. Nekrosen und das Abknicken von Pflanzenteilen sind die Folgen. Mangelerscheinungen beginnen an den **jüngsten, schwach transpirierenden Pflanzenteilen** (Früchte, junge Blätter), da das bereits eingebaute Ca in der Pflanze nicht mehr beweglich ist. Verstärkt treten Mangelerscheinungen bei hoher Luftfeuchte auf (gehemmte Transpiration!), da dann der Ca-Transport gebremst ist.
- **Nachlassende Haarwurzelbildung, Absterbeerscheinungen an Wurzeln** und der **Terminalknospe.** Für die auf jede Zellteilung folgende **Zellstreckung** ist eine hohe Ca-Konzentration in den Zellen nötig. Ca-Mangel führt daher zu gehemmter Zellbildung in den Vegetationspunkten, die an Absterbeerscheinungen sichtbar werden können.

Überversorgung:
- Ca-Überschusssymptome können in der freien Natur nicht beobachtet werden.

Wirkung im Boden:
- **Kalkdüngung: Erhöhung des pH-Wertes und Verbesserung der Bodenstruktur.**

Aufnahme als:
- Calcium-Ion: Ca^{2+}

Umrechnungsfaktoren:

$$Ca \underset{\times 0{,}71}{\overset{\times 1{,}40}{\rightleftarrows}} CaO \;/\; CaO \underset{\times 0{,}56}{\overset{\times 1{,}78}{\rightleftarrows}} CaCO_3$$

	Düngerarten	Zusammensetzung	Eigenschaften
CALCIUM-DÜNGER	**Calciumchlorid**	$CaCl_2$ • 15 % Ca	• gut wasserlöslich • zur **Blattdüngung** bei Blattrandnekrosen, Innenblattnekrosen, Blütenendfäule, Stippe • zur Tauchbehandlung von Äpfeln nach der Ernte, um Lagerstippe vorzubeugen
CALCIUM-DÜNGER	**Gips** (Calciumsulfat)	$CaSO_4 \cdot 2H_2O$ • 23 % Ca	• wenig wasserlöslich • zur **Bodendüngung,** um den Ca-Gehalt des Bodens anzuheben, ohne den pH-Wert zu steigern (z. B. bei Moorbeetpflanzen) • 1–2 kg Gips/m^3 Substrat
KALKDÜNGER	**Kohlensaurer Kalk**	$CaCO_3$ • 75 % $CaCO_3$	• nicht wasserlöslich → **langsamwirkend** • günstig für leichte Böden und für die Aufkalkung von Substraten
KALKDÜNGER	**Branntkalk**	CaO • 65 % CaO	• sehr gut wasserlöslich → **schnell wirkend** • für mittlere und schwere Böden • bindet Wasser, ätzend !
KALKDÜNGER	**Löschkalk**	$Ca(OH)_2$ • 60 % CaO	• weißes, in Wasser wenig lösliches Pulver • teurer und voluminöser als Branntkalk • relativ schnell wirkend
KALKDÜNGER	**Hüttenkalk**	$CaSiO_4$ • 42 % CaO • viele Spurenelemente (Mn, Cu, Zn, Cr, Va u. a.)	• **sehr langsam und nachhaltig wirkend** • günstig für leichte Böden und Substrate • Kieselsäureanteil erhöht Widerstandsfähigkeit der Pflanzen gegen Krankheiten und Schädlinge
KALKDÜNGER	**Algenkalk**	$CaCO_3$ • 70 % $CaCO_3$ • viele Nebenbestandteile und Spurenelemente	• nicht wasserlöslich → **langsam wirkend** • für alle Kulturen und alle Bodenarten • bei Bedarf zur Kompostierung (etwa 12–15 kg/m^3 Kompostmasse)

Tab. 66 Löslichkeit von Kalken in Wasser

Kalkdünger	Lösungsmittel	gelöste Menge in mg/l
$CaCO_3$	Wasser	15
$CaCO_3$	Wasser mit 0,03 % CO_2	50
$CaCO_3$	Wasser mit 2 % CO_2	200
$CaCO_3$	Wasser, CO_2-gesättigt	1100
$Ca(OH)_2$	Wasser	1600

sert die Löslichkeit dieser Kalke (siehe Tabelle 66). Der pH-Wert des Bodens steigt dabei kaum über pH 7 an (siehe Abb. 213). Wegen der langsamen Wirkung ist eine rechtzeitige Anwendung erforderlich. Bei **Branntkalk** steigt der pH-Wert durch Umsetzungsvorgänge dagegen sehr stark an. Damit Jungpflanzen und Keimlinge nicht geschädigt werden, sollte er vier bis sechs Wochen vor einer Aussaat oder Pflanzung im Frühjahr eingearbeitet werden. Aus dem gleichen Grund ist Branntkalk nicht für eine „Kopfkalkung" (= Düngung des Bodens in wachsenden Beständen) geeignet. Die schnelle und heftige Reaktion bewirkt auch eine rasche Stabilisierung der Bodenstruktur.

Abb. 214
Kalkung und Bodenfruchtbarkeit

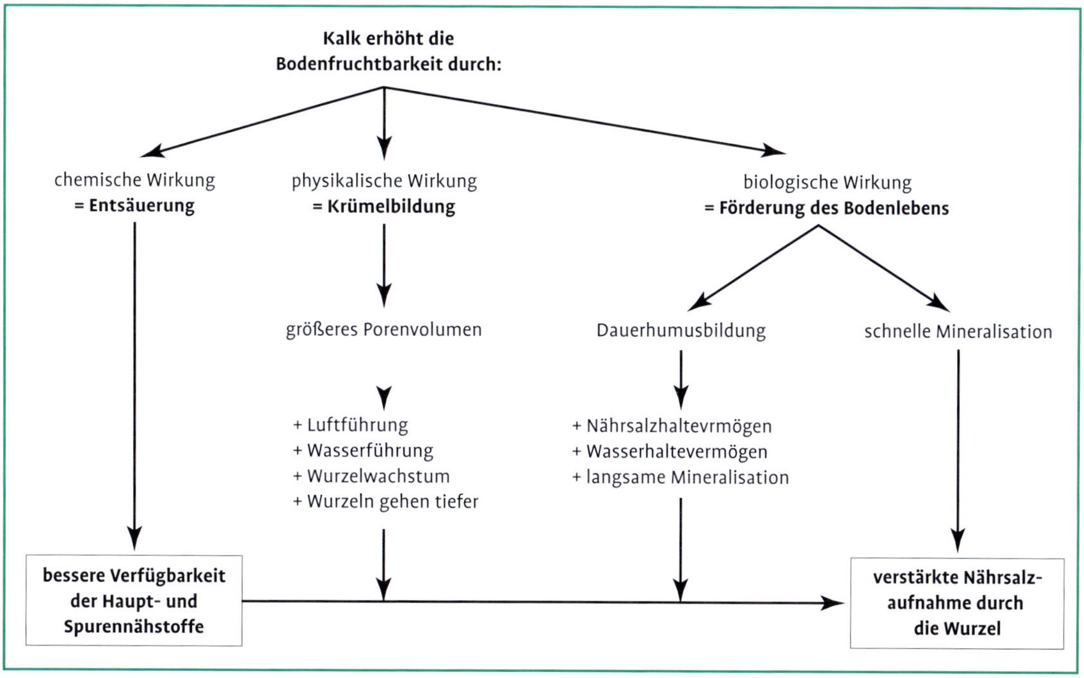

ZUSATZINFORMATION

Gewinnung und Herstellung von Kalkdüngern

	Feinvermahlen		Brennen ↗ CO_2		Löschen	
Kalkgestein	→	**Kohlensaurer Kalk**	→	**Branntkalk**	→	**Löschkalk**
		($CaCO_3$)	900°C	(CaO)	+ H_2O	($Ca(OH)_2$)

Kalkdünger werden meist aus **kalkhaltigen Ablagerungen der Urzeitmeere** gewonnen (z.B. Schwäbische Alb). Das Kalkgestein wird im ersten Schritt vermahlen. Die Feinvermahlung dient der Oberflächenvergrößerung und erlaubt schon die direkte Verwendung als Kalkdünger. Anschließend kann eine weitere chemische Aufbereitung (Brennen, Löschen) erfolgen.

Getrocknete und vermahlene **Rotalgen** bilden die Grundlage für die Herstellung von **Algenkalk**.

Bei der Eisenerzverhüttung wird Naturkalk zum Binden unerwünschter Begleitstoffe (Silikate) zugesetzt. Das „Abfallprodukt" **Hochofenschlacke** wird vermahlen und kommt als **Hüttenkalk** in den Handel.

Branntkalk: 1 kg Branntkalk bindet beim Ablöschen 320 ml Wasser und gibt innerhalb weniger Sekunden eine große Energiemenge ab. Diese ist ausreichend, um 2,8 l Wasser von 0°C bis zum Siedepunkt zu erhitzen. Der Boden erwärmt sich und trocknet ab. Diese Erscheinung macht man sich im Garten- und Landschaftsbau zu nutze, um schwere, nasse Böden vor dem Wegebau zu verfestigen.

Nährstoffgehalt: Der **Nährstoffgehalt** der **Kalkdünger** wird in **% $CaCO_3$** (bei Kohlensaurem Kalk und Algenkalk) und **% CaO** (bei den anderen Kalkformen) angegeben. Da die Kalkdünger meist zur gezielten Anhebung des pH-Wertes eingesetzt werden, ist der Gehalt an basisch wirksamen Stoffen wichtig. Dieser wird mit Hilfe der Bezugsbasis CaO angegeben. Ca als Bezugsbasis zu wählen ist nicht sinnvoll, da das Ca alleine für die Kalkwirkung keine Rolle spielt. Gips ($CaSO_4$) hat z.B. keine pH-Wert erhöhende Wirkung und ist demnach kein Kalkdünger, wohl aber ein **Calcium-Dünger**.

Wiederholungsfragen

1. Warum ist Calcium ein Pflanzen- und ein Bodendünger?
2. Warum erscheinen Ca-Mangelsymptome zuerst an den jüngsten Pflanzenteilen?
3. In welcher Form nimmt die Pflanze Calcium auf?
4. Warum kann es bei Ca-Mangel bei Äpfeln zur Stippe-Bildung kommen?
5. Warum sollte beim Mischen eines Substrates die Aufkalkung getrennt von der Grunddüngung erfolgen (z.B. Kalk mit Torf mischen, anfeuchten, über Nacht liegen lassen, dann erst Dünger einmischen)?

7.5.5 Magnesium

Mg-Düngung

Niedrige Mg-Gehalte zeigen v.a. Sandböden und Böden, die auf saurem Urgestein (Granit, Gneis) entstanden sind. Das ist auf Auswaschungsvorgänge und geringe Mg-Gehalte des Ausgangsgesteins zurückzuführen. Auch auf kalkhaltigen Böden kann es zu Mangelerscheinungen kommen. Hohe Ca-Konzentrationen in der Bodenlösung behindern in der Regel die Mg-Aufnahme. Die gleiche Erscheinung beobachtet man auch bei guter Kalium- und Ammoniumversorgung des Bodens. Selten findet eine separate Mg-Düngung statt. Die Grundversorgung erfolgt meist über Nebenbestandteile anderer Dünger oder Mg-haltige Kalke. Auf sauren Standorten bietet sich die Verwendung von Mg-Kalken an. Das Mg wird nach Umsetzungsvorgängen schnell pflanzenverfügbar. Auf kalkreichen Böden sind Magnesiumsulfate günstiger, die insgesamt auch schneller wirken (bei akutem Mangel!).

ZUSATZINFORMATION

Nährstoffgehalt:
MgO wird häufig als Bezugsbasis für die Angabe des Mg-Gehaltes eines Düngemittels verwendet. Dies macht nur bei der Verwendung Mg-haltiger Kalke Sinn. Diese haben nämlich Einfluss auf den pH-Wert des Bodens (siehe Kalkdüngung). Sonst ist die Angabe des Mg-Gehaltes günstiger.

Steckbrief 5 Magnesium (Mg)

Mangelerscheinungen:

Magnesiummangel bei Gurke.

- **Zweikeimblättrige Pflanzen: Chlorosen,** die zwischen den Blattadern älterer Blätter beginnen und schließlich in Nekrosen übergehen. Die Blattbereiche direkt um die Gefäße bleiben länger grün (**„fischgrätenartiges" Aussehen**).
- **Gräser: Chlorosen** mit gleichzeitigen Chlorophyllanhäufungen entlang der Blattadern (**„perlschnurartige" Marmorierung**).
- **Koniferen:** Gelbwerden der Nadeln (**„Gelbspitzigkeit"**). Magnesium ist zentraler Bestandteil des **Blattgrüns** und somit unentbehrlich für die Photosynthese. Bei Mangel zeigen **ältere Blätter** zuerst Chlorosen, da Mg von dort in jüngere verlagert wird. Dieser Transport erfolgt relativ langsam, sodass die Säume um die Gefäße länger grün bleiben. Mg aktiviert außerdem viele Enzyme, die z.B. für die **Energieübertragung** in den Zellen oder für die **Eiweißbildung** wichtig sind. Als Gegenspieler des Kaliums hat es Einfluss auf den **Wasserhaushalt**.

Überversorgung:

- Bei Überschuss ist die Ca- und K-Aufnahme gestört, was zu entsprechenden Mangelsymptomen führen kann.

Aufnahme als:

- Magnesium-Ion: Mg^{2+}

Umrechnungsfaktoren:

$$Mg \underset{\times 0{,}60}{\overset{\times 1{,}66}{\rightleftarrows}} MgO \;/\; MgO \underset{\times 0{,}48}{\overset{\times 2{,}09}{\rightleftarrows}} MgCO_3 \;/\; MgSO_4 \underset{\times 2{,}09}{\overset{\times 0{,}33}{\rightleftarrows}} MgO$$

Düngerarten	Zusammensetzung	Eigenschaften
Kieserit	$MgSO_4 \cdot H_2O$ (Magnesiumsulfat) • 16 % Mg (27 % MgO)	• mäßig wasserlöslich • zur Bodendüngung
Bittersalz	$MgSO_4 \cdot 7\,H_2O$ • 10 % Mg (17 % MgO)	• weißes, gut wasserlösliches Salz • zur Blatt- und Bodendüngung (schnellwirkend) • günstig zur Düngung von Koniferen
Magnesiumskalk	$CaCO_3$, $MgCO_3$ (> 15 %)	• langsam fließende Magnesium-Quelle
Kalimagnesia = Patentkali	siehe K-Düngung	

7.5.6 Schwefel

S-Düngung

Im Boden kommt S als Sulfat-Anion (SO_4^{2-}) und organisch gebunden vor. In humusreichen Böden ist fast der gesamte S-Anteil organisch gebunden. **SO_4^{2-}** wird sehr **leicht ausgewaschen**. Daher sind Mineralböden unter feuchten Klimabedingungen häufig an S verarmt. Obwohl S etwa in gleicher Menge von den Pflanzen benötigt wird wie P, traten lange Zeit keine Mangelerscheinungen auf. S-Einträge aus der Atmosphäre trugen weitgehend zur Versorgung der Pflanzen bei. Nur in schwach besiedelten, industriefernen Regionen mit hohen Niederschlägen (SO_4^{2-}-Auswaschung!) konnten Mangelerscheinungen beobachtet werden. Durch die **Rauchgasentschwefelung** und die zunehmende Verwendung hochkonzentrierter, weitgehend **schwefelfreier Mineraldünger** ist eine S-Düngung bei S-bedürftigen Kulturen nötig geworden. Viele Mineraldünger enthalten S als bedeutenden Nebenbestandteil. Diese sind meist gut

Steckbrief 6 Schwefel (S)

Mangelerscheinungen:

Schwefelmangel an Petunien.

- **Gehemmtes Sprosswachstum,**
- **Chlorosen** an **jüngsten Blättern** beginnend. Obwohl das Chlorophyll selbst keinen Schwefel enthält, kommt es bei Schwefelmangel zu Chlorosen. Die **Eiweißbildung** ist gehemmt (S-haltige Aminosäuren), was zu einer verminderten Chloroplastenbildung führt. Anfällig für S-Mangel sind besonders Pflanzen aus der Familie der Schmetterlingsblütler (**Fabaceae**), die sehr eiweißreiche Früchte bilden. Auch Pflanzen, die bestimmte **S-haltige Inhaltsstoffe** wie Senföle (**Brassicaceae**) oder Lauchöle (Lauch, Zwiebel, Knoblauch) enthalten, leiden schnell unter Mangelerscheinungen. S ist in der Pflanze wenig beweglich. Junge Blätter zeigen daher den Schaden zuerst.

Überversorgung:

- Ein hoher Schadstoffgehalt der Luft (SO_2) führt zu einer gelben bis weißen Blattverfärbung. Schließlich treten Nekrosen auf. Nadelgehölze sind besonders empfindlich und reagieren schnell mit Nadelfall.

Aufnahme als:

- Sulfat-Anion: SO_4^{2-}
- Schwefeldioxid: SO_2 (dient in geringer Konzentration als Pflanzennährstoff und kann über die Spaltöffnungen aufgenommen werden)

Düngerarten	Zusammensetzung	Eigenschaften
Schwefelsaures Ammoniak	$(NH_4)_2SO_4$, 24 % S	siehe bei den einzelnen Nährelementen
Ammonsulfatsalpeter	$(NH_4)_2SO_4 \bullet NH_4NO_3$, 16 % S	
Superphosphat	$Ca(H_2PO_4)_2$, $CaSO_4$, 12 % S	
Kalimagnesia	K_2SO_4, $MgSO_4$, 18 % S	
Kaliumsulfat	K_2SO_4, 18 % S	
Kieserit	$MgSO_4 \bullet H_2O$, 20 % S	
Bittersalz	$MgSO_4 \bullet 7\ H_2O$, 13 % S	
Gips	$CaSO_4$, 18 % S	

wasserlöslich und damit auswaschungsgefährdet (Ausnahme: Gips). In akuten Fällen kann Bittersalz zur Blattdüngung verwendet werden. Meist sind 40 kg S/ha zusammen mit den organischen Bodenreserven (Mineralisierung!) und den Einträgen aus der Luft ausreichend. Nachteilig ist die stark **bodenversauernde** Nebenwirkung vieler S-haltiger Mineraldünger.

Wiederholungsfragen

1. In welcher Form nehmen Pflanzen das Nährelement Schwefel auf?
2. Worauf ist die Tatsache zurückzuführen, dass Pflanzen in unseren Breiten selten unter Schwefelmangel leiden?

7.6 Spurennährelemente

Wegen seiner großen Bedeutung wird das Spurennährelement Eisen (Fe) ausführlich behandelt. Andere wichtige Spurenelemente sind tabellarisch zusammengefasst.

Tab. 67 Düngeempfehlung für Spurenelemente

Nährelement	Entzug	Düngeempfehlung in kg/ha für Versorgungsklasse	
		C	(A)
Eisen (Fe)	500–900 g/ha	–	–
Mangan (Mn)	300–700 g/ha	10,0	(20)
Bor (B)	120–180 g/ha	0,5	(2)
Zink (Zn)	250–600 g/ha	0,6	(10)
Kupfer (Cu)	50–100 g/ha	0,2	(5)
Molybdän (Mo)	4– 10 g/ha	0,2	(1)

Fe-Düngung

Die meisten Böden weisen einen sehr hohen Eisengehalt auf, daher ist absoluter Fe-Mangel selten. Fe ist Bestandteil zahlreicher Minerale. Nur organische Böden (z.B. Hochmoore) sind Fe-arm. Fe-Oxide zeigen insbesondere bei **Trockenheit** und hohen pH-Werten eine sehr **geringe Löslichkeit**. Dies wird durch ein **hohes P-Angebot** noch verstärkt (Ausfällung von Fe-Phosphaten). Außerdem hat die Temperatur erheblichen Einfluss auf die Fe-Versorgung. Bei niedrigen Temperaturen können empfindliche Pflanzen weniger Eisen aufnehmen. Dies kann man auch bei anderen Spurenelementen beobachten. Pflanzenarten, die besonders stark auf einen Fe-Mangel reagieren, sind z.B. Hortensien, Primeln, Bohnen, Rosen, Pfirsiche, Erdbeeren.

Bei niedrigen pH-Werten sind Spurennährelemente gut verfügbar. Häufig zeigen Pflanzen, die in der Natur auf solchen Standorten vorkommen (z.B. *Rhododendron*), daher einen erhöhten Spurenelementbedarf.

Pflanzen mit geringer Empfindlichkeit gegenüber Fe-Chlorosen sind in der

ZUSAMMENFASSUNG

Hohe Fe-Verfügbarkeit:
- niedriger pH-Wert,
- Staunässe (O_2-Mangel),
- hohe Temperaturen,
- hoher Humusgehalt (Huminsäuren!).

Niedrige Fe-Verfügbarkeit:
- hoher pH-Wert,
- Trockenheit,
- niedrige Temperaturen,
- hoher P-Bodengehalt.

Steckbrief 7 Eisen (Fe)

Abb. 215
Eisenmangel an Rosen.

Mangelerscheinungen:

- **Chlorosen an jüngsten Blättern** beginnend, **anfangs** noch **grüne Blattadern.** Fe ist in den Chloroplasten an der **Chlorophyllbildung** beteiligt. (80 % des gesamten Fe der Pflanze befindet sich in den Chloroplasten!) Daher kommt es bei Mangel zu Chlorosen. Aufgrund der **geringen Beweglichkeit** des Fe in der Pflanze beginnen die Mangelerscheinungen an den jüngsten Blättern. Fe ist außerdem an der **Photosynthese**, der **Atmung** und am **Eiweißaufbau** beteiligt.

Überversorgung:

- Auf stark sauren, staunassen Standorten kann es zu hohen Fe-Konzentrationen in der Bodenlösung kommen. Das Fe bewirkt die **Ausfällung der Nährelemente P** und **Mn,** was zu den entsprechenden Mangelerscheinungen führt.

Aufnahme als:

- Eisen-Ion: Fe^{2+}
- Eisen-Chelat

Düngerarten	Zusammensetzung	Eigenschaften
Eisensulfat	$FeSO_4 \cdot 7\ H_2O$ • 20 % Fe	• wasserlöslich • rasche Festlegung im Boden • bei Blattdüngung Gefahr von Verbrennungsschäden
Fe-Chelat	Fe-EDTA* • 5 % Fe	• z.B. Fetrilon (BASF) • günstig zur Blattdüngung
Fe-Chelat	Fe-EDDHA*1 • 5,5% Fe	• z.B. Sequestrene® Rapid • Bodendüngung: Obstbau, Baumschule • Blattdüngung: Obstbau • Gießdüngung: Topfpflanzen

*EDTA = Ethylendiamintetraessigsäure [$C_{10}H_{16}O_8N_2$] siehe Abb. 205, Seite 213
*1EDDHA = Ethylendiamin-di-(o-hydroxyphenyl)essigsäure [$C_{18}H_{20}O_6N_2$]

Steckbrief 8 Spurennährelemente

Spurenelemente	Mangelerscheinungen/Funktion	Dünger
Mangan (Mn) Aufnahme als: Mn^{2+} **Mangel** bei hohem pH-Wert (Festlegung) und auf sauren Sandböden (Mn-arm).	• **Chlorosen** zwischen den Blattadern **älterer Blätter**, Hauptadern bleiben grün gesäumt (**nadelbaumähnliches Aussehen**) • empfindlich: Apfel, Pfirsich, Erdbeeren, Bohnen → aktiviert Enzyme, die an der Chlorophyll- und Eiweißbildung sowie der Photosynthese beteiligt sind	• Mangansulfat • Mangan-Chelat • Manganoxid • Nebenbestandteil von Thomasphosphat und Hüttenkalk
Molybdän (Mo) Aufnahme als: MoO_4^{2-} **Mangel** bei niedrigem pH-Wert. **Kalkung** fördert die Verfügbarkeit.	• **löffelförmig aufgebogene Blattränder** • Blattrandchlorosen • bei Blumenkohl (Zeigerpflanze) **Absterben des Vegetationspunktes** → keine Kopfbildung • empfindlich: Spinat, Weihnachtsstern, Fabaceae → am N-Stoffwechsel beteiligt → ist notwendig für die Fähigkeit der Knöllchenbakterien, Luftstickstoff zu binden	• Natriummolybdat • Ammoniummolybdat
Bor (B) Aufnahme als: H_3BO_3, $H_2BO_3^-$, HBO_3^{2-} **Mangel** bei **Trockenheit** (Juli/August) und bei hohem pH-Wert. Starke **Auswaschungsgefahr.**	• Aufhellungen und **Absterben** der jüngsten Blätter sowie des **Sprossvegetationspunktes** (Zeigerpflanzen: Tomaten, Sonnenblumen), **gehemmtes Wachstum** • mangelhafte Blütenbildung, schlechter Samenansatz • empfindlich: Apfel, Tomaten, Brassicaceae → stabilisiert Zellwände → aktiviert pflanzeneigene Wuchsstoffe → fördert Blüten- und Fruchtbildung	• Borax • Borsäure • Solubor
Zink (Zn) Aufnahme als: Zn^{2+}, Zn-Chelat **Mangel** bei hohen pH-Werten und nach P-Düngung, verstärkt bei **Trockenheit.**	• **Blattmissbildungen**: Kleinblättrigkeit, lanzettförmige Blätter • **gehemmtes Wachstum** (gestauchte Internodien → Rosettenblättrigkeit) • empfindlich: Obst, Bohnen → fördert Bildung pflanzeneigener Wuchsstoffe → fördert die Eiweißbildung	• Zinksulfat • Zink-Chelat
Kupfer (Cu) Aufnahme als: Cu^{2+}, Cu-Chelat **Mangel** bei hohem pH-Wert, auf Sandböden, bei hohem **Humusgehalt** (Kupferfestlegung in organischer Substanz = „Heidemoorkrankheit"). Im Boden sehr **unbeweglich.**	• **Weißfärbung der jüngsten Blätter** • **Verkümmern der Spitzentriebe** • gestörte Befruchtung • empfindlich: Gerbera, Rosen, Azaleen → fördert Photosynthese (70 % des Cu in Blättern), Zellwandstabilität und Krankheitsresistenz (Bildung von Holzstoff!), Pollenfruchtbarkeit	• Kupfersulfat • Kupfer-Chelat

Tab. 68 Auswahl gebräuchlicher Spurennährelementdünger (Einzelsalze)

	Dünger	Zusammensetzung	Eigenschaften
Mn	Mangansulfat	$MnSO_4 \cdot 4H_2O$ • 32 % Mn	• Blattdüngung • bei Bodendüngung rasche Festlegung
	Mangan-Chelat	Mn-EDTA • 13 % Mn	• Blattdüngung • gut wasserlöslich, geringe Ätzgefahr, teuer
	Manganoxid	Mn_2O_3, MnO_2 • z. B. 20 % Mn	• granulierter Dünger auf Metalllegierungsbasis • nicht wasserlöslich → Freisetzung durch schwache Bodensäuren
Mo	Natriummolybdat	$Na_2MoO_4 \cdot 2H_2O$ • 40 % Mo	• Boden- und Blattdüngung, Saatgutbehandlung • geringe Aufwandmengen → oft als Beimischung
	Ammoniummolybdat	$3(NH_4)_2 MoO_4 \cdot 4MoO_3 \cdot 4H_2O$ • 54 % Mo	• Boden- und Blattdüngung, Saatgutbehandlung • geringe Aufwandmengen → oft als Beimischung
B	Borax	$Na_2B_4O_7 \cdot 10H_2O$ • 11 % B	• mäßig wasserlöslich → v. a. für Bodendüngung • Giftig: tödliche Dosis 8 g !
	Borsäure	H_3BO_3 • 17,5 % B	• gut wasserlöslich • Blattdüngung
	Solubor	$Na_2B_8O_{13} \cdot 5H_2O$ • 17,4 % B	• gut wasserlöslich
Zn	Zinksulfat	$ZnSO_4 \cdot 7H_2O$ • 23 % Zn	• bei Bodendüngung rasche Festlegung, wirkt physiologisch sauer • bei Blattdüngung Gefahr von Ätzschäden
	Zink-Chelat	Zn-EDTA • 15 % Zn	• Blattdüngung • sehr gut wasserlöslich
Cu	Kupfersulfat	$CuSO_4 \cdot 5H_2O$ • 25 % Cu	• bei Bodendüngung schnellwirkend, wirkt physiologisch sauer • geringe Aufwandmengen → oft als Beimischung • bei Blattdüngung Gefahr von Ätzschäden
	Kupfer-Chelat	Cu-EDTA • 15 % Cu	• Blatt- und Bodendüngung

ZUSATZINFORMATION

Spurenelementmangel bei:
- hartem Gießwasser (→ hoher pH-Wert),
- hohem P-Angebot,
- Substrat-/Bodenverdichtung,
- niedrigen Temperaturen,
- langen Standzeiten (Container),
- niedrigen Gehalten im Substrat,
- einseitig hohen Spurenelementgehalten (z.B. Mn/Fe → **Antagonismus**)

Lage, den pH-Wert im Wurzelbereich durch Abgabe organischer Säuren stärker abzusenken als chloroseempfindliche. Diese Verbindungen können Fe teilweise auch scherenförmig umschließen (siehe Abb. 205 Seite 212) und dadurch vor einer Ausfällung schützen. Nach dem griechischen Wort „chele" = (Krebs)-Schere bezeichnet man sie als **Chelate**. Schnell wirksame Fe-Dünger (Sequestren, Fetrilon) basieren auf diesem Prinzip. Die billigeren Fe-Salze (Eisensulfat) werden bei hohen Boden-pH-Werten dagegen rasch festgelegt. Eine pH-Absenkung durch **physiologisch saure N-Dünger** (Schwefelsaures Ammoniak) verbessert die Fe-Aufnahme zusätzlich.

Düngung mit Spurennährelementen

Der jährliche Entzug der Pflanzen an Spurenelementen ist meist sehr gering. Infolge der häufig starken Festlegung im Boden sollen diese jedoch im Überschuss angeboten werden. Tabelle 67 zeigt empfohlene Aufwandmengen. Die Versorgung kann mit kompletten **Spurenelement-Mischungen** (z.B. Fetrilon-Combi, Folicin-Combi, Radigen) oder mit **Einzelsalzen** (siehe Tabelle 68) erfolgen.

Bodendüngung. Mit dieser Methode erreicht man bei akutem Mangel keine rasche Beseitigung der Mangelsymptome. Die Spurennährelemente werden im Boden häufig festgelegt.

Blattdüngung. Diese Methode ist als „Feuerwehrmaßnahme" zur raschen Beseitigung von Mangelerscheinungen geeignet (siehe Kapitel 7.4). Sie ermöglicht auch eine gezielte Versorgung mit Spurennährelementen zu Zeiten besonders hohen Bedarfes (z.B. Bor-Spritzung kurz vor oder nach dem Fruchtansatz bei Obstkulturen). Häufig werden Spurenelemente als **Sulfate** verabreicht. Hierbei besteht jedoch die Gefahr von Blattverbrennungen. Die Bedeutung von **Chelaten** zur Spurennährelement-Versorgung hat in den letzten Jahren deutlich zugenommen. In dieser besonderen Bindungsform sind die Spurenelemente vor einer Festlegung im Boden oder in der Pflanze geschützt. Chelate sind auch besser wasserlöslich und verursachen weniger Verbrennungen als Sulfate.

Wiederholungsfragen

1. Erläutern Sie, warum eine Boden-Düngung mit Eisensulfat ($FeSO_4$) bei akutem Fe-Mangel sinnlos ist, wenn die Mangelerscheinung die Folge eines zu hohen pH-Wertes war?
2. Welche Maßnahme schlagen Sie statt dessen vor? Begründen Sie Ihre Antwort.
3. Beschreiben Sie, an welchen Merkmalen Sie jeweils Eisen- und Magnesium-Mangel erkennen.
4. Nennen Sie einen Eisendünger, der auch bei einer Bodendüngung eine relativ schnelle Wirkung zeigt und erklären Sie, warum das so ist.
5. Was versteht man unter einem Chelat?
6. Warum verringert eine Nitraternährung und warum erhöht eine Ammoniumernährung die Verfügbarkeit von Eisen im Boden?

7.7 Nährstoffmangelsymptome

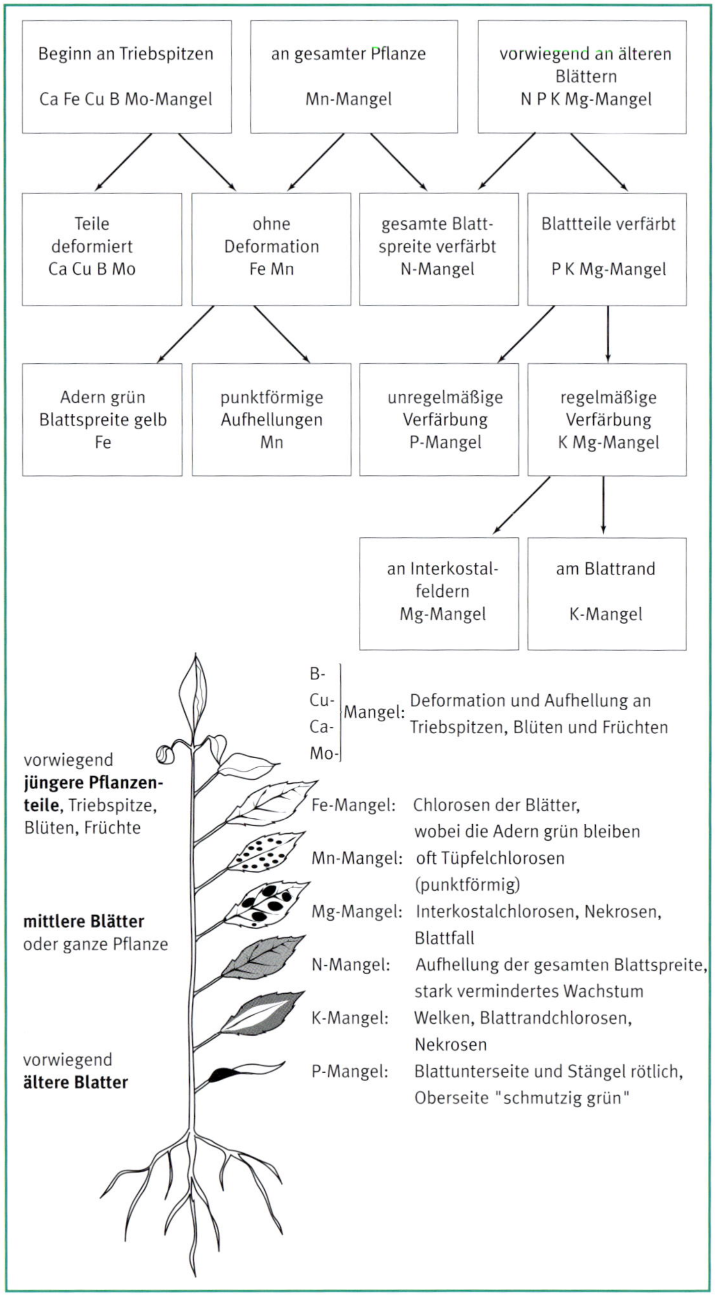

DEFINITION

Begriffserklärungen:

- Interkostalfeld: Blattfläche zwischen den Blattadern.
- Deformation: Verformung, Missbildung.
- Toxizität: Giftigkeit.

Abb. 216
Bestimmungsschlüssel für Nährstoffmangelsymptome.

7.8 Ein- und Mehrnährstoffdünger

Mehrnährstoffdünger wurden entwickelt, um die Düngung zu vereinfachen. Aufgrund der unterschiedlichen Pflanzenansprüche und Boden-/Substrateigenschaften ist es eigentlich nicht möglich, einen Universaldünger herzustellen. Mit **Mehrnährstoffdüngern** lässt sich die Düngung jedoch vereinfachen, und grobe Düngungsfehler können vermieden werden. Für die richtige Anwendung ist das Nährstoffverhältnis (N : P_2O_5 : K_2O) wichtig (siehe Abb. 217). Bei mehr als 2 % MgO darf laut Düngemittelgesetz auch der Magnesiumgehalt bei den Nährstoffangaben berücksichtigt werden. Eine gezielte Versorgung ist nur mit **Einnährstoffdüngern** zu erreichen. Dies setzt jedoch Boden-/Substrat-Untersuchungen und genaue Kenntnisse über die Ansprüche der einzelnen Pflanzen voraus.

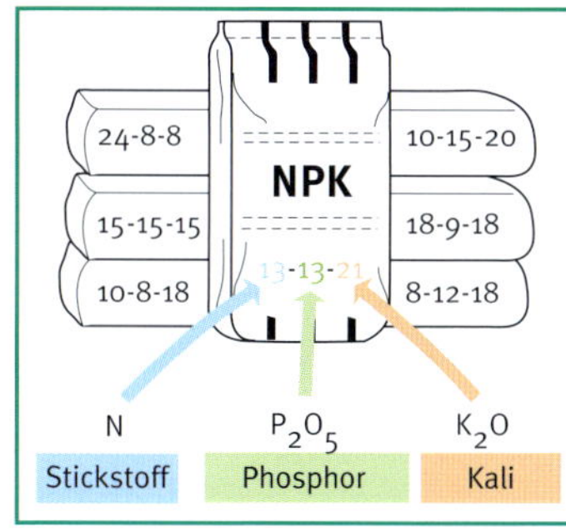

Abb. 217
Beispiele für Nährstoffkombinationen bei Mehrnährstoffdüngern.

Einnährstoffdünger → **häufig in spezialisierten Betrieben**

+ gute Anpassung an den Pflanzenbedarf,
+ Auswahl zwischen mehreren Löslichkeits- und Streuformen → unterschiedliche Wirkungsgeschwindigkeit,
+ häufig Nebenbestandteile mit günstiger Zusatzwirkung (z.B. Kalk, Spurenelemente),
+ oft niedrigerer Preis pro kg Reinnährstoff,
+ Steuerung des pH-Wertes über die angebotene N-Form möglich (NH_4^+, NO_3^-).

Mehrnährstoffdünger → **häufig in kleineren Betrieben**

– vereinfachte Düngung (Pauschalrezepte),
– höhere Nährstoffgehalte, weniger Ballastsalze → geringere Transport- und Ausbringungskosten,
– Bedarf an großen Mengen macht Mengenrabatt möglich,
– eigene Mischarbeit entfällt.

DEFINITION

Ballastsalze: Meist wird nur ein Teil des Düngesalzes von der Pflanze aufgenommen. Der andere Teil verbleibt als Ballastsalz im Boden.

Tab. 69 Ein- und Mehrnährstoffdünger

	Dünger	Zusammensetzung	Nährelementgehalt
N	Kalksalpeter*	$Ca(NO_3)_2$	16 % N
P	Superphosphat	$Ca(H_2PO_4)_2$	18 % P_2O_5
K	Kaliumsulfat	K_2SO_4	54 % K_2O
NP	Ammoniumphosphat	$NH_4H_2PO_4$	16 % N, 62 % P_2O_3
NK	Hakaphos gelb	$(NH_4)_2SO_4$, KNO_3, NH_4NO_3	20 % N, 16 % K_2O
PK	Kaliumphosphat	KH_2PO_4	3 % K_2O, 52 % P_2O_5
NPK	Nitrophoska perfekt	NH_4NO_3, $CaHPO_4$, K_2SO_4	15 % N, 5 % P_2O_5, 20 % K_2O

* Kalksalpeter enthält auch Ca. Wegen der überwiegenden Bedeutung des Stickstoffanteils wird Kalksalpeter jedoch zu den N-Düngern gerechnet.

ZUSATZINFORMATION

Einnährstoffdünger (Einzeldünger) [END]:
Dünger mit nur einem Nährelement bzw. einem wesentlichen Nährelement.

Mehrnährstoffdünger [MND]:
Dünger, die mehrere Nährelemente enthalten (zwei bis sechs der Hauptnährelemente und evtl. auch noch Spurenelemente). Dabei wird die Bezeichnung **„Volldünger“** unterschiedlich gebraucht. Es kann damit ein reiner NPK-Dünger oder auch ein Dünger mit allen wichtigen Nährelementen gemeint sein (siehe Tabelle 69).

„Kalksalpeter“	„Kalkammonsalpeter“	„Schwefelsaures Ammoniak“	Kalkstickstoff	Superphosphat	Thomasphosphat	Kalisulfat	Bittersalz	Kainit, 40er Kali	Kohlensaurer Kalk	
	○		○			○	○		○	„Kalksalpeter“
○			✕	○	✕	○	○	○		„Kalkammonsalpeter“
			✕		✕				✕	„Schwefelsaures Ammoniak“
○	✕	✕		✕		○	○	○		Kalkstickstoff
	○		✕		✕				✕	Superphosphat
	✕	✕		✕						Thomasphosphat
○	○		○						○	Kalisulfat K_2SO_4
○	○		○						○	Bittersalz $MgSO_4$
	○		○							Kainit, 40er Kali, KCl
○		✕		✕		○	○			Kohlensaurer Kalk, $CaCO_3$

☐ mischbar ✕ nicht mischbar ○ kurzzeitig mischbar, sofort ausstreuen!

Abb. 218
Mischungstafel für Düngemittel.

ZUSAMMENFASSUNG

Mischungsregeln:

nicht mischbar:

- **Kalk** oder kalkhaltige Dünger mit **ammoniumhaltigen Düngern** (z.B. Schwefelsaures Ammoniak): Es können gasförmige N-Verluste auftreten, da Stickstoff in Form von Ammoniak (NH_3) ausgetrieben wird. Diese Regel gilt auch bei einer Bodendüngung. Kalk soll mindestens 14 Tage vor ammoniumhaltigen Düngern ausgebracht werden.
- **Kalk** oder kalkhaltige Dünger mit **wasserlöslichen Phosphaten** (z.B. Superphosphat): Phosphate werden sonst festgelegt und sind nicht mehr pflanzenverfügbar.
- **Superphosphat** mit **nitrathaltigen Düngern** (z.B. Kalksalpeter): Gasförmige Verluste durch Stickoxidbildung (NO_x).

bedingt mischbar (d.h. sofort nach der Mischung ausbringen sonst Verschlechterung der Streueigenschaften):

- **Kalium-Dünger** mit **nitrathaltigen Düngern**: Mischungen werden hygroskopisch (wasseranziehend) und verklumpen nach kurzer Zeit.
- **Kalium-Dünger** mit **Kalkstickstoff**: Mischungen erhärten innerhalb von vier Wochen.

Bei der Lagerung von Düngemitteln ist zu beachten:

- **Getrennte** Lagerung verschiedener Sorten: Branntkalk und Ammoniumdünger bilden zusammen giftige Dämpfe (NH_3).
- **Trockene** Lagerung: feuchter Branntkalk entwickelt hohe Temperaturen → Feuergefahr.
- Lagerung auf **Paletten:** Düngerbestandteile greifen Bodenbelag (Zement) an.
- **Nie im Gewächshaus**: hohe Luftfeuchte führt zur Verklumpung.
- **Nie im Heizhaus:** Chemikaliendämpfe bewirken Korrosion von Metallteilen.

7.9 Organische Dünger

Die meisten organischen Dünger werden aufgrund ihrer Wirkungsweise zu den **Bodendüngern** gerechnet. Sie setzen allmählich Nährstoffe frei, verbessern die Bodenstruktur und erhöhen damit die **Bodenfruchtbarkeit**.

Organische und organisch-mineralische Handelsdünger (siehe Seite 244, Tabelle 71) werden gezielt zur längerfristigen Nährstoffversorgung verwendet (= **Pflanzendünger**). Leider sind sie relativ teuer und weisen meist geringe Nährstoffgehalte auf. Eine Kultursteuerung ist nicht möglich, da die Nährsalzfreisetzung witterungsabhängig verläuft.

Beim Einsatz von **Wirtschaftsdüngern** oder **organischen Reststoffen** steht die **Bodenverbesserung** im Vordergrund. Zur **Erhöhung des Humusgehaltes** ist Stallmist (besteht aus Kot, z.T. Harn und Einstreu, meist Stroh) besonders gut geeignet. Vom Dauerhumusanteil verbleibt eine erhebliche Menge im Boden. Hinzu kommt die Dauerhumusneubildung im Zuge der Stallmistumsetzung. Die Ausbringung sollte möglichst spät im Jahr (Spätherbst, Winter) oder im Frühjahr erfolgen, um **Auswaschungsverluste** über eine verstärkte Mineralisierung zu vermeiden. Komposte können ebenfalls zu einer nachhaltigen Humusanreicherung verwendet werden. Allerdings besteht bei geringen N-Gehalten die Gefahr der **Stickstoffsperre**. Alle organischen Dünger fördern das Bodenleben. Das derart aktivierte Bodenleben setzt über Ausscheidungen Nährsalze aus Mineralien frei. Diese Erscheinung bezeichnet man als **Humateffekt**.

ZUSATZINFORMATION

Als **Bodenfruchtbarkeit** bezeichnet man die Fähigkeit des Bodens, Nährstoffe zu speichern und bei Bedarf an die Pflanze abzugeben. Der Boden soll Pflanzen optimal mit Bodenwasser, Bodenluft, Nährsalzen und Wärme versorgen und Pflanzenwurzeln eine ausreichende Verankerung sowie ein optimales Wachstum ermöglichen. Ein fruchtbarer Boden ist durch eine hohe biologische Aktivität gekennzeichnet, die eine rasche Umsetzung der organischen Substanz ermöglicht.

Tab. 70 Orientierungswerte für Mindestgehalte an Humus in Böden in Abhängigkeit vom Feinbodenanteil Ø < 0,006 mm

Bodenartengruppe	Bodenart	Feinanteil (in %)	Humusgehalt (in %) (Sollwert)
1	Sand	< 7	< 1,0
2	schwach lehmiger Sand	8 bis 16	1,1 bis 1,6
3	stark lehmiger Sand	17 bis 23	1,7 bis 2,3
4	sandiger, schluffiger Lehm	24 bis 35	2,4 bis 3,2
5	toniger Lehm bis Ton	≧ 36	≧ 3,3

ZUSAMMENFASSUNG

Die Wirkungen einer Humuszufuhr:
- verbesserte Bodenstruktur (Lockerung, Lebendverbauung),
- verbessertes Wasserhaltevermögen,
- erhöhte Bodentemperatur (dunkle Farbe, verringerte Staunässegefahr),
- Freisetzung von Pflanzennährstoffen aus Bodenmineralien (Humateffekt, pH-Absenkung),
- langsame Freisetzung von N und P,
- erhöhtes Nährstoffspeichervermögen,
- verbesserte Spurenelementversorgung,
- erhöhte Pufferkapazität,
- Förderung des Pflanzenwuchses (bestimmte Humusbestandteile haben Wuchsstoffcharakter).

Tab. 71 Organische Dünger

HANDELSDÜNGER

Handelsdünger sind Dünger, die im Handel erhältlich sind. Sie unterliegen den Vorschriften des Düngemittelgesetzes.

Organische Handelsdünger: Dünger, die ohne Zusatz von Mineraldüngern hergestellt werden.

	Düngerart	N (%)	P_2O_5 (%)	K_2O (%)	OS* (%)	Bemerkungen
N	Siapton	9	–	–	–	rein organischer Blattdünger aus Aminosäuren
N	Blutmehl	10	–	–	?	schnell wirkend
N	Hornmehl	10	–	–	60	Wirkungsdauer 6–8 Wochen
N	Horngrieß	12	–	–	70	Wirkungsdauer 2–4 Monate
N	Hornspäne (fein und grob)	14	–	–	80	Wirkungsdauer 4–6 / 6–8 Monate
P	Knochenmehl	–	20–30	–	?	zerkleinerte, entleimte Knochen, Sofortwirkung
NP	Hornknochenmehl	7	12	–	50	Hornspäne, Hornmehl, Blutmehl, Knochenmehl
NPK	Guano	6	12	2	20	aus abgelagertem Kot von Seevögeln
NPK	Entöltes Rizinusschrot	6	2	1,5	75	1 dt Rizinusschrot ersetzt 10 dt Stallmist
NPK	Oscorna Animalin	6	9	1	60	Blutmehlanteil von Geflügel

*OS = Organische Substanz

Organisch-mineralische Handelsdünger: Organische Düngemittel, die mit Zusatz von Mineraldüngern hergestellt werden.

	Düngerart	N (%)	P_2O_5 (%)	K_2O (%)	MgO (%)	OS* (%)
NPKMg	Hornamon spezial	7	5	7	2	?
NPKMg	Hornosca	7	4	8	3	45
NPKMg	Manna Spezial	7	5	9	1	50

WIRTSCHAFTSDÜNGER

Wirtschaftsdünger stammen aus dem gärtnerischen bzw. landwirtschaftlichen Betrieb. Sie fallen als Abfallstoffe an, werden aus solchen hergestellt oder eigens zum Zweck der Düngung erzeugt.

Düngerart	N (%)	P_2O_5 (%)	K_2O (%)	MgO (%)	OS* (%)	Anwendung
Stallmist	0,5	0,3	0,6	0,2	20	100–400 dt/ha
Kompost	0,3	0,2	0,4	?	10–15	1–5 kg/m^2 = 100–500 dt/ha
Gründüngung	→ siehe Kapitel 7.10					

ORGANISCHE RESTSTOFFE

Organische Reststoffe sind kommunale Abfälle und Rückstände aus der Verarbeitung landwirtschaftlicher Produkte (auch Hausmüll, Schlachtabfälle, Trester, Abfälle aus der Lederverarbeitung, Rinden- und Holzabfälle) sowie Naturstoffe (z.B. Torfe, See-, Teich- und Flussschlämme).

Düngerart	N (%)	P_2O_5 (%)	K_2O (%)	Anwendung
Klärschlamm*	1,5	6	1	10 m^3/ha u. Jahr
Biokompost	1,5	1	0,5	bis 100 dt/ha u. Jahr → siehe Kapitel 6.4
Grünkompost	0,5	0,2	0,4	bis 200 dt/ha u. Jahr → siehe Kapitel 6.4

* Anwendung verboten:
- Gemüse- und Obstanbauflächen
- Dauergrasland
- Naturschutzgebiete
- Zone I und II von Wasserschutzgebieten
- im Bereich von Uferrandstreifen bis zu 10 m Breite

→ innerhalb von 3 Jahren dürfen nicht mehr als 5 t Trockenmasse je ha aufgebracht werden

? = keine Angaben verfügbar

7.10 Gründüngung

Die Gründüngung stellt eine **Sonderform der organischen Düngung** dar. Eigens zu diesem Zweck angebaute Pflanzen werden als organischer Dünger in den Boden eingearbeitet. Die günstigen Wirkungen ergeben sich als Kombination von **Nährhumuszufuhr** und **Bodenbedeckung**. Werden **Leguminosen** (Fabaceae) angebaut, erfährt der Boden zusätzlich noch eine beträchtliche **N-Zufuhr**. Eine Gründüngung ist als **Zwischenkultur** (zwischen zwei aufeinanderfolgenden Kulturen) oder als **Untersaat** bei stehenden Kulturen möglich.

Vorteile der Gründüngung:

+ Nährhumuszufuhr,
+ Förderung des Bodenlebens,
+ N-Bindung (50–120 kg N/ha),
+ verstärkter Nährstoffaufschluss (P und Spurenelemente),
+ verringerte Nährsalzauswaschung im Vergleich zum offenen Boden, Verdrängung von Wildkräutern,
+ Verbesserung der Bodenstruktur (auch durch intensive Durchwurzelung des wachsenden Bestands),
+ Aufbrechen von Verdichtungen im Unterboden (beim Anbau von Tiefwurzlern, siehe Tabelle 72),
+ Schattengare,
+ Erosionsschutz,
+ Obstanlagen oder Baumschulquartiere sind bei schlechter Witterung länger befahrbar.

ZUSATZINFORMATION

Spät ausgesäte Gründüngungspflanzen sind in der Lage, anorganischen Stickstoff aufzunehmen und vor einer Auswaschung im Winter zu schützen. Dabei ist nur dann eine nennenswerte N-Aufnahme möglich, wenn die Aussaat nicht später als bis Mitte September erfolgt (siehe Tabelle 73). Der aufgenommene Stickstoff kann über den Winter gerettet werden, wenn das Einarbeiten der Pflanzen erst im nächsten Frühjahr erfolgt. Bei Einarbeitung im Herbst setzt die Mineralisierung bei warmer Witterung frühzeitig ein und winterliche Niederschläge verursachen eine Stickstoff-Auswaschung.

Nachteile der Gründüngung

– in ungünstigen Fällen Dauerhumusverluste über eine Verengung des C/N-Verhältnisses (siehe Abb. 219),

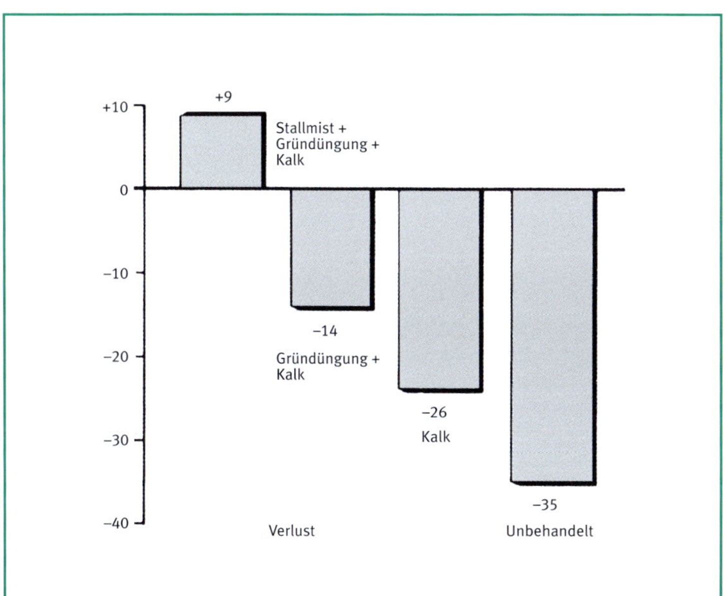

Abb. 219
Gewinn und Verlust an Dauerhumus (in %) bei unterschiedlicher Bodenpflege.

Tab. 72 Gründüngungspflanzen

	Familie	günstige Aussaattermine	Humusanreicherung	N-Anreicherung
Weißklee, *Trifolium pratense* subsp. *repens*	Fabaceae	VII–VIII	2	2
Rotklee, *Trifolium pratense* subsp. *pratense*	Fabaceae	VII–VIII	3	2
Blaue Lupine, *Lupinus angustifolius*	Fabaceae	E VII	3	2
Ackerbohnen, *Vicia faba* var. *minuta*	Fabaceae	E VII	3	3
Welsches Weidelgras, *Lolium multiflorum*	Poaceae	VII–A VIII	2	0
Weißer Senf, *Sinapis alba*	Brassicaceae	M VIII–M IX	2	0
Sonnenblume, *Helianthus annuus*	Asteraceae	VII–M VIII	3	0
Rainfarn-Büschelschön (Bienenfreund), *Phacelia congesta*	Hydrophyllaceae	VII–E VIII	2	0

0 nicht geeignet
1 wenig geeignet
2 geeignet
3 gut geeignet

VII Juli
VIII August
IX September

E Ende
A Anfang
M Mitte

TS Trockensubstanz

- als Untersaat kommt es v.a. auf leichten Böden bei Trockenheit zu einer erheblichen Wasserkonkurrenz,
- blühende Gründüngungspflanzen in Untersaaten schränken den Insektizideinsatz ein (Bienenvergiftung!),
- Krankheitserreger können an Gründüngungspflanzen überdauern (Kohlhernie),
- Überreste von Gründüngungspflanzen (Samen, Strünke) können die Folgekultur stören,
- zusätzliche Arbeit und zusätzliche Kosten.

Anbau

Entscheidend für eine erfolgreiche Gründüngung ist ein **schneller Wachstumsstart**. Dabei ist auf eine gute **Nährstoffversorgung** und einen **günstigen Aussaattermin** (siehe Tabelle 73) zu achten. Das Saatbeet soll sorgfältig vorbereitet sein. Für späte Saattermine sind Raps, *Phacelia* und Senf geeignet. Eine Gründüngung lohnt sich immer dann, wenn eine Fläche mindestens 8 Wochen brachliegt oder der Boden bei früher Räumung des Bestandes ohne schützende Pflanzendecke in den Winter gehen würde.

Tab. 73 N-Entzug von Gründüngungspflanzen in Abhängigkeit vom Aussaattermin

Aussaat-Termin	N-Entzug (kg N/ha)
15. 08.	110
05. 09.	70
15. 09.	60
05. 10.	30
15. 10.	5

Krümelbildung	Unterbodenlockerung	Untersaateignung	Verminderung von N/Ca-Auswaschung	Verminderung von Erosion	Ertrag (dt TS/ha) oberirdisch	Ertrag (dt TS/ha) Wurzel	Wurzeltiefgang (cm)	N-Düngung in kg/ha	Saatmenge in kg/ha
2	0	3	1	2	20	12	bis 80	0–30	10–12
2	3	2	1	3	20–30	12–20	80–150	0–30	14–18
1	3	0	1	3	35–45	15–25	150–300	0–30	160–180
3	0	0	1	3	35–45	15–20	bis 80	0–30	200–220
2	0	3	3	3	30–40	15–25	bis 80	50–100	15–20
2	1	0	2	3	30–40	10–15	80–150	30–50	15–20
3	2	0	3	3	40–50	15–25	150–300	50	25–30
3	0	0	2	2	30–40	10–12	bis 80	30–50	8–10

Wiederholungsfragen

1. Nennen Sie je drei Vor- und Nachteile der organischen Düngung!
2. Beschreiben Sie, unter welchen Bedingungen es durch eine organische Düngung zu einer Nitratbelastung des Grundwassers kommen kann.
3. Für den Gartenbau wird zunehmend die Verwendung von Gründüngungspflanzen empfohlen. Geben Sie an, unter welchen Voraussetzungen eine Gründüngung sinnvoll ist.
4. Welche Vorteile könnte die Herbst-Aussaat mit anschließender Keimung von Winterroggen für eine ansonsten brachliegende Fläche bringen?
5. Beschreiben Sie, welche Auswirkungen die langjährige Anwendung organischer Düngemittel auf wichtige Eigenschaften des Bodens hat.
6. Erklären Sie jeweils, wieso die Dauerhumusgehalte (in %) von Ackerböden, die unterschiedlich behandelt wurden, zum Teil zugenommen (a) und zum Teil auch abgenommen haben (b, c, d).
   a) + 9 % nach Zugabe von Stallmist, Gründüngung und Kalk
   b) – 14 % nach Zugabe von Gründüngung und Kalk
   c) – 26 % nach Zugabe von Kalk
7. Nennen Sie eine frostharte und eine frostempfindliche Gründüngungspflanze. Geben Sie für beide Pflanzen den spätesten Aussaattermin sowie besondere Eigenschaften an.

! ZUSATZINFORMATION

Winterharte Gründüngungspflanzen:

- Inkarnat-Klee, *Trifolium incarnatum*
- Winter-Raps, *Brassica napus subsp. napus*
- Winter-Roggen, *Secale cereale*

7.11 Langzeitdünger

Die relativ **teuren** Langzeitdünger wurden entwickelt, um den Gesamtnährstoffbedarf von Pflanzen mit möglichst **geringem Arbeitsaufwand** zu decken. Zwar haben auch organische Dünger eine gewisse Langzeitwirkung, doch setzen Langzeitdünger ihre Nährstoffe **gleichmäßiger** und über einen **längeren Zeitraum** frei (siehe Abb. 221). Die Pflanzen nutzen die Nährstoffe nahezu vollständig aus und **Auswaschungsverluste** sind **minimal**.

ZUSATZINFORMATION

Kunststoffhülle:
Die Umhüllung besteht meist aus halbdurchlässigen, biologisch abbaubaren Kunstharzen (verharzte Pflanzenöle, wasserdurchlässige Polymere = Riesenmoleküle).

Umhüllte Salzdünger (Depotdünger)

Wirkungsprinzip. Bei diesem Düngertyp sind wasserlösliche Nährstoffe von einer **wasserdurchlässigen**, biologisch abbaubaren **Kunststoffhülle** umschlossen. Nach einer Düngung bzw. Substratbeimischung dringt Feuchtigkeit als Wasserdampf durch die Hülle und löst Nährstoffe. Im Innern entsteht eine hoch konzentrierte Düngerlösung. Die Nährstoffionen diffundieren nach

Tab. 74 Auswahl von Langzeitdüngern für den Gartenbau*

Handelsname	Nährstoffgehalt (% N, P_2O_5, K_2O, MgO)	Langzeitform	Wirkungsdauer
Osmocote	14/14/14	Kunststoffhülle	3–4 Monate
Osmocote Exact	15/9/9/3 + Sp	Kunststoffhülle	8–9 Monate
Basacote Plus 6 M	16/8/12/2 + Sp	Kunststoffhülle	6 Monate
Basacote Plus 9 M	16/8/12/2 + Sp	Kunststoffhülle	8–9 Monate
Manna Cote 6 M	18/6/12/1 + Sp	Kunststoffhülle	6 Monate
Manna Cote 12 M	17/5/11 + Sp	Kunststoffhülle	12–14 Monate
Nutricote komplett	13/13/13/2 + Sp	Kunststoffhülle	100 Tage
Plantacote Depot 12 M	14/9/15	Kunststoffhülle	12 Monate
Plantacote Pluss 8 M	14/8/15/2 + Sp	Kunststoffhülle	8 Monate
Floranid permanent	16/7/15/2 + Sp	Isodur-N	2–3 Monate
Manna Long	16/8/10/3 + Sp	Ureaform-N	etwa 3 Monate
Osmoform	19/5/13/2 + Sp	Ureaform-N	etwa 3 Monate
Plantosan	20/10/15/6 + Sp	Ureaform-N	2–3 Monate
Triabon	16/8/12/4 + Sp	Crotodur-N	3–4 Monate
Tewalin	2,7/1,4/4,7 + Sp	Ionenaustauscher	
	Nährstoffgehalt in g/l		
Lewatit HD 5	18/7/15 + Sp	Ionenaustauscher	3–6 Monate
Lewatit HD 5 plus	18/7/15/7/12 + Sp	Ionenaustauscher	3–6 Monate

* Die meisten der aufgeführten Dünger sind auch mit anderen Nährstoffgehalten und unterschiedlichster Wirkungsdauer erhältlich.
Sp = Spurenelemente

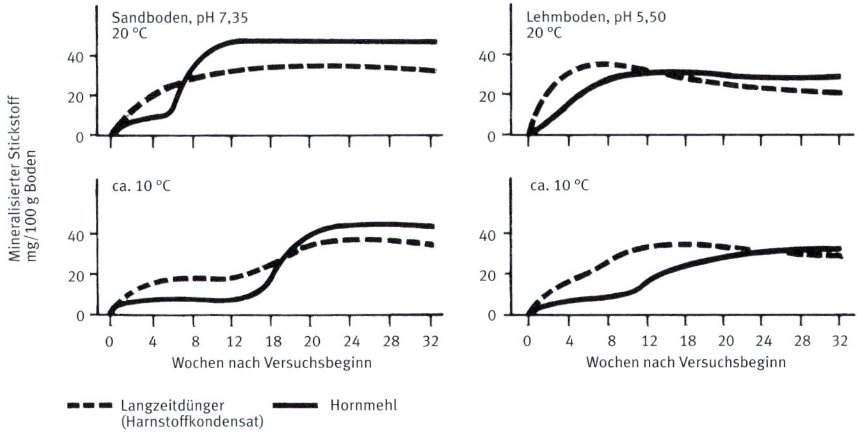

Abb. 220
Nährstofffreisetzung von Langzeitdüngern und organischen Düngern.

Abb. 221
Nährstofffreisetzung bei umhüllten Salzdüngern. (Mit freundlicher Genehmigung von Scotts International B.V.)

außen in Richtung der viel niedrigeren Salz-Konzentration der Boden-/Substrat-Lösung (siehe Abb. 221). Dünger, die dem beschriebenen Wirkungsprinzip folgen, tragen fast alle den Namensbestandteil „**cote**" (= umhüllt): z.B. Osmo**cote**, Planta**cote** usw. (siehe Tabelle 74).

Wirkungsdauer. Grundsätzlich gilt: Je **dicker die Hülle** ist, **desto langsamer** diffundieren die Nährstoffe nach außen und desto länger hält die Wirkung an. Bei **Wärme** dehnt sich die Hülle jedoch aus und das Porenvolumen nimmt zu. Außerdem beschleunigen sich Diffusionsvorgänge. Dadurch kommt es zu einer höheren Nährstoff-Freisetzung und einer kürzeren Wirkungsdauer. Die angegebene Wirkungsdauer ist daher immer auf eine bestimmte Temperatur bezogen (oft etwa 20 °C). Bei 5 °C Abweichung nach unten oder nach oben verlängert oder verkürzt sich die Wirkungsdauer um etwa 25%. Die Nährstoffabgabe erfolgt je nach Hersteller über einen Zeitraum zwischen drei und 18 Monaten (Kennzeichnung: 8–9 M = 8 bis 9 Monate; T 180 = 180 Tage).

ZUSATZINFORMATION
Mit **Depotdünger aufgedüngte Substrate** dürfen nur 10–14 Tage gelagert werden. Auch in lufttrockenem Torf ist genügend Feuchte enthalten, um die Nährstoffabgabe auszulösen.

Einsatzgebiete: Stauden und Gehölze im Container (Grunddüngung), Baumpflanzungen, Topfpflanzen mit mittlerer und längerer Kulturdauer, Dauerbepflanzungen, Kübelpflanzen und Balkonkästen im öffentlichen Grün, Schnittblumen auf Grundbeeten, Pflanzlochdüngung bei Containergehölzen.

Stickstoff in schwer abbaubaren Harnstoffverbindungen (Harnstoffkondensate)

Wirkungsprinzip. Bei diesem Düngertyp hat nur der Stickstoffanteil Langzeitwirkung. Stickstoff liegt in Form schwer abbaubarer Harnstoffverbindungen vor. Durch Umsetzungsvorgänge des Bodenlebens werden den Pflanzen Nährstoffe zur Verfügung gestellt. Aus reinen Harnstoffverbindungen würde das Bodenleben relativ schnell Ammonium (NH_4^+) freisetzen und es wäre keine echte Langzeitwirkung möglich. Erst die **Bindung des Harnstoffs an schwer abbaubare Ketten- oder Ringverbindungen** bremst die Mineralisierung. Da diese chemische Bindung unter Abspaltung von Wasser erfolgt, bezeichnet man die Reaktionsprodukte als **Harnstoffkondensate**.

DEFINITION
Kondensation: Chemische Bindung unter Abspaltung von Wasser.

Nach den chemischen Bezeichnungen der oben beschriebenen Ketten- oder Ringverbindungen unterscheidet man drei Typen:

- IB-Harnstoff (= Isobutylidendiharnstoff; Handelsname Isodur): z.B. Floranid
- CD-Harnstoff (= Crotonylidendiharnstoff; Handelsname Crotodur): z.B. Triabon
- Ureaform-N (= Harnstoff-Formaldehyd): z.B. Nitrosol, Nitroform, Plantosan, Osmoform

Wirkungsdauer. Alle Faktoren, die das Bodenleben beeinflussen, haben Auswirkungen auf die Freisetzungsgeschwindigkeit. Die Wirkungsdauer ist mit zwei bis vier Monaten deutlich kürzer als bei den umhüllten Formen. Wichtig sind **Bodenfeuchte**, **Durchlüftung** und **Temperatur**, wobei letztere einen geringeren Einfluss als bei den umhüllten Düngern hat. Unter 15°C ist die N-Freisetzung aus Harnstoffverbindungen deutlich höher als bei umhüllten Düngern. Mit steigender Temperatur nimmt die Nährstoffabgabe bei beiden Formen (siehe Abb. 222) zu. Dies ist günstig, weil die Pflanzen bei höheren Temperaturen schneller wachsen und dann mehr Nährstoffe benötigen. Im Gewächshaus kann es jedoch so heiß werden, dass das Pflanzenwachstum ge-

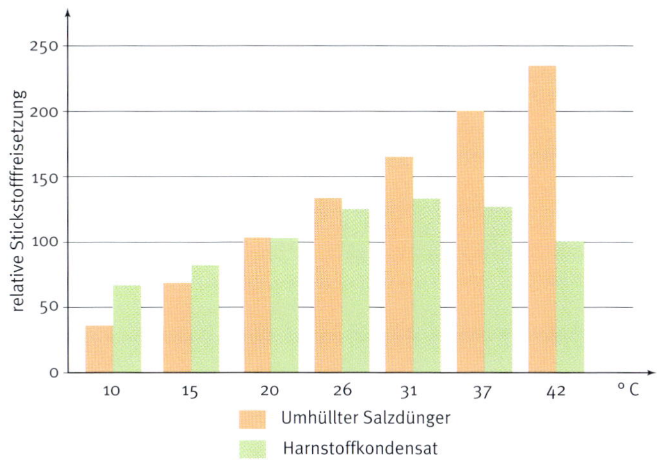

Abb. 222
Nährstofffreisetzung von Harnstoffkondensaten und umhüllten Salzdüngern bei unterschiedlichen Temperaturen.

bremst ist. Während die N-Freisetzung der Harnstoffverbindungen bei Hitze zurückgeht, nimmt sie bei den umhüllten Formen weiter zu. Schließlich sind sogar Salzschäden möglich. Teilweise wird die Wirkungsdauer auch von der Granulatgröße beeinflusst (z. B. bei Floranid).

Typische Einsatzgebiete: Rasen, öffentliches Grün, Golfplätze, Jungpflanzenanzucht, Nachdüngung von Topf- und Containerkulturen, Flächendüngung von Sträuchern.

• Ionenaustauscher-Dünger

Dieser speziell für die **Hydrokultur** entwickelte Düngertyp besteht aus festen Kunstharzkügelchen (Polystyrolharz), die wasserunlöslich sind. Die elektrisch geladenen Harze (+ und –) haben Nährstoffkationen und -anionen gebunden, die sie im Austausch gegen H^+- oder HCO_3^--Ionen abgeben. Letztere werden von den Pflanzen freigesetzt. Auch Salze, die im Gießwasser enthalten sind, bewirken eine Nährstofffreisetzung. Ionenaustauscher-Dünger vermindern gleichzeitig die Konzentration nicht benötigter oder sogar schädlicher Salze im Gießwasser. Aufgrund ihres besonderen Wirkungsprinzips kommt es selbst bei überhöhten Düngergaben nicht zu Salzschäden. Es sind immer nur so viele Ionen im Wasser gelöst, wie die Pflanze aufnehmen kann. Bei weichem Wasser zeigen **Lewatit HD 5** und **Tewalin** eine unbefriedigende Wirkung, da durch den geringen natürlichen Salzgehalt des Gießwassers die Austauschrate vermindert ist. **Lewatit HD 5 plus** wurde daraufhin speziell für weiches Gießwasser entwickelt. Die Düngerkügelchen gibt man auf die Substratoberfläche und bringt sie durch sorgfältiges Einwässern in den Bereich des angestauten Wassers.

Abb. 223
Ionen-Austauscher-Dünger

! ZUSATZINFORMATION
Ammoniumstabilisierte Dünger sind keine Langzeitdünger im eigentlichen Sinn. Der gesamte Stickstoff ist nach der Düngung sofort für die Pflanze verfügbar!

• Ammoniumstabilisierte Dünger

Wasserlösliche N-Formen wie Ammonium (NH_4^+) werden von Ton-/Humusteilchen gebunden oder direkt von der Pflanze aufgenommen. Nach wenigen Tagen erfolgt eine Umwandlung in das auswaschungsgefährdete Nitrat (NO_3^-)

Wiederholungsfragen

1. In welche großen Gruppen lassen sich die Langzeitdünger einteilen? Geben Sie jeweils ein Dünger-Beispiel pro Gruppe an.
2. Begründen Sie, ob es sinnvoll ist, große Mengen Substrat mit Depotdüngern auf Vorrat aufzudüngen und längere Zeit zu lagern.
3. Erklären Sie das Wirkungsprinzip von Langzeitdüngern auf der Basis eines Ionenaustauschers.
4. Warum ist bei der Verwendung von Ionenaustauscher-Düngern das Gießen mit Regenwasser nicht günstig?

ZUSATZINFORMATION

Punktdüngung (= Loch- oder Pflanzlochdüngung): Beim Topfen wird Depotdünger direkt vor dem Einsetzen der Jungpflanzen (mit Topfballen) in das vorgebohrte Pflanzloch gegeben. Spezielle Dosiergeräte lassen sich dazu auf Topfmaschinen installieren.

durch Bodenbakterien (Nitrosomonas; siehe N-Kreislauf). Bei ammoniumstabilisierten Düngern wird diese Umwandlung durch Zusatz von **Nitrifikationshemmstoffen** verzögert. Die Wirkstoffe hemmen Wachstum und Vermehrung von Bakterien. Die **Wirkungsdauer** hängt von Bodenart, -temperatur und -feuchte ab. Sie beträgt etwa **vier** bis **zehn Wochen**. Das genügt, um bei einer Freilandanwendung im Frühjahr den Zeitraum zu überbrücken, bis die Pflanzen den Boden ausreichend durchwurzelt haben. Düngemittel mit Nitrifikationshemmstoffen (z.B. Entec, Alzon usw.) reduzieren die Nitratauswaschung insbesondere auf durchlässigen Böden deutlich und verbessern somit die Ausnutzung des Düngerstickstoffs.

7.12 Düngungsmethoden

Grunddüngung (= Vorratsdüngung)

Die Grunddüngung erfolgt im Freiland vor der Saat oder Pflanzung und bei Topfkulturen schon beim Mischen des Substrates. Bei der **Punktdüngung** von Containergehölzen und Topfpflanzen findet die Düngung während des Topfens statt. Auf der Grundlage von Faustzahlen (Erfahrungswerte, Rezepte) oder von Boden- bzw. Substratanalysen werden etwa 30–70% der Gesamtdüngermenge mit der Grunddüngung abgedeckt.

Nachdüngung (= Ergänzungsdüngung)

Im Idealfall wird durch die Nachdüngung genau die Düngermenge gegeben, die sich aus den Nährstoffansprüchen der Pflanzen abzüglich des Nährstoffvorrates im Substrat / Boden zu Kulturbeginn ergibt. Nach der Art der Durchführung unterscheidet man folgende Methoden:

Kopfdüngung. Eine Kopfdüngung erfolgt in der Regel mit festen (häufig gekörnten) Düngern im Freiland auf die stehende Kultur. Die Pflanzen sollen trocken sein, um Verätzungen zu vermeiden. Im Zierpflanzenbau kann sie z.B. auch mit dem Gießgerät flüssig erfolgen.

Flüssigdüngung. Bei der Flüssigdüngung erfolgt die Zufuhr wassergelöster und damit sofort aufnehmbarer Nährstoffe. Es eignen sich nur Düngemittel, deren Bestandteile sich vollständig in Wasser lösen (siehe Tabelle 75).

Tab. 75 Beispiele für vollwasserlösliche und flüssige Spezialdünger für die Flüssigdüngung

Handelsname	Nährstoffgehalt	Eigenschaften/Einsatzbereich
Flory 3 grün	15/10/15/2	Vollwasserlösliches **Nährsalz**. Universaldünger für alle Kulturen in der Haupt-Wachstumsphase. Ausgeglichene NPK-Düngung.
Wuxal super	8/8/6	**Düngerlösung** zur Blatt- und Bodendüngung.
Kamasol rot	5/8/10	Kali- und Phosphatbetonte NPK-Düngerlösung zur Blatt- und Bodendüngung. Zu Beginn der generativen Phase.

- **Blattdüngung:** Verdünnte Nährstofflösungen werden auf das Blatt gespritzt bzw. gesprüht. Die Blattdüngung findet häufig zur Korrektur plötzlich auftretender Mangelerscheinungen Anwendung.
- **Gießdüngung (Flüssigdüngung im engeren Sinne):** Mit Gießwagen, Gießgerät oder einer Überkopfberegnung werden Nährstoffe in kurzen zeitlichen Abständen ausgebracht. Bei der **Intervalldüngung** erfolgt die Düngung ein- bis zweimal wöchentlich im Wechsel mit der Bewässerung.
- **Fertigation:** Einen Sonderfall der Flüssigdüngung stellt die Fertigation dar. Dieses „Kunstwort" ist aus den beiden englischen Bezeichnungen **„fertilization" (= Düngung) und „irrigation"** (= Bewässerung) entstanden. Man versteht darunter das Ausbringen von Düngern über die Tropfbewässerung. Dieses Verfahren wird v.a. im Obstbau und in Baumschulen eingesetzt.
- **Bewässerungsdüngung:** Die Bewässerungsdüngung gehört genau genommen nicht zu den Nachdüngungsverfahren, da die Grunddüngung im Substrat auf ein Minimum reduziert ist. Die Zufuhr von Nährstoffen erfolgt mit **jedem** Gießvorgang. Typische Beispiele sind Anstaubewässerung, Fließrinnen-, Steinwoll- und Hydrokultur.

7.13 Düngungssysteme

Die Düngung kann nach verschiedenen Verfahren erfolgen. Diese unterscheiden sich hauptsächlich hinsichtlich der Anzahl der **Düngetermine** und der verwendeten **Düngerart** (siehe Abb. 224):

Bezeichnung	Prinzip	Vor- und Nachteile
einmalige Vorratsdüngung mit löslichen Salzen		+ niedrige Düngerkosten + geringer Arbeitsaufwand – Gefahr von Salzschäden – Auswaschungsgefahr – keine Kultursteuerung
einmalige Vorratsdüngung mit Depotdüngern		+ geringer Arbeitsaufwand + kaum Auswaschung – hohe Düngerkosten – Kultursteuerung eingeschränkt
Grund- und Kopfdüngung		+ Kultursteuerung möglich – erhöhter Arbeitsaufwand
Grund- und Intervalldüngung		+ gute Kultursteuerung + automatisierbar – hoher Arbeitsaufwand – hohe Investitionskosten
Bewässerungsdüngung		+ sehr gute Kultursteuerung + sehr gut automatisierbar + keine Auswaschung → häufig geschlossene Systeme – hoher Arbeitsaufwand – sehr hohe Investitionskosten

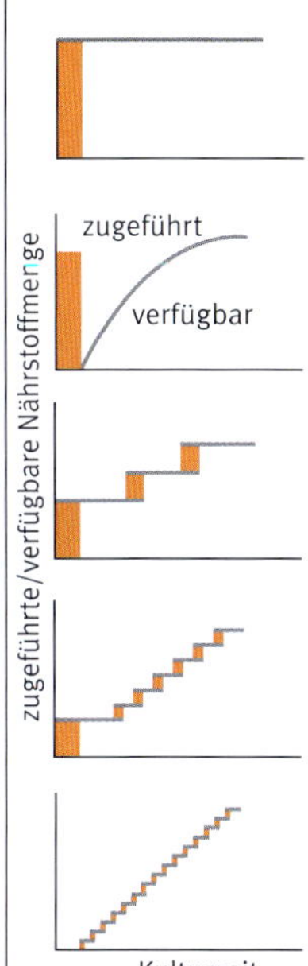

Abb. 224
Düngungssysteme

Einmalige Vorratsdüngung mit löslichen Salzen: Die gesamte Nährstoffmenge wird zu Beginn der Kultur in Form wasserlöslicher Salze verabreicht. Dies kann zu Salzschäden und Auswaschungsverlusten führen. Daher ist diese Methode nur bei Kurzkulturen gebräuchlich.

Einmalige Vorratsdüngung mit Depotdüngern: Die gesamte Nährstoffmenge wird zu Beginn der Kultur in Form von Langzeitdüngern gegeben. Die Geschwindigkeit der Nährstofffreisetzung hängt dabei in erster Linie von Boden- bzw. Substratfeuchte, -durchlüftung sowie der Temperatur ab (siehe Kapitel 7.11).

Grund- und Kopfdüngung: Der überwiegende Teil der Nährstoffe wird zu Beginn der Kultur gegeben. Die Nachdüngung kann als Kopfdüngung mit festen Düngern oder als Flüssigdüngung erfolgen.

Grund- und Intervalldüngung: Die Grunddüngung zu Kulturbeginn ist gering. Nach zwei bis drei Wochen beginnt die flüssige Nachdüngung. Sie findet in regelmäßigen Intervallen, meist ein- bis zweimal wöchentlich, in flüssiger Form statt. Sowohl über die Konzentration der Düngerlösung als auch über die Häufigkeit der Düngergaben ist eine sehr gute Anpassung an den zeitlich unterschiedlichen Bedarf der Pflanzen gegeben.

Bewässerungsdüngung: Typisch ist hier die ständige Verwendung einer Nährlösung bei minimaler Grunddüngung.

7.14 Literaturhinweise und Links

Literatur

AMBERGER, A.: Pflanzenernährung. UTB, Stuttgart, 4. völlig neubearbeitete Auflage. 1996.

FINCK, A.: Pflanzenernährung und Düngung in Stichworten. Borntraeger Verlag, 6. völlig neu bearbeitete Auflage. 2007.

KNITTEL ET AL.: Praxishandbuch Dünger und Düngung. Agrimedia Verlag, 2. verbesserte und erweiterte Auflage. 2012.

RÖBER, R. und SCHACHT, H.: Pflanzenernährung im Gartenbau. Eugen Ulmer Verlag, Stuttgart, 4. Auflage. 2008.

SCHILLING, G.: Pflanzenernährung und Düngung. Ulmer Verlag, Stuttgart. 2000.

SCHUBERT, S.: Pflanzenernährung. Grundwissen Bachelor. UTB, Stuttgart, 2. korrigierte Auflage. 2011.

Links

http://www.

ble.de → website der „Bundesanstalt für Landwirtschaft und Ernährung“ mit vielen weiterführenden Links

hortigate.de → bundesweiter, kostenpflichtiger Informationsdienst für den Gartenbau. Träger Zentralverband Gartenbau mit finanzieller Unterstützung des „Bundesministeriums für Ernährung, Landwirtschaft und Verbraucherschutz“ und der „Bundesfachgruppe Gemüsebau“

hortipendium.de → internetbasiertes Nachschlagewerk für gärtnerische Berufe und den Freizeitgartenbau. Gefördert durch das Bundesministerium für Ernährung, Landwirtschaft und Verbraucherschutz“

kali-gmbh.com → website der K + S KALI GmbH mit vielen Informationen zu K- und Mg-Düngemitteln

landwirtschaft-mlr.baden-wuerttemberg.de → „Infodienst Landwirtschaft – Ernährung – ländlicher Raum – Baden-Württemberg“ mit Links auf Staatliche Lehr- und Versuchsanstalten und Informationen zu Düngungsthemen im Gartenbau

vdlufa.de → viele Informationen zu Düngungsthemen

8 Pflanzenschutz

> **ZUSATZINFORMATION**
>
> **Verfärbungen.** Durch ungenügende Chlorophyllbildung bzw. durch Chlorophyllzerstörung vergilben normalerweise grüne Pflanzenteile. Diese **Chlorose** ist die häufigste krankhafte Verfärbung. Manche Pflanzen reagieren mit einer Rotfärbung. Braun- und Schwarzfärbung steht meist in Verbindung mit Absterbeerscheinungen.
>
> **Welken.** Der Verlust des Turgors (Welkeerscheinung) beruht auf einer Störung des Wasserhaushaltes. Ursachen der Welke können eine verringerte Wasseraufnahme (z.B. durch Wurzelschäden), gestörte Wasserleitung (z.B. durch verstopfte Gefäße) oder eine erhöhte Wasserabgabe (aufgrund einer Stoffwechselstörung) sein.
>
> **Formveränderungen.** Das Kräuseln von Blättern oder das Verkrümmen von Blattstielen gehören zu den einfachen Veränderungen. Mehr oder weniger starke Wuchshemmungen sind ebenfalls häufige Krankheitszeichen. Aber auch krebsartige Wucherungen oder Gallen, örtlich begrenzte Wachstumssteigerungen, können durch Schaderreger ausgelöst werden.
>
> **Absterbeerscheinungen.** Gewebezerstörungen mit brauner Verfärbung, die auf kleine Bereiche beschränkt bleiben, nennt man **Nekrosen**. Nekrosen sind häufig der Anfang von **Fäulen**, d.h. von Gewebezerstörungen, die sich über größere Bereiche ausdehnen. Man unterscheidet nach der Festigkeit des zerstörten Gewebes Nass- bzw. Trockenfäulen.
>
> **Beschädigungen.** Verletzungen an den Pflanzen entstehen durch fressende Schadtiere, aber auch durch Hagel, Wind, Einsatz von Geräten u.a. Über diese Beschädigungen dringen dann Fäulniserreger ein.

Gärtner müssen die Merkmale (Symptome) von Pflanzenschäden und ihre Ursachen erkennen, um die richtigen Gegenmaßnahmen ergreifen zu können. Die Zusammenhänge zwischen Umwelt, Kulturmaßnahmen und dem Auftreten bestimmter Krankheiten und Schädlinge sollten ebenfalls erfasst werden. Und nicht zuletzt müssen Gärtner/innen über die bestehenden Gefahren bei der Anwendung von Pflanzenschutzmitteln und der Durchführung von Pflanzenschutzmaßnahmen Bescheid wissen.

8.1 Ursachen von Pflanzenschäden

Häufig ist es nur ein Mangel oder ein Überschuss an bestimmten Wachstumsfaktoren, die zu unerwünschten krankhaften Veränderungen an Pflanzen führen. Diese **unbelebten** (abiotischen) Schadursachen spielen eine wichtige Rolle, weil sie nicht nur unmittelbare Schäden hervorrufen, sondern auch die Voraussetzung für Erkrankungen schaffen. Zu den **belebten** (biotischen) Schadursachen gehören Viren, Phytoplasmen, Bakterien, Pilze und tierische Organismen (Nematoden, Schnecken, Milben, Insekten, Nagetiere, Vögel). Letztere verursachen keine Krankheiten, sondern Beschädigungen an den Pflanzen.

Um die Krankheitsursachen einwandfrei zu erkennen, geben die Symptome (Schadbild) meist eindeutige Hinweise. Man unterscheidet zwischen Verfärbungen, Welken, Formveränderungen, Absterbeerscheinungen und Beschädigungen.

8.2 Unbelebte Schadursachen

Witterung, Boden, Nährstoffversorgung, Luftverunreinigung und falsche Kulturmaßnahmen können ebenfalls Ursachen für Pflanzenschäden sein. Diese Schäden ermöglichen oft erst die Besiedelung der Pflanzen mit Krankheitserregern oder Schädlingen, weil sie die Pflanzen verwunden oder allgemein schwächen. Krankheiten aufgrund unbelebter Schadursachen können aber nicht von Pflanze zu Pflanze weiterverbreitet werden, wie es bei den Infektionskrankheiten möglich ist.

Einflüsse der Witterung – niedrige Temperaturen

Kälteschäden zeigen sich durch Wuchshemmungen, Missbildungen und Verfärbungen (Vergilben, Rotfärbung). Sie entstehen nach längerfristiger Einwirkung zu niedriger Temperaturen vor allem bei Zierpflanzen aus tropischen und subtropischen Gebieten. **Frostschäden** hingegen treten bei empfindlichen Pflanzen bereits nach kurzfristigem Absinken der Temperatur unter den Gefrierpunkt auf. In den Zellen und Zellzwischenräumen bildet sich Eis und die Zellen werden entwässert. Krautige Pflanzen färben sich nach Frosteinwirkung schwarz oder sie faulen, holzige schrumpfen oder es treten Missbildungen auf (Frostrisse).

Bei Immergrünen, vor allem bei Koniferen, tritt die sogenannte **Frosttrocknis** auf. Die Blätter bzw. Nadeln werden braun und fallen ab. Ursache der Frosttrocknis ist ein gefrorener Boden in Verbindung mit ansteigender Lufttemperatur oder intensiver Sonneneinstrahlung, die zur Erwärmung der grünen Pflanzenteile führt. Die Pflanze wird aktiv und verdunstet Wasser. Aus dem Boden kann aber kein Wasser aufgenommen werden; folglich vertrocknen die oberirdischen Pflanzenteile.

Hitzeschäden treten bei uns im Freiland selten auf. Sie führen zu typischen Verbrennungserscheinungen („Sonnenbrand" = weiße bis braune Blattverfärbungen). Meist sind Pflanzenteile betroffen, die plötzlich sehr starker Sonneneinstrahlung ausgesetzt sind, wie z.B. bei Kübelpflanzen, die aus dem Winterquartier ausgeräumt wurden.

Lichtmangel zeigt sich in starkem Längenwachstum (Vergeilen = Etiolement) und weichem Gewebe. Die Pflanzen vergilben und werden anfälliger gegenüber Schädlingen und Krankheiten. Das fehlende Licht verhindert die Chlorophyllbildung und die Fotosynthese.

Zu hohe Luftfeuchtigkeit fördert vor allem die Ansteckung mit blattparasitischen Pilzen. Sie kann bei manchen Pflanzen sogenannte Korkwucherungen hervorrufen. Es sind dann kleine, warzenartige Erhebungen auf der Blattunterseite zu sehen, z.B. bei Geranien.

Wind, Hagel und Schnee führen zu mehr oder weniger großen Wunden, die den Krankheitserregern ermöglichen, in die Pflanzen einzudringen.

Ungünstige Bodenverhältnisse

Pflanzenschäden, deren Ursachen im Boden liegen, beruhen meist auf Störungen der Wasser- und Nährstoffversorgung. Die Folgen von **Nährstoffmangel oder -überschuss** wurden bereits in den Kapiteln 7.5 und 7.6 behandelt.

Bei **Wassermangel** welken die Pflanzen, es treten Trockenschäden auf. Das Welken beruht auf dem Abfall des Turgors. Bei **Wasserüberschuss** welken die Pflanzen ebenso. Das viele Wasser im Wurzelbereich führt zu Sauerstoffmangel und behindert damit die Wasser- und Nährsalzaufnahme. Durch den Sauerstoffmangel können auch pflanzenschädliche Stoffe entstehen (z.B. Nitrit), die Wuchshemmungen verursachen. Besteht der Wasserüberschuss über einen längeren Zeitraum, liegt **Staunässe** vor.

Die Ursache von Blattrandnekrosen, Absterbeerscheinungen am Blattrand (Abb. 225), kann ein zu **hoher Salzgehalt** des Bodens sein. Die Salze sind entweder durch eine zu hohe Düngung oder durch die Verwendung von Streusalz in den Boden gelangt. Der hohe Salzgehalt hemmt die Osmose und damit die Wasseraufnahme, im Extremfall kommt es zur Plasmolyse in den Wurzelzellen.

Abb. 225
Salzschäden an Poinsettien.

Bearbeitungsmaßnahmen

Bei Kulturarbeiten, z.B. bei allzu leichtsinnigem Umgang mit Maschinen und Geräten, werden immer wieder Pflanzen unnötig verletzt. Diese Wunden schaffen die Voraussetzungen für nachfolgende Erkrankungen. Schäden entstehen auch durch unsachgemäße Bodenbearbeitung, vor allem wenn der Boden dabei verdichtet wird. Folgenreich kann die schlampige Anwendung von

Pflanzenschutzmitteln sein. Um Schäden zu vermeiden sind insbesondere die Dosierung, die Verträglichkeit, der Anwendungstermin, die Sonneneinstrahlung u.v.a. zu beachten. Speziell beim Einsatz von Herbiziden ist äußerste Sorgfalt notwendig. Am besten verwendet man für die Ausbringung der Herbizide nur dafür bestimmte Geräte.

Luftverunreinigungen

Die Luft wird durch Industrie, private Haushalte und Verkehr verschmutzt. Für die Pflanze gefährlich sind **Schwefeldioxid** (SO_2) und **Fluorwasserstoff** (HF). Schwefeldioxid führt zu Ausbleichungen auf der gesamten Blattspreite, später entstehen Nekrosen. Besonders empfindlich reagieren Spinat, Gurke, Zierpflanzen und Nadelbäume. Schwefeldioxid entsteht in größeren Mengen bei der Verbrennung von Kohle und Erdöl. Wenn sich die Blätter bzw. Nadeln an der Spitze oder an den Rändern rot färben, liegt eine Fluor-Schädigung vor. Später rollen sich die Blattränder ein und das Blatt stirbt ab. Nadelgehölze, Steinobst, Tulpen und insbesondere Gladiolen gehören zu den gefährdeten Pflanzen. Fluorwasserstoff wird bei der Aluminiumherstellung, aus Ziegeleien und Keramikbetrieben frei.

8.3 Viren

Abb. 226
Rosenmosaikvirus

Virussymptome

Virusinfektionen führen zu Wachstumshemmungen und Ertragsminderungen. Manche Pflanzen zeigen einen rosettenartigen Wuchs (Staucheeffekt), der durch die gehemmte Internodienstreckung bewirkt wird. Besonders häufig findet man an den Blättern stellenweise Aufhellungen, hellgrüne bis weißliche Blattpartien wechseln mit dunkelgrünen Bereichen ab (Mosaik).

Dieses Mosaik kann mit genetisch bedingten Panaschierungen verwechselt werden. Neben dem Mosaik gelten auch ring-, band-, oder linienförmige Muster als relativ sichere Hinweise für eine Viruserkrankung. Auch Adernaufhellungen, Buntstreifigkeit der Blüten oder Missbildungen verschiedener Pflanzenorgane (Blattkräuselungen, Hexenbesen, Vertiefungen an Früchten, u.a.) können von Viren herbeigeführt werden. Verschiedene Viren führen zu Ertragseinbußen, ohne dass typische Krankheitsbilder sichtbar werden (latente Viren). Sie spielen vor allem im Obstbau eine große Rolle.

Bau und Eigenschaften der Viren

Viren

- sind etwa 200 nm groß (1 nm = 10^{-6} mm), stäbchen- oder kugelförmig,
- bestehen aus einer Eiweißhülle und einem Stück Erbsubstanz (Nukleinsäuremolekül),
- haben keinen eigenen Stoffwechsel und sind daher unbedingt auf eine lebende Wirtszelle angewiesen,
- schleusen ihr Erbgut in die befallenen Zellen ein und programmieren diese um.

Die Wirtszelle stellt keine pflanzlichen Stoffe mehr her, sondern neues Virusmaterial.

Virusübertragung

Viren sind nicht in der Lage, selbst in eine Pflanzenzelle einzudringen. Sie brauchen Wunden, die ihnen den Eintritt ermöglichen oder Überträger.

- **Vektoren** sind Transportwirte, also Lebewesen, die Krankheitserreger von befallenen auf nicht befallene Pflanzen übertragen können. Blattläuse, Thripse und Zikaden sind die häufigsten Virusüberträger. Aber auch Nematoden, Milben und sogar Pilze oder Schmarotzerpflanzen kommen in Frage.
- **Samen und Pollen** von erkrankten Pflanzen können Viren übertragen.
- **Vegetative Vermehrung.** Werden von erkrankten Pflanzen Teile für die Vermehrung entnommen, sind diese genauso infiziert. Dies gilt ebenfalls für die Verwendung kranker Edelreiser oder Unterlagen.
- **Mechanische Übertragung.** Das Arbeiten im Pflanzenbestand (beispielsweise Schnittmaßnahmen) trägt ganz erheblich zur Verbreitung von Virosen bei. Dabei gelangen Viren über Wunden in neue Zellen. Winzige Wunden entstehen aber bereits beim Berühren benachbarter Pflanzen.

Bekämpfung der Viren

Viren können nicht direkt bekämpft werden. Deshalb spielen hier vorbeugende Bekämpfungsmaßnahmen die größte Rolle. Jungpflanzenbetriebe müssen virusfreie Mutterpflanzenbestände aufbauen, damit die Gärtner virusfreies Saat- und Pflanzgut verwenden können. Virusfreie Pflanzen werden durch Gewebekulturen angezogen. Dabei macht man sich die Tatsache zunutze, dass die Viruskonzentration zu den Vegetationspunkten hin abnimmt. Zur Erzeugung virusfreier Obstgehölze verwendet man die Wärmetherapie. Die Pflanzen werden bei hohen Temperaturen kultiviert, so dass die Triebe schneller wachsen als der Virus voranschreitet. Der Neuzuwachs ist dann nahezu virusfrei.

ZUSATZINFORMATION

Im eigenen Betrieb muss man alles tun, um eine Virusübertragung zu verhindern. Das bedeutet:

- strenge Pflanzenhygiene,
- Bekämpfung der Vektoren,
- kranke Pflanzen rechtzeitig entfernen und vernichten,
- Desinfektion der Schnittwerkzeuge,
- Unkrautbekämpfung. Unkräuter dienen bestimmten Viren als Zwischenwirte.

8.4 Bakterien

Schadbild. Durch Bakterien können viele verschiedene Krankheitssymptome hervorgerufen werden. Beispiele für Bakteriosen sind:

- Wässrige oder ölig durchscheinende Blattflecken → Ölfleckenkrankheit der Begonie, Brennfleckenkrankheit an Bohnen → verursacht durch Bakterientoxine.
- Nassfäulen an Rüben, Knollen, Zwiebeln → ausgelöst durch Bakterien, die die Mittelamellen enzymatisch zerstören und so den Gewebeverband auflösen.
- Absterbeerscheinungen der Rinde bei Zier-, Obstgehölzen → Feuerbrand.
- Krebsartige Wucherungen → Wurzelkropf durch von Bakterien abgesonderte Wuchsstoffe.
- Blättrige Gallen am Stängelgrund mancher Pflanzen.
- Welkeerscheinungen → Geranienwelke durch massenhaftes Auftreten der Bakterien in Gefäßen.

Merkmale der Bakterien

Pflanzenpathogene (Krankmachende) Bakterien

- sind 1–5 µm groß und stäbchenförmig,
- besitzen keinen echten Zellkern (Prokaryoten),

Abb. 227
Feuerbrand

Abb. 228
Geranienwelke

- haben Geißeln zur Fortbewegung im Wasser,
- können Schleimkapseln bilden, was ihnen das Überleben unter ungünstigen Bedingungen sichert,
- vermehren sich durch Teilung.

Bakterien können die intakte Kutikula nicht überwinden. Die Infektion ist möglich über nicht kutinisierte Pflanzenteile, wie Wurzelhaare und Narbe oder Nektarien in der Blüte. Auch über natürliche Körperöffnungen (Spaltöffnungen, Lentizellen, Wasserspalten) dringen sie in die Pflanzen ein. Am einfachsten ist jedoch die Infektion über Wunden, auch natürliche Wunden, wie die Narben der Blatt- und Fruchtstiele. Das Vorhandensein von Wasser auf der Pflanzenoberfläche fördert die Infektion.

Übertragung von Pflanze zu Pflanze:
- Tiere (blütenbesuchende Insekten, Vögel), Menschen (bei Kultur-, Pflegemaßnahmen) →Vektoren.
- Bearbeitungsgeräte (z.B. Schnittwerkzeuge).
- Wind und Wasser (Gießwasser).

Von einer Vegetationsperiode zur nächsten:
- Infizierte Pflanzen oder deren Reste im Boden.
- Verseuchtes Substrat, Kulturgefäße oder Geräte.

Bekämpfung

Die Bekämpfung besteht hauptsächlich in **vorbeugenden Maßnahmen**.
- Beseitigung von Pflanzenresten.
- Vermeidung von Wunden.
- Verwendung von gesundem Pflanzgut.

Direkte Maßnahmen

- Entfernen und Vernichten befallener Pflanzen.

ZUSATZINFORMATION

Eine wichtige Bakteriose – Der Feuerbrand

Wirtspflanzen: Pflanzen der Gattungen *Malus*, *Pyrus*, *Chaenomeles*, *Crataegus*, *Pyracantha*, *Sorbus* u.a.

Hauptsymptome: Blätter, Blüten und Früchte verfärben sich graubraun bis schwarz. Hakenartiges Einkrümmen der erkrankten Triebspitzen, Schleimbildung.

Entwicklung: Die Bakterien überwintern in erkrankten Rindenteilen. Sie vermehren sich im Frühjahr und werden von dort durch Regen oder Insekten auf Blätter und Blüten übertragen. Befallene Pflanzenteile welken und werden schwarz. Die Bakterien wandern in die Triebe ein (hakenförmiges Einkrümmen). Durch die Gefäße (Phloem) breiten sich die Bakterien in Ästen und Stamm aus.

Bekämpfung: Rodung der befallenen Bäume und anderer Wirtspflanzen. Anwendung von Kupferpräparaten dämmt die Krankheit etwas ein.

Eine **chemische Bekämpfung** ist nur begrenzt möglich.

- Teilerfolge sind durch die Behandlung der Pflanzen mit Kupferpräparaten zu erzielen.
- Antibiotika sind nicht zugelassen. Nur zur Bekämpfung des Feuerbrandes waren in der Vergangenheit Ausnahmegenehmigungen erteilt worden.

8.5 Pilze

Merkmale. Pilze sind chlorophyllfreie, heterotrophe Lebewesen. Der Pilzkörper besteht aus fädigen **Hyphen**, deren Gesamtheit als **Myzel** (Pilzgeflecht) bezeichnet wird.

Bedeutung. Die Pilze sind eine artenreiche Gruppe von Organismen, (etwa 300 000 Arten). Ein großer Teil lebt saprophytisch oder parasitisch auf Pflanzen oder deren Rückständen.
Saprophyten sind Pilze, die sich von toter organischer Substanz ernähren. Parasiten hingegen benötigen lebende organische Substanz, also andere Lebewesen, um sich zu versorgen. Pilze verursachen je nach Klima und Kultur Ertragsausfälle von 10 bis 25%.

Systematik. Die Pilze, die Pflanzenkrankheiten auslösen können, werden nach dem Bau ihres Körpers in die **Schleimpilze** (Myxomycota) und die **Echten Pilze** (Eumycota) eingeteilt. Für die weitere Untergliederung der Echten Pilze sind der Bau ihrer Hyphen, ihr Entwicklungsgang oder die Art der geschlechtlichen Fortpflanzung maßgeblich.

Vermehrung. Die Fortpflanzung findet bei den meisten Arten sowohl geschlechtlich (sexuell) als auch ungeschlechtlich (asexuell) statt. Die Verbreitung der Pilze geschieht hauptsächlich mit Sporen (Konidien) aus der ungeschlechtlichen Entwicklung (Nebenfruchtform). Sporen aus der geschlechtlichen Vermehrung (Hauptfruchtform) dienen vor allem der Erhaltung und Überdauerung für die Pilze ungünstiger Zeiträume.

! ZUSATZINFORMATION

Sporenformen und weitere Strukturen mit besonderen Aufgaben

Zu den **geschlechtlich entstandenen Sporen** zählen die Oosporen (typisch z.B. für den Falschen Mehltau), Ascosporen (Echter Mehltau) und Basidiosporen (Rostpilze).
Als Überwinterungsorgane sind sie entweder von einer dicken Wand umgeben oder in **Fruchtkörpern** (dauerhaften Behältern) eingeschlossen.

Konidien sind asexuell entstandene Sporen, die meist aneinandergereiht an besonderen Konidienträgern sitzen. Beide sind sehr vielgestaltig je nach Pilzart.

Zoosporen sind begeißelt und können sich im Wasser fortbewegen. Sie können geschlechtlich oder ungeschlechtlich entstanden sein.

Sklerotien sind Dauerorgane bestimmter Pilze (z.B. Botrytis), die aus Hyphenzusammenlagerungen bestehen.
Es gibt eine Reihe weiterer Sporenarten und auch Strukturen, die aber bei den in diesem Buch genannten Pilzen nicht auftreten und deshalb hier auch nicht weiter behandelt werden.

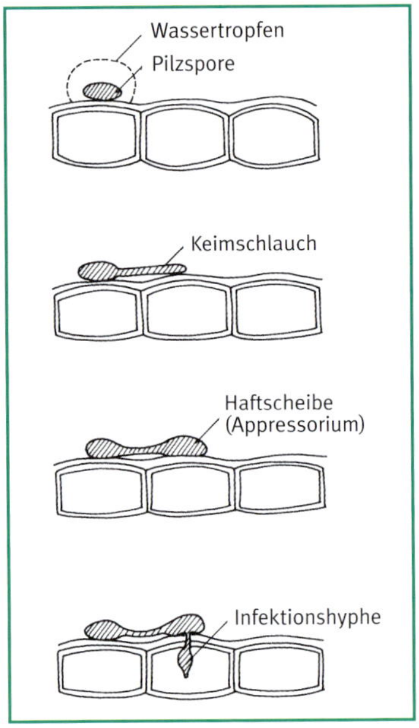

Abb. 229
Infektionsvorgang.
Sporenkeimung und Eindringen eines Pilzes durch die unverletzte Kutikula.

Infektion. Pilze können durch die unversehrte Oberfläche, natürliche Öffnungen (Spaltöffnungen) oder Wunden in das Pflanzengewebe eindringen. Im Gegensatz zu den Bakterien ist es für Pilze möglich, die unverletzte Außenhaut der Pflanze zu überwinden. Die Sporen keimen; dazu ist meist Wasser nötig. Der sich entwickelnde Keimschlauch bildet ein Haftorgan (= Appressorium), von dem aus eine Infektionshyphe die Zellwand durchwächst (Abb. 229).

Wahrscheinlich müssen zur Überwindung der Zellwand entsprechende Enzyme vorhanden sein. Die Ausbreitung in der Pflanze erfolgt durch Wachstum zwischen und in den Zellen sowie in den Leitungsbahnen. Zur Ernährung wachsen **Haustorien** (besondere Hyphen) in die angrenzenden Zellen.

Lebensweise. Pilze, die sich im Innern der Wirtspflanze entwickeln, nennt man **Endoparasiten**. Sie bilden aber Frucht- und Dauerformen auf der Oberfläche (z.B. Falsche Mehltaupilze, Rostpilze). **Ektoparasiten** breiten sich auf der Oberfläche der Pflanze aus (z.B. Echte Mehltaupilze).

Echter Mehltau

Schadbild: weißer, mehlartiger Belag auf der Blattoberseite, z.T. auch auf der Blattunterseite, an Knospen, Blüten und Stängeln. Erkrankte Pflanzenteile welken, werden braun und sterben ab (Abb. 234).

Wirtspflanzen: *Acer, Quercus, Rosa, Malus, Fagus, Ribes, Crataegus, Euonymus*

Entwicklung: (Abb. 231)
Im Frühjahr gelangen Ascosporen auf die Blätter (1) und keimen dort (2). Es entsteht ein Myzel auf der Blattoberfläche (Ektoparasit), von dem Haustorien in die Epidermiszellen einwachsen. Gleichzeitig erfolgt die ungeschlechtliche Vermehrung (3). An einfachen Trägern werden kettenartig Konidien gebildet, die auf gesunde Pflanzenteile gelangen und dort Neuinfektionen hervorrufen (4). Das Myzel, die Konidienträger und die Konidien überziehen die befallenen Pflanzenteile mit einem weißlichen Belag und ergeben so das typische Schadbild des Mehltaus. Gegen Ende des Sommers bilden sich im Myzel außerhalb der Pflanze Antheridien und Askogonien, männliche und weibliche Geschlechtsorgane (5). Nach der Befruchtung entstehen Asci (schlauchartige Gebilde), die Ascosporen enthalten (6). Die Asci sind in einem Fruchtkörper, dem Kleistothecium, enthalten, der von Hyphen umgeben als kleiner dunkler Körper sichtbar wird (7). Der Pilz überwintert als Fruchtkörper an Triebspitzen (Stachelbeermehltau), als Dauermyzel unter Knospenschuppen und auf abgefallenen Blättern (8). Der Echte Mehltau kann sich auch bei relativ trockenen Umweltverhältnissen stark vermehren, im Gegensatz zu den meisten anderen schädlichen Pilzen. Der Grund dafür sind die stark wasserhaltigen Konidien, die kein freies Wasser zur Keimung benötigen.

Bekämpfung:
- weiter Pflanzenabstand,
- keine N-Überdüngung,
- Verwendung wenig empfindlicher bzw. resistenter Sorten,
- Vernichtung befallener Pflanzenteile,
- Rückschnitt,
- Pflanzenstärkungsmittel,
- mehrere Behandlungen mit Fungiziden, wie z.B. Discus.

Abb. 230
Echter Mehltau

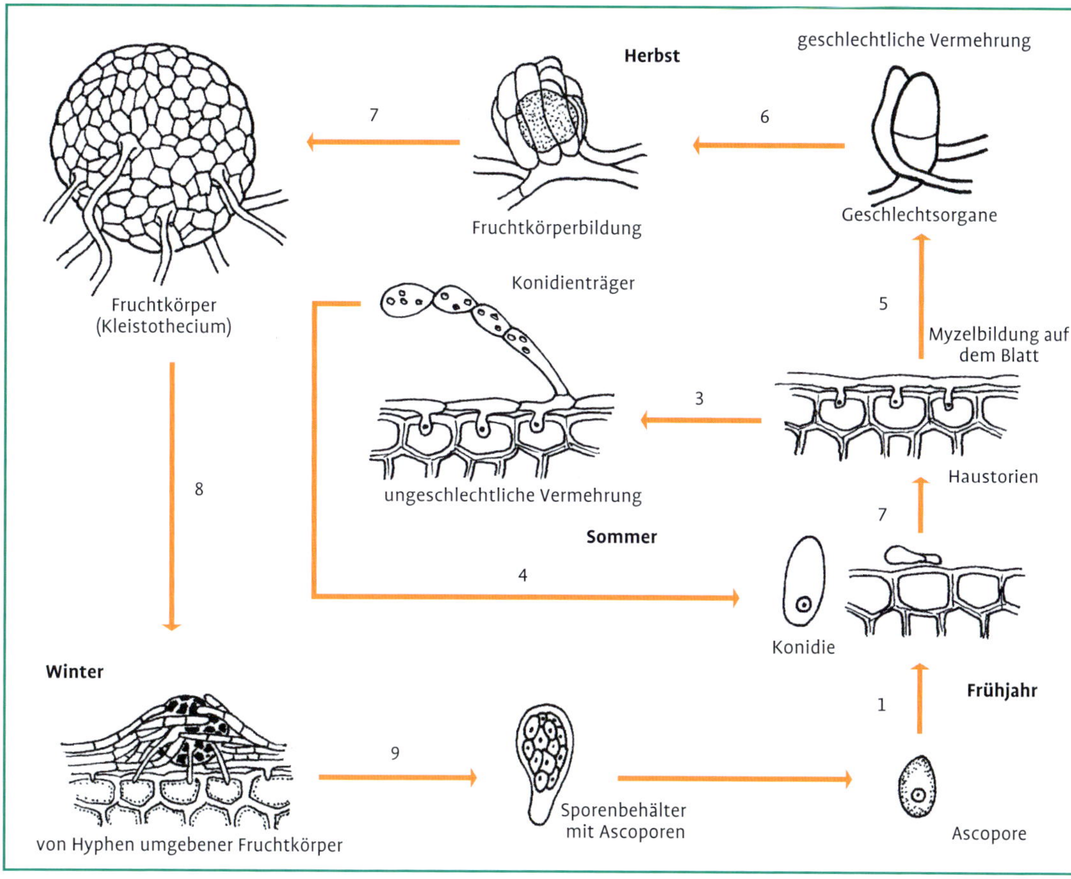

Abb. 231
Entwicklungskreislauf des Echten Mehltaus.

Falscher Mehltau

Schadbild: Weißlich grauer, mehlartiger Belag auf der Blattunterseite. Auf der Blattoberseite bleichgelbe unscharfe Flecke, die später dunkel werden. Bei starkem Befall Blattfall. Triebe, Früchte und Blütenblätter können ebenfalls befallen werden (Abb. 232).

Wirtspflanzen: *Rosa, Vitis, Viola, Parthenocissus, Matthiola*

Entwicklung: (Abb. 233)
Im Frühjahr keimen die in abgefallenen Blättern überwinterten Oosporen aus (2). Es bilden sich Sporenbehälter, die durch den Regen auf die unteren Blätter gelangen (3). Es entstehen schließlich Zoosporen (4), die sich auf die Spaltöffnungen zubewegen (4). Mit einem Keimschlauch gelangen sie durch die Spaltöffnungen in die Blätter (6) und wachsen in den Zellzwischenräumen weiter (7). Von dort dringen sie mit Haustorien in die Zellen ein. Nach kurzer Zeit zeigt sich auf der Blattunterseite der weißliche Pilzrasen. Es sind die Konidienträger, die aus den Spaltöffnungen herauswachsen (ungeschlechtliche Vermehrung, 8). Die Konidien werden durch den Wind auf gesunde Blätter übertragen und entlassen Zoosporen, die Neuinfektionen hervorrufen. Gegen Ende der Vegetationsperiode entstehen im Blatt Geschlechtsorgane (Oogonien und Antheridien,

Abb. 232
Falscher Mehltau an Wein

9). Nach der „Befruchtung“ bildet sich eine derbwandige Oospore (10), die mit abfallenden Blättern auf den Boden gelangt und dort überwintert (11).

Abb. 233
Entwicklungskreislauf des Falschen Mehltaus.

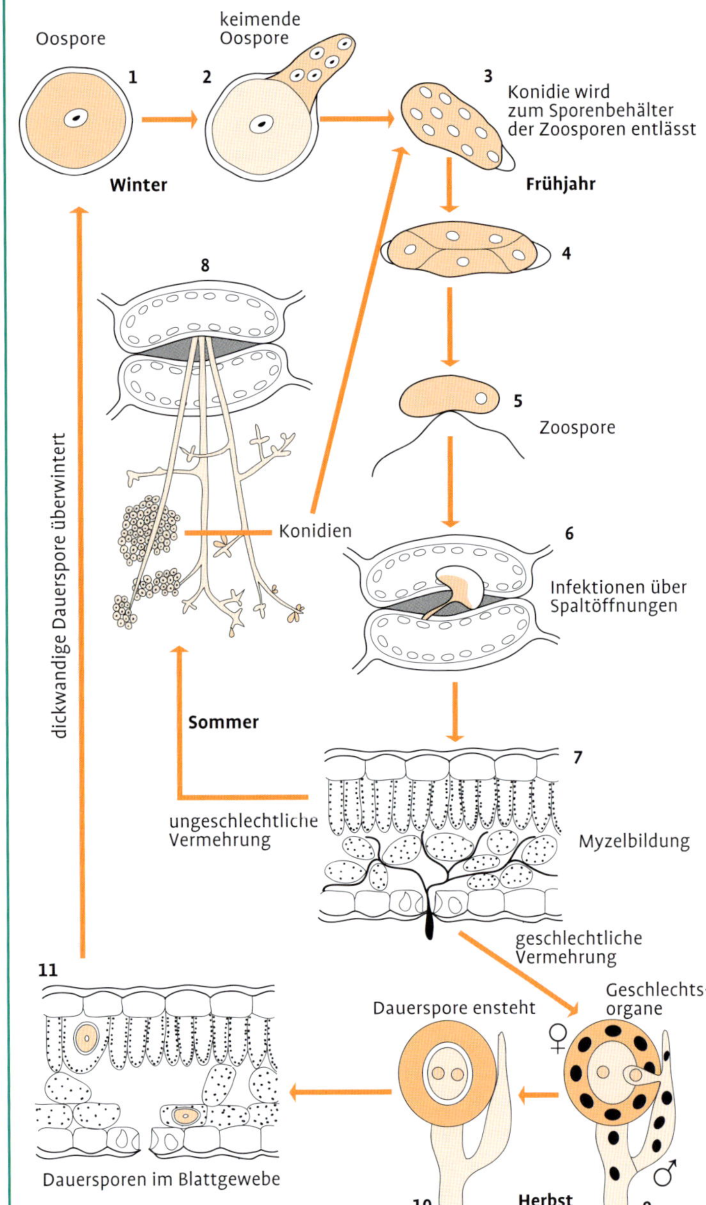

Bekämpfung:
- Beseitigung der Blattrückstände,
- hohe Boden- und Luftfeuchte vermeiden,
- kein zu dichter Stand,
- Schnittmaßnahmen,
- Einsatz von Fungiziden (z.B. Previcur N).

Rostpilze (Beispiel Birnengitterrost)

Schadbild: Auf der Blattoberseite orangerote Flecken, auf der Blattunterseite große warzenartige Auswüchse. Vorzeitiger Blattfall.

Abb. 234
Birnengitterrost.

Entwicklung: (Abb. 235)
Im Krankheitszyklus der Rostpilze treten bis zu fünf verschiedene Sporenarten auf. Sie entstehen in besonderen Lagern auf der Blattunterseite, sind aber auch auf anderen Pflanzenteilen (z.B. Stängeln) zu finden. Die sogenannten **Teleutosporen**, widerstandsfähige dickwandige Wintersporen, keimen im Frühjahr mit kleinen keulenförmigen Gebilden, den Basidien. Von diesen werden geschlechtlich unterschiedlich festgelegte haploide Sporen **(Basidiosporen)** abgeschnürt. Mit dem Wind gelangen diese auf den Zwischenwirt und greifen das Gewebe an.

Abb. 235
Krankheitszyklus eines wirtswechselnden Rostpilzes.

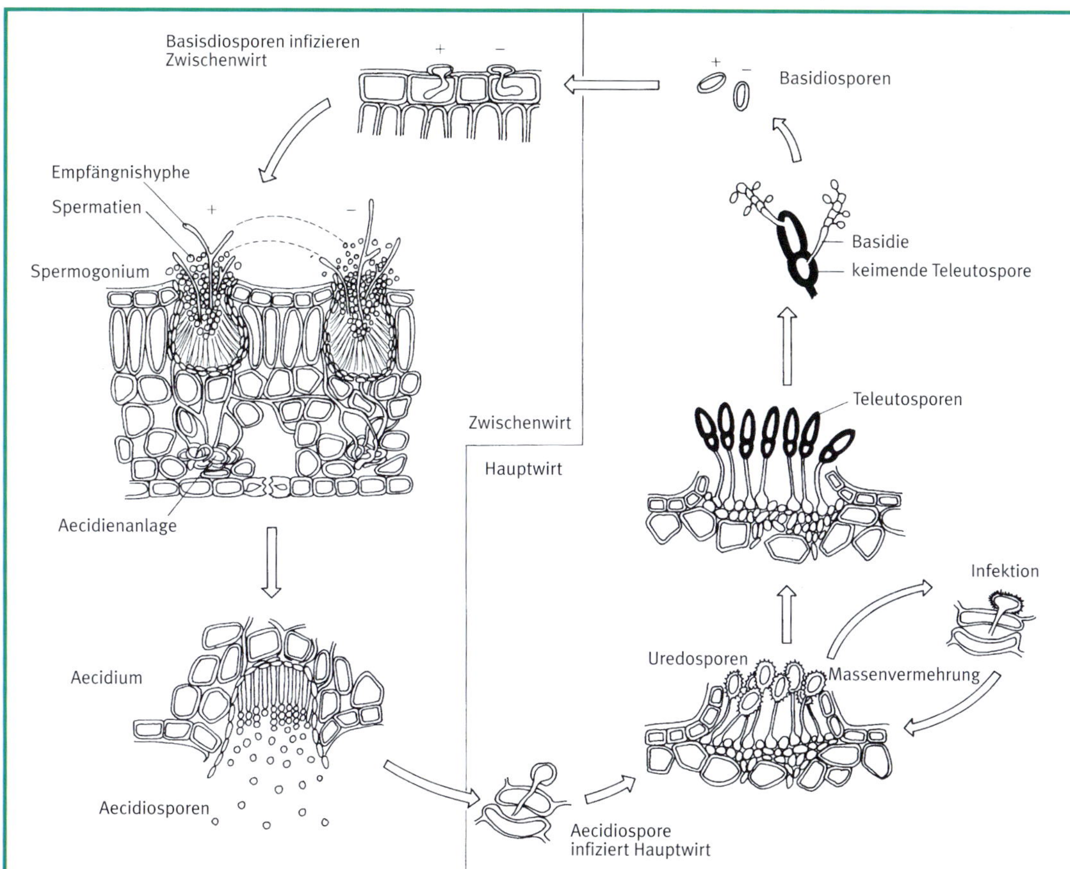

Auf der Blattoberseite entstehen jetzt kleine, becherförmige Lager, die Spermogonien. Darin befinden sich die **Spermatien** und die Empfängnishyphen (fadenförmige Gebilde). Nach der Befruchtung – Spermatien müssen auf Empfängnishyphen eines andersgeschlechtlichen Spermogoniums treffen –, brechen auf der Blattunterseite becherförmige Sporenlager, die Aecidien hervor. Die darin gebildeten **Aecidiosporen** infizieren wieder den Hauptwirt. Dort entstehen die typischen rostfarbenen pustelartigen Lager der „Sommersporen", die man **Uredosporen** nennt. Sie verursachen durch Masseninfektionen den Hauptschaden.

Gegen Ende der Vegetationsperiode treten dann in ähnlichen Lagern die dickwandigen, meist schwarz gefärbten Teleutosporen auf. Der Entwicklungskreislauf ist geschlossen. Es gibt von diesem beschriebenen Entwicklungszyklus mannigfache Abwandlungen.

Wirtswechselnde Rostpilze brauchen für ihre Entwicklung zwei Wirtspflanzen. Nach den Sporenformen, die sich auf ihnen bilden, unterscheidet man den Haupt- vom Zwischenwirt. So findet man die Berberitze als Zwischenwirt für den Getreideschwarzrost, eine Wolfsmilchart für den Nelkenrost. Auch der Birnengitterrost (Birne / Wacholder) und der Weymouthskieferblasenrost (Weymouthskiefer / Johannisbeere) sind wirtswechselnd. Andere Rostpilze entstehen nur auf einer Pflanze, wie Chrysanthemenrost und Rosenrost oder Spargelrost.

Bekämpfung:
- Entfernen einer der beiden Wirtspflanzen,
- Schutz durch vorbeugende Fungizidbehandlungen.

Abb. 236
Grauschimmel an Erdbeeren.

Grauschimmel (Botrytis)

Schadbild: Nussfarbige, weichfaule Stellen mit mausgrauem dickem Schimmelrasen an allen oberirdischen Pflanzenteilen (besonders beschädigten).

Wirtspflanzen: Begonien, Fuchsien, Chrysanthemen, Geranien, Erdbeeren, Wein, Gemüse (Kopfsalat, Buschbohnen).

Entwicklung: Der Pilz überwintert an abgestorbenen Pflanzenteilen und mit Hilfe von kleinen Sklerotien. Im Frühjahr wächst aus diesen infektionstüchtiges Myzel. Das Myzel dringt in das Gewebe ein und zerstört es. Die Ausbreitung im Bestand erfolgt durch massenweises Auftreten von Konidien, die am Myzel entstehen. Wunden an bereits geschädigten Pflanzen und hohe Luftfeuchtigkeit begünstigen die Infektion (Schwächeparasit).

Bekämpfung:

1. Vorbeugend:
- optimale Kulturführung (vorteilhafte Belichtung, mäßige N-Düngung, gute K-Versorgung),
- vorsichtig gießen, damit die Pflanzen abtrocknen,
- heizen, lüften,
- Pflanzen immer wieder durchputzen, erkrankte Pflanzenteile entfernen.

2. Direkt
- Einsatz von Fungiziden, z.B. Score, Ortiva

Wiederholungsfragen und Aufgaben

1. **Im Gartenbau entfallen 50 bis 60% der Pflanzenschäden auf sogenannte abiotisch bedingte Schädigungen.**
   a) Erklären Sie den Begriff abiotisch bedingte Schädigung.
   b) Nennen Sie vier abiotische Krankheitsursachen.
   c) Wie unterscheiden sich Infektionskrankheiten von abiotischen Schadursachen? (2 Angaben)
2. **Ein älterer, schön gewachsener Rhododendronbusch zeigt einen typischen Eisenmangel.**
   a) Beschreiben Sie die Mangelerscheinungen.
   b) Erläutern Sie zwei Gründe, warum es nach Jahren guten Wachstums nun zu diesen Mangelerscheinungen kommen konnte.
   c) Erklären Sie, warum in diesem Fall eine Blattdüngung einer Düngung über den Boden vorzuziehen ist.
3. **Straßenbäume sind in besonderem Maße durch Umwelteinflüsse gefährdet.**
   a) Nennen Sie drei solche negativen Einflüsse und beschreiben Sie Schäden, die dadurch an den Bäumen hervorgerufen werden können.
   b) Beschreiben Sie jeweils eine Maßnahme, mit der sich oben genannte Schäden bei den Bäumen abschwächen oder vermeiden lassen.
4. **Viren sind eine bedeutende Gruppe von Krankheitserregern an Obst- und Ziergehölzen.**
   a) Was sind Viren?
   b) Nennen Sie fünf Übertragungsmöglichkeiten von Viren?
   c) Wodurch schädigen Viren Pflanzen?
   d) Beschreiben Sie an einer Pflanze das Schadbild, das ein Virusbefall hervorruft.
   e) Weshalb sind meristemvermehrte Pflanzen virusfrei?
   f) Welche Anforderungen stellt der BDB an Vermehrungsmaterial von Obstgehölzen?
   g) Nennen Sie vier Maßnahmen, die gegen Viren ergriffen werden können.
5. **Feuerbrand ist eine meldepflichtige Krankheit.**
   a) Welche Pflanzen werden von dieser Krankheit befallen? (4 Gattungen)
   b) Woran ist die Krankheit zu erkennen? Beschreiben Sie die Symptome an Blatt, Trieb und Stamm.
   c) Nennen Sie drei typische Kennzeichen von Bakterien.
   d) Wodurch schädigen Bakterien Pflanzen?
   e) Nennen Sie vorbeugende und direkte Maßnahmen zur Bekämpfung des Feuerbrands.
6. **Auf Blättern, Blütenkelchen und Trieben von Rosen zeigt sich ein weißlicher bis grauweißer mehlartiger Belag. Bei starkem Auftreten werden die Blätter missfarben oder bekommen ein rötliches Aussehen, verkrüppeln und vertrocknen schließlich.**
   a) Um welche Pilzerkrankung handelt es sich (Begründung)?
   b) Erklären Sie, wie der Belag und die Folgesymptome entstehen.
   c) Nennen Sie drei weitere Pflanzengattungen, die diese Pilze befallen.
   d) Skizzieren Sie an einem Blattquerschnitt die Lebensweise des Krankheitserregers.
   e) Durch welche Kulturfehler werden die Pflanzen anfälliger für diese Pilze? (3 Angaben)
   f) Geben Sie zwei wirksame Fungizide gegen diesen Erreger an.
7. **Bei Pilzen unterscheidet man zwischen Innen- und Außenpilzen.**
   a) Erklären Sie diese Begriffe, und nennen Sie dazu einen Pilz.
   b) Welche Mehltauart würden Sie als „Schönwetterpilz" bezeichnen? (Begründung)
   c) Erklären Sie folgende Begriffe: Spore, Myzel, Haustorium, Konidie.
8. **Neben den von den Gärtnern hauptsächlich kultivierten Samenpflanzen gibt es eine Vielzahl völlig anders beschaffener „Pflanzen". Dazu zählen auch die Pilze.**
   a) Benutzen Sie das umseitige Schema, um die Unterschiede darzustellen.
   b) Welche Ernährungsweise bevorzugen die folgenden Pilze?
      - ein Champignon wächst auf einem Pferdemistkompost
      - der Steinpilz wächst unter bestimmten Laubbäumen
      - ein Mehltaupilz lebt auf bzw. in einem Laubblatt

Pilze	Samenpflanzen	
Äußerer Bau		
Fortpflanzung		
Ernährung		

8.6 Schadtiere

In der folgenden Übersicht (siehe Tabelle 76) sind die wichtigsten tierischen Schädlinge aufgeführt. Sie orientiert sich an der gängigen Einteilung des Tierreiches in Stämme, soweit diese für den Pflanzenschutz Bedeutung haben.

8.6.1 Nematoden

Nematoden, auch Fadenwürmer oder Älchen genannt, sind drehrunde, äußerlich ungegliederte fadenförmige Würmer. Sie sind von einer gegenüber chemischen Einflüssen sehr widerstandsfähigen Außenhaut umgeben. Die pflanzenschädlichen Formen besitzen einen Mundstachel (siehe Abb. 237) und weisen eine sehr geringe Größe (etwa 1 mm) auf. Ihre Fortpflanzung erfolgt normalerweise durch Eier (zwischen 100 bis 1000 pro Weibchen), die in den Boden, an oder in die Pflanze abgelegt werden. Nach mehreren Larvenstadien (meist vier) ist unter Freilandbedingungen nach sechs bis acht Wochen ein geschlechtsreifes Tier herangereift.

DEFINITION

Pflanzenschutzmittel, die eine Wirkung gegen bestimmte Tiergruppen haben, werden mit folgenden Fachbegriffen gekennzeichnet:

- Nematizide = Mittel gegen Nematoden
- Molluskizide = Mittel gegen Schnecken
- Akarizide = Mittel gegen Spinnmilben
- Insektizide = Mittel gegen Insekten
- Rodentizide = Mittel gegen Nagetiere
- Repellents = Abschreckungsmittel, Vergrämungsmittel (Mittel, die Schädlinge von den Pflanzen fernhalten)
- Pheromone = Sexuallockstoffe, Schreckstoffe

ZUSATZINFORMATION

Das „Reich der Tiere" ist ähnlich aufgeteilt wie das „Reich der Pflanzen".
In der Botanik wird jedoch nicht von „Stämmen" sondern von „Abteilungen" gesprochen (siehe Kapitel 1.2)

Tab. 76 Übersicht tierische Schädlinge

Reich	Tiere	
Stamm	**Hohlwürmer**	**Weichtiere**
Klasse	**Nematoden (Fadenwürmer)**	**Schnecken**
Beispiele	• Wurzelnematoden • Blattnematoden • Stängelnematoden	• Gehäuseschnecken • Nacktschnecken • Ackerschnecken • Wegschnecken
Pflanzenschutzmittel/ Beispiele*	**Nematizide:** • Nemathorin 10G	**Molluskizide:** • Compo Schneckenkor • Ferramol Schneckenk • Derrex (Eisen III-Phos • Mesurol Schneckenko

* Anwendungsbeispiele ohne Gewähr! Aktuelle Zulassungslage auf www.bvl.bund.de (Bundesamt für Verbraucherschutz und Lebensmitttelsicherheit) überprüfen
→ Pflanzenschutzmittelverzeichnis

Im Gewächshaus sind bis zu zehn Generationen pro Jahr möglich. Für ihre Entwicklung benötigen sie Feuchtigkeit und ganz besonders Sauerstoff. Aus diesem Grund können sie sich auf durchlässigen sandigen Böden besser entwickeln als auf staunassen. Bei Trockenheit sind sie in der Lage, sehr widerstandsfähige Ruhestadien auszubilden. Im Einzelfall hat man Nematoden beobachtet, die nach 39 Jahren **Trockenstarre** wieder aktiv wurden. Der an das Wasser angepassten, schlängelnden, aalähnlichen Fortbewegungsweise verdanken sie auch die Bezeichnung **„Älchen"**. Aufgrund ihrer geringen Größe können Nematoden durch aktive Wanderung nur kurze Strecken überwinden. Meist werden sie passiv durch Tiere, Wind, Wasser, Bodenbearbeitungsgeräte, verseuchte Erde, Saat- und Pflanzgut verschleppt. Parasitische Nematoden-Arten findet man übrigens auch im Tierreich (z.B. Pferdespulwurm, Trichinen). Diese können deutlich größer werden als die pflanzenschädlichen Formen.
Nach den hauptsächlich **befallenen Pflanzenorganen** teilt man Nematoden folgendermaßen ein:

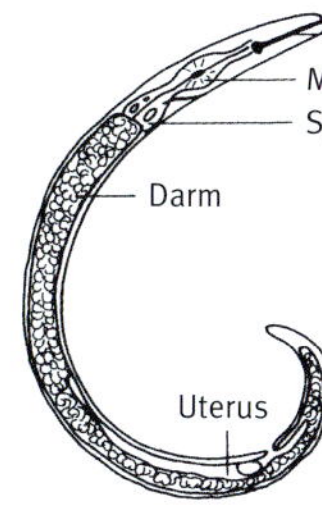

Abb. 237
Schematische Darstellung eines Nematoden.

Gliederfüßer		**Wirbeltiere**	
Spinnentiere	**Insekten**	**Vögel**	**Säugetiere**
• Rote Spinnmilbe • Weichhautmilben • Gallmilben	• Blattlaus • Schildlaus • Weiße Fliege • Thripse • Dickmaulrüssler • Apfelwickler • Thujaminiermotte • Trauermücke • Wiesenschnake • Minierfliege	• Star • Amsel • Dompfaff • Sperling • Saatkrähe • Tauben • Fasan	**a) Nagetiere** • Wühlmaus • Rötelmaus • Feldmaus • Ratte **b) Hasentiere** • Kaninchen • Hasen **c) Paarhufer** • Rehwild
• **Akarizide:** • Floramite 240 SC • Apollo • Magister 200 SC • Kiron	**Insektizide:** • Spruzit neu • NeemAzal-T/S • terrex Universal-Insektizid • Kaliseife **Pheromone:** • RAK 3	**Repellents:** zur Zeit sind keine Mittel für den Gartenbau zugelassen	**a) Rodentizide:** • Wühlmausköder Arrex • Segetan-Giftweizen • Polytanol P **b) und c) Repellents** • Certosan WildStopp • Arbinol B • Morsuvin

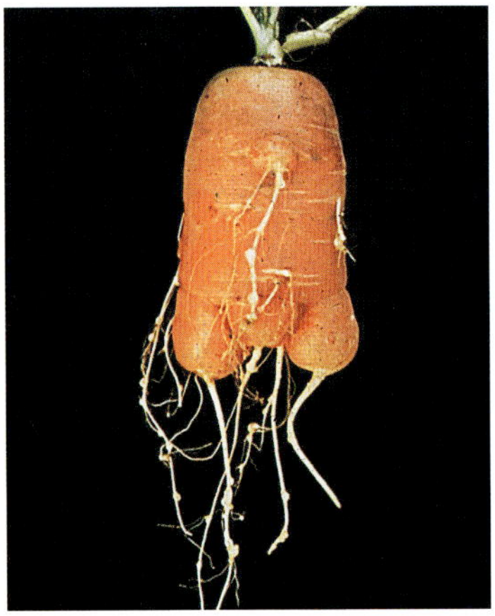

Abb. 238
Wurzelgallenälchen an Möhren.

Wurzelnematoden

Wandernde Wurzelnematoden. Diese Nematoden der Gattung *Pratylenchus* schwimmen frei im Bodenwasser. Sie stechen mit ihrem **Mundstachel** das Wurzelgewebe an und saugen die Zellen von außen aus. Eine Spezialisierung auf bestimmte Wirtspflanzen gibt es nicht. Der Befall ist im Freiland daran zu erkennen, dass größere Pflanzenbestände „**nesterweise**" auftretende **Wachstumshemmungen** zeigen. Diese gehen mit Blattverfärbungen wie bei Nährstoffmangel einher. Ein großflächiger Befall kommt selten vor, da die Fadenwürmer nur geringe Entfernungen zurücklegen können. Als Folge des Befalls entstehen an den Wurzeln Nekrosen, die oft in Trockenfäule übergehen. Die Pflanzen reagieren häufig mit einer **krankhaft starken Wurzelneubildung**. Wurzelnematoden spielen auch bei der sogenannten „**Bodenmüdigkeit**" (v.a. an Rosengewächsen) eine wichtige Rolle.

Wurzelgallenälchen. Nematoden der Gattung *Meloidogyne* gehören zu den festsitzenden Wurzelnematoden. Auch sie schwimmen zunächst im Bodenwasser. Die Larven dringen in die Wurzeln ein und setzen sich fest. Durch Abgabe giftigen Speichels werden die Bildung von Riesenzellen und das Anschwellen des Wurzelgewebes angeregt. Es entwickeln sich **Verdickungen (Gallen)** von mehreren Zentimetern Durchmesser (siehe Abb. 238).

In diesen Gallen bleiben die Weibchen eingeschlossen. Sie erzeugen mehrere hundert Eier, die in ihrem Körper heranreifen. Danach sterben sie ab und bleiben als Schutzhülle für die Eier und die sich daraus entwickelnden Larven noch eine Zeitlang erhalten. Beim Zerfall der Gallen gelangen die Nematoden wieder in den Boden zurück und können andere Pflanzen befallen. Oberirdisch treten die gleichen Schadsymptome auf wie bei den wandernden Wurzelnematoden. Zahlreiche Zierpflanzen-Arten, speziell unter Gewächshausbedingungen (Rosen, *Phlox*, Knollenbegonien, *Gerbera*, Chrysanthemen), aber auch viele Gemüsearten (Erbsen, Möhren, Salat, Tomaten) werden befallen.

Abb. 239
Blattälchen an Sinningia.

Blattnematoden

Blattnematoden (*Aphelenchoides*-Arten) leben anfangs ebenfalls im Bodenwasser. Bei günstigen Bedingungen schwimmen sie zur Bodenoberfläche und weiter an der Pflanze empor, wenn diese mit Wasser benetzt ist. Sie dringen über Spaltöffnungen in die Blätter ein, leben in den Zellzwischenräumen und saugen von dort die Blattzellen aus. Da die Blattadern für die Nematoden ein unüberwindbares Hindernis darstellen, zeigt sich der Befall in schwarzbraun verfärbtem, **nekrotischem Gewebe**, welches **durch die Blattadern scharf begrenzt** ist (siehe Abb. 239). Zahlreiche Zierpflanzenarten (Chrysanthemen, Gloxinie, Farne), Stauden und Erdbeeren werden befallen.

Abb. 240
Stängelälchen an Hydrangea.

Stängelnematoden

Stängelälchen (*Ditylenchus*-Arten) werden bevorzugt am Stängel, an Zwiebeln und Knollen schädlich. Sie dringen über die Epidermis in das Gewebe ein und schaden dort durch Saugtätigkeit. Dabei lösen sie mit Hilfe ihres Speichels die Mittellamelle der Zellwände auf, was zu einer schwammigen Auflockerung des Gewebes führt. **Missbildungen** in Form von Kräuselungen, Verdrehungen, Verbiegungen und Verdickungen (siehe Abb. 240) sind die Folge. Zwiebelschuppen von Zwiebeln können sich grau, bräunlich oder gelblich verfärben. Häufig befallen werden *Dianthus barbatus, Hyacinthus, Hydrangea, Narcissus, Phlox*, Zwiebeln und Erdbeeren.

Bekämpfung

Um eine Verschleppung von Nematoden zu vermeiden, sind **Hygienemaßnahmen** äußerst wichtig. Bei Blattälchen sind befallene Einzelpflanzen sofort zu entfernen und zu vernichten. Die sorgfältige Reinigung von Gewächshaustischen und Stellagen mit heißem Wasser kann eine Neuinfektion durch Wurzelgallenälchen verhindern. Der Einsatz systemisch wirkender Mittel (**Nematizide**) zeigt bei Blattälchen Erfolg. Schäden an Freilandkulturen durch wandernde Wurzelnematoden können durch Anbau von *Tagetes*-Arten (**Feindpflanzen**) als Vor- oder Zwischenkultur vermindert werden. Leider sind die Kosten hierfür relativ hoch. Auf kleineren Freilandflächen oder im Gewächshaus ist eine Bekämpfung von Wurzelnematoden auch durch eine **Bodendämpfung** (30 Minuten bei 70°C) oder eine chemische **Bodendesinfektion** mit Basamid möglich. Eine weitgestellte **Fruchtfolge** (mindestens vierjährig) kann den Befall ebenfalls reduzieren.

Bodenmüdigkeit

Im Zusammenhang mit Nematoden taucht insbesondere bei Rosengewächsen der Begriff „Bodenmüdigkeit" auf. **Was heißt Bodenmüdigkeit?** Wird die gleiche Pflanzenart über einen längeren Zeitraum auf ein und derselben Fläche angebaut, sind häufig geringere Erträge und ein nachlassendes Wachstum zu beobachten. Andere Pflanzenarten gedeihen auf dem gleichen Boden dagegen normal. Nach einmaligem Anbau der betreffenden Pflanzenart hat der Boden offenbar die Fähigkeit verloren, einer bestimmten Pflanzenart oder Pflanzengruppe als optimaler Standort zu dienen. Ähnliche Erscheinungen beobachtet man außer an Rosengewächsen auch an *Calluna*, *Erica* und *Rhododendron*.

Schadbild: An Rosengewächsen äußert sich der Schaden in einem stark gebremsten Längen- und Dickenwachstum (verkürzte Internodien → „**Rosettenwuchs**"), der Bildung schmaler und kleinerer Blätter sowie einem verkleinerten Wurzelsystem. In größeren Beständen treten diese Symptome „nesterweise" auf. Auch nach mehreren Jahren Anbaupause kann es wieder zu Schäden kommen.

Ursachen: Vergleicht man das beschriebene Schadbild mit den Schäden, die z.B. durch **wandernde Wurzelnematoden** verursacht werden, stellt man bemerkenswerte Ähnlichkeiten fest. Leider lässt sich das Problem der Bodenmüdigkeit nicht ausschließlich durch eine Bekämpfung der Nematoden beseitigen. Bewegliche Nematoden werden durch Temperatureinwirkung von 45 bis 50°C vollständig abgetötet. Nach Einwirkung von 100°C heißem Wasserdampf wachsen die Pflanzen jedoch deutlich besser. Eine fundierte Erklärung dieser Beobachtungen steht noch aus.

Nach neueren Erkenntnissen verursachen Strahlenpilze (Actinomyceten) beim Apfel Bodenmüdigkeit. Gegen viele der genannten Theorien (siehe Zusatzinformation) spricht, dass die Bodenmüdigkeit auch bei einmaligem, kurzzeitigem Anbau entstehen kann.

Gegenmaßnahmen: Obwohl man die Bodenmüdigkeit immer noch nicht ausreichend erforscht hat, ist sicher, dass der Nematodenbefall für einen sehr großen Anteil der beschriebenen Symptome verantwortlich ist und dass alle vorher beschriebenen Bekämpfungsmaßnahmen, insbesondere **Bodendämpfung** und **Entseuchung**, die Bodenmüdigkeit deutlich verringern können. Diese

ZUSATZINFORMATION

Weitere Theorien zu **Ursachen** der Bodenmüdigkeit:

- Bodenverdichtung,
- einseitiger Nährstoffmangel (**Nährstoffmangeltheorie**),
- Anreicherung hemmender Wurzelausscheidungen durch eng verwandte Pflanzenarten, die das gegenseitige Einwachsen in den eigenen Wurzelbereich verhindern wollen,
- Bildung von Giftstoffen bei der Zersetzung abgestorbener Wurzeln oder Anreicherung von hemmenden Stoffwechselausscheidungen durch die Wurzeln (**Toxintheorie**),
- starke Vermehrung schädlicher Bodenpilze (Pythium, Thielaviopsis) und Nematoden durch jahrelange Monokultur (**Organismentheorie**).

Wiederholungsfragen

1. Erläutern Sie, warum die Bodenmüdigkeit durch eine gezielte Bekämpfung der Nematoden nicht vollständig ausgeschaltet werden kann.
2. Warum kann ein Nematodenbefall auch nach einer mehrjährigen Anbaupause erneut auftreten?
3. Vergleichen Sie den Befall durch wandernde Wurzelnematoden mit dem Befall durch Wurzelgallenälchen, indem Sie zu den Schadsymptomen eine Tabelle anlegen.

Methoden sind im Freiland auf größeren Flächen jedoch mit erheblichen Problemen und Kosten verbunden. Wenn möglich, besteht die einfachste Gegenmaßnahme in einem **Flächenwechsel** oder dem Anbau anderer Kulturen.

8.6.2 Schnecken

Schnecken gehören als eigenständige zoologische Klasse (Gastropoda) zu den Weichtieren. In unseren Regionen werden in erster Linie Nacktschnecken schädlich, während Gehäuseschnecken bevorzugt in wärmeren, trockeneren Gebieten vorkommen. Die größte Bedeutung haben Ackerschnecken (*Deroceras*-Arten) und Wegschnecken (*Arion*-Arten). Die große Wegschnecke kann bis zu 15 cm Körperlänge erreichen, während Ackerschnecken selten größer als 3 bis 5 cm werden.

Tab. 77 Theoretische Nachkommen eines Schneckenpaares in einem Jahr

Generation	Anzahl Schnecken bei 100 % Überlebensrate	Anzahl Schnecken bei 20 % Überlebensrate
1	2 Schnecken x 300 Nachkommen **600 Schnecken**	2 Schnecken x 60 Nachkommen **120 Schnecken**
2	600 Schnecken x 300 Nachkommen **180000 Schnecken**	120 Schnecken x 60 Nachkommen **7200 Schnecken**

Schadbild

Schnecken verursachen alljährlich große Fraßschäden in gartenbaulichen Kulturen. Insbesondere bei Jungpflanzen kann es zum **Totalfraß** kommen. Typische Schadsymptome sind **Rand-, Loch- oder Schabefraß** an allen oberirdischen Pflanzenteilen (siehe Abb. 241). Ein deutlicher Hinweis auf Schneckenbefall sind **Schleimspuren** an befallenen Pflanzenteilen. Oft findet man auch schmierige, graugrüne **Kothäufchen**. Besonders beliebt bei Schnecken sind Salvien, Strohblumen, Zinnien, Sommerastern und viele Gemüsearten (Salat, Erbse, Bohne u.a.). Bestimmte Pflanzen, wie Tomate, Ysop, Kapuzinerkresse und Thymian, werden dagegen weitgehend gemieden.

Abb. 241
Schneckenfraß

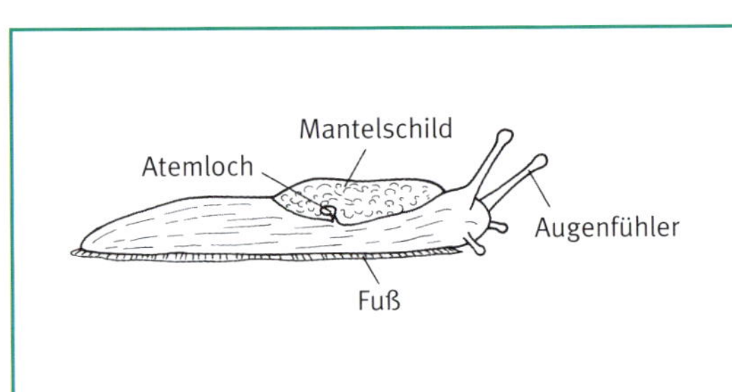

Abb. 242
Nacktschnecke schematisch

Lebensweise

Nacktschnecken besitzen einen in Kopf, Fuß, Mantel und Eingeweidesack gegliederten Körper (siehe Abb. 242). Am **Kopf** befinden sich zwei Paar Fühler, wobei die längeren die Augen tragen. Der **Fuß** ist mit einer Kriechsohle ausgestattet. Am Vorderende des Fußes wird sogenannter Sohlenschleim ausgeschieden, der zusammen mit den im Fuß liegenden Muskeln die gleitende Fortbewegung der Schnecken ermöglicht. Davon leitet sich auch die Bezeichnung „**Gastropoda**" ab, was „**Bauchfüßler**" bedeutet. Der **Mantel** umhüllt den **Eingeweidesack** mit allen wichtigen inneren Organen. Schnecken besitzen eine weiche Haut, die durch Absonderung eines verdunstungshemmenden Schleims vor Wasserverlusten geschützt wird. Da Schnecken zu 85% aus Wasser bestehen, ist dieser Schutz lebensnotwendig. Der typische Schabe- oder Lochfraß wird durch die besondere Ausprägung der Zunge, einer sogenannten „**Radula**", hervorgerufen. Diese ist mit chitinhaltigen Zähnchen besetzt und arbeitet wie eine Reibeplatte. Schnecken sind **Zwitter**, also Männchen und Weibchen zugleich. Die Tiere durchlaufen zunächst ein männliches Stadium. Bei einer Paarung treffen zwei Männchen aufeinander, die sich gegenseitig befruchten. Die Samen werden zwischengelagert, bis nach der Paarung die weibliche Phase einsetzt. Die entstehenden Eier werden von den gespeicherten Samen befruchtet. Von Frühsommer bis Herbst werden oft mehrere hundert Eier in Erdhöhlen abgelegt. Die Jungtiere erreichen etwa 6 Wochen nach dem Schlüpfen die Geschlechtsreife. Die Überwinterung kann in allen Stadien an geschützten Orten erfolgen. Erwachsene Schnecken sterben in strengen Wintern ab. Eier überstehen auch starke Fröste.

Bekämpfung

Schon immer wurde versucht, die feuchteliebenden Schnecken durch gezielte Austrocknung der Tiere bzw. ihrer Umgebung loszuwerden. Wichtig ist die Beseitigung von **Schlupfwinkeln** (Grabenböschungen, Hecken usw.) oder die direkte Beseitigung von Bodenfeuchte, z.B. durch eine Drainage. Um die Kulturen vor dem Einwandern der Schnecken aus angrenzenden Brachflächen oder Wiesen zu schützen, hat sich die Anlage etwa 50 cm breiter **Schutzstreifen** aus Branntkalk, Kalkstickstoff, Lavagranulat, Gesteinsmehl oder Sägespänen bewährt. Diese Schutzstreifen müssen nach Regenfällen erneuert werden. Bei kleineren Flächen kann das Absammeln von Hand den Schneckenbefall vermindern. Die Anpflanzung sogenannter „**Fangpflanzen**" (*Datura stramonium, Tagetes, Salvia splendens*) erhöht die Ausbeute bei diesem Verfahren deutlich. Besonders wirksam ist der Einsatz von **Nematoden** der Art *Pharmarhabditis hermaphrodita*. Diese dringen aktiv in die Schnecken ein und übertragen dort ein Bakterium, das bei den Schnecken einen Fraßstopp verursacht. **Schneckenköder** auf der Basis eines Eisen-III-Phosphats (Ferramol) stellen erstmalig eine wirksame Alternative zum „umweltbelastenden" Schneckenkorn dar. Nach Aufnahme des Mittels stellen die Schnecken ihre Fraßtätigkeit ein und gehen zugrunde. Zu den biologischen Bekämpfungsmitteln zählt auch das Halten **Indischer Laufenten**, die sich hauptsächlich von Nacktschnecken ernähren. Natürlich vorkommende Nützlinge sind Igel, Kröten, Spitzmäuse und Zauneidechsen. Schneckenzäune und Bierfallen haben nur im Kleingartenbereich Bedeutung. Herkömmliches „**Schneckenkorn**" regt die Schnecken zu übermäßiger Schleimabgabe an, woraufhin sie verenden (Wirkstoff Metaldehyd), oder es wirkt als Nervengift (Wirkstoff Methiocarb). Diese Schneckenköder sollten wegen möglicher Bodenbelastungen nur bei starkem Befall eingesetzt werden.

DEFINITION

Fangpflanzen: Köderpflanzen zur Anlockung (und zum Abfangen) bestimmter im Boden lebender und auch flugtüchtiger Schädlinge.

Wiederholungsfragen

1. Nennen Sie Schadsymptome, die auf einen Schneckenbefall hindeuten.
2. Nennen Sie fünf natürliche Feinde der Schnecken.
3. Beschreiben Sie stichwortartig, wie sich Schnecken vermehren.

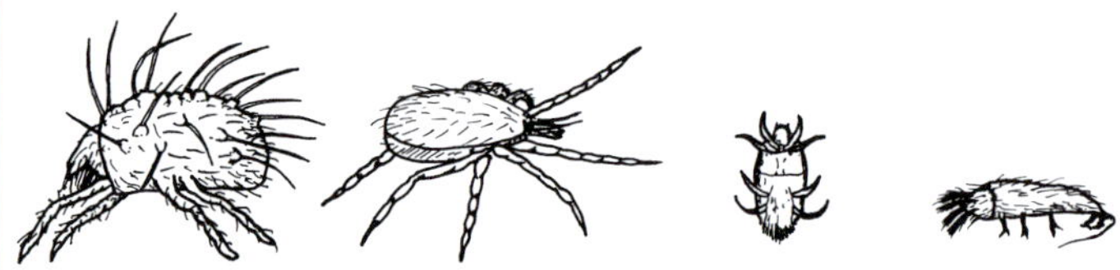

Abb. 243
Milbenarten

8.6.3 Milben (Acari)

Die zu den **Spinnentieren** gehörenden Milben sind bedeutende Schädlinge an gärtnerischen Kulturpflanzen. Im Gegensatz zu den Insekten besitzen sie **vier Beinpaare** (Ausnahme: erstes Larvenstadium und Gallmilben). Kopf, Brust und Hinterleib sind zu einem ovalen Körper verschmolzen. Sie besitzen keine Fühler und Flügel. Es sind vor allem drei Gruppen von Bedeutung:

- Spinnmilben
- Weichhautmilben
- Gallmilben

Abb. 244
Spinnmilbenbefall bei *Gerbera*.

Spinnmilben (Rote Spinne)

Sowohl unter Glas als auch im Freiland schädigen Milben und ihre Larven durch Anstechen und Aussaugen der Blätter. Die ausgesaugten Epidermiszellen füllen sich mit Luft und erscheinen gelblichweiß bis silbrig. Das Blatt wirkt fein gesprenkelt. Halten sie sich anfangs noch bevorzugt an den Blattunterseiten auf, findet man sie bei starkem Befall an der ganzen Pflanze. Die Verletzung der Epidermis mindert den Verdunstungsschutz und die Blätter rollen sich ein. Nach graubrauner Verfärbung und Vertrocknen setzt ein vorzeitiger Blattfall ein. Beim Saugen geben die Spinnmilben giftigen Speichel ab, der zu **Missbildungen** führt. Eine **Virusübertragung** ist möglich. Die Spinnmilbe legt bevorzugt an den Blattunterseiten **feine Gespinste** (siehe Abb. 244) an, in denen sie und ihre Nachkommen vor ungünstigen Witterungsbedingungen und Räubern geschützt sind. Mit bloßem Auge kann man die etwa 0,5 mm großen Milben gerade noch erkennen. Je nach Ernährungszustand sind sie gelblichgrün, orange oder rötlich (Name!) gefärbt. Die Rotfärbung tritt v.a. bei Hunger oder während der Überwinterung auf.

Tab. 78 Entwicklungsdauer von Spinnmilben (in Tagen) in Abhängigkeit von der Temperatur

°C	Ei	Larven	Imago bis Eiablage	Ei bis Ei
15	14	18	4	36
20	7	8	2	17
30	3	4	1	8

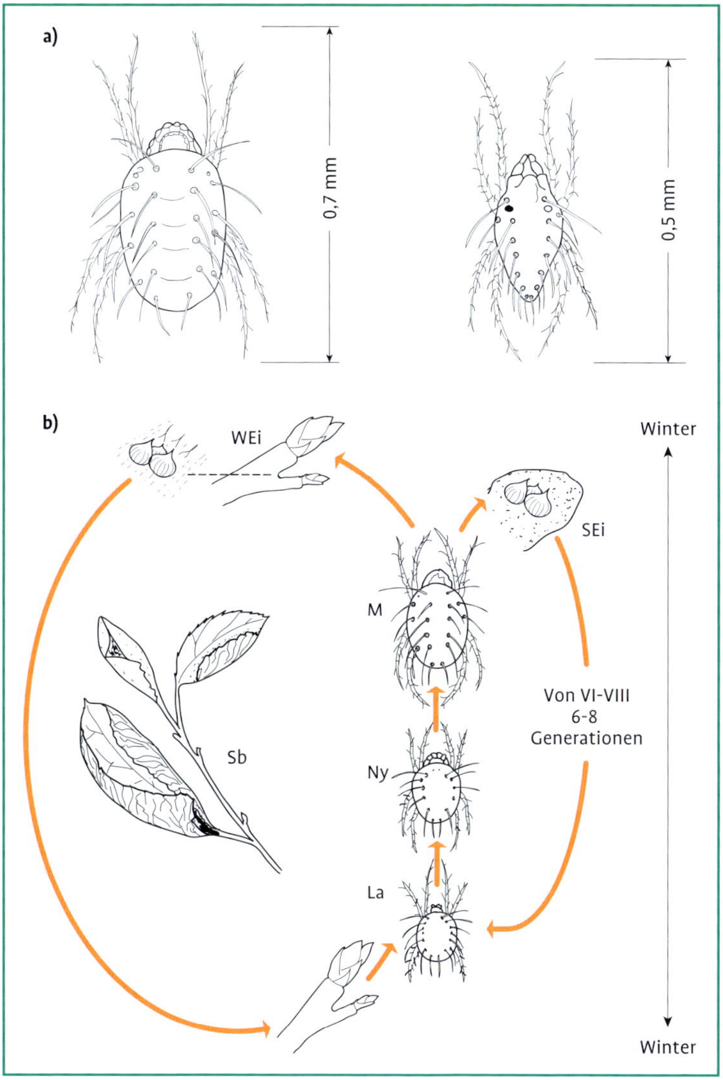

Abb. 245
Entwicklung der Obstbaumspinnmilbe (nach Börner 1997).
a weibliches und männliches Tier
b Entwicklungskreislauf
La Larve
Sb Schadbild
WEi Wintereier
SEi Sommereier

Spinnmilbenarten:

- **Obstbaumspinnmilbe** (*Panonycus ulmi*) an vielen Obstarten (v.a. Apfel, Pflaume), Rosen und Weinreben.
- **Gemeine Spinnmilbe** (*Tetranycus urticae*) an Gemüse (Bohnen, Gurken, Paprika), Obst (Äpfel, Erdbeeren), Zierpflanzen im Freiland und unter Glas (Chrysanthemen, Nelken, *Gerbera*, Rosen).
- **Nadelholzspinnmilbe** (*Oligonycus ununguis*) an Fichten und vielen anderen Nadelgehölzarten.

Lebensweise: Am Beispiel der Obstbaumspinnmilbe (siehe Abb. 245) werden die Lebensweise und die Entwicklung genauer beschrieben: Der Schädling überwintert im Eistadium am Apfelbaum. Die karminroten zwiebelförmigen Eier werden an der Rinde von Ästen abgelegt (andere Spinnmilbenarten kön-

ZUSATZINFORMATION
Raubmilben benötigen, anders als Spinnmilben, für ihre Entwicklung ein feuchtes Klima (relative Luftfeuchte mindestens 60 %) und eine Durchschnittstemperatur von 18-25 °C. Bei 22 °C entwickelt sich die Raubmilbe etwa doppelt so schnell wie der Schädling.

nen auch als erwachsenes Tier in der Borke von Gehölzen, an Unkräutern oder in Mauerfugen im Gewächshaus überwintern). Ende April schlüpft die erste Larvengeneration (1). Die **sechsfüßigen** Larven beginnen sofort mit ihrer Saugtätigkeit. Einige Wochen später entwickelt sich die zweite, **achtfüßige** Larvengeneration (2). Im Juni entstehen geschlechtsreife Tiere (3), die mit der Ablage von Sommereiern (4) beginnen. Bei Wärme und Trockenheit (siehe Tabelle 78) können noch bis zu acht Generationen folgen (5). Weibchen der letzten Generation (6) legen Wintereier an Stamm und Zweigen ab. Die Verbreitung der Milben erfolgt bei kurzen Strecken über eine aktive Wanderung. Größere Strecken werden mit Hilfe von Wind, Wasser und befallenem Pflanzenmaterial zurückgelegt.

Bekämpfung: Vorbeugend sollten in Gewächshäusern Pflanzenbestände in der Nähe von Heizrohren, Türen und der Lüftung, wo die Tiere zuerst auftreten, regelmäßig kontrolliert werden. Die chemische Bekämpfung mit **Akariziden** ist problematisch, da sich aufgrund der hohen Vermehrungsrate Resistenzen gebildet haben. Um zahlreiche Nützlinge, wie Raubmilben, Gallmücken, Marienkäfer oder Florfliegen zu schützen, sollten nützlingsschonende Mittel verwendet werden. Im Obstbau ist eine Austriebsspritzung mit **Mineralölen** gegen die Wintereier wirkungsvoll. **Raubmilben** können zur Bekämpfung der Spinnmilben eingesetzt werden. Eine Raubmilbe saugt durchschnittlich fünf ausgewachsene Spinnmilben oder 20 Eier bzw. Jugendstadien pro Tag aus. Voraussetzung für einen erfolgreichen Einsatz ist das Aussetzen der Raubmilben beim ersten Auftreten der Spinnmilben. Bei Temperaturen unter 20°C besteht die Gefahr, dass die Raubmilben absterben.

Abb. 246
Weichhautmilben an *Saintpaulia*.

Weichhautmilben

Die sehr kleinen (etwa 0,3 mm langen), weißlich durchscheinenden Tierchen verursachen bevorzugt Saugschäden an jungen Pflanzenteilen. Befallene Blätter entfalten sich oft unvollständig, sind nach oben gewölbt oder beulig (siehe Abb. 246). Empfindlichen Pflanzen zeigen Korkflecken an den Blattunterseiten. Auch fleckige, missgestaltete Blüten können Folge eines Weichhautmilbenbefalls sein. Schäden treten z.B. an *Cyclamen, Hedera, Kalanchoe,* Pflanzen aus der Familie der Gesneriaceae, an Brombeeren und Erdbeeren auf.

Lebensweise: Diese Milbenart verdankt ihren Namen der Tatsache, dass ihr Außenskelett wenig Chitin enthält. Anders als die Spinnmilbe bevorzugt die weichhäutige Milbe daher hohe Luftfeuchte bei mäßigen Temperaturen. Unter diesen Bedingungen beträgt die Entwicklungsdauer vom Ei bis zum geschlechtsreifen Tier etwa zwei Wochen.

Bekämpfung: Aufgrund ihrer versteckten Lebensweise sind sie auch mit einer guten Lupe schwer zu finden. Eine laufende Befallskontrolle ist deshalb Voraussetzung für eine erfolgreiche Bekämpfung. Mäßiger Befall kann bei Grünpflanzen durch einen kräftigen **Rückschnitt** bekämpft werden. Stark befallene Pflanzen sollten dagegen vernichtet werden. Eine chemische Bekämpfung mit **Akariziden** zeigt nur dann Wirkung, wenn sie im Abstand von wenigen Tagen mehrmals wiederholt wird und wenn die Pflanzen dabei tropfnass gespritzt werden.

Gallmilben

Gallmilben werden an zahlreichen Laubgehölzen schädlich. Sie verursachen an Blättern die Bildung von typischen Gallen, in denen sie sich vermehren und überwintern. Einer der bekanntesten Vertreter ist die Johannisbeergallmilbe. An den typischen Knospengallen (Rundknospen) kann man einen Befall erkennen (siehe Abb. 247). Diese verfärben sich ab Mitte Juni braun und öffnen sich meist nicht mehr. Wiederholt stark befallene Sträucher gehen ein.

Abb. 247
Johannisbeergallmilben

Lebensweise: Im äußeren Erscheinungsbild unterscheiden sich Gallmilben stark von anderen Milbenarten (siehe Abb. 243 Seite 274). Sie besitzen einen wenig gegliederten, wurmförmigen Körper, vier Füße und sind nur etwa 0,2 mm lang. Während des Austriebes wandern die Gallmilben aus den Rundknospen aus und werden hauptsächlich durch Wind und Transporttiere (Vögel, Blattläuse) verbreitet. Auf den Pflanzen umherwandernde Tiere saugen an Blättern und Blüten. Ab Juni dringen sie in kleine Knospen ein, die nächstes Jahr austreiben würden, und verursachen durch eine starke Vermehrung ab September das Anschwellen der Knospen. In den Rundknospen können zehntausende Milben und Eier enthalten sein.

Bekämpfung: Bei geringem Befall erzielt man gute Erfolge durch das **Ausbrechen** und Verbrennen der Rundknospen im Spätwinter. Stark befallene Pflanzen sollten gerodet werden. Für die chemische Bekämpfung ist **Netzschwefel** geeignet. Dieses Fungizid hat eine gute Nebenwirkung gegen Gallmilben. Spritzungen sollen von Beginn der Blüte bis zum Fruchtansatz erfolgen. Entscheidend ist dabei eine intensive Benetzung aller Strauchteile. Auch **Akarizide** können eingesetzt werden.

Wiederholungsfragen

1. Aufgrund welcher Merkmale gehören die Spinnmilben nicht zu den Insekten?
2. Erklären Sie die Bezeichnung „**Rote** Spinne“.
3. Erläutern Sie, wie die typischen Symptome eines Spinnmilbenbefalls entstehen.
4. Erläutern Sie, warum ein Spinnmilbenbefall in Gewächshäusern oder Wintergärten in der Regel zuerst in der Nähe von Türen, Lüftungen oder Heizungsrohren auftritt?
5. Welche Schwierigkeit ergibt sich aus dem in 4. dargestellten Sachverhalt für die biologische Bekämpfung der Spinnmilben?

8.6.4 Insekten

Abb. 248
Rosenkäfer

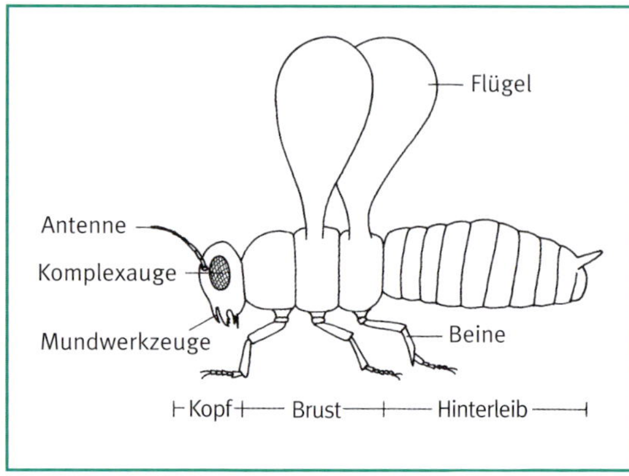

Abb. 249
Grundbauplan eines Insekts.

Die bis heute bekannten etwa 800 000 Insektenarten machen rund 75% aller bekannten Tierarten aus. Viele davon sind Pflanzenschädlinge. Die Bezeichnung „Insekt" leitet sich vom lateinischen Wort „insecare" (einschneiden) ab, was auf die deutliche **3-Teilung** des Insektenkörpers in Kopf, Brust und Hinterleib (siehe Abb. 249) hinweist. Die **drei Beinpaare** (vgl. Spinnentiere: vier Beinpaare) und soweit vorhanden auch die Flügel sitzen am Brustabschnitt. Der Kopf trägt Sinnesorgane (Komplexaugen, Fühler) und die Mundwerkzeuge. Am Hinterleib befinden sich die Geschlechts- und Ausscheidungsorgane. Ein **Außenskelett aus Chitin** schützt den Körper. Dieser Chitin-Panzer kann

Abb. 250
Unvollständige und vollständige Verwandlung.

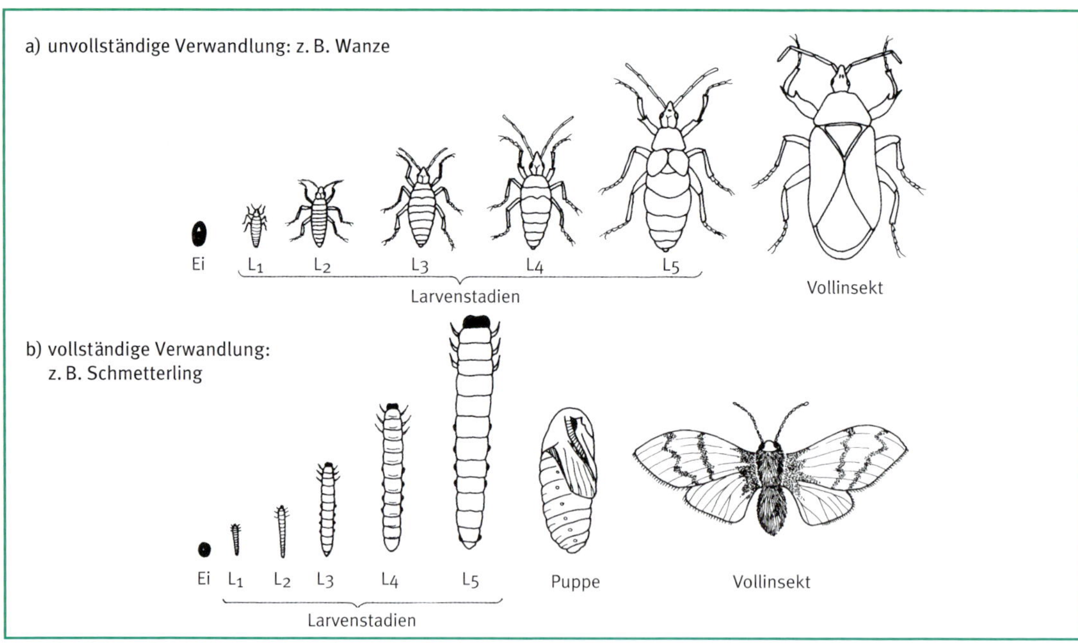

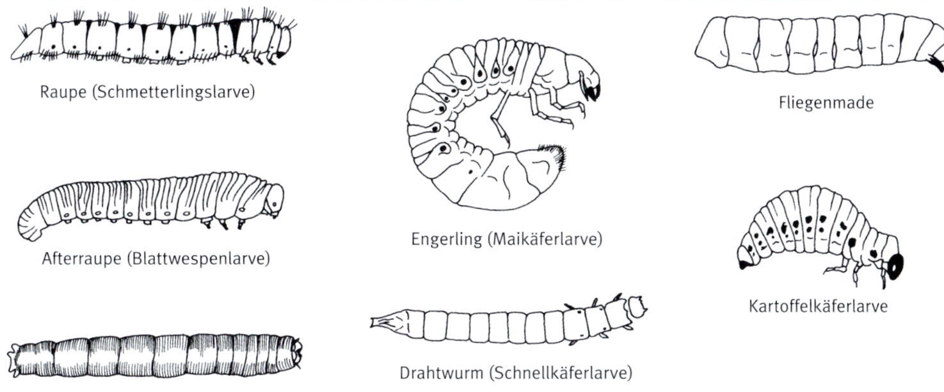

Abb. 251
Larvenformen verschiedener Insekten.

nicht mitwachsen, so dass während der Entwicklung mehrere „**Verwandlungen**" (Häutungen) nötig sind. Die Vermehrung der Insekten erfolgt fast immer durch Eier. Blattläuse und verschiedene andere Insekten sind jedoch auch in der Lage, durch sogenannte **Jungfernzeugung** (Parthenogenese) lebende Junge zu gebären. Die Entwicklung der Insekten verläuft vom Ei über mehrere **Larvenstadien** (Jugendstadien) zum Vollinsekt (**Imago**). Dabei lassen sich verschiedene Formen unterscheiden.

Bei Blattläusen, Thripsen, Wanzen u.a. ähneln die Larven der Imago. Sie sind jedoch meist kleiner und flügellos. Ähnlich ausgeprägte Mundwerkzeuge führen oft zu gleicher Ernährungsweise. Man spricht in diesem Fall von einer **unvollständigen Verwandlung** (Hemimetabolie). Bei Käfern, Schmetterlingen und Fliegen findet die Umwandlung von der Larve zur Imago während eines Ruhestadiums, der **Puppe**, statt. Larve und Imago besitzen meist keine Ähnlichkeit und weisen oft eine unterschiedliche Ernährungsweise auf. Man spricht in diesem Fall von einer **vollständigen Verwandlung** (Holometabolie) (siehe Abb. 250). Um wirksame Pflanzenschutzmaßnahmen einleiten zu können, ist das sichere Erkennen der Schädlinge eine entscheidende Voraussetzung. Gerade bei Insekten mit vollkommener Verwandlung gibt es viele ähnliche Larvenformen, die schwer auseinander zu halten sind. Abb. 251 zeigt wichtige Unterscheidungsmerkmale. Entscheidend für die Ausprägung von Pflanzenschäden ist die Art der Mundwerkzeuge. Läuse und Wanzen, die die Pflanze v.a. durch Entzug von Pflanzensäften schädigen, besitzen **stechend-saugende Mundwerkzeuge** (siehe Abb. 252). Damit sind sie in der Lage, die

DEFINITION

Jungfernzeugung (Parthenogenese):
Fortpflanzung durch unbefruchtete Eizellen; Weibchen bekommen Nachwuchs ohne Männchen.

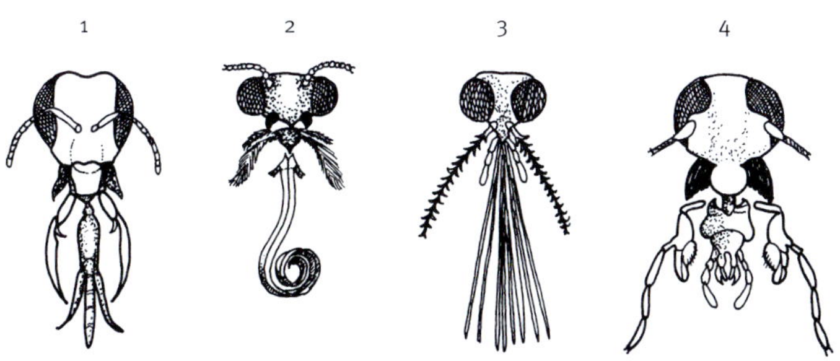

Abb. 252
Mundwerkzeuge von Insekten.
1 Saugend mit Rüsselpolster (z. B. Fliegen)
2 Leckend-saugend (z. B. Schmetterlinge)
3 Stechend-saugend (z. B. Läuse, Wanzen)
4 Beißend-kauend (z. B. Käfer, zahlreiche Larvenformen)

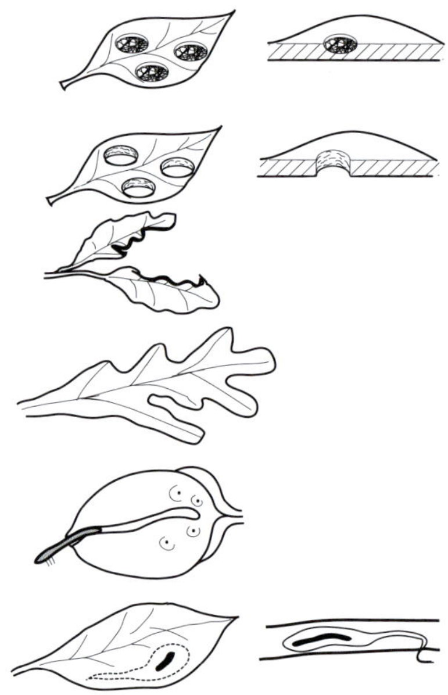

Abb. 253
Fraßbilder

ZUSATZINFORMATION
Beispiele für Fraßschäden

Fensterfraß: Käferlarven, Schnecken
Lochfraß: Kohlerdfloh, Kartoffelkäfer, Schnecken, Frostspanner
Blattrandfraß: Dickmaulrüssler
Skelettierfraß: Kartoffelkäfer, Schmetterlingsraupen
Bohrfraß: Apfelwickler, Borkenkäfer, Erbsenkäfer, Johannisbeerglasflügler
Minierfraß: Rosskastanienminiermotte, Minierfliege

Leitgefäße der Pflanzen anzusaugen. Käfer und viele der in Abb. 251 gezeigten Larven besitzen dagegen beißend-kauende Mundwerkzeuge. Damit verursachen sie meist typische **Fraßschäden** (siehe Abb. 253), die bei der korrekten Bestimmung hilfreich sind.

ZUSATZINFORMATION
Blattlausbekämpfung vor 100 Jahren

„Die Blattlausplage ist in diesem Jahr allerorts eine ganz enorme. Man bewaffne sich mit einem alten, weichen, leinenen oder baumwollenen Tuch und ziehe die Zweige und Blätter unter mäßigem Druck durch dasselbe.
Die zu Hunderten auf jeder Blattunterseite sitzenden Läuse werden dadurch getötet oder so lädiert, daß sie zugrunde gehen. Die Sache geht rasch und gründlich. Der Geruch der lädierten Läuse zieht außerdem eine Menge Blattlausfeinde herbei.“

Aus Der praktische Ratgeber im Obst- und Gartenbau vom 27.Juli 1890

Wiederholungsfragen

1. Welche verschiedenen Formen der Insektenentwicklung kennen Sie? Geben Sie jeweils ein typisches Insekt dazu an!
2. Warum müssen sich Insekten von Zeit zu Zeit häuten?
3. Erklären Sie die beiden Begriffe „Imago“ und „Larve“.
4. Was ist der Hauptunterschied zwischen unvollständiger und vollständiger Verwandlung bei Insekten?
5. An welchen äußeren Merkmalen kann man ein Insekt von einem Spinnentier unterscheiden?
6. Welche der folgenden Tiere und Tiergruppen gehören nicht zu den Insekten? Begründen Sie Ihre Antwort!
   Heuschrecken, Kellerasseln, Bienen, Schmetterlinge, Schnecken, Libellen, Tausendfüßler, Ameisen.

Blattläuse

Diese Insektengruppe schädigt teils durch **Entzug von Zellsaft** und teils durch Abgabe **giftigen Speichels**. Sie nehmen dabei aus dem Siebteil (Phloëm) zuckerhaltigen Saft im Überschuss auf. Diesen scheiden sie in Form eines klebrigen, zuckerhaltigen Kots (**Honigtau**) wieder aus. Auf den Blättern siedeln sich darauf häufig **Schwärzepilze** an, die die Photosynthese behindern und damit das Pflanzenwachstum stören. Die Speichelabsonderungen der Blattläuse können Blattkräuselungen und andere **Missbildungen** hervorrufen. Es wird vermutet, dass sie unter den eingerollten Blättern Schutz vor ihren natürlichen Feinden suchen. Blattläuse übertragen zahlreiche pflanzenschädliche **Viren** und können dadurch beträchtliche Schäden verursachen.

Abb. 255
Blattlauskolonie

Lebensweise: Oft genügt eine einzige Blattlaus (siehe Abb. 255), um bei günstigen Bedingungen in sehr kurzer Zeit eine riesige Blattlauskolonie zu gründen. Die hohe Vermehrungsrate, insbesondere bei Wärme und Trockenheit, geht v.a. auf die **Jungfernzeugung** (Parthenogenese) zurück. Männchen treten erst im Herbst auf. Außerdem kommen Blattlaus-Larven lebend zur Welt (**Viviparie** = Lebendgebären), was die weitere Entwicklung ebenfalls beschleunigt.

Manche Blattläuse, wie die **Grüne Pfirsichblattlaus** (siehe Abb. 254), sind **wirtswechselnd**. Das bedeutet, dass sie im Eistadium (a) auf besonderen **Winterwirten** (Gehölze) überwintern. Im Frühjahr schlüpft die sogenannte **Stammmutter** (b), die ungeschlechtlich ungeflügelte (c) und geflügelte Weibchen (d) erzeugt. Ab Ende Mai wandern geflügelte Blattläuse zu vielen krautigen Pflanzen (**Sommerwirte**) ab. Hierbei kommt es häufig zu einer Virusübertragung. Auf den Sommerwirten findet dann eine Massenvermehrung statt. Im Hochsommer nimmt der Blattlausbefall durch das Auftreten natürlicher Feinde (Marienkäfer, Florfliegenlarven, Schlupfwespen u. a.) meist schlagartig ab. Im Herbst wandern geflügelte Blattlausweibchen (g) wieder auf die Winterwirte zurück und erzeugen ungeflügelte Weibchen (i). Mittlerweile sind an anderer Stelle geflügelte Männchen (h) entstanden, die ebenfalls den Winter-

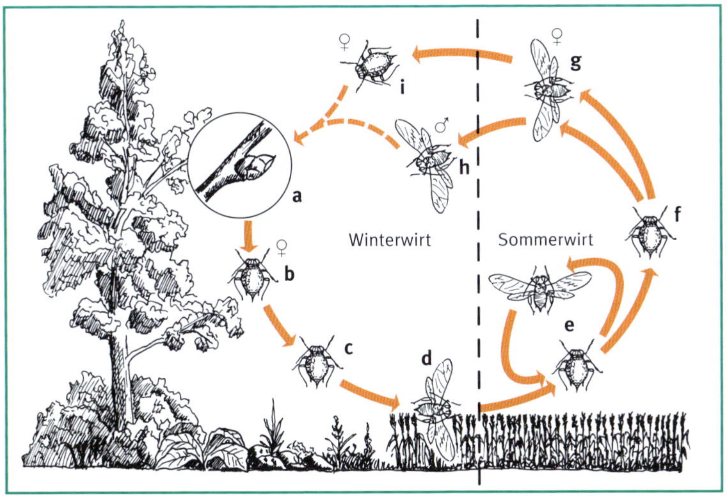

Abb. 254
Entwicklung der grünen Pfirsichblattlaus.

ZUSATZINFORMATION

Blattlausnahrung:
Blattläuse stechen die Siebröhren der Pflanzen an und ernähren sich von zuckerhaltigen Pflanzensäften. Sie benötigen jedoch hauptsächlich die im Saft enthaltenen Aminosäuren (= Bausteine der Eiweiße). Da der Saft nur wenige Aminosäuren enthält, müssen die Läuse ihn im Überschuss ansaugen. Der überflüssige Zucker wird als Honigtau ausgeschieden. Auf einem Hektar Waldfläche können sie bis zu 400 Liter Honigtau ausscheiden!

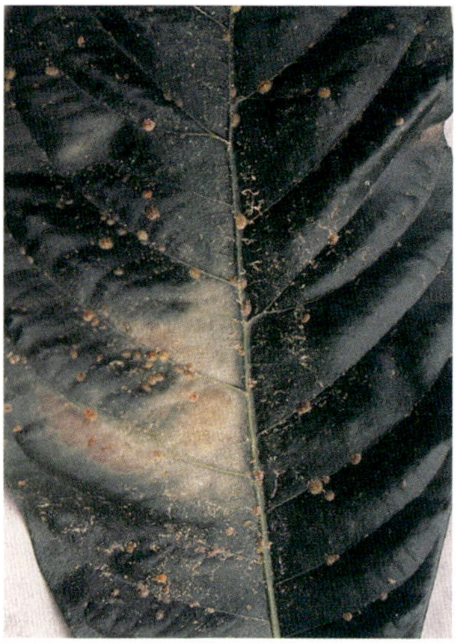

Abb. 256
Schildläuse

wirt aufsuchen. Nach der geschlechtlichen Vermehrung werden schwarze, glänzende Wintereier abgelegt. Von diesem Entwicklungsgang gibt es in der Natur zahl-reiche Abweichungen.

Bekämpfung: Um einem Blattlausbefall vorzubeugen, sollte eine überhöhte N-Düngung vermieden werden, da Blattläuse sich bevorzugt von stickstoffhaltigen Eiweißverbindungen ernähren. Die biologische Blattlausbekämpfung ist schon in historischen Werken beschrieben. Das Schonen natürlich vorkommender **Nützlinge** (Ohrwurm, Webspinnen) bzw. der gezielte Einsatz von Nützlingen (Räuberische Gallmücken, Marienkäfer, Florfliegen) sind heute zu wichtigen Methoden der Blattlausbekämpfung geworden. Zur chemischen Bekämpfung der Blattläuse eignen sich die meisten handelsüblichen, gegen saugende Insekten zugelassenen **Insektizide**. Für den integrierten Pflanzenschutz müssen nützlingsschonende Mittel verwendet werden, die sich ausschließlich gegen Blattläuse richten. Zur umweltfreundlichen Bekämpfung sind auch **Pflanzenschutzseifen** gebräuchlich. Sie sind allerdings nur eingeschränkt wirksam.

Schildläuse

Schildläuse (siehe Abb. 256) befallen bevorzugt Gehölze oder hartlaubige Pflanzen (z.B. *Nerium, Ficus, Anthurium*, viele Obstgehölze, Farne u.a.). Das Schadbild ähnelt dem der Blattläuse. Der Körper der Weibchen ist unter einem stabilen Schild verborgen, der auch als Schutz für das Eigelege dient. An diesen braunen schildförmigen Höckern, die bis etwa 6mm groß sind und sich

Abb. 257
Entwicklung von Deckel- und Napfschildläusen.

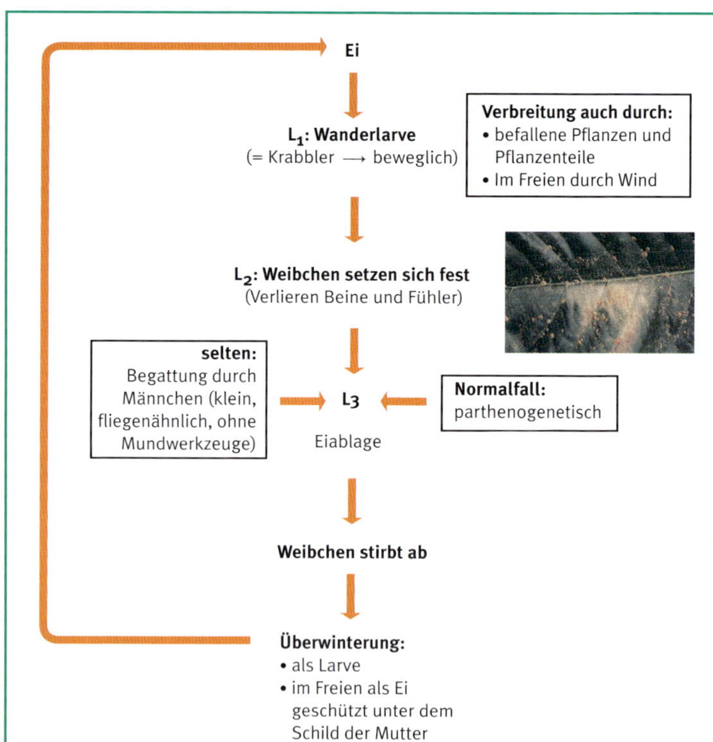

vor allem an den Hauptadern und den Blattunterseiten befinden, kann Schildlausbefall sehr leicht festgestellt werden. Es werden drei Schildlaus-Gruppen unterschieden:

- **Deckelschildläuse**: erkennbar an einem braunen, rundlichen Schild, der Deckel ist abhebbar.
- **Napfschildläuse**: hochgewölbter Schild, der mit der Laus verwachsen und somit nicht abhebbar ist.
- **Woll- und Schmierläuse:** schützen sich im Gegensatz zu den beiden erstgenannten durch weiße Wachsausscheidungen und nicht durch einen Schild (siehe Abb. 258).

Lebensweise: Während bei den Napf- und Deckelschildläusen lediglich die aus den Eiern schlüpfenden Larven (= **Wanderlarven** oder **Krabbler**) und die Männchen beweglich sind, können sich bei den Wollläusen alle Stadien bewegen. Die Entwicklung der Deckel- und Napfschildläuse ist in Abb. 257 dargestellt.

Abb. 258
Wolllausbefall an Codiaeum.

Bekämpfung: Aufgrund ihrer Lebensweise sind Schild- und Wollläuse recht gut vor den üblichen Bekämpfungsmaßnahmen geschützt. Ihre Bekämpfung bereitet deshalb sehr große Schwierigkeiten. Bei schwachem Befall sollte die Behandlung (bei Einzelpflanzen) mit dem **Abstreifen** festsitzender Tiere beginnen. Mit den üblichen Insektiziden können nur Wanderlarven und Larvenstadien, die noch Nahrung aufnehmen, erfolgreich bekämpft werden. Bei den anderen Stadien ist eine Bekämpfung mit **Mineralölen** erfolgversprechender. Mittel, wie etwa Elefant Sommeröl oder Promanal, ersticken die Tiere unter einem luftdichten Film. Bei weichlaubigen Pflanzen besteht die Gefahr von Blattschäden. Selbst gut wirksame Mittel müssen in der Regel mehrfach in relativ kurzen Abständen ausgebracht werden. Eine biologische Bekämpfung mit verschiedenen **Schlupfwespenarten** (*Metaphycus*, *Aphytis*) ist mittlerweile möglich, jedoch relativ teuer.

Wiederholungsfragen

1. Welche Insekten produzieren Honigtau und wie kommt es dazu?
2. Wodurch schädigen Blattläuse befallene Pflanzen?
3. Warum sitzen Blattläuse bevorzugt auf den Blattunterseiten?
4. Erklären Sie, warum man Blattläuse vor allem an jungen Blättern und Blütenknospen findet.
5. Eine Folge des Blattlausbefalls ist das Auftreten von Blattkräuselungen. Worauf ist dies zurückzuführen und was ist wahrscheinlich der Grund für diese Veränderungen?
6. Was haben Blattläuse mit der Herstellung von Waldhonig zu tun?
7. Erläutern Sie, wodurch die hohe Vermehrungsrate bei Blattläusen möglich ist!
8. Nennen Sie vier natürliche Feinde der Blattläuse!
9. Rechnerisch können innerhalb eines Jahres rund 600 000 000 000 Blattläuse als Nachkommen einer einzigen Stamm-Mutter (neun Generationen) entstehen. Weshalb sind es in Wirklichkeit wesentlich weniger Nachkommen?

10. Weshalb folgt nach einem Jahr mit sehr großem Blattlausbefall meist ein Jahr mit geringer Blattlausvermehrung, auch wenn das Wetter in beiden Jahren durchaus vergleichbar ist?
11. Nennen Sie Merkmale, in denen sich Schildlausweibchen und Schildlausmännchen unterscheiden.
12. Zu welchem Zeitpunkt kann man Schildläuse am besten bekämpfen? Begründen Sie Ihre Antwort!
13. Warum sind Wollläuse einfacher zu bekämpfen als „echte Schildläuse" und was soll man bei ihrer chemischen Bekämpfung beachten?
14. Erklären Sie folgende Fachbegriffe aus dem Pflanzenschutz:
    a) Stammmmutter
    b) Krabbler
    c) Viviparie
    d) Honigtau

Abb. 259
Weiße Fliege

Weiße Fliege

Zoologisch ist der Name dieses Schadinsekts nicht korrekt. Die Weiße Fliege gehört nicht zu den Fliegen sondern zu den Läusen. Der ebenfalls gebräuchliche Name **Mottenschildlaus** erweckt den Eindruck, dass die Weiße Fliege zu den „Motten", einer Schmetterlingsgruppe, gehört und ist somit auch nicht günstig. Beide Namen weisen jedoch auf spezielle Flugeigenschaften hin. Typisch ist das Auffliegen der Imagines beim Berühren befallener Pflanzen. Das Schadbild ähnelt wiederum dem Blattlausbefall. Körper und Flügel der Weißen Fliege sind mit Wachsstaub bedeckt. Damit ist sie vor den trockenen Umweltbedingungen ihrer ursprünglichen Heimat in Nordamerika geschützt. Da sie aufgrund ihrer Herkunft nur Temperaturen bis maximal –6 °C ertragen kann, schädigt sie vor allem in Gewächshäusern und Wintergärten. Zierpflanzen, wie der Weihnachtsstern, die Fuchsie oder das Wandelröschen, und Gemüsekulturen wie Tomaten oder Gurken, werden häufig befallen. Seit 1848 ist die **Gewächshausmottenschildlaus** bei uns bekannt. Die gefährlichere **Tabakmottenschildlaus** oder **Baumwoll-Weiße Fliege** ist seit etwa 1987 in Deutschland verbreitetet. Letztere ist wegen ihrer hohen Vermehrungsrate und ihrer Resistenz gegen viele Insektizide sehr gefährlich.

Lebensweise: Die etwa **1,5 mm** große **geflügelte** Imago (siehe Abb. 259) legt bis zu 200 gestielte Eier halbkreisförmig an den Blattunterseiten ab. Da sie dabei den Saugvorgang nicht unterbricht, kommt es zu einer typischen Anordnung der Eier. Die Eiablage findet meist auf frisch entfalteten Blättern statt, damit die sich entwickelnden Larven genügend Nahrung finden. Nach wenigen Tagen schlüpft die erste Larvengeneration (L1). Diese sind etwa 0,3 mm groß, beweglich und beginnen sofort mit ihrer Saugtätigkeit. Wenige Tage später entstehen daraus die unbewegliche L2 und L3. In der L4, dem sogenannten **Puparium**, findet keine Nahrungsaufnahme mehr statt. Dieses Larvenstadium ist 0,6 mm groß (siehe Abb. 260). Die Entwicklung ist sehr stark von der Temperatur abhängig und dauert bei 20 bis 25°C etwa 30 Tage.

Bekämpfung: Die Bekämpfung der Weißen Fliege bereitet Schwierigkeiten, da die festsitzenden Stadien (vor allem die L4, die keine Nahrung mehr aufnimmt) und die Eier gegen die meisten Insektizide relativ unempfindlich sind. Für die-

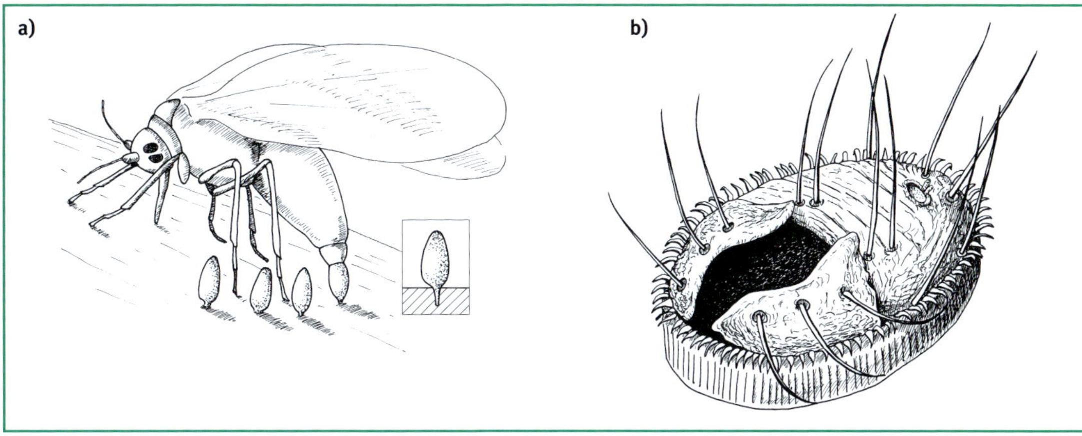

Abb. 260
a) Kreisförmige Eiablage der weißen Fliege
b) Puparium der weißen Fliege (L4)

se Stadien wird wie bei den Schildläusen der Einsatz von **Mineralölen** empfohlen. Im Unterglasanbau besteht die Möglichkeit, die Weiße Fliege biologisch durch Einsatz der **Schlupfwespe** *Encarsia formosa* zu bekämpfen. Vorbeugende Maßnahmen sind der Einsatz von **Gelbtafeln** zur Befallskontrolle und die Unkrautbekämpfung unter den Gewächshaustischen, da sich die Weiße Fliege auch hier aufhalten und vermehren kann.

Wiederholungsfragen

1. Beschreiben Sie das Aussehen der „Weißen Fliege".
2. Warum ist der Name „Weiße Fliege" zoologisch nicht ganz korrekt?
3. Erläutern Sie die besonderen Probleme, die bei der chemischen Bekämpfung der Weißen Fliege auftreten.

Thripse

Diese Insektengattung ist auch unter den Namen „**Fransenflügler**" oder „**Blasenfüße**" bekannt. Die Namen leiten sich von äußeren Merkmalen des Vollinsekts ab. Es ist relativ klein, 1–2 mm, besitzt zwei Paar fransige Flügel und weist sogenannte Haftblasen an den Füßen auf (siehe Abb. 261). Das Weibchen ist am braungestreiften Hinterleib erkennbar. Schon lange bekannt ist der **einheimische Thrips** (*Thrips tabaci*). In den 80er Jahren wurde der **Kalifornische Blütenthrips** (*Frankliniella occidentalis*) aus den USA eingeschleppt. Beide verursachen typische Saugschäden an den Blattunterseiten. Bei starkem Befall sind dies **silbrig schimmernde Blattflecken** (siehe Abb. 262). Thripse besit-

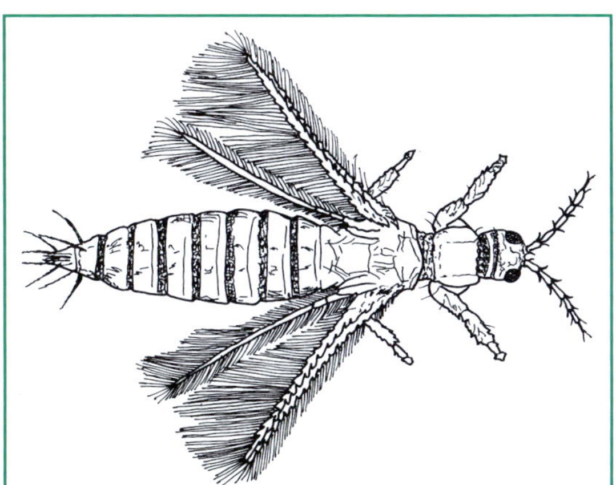

Abb. 261
Thrips

Abb. 262
Thripsschaden an Efeu.

zen relativ kurze Mundwerkzeuge, mit denen sie bevorzugt die Pflanzenzellen der Epidermis aussaugen. Dabei kommt Luft in die Zellen, was über Lichtreflexionen zum typischen Silberglanz führt. Die Befallsstellen sind häufig mit kleinen **Kothäufchen** verunreinigt. Es kann zudem zu **Missbildungen** an Früchten kommen, z.B. Verformungen bei Gurken, und an Blättern, z.B. als Korkflecken bei Pelargonien. Auch **Viren** werden von Thripsen übertragen. Bevorzugte Wirtspflanzen des einheimischen Thrips sind Cyclamen, *Ficus*-Arten, Gladiolen und viele Gemüsepflanzen. Der Kalifornische Blütenthrips schädigt vor allem Kulturen unter Glas, wie z.B. Saintpaulien, Chrsysanthemen oder *Gerbera*. Er besaugt mit Vorliebe Blüten und frisst Pollenkörner. Geschädigte Blüten verbräunen. Eine „Verschmutzung" von Blüten durch verstreuten Pollen weist bei Usambara-Veilchen schon frühzeitig auf einen Befall hin.

Lebensweise: Thripse sind schwer zu bekämpfen, weil bestimmte Entwicklungsstadien (Pronymphe und Nymphe) in den Boden abwandern (siehe Abb. 263) und dort durch Spritzbehandlungen nicht mehr erfasst werden. Nach der Eiablage in das Pflanzengewebe, die mit einem Legestachel erfolgt, entstehen zwei ungeflügelte Larvenstadien, die die Pflanze durch Saugtätigkeit schädigen. Als drittes und viertes Larvenstadium entwickeln sich die **Pronymphe** („Vorpuppe") und die **Nymphe** („Puppe"). Diese puppenähnlichen

Abb. 263
Entwicklung des Blütenthrips.

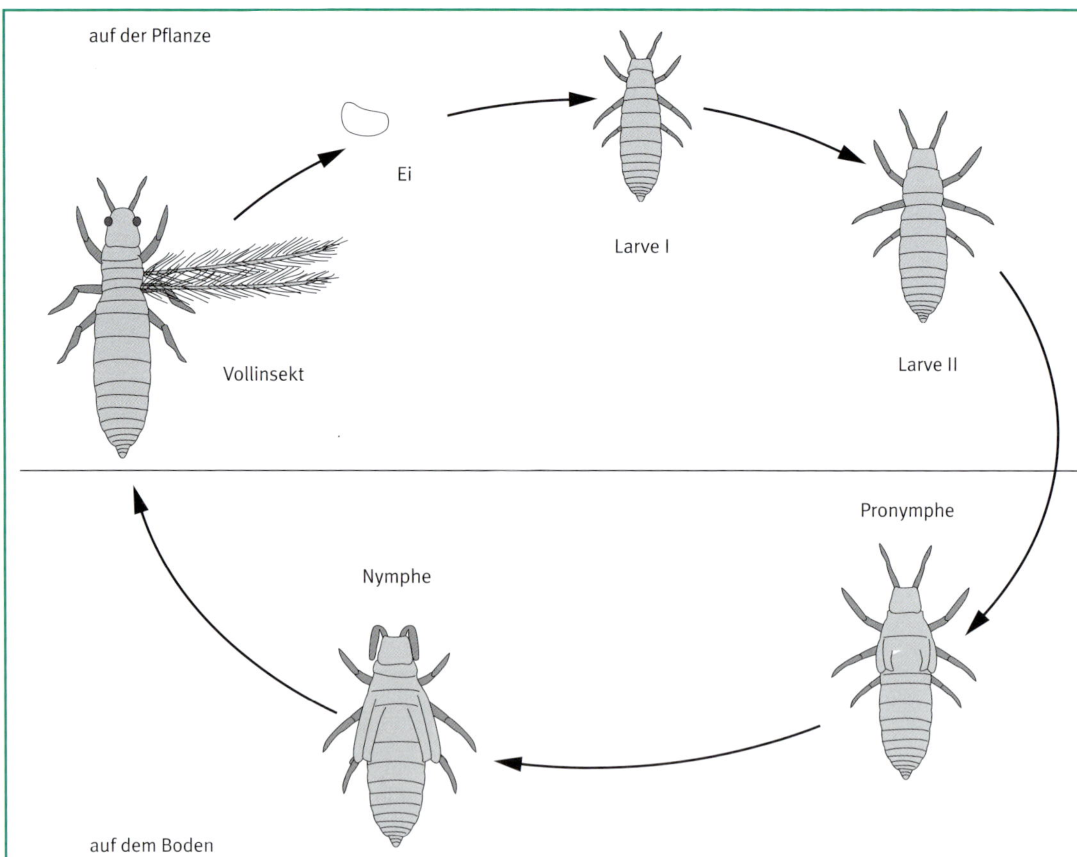

Stadien nehmen zwar wie Puppen keine Nahrung auf, sind aber im Gegensatz zu diesen in der Lage, sich fortzubewegen. Der einheimische Thrips kann im Freien als Vollinsekt am Boden zwischen Laub oder unter der Borke von Bäumen überwintern. Ob der Kalifornische Blütenthrips bei uns im Freien überwintern kann, ist noch nicht eindeutig geklärt. Unter Glas sind, abhängig von den klimatischen Bedingungen, 12 bis 15 Generationen pro Jahr möglich.

Bekämpfung: Eine chemische Bekämpfung ist sehr schwierig. Insektizide wirken nicht auf die Eier. Wegen ihrer versteckten Lebensweise, ihrer hohen Vermehrungsrate und der relativ geringen Wirksamkeit der zugelassenen Präparate sind Spritzungen im Abstand von drei bis vier Tagen mit wechselnden Mitteln nötig. Daher kommt der vorbeugenden Bekämpfung eine sehr große Bedeutung zu. Eine regelmäßige Befallskontrolle mit **Blautafeln** sowie das Aufstellen von empfindlichen **Zeigerpflanzen** (*Exacum affine*) ermöglichen das frühzeitige Erkennen eines Befalls. Trockene warme Luft soll vermieden werden. **Raubmilben** der Gattung *Amblyseius* und zu den **Raubwanzen** gehörende *Orius*-Arten sind zur biologischen Bekämpfung geeignet.

Käfer

Bei den Käfern handelt es sich um die artenreichste Ordnung der Insekten mit zahlreichen schädlichen Vertretern. Alle Käfer einschließlich ihrer Larven besitzen **beißend-kauende Mundwerkzeuge**. Ein weiteres wichtiges Merkmal sind die stark mit Chitin gepanzerten Vorderflügel, die die darunter liegenden, zum Flug bestimmten Flügel schützen. Käfer durchlaufen eine **vollständige Verwandlung**, die mehrere Jahre dauern kann.

Dickmaulrüssler

Insbesondere Baumschulkulturen (*Rhododendron*, Obstgehölze) und Erdbeeren, aber auch andere Beerenobstarten, Zierpflanzen (Chrysanthemen, Fuchsien, Gloxinien, Pelargonien, Efeu) sowie viele Staudenarten werden von Dickmaulrüsslern heimgesucht. Pflanzungen auf Dachgärten, Terrassen und in Kleingärten leiden ebenfalls häufig unter Dickmaulrüssler-Befall. Den Hauptschaden verursachen die Larven, die die Pflanzen durch **Fraß an den Wurzeln** (siehe Abb. 265) und am Wurzelhals schädigen. Sie können sich dabei regelrecht in den Wurzelballen hineinbohren. Bei stärkerem Befall welken die Pflanzen und gehen schließlich zugrunde. Die Larven erscheinen an Freiland-Kulturen überwiegend in den Monaten März bis Mai und September bis Oktober. An geschützten Standorten kann man sie das ganze Jahr über beobachten. Das Vorhandensein des Käfers wird meist durch seine typischen Fraßspuren an den Blättern deutlich (siehe Abb. 264). Man bezeichnet dieses Schadbild als **halbmondförmigen Blattrand- oder Buchtenfraß**.

Lebensweise: Der Dickmaulrüssler gehört zu den sogenannten Rüsselkäfern, die ihren Namen durch ihre **typische Kopfform** bekommen haben. Er ist etwa 1 bis 1,5 cm groß und **flugunfähig** und kann große Strecken in schnellem Lauf zurücklegen. Die Hauptverbreitung erfolgt über befallene Pflanzen. Der **nachtaktive** Käfer verbirgt sich tagsüber im Erdboden, unter Falllaub und an geschützten Stellen. Da in Mitteleuropa nur Weibchen vorkommen, muss die Vermehrung zwangsläufig **ungeschlechtlich** erfolgen. Die Weibchen legen bis zu 1000 Eier, aus denen im Freiland ab Juli weißliche Larven schlüpfen. Die Larven ähneln denen des Engerlings. Da sie jedoch deutlich kleiner und bein-

Wiederholungsfragen

1. Wie werden Thripse auch noch bezeichnet?
2. Erläutern Sie, von welchen Merkmalen diese anderen Namen (siehe 1) abgeleitet sind.
3. Beschreiben Sie das Schadbild, das durch Thripse verursacht wird!
4. Das dritte und das vierte Larvenstadium der Thripse wird als Nymphenstadium bezeichnet.
   Erklären Sie, wodurch sich diese Entwicklungsstadien von einem Puppenstadium unterscheiden.
5. Erklären Sie, warum bei einer chemischen Bekämpfung der Thripse mehrmalige Spritzungen in kurzen Abständen erfolgen müssen.

Abb. 264
Blattrandfraß durch Dickmaulrüssler.

Abb. 265
Wurzelfraß durch Dickmaulrüsslerlarve.

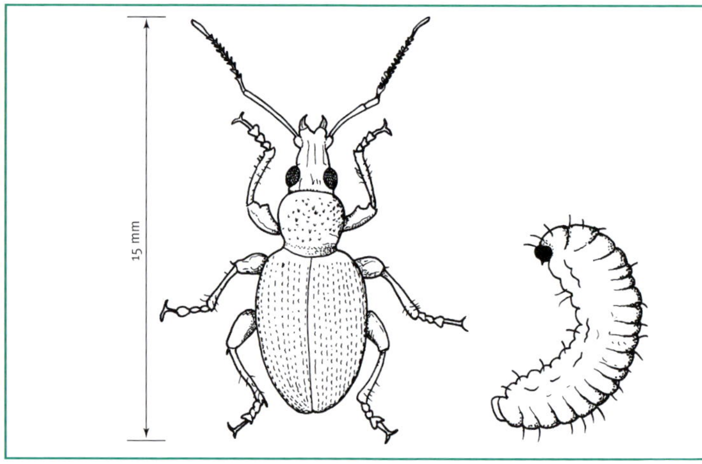

Abb. 266
Dickmaulrüssler mit Larve.

los sind (siehe Abb. 266), kann man sie gut voneinander unterscheiden. Die Larve überwintert und verpuppt sich im Frühjahr im Boden. Im Freiland gibt es in der Regel eine Generation.

Bekämpfung: Eine chemische Bekämpfung des Dickmaulrüsslers mit Insektiziden ist zwar möglich (als Gießbehandlung gegen die Larven im Boden und als Spritzung gegen den Käfer), aufgrund der besseren Wirkung und der hohen Umweltverträglichkeit sollte dem Einsatz von **Nützlingen** jedoch der Vorzug gegeben werden. Nematoden der Gattungen *Steinernema* und *Heterorhabditis* können mit großem Erfolg gegen die Larven eingesetzt werden. Sie suchen die Larven im Boden auf, dringen in sie ein und töten sie innerhalb von ein bis zwei Tagen ab. Befallene Larven und Puppen verfärben sich rotbraun. Wichtig bei dieser Maßnahme sind eine Bodentemperatur über 15 °C und ausreichende Bodenfeuchte. Durch die Förderung natürlicher Feinde (Maulwurf, Igel, Eidechse, Saatkrähe, Spitzmaus) kann der Käfer in erheblichem Maße reduziert werden. Eine weitere Bekämpfungsmöglichkeit besteht darin, den Käfer (nachts!) von Hand abzusammeln.

! ZUSATZINFORMATION

Einsatz von insektenpathogenen Nematoden-Arten gegen Schädlinge

Schädling	Nematoden-Art
Dickmaulrüssler	*Heterorhabditis*
Engerling	*Heterorhabditis*
Erdraupe	*Steinernema*
Kalifornischer Blütenthrips	*Steinernema*
Maulwurfsgrille	*Steinernema*
Trauermücke	*Steinernema*

Wiederholungsfragen

1. Erläutern Sie, warum der Dickmaulrüssler im Vergleich zu anderen Schädlingen nur schwer bekämpft werden kann.
2. Zur biologischen Bekämpfung werden räuberisch lebende Nematoden eingesetzt. Nematoden waren bisher nur als Pflanzenschädlinge bekannt. Warum schädigen diese Nematoden die Kulturpflanzen nicht ebenfalls?
3. Woran sind durch Nematoden abgetötete Dickmaulrüsslerlarven zu erkennen?
4. Beschreiben Sie zwei äußere Merkmale, anhand derer Sie eine Dickmaulrüsslerlarve sicher von einem Engerling unterscheiden können!
5. Der Dickmaulrüssler ist flugunfähig. Wie erfolgt seine Hauptverbreitung?
6. Warum kann häufige Bodenbearbeitung die Entwicklung des Dickmaulrüsslers hemmen?
7. Welche anderen Schädlinge können ebenfalls durch Einsatz von Nematoden bekämpft werden?

Schmetterlinge

Die Schmetterlinge sind eine große, weitgehend einheitliche Insektenordnung. Weltweit gibt es etwa 150 000 Arten. In Mitteleuropa sind etwa 3000 Arten bekannt. Schmetterlinge besitzen vierflächige Flügel, die bunt gemustert sein können. Die Musterung kommt durch viele einzelne Schuppen zustande, die dachziegelartig angeordnet sind. Bei den Schmetterlingen gibt es erhebliche Größenunterschiede. Ihre Flügelspannweite reicht von etwa 0,3 bis 26 cm. **Imagines** besitzen **leckend-saugende Mundwerkzeuge**, mit denen sie Blütennektar und Flüssigkeit aufnehmen. Diese als Saugrüssel ausgebildeten Mundwerkzeuge sind im Ruhezustand aufgerollt (siehe Abb. 267). In dieser Entwicklungsstufe erfüllen sie eine äußerst wichtige Aufgabe als **Blütenbestäuber**. Schmetterlinge sind Insekten mit **vollständiger Verwandlung**. Nach der Eiablage folgen meist vier Larvenstadien mit einer sich daran anschließenden Verpuppung. Die Überwinterung findet in unseren Breiten als Ei, Larve oder Puppe statt. Als Schädlinge treten ausschließlich die Larven der Schmetterlinge in Erscheinung, die als **Raupen** bezeichnet werden. Typisch sind die chitinisierte Kopfkapsel sowie die **beißend-kauenden Mundwerkzeuge**. Beim Massenauftreten können gärtnerische Kulturen erheblich geschädigt werden.

ZUSAMMENFASSUNG

Typische **Schadsymptome** bei Befall durch Schmetterlingsraupen sind:

- Blattfraß bis hin zum Skelettierfraß (z.B. Frostspanner, Kohlweißling),
- Minierfraß (Thujaminiermotte),
- Fraß an bzw. in Früchten (Apfelwickler, Pflaumenwickler),
- Wurzelfraß (Eulenschmetterlinge).

Schmetterlingsraupen besitzen in der Regel drei Paar Brustbeine. Auf diese folgen zwei beinfreie Bauchsegmente und danach vier Segmente mit je einem Beinpaar. Das letzte Segment besitzt ein Paar Nachschieber (siehe Abb. 268). Bei **Spanner-Raupen** findet man dagegen nur zwei Paar Bauchbeine, eines am sechsten und eines am letzten Bauchsegment. Die **Larven der Blattwespen** werden oft mit Schmetterlingsraupen verwechselt. Im Gegensatz zu diesen hat hier nur das erste Bauchsegment keine Beinpaare. Ist die Raupe ausgewachsen,

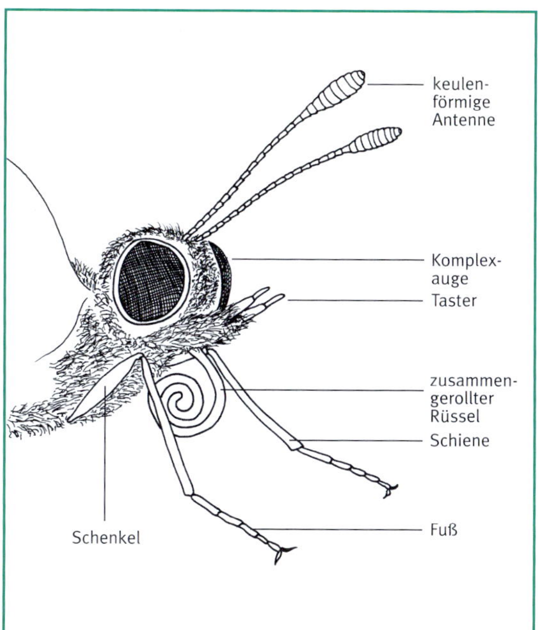

Abb. 267
Kopf eines Schmetterlings.

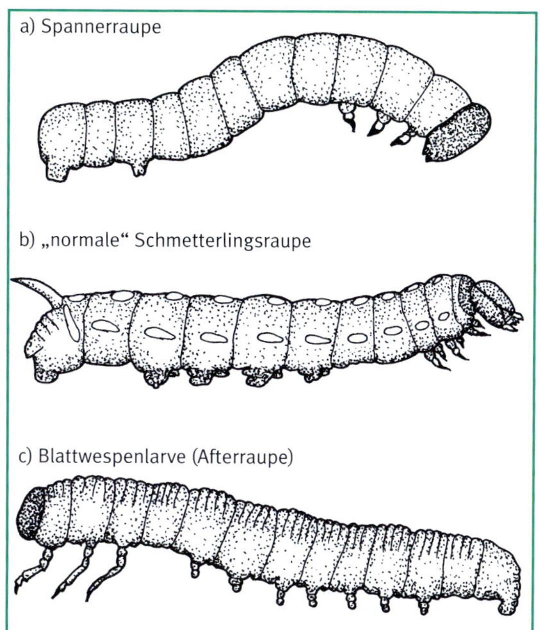

Abb. 268
Raupenarten

stellt sie das Fressen ein und sucht einen für die Verpuppung geeigneten Ort an oder in der Wirtspflanze, im Erdboden, an Hauswänden usw. auf. Die **Puppe** ruht bei vielen Arten in einem von der Raupe hergestellt Kokon (z.B. Apfelbaumgespinstmotte).

Am Beispiel des **Apfel-Wicklers** werden die Lebensweise des Schmetterlings, das Schadbild und mögliche Bekämpfungsmaßnahmen genauer besprochen.

Abb. 269
Entwicklung des Apfelwicklers (nach Börner 1997).
a Habitus des Falters
b Entwicklungskreislauf
Im Imago
La Larve
Pu Puppe
Sb Schadbild
üLa überwinternde Larve

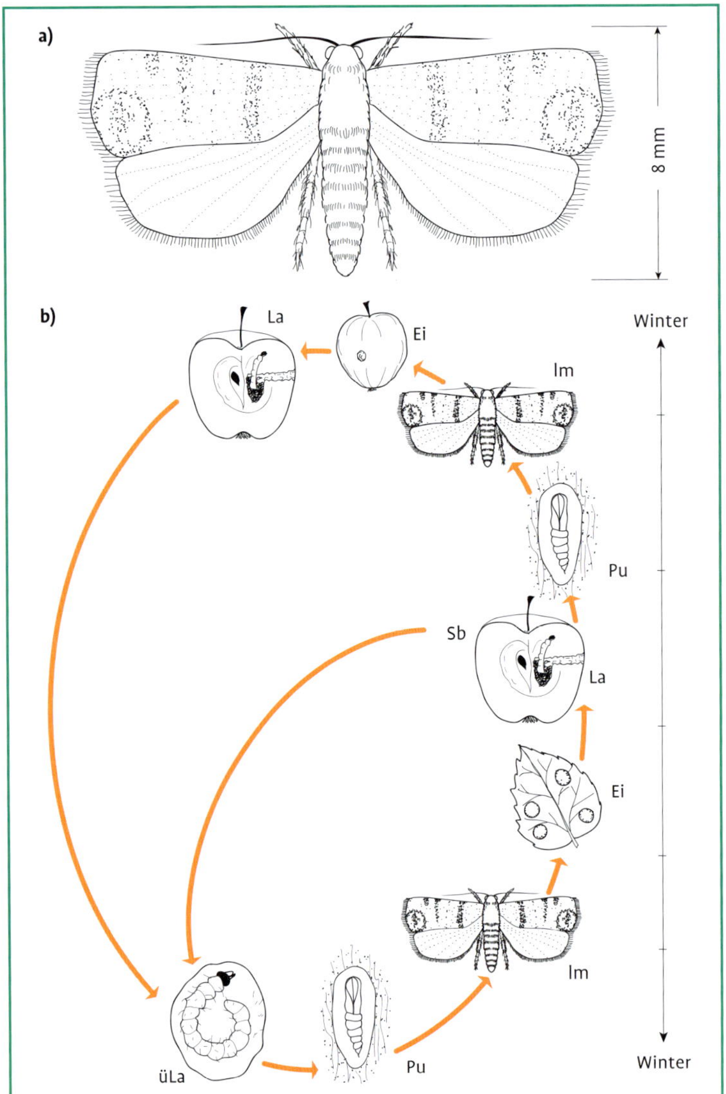

Apfel-Wickler („Obstmade")

Der Apfel-Wickler schädigt bevorzugt Äpfel, seltener (v.a. in warmen Klimaten) auch Birnen, Quitten oder Pflaumen. Typisches Kennzeichen für einen Befall ist das vorzeitige Abfallen der Früchte. Schneidet man diese auf, enthalten sie einen Fraßgang mit Kotkrümelchen. Die Raupe sitzt meist im Kerngehäuse.

Entwicklung: (siehe Abb. 269)
Der Falterschlupf findet je nach Witterung zwischen Ende Mai bis Ende Juni statt (2).
An jungen Blättern, Früchten und Trieben legt das Weibchen zwischen 20 und 100 Eier ab (3).
Die nach ein bis zwei Wochen schlüpfenden Raupen werden durch Duftstoffe der Apfelschale angelockt und bohren sich in die Früchte (4).
Nach etwa drei bis fünf Wochen ist die Raupe ausgewachsen. Sie spinnt sich aus der Frucht ab, um einen geeigneten Schlupfwinkel für die Verpuppung zu suchen (5).
Bevorzugte Aufenthaltsorte sind Borkenschuppen, Rindenspalten oder Ritzen in Baumpfählen. Die Raupe nagt eine flache Mulde in ihren Schlupfwinkel und spinnt einen sehr festen, dichten, weißen Kokon, in dem sie überwintert. Die eigentliche Verpuppung findet dann erst im April oder Mai des nächsten Jahres statt (1).
In warmen Jahren kann es noch im gleichen Sommer zur Verpuppung kommen (6).
Nach ein- bis zweiwöchiger Puppenruhe schlüpfen die Falter der zweiten Generation (7).

Bekämpfung: Bei der Bekämpfung spielen vorbeugende Maßnahmen eine große Rolle. Schon das tägliche **Aufsammeln und Vernichten des Fallobstes** mindert den Befall sowie das Erscheinen der gefährlichen zweiten Generation erheblich. In kleineren Anlagen und Hausgärten empfiehlt sich die sorgfältige **Reinigung des Stammes** von Flechten und Moosen, wodurch Schlupfwinkel zerstört werden. Ausgewachsene Raupen, die am Baum Schlupfwinkel zum Einspinnen suchen, können mit **Wellpappe-Fanggürteln** (siehe Abb. 270) abgefangen werden. Im August sollten diese mit den darin befindlichen Tieren vernichtet werden. Da die Larven in den Früchten von chemischen Mitteln nicht erreicht werden, muss ihre Abtötung vor dem Eindringen erfolgen. Zur Bestimmung des optimalen Bekämpfungstermines sind **Pheromon-Fallen** (Sexuallockstoff-Fallen) geeignet. Mit diesen wird die Hauptflugzeit ermittelt. Der Pflanzenschutzwarndienst gibt zudem Termine bekannt, an denen Spritzungen erfolgen sollen. Seit 1989 können die Raupen auch mit einem **Granulosevirus** („Granupom") bekämpft werden. Der Einsatz der **Schlupfwespe** „Trichogramma" ermöglicht eine biologische Bekämpfung des Apfel-Wicklers. Wichtig ist der richtige Freilassungstermin (Eiablage!).

Abb. 270
Wellpappe-Fanggürtel

ZUSATZINFORMATION

Raupen folgender Schmetterlingsfamilien richten im Gartenbau teilweise erhebliche Schäden an:

- **Weißlinge** (Pieridae): Mittelgroße, tagaktive Schmetterlinge mit weißer oder gelber Grundfarbe. Die Raupen sind kurz behaart und meist grün gefärbt. Bekanntester Vertreter ist der **Kohl-Weißling**, der viele Brassica-Arten schädigt.
- **Wickler** (Tortricidae): Nachtaktive, mittelgroße Schmetterlinge mit oft lebhaft gefärbten Vorderflügeln. Raupen entwickeln sich häufig in zusammengesponnenen Blättern (= „Wickel" → Name!), in Trieben, Blüten oder Früchten (**Apfel-Wickler, Pflaumen-Wickler**).
- **Miniermotten** (Gracillariidae): Kleine bis sehr kleine (unter 16 mm Flügelspannweite), meist dämmerungsaktive Schmetterlinge. Die Jungraupen legen oft Gangminen in Blättern an (**Thuja-Miniermotte, Obstbaum-Miniermotte**).
- **Gespinstmotten** (Yponomentidae): Kleine Schmetterlinge mit weißen Vorderflügeln, die mit dunklen Punkten besetzt sind. Der deutsche Name beruht auf der Eigenschaft der Raupen, schleierartige Gespinste an den unterschiedlichsten Pflanzenteilen zu bilden. Im Obstbau können sie teilweise Kahlfraß verursachen (**Apfelbaum-Gespinstmotte, Zwetschen-Gespinstmotte**).
- **Spanner** (Geometridae): Meist mittelgroße Schmetterlinge. Der deutsche Name Spanner beruht auf der typischen Fortbewegungsart der Raupe. Diese kommt dadurch zustande, dass neben den drei Brustbeinpaaren nur die beiden hinteren Bauchfußpaare ausgebildet sind. Der **Frost-Spanner** kann viele Kern- und Steinobstarten erheblich schädigen.
- **Eulenschmetterlinge** (Noctuidae): Kleine bis mittelgroße Schmetterlinge. Ihren deutschen Namen haben sie aufgrund der eulenartigen Zeichnung ihrer Vorderflügel und ihrer dämmerungs- bzw. nachtaktiven Lebensweise erhalten. Die Erdeulenraupen (= **Erdraupen**, siehe Abb.) richten an Wurzeln, Knollen und erdnahen Pflanzenteilen große Fraßschäden an.

Erdraupe

Wiederholungsfragen

1. Erläutern Sie, warum in der Regel ausschließlich die Larven von Schmetterlingen pflanzenschädlich werden.
2. Der Apfelwickler ist ein bedeutender Schädling im Erwerbsobstbau wie auch in Privatgärten.
   a) Warum ist es nicht korrekt, bei Befall durch den Apfelwickler von „wurmigen" Äpfeln oder der „Obstmade" zu sprechen?
   b) Wovon ernährt sich der „erwachsene" Apfelwickler?
   c) Beschreiben Sie die weitere Entwicklung der Apfelwicklerraupe nach dem vorzeitigen Fruchtfall und leiten Sie daraus eine Bekämpfungsmaßnahme ab!
3. An welchen Merkmalen können Sie eine „Raupe" von einer „Afterraupe" unterscheiden?
4. Welche typischen Fraßschäden verursachen Raupen?

Abb. 271
Trauermückenlarve

Abb. 272
Minierfliegenschaden an Chrysanthemen-Blättern.

Zweiflügler

Zur Gruppe der Zweiflügler gehören viele schädliche **Mücken- und Fliegenarten**. Von anderen ähnlichen Insekten, z.B. Schlupfwespen oder Florfliegen, unterscheiden sie sich dadurch, dass nur ihre Vorderflügel funktionsfähig sind. Die Hinterflügel sind zu Schwingkölbchen (Gleichgewichts- und Sinnesorgane) umgebildet. Alle Zweiflügler sind Insekten mit vollständiger Entwicklung. Ihre Larven sind stets beinlos und werden Maden genannt.

Mücken

Bedeutende Schädlinge dieser Unterordnung sind Trauermücken (Sciaridae) an vielen Gewächshauskulturen sowie Wiesenschnaken (Tipulidae), die Rasenflächen schädigen.

Fliegen

Bedeutende Schädlinge dieser Unterordnung sind Möhrenfliege, Kohlfliege, Zwiebelfliege, Kirschfruchtfliege, Mittelmeerfruchtfliege und viele Minierfliegenarten. **Minierfliegen** werden an zahlreichen Zierpflanzen (Chrysanthemen, *Gerbera*, Begonie), vielen Gemüsearten (Möhren, Lauch) und an Gehölzen (*Ilex*, Birken, Heckenkirschen, Himbeeren) schädlich. Einheimische Arten (*Phytomiza*) sind schon lange bekannt. Zu Beginn der 80er Jahre wurde die **Florida-Fliege** (*Liriomyza*) aus Amerika eingeschleppt. Dieser gefährliche Schädling hat unter günstigen Umweltbedingungen so hohe Vermehrungsraten, dass es innerhalb weniger Tage zu einem Totalbefall eines Bestandes kommen kann.

8.6.5 Wirbeltiere

Vögel

Vögel spielen im Naturhaushalt eine wichtige Rolle, so dass deren Nutzen eigentlich außer Frage steht. Dennoch können sie aufgrund ihrer Neigung, sich zu großen Schwärmen zusammenzurotten, erhebliche Schäden verursachen. Zu nennen sind beispielsweise Sperlinge, die im Frühjahr mit Vorliebe **Knospen** oder **Triebspitzen** fressen, Stare, die Obstkulturen durch **Fruchtfraß** erheblich beeinträchtigen, oder z.B. der Dompfaff, der **Samenträgerbestände** von Stauden (z.B. Rittersporn) in Gefahr bringt. Auch Saatbeete werden im Frühjahr häufig durch das Herausziehen von **Keimpflanzen** zerstört.

Gegenmaßnahmen: Die klassische **Vogelscheuche** kann zwar kurzzeitig unerwünschte Vögel abhalten, doch gewöhnen sich die Vögel sehr bald daran. Auch das Betreiben von **Knallapparaten** oder das Abspielen von **Angstgeschrei** der Vögel über Lautsprecheranlagen bringt nur kurzfristigen Erfolg. Beerenobst, Kirschen oder wertvolle Samenträgerbestände können durch das Überspannen mit **Kunststoffnetzen** geschützt werden.

Wühlmaus (= Schermaus oder Wasserratte)

Dieses Nagetier (siehe Abb. 273), dessen wichtigste Merkmale in Tabelle 79 zusammengefasst sind, lebt bevorzugt in leichteren Böden, die von einer Pflanzendecke vor Austrocknung geschützt sind. Es schädigt Freilandkulturen durch Anlage eines weitverzweigten, **unterirdischen Gangsystems** und durch **Wurzelfraß** insbesondere an **Gehölzen**, **Zwiebeln**, **Knollen** und **Wurzelgemüse**. Bei Nahrungsmittelknappheit im Winter benagt die Wühlmaus auch **Rinde**, **Triebe**, **Knospen** und **Früchte**. Teilweise ähnliche Schäden verursachen Erdmäuse, Feldmäuse, Rötelmäuse oder Ratten.

Tab. 79 Biologische Merkmale der Wühlmaus

Kopf	kräftig
Fell	grau- bis schwarzbraun, rau
Krallen	stark
Körpergewicht (g)	60 bis 180
Kopf-Rumpf-Länge (cm)	12–22
Schwanzlänge	mind. 1/2 Körperlänge
Fortpflanzung	März bis Oktober
Wurfzahl	2 bis 4
Wurfgröße	4 bis 6, meist 1–14
Tragzeit	22 Tage
Geschlechtsreife	mit ca. 2 Monaten
Populationsdichte	bis 1000 Tiere/ha
Winterruhe	keine

Bekämpfung: Voraussetzung für eine erfolgreiche Bekämpfung ist das Finden eines Wühlmausganges. Einen ersten Hinweis liefern welkende Pflanzen. Mit Hilfe eines Suchstabes aus Federstahl kann der Gang dann lokalisiert werden. Oft kommt es zu Verwechslungen mit Maulwurfsgängen. Der **Maulwurf** ist

! ZUSATZINFORMATION

Gangsysteme von Wühlmäusen
Wühlmäuse graben Gangsysteme mit Nestern und Vorratskammern. Die Gesamtlänge dieser Gänge kann bis zu 50 m betragen.

Wühlmausbekämpfung
Zur Bekämpfung eignet sich auch Zink-Phosphid-Paste, die auf Köder (Möhren, Äpfel, Sellerie) aufgetragen wird.

Bekämpfung von Erd-, Feld- und Rötelmäusen
Am besten mit streufähigen Granulaten, Pellets oder Giftweizen, die man zwischen den Kulturen ausbringt. Aus Gründen des Vogelschutzes sind diese Granulate oder Körner dunkel gefärbt und werden deshalb von den Vögeln nicht gesehen. Die farbenblinden Mäuse dagegen fressen die Köder.

Maulwürfe in Rasenflächen
Wenn der Rasen im Laufe des Frühjahrs wieder stärker strapaziert wird, verschwindet der Maulwurf meistens von alleine wieder. Natürliche Feinde sind Fuchs, Marder, Dachs, Bussard, Eule. Zur Vertreibung dürfen nur Pflanzenschutzmittel auf der Basis naturidentischer Duftstoffe oder pflanzlicher Öle verwendet werden (Vergrämungsmittel).

Abb. 273
Wühlmaus

Abb. 274
Wühlmausfalle

durch die Bundesartenschutzverordnung geschützt. Selbst wenn er Schäden anrichtet, darf er nur mit einer speziellen Genehmigung bekämpft bzw. vertrieben werden. In Tabelle 80 sind wichtige Unterscheidungsmerkmale zusammengefasst. Endgültige Sicherheit erhält man durch die sogenannte **Verwühlprobe**. Wird das Gangsystem geöffnet, verschließt die Wühlmaus den alten Gang innerhalb von ein bis zwei Stunden und umgeht ihn seitlich, während Maulwürfe die Öffnung unterwühlen und darunter einen neuen Gang anlegen. Mit Hilfe gespannter **Drahtfallen** (siehe Abb. 274), die in das Gangsystem eingeschoben werden, oder mit neueren Fallentypen mit eingebautem Schlagbügel, die mit einem Frischköder (z.B. Karotte) versehen sind, lassen sich mit etwas Übung sehr gute Erfolge erzielen. Das Einleiten Kohlenmonoxid-haltiger **Auspuffgase** von Verbrennungsmotoren ermöglicht bei günstigen Bodenbedingungen gute Bekämpfungserfolge. Allerdings gelangen dabei auch gesundheitsschädliche Verbrennungsrückstände (Kohlenwasserstoffe) in den Boden. Auf freien Flächen ist auch das Begasen der Gänge mittels **Begasungspatronen** (Phosphorwasserstoff) möglich. Größere Mengen dürfen aufgrund der Gefährlichkeit des Mittels nur mit polizeilicher Genehmigung erworben und angewandt werden. Wirksamen Schutz für junge Apfelbäume bietet die Pflanzung in einem **verzinkten Drahtkorb** (Maschenweite höchstens 16 mm). Verschiedenen Pflanzenarten (Kaiserkrone, Narzisse, Knoblauch, Wolfsmilchgewächse) wird eine wühlmausvertreibende Wirkung nachgesagt. Diese Pflanzen werden zwar selten von Wühlmäusen gefressen, zur effektiven Wühlmausabwehr sind sie aber nicht geeignet. Die Förderung **natürlicher Feinde** (Wiesel, Greifvögel) führt zu einer erheblichen Minderung des Wühlmausproblems. Greifvögel können z.B. durch das Aufstellen von Sitzstangen „angesiedelt“ werden.

Tab. 80 Maulwurf oder Wühlmaus?

Maulwurf	Wühlmaus
• hoher, gleichmäßiger Haufen	• flacher, unregelmäßiger Haufen
• keine Pflanzenreste im Gangsystem	• Pflanzenreste im Gangsystem
• Decke des Maulwurfsganges ist locker	• Decke des Wühlmausganges ist fest

• Hasen, Wildkaninchen, Rehwild

Sie schädigen oft durch **Verfegen** und **Schälen** von Stämmen in Bodennähe (siehe Abb. 275), durch **Abfressen** von Zweigen und Knospen sowie durch **Verbiss** der Jungtriebe. Stauden und Zierpflanzen werden nicht selten vollständig abgefressen.

Bekämpfung: Das **Einzäunen** von Pflanzungen (mindestens 1 m hoch gegen Hasen, mindestens 1,75m hoch gegen Rehwild) bietet Schutz. Dabei sollte der Zaun gegen Hasen und Kaninchen etwa 25 cm tief eingegraben werden und eine Maschenweite von höchstens 4 mm aufweisen. In Baumschulquartieren und Obstanlagen ist es günstig, Schnittholz liegen zu lassen, da dieses v.a. bei Schnee zuerst benagt wird. Einzelbäume können durch ein **Drahtgeflecht** geschützt werden. Wirksam ist auch die mehrmalige Behandlung gefährdeter Flächen mit **Repellents**, die die Tiere z.B. durch einen starken Geruch abhalten, ohne sie zu töten.

Abb. 275
Rehschaden

Wiederholungsfragen

1. Erklären Sie, warum das Aufstellen von Vogelscheuchen oder das Betreiben von Knallapparaten langfristig keinen Erfolg gegen Vogelschäden verspricht.
2. Beschreiben Sie, durch welchen einfachen Test man herausfinden kann, ob eine Fläche von einer Wühlmaus oder einem Maulwurf besiedelt ist.
3. Erläutern Sie, warum es vorteilhaft sein kann, in Baumschulquartieren Schnittholz über den Winter liegen zu lassen.

8.7 Unkräuter

Pflanzen, die dort wachsen, wo sie der Gärtner nicht haben will, werden als **Unkräuter** bezeichnet. Unkräuter sind im allgemeinen Wildkräuter, die anspruchsloser und wuchsfreudiger als die Kulturpflanzen sind. Außerdem vermehren sie sich schneller und besser als diese.

Diese ungewollten Pflanzen
- verringern den Ertrag, da auch sie Standraum, Wasser und Nährsalze beanspruchen,
- behindern Pflege- und Erntearbeiten,
- können Krankheiten und Schädlinge übertragen und fördern,
- vermindern den Zier- oder Nutzwert von Garten- und Grünanlagen.

Wildkräuter können aber auch
- als Heilpflanzen genutzt werden,
- als Zeigerpflanzen Auskunft über den Boden geben,
- als Wildformen von Kulturpflanzen bei der Pflanzenzüchtung eine bedeutende Rolle spielen,
- Tieren als Nahrung oder Versteck dienen.

ZUSATZINFORMATION

Häufig werden die Unkräuter in **Samenunkräuter** und **Wurzelunkräuter** eingeteilt. Diese Einteilung ist zweckmäßig, aber nicht ganz richtig, denn Wurzelunkräuter bilden ebenfalls Samen aus. Samenunkräuter wie Vogelmiere (*Stellaria media*), Kleine Brennnessel (*Urtica urens*) und Franzosenkraut (*Galinsoga parviflora*) gehören zu den einjährigen Pflanzen, die sich ausschließlich generativ vermehren. Löwenzahn (*Taraxacum sect. Ruderale*), Quecke (*Elymus repens*) und Ackerwinde (*Convolvulus arvensis*) dagegen überdauern mit Rhizomen oder Speicherwurzeln im Boden.

Unkrautbekämpfung

Die Unkrautbekämpfung kann mit verschiedenen Methoden und Verfahren erfolgen:

kulturtechnisch:

- Auf benachbarten Flächen, insbesondere Brachflächen, Unkräuter nicht aussamen lassen.
- Gereinigtes Saatgut, unkrautfreien Kompost, Mist verwenden.
- Durch Mulchen (Rindenmulch, schwarze Folien) lässt sich das Wachstum der Unkräuter unterdrücken.

mechanisch:

- Folgende Methoden sind wesentlich: Hacken, Fräsen, Bürsten, Striegeln, da nach dem Pflanzenschutzgesetz auf Nichtkulturland auch keine Herbizide eingesetzt werden dürfen.

physikalisch:

- Einsatz von Hitze (z.B. Abflammen).

chemisch:

- **Bodenherbizide** werden auf den noch nicht bewachsenen Boden ausgebracht und fest an Ton- und Humusteilchen gebunden. Die Pflanze nimmt sie über die Wurzeln auf.
- **Blattherbizide** wirken ausschließlich auf grüne Teile der Pflanzen. Stoffwechselstörungen oder Verätzungen bringen die Pflanzen zum Absterben. Die Wurzeln allerdings werden nicht beeinträchtigt.
- **Wuchsstoffherbizide** sind Herbizide mit systemischer Wirkung. Sie werden von den grünen Pflanzenteilen aufgenommen und in der Pflanze verteilt. Sie bewirken, dass die Unkräuter verkrüppeln oder sich zu Tode wachsen.
- Wuchsstoffherbizide sind meist **selektiv wirkende** Herbizide, die also nur bestimmte Pflanzengruppen schädigen. Sie werden z.B. gegen breitblättrige Unkräuter in Rasenflächen eingesetzt.
- **Totalherbizide** dagegen vernichten alle Pflanzen, die mit diesen Mittel in Berührung kommen.

50% der eingesetzten Pflanzenschutzmittel sind Herbizide. Zu über 80% werden Herbizide in wenigen landwirtschaftlichen Großkulturen (Mais, Weizen, Reis, Zuckerrübe, u.a.) verbraucht. Ihr Einsatz ist nicht unproblematisch. Da sie sich gegen Pflanzen richten, können schwere Schäden an Kulturpflanzen angerichtet werden, z.B. durch falsche Dosierung, den falschen Anwendungszeitpunkt oder durch die Wahl eines ungeeigneten Mittels. In Gärten, öffentlichen Grünanlagen und auf Verkehrsflächen sollte die Herbizidanwendung auf Einzel- oder Sonderfälle beschränkt bleiben.

8.8 Pflanzenschutzmaßnahmen

Die vielen möglichen Pflanzenschutzmaßnahmen sollen nicht allein angewendet werden, sondern in ein Kultursystem integriert werden, das auch ökonomische Interessen und die Gefährdung des Menschen und der Umwelt mit berücksichtigt.

Vorbeugende Maßnahmen (Pflanzenhygiene) werden durch direkte Bekämpfungsmaßnahmen ergänzt.

Kulturmaßnahmen:

- Standortwahl
- Maßnahmen zur Verbesserung des Standortes
  - Beeinflussung der Klimabedingungen
  - Bodenbearbeitung
  - Düngung
  - Unkrautbekämpfung
- Fruchtwechsel
- Sortenwahl
- Aussaat- und Pflanztermine
- Standweiten

Physikalische Bekämpfungsmaßnahmen

Diese Maßnahmen richten sich vor allem gegen Schädlinge. Sie spielen gegenüber dem chemischen Pflanzenschutz nur eine Nebenrolle.

Abwehr von Schädlingen

- Einsatz von Netzen und Vliesen (Möhrenfliege, Vögel)
- Einzäunen gegen Wildverbiss
- Abschreckung durch Vogelscheuchen
- Anlegen von Leimringen um die Stämme von Obstbäumen (Frostspanner)

Mechanische Vernichtung der Schädlinge

- Vernichtung durch Bodenbearbeitung (Insektenlarven)
- Abschuss von Tieren

Fangmaßnahmen

- Einsammeln von Schädlingen (Kartoffelkäfer)
- Fallen (Wühlmäuse)

Thermische Verfahren

- Bodendämpfung. Heißer Wasserdampf wird zur Abtötung von Bakterien, Pilzen, Unkrautsamen, Nematoden und Bodeninsekten in den Boden eingeleitet. Für eine optimale Wirkung sind Temperaturen von 90–95 °C für mindestens 30 Minuten erforderlich. Aufgrund seiner Umweltfreundlichkeit sollte trotz der hohen Kosten diesem Verfahren der Vorzug vor der chemischen Bodenentseuchung gegeben werden. In gut humusversorgten Böden können nach dem Dämpfen größere Mengen von Mangan, Ammoniak und Phosphor freigesetzt werden.
- Wärmebehandlung zur Ausschaltung von Viren
- Heißwasserbehandlung (Desinfektion von Kulturkisten)

! ZUSATZINFORMATION

Bodendämpfung

Bei leicht feuchten und feinkrümeligen Böden und Substraten zeigt die Dämpfung die besten Ergebnisse. Reste der Vorkultur sollten vor einer Dämpfung möglichst beseitigt werden. Durch die Hitze werden aber auch nichtschädliche oder nützliche Bodentiere, z.B. Regenwürmer sowie ein Teil der antagonistischen Mikroorganismen geschädigt. Werden jetzt krankheitserregende Bodenpilze, z.B. Fusarium oder Pythium neu eingeschleppt, weil Hygienemaßnahmen vernachlässigt wurden, können diese sich ungehindert ausbreiten und Pflanzenausfälle bewirken.

Abb. 276
Gelbtafel

Biotechnische Maßnahmen

Biotechnische Verfahren nutzen die natürlichen Reaktionen von Schädlingen auf physikalische oder chemische Reize aus. Sie zielen weniger darauf ab die Schadtiere vollständig zu vernichten als deren Zahl unter die wirtschaftliche Schadensschwelle zu bringen.

Gelbtafeln (Abb. 276)
Insekten, auch nützliche, werden von gelben Farben angelockt und bleiben an den mit Leim-Spray behandelten Tafeln kleben. Die Gelbtafeln werden zur direkten Bekämpfung und zur Vorhersage des Befalls und der Schadenshöhe eingesetzt.

Lockstoffe (= Pheromone) sind Stoffe, die der chemischen Verständigung zwischen Lebewesen dienen. Sexuallockstoffe werden zur Anlockung des Geschlechtspartners ausgeschieden und sind noch in geringster Konzentration wirksam. So wird zur Bekämpfung des Apfel- und Traubenwicklers die Menge des Lockstoffs in der Luft erhöht, so dass sich die Männchen nicht mehr am Duft orientieren können. Die Weibchen werden nicht gefunden und damit auch nicht befruchtet.

Meistens werden die Lockstoffe zum Fangen von Schädlingen benutzt. In den Lockstofffallen bleiben die Insekten am beleimten Boden der Fallen kleben. Anhand der Fangergebnisse erhält man Informationen (Zeitpunkt des Auftretens, Menge), um im Rahmen des integrierten Pflanzenschutzes (s. Kap. 8.9) den optimalen Bekämpfungszeitpunkt festzulegen.

Biologische Maßnahmen

Von einer biologischen Bekämpfung spricht man, wenn durch den Einsatz oder die Förderung der natürlichen Feinde **(Nutzorganismen)** die Menge der Schädlinge begrenzt werden kann. Das natürliche Gleichgewicht wird dadurch erhalten bzw. wiederhergestellt.
Biologische Bekämpfung bedeutet, die vorhandenen einheimischen Nützlinge (z.B. Raubmilben, Florfliegen, Schlupfwespen, Raubwanzen, Marienkäfer u.a.) zu fördern und zu erhalten durch:

- Einsatz nützlingsschonender Pflanzenschutzmittel,
- gezielte Pflanzenbehandlung nach den Grundsätzen des integrierten Pflanzenschutzes,
- Erhaltung von Naturschutzflächen,
- Hecken und Ackerrandstreifen, die die Lebensbedingungen vieler Nützlinge verbessern,
- Anlegen von Überwinterungsverstecken, Nist- oder Brutkästen, Steinhaufen für räuberische Kleinsäuger oder Sitzstangen für Raubvögel.

Im Gartenbau unter Glas hat sich der gezielte Masseneinsatz von Nützlingen erfolgreich eingeführt. Die Nützlinge werden unter geeigneten Bedingungen vermehrt und anschließend im Pflanzenbestand freigelassen. Vor allem für den Gemüsebau stehen eine Reihe funktionierender biologischer Verfahren zur Verfügung (vgl. Tabelle 81). Besonders zuverlässig kann die Weiße Fliege mit Schlupfwespen und die Spinnmilbe mit Raubmilben bekämpft werden.

Die nur 0,6 mm große **Schlupfwespe** *(Encarsia formosa)* legt jeweils ein Ei in das Innere bestimmter Larvenstadien der Weißen Fliege *(Trialeurodes vaporariorum, Bemisia tabaci)* (Abb. 277).

Abb. 277
Schlupfwespe bei der Eiablage.

Tab. 81 Nützlingseinsatz im Gartenbau

Nützling	Schädling
Raubmilbe (*Phytoseiulus persimilis*)	Spinnmilben (*Tetranychidae*)
Raubmilben (*Amblyseius* spp.)	Thripse (*Thsanoptera*)
Schlupfwespe (*Encarsia formosa*)	Weiße Fliege (*Trialeurodes vaporariorum, Bemisia tabaci*)
Schlupfwespen (*Dacnusa sibirica, Diglyphus isaea*)	Minierfliegen (z. B. *Liriomyza bryoniae*)
Schlupfwespe (*Alphidium matricariae*)	Blattläuse (*Aphidina*)
Schlupfwespen (*Trichogramma* spp.)	Raupen (z. B. Maiszünsler, Kohleule, Kohlweißling, Apfelwickler, Apfelschalenwickler)
Florfliege (*Chrysoperla carnea*)	Blattläuse (*Aphidina*)
Gallmücke (*Aphidoletes aphidimyza*)	Blattläuse (*Aphidina*)
Raubwanzen (*Orius* spp.)	Thripse (*Thysanoptera*)
Nematoden (*Heterorhabditis* sp.)	Dickmaulrüssler (*Otiorhynchus sulcatus*)
Nematoden (*Steinernema* sp.)	Trauermücken (*Sciaridae*)

Mit der Entwicklung der Schlupfwespenlarve färbt sich das Puparium (letztes Entwicklungsstadium) der Weißen Fliege schwarz und stirbt ab. Die erwachsene Schlupfwespe sticht aber auch Larvenstadien der Weißen Fliege an und saugt diese aus („host feeding"). Die Nützlinge werden in Form von parasitierten Puparien, die auf Kartonstreifen geklebt sind, bezogen und sollten nach Erhalt sofort verteilt werden. Damit der Nützling ausreichend aktiv wird, benötigt er Licht (7300 Lux) und Wärme (>18 °C). Der Nützlingseinsatz sollte entweder vorbeugend oder mit dem Auftreten der ersten Schädlinge erfolgen. Alle anderen Pflanzenschutzmaßnahmen müssen dann auf den Nützlingseinsatz abgestimmt werden.

Spinnmilben (z.B. *Tetranychus urticae*) lassen sich gut mit **Raubmilben** *(Phytoseiulus persimilis)* bekämpfen. Die Raubmilbe, eine Verwandte der Spinnmilbe, sticht diese an und saugt sie aus (Abb. 278).

Abb. 278
Raubmilben (braun) bekämpfen Spinnmilben.

Sie ist etwas größer als die Spinnmilbe, birnenförmig, rötlich gefärbt und viel beweglicher. Eine Raubmilbe saugt täglich etwa 5 erwachsene Spinnmilben oder annähernd 20 Jugendstadien bzw. Eier aus. Die Raubmilben werden meist auf Buschbohnenblätter, auf denen vorher Spinnmilben vorhanden waren, geliefert. Diese werden in mehrere Teile zerschnitten und auf die Kulturpflanzen verteilt. Für ihre Entwicklung braucht die Raubmilbe eine Luftfeuchtigkeit von 60–80% und eine Temperatur von mehr als 16 °C.

Zur Bekämpfung von Schmetterlingsraupen wird schon lange ein **Bakterium** (*Bacillus thuringiensis*) eingesetzt. Dieses vermehrt sich in den erkrankten Insekten und bildet bei der Sporenentwicklung ein kristallines Gift, das die Insektenlarven abtötet. *Bacillus thuringiensis* wird als Spritzpulver gehandelt und muss als mikrobiologisches Präparat amtlich zugelassen werden. Als weiteres mikrobiologisches Pflanzenschutzmittel ist Granupom (ein Viruspräparat) gegen den Apfelwickler erhältlich.

Vorteile der biologischen Verfahren:

- Verzicht auf chemische Pflanzenschutzmittel und dadurch
- keine Gesundheitsgefährdung für den Anwender und die Verbraucher,

- weitgehende Schonung der natürlichen Lebensgemeinschaften,
- Rückstandsprobleme und Giftresistenzerscheinungen treten nicht auf.

Probleme bei der biologischen Bekämpfung:

- Schäden an Kulturpflanzen sind nicht auszuschließen, da die Abtötung der Schädlinge nicht augenblicklich erfolgt.
- Die Entwicklung der Nützlinge ist in hohem Maße von den Umweltfaktoren abhängig.
- Hohe Kosten für die Herstellung und Ausbringung der biologischen Präparate.
- Es sind umfangreiche Sachkenntnisse (Lebensweise der Schädlinge und Nützlinge, wirtschaftliche Schadensschwelle u.a.) für eine erfolgreiche Durchführung des biologischen Pflanzenschutzes notwendig.

Die Anwendung biologischer Maßnahmen ist wünschenswert, man wird aber auf den Einsatz chemischer Verfahren auch in Zukunft nicht völlig verzichten können.

Chemische Maßnahmen

Die in den vorangegangenen Abschnitten besprochenen Maßnahmen sollten bei der Bekämpfung von Krankheiten und Schädlingen immer zuerst erwogen werden. Um die Kulturen gesund zu erhalten, reichen sie aber bei den gebräuchlichen Kulturmethoden allein nicht aus.

Chemische Pflanzenschutzmittel sind Stoffe, die

- Pflanzen oder Pflanzenerzeugnisse vor schädlichen Einflüssen schützen,
- die Lebensvorgänge der Pflanzen beeinflussen können (z.B. Wachstumsregler),
- andere Pflanzen abtöten oder am wachsen hindern können (vgl. Definition S. 276).

Wirkungsweise der Pflanzenschutzmittel

Kontaktgifte sind Berührungsgifte, die auf die Blattoberfläche oder die Schädlinge selbst ausgebracht werden.

Tiefenwirkung besitzen solche Mittel, die bei einer Behandlung der Blattoberfläche auch die Schädlinge auf der Blattunterseite abtöten.

Atemgifte sind Mittel, die über die Atmungsorgane wirken.

Fraßgifte wirken nach der Nahrungsaufnahme im Magen des Schädlings.

Mittel mit **systemischer Wirkung** werden von der Pflanze aufgenommen und über die Leitbahnen in der Pflanze verteilt.

Anwendungsformen

Chemische Pflanzenschutzmittel bestehen aus einem Wirkstoff, d.h. einer aktiven Substanz und Zusatzstoffen. Zusatzstoffe sollen die Wirkung des Mittels verbessern und können Haft-, Netz-, Lösungsmittel oder Träger-, Farb- und Warnstoffe sein.

Pflanzenschutzpräparate sind vorhanden als Spritz-, Streu-, Streich-, Stäube-, Tauchmittel und als Begasungs- (Nebel) oder Ködermittel. Die Ausbringung erfolgt am häufigsten als Spritz- oder Streumittel (Granulate). Bei den Spritzmitteln dient Wasser als Verdünnungsmittel. Die Konzentration der Lösungen beträgt meist weniger als 1 % und die mittlere Tropfengröße liegt bei 150–500 µm. Beim Sprühen sind die Tropfen wesentlich kleiner als beim Spritzen. Dadurch sinkt der Wasserverbrauch, aber die Abtriftgefahr steigt. In den Gewächshäusern können Pflanzenschutzmittel auch vernebelt werden (Tropfengröße < 50 µm) oder gasförmig ausgebracht werden. Stäubemittel, die nur schwer exakt zu dosieren und zu verteilen sind, werden kaum noch verwendet. Die Funktion der Pflanzenschutzgeräte muss regelmäßig überprüft werden. Nur amtlich anerkannte und geprüfte Geräte gewähren eine genaue, gleichmäßige und sichere Mittelausbringung.

ZUSATZINFORMATION

Der Gärtner kann die Indikation durch den folgenden Text der Gebrauchsanleitung erkennen: **„Von der Biologischen Bundesanstalt für Land- und Forstwirtschaft festgesetzte Anwendungsgebiete und -bestimmungen: Anwendungsgebietsnummer: ....**
Schadorganismen / Zweckbestimmungen: ....
Pflanzen / -erzeugnisse / Objekte: ....

Zulassung und Kennzeichnung chemischer Mittel

Nach dem alten Pflanzenschutzgesetz durften Pflanzenschutzmittel nur dann in den Handel gebracht werden, wenn sie von der Biologischen Bundesanstalt für Land- und Forstwirtschaft (BBA) zugelassen waren. Die Zulassung war die Voraussetzung für das „in den Verkehr bringen". Diese Zulassung galt zweifellos auch für den Einsatz in bestimmten Kulturen und gegen bestimmte Schaderreger. Andere Anwendungsgebiete waren aber nicht ausdrücklich verboten.

Im neuen Pflanzenschutzgesetz betrifft die Zulassung auch die Anwendung der Pflanzenschutzmittel. Sie dürfen nur noch für Zwecke eingesetzt werden, für die sie ausdrücklich zugelassen sind (**Indikationszulassung**). Die Gebrauchsanleitungen erhalten dadurch Gebots-Charakter.

DEFINITION

Screening =
Verfahren, welche die Eignung einer Verbindung als Pflanzenschutzmittel im Labor an einer Anzahl Versuchsobjekte überprüfen. (engl. to screen = sieben)

Der Weg eines Pflanzenschutzmittels von seiner Entwicklung im Labor bis zur praktischen Anwendung verursacht einen erheblichen Aufwand und ist mit einem hohen Risiko belastet. Die statistische Wahrscheinlichkeit, mit einem Screening neue Pflanzenschutzmittel zu finden, ist gering; sie beträgt momentan 40 000 : 1.

Bei einer Entwicklungsdauer von 10 Jahren betragen die Entwicklungskosten zur Zeit 128 Mio. € . Die Ergebnisse der Untersuchungen auf Giftigkeit, Abbauverhalten, mögliche Rückstände in Pflanzen, Boden und Wasser, Beeinträchtigungen des Naturhaushaltes u.a. sind Grundlage für einen Zulassungsantrag bei der Biologischen Bundesanstalt. Nach Anhörung eines Sachverständigenausschusses im Einvernehmen mit dem Bundesinstitut für gesundheitlichen Verbraucherschutz und Veterinärmedizin (BgVV) und dem Bundesumweltamt wird über die Zulassung entschieden.

Die BBA erteilt dem Antragsteller die **Zulassung**, wenn die Prüfung ergibt, dass

1. das Pflanzenschutzmittel hinreichend wirksam und pflanzenverträglich ist,
2. die Erfordernisse des Schutzes der Gesundheit von Mensch und Tier beim Verkehr mit gefährlichen Stoffen erfüllt sind,
3. das Pflanzenschutzmittel bei bestimmungsgemäßer und sachgerechter Anwendung
   a) keine schädlichen Auswirkungen auf die Gesundheit von Mensch, Tier sowie auf Grundwasser und
   b) keine sonstigen Auswirkungen, insbesondere auf den Naturhaushalt hat, die nach dem Stand der wissenschaftlichen Erkenntnisse nicht vertretbar sind.

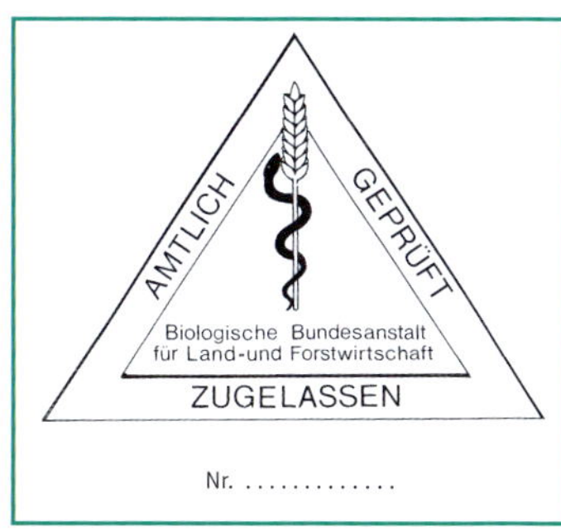

Abb. 279
Zulassungszeichen der BBA.

Die zur Anwendung freigegebenen Präparate werden im Pflanzenschutzmittelverzeichnis der BBA bekannt gegeben und tragen auf ihren Packungen ein Zeichen (Abb. 279). Es beinhaltet ein Dreieck mit Ährenschlange, eine Zulassungsnummer und die Aufschrift „AMTLICH-GEPRÜFT-ZUGELASSEN". Die Zulassung endet in der Regel nach 10 Jahren. Sie kann vorzeitig zurückgezogen

Pflanzenschuzumittel, die nach der Gefahrstoffenverordnung eingestuft wurden, sind wie folgend gekennzeichnet:

Kennbuchstaben	**T+/T**	**Xn/Xi**	**C**	**F/F+**	**O**	**N**
Gefahrsymbole						
Gefahrbezeichnung	Sehr giftig/ Giftig	Gesundheits-schädlich/ Reizend	Ätzend	Leicht entzündlich/ Hochentzündlich	Brandfördernd	Umweltgefährlich

Abb. 280
Gefahrensymbole für die Kennzeichnung von Pflanzenschutzmitteln.

werden, wenn Erkenntnisse vorliegen, dass die notwendigen Anforderungen nicht mehr erfüllt werden.
Die Zulassung eines Mittels bedeutet nicht, dass dadurch keine schädlichen Folgen für die Gesundheit von Mensch und Tier auftreten können. Es wird nur ausgeschlossen, dass bei bestimmungsgemäßer und sachgerechter Anwendung diese Folgen vermieden werden können oder nach derzeitigem Wissensstand vertretbar sind.

Gemäß Gefahrstoffverordnung werden Pflanzenschutzmittel nach ihrer Gefährlichkeit eingestuft und entsprechend gekennzeichnet. **Gefahrensymbole** und Gefahrenbezeichnungen sind in Abb. 280 dargestellt.

DEFINITION

Sachkundenachweis.
Der Gesetzgeber verlangt von jedem Anwender und Vertreiber (Verkäufer) einen Sachkundenachweis für die Anwendung bzw. den Verkauf von Pflanzenschutzmitteln. Dieser kann durch eine Prüfung oder durch die bestandene Abschlussprüfung im Gärtnerberuf erworben werden.

Umgang mit Pflanzenschutzmitteln

Aufbewahrung und Lagerung:
- immer in Originalpackungen,
- unter Verschluss (Giftschrank oder Giftraum),
- nicht zusammen mit Lebens- oder Futtermitteln.

Anwendung:
- nur von Personen, die über die erforderliche Sachkunde verfügen,
- Auszubildende nur nach Anweisung und gründlicher Unterweisung unter Aufsicht,
- Gebrauchsanweisung genau durchlesen,
- während der Arbeiten weder essen, trinken, noch rauchen,
- Schutzkleidung tragen:
  - Schutzanzug mit Kopfbedeckung,
  - Gummihandschuhe und -stiefel,
  - Atemschutz.
- **Nicht spritzen:**
  - wenn es windig ist (Abtriftgefahr),
  - wenn es bald regnet (Abschwemmung),
  - wenn es zu heiß ist > 25 °C (Verbreitung durch Warmluftbewegung).

Nach der Anwendung:
- Spritzbrühe vollständig verbrauchen oder Reste verdünnt (1 : 10) über behandelte Fläche ausbringen,
- Gewächshäuser sind nach der Ausbringung von Pflanzenschutzmitteln zu kennzeichnen,
- Geräte gründlich säubern,
- Kleidung säubern,

- Gesicht und Hände gründlich mit Wasser und Seife reinigen,
- bei Vergiftungsverdacht sofort ärztliche Hilfe in Anspruch nehmen.

Höchstmengen und Wartezeiten
Unmittelbare Vergiftungsgefahr besteht in der Regel nur für den Anwender chemischer Pflanzenschutzmittel. Rückstände von Pflanzenschutzmittelwirkstoffen können aber mit der Nahrung von allen Menschen aufgenommen werden. **Höchstmengen** sind in der „Höchstmengenverordnung" gesetzlich definierte Grenzwerte für noch duldbare, gesundheitlich unbedenkliche Rückstände in Nahrungsmitteln. Sie werden durch Tierversuche ermittelt unter Berücksichtigung eines Sicherheitsfaktors.

1. Fütterungsversuche, z.B. mit Ratte zur Feststellung der unwirksamen Dosis (mg Wirkstoff / kg Futter).
2. Umrechnung der unwirksamen Dosis in mg Wirkstoff/kg Körpergewicht des Versuchstiers und Tag.
3. Ermittlung der höchsten duldbaren Tagesdosis für den Menschen (= ADI - Wert, Abk. für Acceptable Daily Intake) unwirksame Dosis Tier/100.
4. Ermittlung der duldbaren Höchstmenge in Nahrungsmitteln: ADI-Wert x Körpergewicht (60 kg) / Tagesverzehr in kg.
5. Ergebnis = zulässige Höchstmenge in mg Wirkstoff / kg Nahrungsmittel.

Wartezeiten wurden von der BBA festgelegt, weil die Rückstände auf bzw. in den Pflanzen von den Verbrauchern nicht festgestellt werden können. Unter Wartezeit versteht man den Zeitraum von der letzten Anwendung eines Pflanzenschutzmittels bis zur Ernte. Die Wartezeiten garantieren nur dann, dass die Höchstmenge nicht überschritten wurde, wenn das Mittel richtig angewendet worden ist. Leider sind die Abbauwege der einzelnen Stoffe und die Wirkung der Abbauprodukte auf den Menschen bzw. auf den Naturhaushalt nicht im einzelnen bekannt. Deshalb sind durch die Höchstmengenverordnung längerfristige Schäden bzw. versteckte Gefährdungen nicht ausgeschlossen.

! ZUSATZINFORMATION

Kressetest

Eine Probe des entseuchten Bodens wird in ein verschließbares Glas gegeben. In das Gefäß wird ein feuchter, mit Kressesamen bestreuter Wattebausch gehängt. An der Keimung der Samen, verglichen mit einer unbehandelten Bodenprobe, kann man erkennen, ob auf dem behandelten Boden bereits wieder gepflanzt werden kann.

Nach einer chemischen Bodenuntersuchung muss geprüft werden, ob noch pflanzenschädliche Stoffe im Boden sind. Die Wartezeiten unterliegen hier dem Einfluss von Bodentemperatur, -feuchtigkeit, -art und -struktur. Dazu wird der **Kressetest** angewendet.

Wasserschutz

Nicht zu vermeiden ist beim Einsatz von Pflanzenschutzmitteln, dass diese auch in den Boden gelangen. Sie können dann mit dem Sickerwasser in das Grundwasser gelangen. Grundwasser und Oberflächengewässer dürfen nicht mit Pflanzenschutzmitteln verunreinigt werden. Aus diesem Grund ist der Einsatz von Pflanzenschutzmitteln in Wasserschutzgebieten in Form von Wasserschutzgebietsauflagen strengen Regeln unterworfen. Mittel, die mit einer Wasserschutzauflage (Kennzeichnung mit **W**) versehen sind, dürfen in Wasserschutzgebieten nicht angewendet werden (Negativkatalog). In einzelnen Bundesländern, z.B. Baden-Württemberg, dürfen ausschließlich Pflanzenschutzmittel aus einem „Positivkatalog" eingesetzt werden. Rechtsvorschriften bestehen auch für die Anwendung von Pflanzenschutzmitteln in oder an Oberflächengewässern. Diese schreiben eine Genehmigung vor oder die Einhaltung bestimmter Mindestabstände. Um Verstöße gegen die entsprechenden Vorschriften zu vermeiden, ist es für die Anwender wichtig, den Verlauf der örtlichen Wasserschutzgebiete zu kennen. Auskünfte erteilen die Wasserbehörden und Wasserwirtschaftsämter bei den Kreis- und Stadtverwaltungen.

Bienenschutz

Bienen sind wichtige Bestäuber für viele Pflanzenarten. Deshalb wurden sie unter besonderen Schutz gestellt. Die Bienenschutzverordnung regelt den Einsatz bienengefährlicher Mittel. Die Pflanzenschutzmittel werden nach ihrer Bienengefährlichkeit eingestuft und entsprechend gekennzeichnet:

- B1 = **Bienengefährlich**. Mittel dürfen nicht auf blühende Pflanzen ausgebracht werden.
- B2 = **Bienengefährlich**. Ausgenommen bei Anwendung nach dem täglichen Bienenflug und bis 23 Uhr.
- B3 = Bienen werden **nicht** gefährdet, bei Beachtung der Anwendung.
- B4 = **Nicht** bienengefährlich aufgrund einer amtlichen Prüfung.

Nach der Bienenschutzverordnung ist es verboten, bienengefährliche Pflanzenschutzmittel an blühenden Pflanzen anzuwenden oder sie so einzusetzen, dass blühende Pflanzen getroffen werden (Abtrift). Pflanzen, an denen deutliche Honigtauausscheidungen feststellbar sind, dürfen ebenfalls nicht mit bienengefährlichen Mitteln behandelt werden.

Leider halten sich andere nützliche Insekten, z.B. Hummeln, nicht an die Flugzeiten der Bienen und sind damit besonders gefährdet.

8.9 Integrierter Pflanzenschutz

Die zum Teil beträchtlichen Nachteile bzw. die nicht ausreichende Wirkung der beschriebenen Pflanzenschutzmaßnahmen hat dazu geführt, einen neuen Weg einzuschlagen. Sein Ziel ist, auf die alleinige Anwendung chemischer Pflanzenschutzmittel zu verzichten und alle möglichen Maßnahmen in die Krankheits- und Schädlingsbekämpfung einzubeziehen. Der **Integrierte**

Pflanzenschutz versteht sich als „eine Kombination von Verfahren, bei denen unter vorrangiger Berücksichtigung biologischer, biotechnischer, pflanzenzüchterischer sowie anbau- und kulturtechnischer Maßnahmen die Anwendung chemischer Pflanzenschutzmittel auf das notwendige Maß beschränkt wird".
Das bedeutet:

1. Chemische Mittel werden nur dann eingesetzt, wenn die wirtschaftliche Schadensschwelle überschritten wird.
2. Anbauverfahren sind zu entwickeln, in denen möglichst wenig Schadorganismen auftreten.
3. Mechanische, biologische und biotechnische Pflanzenschutzmaßnahmen sind zu bevorzugen.
4. Möglichst nützlingsschonende Mittel bzw. Verfahren sind einzusetzen.

Der Integrierte Pflanzenschutz ist an zwei **Voraussetzungen** gebunden, wenn er funktionieren soll:

1. Schädlinge und Nützlinge müssen erkannt sowie ihre Entwicklung überwacht und kontrolliert werden.
2. Die wirtschaftliche Schadensschwelle muss erkannt werden.

Die Pflanzenschutzämter unterhalten einen Warndienst, der einen Schaderregerbefall möglichst frühzeitig vorhersagt. So können Pflanzenschutzmittel oder -verfahren gezielt eingesetzt werden.

Am meisten verbreitet ist der Integrierte Pflanzenschutz im Apfelanbau und im Unterglasgemüsebau. Der Zentralverband Gartenbau hat für den Obst- Gemüse- und Zierpflanzenbau entsprechende Leitlinien herausgegeben.

DEFINITION

Wirtschaftliche Schadensschwelle. Menge eines Schaderregers, ab der eine Bekämpfung wirtschaftlich sinnvoll ist. Eine Pflanzenschutzmaßnahme wird erst dann durchgeführt, wenn der zu erwartende Schaden wesentlich größer ist als die Kosten, die sie verursacht.

8.10 Rechtsvorschriften

Zahlreiche Rechtsvorschriften berühren den Pflanzenschutz. Die wichtigste gesetzliche Grundlage für den Pflanzenschutz ist das **„Gesetz zum Schutz der Kulturpflanzen"**.
Ziel dieses Gesetzes ist u.a.:

- Pflanzen, insbesondere Kulturpflanzen und Pflanzenerzeugnisse, vor Schadorganismen und nicht parasitären Beeinträchtigungen zu schützen.
- Gefahren abzuwenden, die durch die Anwendung von Pflanzenschutzmitteln insbesondere für die Gesundheit von Mensch und Tier und für den Naturhaushalt entstehen können.

Wichtig ist u. a. § 3 PflSchG, nach dem z.B. bestimmte Krankheiten und Schädlinge **meldepflichtig** sind oder Kontrollen durchgeführt werden müssen. Dafür werden einzelne Verordnungen erlassen, wie z.B. die Verordnung zur Bekämpfung des Feuerbrandes. Besonders wichtig ist auch der §6 PflSchG, nach dem Pflanzenschutzmittel nur nach **„guter fachlicher Praxis"** angewendet werden dürfen. Gute fachliche Praxis besagt, dass die Grundsätze des integrierten Pflanzenschutzes berücksichtigt werden müssen. Mit der letzten Änderung des Gesetzes wurde der § 6a eingeführt, der die **Indikationszulassung** zum Inhalt hat. Gemäß § 7 PfSchG kann der Bundesminister für Ernährung, Landwirtschaft und Forsten die **Anwendung von Pflanzenschutzmitteln verbieten**, be-

ZUSATZINFORMATION

Neben dem Pflanzenschutzgesetz sind weitere Rechtsvorschriften wichtig:

- Pflanzenschutzsachkundeverordnung
- Pflanzenschutzmittelverordnung
- Rückstands-Höchstmengenverordnung
- Chemikaliengesetz
- Gefahrstoffverordnung
- Bienenschutzverordnung
- Verordnung zur Bekämpfung der San-Jose-Schildlaus
- Feuerbrandverordnung
- Bundesnaturschutzgesetz
- Bundesartenschutzverordnung
- Abfallgesetz
- Wasserhaushaltsgesetz

schränken oder die Anwendung genehmigungs- bzw. anzeigepflichtig machen. Die Paragraphen 12 bis 19 PfSchG regeln die **Zulassung** von Pflanzenschutzmitteln. Der § 20 PfSchG regelt die **Kennzeichnung** der Pflanzenschutzmittel. Um sicherzustellen, dass Pflanzenschutzmittel sachgerecht und zuverlässig angewendet werden, fordert der Gesetzgeber vom Anwender und Verkäufer von Pflanzenschutzmitteln den Nachweis der erforderlichen fachlichen Kenntnisse bzw. Fertigkeiten **(Sachkundenachweis)**. Das Pflanzenschutzgesetz regelt außerdem die Aufgaben der Biologischen Bundesanstalt für Land- und Forstwirtschaft (BBA) sowie der Pflanzenschutzdienste der Länder.

Wiederholungsfragen und Aufgaben

1. **Ein verantwortungsbewusster Gärtner betreibt in seinem Betrieb Integrierten Pflanzenschutz.**
   a) Erklären Sie den Begriff „Integrierter Pflanzenschutz“.
   b) Nennen Sie zwei Gründe, warum Integrierter Pflanzenschutz notwendig ist.
   c) Um welche Verfahren des Integrierten Pflanzenschutzes handelt es sich?
   - beim Einsatz von Nematoden gegen Dickmaulrüsslerlarven
   - beim Anbringen von Leimringen an Bäumen
   - bei der Vermeidung von Mangelsymptomen

2. a) **Beschreiben Sie drei verschiedene Methoden zur Bekämpfung von „unbeliebten Wildkräutern“ in der Baumschule.**
   b) Nennen Sie jeweils Vor- und Nachteile der oben genannten Methoden.
   c) Geben Sie zwei einjährige und zwei mehrjährige Unkräuter mit ihren deutschen und botanischen Bezeichnungen an (Gattung, Art).
   e) Erklären Sie
   - selektives Herbizid,
   - Wuchsstoffherbizid,
   - Vorauflaufherbizid.

3. **Mit der bestandenen Abschlussprüfung erhalten Sie den Sachkundenachweis.**
   a) Nennen Sie fünf Regeln zum Kauf und zur Aufbewahrung von Pflanzenschutzmitteln.
   b) Sie erhalten den Auftrag, ein nicht mehr zugelassenes, aber noch nicht verbotenes Pflanzenschutzmittel zu spritzen. Ist es in Ordnung, wenn Sie diese Arbeit verweigern (Begründung)?
   c) Nach einer Pflanzenbehandlung mit Insektiziden bleiben etwa ein Liter Brühe in der Spritze und die leere Mittelpackung übrig. Wie entsorgen Sie die Brühe und die Packung sachgerecht?

4. **Für die Arbeit mit Pflanzenschutzmitteln gelten grundsätzliche Regeln, die dem Anwender- und dem Umweltschutz dienen.**
   a) Welche Angaben müssen in deutlich lesbarer Schrift auf Pflanzenschutzmittelpackungen angegeben sein? (5 Beispiele)
   b) Skizzieren und erklären Sie drei Gefahrensymbole, die man auf Packungen von Pflanzenschutzmitteln findet.
   c) Zählen Sie vier Punkte auf, die bei der Lagerung von Pflanzenschutzmitteln zu beachten sind.

8.11 Literaturhinweise und Links

Literaturhinweise

AID-Broschüren (Schriftenliste anfordern): aid infodienst. Ernährung, Landwirtschaft, Verbaucherschutz e.V. Heilsbachstr. 16, 53123 Bonn oder über www.aid.de.

Böhmer, B., Wohanka, W.: Farbatlas Krankheiten und Schädlinge an Zierpflanzen, Obst und Gemüse. Verlag Eugen Ulmer, Stuttgart, 2. Auflage, 2008.

Börner, H.: Pflanzenkrankheiten und Pflanzenschutz. Springer Verlag, 8. Auflage, 2009.

Bürki, M., Frutschi, B., Schloz, W.: Bildatlas Pflanzenschutz an Zier- und Nutzpflanzen. Verlag Eugen Ulmer. Stuttgart, 7. Auflage, 2011.

Crüger, G.: Handbuch des Erwerbsgärtners: Pflanzenschutz im Gemüsebau. Verlag Eugen Ulmer, Stuttgart, 2002, 4. überarbeitete Auflage.

Hallmann, J., Quadt-Hallmann, A., von Tiedemann, A.: Phytomedizin: Grundwissen Bachelor. UTB, Stuttgart, 2. Auflage, 2009.

Hanf, M.: Ackerunkräuter Europas. Verlag Eugen Ulmer, Stuttgart, 4. Auflage, 2002.

Klein, W., Grabler, W., Tischner, H.: Sachkundig im Pflanzenschutz: Arbeitshilfe zum Erlangen des Sachkundenachweises im Pflanzenschutz. Verlag Eugen Ulmer, Stuttgart, 14. Auflage. 2013.

Kock, T. u. a.: Gärtners Pflanzenarzt. Landwirtschaftsverlag, Münster, 2013, 20. neu bearbeitete Folge.

Meyer, E. u. a.: Taschenbuch des Pflanzenarztes 2012. Landwirtschaftsverlag, Münster, 2011, 57. neu bearbeitete Folge.

Nienhaus, F., Kiewnick, L.: Pflanzenschutz bei Ziergehölzen. Verlag Eugen Ulmer, Stuttgart, 1998.

Wohanka, W. (Hrsg.).: Handbuch des Erwerbsgärtners: Pflanzenschutz im Zierpflanzenbau. Verlag Eugen Ulmer, Stuttgart, 2006.

Links:

http://www.

bba.de: Website der früheren Biologischen Bundesanstalt → ist zum 1. Januar 2008 im Julius-Kühn-Institut – Bundesforschungsanstalt für Kulturpflanzen aufgegangen → www.jki.bund.de
bmel.de: Bundesministerium für Ernährung und Landwirtschaft → rechtliche Regelungen im Pflanzenschutz
bvl.bund.de → Verzeichnis der zugelassenen Pflanzenschutzmittel
gesetze-im-internet.de/bundesrecht/pflschg_2012/gesamt.pdf → Pflanzenschutzgesetz
elf.brandenburg.de → Pflanzenschutzdienst Brandenburg
hwst.de/forschung/wissenstransfer/infodienst-weihenstephan/ → Website der Hochschule Weihenstephan-Triesdorf mit Informationen zum Pflanzenschutz
fachschule-gartenbau.de → Website der Staatlichen Fachschule für Gartenbau in Landshut mit vielen Links zum Pflanzenschutz
lk-wl.de → Landwirtschaftskammer Nordrhein-Westfalen mit vielen Pflanzenschutzinformationen
llh.hessen.de → Gartenbauberatung Hessen
ltz-bw.de/pb/,Lde/Startseite/Pflanzenschutz → Infodienst Landwirtschaftliches Technologiezentrum Augustenberg (LTZ)
neudorff.de/ → Website der Firma Neudorff
nuetzlinge.de/startseite/ → Website der Firma Sautter und Stepper
zimmerpflanzendoktor.de → Der Zimmerpflanzendoktor

9 Betriebsausstattung

9.1 Maschinen

9.1.1 Schlepperbauarten

Unterschiedliche Anforderungen haben zur Entwicklung verschiedener Schlepperbauarten geführt (siehe Tabelle 83). Im Betrieb werden Schlepper als **Zugmaschinen** z.B. für Bodenbearbeitungsgeräte und zum **Transport** genutzt. Mit Hilfe der Hydraulik oder der Zapfwelle dienen sie dem **Antrieb von Geräten**. Sie können zum **Tragen** von Arbeitsgeräten oder Behältern eingesetzt werden.

ZUSATZINFORMATION

Kriterien bei der Schlepperauswahl:

- **Spurbreite** (eng, z.B. Kompaktschlepper, weit, z.B. Stelzenschlepper mit der Möglichkeit der Spurbreitenverstellung),
- **Anbauräume** (siehe Tabelle 82),
- **Zapfwelle:** Front- und Heckanschluss zum Antrieb von Werkzeugen,
- **Hydraulik:** zur Betätigung der Dreipunktanlage (Hubkraft!), Ölzapfstellen an der Front und am Heck für Ölmotoren,
- **Fahrgeschwindigkeit:** z.B. bei Transportarbeiten (UNIMOG!),
- **Antrieb:** Hinterrad- oder Allradantrieb (bodenschonend!),
- **Sichtfeld** (Geräteträger!),
- **Bodenfreiheit:** wichtig bei höheren Reihenkulturen im Gemüsebau oder in der Baumschule,
- **Motorleistung,**
- **Schnellkupplungseinrichtungen,**
- **Preis,**
- **Wartungsfreundlichkeit,**
- **Schwerpunkt:** soll z.B. bei Kompakt- oder Plantagenschleppern niedrig sein,
- **Bereifung:** günstig sind Niederdruckreifen (bodenschonend),
- Ausstattung mit **Kabine** (evtl. mit Schadstofffilter),
- **Antriebsart:**
  2- und 4-Takt-Ottomotoren, Viertakt-Dieselmotoren.

Abb. 281
„Oldtimer", damals ausschließlich als Zugmaschine konzipiert.

Tab. 82 Anbauräume und ihre Nutzungsmöglichkeiten

Heck	Fräse, Pflug, Pflanzmaschine, Düngerstreuer, Spritzgerät, Sämaschine
Front	Mähwerk, Spritzbalken, Hackgerät, Frontlader, Räumschild, Schneefräse
Tragefläche	Behälter für Saatgut, Dünger, Spritzmittel, Wasser zum Gemüsewaschen, Sammelbunker für Ernteerzeugnisse oder zur Aufnahme von Schnittabfall bei der Landschaftspflege
Zwischenachsanbau	Mähbalken, Hackgerät

Tab. 83 Schlepperbauarten

	Merkmale
 A = Anbauraum T = Tragefläche	**Standardschlepper** • Universelle Einsatzmöglichkeiten, • meist mit Hinterradantrieb, ab 100 kW in der Regel mit Allradantrieb, • große Hinterräder Voraussetzung für hohe Zugleistungen beim Pflügen, • Hauptanbauraum Heck, • begrenzte Möglichkeit des Zwischenachsanbaus (z.B. Mähwerk).
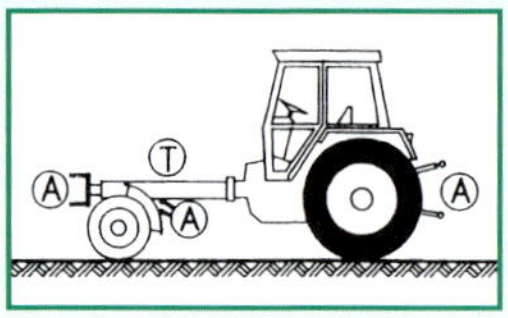	**Geräteträger** • Schlepper mit dem größten Anbauraum (Heck-, Front-, Zwischenachsanbau), • Ladepritsche für den Lastentransport, • gute Sicht auf Arbeitsgeräte v. a. beim Zwischenachsanbau, • Zapfwelle: vorn, am Heck oder mittig, • mehrere Arbeitsgänge können gleichzeitig durchgeführt werden (bodenschonend!).
	**Systemschlepper** • Allradantrieb, gleich große Reifen, • tiefliegender Schwerpunkt, gleichmäßige Belastung der Vorder- und Hinterräder (gute Zugkraftübertragung!), • Front- und Heckanbau sowie Transportraum, • gute Sicht auf Arbeitsgeräte, • hoher Fahrkomfort, • günstig für Gerätekombinationen.
	**Frontsitzschlepper** • Langer Radstand, lange Pritsche, dadurch gute Transporteigenschaften, • hohe Fahrgeschwindigkeit, • hohe Bodenfreiheit, geländegängig, • gutes Frontsichtfeld.
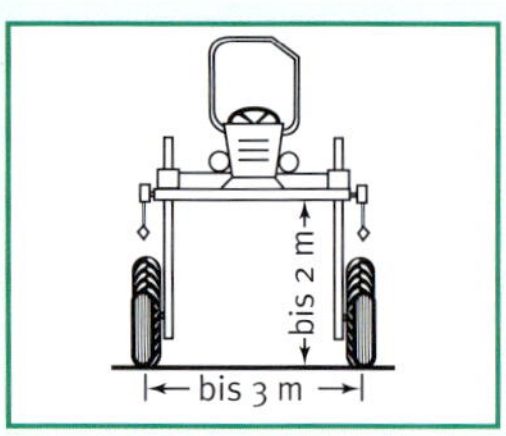	**Stelzenschlepper** • Durch große Bodenfreiheit überfahren von hohen Reihenkulturen möglich. • Kippgefahr am Hang, • Anbauräume am Heck, zwischen den Achsen bzw. unter dem Schlepper.
	**Kompaktschlepper** • Geringe Außenabmessungen, • tiefer Schwerpunkt, • geschlossene, abgerundete Bauform gegen das Einhaken von Zweigen, • oft auch mit gleichgroßen Reifen und Allradantrieb.
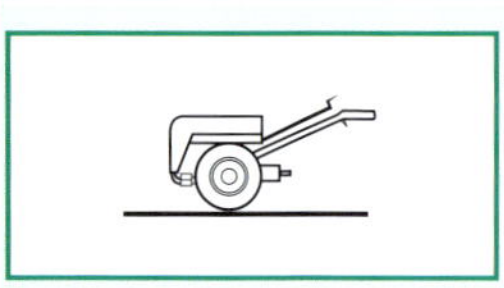	**Einachsschlepper** • Einsatz v. a. im Intensiv-Gartenbau und im Gewächshaus, • mit 2- und 4-Taktmotoren, • wendig aber begrenzte Flächenleistung, • Sonderform triebradlose Motorhacke: hier sorgt das rotierende Werkzeug für den Vortrieb.

Motoren

Die gängigen Geräte und Maschinen werden durch Elektromotoren oder durch unterschiedliche Verbrennungsmotoren angetrieben. Nach deren Aufbau und Funktion unterscheidet man bei diesen zwischen Vier- und Zweitaktmotoren, nach dem benötigten Kraftstoff zwischen Diesel- und Benzinmotoren.

9.1.2 Viertakt-Ottomotor

Bei Verbrennungsmotoren wird die chemische Energie des Kraftstoffes in Bewegungsenergie umgewandelt. Ein hochbrennbares Kraftstoff-Luft-Gemisch wird entzündet. Die sich ausbreitenden Verbrennungsgase erhöhen schlagartig den Druck im Zylinder und dieser treibt einen Kolben nach unten. Die Kolbenbewegung wird durch Pleuelstange und Kurbelwelle in eine Drehbewegung umgewandelt. Bei Benzinmotoren erfolgt die Bildung des Kraftstoff-Luft-Gemischs außerhalb des Zylinders. Im Zylinder wird es durch eine Zündkerze gezündet. Nach dem Erfinder dieses Verfahrens, NIKOLAUS AUGUST OTTO, werden Benzinmotoren als Ottomotoren bezeichnet.

Einsatzbereiche

Viertakt-Ottomotoren kommen bevorzugt in größeren Maschinen und Geräten vor, also besonders in PKWs, LKWs, größeren Einachsschleppern oder Rasenmähern. Sie sind im Vergleich zu den später behandelten Zweitaktmotoren wirtschaftlicher und vergleichsweise umweltfreundlicher (leiser, geringerer Kraftstoff- und Ölverbrauch). Aufgrund ihrer komplizierteren Bauart (Ventile, Nockenwelle) sind sie schwerer (siehe Abb. 283) und teurer.

Aufbau (siehe Abb. 282)

Motorgehäuse. Der **Zylinder** führt den Kolben, nimmt den Verbrennungsdruck auf und leitet die Verbrennungswärme ab. Der **Zylinderkopf** bildet einen Teil des Verdichtungsraumes und nimmt Zündkerze und Ventile auf. Die **Zylinderkopfdichtung** verhindert, dass Verbrennungsgase zwischen Zylinder und Zylinderkopf austreten. Im **Kurbelgehäuse** befindet sich die Kurbelwelle. Der untere Teil des Kurbelgehäuses ist als **Ölwanne** ausgebildet. Diese enthält den zur Motorschmierung erforderlichen Ölvorrat.

Kurbeltrieb. Der **Kolben** nimmt den Verbrennungsdruck auf und leitet die Kraft über die **Pleuelstange** an die **Kurbelwelle** weiter. Diese setzt über ihre spezielle Form (siehe Abb. 284) die geradlinige Kolbenbewegung in eine Drehkraft um. Der Kolben dichtet zusammen mit den **Kolbenringen** den Verbrennungsraum des Motors nach unten gegen das Kurbelgehäuse ab. Die Kolbenringe liegen federnd an der Zylinderwand an und verhindern so, dass Schmieröl aus der Ölwanne in den Verbrennungsraum gelangt.

Motorsteuerung. Die Motorsteuerung sorgt dafür, dass das Kraftstoff-Luft-Gemisch zum richtigen Zeitpunkt in den Zylinder gelangt bzw. die Abgase den Zylinder verlassen. Dies geschieht über die **Nockenwelle**, die das Öffnen und Schließen der **Ventile** (Einlass- und Auslassventile) steuert. Sie wird über einen Zahnriemen, Stirnräder oder eine Steuerkette, die auf dem **Nockenwellen-** und **Kurbelwellenrad** aufliegt, von der Kurbelwelle aus angetrieben. Während der vier Takte muss jedes Ventil nur einmal geöffnet werden. Daher

Wiederholungsfragen

1. Nennen Sie drei Vorteile, die die Verwendung eines Geräteträgers im Vergleich zu einem Standardschlepper bietet.
2. Beurteilen Sie die Eignung eines Geräteträgers zum Pflügen auf schwerem Boden.
3. Erläutern Sie, welche besonderen Vorteile Systemschlepper gegenüber normalen Standardtraktoren haben.
4. Skizzieren Sie schematisch den Bau einer Motorhacke und eines Einachsschleppers mit Fräswerk! (Siehe dazu auch Kapitel 5.4)

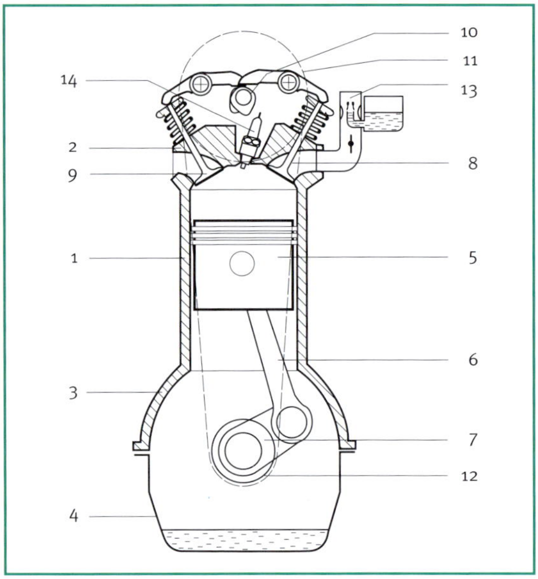

Abb. 282
Bau eines Viertaktmotors.

1 Zylinder
2 Zylinderkopf
3 Kurbelgehäuse
4 Ölwanne
5 Kolben
6 Pleuel
7 Kurbelwelle
8 Einlassventil
9 Auslassventil
10 Nockenwelle
11 Nockenwellenrad
12 Kurbelwellenrad
13 Vergaser
14 Zündkerze

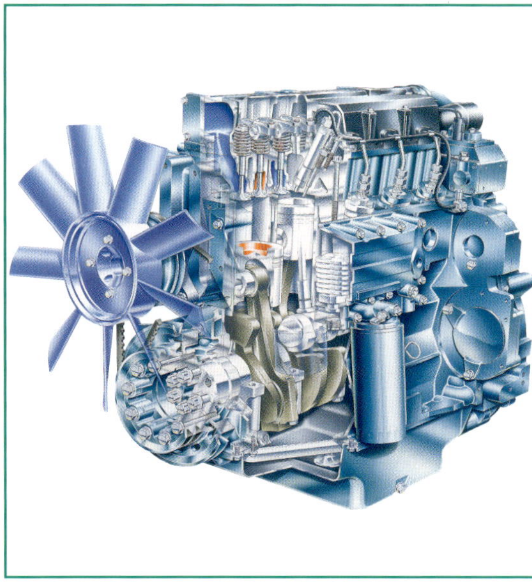

Abb. 283
Viertaktmotor

läuft die Nockenwelle über eine spezielle Übersetzung immer nur mit der halben Kurbelwellendrehzahl. Ein Auslassventil muss sich bei einer Motordrehzahl von 4000 U/min 33mal pro Sekunde öffnen und schließen. Es erreicht dabei eine Temperatur von etwa 800 °C. Ventile müssen deshalb möglichst verschleißfest sein. Sie werden aus hochwertigen Stählen hergestellt. Das gilt in besonderem Maße auch für den Ventilsitz, der durch das schlagartige Öffnen und Schließen der Ventile stark belastet wird.

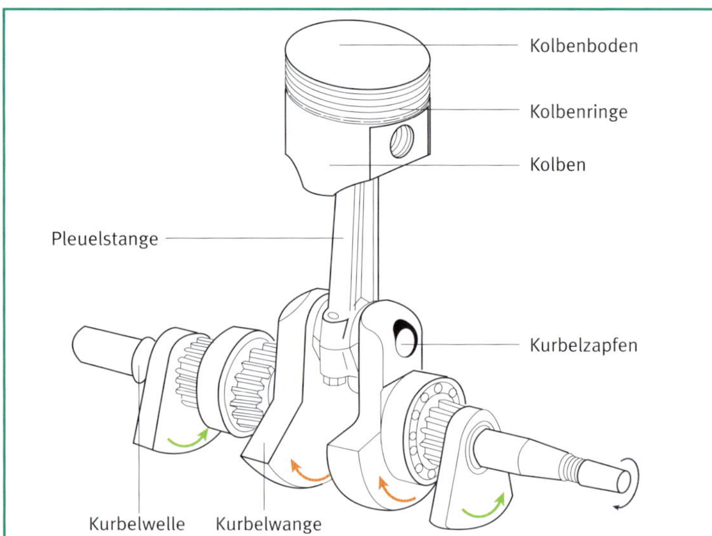

Abb. 284
Kurbelwelle

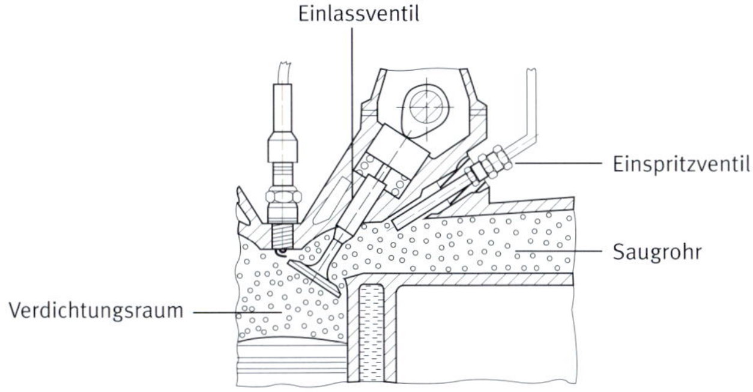

Abb. 285
Benzineinspritzung

Gemischbildung. Der **Vergaser** hat die Aufgabe, das zur Verbrennung benötigte Gemisch aus Kraftstoff und Luft zu bilden. Die Benzineinspritzung (siehe Abb. 285) ermöglicht im Vergleich zum Vergaser eine noch bessere Gemischbildung.

Hilfseinrichtung. Die Zündkerze dient der Entzündung des Kraftstoff-Luft-Gemisches. Damit der Zündfunken an den Elektroden überspringt, ist eine Zündspannung von etwa 15000 bis 20000 Volt (15 bis 20 kV) nötig.

• Arbeitsweise (siehe Abb. 286)

Beim Viertaktmotor bewegt sich der Kolben im Zylinder auf und ab. Am **oberen** und **unteren Totpunkt** (OT und UT) ändert der Kolben jeweils seine Bewegungsrichtung. Der Abstand zwischen den beiden Totpunkten wird als **Kolbenhub** bezeichnet. Der Inhalt des Zylinders zwischen den Totpunkten ist der **Hubraum**. Er wird in der Regel in cm^3 oder Litern angegeben (siehe Abb. 287).

1. Takt = Ansaugen: Der Kolben bewegt sich bei geöffnetem Einlass- und geschlossenem Auslassventil nach unten. Dabei wird das Benzin-Luft-Gemisch angesaugt.

2. Takt = Verdichten: Beide Ventile sind geschlossen. Der Kolben bewegt sich nach oben und verdichtet das Kraftstoff-Luft-Gemisch. Durch das Verdichten steigt der Druck im Zylinder bis auf 15 bar. Dadurch werden Temperaturen bis 600 °C erreicht. Vergleicht man das Volumen des Gemisches vor und nach dem Verdichten, erhält man das **Verdichtungsverhältnis**. Bei Otto-Motoren beträgt es meist 8 : 1 bis 10 : 1.

3. Takt = Arbeiten: Die Zündkerze zündet das Gemisch und der Kolben wird bei geschlossenen Ventilen durch die Verbrennungsgase nach unten gedrückt.

4. Takt = Ausstoßen: Das Auslassventil beginnt sich ab einem Kolbendruck von etwa 4 bar zu öffnen. Der sich aufwärts bewegende Kolben stößt die verbrannten Gase aus.
Die Abfolge dieser vier Takte wird als ein **Arbeitsspiel** bezeichnet. Dabei dreht sich die Kurbelwelle zweimal. Ottos Viertakt-Verfahren hat leider einen großen Nachteil. Nur ein einziger Takt liefert die gewünschte Arbeit und Leistung, während die übrigen drei sogar einen Teil davon aufzehren und den runden

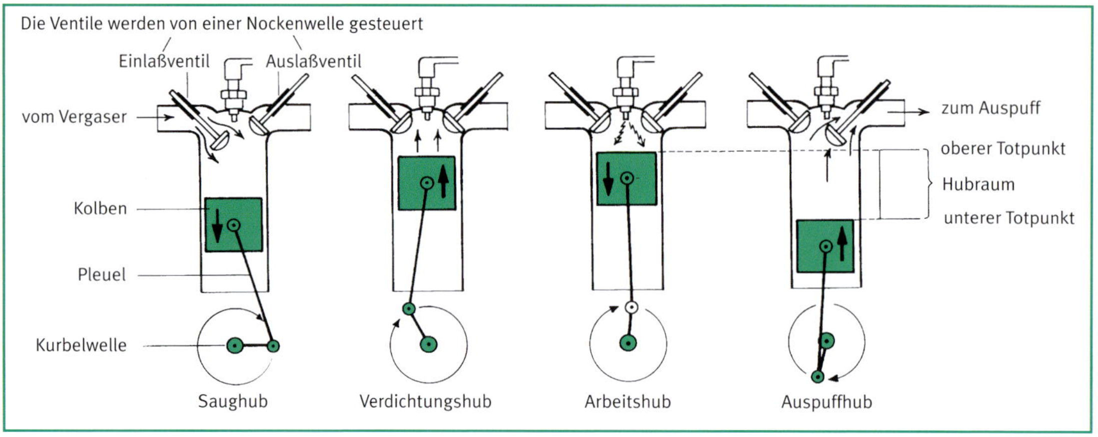

Abb. 286
Das Viertaktverfahren.

Lauf des Motors stören. Dies kann man besonders bei Motoren mit nur einem Zylinder beobachten. Nur mit Hilfe einer schweren Schwungmasse an der Kurbelwelle (siehe Abb. 284 Seite 312) kann der ungleichförmige Lauf ausgeglichen werden. Bevor der Motor überhaupt Leistung liefern kann, müssen dem eigentlichen Arbeitstakt zwei leistungszehrende Takte vorausgehen. Deshalb kann der Ottomotor nicht selbstständig anlaufen und benötigt einen mechanischen oder elektrischen Starter.

Abb. 287
Hubraum

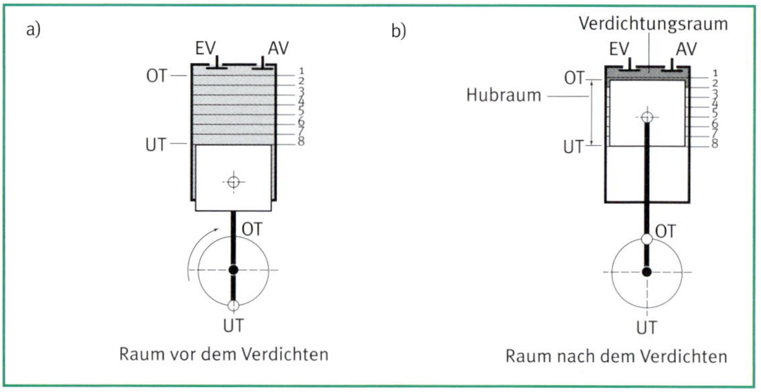

9.1.3 Zweitaktmotor

Einsatzbereiche

Benzingetriebene Zweitaktmotoren sind wegen ihres einfachen Aufbaus und ihres geringen Gewichts überwiegend in kleineren Geräten, wie Motorsäge, Freischneider, Nebelgerät, Motorhacke, Rasenmäher, Böschungsmäher, Trennschleifer, Laubsauger/-gebläse, Stromaggregat usw., zu finden. Diese Maschinen müssen sich in den unterschiedlichsten Positionen betreiben lassen. Auch darf dabei durch den Vergaser in keiner Lage Kraftstoff austreten. Viertakt-Motoren sind an den meisten der oben genannten Geräte auch deswegen ungeeignet, weil in extremer Schrägstellung die Motorschmierung nicht mehr gewährleistet ist. Da Zweitakt-Motoren den Schmierstoff dem Kraftstoff beigemischt bekommen, besteht für sie dieses Problem nicht. Durch ihren **einfachen Bau** sind sie leicht und relativ preiswert. Aufgrund der für sie typischen **hohen Drehzahl** unterliegen sie größerem Verschleiß und sind daher nicht so langlebig wie Viertaktmotoren. Die gleichzeitige Folge zweier Arbeitstakte führt dazu, dass Zweitaktmotoren besonders gut durchziehen. Dies wirkt sich günstig auf die Arbeitsqualität von Geräten wie Motorsägen oder Freischneidern aus. Als nachteilig muss der hohe **Lärmpegel** angesehen werden, der ein Arbeiten mit Gehörschutz notwendig macht. Bedingt durch fehlende Ventile wird mehr Kraftstoff verbraucht. Der **Schadstoffausstoß** ist folglich auch höher als beim Viertakt-Motor. Die Mischungsschmierung führt außerdem zu einem **höheren Ölverbrauch.**

Aufbau

Zylinderkopf und Zylinder besitzen Kühlrippen. In der Zylinderwand befinden sich Gasein- und auslasskanäle für die Motorsteuerung. Ventile fehlen. Das zur Schmierung benötigte Öl wird dem Kraftstoff z.B. im Mischungsverhältnis 1:50 zugegeben. Es schlägt sich an den Laufflächen im Zylinder nieder und schmiert die beweglichen Teile. Zweitakt-Motoren fehlen somit Ölwanne und Ölmessstab. Diese sogenannte **Mischungsschmierung** begünstigt die Bildung von Ölkohle und die Rauchbildung im Abgas. Ölkohlerückstände können sich am Kolben, in Gasauslasskanälen und im Schalldämpfer (Auspuff) absetzen. Durch eine Verengung der Durchgänge nimmt die Motorleistung ab. Die Auspuffanlage muss daher regelmäßig gesäubert bzw. ausgebrannt werden.

Arbeitsweise (siehe Abb. 288)

1. Takt = Ansaugen und Verdichten: Der Kolben bewegt sich nach oben. Über dem Kolben wird das Benzin-Öl-Luft-Gemisch verdichtet. Durch die Aufwärtsbewegung des Kolbens entsteht ein Unterdruck unterhalb des Kolbens. Da der Kolben während der Aufwärtsbewegung den Einlasskanal freigibt, strömt neues Benzin-Öl-Luft-Gemisch ins Kurbelgehäuse.

2. Takt = Arbeiten und Ausstoßen: Nach der Zündung bewegt sich der Kolben nach unten. Gegen Ende des Arbeitstaktes öffnen sich Auslass- und Überströmkanal und neues Gemisch durchströmt den Verbrennungsraum und verdrängt die Abgase. Unter dem Kolben werden die angesaugten Frischgase vorverdichtet. Am Ende strömen sie bei geöffnetem Überströmkanal in den Verbrennungsraum über dem Kolben.

Abb. 288
Das Zweitaktverfahren.

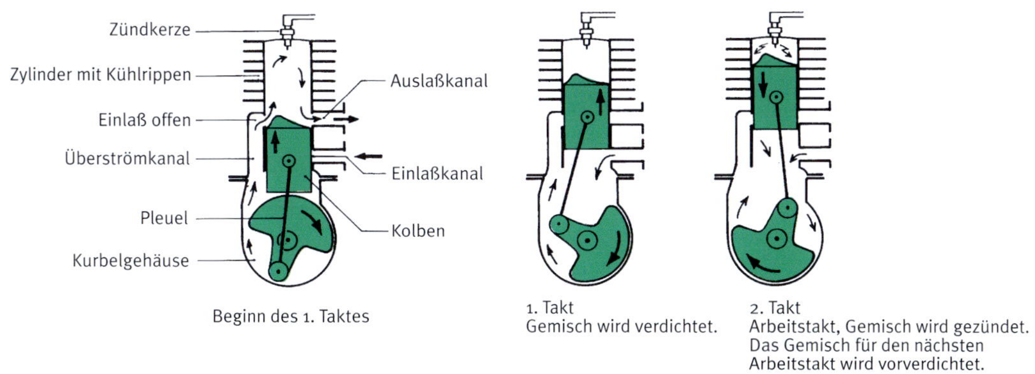

Beim Zweitaktmotor erfolgt ein Arbeitsspiel bei einer Kurbelwellenumdrehung. Ansaugen, Verdichten, Arbeiten und Ausstoßen müssen innerhalb zweier Hubbewegungen stattfinden.

9.1.4 Viertakt-Dieselmotor

RUDOLF DIESEL (1858–1913) baute 1897 den ersten nach ihm benannten Dieselmotor. Bei Dieselmotoren wird das Kraftstoff-Luft-Gemisch erst im Zylinder gebildet. Der Kraftstoff entzündet sich an sehr stark verdichteter und dadurch hocherhitzter Luft. Daher nennt man Dieselmotoren auch Selbstzünder.

Einsatzbereiche

Dieselmotoren werden vorzugsweise in LKWs, Schleppern und schweren Maschinen eingesetzt.

Aufbau

Der Viertakt-Dieselmotor ähnelt dem Ottomotor. Er unterscheidet sich hauptsächlich durch die **Gemischbildung im Zylinder**. Um dies zu gewährleisten, besitzt der Dieselmotor anstelle einer Vergaseranlage eine **Einspritzpumpe**. Fälschlicherweise wird die für den Dieselmotor typische **Glühkerze** (siehe Abb. 289) oft als Ersatz für die Zündkerze angesehen. Sie dient als Starthilfe bei kalten Motoren und erfüllt damit eine völlig andere Funktion als die Zünd-

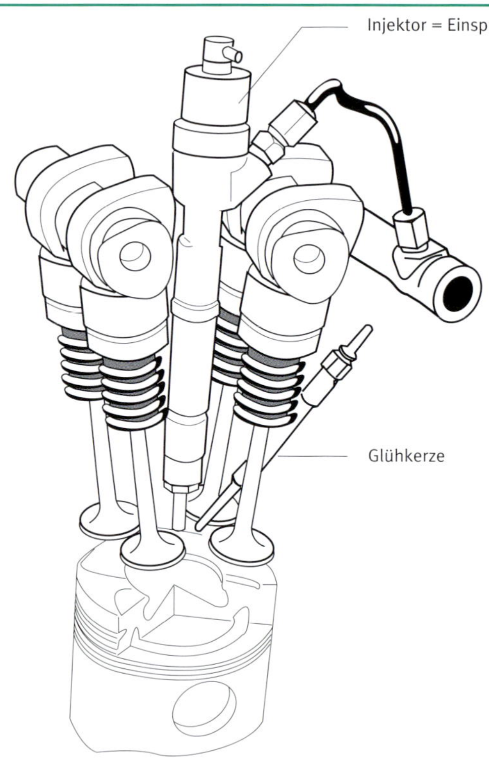

Abb. 289
Einspritzventil und Glühkerze beim Dieselmotor.

ZUSATZINFORMATION

Es existieren auch Zweitakt-Dieselmotoren, deren Arbeitsweise den Otto-Zweitaktmotoren ähnelt. Ältere Schlepper werden teilweise von solchen Aggregaten angetrieben. Im Schiffbau spielen sie auch heute noch eine Rolle.

kerze beim Ottomotor. Durch die höheren Verdichtungs- und Verbrennungsdrücke beim Dieselverfahren müssen Bauteile wie die Kurbelwelle, Pleuel, Zylinder, Kolben usw. stärker ausgelegt sein. Daher weist der Dieselmotor ein höheres Motorgewicht auf.

Arbeitsweise

Der Unterschied zum Ottomotor besteht darin, dass beim 1.Takt anstelle eines Benzin-Luft-Gemisches reine Luft angesaugt wird. Durch die Verdichtung der Luft auf bis zu 1/23 ihres ursprünglichen Volumens im 2.Takt steigt die Temperatur im Verbrennungsraum auf bis zu 900°C. In diese glühendheiße Luft wird eine genau dosierte Menge Diesel gespritzt. Mit einer Verzögerung von 0,001 Sekunden (**Zündverzug**) setzen die Selbstentzündung und nachfolgend die gleichmäßige und vollständige Verbrennung des Kraftstoff-Luft-Gemisches ein. Dieser Zündverzug begünstigt die für die Verbrennung förderliche Mischung der Kraftstofftröpfchen mit dem Sauerstoff. Je besser die Durchmischung gelingt, um so weniger umweltschädlich sind die entstehenden Abgase und desto höher ist der Wirkungsgrad. Um die Selbstentzündung bei kaltem Motor zu erleichtern, wird der Verbrennungsraum durch das Vorglühen der **Glühkerze** vorgewärmt. Erfolgt dies nicht, ist der Zündverzug bei kaltem Motor geringfügig höher, da die gerade verdampften Kraftstofftröpfchen an der kalten Kammerwand kondensieren und somit nicht zündfähig sind. Die eingespritzte Kraftstoffmenge verbrennt nicht gleichmäßig sondern schlagartig. Im Zylinder auftretende starke Druckwellen erzeugen dann das für den Dieselmotor typische „**Nageln**".

Durch seinen hohen Verdichtungsdruck gibt der Dieselmotor seine volle Druckkraft schon im sogenannten Teillastbereich (bei niedrigen Drehzahlen) ab. Das führt zu einer deutlichen Kraftstoffeinsparung. Der Wirkungsgrad des Dieselmotors ist mit 42% höher als der des Ottomotors mit 29% (siehe Tabelle 84). Als günstig werden auch die längere Lebensdauer und das höhere Motorgewicht angesehen. Bei Schleppern und Baustellenfahrzeugen kann dadurch das Drehmoment (die Zugkraft) besser auf den Boden übertragen werden.

Tab. 84 Wichtige Unterscheidungsmerkmale von Otto- und Dieselmotor

Merkmale	Ottomotor	Dieselmotor
Gemischbildung Verbrennungsraumes	außerhalb des Verbrennungsraumes	innerhalb des
Zündung	Fremdzündung	Selbstzündung
Verdichtung	8 : 1 bis 10 : 1	14 : 1 bis 23 : 1
Wirkungsgrad chemische Energie → Bewegungsenergie	29 %	42 %

Problematisch ist die größere Umweltbelastung durch Dieselmotoren. Durch den Luftüberschuss bei der Verbrennung (siehe Verbrennung und Abgaszusammensetzung) ist der Schadstoffausstoß an Kohlenmonoxid (CO) und Kohlenwasserstoffen (CH) geringer als beim Ottomotor ohne Katalysator. Dafür enthalten die Abgase in der Regel Schwefeldioxid, Stickoxide und Ruß. Selbst

Abb. 290
Unsachgemäße Kraftstofflagerung.

Wiederholungsfragen

1. Beurteilen Sie Vorteile und Nachteile des Zweitakt-Motors gegenüber dem Viertakt-Motor! (insgesamt acht Angaben)
2. Nennen Sie sechs Merkmale, in denen sich der Bau eines Zweitakt-Motors von einem Viertakt-Motor unterscheidet.
3. Warum nimmt bei einer defekten Zylinderkopfdichtung die Leistung eines Motors ab?
4. Machen Sie vier Vorschläge, um die Umweltbelastung durch den Betrieb von Verbrennungsmotoren zu vermindern.
5. Was versteht man unter einem Verdichtungsverhältnis (Beispiel!) und warum wird das Kraftstoff-Luft-Gemisch vor dem Zünden verdichtet?
6. Unterscheiden Sie Fremd- und Selbstzündung anhand von Otto- und Dieselmotoren.
7. Wozu benötigen Dieselmotoren eine Glühkerze?
8. Vergleichen Sie Otto- und Dieselmotoren hinsichtlich ihrer Vor- und Nachteile (fünf Vergleichspunkte).

mit einem Dieselkat wird ein höherer Schadstoffausstoß erreicht als bei einem Ottomotor mit 3-Wege-Katalysator. Dieselmotoren neuester Generation (Common Rail, Pumpe-Düse-Einspritzung) weisen durch Abgasbehandlung mit Hilfe von Rußfiltern und Speicherkatalysatoren mit Harnstoffeinspritzung die gleichen Abgaswerte auf wie Ottomotoren der Euro III-Norm (2001).

9.1.5 Kraftstoffe und Kraftstofflagerung

Für Zweitakt- und Viertaktmotoren verwendet man meist Benzin (Ottokraftstoff) und Dieselkraftstoff. Heizöl und Diesel sind praktisch identisch. Aus steuerlichen Gründen ist Heizöl, um es optisch von Diesel unterscheiden zu können, mit einem roten Farbstoff (Sudanrot) eingefärbt. Kraftstoffe werden in der Regel aus Erdöl hergestellt (Ausnahmen: Methanol oder Rapsöl).

Eigenschaften

Kraftstoffe bestehen aus einem Gemisch von Kohlenwasserstoffverbindungen (aufgebaut aus Kohlenstoff- (C) und Wasserstoffatomen (H)). Das C-Atom ist vierwertig, d.h. es kann vier einfache Bindungen eingehen (siehe Abb. 291). Das

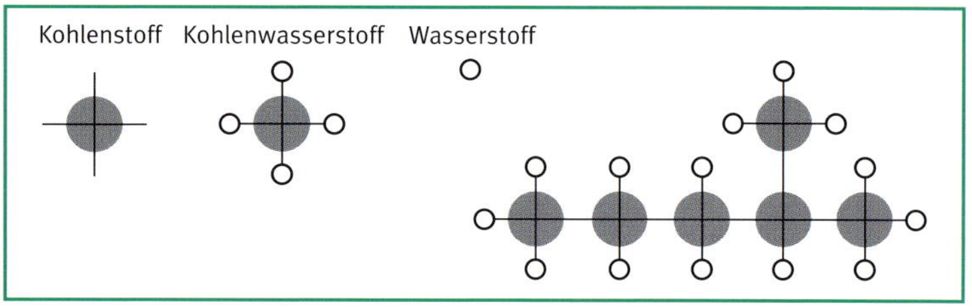

Abb. 291
Chemischer Aufbau von Kraftstoffen

H-Atom ist einwertig. Die C-Atome bilden untereinander gerade oder verzweigte Ketten. Die freien Bindungen sind mit H-Atomen besetzt. Unterschiede im Bau und in der Zusammensetzung führen zu einem unterschiedlichen Verhalten der Kraftstoffe: Während Benzin bei Raumtemperatur relativ dünnflüssig ist, stellt man bei Diesel eine gewisse Zähflüssigkeit fest. Um diese Eigenschaft bei Flüssigkeiten zu beschreiben, verwendet man den Fachbegriff **Viskosität**. Benzin hat demnach eine geringe, Diesel eine hohe Viskosität. Dies hat Einfluss auf den sogenannten **Flammpunkt**. Das ist die tiefste Temperatur, bei der sich über Flüssigkeiten brennbare Dämpfe entwickeln, die bei Annäherung an eine Zündflamme kurz aufflammen. Aus eigener Erfahrung weiß man, dass Diesel bei Raumtemperatur schwer entzündbar ist, während Benzin sofort anfängt zu brennen. Bei Benzin liegt der Flammpunkt unter 21°C. Diesel dagegen muss auf mindestens 55°C erwärmt werden, um den Flammpunkt zu erreichen.

Lagerung

Dieses unterschiedliche Verhalten der beiden Kraftstoffe führt zu einer Einstufung in unterschiedliche Gefahrenklassen, die bei der Lagerung beachtet werden müssen. Benzin gehört in die **Gefahrenklasse A I** (es besteht Explosionsgefahr), während Diesel in die **Klasse A III** (wenig feuergefährlich) eingestuft

Abb. 292
Kennzeichnung von Behältern für Ottokraftstoff.

Abb. 293
Kennzeichnung von Behältern für Dieselkraftstoff.

wird. Bei der Lagerung muss die **„Verordnung für brennbare Flüssigkeiten“** beachtet werden.

Tab. 85 Verordnung über brennbare Flüssigkeiten – Anzeige- und erlaubnisfreie Lagerung von Benzin

Lagerort	Lagermenge in l
Wohnungen und Räume in unmittelbarer nicht feuerbeständig abschließbarer Verbindung	1 (1)
Keller von Wohnhäusern	20 (1)
Verkaufs- und Vorratsräume des Einzelhandels	
• bis 60 m^2	60 (5)
• 60 bis 500 m^2	200 (20)
• über 500 m^2	300 (30)
Unter- oder oberirdische Lagerräume	≤ 450 (≤ 60)

() Höchstmengen in zerbrechlichen Gefäßen

Benzin darf demnach ohne besondere Genehmigung gelagert werden, wenn die in Tabelle 85 aufgeführten Höchstmengen nicht überschritten werden. Weitere Einzelheiten kann man der Broschüre „Gefahrstoffe im Gartenbau“ der Gartenbau-Berufsgenossenschaft entnehmen. Da das Einatmen von Benzin langfristig Krebs erzeugen kann und auch beim Verschlucken oder bei Berührung mit der Haut ernste Gesundheitsschäden möglich sind, müssen Behälter für Benzin mit den in Abb. 292 gezeigten Gefahrensymbolen gekennzeichnet werden.

Da **Diesel** im Boden und im Wasser besonders schädigend auf alles Leben wirkt, ist bei der Lagerung das Hauptaugenmerk darauf zu richten, dass diese Flüssigkeit nicht in den Boden eindringt. Da bereits 1 ml Diesel 10 000 Liter

ZUSAMMENFASSUNG

Bei der Lagerung von Benzin ist grundsätzlich Folgendes zu beachten:

- Keine Lagerung in Durchgängen, Durchfahrten, Treppenhäusern, Fluren, Dachräumen und Arbeitsräumen,
- Lagerräume dürfen für Unbefugte nicht zugänglich sein,
- Lagerräume sind durch eine feuerhemmende Tür von anderen Räumen abzutrennen,
- es ist für eine gute Durchlüftung der Lagerräume zu sorgen,
- Fußböden müssen undurchlässig sein,
- im Lagerraum dürfen sich keine Bodenabläufe befinden,
- der Abstand zu bewohnten Gebäuden muss mindestens 10 m betragen,
- Behälter sind wie in der Abbildung unten zu kennzeichnen,
- Lagerräume sind folgendermaßen zu kennzeichnen: „Feuer, offenes Licht und Rauchen verboten!“.

ZUSAMMENFASSUNG

Bei der Lagerung von Diesel ist Folgendes zu beachten:

- In Gebäuden dürfen mehr als 300 Liter und im Freien mehr als 1000 Liter nur in doppelwandigen Behältern oder Behältern mit Auffangwanne gelagert werden,
- kleine, betriebseigene Tankstellen müssen im Füllbereich einen undurchlässigen Bodenbelag aufweisen,
- Entwässerungseinrichtungen im Lagerbereich müssen mit einem Ölabscheider versehen sein,
- Lagerräume sind wie in der Abbildung auf Seite 319 unten links zu kennzeichnen,
- Behälter sind wie in Abbildung 293 zu kennzeichnen.

Trinkwasser unbrauchbar machen kann, besteht bei schadhaften Lagertanks ein großes Risiko (siehe Abb. 290, S. 326).

Verbrennung und Abgaszusammensetzung

Für die Verbrennung von 1 kg Benzin sind 14,8 kg Luft nötig. Die dem Motor tatsächlich zugeführte Luftmenge weicht von diesem theoretischen (idealen) Luftbedarf ab. Als **Luftverhältnis** λ (Lambda) bezeichnet man den Quotienten aus tatsächlich zugeführter Luftmenge und theoretischem Luftbedarf: λ = tatsächlich zugeführte Luft/theoretischer Luftbedarf. Bei Luftmangel ist λ kleiner als 1. Luftmangel bedeutet Kraftstoffüberschuss. Das Gemisch wird fetter, die Motorleistung nimmt ebenso zu wie die schädlichen Abgasbestandteile (siehe Abb. 294). Bei Luftüberschuss ist λ größer als 1. Das Kraftstoffgemisch wird mager.

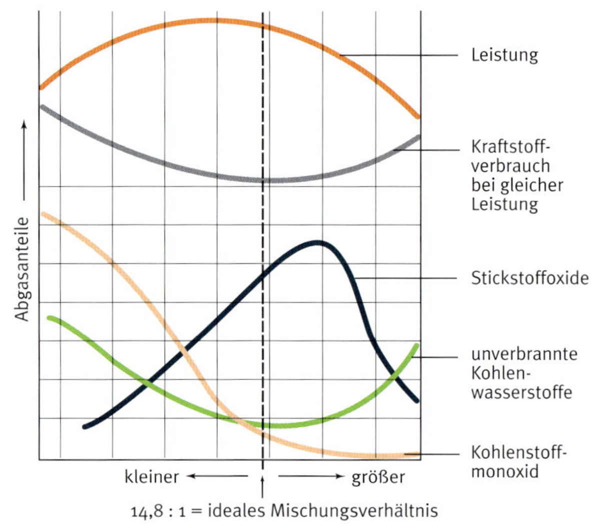

Abb. 294
Verbrennungsluft und Abgaszusammensetzung.

14,8 kg Luft nehmen unter Normalbedingungen ein Volumen von 11625 Litern ein. Das entspricht einem Würfel mit einer Kantenlänge von 2,3 m. Bei idealer Verbrennung bestehen die Abgase nur aus **Wasser** (H_2O) und **Kohlendioxid** (CO_2). Der entstehende Wasserdampf ist bei kaltem Wetter am Auspuff sichtbar. Er kondensiert bei weiterer Abkühlung zu Wasser. Durch die Verbrennung von 1 Liter Benzin bildet sich etwa 1 Liter Wasser. Bei ausreichender Luftmenge verbrennt der Kohlenstoff vollständig zu Kohlendioxid. Dies ist zwar kein direkt giftiges Gas, es wirkt jedoch erstickend. Es ist schwerer als Luft und sammelt sich deshalb am Boden. Leider hat CO_2 den größten Anteil an den sogenannten **Treibhausgasen**, die in den letzten 100 Jahren zu einem deutlich messbaren Anstieg der Weltjahrestemperatur führten. Welche Folgen dies für das Klima der Erde hat, beschreibt der Zeitungsartikel (siehe Seite 321).

Leider findet eine ideale Verbrennung nie statt. Die relativ große Luftmenge, die zur Verbrennung des Kraftstoffes nötig ist, verlässt nachher stark belastet den Auspuff.

UN-BERICHT / Klimaerwärmung hat verheerende Folgen

Immer weniger Schnee

Auch Europa von Hitzewellen betroffen: Gletscher schmelzen

Die Klimaerwärmung hat verheerende Folgen. Das ist das Fazit eines neuen UN-Berichts, der Schäden von jährlich mehr als 200 Milliarden Mark vorhersagt.

GENF ■ Weil der Meeresspiegel steigt, geraten Millionen von Menschen in Küstenregionen in Gefahr. Krankheiten durch verseuchtes Trinkwasser nehmen zu, ganze Ernten werden bedroht, Tier- und Pflanzenarten sterben aus. Betroffen sind vor allem die ärmsten Länder der Welt. Das sind die Kernaussagen eines Berichts über die Auswirkung der globalen Klimaerwärmung, der gestern in Genf vorgelegt wurde. An der Prognose im Auftrag der Vereinten Nationen hatten 900 Wissenschaftler mitgewirkt. „Die meisten Menschen werden auf der Verliererseite stehen", sagte der Vorsitzende der Arbeitsgruppe, Jim McCarthy. In Gefahr sind Gletscher, Korallenriffe, Inselstaaten, Mangroven, Nadel- und tropische Wälder sowie alpine Ökosysteme, Feuchtgebiete und Steppen.

Der Bericht ist der zweite Teil eines Klimareports. Im ersten Teil dokumentierten Wissenschaftler im Januar erstmals, dass das Weltklima sich viel dramatischer erwärmt als bis dahin angenommen. Die Experten sprachen von einer „potenziell katastrophalen Erwärmung" von 1,4 bis 5,6 Grad in diesem Jahrhundert. Daran seien weitgehend die Menschen schuld. Als besonders gefährdet gelten die Küstenregionen in Ägypten, Vietnam und Florida.

Für jeden Einzelnen spürbare Folgen wird es dem Bericht zufolge auch in Europa geben. In den Alpen soll bis Ende des Jahrhunderts jeder zweite Gletscher schmelzen. Südeuropa wird zunehmend von Dürre, andere Regionen werden von Überschwemmungen gefährdet. Hitzewellen im Süden und deutlich weniger Schnee in den Wintersportregionen werden Auswirkungen auf die Tourismusindustrie haben.

Hans-Joachim Schellnhuber, Direktor des Potsdam-Instituts für Klimafolgenforschung, schätzt die Folgeschäden der Erwärmung auf 210 Milliarden Mark im Jahr. Darunter fielen sowohl die Kosten für Küstenschutz und Deichbau als auch die Kosten der ausgelösten Naturkatastrophen. dpa/AP

■ Kommentar: So wie immer?

Abb. 295
Bericht in der NWZ vom 22. 02. 2001.

Steht z.B. nicht genügend Sauerstoff für die restlose Verbrennung des Kohlenstoffs zur Verfügung, bildet sich **Kohlenmonoxid** (CO). Dieses giftige Gas behindert beim Menschen den Sauerstofftransport im Körper. Bereits 0,3% CO in der Atemluft führen nach einer halben Stunde zum Tod. Bei noch größerem Luftmangel kann ein Teil des Kohlenstoffs gar nicht mehr verbrennen. Es bildet sich **Ruß** (reiner Kohlenstoff), der als krebserregend gilt. Enthalten Kraftstoffe den unerwünschten Schwefel (seit 2001 verboten!), bildet sich bei der Verbrennung **Schwefeldioxid** (SO_2). Daraus kann sich auf den Schleimhäuten eine ätzende Säure entwickeln. Reizungen der Atemwege und nachlassende Widerstandskraft gegen Infektionen sind die Folge. Der in der Verbrennungsluft enthaltene Stickstoff wird für den Verbrennungsvorgang nicht benötigt.

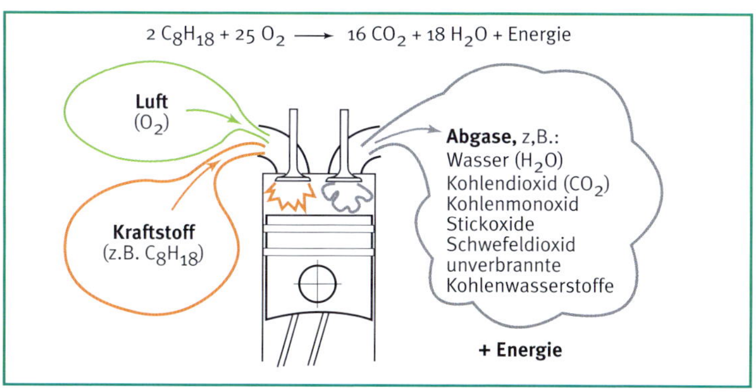

Abb. 296
Abgaszusammensetzung

Bei den hohen Temperaturen im Motor reagiert er jedoch mit Sauerstoff zu den schädlichen **Stickoxiden** (NO_x). Diese sind giftig und reizen Augen und Atemwege. In der Atmosphäre entsteht durch weitere chemische Reaktionen aus den Stickoxiden und dem Schwefeldioxid der **Saure Regen**. Dieser ist für zahlreiche Umweltschäden und v.a. für das **Waldsterben** verantwortlich.

Mit dem neuesten geregelten Drei-Wege-Katalysator können beim Benzinmotor die drei Hauptbestandteile im Abgas (CO, NO_x, Kohlenwasserstoffe) um 98% verringert werden. Eine angepasste Fahrweise ermöglicht auch ohne technischen Aufwand eine deutliche Verminderung der Schadstoffe (siehe Abb. 297).

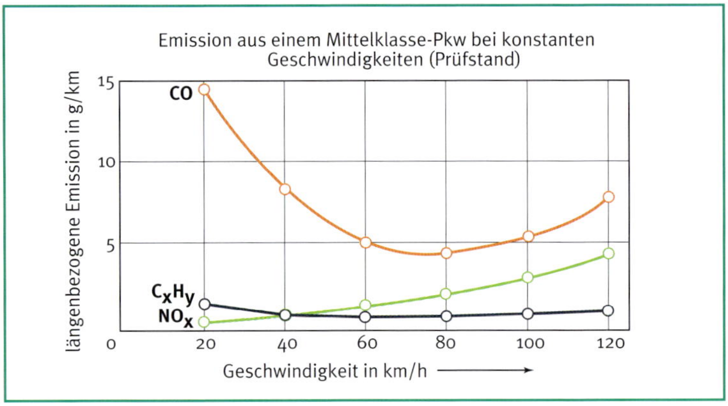

Abb. 297
Fahrweise und Abgasausstoß.
CO = Kohlenmonoxid
NO_X = Stickoxide
C_XH_Y = Kohlenwasserstoffe

> **DEFINITION**
> **Emission.** Abgabe von Stoffen und Energie (z.B. Schall, Erschütterung, Strahlung, Wärme, **Schadstoffe**) aus einer Quelle an die Umwelt.
>
> **NO_x:**
> Sammelbezeichnung für Stickstoffmonoxid (NO) und Stickstoffdioxid (NO_2).

Da viele Probleme durch unvollständige Verbrennung entstehen, könnte man einfach versuchen, den Anteil der Verbrennungsluft zu erhöhen. Leider nimmt dann die Motorleistung ab und der Gehalt an Stickoxiden (NO_x) zu . Da Dieselmotoren mit einem hohen Luftüberschuss bei der Verbrennung arbeiten, ist der Ausstoß an Kohlenmonoxiden und Stickoxiden deutlich geringer. Die hohen Rußemissionen können durch Einsatz eines Rußfilters verringert werden.

Arbeitssicherheit beim Umgang mit Kraftstoffen und Verbrennungsmotoren

Das folgende Beispiel der Berufsgenossenschaft, in dem ein Unfall durch die falsche Handhabung von Kraftstoffen beschrieben wird, verdeutlicht die Gefahren:

> **Handhabung von Kraftstoffen: ein unterschätztes Risiko.**
> In einem Garten- und Landschaftsbaubetrieb wurde der Werkstattleiter über eine Störung an der Dieselanlage eines Lkws informiert. Auf der Baustelle angekommen, versuchte er, den Motor mehrmals zu starten. Da er aufgrund der kalten Witterung vermutete, dass der Dieselkraftstoff eventuell ausgeflockt war und somit eine Störung in der Dieselanlage selbst zu suchen ist, schraubte er den Tank auf, um den Inhalt zu prüfen. Nach eigener Aussage vergaß er jedoch dabei, seine Zigarette zu löschen. Kaum hatte er den Tankdeckel entfernt, kam es schlagartig zur Explosion. Verbrennungen 2. Grades des Gesichtes, des rechten Unterarmes und der linken Hand waren die Folge. Sicherlich wird niemand bei der Kontrolle eines Dieseltankes mit dieser Gefahr gerechnet haben, da der Flammpunkt von Dieselöl über 55 Grad liegt. Da die Mitarbeiter des Betriebes aber schon des öfteren

Startschwierigkeiten in den kalten Monaten des Jahres an diesem Lkw hatten, versetzten sie den Diesel mit Ottokraftstoff. Ottokraftstoff hat aber auch bei Minustemperaturen die Eigenschaft, gasförmig zu werden. Dadurch kam es beim Öffnen des Tanks zur Explosion.

Wiederholungsfragen

1. Was muss beim Tanken beachtet werden, um sich selbst und die Umwelt zu schützen? (drei Angaben)
2. Nennen Sie wichtige Eigenschaften von Diesel und Benzin, die durch die unterschiedliche Viskosität bedingt sind. Erklären Sie die Zusammenhänge.
3. Nennen Sie drei Schadstoffe, die durch den Betrieb von Verbrennungsmotoren entstehen können und geben Sie jeweils mögliche Folgen für das Pflanzenwachstum oder die menschliche Gesundheit an.
4. Warum dürfen Verbrennungsmotoren nicht in geschlossenen Räumen laufen? (vier Angaben mit Erklärung) Gehen Sie dabei jeweils auf die Zusammensetzung der Abgase ein.

ZUSAMMENFASSUNG

Beim Umgang mit Kraftstoffen und Verbrennungsmotoren ist zu beachten:

- Absolutes Rauchverbot beim Tanken oder beim Umgang mit Kraftstoffen.
- Betanken nur bei Stillstand des Motors.
- Das Tanken sollte grundsätzlich im Freien erfolgen, um möglichst wenig giftige Dämpfe einzuatmen.
- Kraftstoffbehälter müssen ordnungsgemäß gekennzeichnet sein (siehe Abbildung 292 und 293).
- Zur Reinigung des Motors und von Bauteilen kein normales Benzin verwenden.
- Motoren dürfen nur dann in geschlossenen Räumen betrieben werden, wenn eine Absaugvorrichtung existiert.
- Bei Reparatur und Wartungsarbeiten Motor abstellen.
- Um Unfälle durch unbeabsichtigtes Starten zu verhindern, Zündkerzenstecker abziehen.
- Motor nicht unbeaufsichtigt laufen lassen.

9.2 Elektrizität

Wann ist elektrischer Strom gefährlich?

Schließt der menschliche Körper einen Stromkreis (= **Körperschluss**), kann ein Strom durch den Körper fließen (siehe Abb. 298). Die Höhe des Körperstroms hängt vom **Körperwiderstand** und der Höhe der **anliegenden Spannung** ab.

Der **Widerstand** des menschlichen Körpers kann sehr unterschiedlich sein. Er ist abhängig vom Körperbau, vom Weg des Stromes durch den Körper und von der Hautbeschaffenheit: Er ist z.B. bei trockener, schwieliger Haut sehr hoch, während er bei schweißnassen Händen sehr gering ist. Laut Tabelle 86

ZUSATZINFORMATION

Bei einem **Körperschluss** entsteht eine gefährliche Berührungsspannung. Diese kommt durch eine (fehlerhafte!) leitende Verbindung zwischen spannungsführenden Teilen und ihrer Umgebung (z.B. Gerätegehäuse) zustande. Der menschliche Körper stellt in diesem Fall eine leitende Verbindung zwischen den aktiven Teilen eines elektrischen Gerätes oder einer elektrischen Anlage dar.

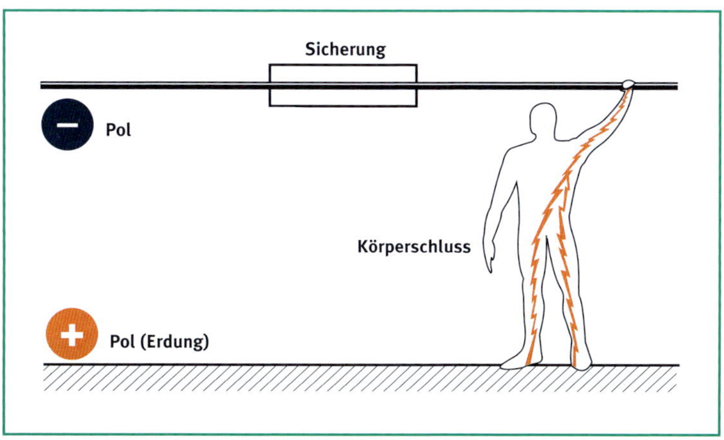

Abb. 298
Körperschluss

ZUSAMMENFASSUNG
Elektrischer Strom fließt nur in einem **geschlossenen Stromkreis**.

ZUSAMMENFASSUNG
Die Gefährlichkeit des elektrischen Stromes nimmt zu, je länger er durch den Körper fließt, je höher Spannung und Stromstärke sind und je geringer der Übergangswiderstand ist.

ZUSATZINFORMATION
Erste Hilfe bei „Stromunfällen"
- Stromkreis unterbrechen (Schalter, Sicherung). Erst danach Person anfassen!
- Kann der Stromkreis nicht unterbrochen werden, versuchen, den Verunglückten von der Anlage frei zu machen (Achtung: Der Retter soll dabei gut isoliert sein, in dem er z.B. auf trockenem Holz, Gummireifen oder Kunststoff steht!),
- Notruf absetzen,
- bei Atemstörungen künstliche Beatmung und evtl. Herzmassage bis zum Eintreffen des Arztes,
- Schocklage (Beine hoch).

ZUSATZINFORMATION
Achtung: Beim Herausziehen von Steckern aus der Steckdose nie an der Leitung, sondern immer am Stecker ziehen! Es können sich sonst die Anschlüsse (Schutzleiter!) lösen.

Tab. 86 Wirkungen des elektrischen Stroms

I in mA	pysiologische Wirkung
0–5	geringe Nervenreizung
10–25	Muskelkrämpfe möglich
etwa 50	kurzzeitig gerade noch zu ertragen, bei Einwirkzeit über 1 s Herzkammerflimmern
25–80	Blutdruckanstieg, Herzrhythmusstörungen, Bewusstlosigkeit, Schock
> 80	sofortiger Herztod
über 1000	Verbrennungen, Verkochungen

ist ein kurzzeitiger **Körperstrom** von 50 mA gerade noch erträglich. Das Nervensystem und die Muskeln arbeiten mit schwachen bio-elektrochemischen Reaktionen. Fließt elektrischer Strom durch den Körper, übernimmt er die Körpersteuerung und „befiehlt" allen Muskeln sich zusammenzuziehen. Bei stärkeren Strömen kann man sich von den stromführenden Teilen nicht mehr lösen. Der Körper wird dann u.U. so stark geschädigt, dass das Herz aufhört zu schlagen und das Gehirn nicht mehr mit Sauerstoff versorgt wird.

Ausgehend von einem Körpertotalwiderstand von etwa 1000 Ω kann man mit Hilfe des **Ohmschen Gesetzes** die Spannung ausrechnen, ab deren Überschreiten gefährliche Körperströme möglich sind:

- **$U = R \times I$**
- **$I = 50$ mA**
- **$R = 1000\ \Omega$**
- **$U = 1000\ \Omega \times 50$ mA $= 50$ V**

Da auch Ströme von 50mA bei längerer Einwirkdauer bereits schwere Gesundheitsschäden verursachen können, gelten erst Spannungen über 42 V als gefährlich. Spannungen unter 42 V bezeichnet man als Schutz- oder **Sicherheitskleinspannung**.

Schutzmaßnahmen

In Deutschland kommt es jährlich zu etwa 2500 „elektrischen" Unfällen, von denen 6 % tödlich verlaufen. Besonderes Augenmerk sollte daher elektrischen Schutzmaßnahmen gelten. Darunter versteht man technische Maßnahmen zur Abwendung von Gefahren. Tragen Geräte das VDE- und das GS-Prüfzeichen, sind sie so gebaut, dass das Unfallrisiko nahezu ausgeschlossen ist.

Schutzerdung. Elektrogeräte und andere elektrische Betriebsmittel der sogenannten **Schutzklasse I** sind mit einer Schutzerdung versehen. Diese verhindert, dass sich an leitfähigen Geräteteilen eine gefährliche Spannung aufbaut. Mit dem **gelbgrünen Schutzleiter** (siehe Abb. 300), der an die Klemme mit dem Zeichen ⏚ angeschlossen ist, sind Metallgehäuse von Elektrogeräten geerdet. Im Fehlerfall wird die Spannung über diesen Schutzleiter abgebaut. Es fließt ein hoher Kurzschlussstrom, der die Sicherung des Stromkreises auslöst. Bewegliche elektrische Geräte müssen über einen Schutzleiter im Verlänge-

DEFINITION

VDE: Verband deutscher Elektrotechniker
GS: Geprüfte Sicherheit

Abb. 299
VDE-Prüfzeichen

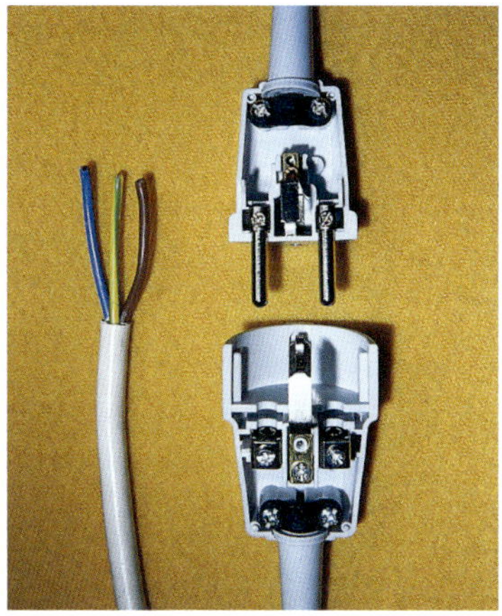

Abb. 300
Sicherung des Gerätes durch einen gelbgrünen Schutzleiter gegen gefährliche Berührungsspannung.

rungskabel geerdet werden. Das ist nur möglich, wenn auch die Anschlussleitung dreiadrig ist. Die Verbindung erfolgt über Schutzkontakt-Steckvorrichtungen („**Schukostecker**“). Ohne Schukostecker dürfen nur schutzisolierte Geräte angeschlossen werden.

Schutzisolierung. Alle Metallteile, die im Fehlerfall unter Spannung stehen könnten, sind dabei von einem dauerhaften Kunststoffmantel umgeben. In Handbohrmaschinen kann z.B. ein Kunststoffzahnrad im Getriebe eine leitende Verbindung zwischen Motor und Bohrspindel verhindern. Schutzisolierte Geräte (**Schutzklasse II**) tragen auf ihrem Typschild das Zeichen ⧈.

Schutzkleinspannung. Wo man das Berühren leitender Teile nicht vermeiden kann oder eine Schutzisolierung zu teuer wäre, schreibt die Berufsgenossenschaft das Arbeiten mit Schutzkleinspannungen vor. Auch bei schadhaften Geräten bzw. Leitungen können dann keine gefährlichen Körperströme auftreten. Schutzkleinspannung wird z.B. angewandt bei der Helfertschen Tauwaage oder bei Magnetventilen der Bewässerungsanlage. Geräte der **Schutzklasse III** für den Betrieb mit Schutzkleinspannung tragen das Kennzeichen ◇III.

Schutztrennung. Durch diese Maßnahme (Kennzeichen ⚮) erreicht man einen besonders hochwertigen Schutz bei Umgebungsbedingungen mit erhöhtem Risiko. Zwischen das Netz und das Elektrogerät wird ein Trenntransformator geschaltet. Das führt zu einer ungeerdeten Spannung. Das bedeutet, dass bei Körperschluss kein Rückfluss des Stromes über den Menschen in die Erde erfolgt. Schutztrennung wird beim Arbeiten in engen leitfähigen Räumen, z.B. Kesseln, beim Lichtbogenschweißen, bei Betonmischern, Betonrüttlern oder Nassschleifmaschinen angewandt. Auch einige Kleinstromerzeuger weisen diese Schutzmaßnahme auf. An **einem** Trenntransformator darf nur **ein** Gerät mit **maximal 16 A** Betriebsstrom angeschlossen werden.

ZUSAMMENFASSUNG

Schutzklassen:
Elektrische Betriebsmittel sind in Bezug auf Sicherheitsmaßnahmen zur Verhinderung eines elektrischen Schlages in vier Schutzklassen eingeteilt:
- Schutzklasse 0: nur Grundisolierung
- Schutzklasse I: mit Schutzleiter
- Schutzklasse II: mit Schutzisolierung
- Schutzklasse III: mit Schutzkleinspannung

Zeichen	Bedeutung
⏚	Schutzleiter
⧈	Schutzisolierung
◇III	Schutzkleinspannung
⚮	Schutztrennung
△	spritzwassergeschützt

Abb. 301
Schutzmaßnahmen

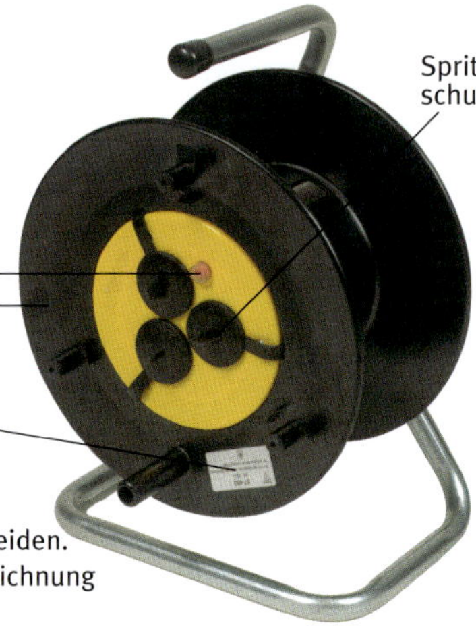

Achtung:
- Leitungen immer ganz abrollen, um Temperaturschäden zu vermeiden.
- Auf Baustellen dürfen nur Gummischlauchleitungen mit der Bezeichnung H07 RN-F oder A07 RN-F oder gleichwertige verwendet werden.

Abb. 302
Kabeltrommel für die Benutzung im Freien.

Fehlerstromschutzschalter (FI-Schutzschalter, Personenschutzschalter). FI's sind in Räumen mit Bädern oder Duschen, Baustromverteilern, landwirtschaftlichen und gartenbaulichen Anwesen, Schwimmbädern, medizinisch genutzten Räumen, Laborräumen, Schulen usw. vorgeschrieben. Dieser Schutzschalter kann innerhalb von 0,2 Sekunden einen Stromkreis abschalten, wenn infolge eines Isolationsfehlers eine gefährliche Berührungsspannung auftritt. Der Strom in der Zuleitung ist normalerweise genauso groß wie der Strom in der Rückleitung. Fließt im Falle eines Fehlers (z.B. Körperschluss), ein Teil des Rückstromes über die Erde ab, stimmen zu- und abfließende Ströme im Stromkreis nicht mehr überein. Der Schutzschalter unterbricht dann den Stromkreis. Der FI besitzt eine **Prüftaste**, mit der das Auftreten eines Fehlerstroms simuliert werden kann. Bei Betätigung der Prüftaste, muss der

Tab. 87 Schutzarten nach DIN 40 050 (Auszug)

Kurzzeichen für Schutzarten elektrischer Betriebsmittel, wie diese vorzugsweise auszuführen sind	Kennziffer	Wasserschutz Kein Schutz 0	Schutz gegen senkrecht fallendes Tropfwasser 1	Schutz gegen schräg fallendes Tropfwasser 2
Schutz gegen Fremdkörper				
Kein Schutz	0	IP 00	–	–
Schutz gegen große Fremdkörper	1	IP 10	IP 11	IP 12
Schutz gegen mittelgroße Fremdkörper	2	IP 20	IP 21	IP 22
Schutz gegen kleine Fremdkörper	3	IP 30	IP 31	IP 32
Schutz gegen kornförmige Fremdkörper	4	IP 40	IP 41	IP 42
Schutz gegen Staubablagerung	5	–	–	–
Schutz gegen Staubeintritt	6	IP 60	–	–

Schutzart	Kennzeichen	Verwendung
tropfwasser-geschützt		Orte im Freien
regen-geschützt		Orte im Freien
spritzwasser-geschützt		Orte im Freien; feuchte Räume
strahlwasser-geschützt		Räume, in denen abgespritzt wird
wasserdicht		unter Wasser ohne Druck
wasserdicht	 h . . .*	unter Wasser mit Druck
staub-geschützt		Räume mit nicht brennbaren Stäuben
staubdicht		Räume mit brennbaren Stäuben
explosions-geschützt	 **	Orte und Bereiche mit Explosionsgefahr

* Die zulässige Wasserhöhe in Metern ist durch den Zusatz „h" gekennzeichnet; h 3 bedeutet 3 m Wassersäule

** Zu dem Zeichen Ex muß zusätzlich angegeben sein: Schutzart (z. B. druckfest gekapselt = d), Explosionsklasse (z. B. 3 n = alle Gase der Klasse 3) und Zündgruppe (z. B. G 5 = Schwefelkohlenstoff) – Ex d 3 n G 5 –

Abb. 303
Symbole für Schutzarten und Schutzklassen.

Schutz gegen Sprühwasser	Schutz gegen Spritzwasser	Schutz gegen Strahlwasser	Schutz bei Überflutung	Schutz beim Eintauchen	Schutz beim Untertauchen
3	**4**	**5**	**6**	**7**	**8**
–	–	–	–	–	–
IP 13	IP 14	–	–	–	–
IP 23	–	–	–	–	–
–	–	–	–	–	–
IP 43	IP 44	–	–	–	–
–	IP 54	IP 55	–	–	–
–	–	IP 65	IP 66	IP 67	IP 68

Schalter auslösen. Diese Funktionsprüfung ist vom Betreiber der Anlage regelmäßig vorzunehmen (stationäre Anlage: monatlich einmal; bewegliche Anlagen: an jedem Arbeitstag).

Schutz gegen direktes Berühren. Spannungsführende Teile elektrischer Geräte und Anlagen müssen gegen zufälliges Berühren sowie gegen das Eindringen von Fremdkörpern und Wasser geschützt werden. Dies kann z.B. durch Isolierung von Kabeln und Leitungen oder Abdeckung elektrischer Geräte (Schutzverkleidung) geschehen. Im Freien dürfen für bewegliche Leitungen nur Gummischlauchleitungen der Bauarten H07 RN-F bzw. A07 RN-F oder gleichwertige verwendet werden. Das gilt auch für Leitungen auf Kabeltrommeln. PVC-Leitungen sind für diese Zwecke nicht zulässig, da sie bei den im Freien auftretenden Temperaturen brüchig werden. Auf Baustellen oder in Feuchträumen (z.B. Gewächshäuser) müssen Kabeleinführungen von Schaltern, Abzweigdosen, Steckdosen und Lampen abgedichtet sein. Geeignete elektrische Betriebsmittel sind am Symbol „Tropfen im Dreieck" erkennbar. Auch Steckvorrichtungen an Kabeltrommeln müssen spritzwassergeschützt (siehe Abb. 302) ausgeführt, d.h. mit Schutzklappen versehen sein. Unterschiedliche Schutzarten werden durch Symbole (siehe Abb. 303) auf dem Typschild von Elektrogeräten kenntlich gemacht. Noch genauere Informationen erhält man durch eine Kurzbezeichnung, die sich aus den Buchstaben **IP** (= **I**nternational **P**rotection) und zwei Ziffern für den Schutzgrad zusammensetzt (siehe Tabelle 87). Dabei gibt die erste Ziffer den Schutzgrad des Berührungs- und Körperschutzes und die zweite den Schutzgrad gegen das Eindringen von Wasser an.

DEFINITION

Kurzschluss: Infolge eines Isolationsfehlers berühren sich beide Adern eines Kabels. Der Strom fließt unter Umgehung eines Verbrauchers direkt von der Hinleitung in die Rückleitung. Die Stromstärke wird sehr hoch, da sie nur noch vom geringen Leitungswiderstand begrenzt wird.

Schutz der elektrischen Anlage

Aufgrund seiner guten Leitfähigkeit wird für elektrische Leitungen meist Kupfer verwendet. Auch Kupfer setzt dem Strom jedoch einen gewissen Widerstand entgegen und erwärmt sich bei Stromdurchfluss. Schließt man sehr viele Verbraucher an eine Leitung an, fließen auch große Ströme. Die Leitungen können sich dann stark erwärmen, die Isolation beschädigen und schlimmstenfalls Brände auslösen. Auch im Falle eines Kurzschlusses fließen sehr große Ströme. Um Überlastungen und Schäden an den Leitungen und Geräten zu vermeiden, werden Sicherungen eingebaut.

ZUSATZINFORMATION

Sicherungen dürfen weder überbrückt noch geflickt werden!

Abb. 304
Schmelzsicherungen und Sicherungsautomat.

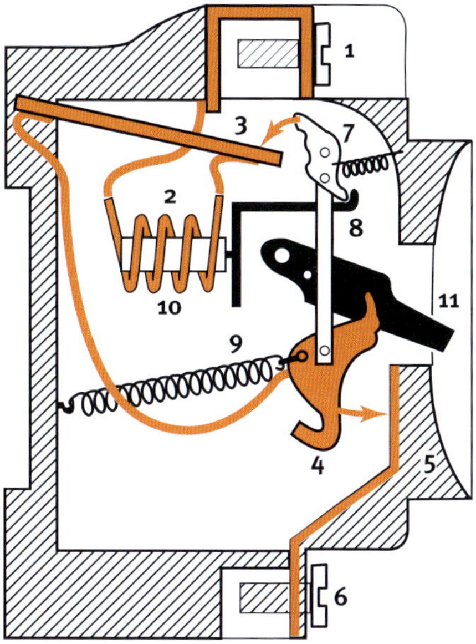

Abb. 305
Sicherungsautomat, ausgeschaltet.

Schmelzsicherungen. Schmelzsicherungen (siehe Abb. 304) bestehen aus einem dünnen Draht (= Schmelzdraht) in einem mit Quarzsand gefüllten Porzellankörper. Die Drahtenden sind mit einem Fuß- und Kopfkontakt verbunden. Bei zu großem Strom schmilzt der Draht und unterbricht den Stromkreis. Eine Passschraube in der Sicherungsfassung verhindert, dass stärkere als für

ZUSAMMENFASSUNG

Unfallverhütungsmaßnahmen

Darunter versteht man Verhaltensweisen, die Elektrounfälle vermeiden helfen. Sie sind durch den Verband deutscher Elektrotechniker und durch die Berufsgenossenschaften festgelegt worden:

- Reparaturen an Leitungsnetzen nur von Fachleuten,
- defekte Elektrogeräte umgehend stilllegen und von Fachleuten instandsetzen lassen,
- nur Elektrogeräte, Steckerverbindungen und Leitungen benutzen, die das VDE- und / oder GS-Zeichen tragen (siehe Abb. 299),
- elektrische Anlagen vor der Benutzung auf einwandfreien Zustand überprüfen,
- keine nassen elektrischen Geräte benutzen,
- elektrische Geräte nicht bedienen, wenn Hände oder Füße nass sind,
- nur einwandfreie Leitungen verwenden,
- nur Leitungen mit passenden Steckern und Kupplungen verwenden,
- Kabeltrommeln abwickeln (Wärmeentwicklung!),
- keine Kabeltrommeln aus Metall im Außenbereich verwenden,
- nie gleichzeitig elektrische Geräte und gute Erdverbindungen (Heizungen, Wasser, Gasleitungen usw.) anfassen,
- unter Spannung stehende Geräte niemals öffnen,
- Elektrokabel vor mechanischer Belastung und Beschädigungen schützen.

ZUSATZINFORMATION

Elektrische Betriebsmittel fallen in den Geltungsbereich der sogenannten EG-Niederspannungsrichtlinie, die grundlegende Sicherheitsanforderungen festlegt. Wenn die Produkte die Anforderungen dieser Richtlinie erfüllen, tragen Sie das **CE-Kennzeichen**.

CE-Kennzeichen:
Elektrische Betriebsmittel fallen in den Geltungsbereich der sogenannten EG-Niederspannungsrichtlinie, die grundlegende Sicherheitsanforderungen festlegt. Wenn die Produkte die Anforderungen dieser Richtlinie erfüllen, tragen sie das CE-Kennzeichen. „CE" steht für „Communautés Europées" auf Deutsch „Europäische Gemeinschaften". Das Zeichen bestätigt, dass das Produkt gemäß den EU-Richtlinien grundlegende Mindestanforderungen erfüllt. Das CE-Zeichen ist jedoch kein Qualitätszeichen.

den Stromkreis zulässige Sicherungen verwendet werden. Passschrauben mit anderen Innendurchmessern dürfen nur verwendet werden, wenn der Leitungsquerschnitt vom Elektriker angepasst wurde.

Sicherungsautomaten (= Leistungsschutzschalter). Im Gegensatz zur Schmelzsicherung kann der Sicherungsautomat (siehe Abb. 304) durch Einschalten immer wieder funktionsfähig gemacht werden.

Von der Anschlussklemme (1) fließt der Strom über eine Spule (2), einen Bimetallstreifen (3) und die Kontakte (4) und (5). Bei **Überlastung** erhitzt sich der stromführende Bimetallstreifen (3) so stark, dass er sich nach oben biegt, den Hebel (7) dreht und so den Schalthebel (8) freigibt. Dieser schnappt nach unten und die Feder (9) zieht den Kontakt (4) nach links weg. Somit ist der Stromfluss unterbrochen. Der Sicherungsautomat kann erst dann wieder eingeschaltet werden, wenn sich der Bimetallstreifen wieder abgekühlt hat. Bei einem **Kurzschluss** erhöht sich die Stromstärke schlagartig um einen großen Betrag. Dadurch wird die Spule (2) zu einem Elektromagneten, die den Anker (10) der Spule nach links wegzieht. Der Hebel (7) wird wieder gedreht und der Ausschaltvorgang ausgelöst. Bei Bedarf lässt sich der Sicherungsautomat auch von Hand ausschalten, wenn man den Kipphebel (11) nach unten drückt.

Motorschutzschalter. Motorschutzschalter arbeiten nach dem gleichen Prinzip wie Sicherungsautomaten. Sie haben zusätzlich den Vorteil, dass der Motor mit ihnen ein- und ausgeschaltet werden kann. Der angeschlossene Motor ist vor Überlastung durch einen Bimetallstreifen geschützt.

Wiederholungsfragen

1. Beschreiben Sie, welche Wirkungen der elektrische Strom auf den menschlichen Organismus haben kann.
2. Warum sollten Sie nie zugleich ein Elektrogerät und einen guten Leiter anfassen?
3. Warum ist es nicht zulässig, eine „durchgebrannte" Schmelzsicherung durch einen Draht zu ersetzen?
4. Welche Kennfarbe hat der Schutzleiter?
5. An welchem Symbol erkennt man die Schutzisolierung eines Gerätes, z.B. einer elektrischen Handbohrmaschine?

9.3 Gewächshäuser

Der größte Energieverbrauch in einem Gartenbaubetrieb fällt für die Beheizung der Gewächshäuser an (über 90 % der Gesamtenergie). Im Unterglasgartenbau kann der Energiekostenanteil 10 % des Jahresumsatzes ausmachen. Der Energiebedarf hängt von der baulichen Ausführung, den äußeren klimatischen Bedingungen und der Gewächshaustemperatur ab. Daraus ergibt sich eine Vielzahl von Einsparungsmöglichkeiten (siehe Tab. 88).

Tab. 88 Einsparungsmöglichkeiten

Platz-Nr.	Art der Einsparung	Einsparpotential in %
1	Energieschirm	20–40
2	Abdichtung von Scheiben und Lüftungen	10–20
3	Heizungssystem	10–18
4	Optimierung der Kesselanlage	10–15
5	Klimaregelung	10–20
6	Bessere Flächennutzung, Anbauplanung	10
7	Isolierung und Spezialverglasung	7–10
8	Messfühler	5–10
9	Bewässerung	5–10
10	CO_2-Düngung	5

(Quelle: Energieagentur NRW. www.ea-nrw.de)

▸ Aufgabe

1. Die Landwirtschaftskammer Rheinland hat eine Checkliste für den Energieeinsatz im Unterglasanbau erstellt (siehe Tab. 98a–c, Seite 358). Kopieren Sie diese Checkliste mehrfach und ermitteln Sie mit ihrer Hilfe, wo in Ihrem Betrieb Einsparungen möglich sind. Die zum Verständnis nötigen Fachinformationen finden Sie in den jeweiligen Kapiteln zur Gewächshaustechnik.
2. Machen Sie Verbesserungsvorschläge. Unterteilen Sie diese folgendermaßen:
   a) schnell umsetzbar, geringer finanzieller Aufwand
   b) relativ schnell umsetzbar, höherer finanzieller Aufwand
   c) nur langfristig umsetzbar, hoher finanzieller und baulicher Aufwand
3. Ermitteln Sie im Gespräch mit ihrem Ausbilder mögliche Gründe für bisher nicht durchgeführte Energiesparmaßnahmen.

9.3.1 Einteilungsmerkmale von Gewächshäusern

Hochglas

Begehbare Gewächshäuser werden nach folgenden Merkmalen eingeteilt:

Tab. 89 Einteilungsmerkmale von Gewächshäusern

Beispiele

Gewächshaustyp

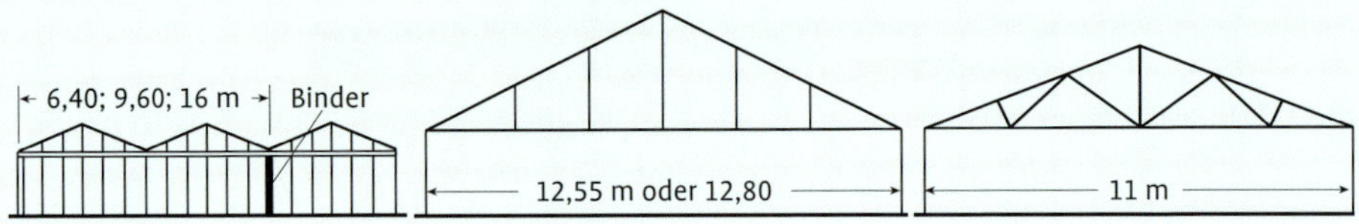

a) Venio-Typ — b) Normgewächshaus (6 m, 9 m, 15 m Nennweite) — c) Firmentypen z.B. "Eunorma 12"

Bauweise

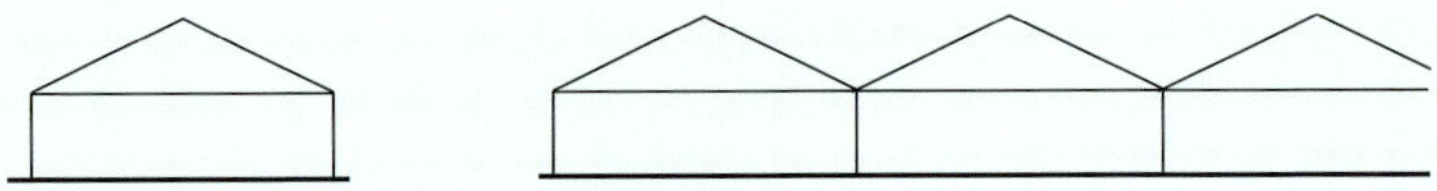

d) einschiffig — e) mehrschiffig

Dachform

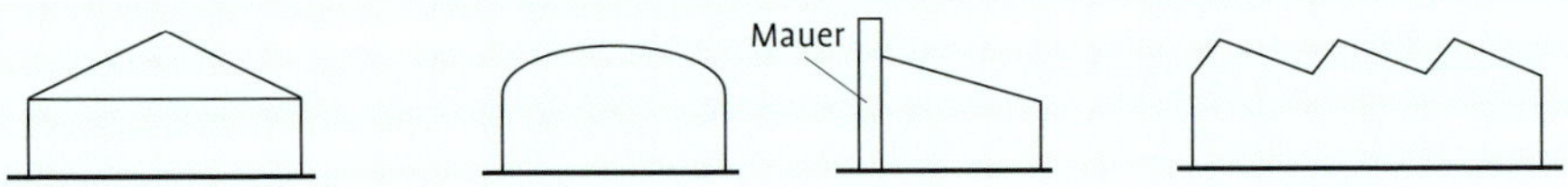

f) Satteldach — g) Bogendach — h) Pulldach — i) Shed-Dach

Bedachungsmaterial: Glas (unterschiedliche Glassorten), Folien, Lichtplatten (Kunststoffplatten), Kombinationen

Temperatur	**Warmhaus** ab 20 °C	**temperiertes Haus** 12-18 °C	**Kalthaus** bis 12 °C	**Überwinterungshaus** frostfrei, 1-3 °C

Gewächshaustyp

Deutsches Normgewächshaus. Die deutsche Gewächshausindustrie wollte in den 70er Jahren einen Standard für hochwertige Gewächshäuser im Gartenbau durchsetzen. Das Ziel war, durch eine rationelle Serienanfertigung die Produktionskosten zu senken. 1971 wurde das deutsche Normgewächshaus nach DIN 11536 (Typ B) auf den Markt gebracht. In den 90er Jahren fand eine Neubearbeitung der Norm statt (siehe Tab. 90).

Bei vielen Anbietern wird dieser Gewächshaustyp heute als **Breitschiffhaus** geführt. Es kann am flexibelsten an die Bedürfnisse des Gärtners angepasst werden, was sich jedoch im hohen Anschaffungspreis niederschlägt.

Venlo-Gewächshaus (= Kappengewächshaus). Kennzeichnend für diese niederländische Leichtbauweise ist eine Nennbreite (= **Kappenbreite**) von 3,20 m (je nach Anbieter auch 4 m). Durch Gitterunterzüge kann der Binderabstand auf 6,40 m bis 9,60 m erweitert werden (siehe Abb. 306).

Diese preiswert zu erstellenden Gewächshäuser liefen dem Normgewächshaus den Rang ab. Sie kosten bei gleicher Grundfläche und bei gleicher Ausstattung nur etwa halb so viel wie Breitschiffhäuser. Die niedrige Firsthöhe macht außerdem vielerorts eine Baugenehmigung überflüssig, führt jedoch zu

Tab. 90 Kennzeichen des Normgewächshauses

Merkmal	Typ B	Typ A
Rastermaß (= Abstand von Bindermitte zu Bindermitte in Längsrichtung)	3,065 m	
Scheibenmaß	Bei 5 Scheiben pro Binderfeld: • 60 x 174 cm (Dach) • 60 x 200 cm (Stehwand) Bei 4 Scheiben pro Binderfeld: • 75,2 x 174 cm (Dach) • 75,2 x 200 cm (Stehwand)	auch im Dachbereich sind heute 2 m-Scheiben gebräuchlich!
Schiffbreite	3, 6, 9, 12, 15, 18 m 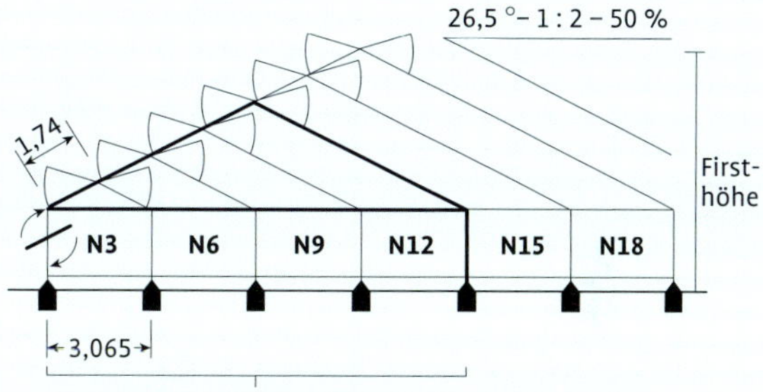 12-m-Haus mit Binderstützweite (12,55 m, Typ B)	
Stehwandhöhe	2,30 m, 2,80 m, bis 3,80 m (einschließlich Streifenfundament = Sockel über Gelände)	
Dachneigung	26,5 ° (= 1:2 bzw. 50 %, d.h. das Verhältnis halbe Gewächshausbreite zu Dachhöhe beträgt 2:1) 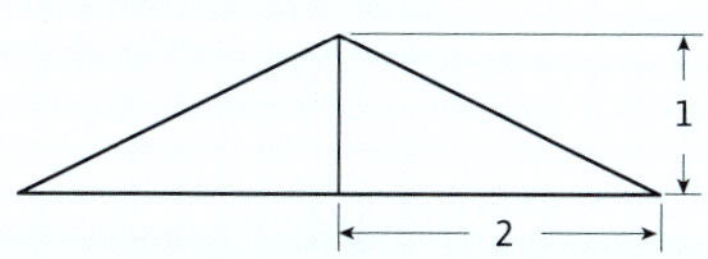 	24 ° (21,8 °)
Binderstützweite (Sie ist abhängig von der Dachscheibenlänge (hier: 1,74 m) und vom Dachneigungswinkel)	12,55 m (siehe oben)	12,80 m

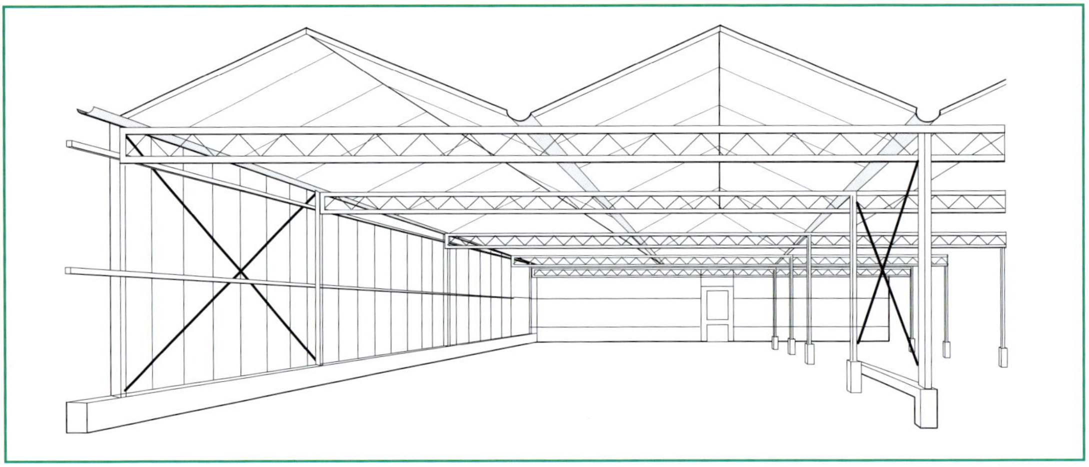

Abb. 306
Venlo-Gewächshaus mit Gitterbindern.

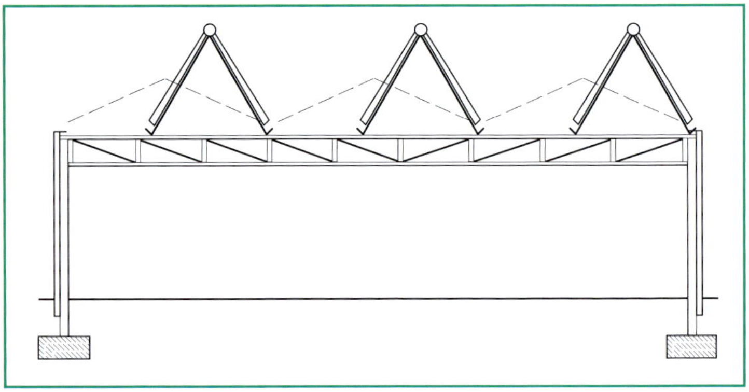

Abb. 307
Cabriohaus

einem ungünstigen Gewächshausklima. Dieser Typ ist auch als **Cabriohaus** erhältlich (siehe Abb. 307). Hier liegt der Drehpunkt der Lüftung im Rinnenbereich (Kippflügel). Senkrecht hochgestellte Dachfenster gewährleisten beinahe Freilandbedingungen und ermöglichen das Abhärten der Pflanzen. Diese Offendach-Konstruktion ohne Firstauflage wirft wenig Schatten und lässt sehr hohe Luftwechselzahlen zu.

Bauweise

Man unterscheidet zwischen **einschiffiger** und **mehrschiffiger Bauweise** (= **Blockbauweise**). Typisch für die Blockbauweise ist das aus Holland stammende Venlo-Gewächshaus (siehe oben). Mehrschiffige Gewächshausanlagen sind relativ preiswert zu errichten und verbraucht weniger Energie als vergleichbare einschiffige Häuser. Allerdings sind sie schlechter zu lüften und die Pflanzen erhalten weniger Licht.

Dachform

Günstig sind hohe Dächer, da das Klima in großen Räumen besser geregelt werden kann. Dies ist auch durch hohe Stehwände zu erreichen, was heute Trend ist. Bei Gewächshäusern mit flacher Dachneigung ist die Schneebruchgefahr erhöht. Am meisten verbreitet sind das Sattel- und das Bogendach.

Wiederholungsfragen

1. Vergleichen Sie Gewächshauskonstruktionen in Venlo- und Breitschiff-Bauweise, indem Sie Vor- und Nachteile nennen.
2. Nennen Sie vier Einteilungsmerkmale für Gewächshäuser (jeweils mit Beispielen).

9.3.2 Gewächshausbauteile und ihre Funktion

In Tab. 91 und Abb. 308 und Abb. 309 sind die wichtigsten Bauelemente eines Gewächshauses beschrieben.

Tab. 91 Gewächshausbauteile und ihre Funktion

Bauteil	Material	Ausführung	Funktion
Fundament	• Stahlbeton	• Streifenfundament: streifenartig ausgebildetes Fundament, auf dem z.B. eine Wand „aufsteht“ • Punktfundament (Beton-Fundamente müssen bis in frostfreie Tiefe reichen (80 cm), damit sich angesammeltes Wasser nicht durch Gefrieren ausdehnt und Bauteile anhebt oder beschädigt.)	Überträgt das Eigengewicht des Gewächshauses, Winddruck, Schneelast usw. auf den Baugrund
Binder (= Querunterzug) • Binder im senkrechten Teil = Rahmenstiel • Binder im Bereich der Dachschräge = Rahmenriegel	• Feuerverzinkter Stahl	• Vollbinder mit I- bzw. Doppel-T-Profil • Gitterbinder (→ geringerer Stahlverbrauch) (Profil ist die Bezeichnung für die Querschnittsform von z.B. Stahlträgern, siehe Abb. 309 Profile. Durch eine „Profilierung“ werden Metallteile tragfähiger und verwindungssteifer.)	Tragkonstruktion des Gewächshauses. Binder übertragen Kräfte und Lasten auf das Fundament
Pfette (= Längsunterzug)	• Feuerverzinkter Stahl • Aluminium	U- oder Z-Profil	Auflage für die Sprossen
Sprossen	• Feuerverzinkter Stahl • Aluminium	Spezielle Sprossenprofile	Auflage für Glasscheiben oder Kunststoffplatten
Windverband	• Feuerverzinkter Stahl	Winkelstahl- oder Rundstahl-Diagonalverstrebungen in den Binderfeldern, in der Stehwand und im Dach	Stabilisierung des Gewächshauses gegen Windkräfte
Zugband/ Unterzug	• Feuerverzinkter Stahl	L-Profil oder Rundstahl	Erhöhung der Wind- und Schneestabilität. Ermöglicht im Gemüsebau das Aufbinden von Tomaten und Gurken. Auflage für Heizungs- und Bewässerungsrohre

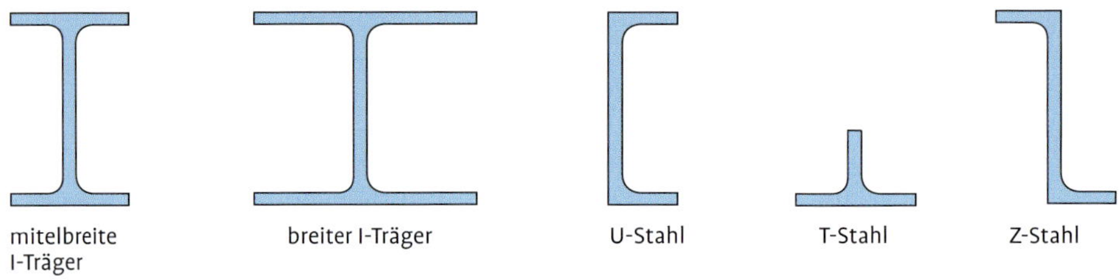

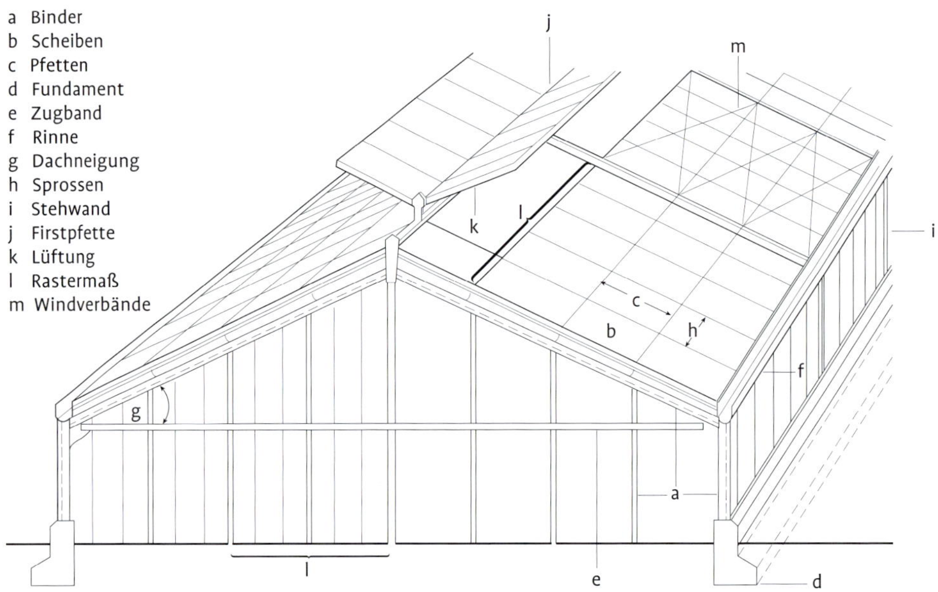

Abb. 308
Das Normgewächshaus und seine Bauteile.

oben:
Abb. 309
Profile.

Wiederholungsfragen

1. Nennen Sie jeweils Aufgabe/Funktion folgender Gewächshausbauteile: Binder, Pfette, Sprosse, Windverband.
2. Begründen Sie, warum Gewächshausfundamente mindestens 80 cm tief in den Boden reichen müssen.
3. Nennen Sie Vor- und Nachteile des Einsatzes von Aluminium beim Gewächshausbau im Vergleich zu Stahl.

9.3.3 Eindeckmaterialien

Die meisten Gewächshäuser in Deutschland besitzen eine Glaseindeckung. Weltweit erfolgen dagegen nur 4–6 % des geschützten Anbaus unter Glas. Alternativ werden Kunststoffe in Form von Platten oder Folien verwendet. In Kanada und den USA findet man in beinahe allen großen Gartenbaubetrieben

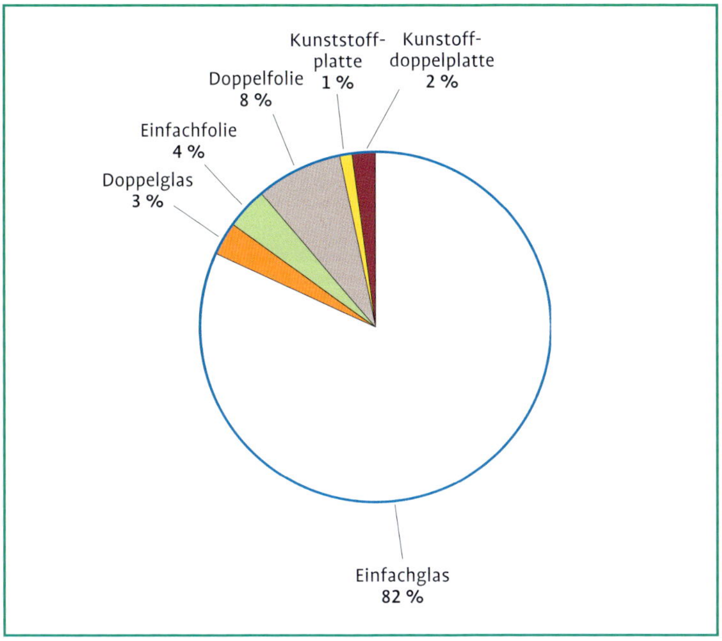

Abb. 310
Prozentuale Verteilung eingesetzter Bedachungsmaterialien.

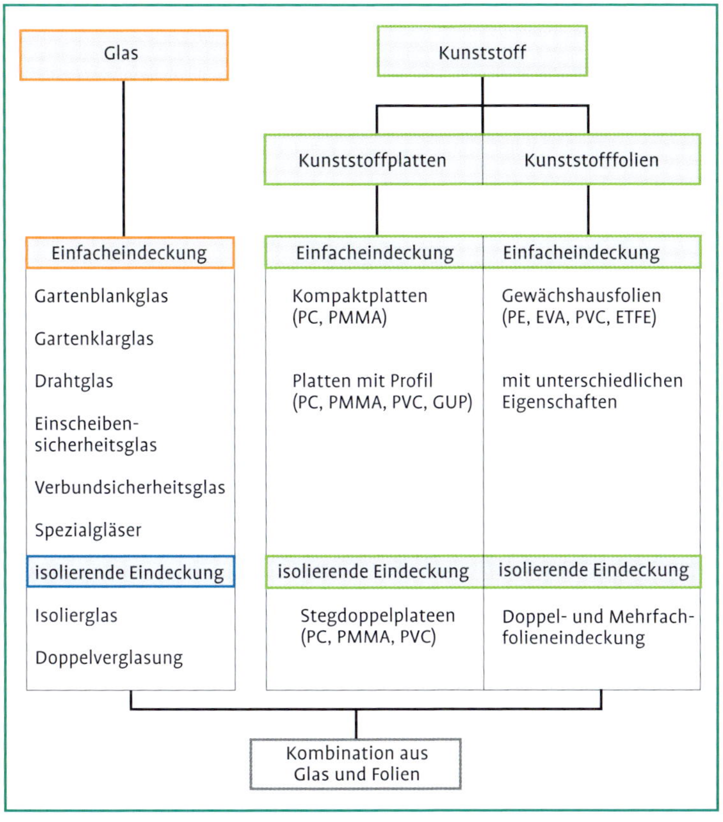

Abb. 311
Eindeckmaterialien im Gartenbau.

Folienhäuser. Auch im europäischen Gartenbau wird viel mehr Folie verwendet als Glas. Der Gärtner hat bei allen Systemen die Wahl zwischen einer Einfach- oder Doppeleindeckung.

Abb. 310 und Abb. 311 geben einen Überblick über die Bandbreite der Eindeckmaterialien für den Gewächshausbau.

Glas

DEFINITION
hochviskos = extrem zähflüssig

Herstellung. Glas ist durch Abkühlen einer Schmelze aus Quarzsand (SiO_2), Soda (Na_2CO_3), Kalk ($CaCO_3$) und Zuschlagstoffen bei etwa 1600 °C entstanden. Es ist eine hochviskose Flüssigkeit. Das kann man an historischen Fensterscheiben sehen, die im unteren Bereich verdickt sind, da das Glas über einen langen Zeitraum sehr langsam nach unten geflossen ist.

Glasarten. Abhängig vom Herstellungsprozess werden Floatglas (von engl. „to float“ = schwimmen, schweben) und Gussglas unterschieden. Beim Floatprozess wird die Glasschmelze auf ein flüssiges Zinnbad gegeben. Dadurch entstehen Glasscheiben mit perfekten, glatten Oberflächen. Beim Gussglasverfahren wird die Glasschmelze durch Walzen gezogen. Das ermöglicht das Einprägen von Strukturen. Die gebräuchlichsten Glasarten im Gartenbau sind das **Gartenblankglas** und das **Gartenklarglas.**

Gartenblankglas ist auf beiden Seiten glatt, gleichmäßig dick und **durchsichtig**. **Gartenklarglas** ist ein im endlosen Bandverfahren hergestelltes Gussglas, bei dem eine Fläche glatt gewalzt und die andere mit einer Struktur versehen wird („**Nörpelung**“), sodass es **durchscheinend** ist. Die glatte Fläche soll, um stärkeren Verschmutzungen vorzubeugen, nach außen verlegt werden. Die Nörpelung bewirkt eine Streuung der durchgehenden Strahlung und mindert so Schlagschatten durch Gewächshausbauteile. Das dem normalen Fensterglas ähnliche Blankglas wird eher in Gebieten mit höherer Luftfeuchtigkeit und dadurch natürlich gestreutem Licht eingesetzt, während das Klarglas in Regionen mit starker Sonneneinstrahlung bevorzugt wird.

ZUSATZINFORMATION

Bedachung von Verkaufsgewächshäusern

„Normales“ Gartenbauglas darf in Verkaufsgewächshäusern im Überkopfbereich wegen der Verletzungsgefahr bei Glasbruch nicht verwendet werden. Auch das früher häufig eingesetzte Einscheibensicherheitsglas (ESG) ist nicht mehr zulässig. Letzteres ist zwar durch eine Temperaturbehandlung „vorgespannt“ und zerfällt bei Bruch überwiegend in kleine Krümel, doch können auch größere, gefährliche „Krümelpakete“ entstehen. Eine Ausnahme von dieser Verordnung ist nur möglich, wenn Netze mit einer Maschenweite von höchstens 40 mm unterhalb der Verglasung angebracht werden. Diese sollen größere Krümelpakete auffangen oder zerkleinern. Verbundsicherheitsglas (VSG) darf dagegen ebenso wie Drahtglas überall eingesetzt werden. VSG besteht aus zwei Glasscheiben mit einer dazwischen liegenden, elastischen Kunststofffolie. Bei Glasbruch bleiben die Glasstücke an der Folie haften und fallen nicht herunter. Dieses Glas wird z. B. auch bei Frontscheiben von PKW verwendet. Drahtglas ist ein Gussglas, in dem eine Drahtnetzeinlage bei Glasbruch das Scheibengefüge zusammen hält. Es ist optisch jedoch nicht sehr ansprechend. Außerdem schwächt die Drahteinlage das Glas, so dass es empfindlicher auf Hagel reagiert. Auch Kunststoffe dürfen nicht uneingeschränkt verwendet werden. Zulässige Bedachungsmaterialien müssen den Anforderungen der Brandklasse B1 (= schwer entflammbar nach DIN 4102 mit dem Zusatz „nicht brennend abtropfend“) (siehe Tab. 92) entsprechen. Diese Anforderungen erfüllen zur Zeit nur Stegdoppel- oder Stegdreifachplatten aus Polycarbonat. Außerdem müssen Verkaufsgewächshäuser mit durchsichtiger Eindeckung einer Schneelast von 0,75 kN/m² standhalten (normale Produktionsgewächshäuser: 0,25 kN/m²).

Tab. 92 Einteilung der Baustoffe in Brandschutzklassen nach DIN 4102 (Quelle: Gartenbauberufsgenossenschaft)

Baustoffklasse	Bezeichnung
A	**Nichtbrennbare Baustoffe** • Stahl • Silikatglas
B	**Brennbare Baustoffe**
B1	**Schwerentflammbare Baustoffe** • Acrylgewebe (100 %) für Energieschirme • Hart-PVC/Rohstoffe PVG • Polycarbonat HKP Hohlkammerplatte (6 mm)
B2	**Normal entflammbar** • Acrylglas (PMMA)-Stegdoppelplatten • Holz und Holzwerkstoffe von mehr als 2 mm Dicke • Glasfaserverstärkte Polyesterplatten (GFUP) • Polycarbonat (SDP) 16 mm
B3	**Leichtentflammbare Baustoffe** • Holz bis zu einer Dicke von 2 mm

Wird Gussglas auf beiden Seiten mit einer Struktur versehen, entsteht eine mattierte Oberfläche mit diffuser Lichtdurchlässigkeit. Durch diese „**Mikrostrukturierung**“ werden die Pflanzen gleichmäßiger und indirekt bestrahlt, Schlagschatten durch Bauteile gemindert und Verbrennungen der Pflanzen bei intensiver Sonneneinstrahlung verringert.

Eine isolierende Wirkung kann durch die Verwendung von **Agriplus-(= HortiPlus)-Glas** erzielt werden. Dieses etwa 4 mm dicke Blankglas (Floatglas) ist auf einer Seite mit Zinnoxid beschichtet, was die Wärmeabstrahlung des

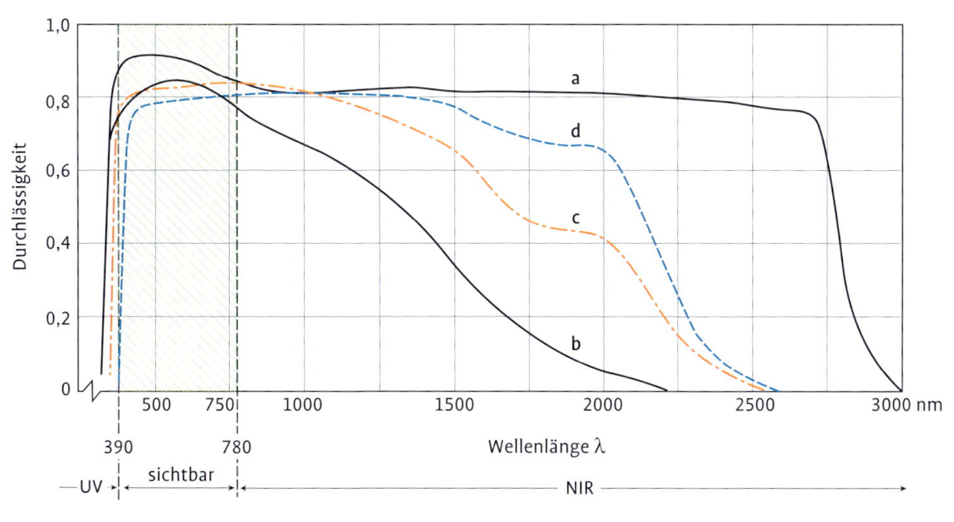

Abb. 312
Spektrale Durchlässigkeit verschiedener Bedachungsmaterialien: a) Einfachglas, b) beschichtetes Glas, c) PMMA (SDP 16), d) Polycarbonat-Doppelplatte (10 mm) (NIR = near infrared = Wärme- oder nahe Infrarotstrahlung).

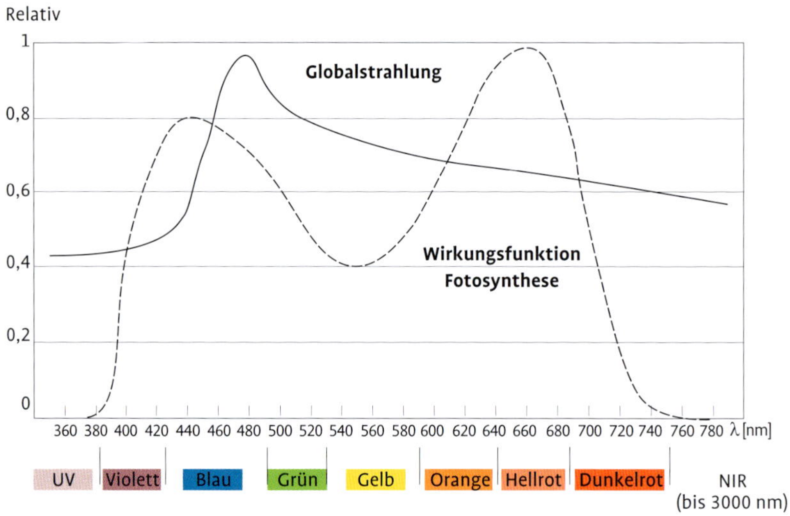

Abb. 313
Spektrum der Globalstrahlung und Fotosyntheseleistung der Pflanzen.

Gewächshauses verringert (Einsparung nur bei trockenen Scheiben). Die beschichtete Seite muss nach außen zeigen. Die Energieeinsparung liegt bei etwa 19 %. Allerdings sinkt die Lichtdurchlässigkeit auf etwa 82–83 %.

Eigenschaften. Die Durchlässigkeit für Licht im Bereich der sichtbaren Strahlung beträgt bei Glas 89–92 %. Dabei ist es jedoch fast undurchlässig für UV-Licht und für langwellige Wärmestrahlung (siehe Abb. 312).
Auf dieser Eigenschaft beruht der sogenannte **Treibhaus- bzw. Gewächshauseffekt**. Von der Sonne geht die sogenannte **Globalstrahlung** aus, die sich aus der **UV-Strahlung**, dem Bereich des **sichtbaren Lichtes** und der **nahen Infrarot-Strahlung** (NIR = near infrared) zusammensetzt (Wellenlängenbereich: 290 bis 3000 nm) (siehe Abb. 313).

Pflanzenbaulich besonders wichtig ist die fotosynthetisch wirksame Strahlung (**PAR**, vom engl. **p**hotosynthetic **a**ctive **r**adiation) von 400 bis 700 nm Wellenlänge. Der blaue und der hellrote Bereich dieses Lichtanteiles ist dabei für die Fotosynthese besonders wirksam. Das sichtbare Licht von 320–2900 nm Wellenlänge durchdringt das Glas und wird vom Boden, von Pflanzenteilen oder Gewächshausbauteilen absorbiert (= „aufgenommen") und in Wärme umgewandelt. Alle erwärmten Körper geben langwellige Wärmestrahlung ab, für die Glas – wie oben beschrieben – nicht durchlässig ist. Diese Wärmestrahlung wird dadurch im Gewächshaus zurückgehalten. Es wird zur „**Strahlenfalle**" (siehe Abb. 314).

Alle aufgeheizten Flächen erwärmen die Luft im Innenraum durch Wärmeleitung und Wärmeströmung (**Konvektion**). Da in einem geschlossenen Gewächshaus nur wenig erwärmte Luft durch kalte Außenluft ersetzt wird, gibt es kaum Kühlung durch die Außenluft.

Verlegung. Gemäß der Gewächshausnorm muss die Verglasung „... lückenlos und genügend befestigt sein ...". Die Verkittung oder Abdeckgummis stellen allerdings nur eine Abdichtung und keine Befestigung dar. Das Glas muss da-

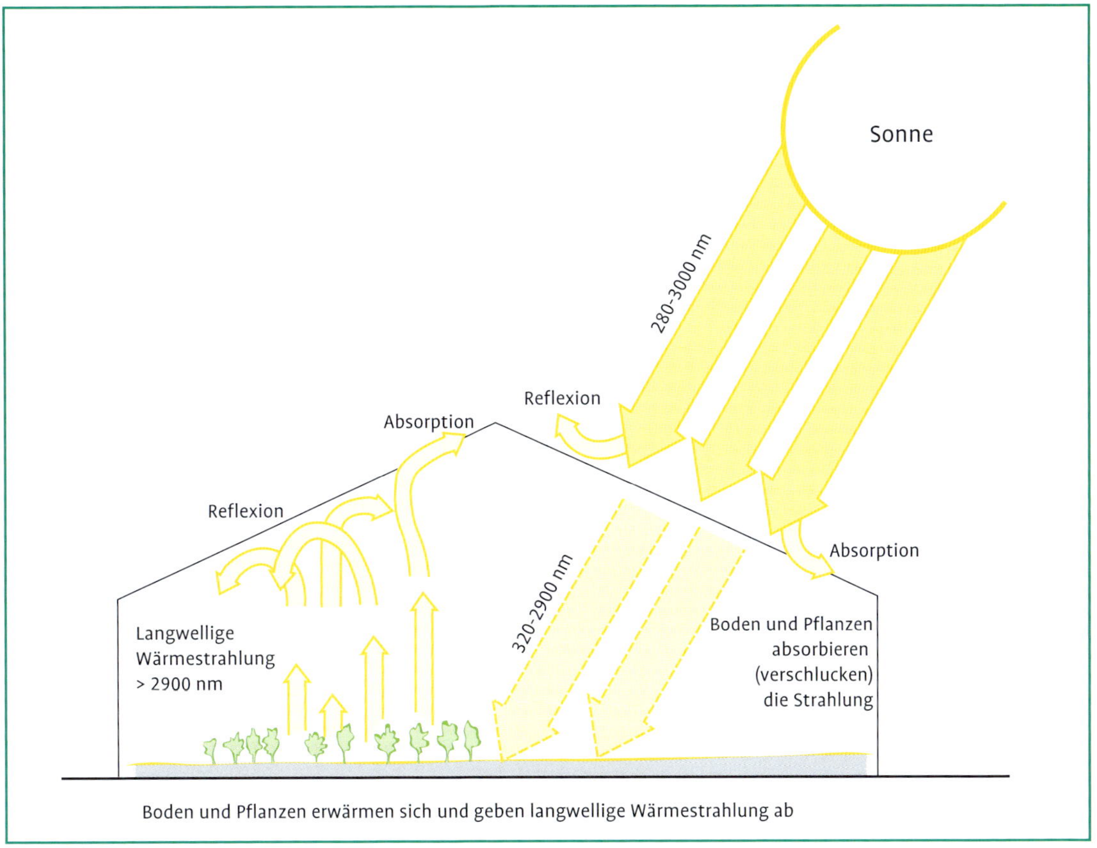

Abb. 314
Gewächshauseffekt

her gegen Windkraft und gegen Verrutschen z. B. durch Sturmklammern, Haltestifte, S-Haken usw. (siehe Abb. 315) zusätzlich gesichert sein. Bei älteren Gewächshäusern mit Stahlsprossen (T-Profilen) erfolgt die Abdichtung mit Spritzkitt auf Bitumenbasis. Moderne Gewächshäuser mit Aluminiumsprossen (Spezialprofile) werden kittlos verglast. Dabei liegen die Scheiben direkt auf den Sprossenstegen oder auf plastischem Dichtmaterial. Die Abdichtung mit Kunststoffbändern ermöglicht eine relativ leichte Ausführung von Reparaturen.

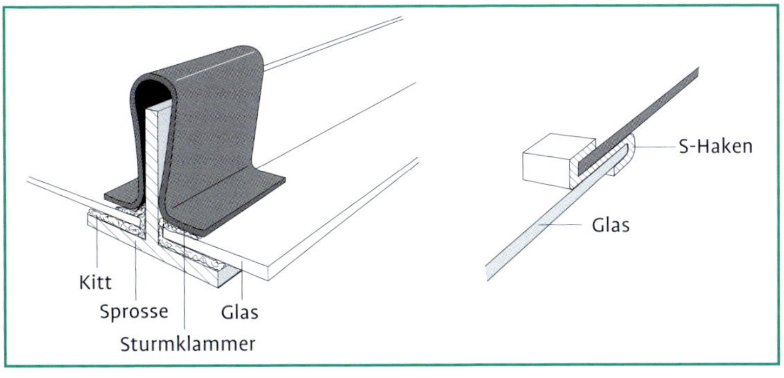

Abb. 315
Befestigung von Scheiben.

Kunststoffplatten (Lichtplatten) als Eindeckmaterial

Kunststoffplatten als Einfachplatten werden in der Regel mit Profilen hergestellt, um die Stabilität zu erhöhen. Verbreitet sind das **Trapez**- und das **Wellenprofil** (= Sinusprofil) (siehe Abb. 316).

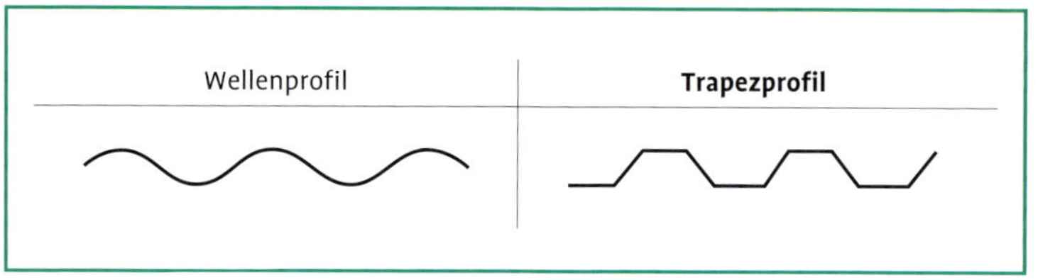

Abb. 316
Wellen- und Trapezprofil.

Diese 0,8–1,1 mm starken Platten werden nur noch selten verwendet. Gebräuchlicher sind **S**teg**d**oppel**p**latten (**SDP**) oder **S**tegdreifach**p**latten (**S3P**) aus **P**oly**c**arbonat (**PC**) und Acrylglas (**PMMA = P**oly**m**ethyl**m**eth**a**crylat). Letzteres ist unter dem Handelsnamen Plexiglas® bekannt. Aufgrund der Lufteinschlüsse in den Zwischenräumen haben diese Platten eine bessere Isolierwirkung als Einfachplatten. Das Gewächshaus kühlt in der Nacht nicht so schnell aus. Nachteilig ist ihre im Vergleich zu Glas geringere Lichtdurchlässigkeit (siehe Tab. 93).

ZUSAMMENFASSUNG

Vor- und Nachteile von Kunststoffplatten:

+ meist preiswert
+ können in größeren Breiten und Längen verlegt werden
+ geringes Gewicht → leichtere Unterkonstruktion
+ für Bogendächer geeignet
+ einfach zu verarbeiten
+ meist gute Hagelfestigkeit
– durch Alterung Abnahme der Lichtdurchlässigkeit (außer PMMA)
– brennbar
– Kondenswasserbildung → Tropfenfall, geringere Lichtdurchlässigkeit
– Entsorgung schwierig

Folienbedachung

Der Anteil der Folienhäuser hat in den letzten Jahren in Deutschland zugenommen und liegt bei etwa 25–30 %. Hauptgrund für die Zunahme ist der meist günstigere Preis im Vergleich zu Glasgewächshäusern. Zusätzlich lassen sich viele Folieneigenschaften durch Einsatz spezieller Zuschlagstoffe (= **Additive**) verbessern und an die pflanzenbaulichen Anforderungen anpassen. Das ist bei Glas kaum möglich.

ZUSATZINFORMATION

Zoll (engl. „inch“) ist ein früher in Europa weit verbreitetes Längenmaß. Heute ist es im englischen Sprachgebrauch immer noch häufig zu finden. 1 Zoll = 2,54 cm. Die Einheit wird in der Regel mit Anführungszeichen oben angegeben (z. B. 2″).

Bauweisen

Von der Industrie werden Folientunnel und Foliengewächshäuser angeboten. Hochwertige Folienhäuser mit kompletter Heizung und Inneneinrichtung für die Ganzjahresnutzung stellen eine Alternative zum Glasgewächshaus dar.

Folientunnel. Verbreitet sind Rundbogenkonstruktionen mit oder ohne Zugband. Als Binder werden meist Rohre bis 2 Zoll Durchmesser verwendet, wobei der Binderabstand zwischen 1,20 m und 2 m liegt. Dieser einfache Haustyp wird in Einzelschiffbauweise erstellt. Hausbreiten bis 9,00 m bei einer Firsthöhe bis etwa 3,20 m sind üblich. Zur Befestigung dienen „Erdanker“. Preiswerter ist es, die Folie auf beiden Seiten im Stehwandbereich 1–1,5 m überstehen zu lassen, sie in einen Graben zu legen und mit viel Erde zu belasten (siehe Abb. 317).

Die Eindeckung kann mit Einfach- oder Doppelfolie erfolgen. Die Häuser werden über eine Giebel- und/oder Stehwandlüftung gelüftet. Aus Kostengründen ist dieser einfache Haustyp v.a. im Gemüsebau und in Baumschulen verbreitet. Ungünstig zu bewerten sind die kurze, gebogene Stehwand und die relativ niedrige Firsthöhe. Für diese Folientunnel sprechen der niedrige Preis (ab etwa 10 €/m²) und die einfache und schnelle Montage ohne aufwändige Fundamente.

ZUSATZINFORMATION

Zugband (Unterzug):
Ein Unterzug oder Zugband oberhalb des Traufbereiches erhöht die Wind- und Schneestabilität eines Folienhauses. Außerdem ist im Gemüsebau das Aufbinden von Tomaten und Gurken möglich. Auch dienen diese Elemente als Auflage für Heizungs- und Bewässerungsrohre.

Tab. 93 Strahlungsdurchlässigkeit verschiedener Eindeckmaterialien

Material*	Lichtdurchlässigkeit in % bei senkrechtem Lichteinfall	UV-Durchlässigkeit	IR-Durchlässigkeit
Glas			
Einfachglas, 4 mm	89–92	–	–
Agriplus	82–83	–	– bei Trockenheit
Lichtplatten			
PVC-Lichtplatte (Well- und Trapezprofil)	85–88	–	gering
Polyester-Lichtplatte (UP-GF*1)	85–89	–	–
PMMA-SDP, 16 mm	84–88	–	–
PMMA-S3P, 16 mm	81	–	–
PC-SDP, 10 mm	77–80	–	–
PC-S3P, 10 mm	72	–	–
Folie			
PE-Folie	92–93	+	+ bei Trockenheit
PE-IR-Folie	86–92	–	verringert
PE-UV-stabilisiert	89–92	–	– bei Trockenheit
EVA-Folie	91	–	verringert, abhängig vom VA-Anteil
PVC-Folie	87–91	–	stark verringert

*: zur Bedeutung der Abkürzungen siehe Text
*1: ungesättigtes Polyesterharz, Glasfaserverstärkt
– undurchlässig
+ durchlässig

Tabelle verändert nach Sachweh, U.: Grundlagen des Gartenbaus. Ulmer-Verlag, Stuttgart, 1998.

Foliengewächshäuser von einfacher Bauart. Diese Haustypen besitzen Rund- oder Spitzbogendächer sowie gerade Stehwände und sind mit einem Unterzug ausgestattet. Im Angebot sind Hausbreiten bis 10 m bei etwa 4 m Firsthöhe. Eine mehrschiffige Bauweise ist möglich. Für den Bau werden wie bei den Folientunneln Stahlrohre bis 2 Zoll Durchmesser verwendet. Die Fundamentierung erfolgt in der Regel über Punktfundamente. Folgendes Eindeckungsmaterial ist verbreitet: Einfachfolie, Doppelfolie (aufgeblasen), Schlauchfolie, Noppenfolie, Kunststoffplatten. Um die Häuser zu lüften, gibt

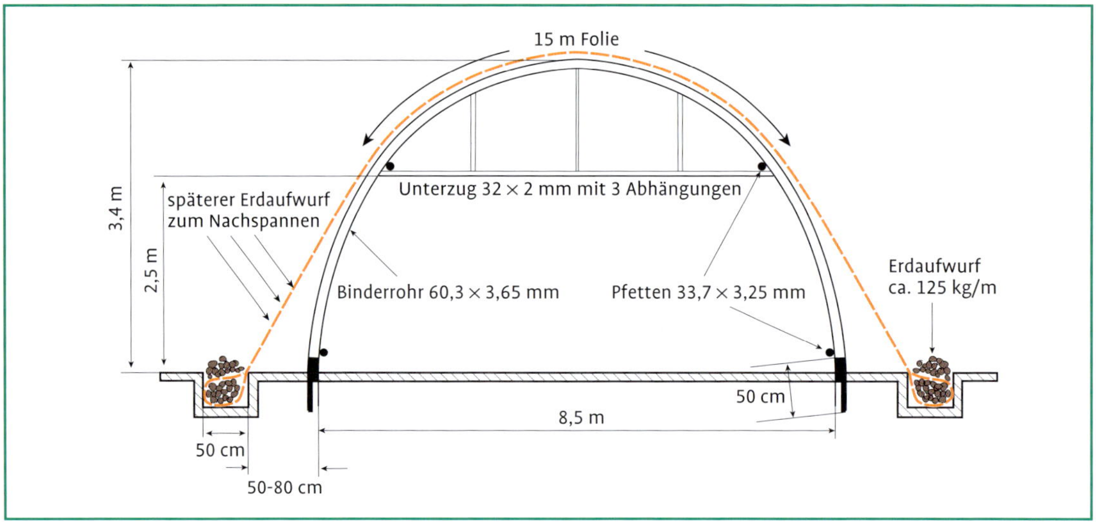

Abb. 317
Konstruktionselemente eines preiswerten Folientunnels (Zeichnung Struck).

es viele Möglichkeiten: Hochstellen von Dachelementen, Schaffung von Schlitzen durch Auseinanderschieben von Folienelementen, Stehwand-, Giebel-, Firstlüftung, Ventilatoren zum Absaugen der Warmluft. Diese Folienhäuser sind in allen Sparten des Gartenbaus zu finden. Die Anschaffungspreise beginnen bei etwa 20 €/m^2.

Foliengewächshäuser von hochwertiger Bauart. Diese Haustypen besitzen Sattel- oder Spitzbogendächer bei Hausbreiten bis etwa 12,50 m und maximal 4,50 m Firsthöhe. Der Trend geht zu noch höheren Häusern. Für den Bau werden Stahlprofile und Rohre verwendet. Eine mehrschiffige Bauweise ist möglich. Die Fundamentierung erfolgt über Punkt- oder Streifenfundamente. Zur Eindeckung können sämtliche Folienarten oder Kunststoffplatten verwendet werden. Gelüftet werden die Häuser häufig über eine durchgehende Stehwandlüftung oder eine ein- oder zweiseitige Firstlüftung. Die Anschaffungspreise beginnen bei etwa 35 €. Diese technisch sehr hochwertigen Häuser werden überwiegend im Zierpflanzenbau für die intensive Ganzjahresnutzung eingesetzt.

ZUSATZINFORMATION
Die mechanischen und lichttechnischen Anforderungen, die eine Gewächshausfolie erfüllen muss, sind in der europäischen Norm DIN EN 13206 (2001) festgeschrieben.

Anforderungen an Folien

Kunststoffe altern und verlieren ihre günstigen Eigenschaften im Laufe der Zeit. Dieser Prozess wird durch zahlreiche Pflanzenschutzmittel beschleunigt. Gewächshausfolien müssen drei bis fünf Jahre halten und während dieser Zeit Belastungen durch Wind, Schnee und Sonneneinstrahlung standhalten. Dabei dürfen Lichtdurchlässigkeit und Zugfestigkeit nicht zu stark nachlassen.

Lichtdurchlässigkeit. Grundsätzlich sollen Folien eine möglichst hohe Lichtdurchlässigkeit aufweisen, da davon unmittelbar die Fotosyntheserate der Pflanzen abhängt. Neue Folien erreichen bei der Lichtdurchlässigkeit Werte um 90 %. Diese nimmt relativ schnell aufgrund von Staubanlagerung, Verschmutzung, Alterung oder Tropfenkondensation ab. Durch eine Reihe von Zusätzen versucht man, diesen Erscheinungen vorzubeugen.

ZUSAMMENFASSUNG
Folien sollen folgende Anforderungen erfüllen:
- über 90 % Lichtdurchlässigkeit,
- geringe Durchlässigkeit für langwellige Wärmestrahlung (IR-Strahlung),
- hohe Windstabilität und Reißfestigkeit,
- lange Nutzungsdauer,
- geringe Tropfenkondensation,
- günstige Bahnenbreiten und Verarbeitungsmöglichkeiten,
- günstiges Preis-Leistungs-Verhältnis.

UV-Strahlung und Haltbarkeit der Folien. Die energiereiche UV-Strahlung zerstört die langen Molekülketten, aus denen PE besteht und lässt die Folie sehr schnell altern. Durch verschiedene Zusätze (z. B. **UV-Absorber**) kann die Folie vor der schädlichen Wirkung der UV-Strahlung geschützt werden. Antioxidantien **(UV-Stabilisatoren)** neutralisieren die schädlichen Effekte der UV-Strahlung. Sind die Folien durch UV-Absorber geschützt, gelangt kaum UV-Strahlung ins Gewächshaus. UV-Stabilisatoren hingegen lassen die UV-Strahlung durch die Folie passieren.

Durchlässigkeit für langwellige Wärmestrahlung. Als langwellige Infrarotstrahlung bezeichnet man elektromagnetische Strahlung mit Wellenlängen von 3000–50000 nm, die etwas länger sind als die des sichtbaren roten Lichtes. Infrarotstrahlung hat eine Wärmewirkung. Die Pflanzen können nur einen geringen Anteil der in das Gewächshaus einfallenden Strahlung direkt für die Fotosynthese nutzen. Der größte Teil wird in Wärme umgewandelt und vom Boden, von den Pflanzen oder Gewächshausbestandteilen als langwellige Wärmestrahlung wieder abgegeben. Vor allem in der Nacht gibt ein Folienhaus, das mit einfacher PE-Folie eingedeckt ist, anders als ein Glas-Gewächshaus ein erhebliches Maß an Wärmestrahlung ab. Die Pflanzen können dadurch so stark abkühlen, dass sie kälter sind als die umgebende Luft. An den kältesten Stellen im Gewächshaus, also den Pflanzenteilen, kondensiert jetzt die Luftfeuchte. Da viele Pilzsporen tropfbar flüssiges Wasser zum Auskeimen benötigen, nimmt der Krankheitsbefall zu. Spezielle Additive (s.o.) oder ein Zusatz von EVA (s.u.) verringern die Durchlässigkeit für Wärmestrahlung.

Mechanische Eigenschaften. Die Festigkeit einer Folie hängt v.a. von ihrer Dicke ab. Die meisten Folien sind zwischen 0,15–0,20 mm stark. Einen Einfluss haben auch Zusatzstoffe (Additive). Viele Folien enthalten 4–16 % **E**thylen-**V**inyl-**A**cetat (EVA). Dieser Zusatz macht die Folie geschmeidiger und flexibler. Dann kann auch bei niedrigen Temperaturen auf dem Gewächshaus ein Folienwechsel ohne Beschädigungen vorgenommen werden.

Antitaueigenschaften. Kondenswassertropfen an der Gewächshausfolie sind ungünstig. Sie bewirken eine teilweise Reflexion des Sonnenlichtes. Das mindert den Gewächshaus-Effekt und den Pflanzen steht nicht das volle Sonnenlicht für die Fotosynthese zur Verfügung. Noch ungünstiger ist ein ständiger Tropfenfall, der die Pflanzen benetzt und das Substrat unterhalb der Tropfstellen vernässt. Um diese Erscheinungen zu vermeiden, gibt es bei der Folienherstellung besondere Zusätze, die die Oberflächenspannung des Wassers verändern. Aufgrund dieser Zusätze vereinigen sich die Wassertropfen mit benachbarten Tropfen zu einem dünnen Film, der an der Folie entlang abläuft (= **Wasserfilm-Kondensation**). Diese speziellen Folien sind z. B. als No-Drop-Folie, Anti-Drop-Folie, Antitau-Folie oder Anti-Condensate-Folie erhältlich. Die Wirkung dieser Zusätze lässt im Laufe der Zeit nach. Die Folien sind in der Regel nur einseitig behandelt und müssen mit der behandelten Seite nach innen aufgezogen werden.

Verschmutzung. Eine verschmutzte Folie lässt weniger Licht durch als eine saubere. Allerdings ist das Reinigen eines Foliendaches sehr aufwändig. Die Kosten für ein zweimaliges Reinigen sind so hoch, dass die Folie auch komplett

! ZUSATZINFORMATION

UV-durchlässige Folie eignet sich besonders für Baumschulen. Gehölze werden unter solchen Folien kompakter, zeigen eine bessere Blattausfärbung (z. B. *Acer palmatum*) und sind besser abgehärtet. UV-Licht verstärkt auch die Ausfärbung von Blüten und Früchten sowie die Aroma- und Duftstoffentwicklung einiger Pflanzenarten.

UV-undurchlässige Folien stören den Orientierungssinn der Insekten. Das ist günstig, um die Verbreitung und Übertragung von Viren durch Insekten zu verzögern. Das ist ungünstig, wenn Hummeln zur Bestäubung eingesetzt werden sollen. Gehölze wie *Pernettya* und *Gaultheria* bilden unter UV-undurchlässiger Folie keine Früchte aus. Durch Mischen von Absorbern und Stabilisatoren kann bei der Folienherstellung genau eingestellt werden, wie viel UV-Strahlung durchgelassen werden soll.

✓ ZUSAMMENFASSUNG

Die zur Erdoberfläche gelangende Sonnenstrahlung (= **Globalstrahlung**) umfasst einen Wellenlängenbereich von etwa 290–3000 nm. Man unterscheidet folgende Strahlungsbereiche:

a) **Ultraviolette Strahlung** (UV): 290–390 nm
b) **Sichtbares Tageslicht:** 390–780 nm
c) **Wärme- oder nahe Infrarotstrahlung** (NIR = near infrared): 780–3000 nm

Tab. 94 Gewächshausfolien – Übersicht

Name	Hauptbestandteil	Bemerkung
PE	Polyethylen	• reine PE-Folie ohne Additive* wäre nach wenigen Wochen zerstört • hohe Lichtdurchlässigkeit • hohe IR-Durchlässigkeit • Tropfenkondensation
PE-UV	UV-stabilisierte PE-Folie	• **am häufigsten verwendete Folienart** • durch Additive erhöhte Haltbarkeit • hohe IR-Durchlässigkeit • Bezeichnung: z.B. PE-UV 4 (für vierjährige Haltbarkeit)
PE-IR	PE-Folie mit IR-Absorbern	• mit Zusätzen zur Verringerung der IR-Durchlässigkeit • etwa 5 Jahre haltbar
PE-EVA	Ethylen-Vinylacetat (koextrudierte Polyethylenfolie mit 12–18 % Vinylacetat)	• durch VA-Anteil verringerte IR-Durchlässigkeit • elastischer als reine PE-Folie • längere Haltbarkeit • Bezeichnung: z.B. Standard UV4
PE-AT	PE-Folie mit Nodrop-Beschichtung (AT = Antitau)	• mit Beschichtung bzw. mit Additiven zur Verringerung der Tropfenkondensation
ETFE	Kopolymerisat aus Tetrafluorethylen und Ethylen	• schwer entflammbar, hagelfest, schmutzabweisend, reißfest • höchsttransparent (5–7 % höhere Lichtdurchlässigkeit als PE-Folie) • Langzeitfolie (bis zu 20 Jahre haltbar) • hohe UV-Durchlässigkeit • teuer • starke Lichtminderung bei Tropfenkondensation, kann mit Antitau-Eigenschaften ausgerüstet werden
PVC	Polyvinylchlorid	• in Deutschland kaum noch eingesetzt • Umweltproblematik bei Herstellung und Entsorgung

*Additive = Zusätze

(Quelle: KTBL Lfd. Nr. 0687, 1997, gekürzt, verändert)

! ZUSATZINFORMATION

HD-PE ist steif, schlagzäh und preiswert und findet bei der Herstellung von Pflanztöpfen, Pestizid-Kanistern, Eimern und Kübeln Verwendung.

! ZUSATZINFORMATION

Bei einer Doppelverglasung aus zwei Einzelscheiben kann es zwischen den Scheiben zur Kondenswasserbildung kommen. Algenbildung und Schmutzansammlung sind möglich, welche die Lichtdurchlässigkeit verringern.

getauscht werden kann. Zusätze mit der Bezeichnung **Antistatica** verringern die elektromagnetische Aufladung der Folie und damit das Verschmutzen und Verkleben der Folie. Im Idealfall kann der Schmutz dann durch Regen oder Kondensation abgewaschen werden.

Handhabung/Einbau. Die Optimaltemperatur zum Einbau/Wechsel der Folie liegt bei 15–25 °C. Nach Möglichkeit sollte es windstill sein. Erfolgt der Einbau im Winterhalbjahr, muss die Folie im Sommer nachgespannt werden. Um die Lebensdauer der Folie zu erhöhen, sollten Löcher oder Risse sofort mit einem geeigneten Klebeband repariert und die Folie nach Stürmen nachgespannt werden. Eine schlecht gespannte Folie kann durch Flattern im Wind beschädigt werden. Auch die Unterkonstruktion hat Einfluss auf die Haltbarkeit der Folie. So sind scharfe Kanten, über welche die Folie gespannt oder gezogen wird, zu vermeiden. Bei Stahlrohr-Unterkonstruktionen soll die Auflagefläche möglichst groß (großer Rohrdurchmesser) und weiß gestrichen sein. Dieser

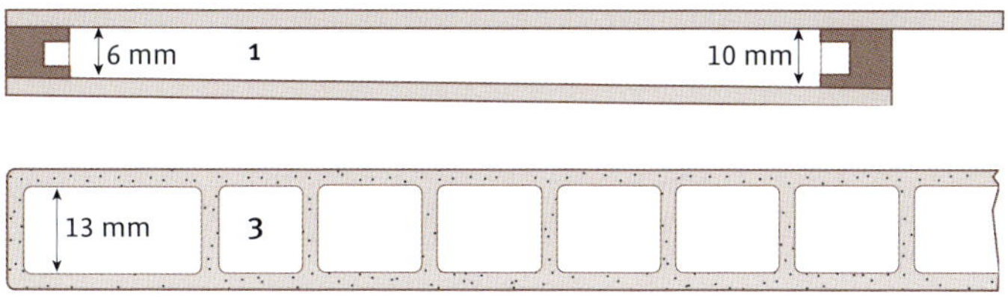

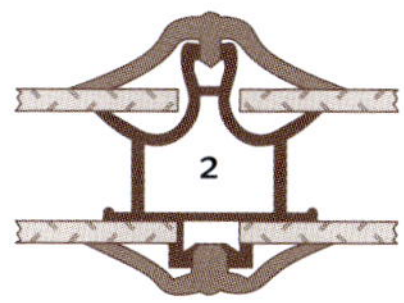

Abb. 318
Verschiedene Formen der „Doppelverglasung": 1 geklebtes Isolierglas, 2 Doppelverglasung aus zwei Einzelscheiben, 3 Stegdoppelplatte.

Anstrich beugt einer zu starken Erwärmung der Unterkonstruktion und damit der Schädigung der Folie bei intensiver Sonneneinstrahlung vor. Flache Dach-Neigungswinkel sind zu vermeiden, da es sonst zu verstärktem Tropfenfall durch Kondenswasser kommt.

Folienarten

Am häufigsten wird **Poly****e**thylen-Folie (PE) verwendet, welche in zwei Qualitäten angeboten wird: LD-PE: niedrige Dichte (von engl. **l**ow **d**ensity) und HD-PE: hohe Dichte (von engl. **h**igh **d**ensity). Für die Gewächshausbedachung und als Tunnel- oder Mulchfolie wird im Agrarbereich in der Regel LD-PE eingesetzt.

Tabelle 94 auf Seite 346 gibt eine Übersicht über die wichtigsten Folienarten.

Entsorgung von Gewächshaus-Folien

Die meisten Folien werden in Deutschland thermisch verwertet (was eine beschönigende Bezeichnung für die Müllverbrennung ist) oder deponiert, weil das sortenreine Sammeln und Reinigen unwirtschaftlich wäre. Ein Recycling, also ein Aufbereiten gebrauchter Folien, um neue Folie herzustellen, ist kaum möglich, da Art und Menge der Additive nicht bekannt sind und es schädliche Wechselwirkungen mit neu zugesetzten Additiven geben kann.

ZUSATZINFORMATION

ETFE-Folie

Folien aus **E**thylen-**T**etra**f**luor**e**thylen-Copolymer gelten als besonders langlebig (im Handel z. B. erhältlich als Tefzel®, Hostaflon ET®, F-Clean). Dieses sehr lichtdurchlässige Material ist außerdem licht- und witterungsbeständig und verträgt auch eine starke Erwärmung der Unterkonstruktion. Die Folie ist schwer entflammbar. Bei der Verbrennung entstehen jedoch giftige Gase. ETFE-Folie kostet mit etwa 10 €/m² deutlich mehr als Glas (3–4 €/m²). Aus fertigungstechnischen Gründen sind zur Zeit nur Materialbreiten von 1,5–2,3 m lieferbar.

ZUSATZINFORMATION

Senkung der Heizkosten (Isolierung/Wärmedämmung)

Das Bedachungsmaterial hat entscheidenden Einfluss auf den Heizenergieverbrauch. Maßnahmen zur Wärmedämmung spielen daher eine wichtige Rolle. Allerdings haben alle Isoliermaßnahmen einen ungünstigen Einfluss auf die **Lichtdurchlässigkeit** des Gewächshauses. Deswegen beschränken sich Isoliermaßnahmen häufig auf den Stehwand- und Giebelbereich. In der Regel bleiben die Dachflächen zumindest tagsüber frei. Nachts ermöglicht der Einsatz dichtschließender Energieschirme, die auch zum Schattieren geeignet sein können, eine Energieeinsparung von 25–35 %.

Die Isolierung der Giebel- und Stehwände durch das Anbringen von **Noppenfolie** mit Spezialhalterungen oder Klemmprofilen (in der Regel von außen) senkt den Energieverbrauch bezogen auf die isolierte Fläche um etwa 40 %, bezogen auf die Gesamtfläche um etwa 8 %. Die Kosten dieser Maßnahme liegen bei etwa 3–5 €/m².

Werden die Giebel- und Stehwände mit **Spezialglas HortiPlus (= Agriplus), Doppelverglasung, Stegdoppelplatten, Doppelfolie oder Isolierverglasung** (siehe Abb. 318) eingedeckt, ist eine Energieeinsparung von 19–45 % (siehe Tab. 95) bezogen auf die isolierte Fläche möglich. Die Kosten liegen bei 5–25 €/m².

Gut isolierte Gewächshäuser sind dichter. Dadurch nimmt die **relative Luftfeuchte** zu, was zu einem höheren Pilzbefall führen kann. Auch die Transpiration und die Nährstoffaufnahme der Pflanzen sind gehemmt. In einem dichten Gewächshaus ist der **CO_2-Gehalt** ebenfalls verringert, da die Pflanzen CO_2 für die Fotosynthese aufnehmen und durch den verringerten Luftaustausch weniger CO_2 nachgeliefert wird.

Tab. 95 Materialien zur Wärmedämmung

Material	Energieeinsparung bezogen auf die isolierte Fläche in %	Bemerkungen
Styropor/Styrodur (2–4 cm)	60–90	Im Fundamentbereich außen oder bis Tischhöhe oder an der Nordseite.
EVA-Folie mit Abstand zum Glas	42	
PE-Folie mit Abstand zum Glas	26–30	
Noppenfolie mit Abstand zum Glas	39–44	
Noppenfolie auf dem Glas	34–40	
Doppelfolie, aufblasbar im Dachbereich	30–40	
Zweischeibenverglasung	31	Aluminiumsprosse nötig. Verschmutzung und Veralgung möglich.
Agriplus	19	Einsparung nur bei trockener Scheibe. Lichtminderung etwa 10 %.
PC-SDP, 10 mm	34	Bei Stahlsprossen Spezialabdeckung nötig oder Aluminiumsprossen einsetzen.
PC-SDP, 16 mm	41	Siehe oben.
Isolierglas	42	Aluminiumsprossen nötig.
PMMA-SDP, 16 mm	41	Bei Stahlsprossen Spezialabdeckung nötig oder Aluminiumsprossen einsetzen.
PMMA-SDP, 22 mm	45	Spezialsprossen erforderlich.
PMMA-S3P, 32 mm	56	Spezialsprossen erforderlich.

(Quelle: Bayrisches Staatsministerium für Landwirtschaft und Forsten (Hrsg.): Heizkosten im Gartenbau. Februar 2001, verändert)

Wiederholungsfragen

1. Beschreiben Sie, auf welche pflanzenbaulich wichtigen Faktoren das Eindeckmaterial Auswirkungen hat (Beispiele nennen).
2. Nennen Sie Vor- und Nachteile von Folie als Eindeckmaterial für Gewächshäuser.
3. Nennen Sie jeweils ein wichtiges Merkmal folgender Eindeckmaterialien: Einfachverglasung mit Blank- oder Klarglas, Doppelverglasung, ETFE-Folie, PVC-Folie, Verbundsicherheitsglas (VSG).
4. Begründen Sie, welche Eindeckmaterialien für Verkaufsgewächshäuser verwendet werden müssen.
5. Erläutern Sie den Gewächshauseffekt.
6. Was versteht man unter einem Cabrio-Gewächshaus?
7. Unterscheiden Sie Blankglas und Klarglas.
8. Erklären Sie, warum es im Gewächshaus wärmer als im Freiland ist.

9.3.4 Lüftung

Aufgaben

Mit Hilfe der Lüftung wird die Gewächshausluft gegen die Luft aus der Umgebung ausgetauscht. Damit sollen folgende **Ziele** erreicht werden:

- Temperaturregelung (Abführen überschüssiger Wärme),
- Regelung der Luftfeuchte,
- Zufuhr von Sauerstoff und CO_2,
- Beseitigen von Luftverunreinigungen im Gewächshaus (z. B. Pflanzenschutzmitteldämpfe).

Anforderungen

Lüftungselemente müssen dicht schließen, wasserdicht und sturmfest ausgeführt sowie ausreichend groß dimensioniert sein. Trotz intensiven Luftaustauschs dürfen die Pflanzen dabei nicht der Zugluft ausgesetzt werden.

Wirkungsweise

Bei der **freien Lüftung** findet ein selbstständiger Luftaustausch über die Lüftungsöffnungen statt. Dieser beruht in erster Linie auf **Temperaturunterschieden** und dem **Winddruck**. Temperaturunterschiede haben Einfluss auf den Luftdruck. Unterschiede im Luftdruck sind Auslöser für Luftbewegungen. Diese sind um so stärker, je größer der Temperaturunterschied zwischen innen und außen oder je höher das Haus (Kamineffekt!) ist. Abhängig von der Windrichtung entstehen am Gewächshaus Druck- und Sogzonen, die zusätzlich einen Luftaustausch durch den Wind (Winddruck) bewirken.

Eine Kennzahl für die Größe des Luftaustausches ist die **Luftwechselzahl Z**. Diese gibt an, wie viel Luftvolumen (V) im Vergleich zum Gewächshausvolumen (V_G) pro Stunde ausgetauscht wird: $Z = V/V_G$ (1/h). Typische Werte für Z sind in Tab. 96 aufgeführt.

Vor allem in heißen Sommern entstehen keine ausreichend großen Unterschiede im Luftdruck, um eine nennenswerte Luftbewegung auszulösen. Wenn dann auch noch Windstille herrscht, ist die freie Lüftung nicht wirksam genug. In diesen Fällen kann der Luftaustausch durch eine **Zwangslüftung** mit Hilfe von Ventilatoren ermöglicht werden. Diese sind meist in der Steh- oder Giebelwand eingebaut und saugen bzw. drücken Außenluft durch das Gewächshaus.

Die Zwangslüftung bietet folgende Vor- und Nachteile:

+ weniger Lüftungsöffnungen (geringerer baulicher Aufwand),
+ bessere Abdichtung des Gewächshauses,
+ weniger Sturmschäden (weniger Angriffsfläche),
+ nachträglicher Einbau einer Mattenkühlung möglich,
– höhere Betriebskosten,
– Lärm,
– größerer Kaltlufteinfall im Winter.

Lüftungskonstruktion

Lüftungen öffnen sich entweder als einzelne Scheibenfelder (Lüftungsklappen) oder als durchgehendes Lüftungsband über die ganze Länge des Hauses.

Abbildung 319 zeigt unterschiedliche **Öffnungsarten**. Nach der Position am Gewächshaus unterscheidet man verschiedene **Lüftungsarten** (siehe Abb. 320).

Tab. 96 Luftwechselzahlen (Erfahrungswerte)

Lüftung	Luftwechselzahl (Z)
geschlossen	0,6–2
schlecht	20–40
normal	40–50
gut	über 50

(Quelle: Zabeltitz, Christian von: Gewächshäuser. Eugen Ulmer Verlag, Stuttgart.)

ZUSATZINFORMATION

Mattenkühlung

Ein Ventilator saugt Außenluft durch eine luftdurchlässige Matte ins Gewächshaus. Diese Matte wird mit Wasser berieselt. Beim Durchströmen der trocken-heißen Außenluft verdunstet Wasser im Mattenbereich. Dabei kühlt sich die angesaugte Luft ab und nimmt Wasserdampf auf. In der trockenen Gewächshausluft gibt die Außenluft ihre Feuchte allmählich an die Umgebungsluft ab, entzieht ihr dadurch Wärme (**Verdunstungskälte**) und befeuchtet sie gleichzeitig. Mit zunehmender Entfernung zur Matte schwächt sich dieser Effekt ab.

Abb. 319
Öffnungsarten

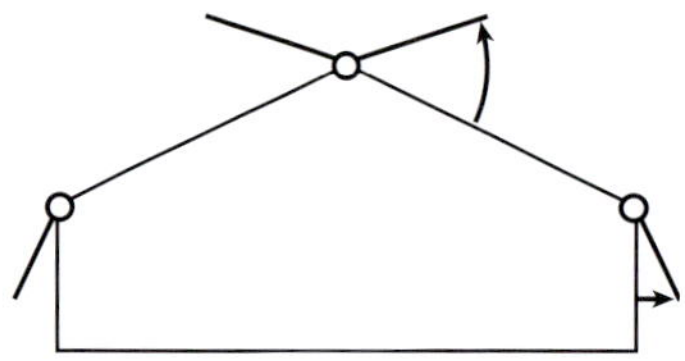

a Klappflügel ist oben (z.B. an Firstpfette) angebracht

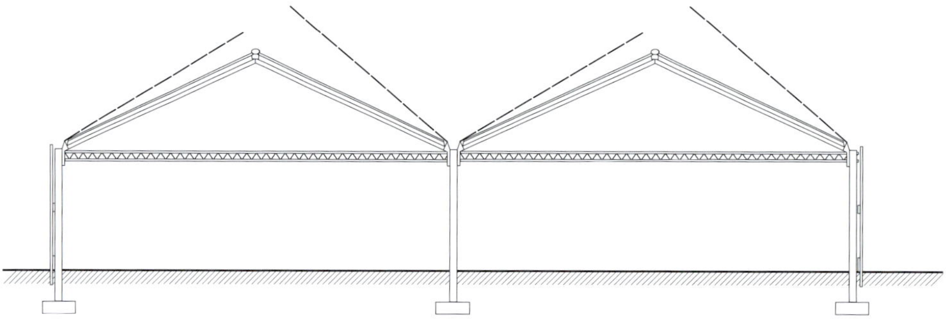

b Lüftung beidseitig, mit Drehpunkt an der Traufe

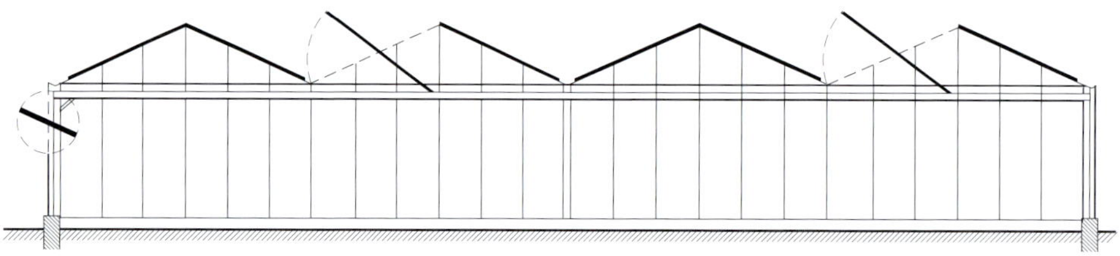

c Wendeklappenlüftung

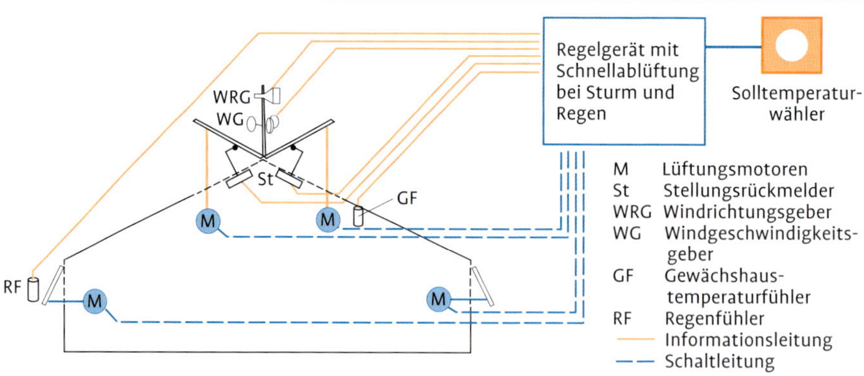

d Vollautomatische Lüftung

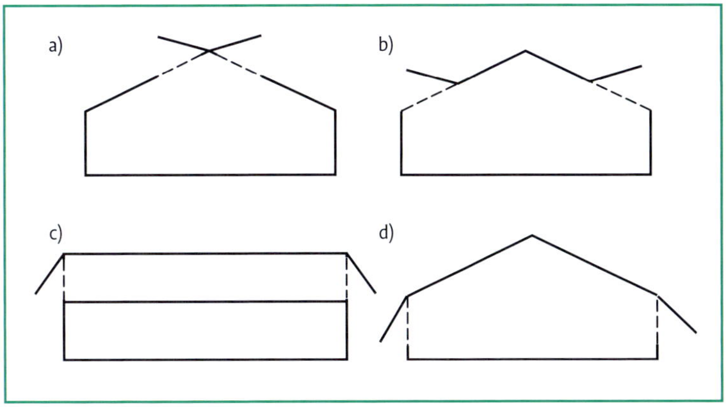

Abb. 320
Lüftungsarten
a: Firstlüftung,
b: Dachlüftung (bei großen Gewächshäusern unterhalb der Firstlüftung),
c: Giebellüftung,
d: Stehwandlüftung.

Am weitesten verbreitet ist die **Klappflügellüftung**. Bei modernen Großraumgewächshäusern kann nahezu jedes Scheibenfeld im Dachbereich zwischen den Pfetten gesondert angehoben werden (= **Multilüftungsfelder** beim Skylite- und beim Multiventgewächshaus). Beim Cabrio-Gewächshaus (siehe Gewächshaustypen) ist die Lüftung schlechter regelbar, da sich das Dach immer auf der ganzen Länge öffnet. Das bedingt einen mangelhaften Regenschutz für Kunden in Verkaufsgewächshäusern. Das Dach ist nur dann regendicht, wenn es vollständig geschlossen ist.

Abb. 321
Lüftungsmöglichkeiten bei Foliengewächshäusern: a) Einzelklappen im Dach, b) durchgehende Firstlüftung, c) Klappe im Giebel, d) Tor (kann bei manchen Konstruktionen nach oben geklappt werden), e) Seitenlüftung (von oben nach unten), f) Seitenlüftung (Wickellüftung, von unten nach oben).

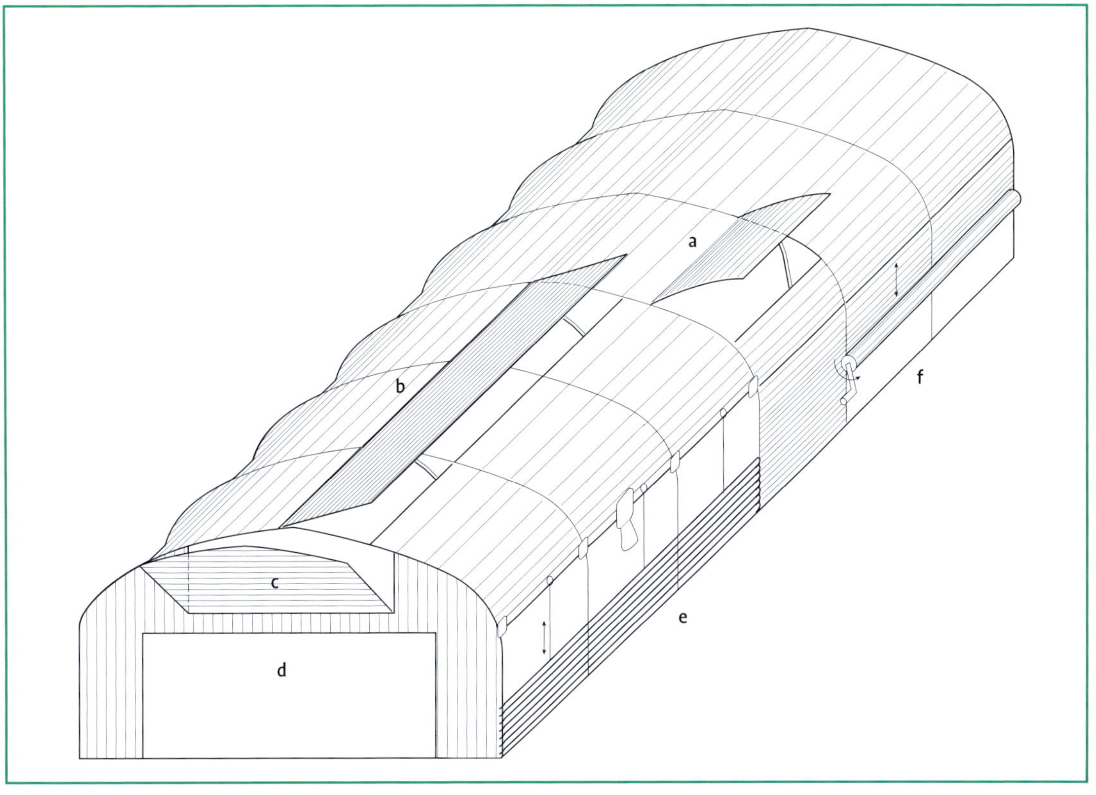

Bei **Folienhäusern** sind zusätzlich folgende Lüftungsmöglichkeiten (siehe Abb. 321) verbreitet:

- Seitenlüftung, ein- oder beidseitig, die von oben nach unten öffnet,
- Seitenlüftung als Wickellüftung, die sich von unten nach oben öffnet,
- Giebellüftung, bei welcher der komplette Giebel oder das Giebeldreieck nach außen aufgeklappt wird.

Auch Folienhäuser sind durch eine Kombination von First- und Stehwandlüftung am besten zu lüften. Aus Kostengründen findet man jedoch die Stehwand- und Giebellüftung am häufigsten.

Das Öffnen und Schließen der Lüftungselemente erfolgt in der Regel über Zahnstangenantriebe, Hebelmechanismen oder Seilzüge, die von Hand, über elektrische Motorwinden oder hydraulische und pneumatische Hubzylinder angetrieben werden. Üblich ist heute eine vollautomatische Lüftungsregelung, die allerdings das Vorhandensein zahlreicher Messfühler (Windrichtungsmesser, Windgeschwindigkeitsmesser, Regenfühler usw.) und einer Regeleinrichtung voraussetzt.

Wiederholungsfragen

1. Erläutern Sie die Bedeutung des Fachbegriffes „Luftwechselzahl".
2. Nennen Sie drei Aufgaben, welche die Gewächshauslüftung erfüllen soll.
3. Nennen Sie zwei Möglichkeiten, um die Luftfeuchtigkeit im Gewächshaus zu senken.

9.3.5 Schattierung

Aufgaben

In einem unschattierten Haus kann die Pflanzentemperatur bis zu 15 °C über der Lufttemperatur liegen, da die (relativ dunklen) Pflanzen die einfallende Sonneneinstrahlung absorbieren (siehe Abb. 322).

Der absorbierte Strahlungsanteil erwärmt die Pflanzen. Wichtigste Aufgabe der Schattierung ist es somit, die **Sonneneinstrahlung** zu verringern. Der Einfluss der Schattierung auf die Lufttemperatur ist unwesentlich. Da Schattiergewebe den Luftaustausch behindern kann, ist sogar eine Erhöhung der Lufttemperatur durch eine Schattierung möglich. Im Winter trägt eine über Nacht geschlossene Innenschattierung zur **Energieeinsparung** bei. Der Heizenergieverbrauch lässt sich dadurch um 10–15 % verringern.

Anforderungen

Die Schattierwirkung sollte sich an unterschiedliche Einstrahlungsverhältnisse (Sonne, Bewölkung usw.) anpassen lassen und auch bei geringer Einstrahlung den Lichteinfall ins Gewächshaus möglichst wenig behindern. Tagsüber darf der Luftaustausch nicht gestört werden, während das Schattiermaterial nachts so dicht schließen muss, dass eine gute Wärmedämmung gewährleistet ist. Ein möglichst großer Luftraum unter einer geschlossenen Schattierung erleichtert die Klimatisierung des Gewächshauses im Sommer.

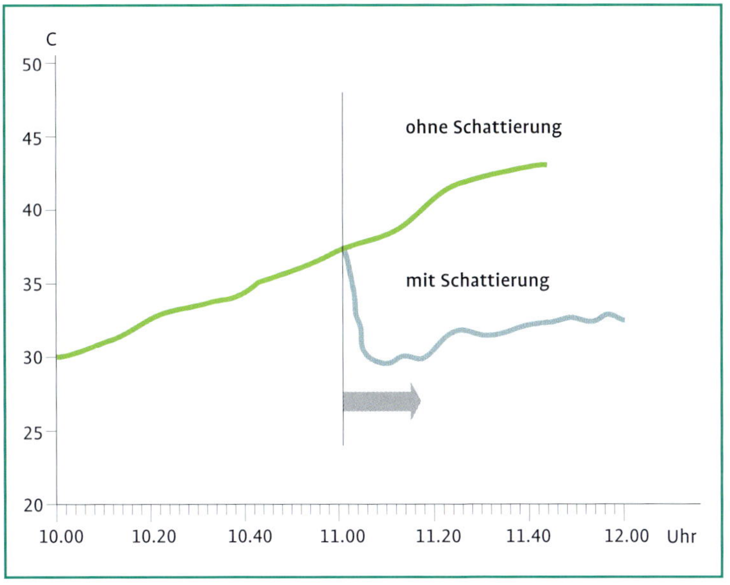

Abb. 322
Pflanzentemperatur mit und ohne Schattierung.

Systeme/Verfahren

Grundsätzlich unterscheidet man zwischen **Dauerschattierung** und **beweglicher Schattierung**. Eine Dauerschattierung in Form von Schattiermatten aus Schilf oder Kunststoffgewebe oder durch das Aufbringen von Schattierfarbe zu Beginn des Sommers ist preiswert. Es ist jedoch nicht möglich, auf unterschiedliche Einstrahlungsverhältnisse zu reagieren. Außerdem sind die Verfahren arbeitsaufwändig.

Bewegliche Schattierungssysteme gibt es als **Außen-** und als **Innenschattierung**. Bewegliche Außenschattierungssysteme haben sich im Gartenbau nicht durchgesetzt. Zwar verhindern sie, dass Sonnenstrahlen ins Gewächshaus eindringen und dort den Gewächshauseffekt mit (im Sommer) unerwünschter Erwärmung hervorrufen, doch sind die meisten Systeme zu störanfällig. Sie behindern außerdem häufig das Öffnen der Lüftungsklappen und die Einstrahlung in der lichtarmen Jahreszeit. Im Winter weisen sie außerdem schlechte Wärmedämmeigenschaften auf.

Die **bewegliche Innenschattierung** erfüllt die Anforderungen des Gartenbaus am besten. Das Schattiermaterial besteht aus Kunststofffasern (Acryl, PE, PVC) mit z. T. darin eingearbeiteten Aluminiumbändchen (siehe Abb. 323).

Das Aluminium reflektiert die Sonneneinstrahlung und verhindert gleichzeitig die nächtliche Wärmeabstrahlung, was zur Energieeinsparung beiträgt. Die vom Material selbst absorbierte Strahlung verbleibt jedoch als Wärme im Gewächshaus. Zwischen den Aluminiumbändchen gibt es durchlässige Streifen. Dadurch ist eine gute Belüftung gewährleistet. Das Gewebe sollte außerdem frei von Kondenswasser bleiben, da es sonst zu Verschmutzungen und Algenwachstum kommt. Nur ein sehr geschmeidiges Material lässt sich in offenem Zustand so kompakt zusammenfalten, dass es wenig Licht wegnimmt. Schattiergewebe darf außerdem weder einlaufen, noch sich verziehen. Eine Innenschattierung ist vor Witterungseinflüssen geschützt und bedarf nur einer geringen Wartung.

Abb. 323
Schattiergewebe mit Aluminiumbändchen.

Abb. 324
Innen- und Außenschattiersysteme
- a: Bewegliche Außenschattierung (Abrollen von Schattiermatten vom First aus)
- b: Außenschattierung mit Schattierfarbe
- c: Außenschattierung mit Schattiermatten
- d: Bewegliche Innenschattierung (in Traufenhöhe, in Längsrichtung) oder bewegliche Kombination aus Schattierung und Energieschirm
- e: Bewegliche Innenschattierung (dachparallel, in Längsrichtung)
- f: Bewegliche Innenschattierung (in Traufenhöhe, in Querrichtung) oder bewegliche Kombination aus Schattierung und Energieschirm
- g: Bewegliche Innenschattierung (dachparallel, in Querrichtung).

Konstruktion

Das Schattiergewebe wird in der Regel über Seilzüge in Längs- oder Querrichtung bewegt. Dabei ist die Schattierung entweder in Traufenhöhe (aus Wärmedämmgründen oberhalb der Heizungsrohre) oder parallel zum Dach montiert (siehe Abb. 324).

In offenem Zustand ist es an oder unter den Bindern oder unter dem First „gerafft“. Der Lichteinfall ist deshalb nur wenig behindert.

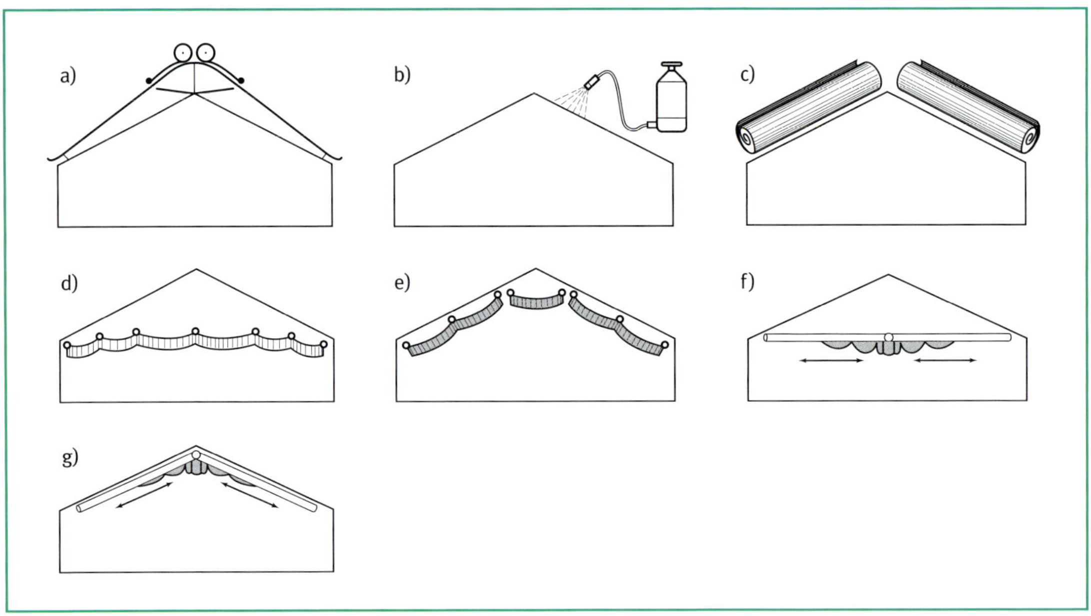

Wiederholungsfragen

1. Erläutern Sie, was mit Hilfe der Schattierung hauptsächlich erreicht werden soll.
2. Erläutern Sie den möglichen Nutzen einer beweglichen Innenschattierung im Winter.

9.3.6 Energieschirm

Aufgaben

Ein Energieschirm, der nachts als zusätzliche Schicht zwischen Pflanzen und Dachraum eingezogen wird, vermindert Heizenergieverluste um 20–40 %. Energieschirme gelten als **effektivste Energiesparmaßnahme** in Gartenbaubetrieben.

Anforderungen

In Gewächshäusern kommt es durch folgende Erscheinungen zu Heizenergieverlusten:
- Aufsteigen von Warmluft und Abkühlen am Gewächshausdach,
- Wärmestrahlung,
- Wärmeleitung,
- Wärmeverluste durch Luftwechsel (Undichtigkeiten).

Das Energieschirmmaterial muss diesen Erscheinungen entgegenwirken. Dichtes Bändchen- oder Tuchgewebe aus Acryl weist nur eine **geringe Luftdurchlässigkeit** auf und verhindert somit das Aufsteigen von Warmluft. Bei völliger Luftundurchlässigkeit ist die Wasserabfuhr aus dem Pflanzenbestand behindert. Die relative Luftfeuchte unterhalb des Schirmes nimmt zu. Im Extremfall kondensiert das Wasser an den Pflanzen (Gefahr von Pilzerkrankungen) oder am Energieschirm (Gefahr von Tropfenfall). Eine geringfügige Luft- und Wasserdurchlässigkeit ist demnach erwünscht, obwohl dies zu Heizenergieverlusten führt. Bändchen- oder Tuchgewebe mit Aluminiumanteilen weisen zusätzlich noch eine verringerte Durchlässigkeit für **langwellige Wärmestrahlung** auf und tragen demnach zu noch höherer Energieeinsparung bei (siehe Tab. 97).

Der Energieschirm muss so montiert sein, dass eine **gute Abdichtung** an den Bauteilabschlüssen (z. B. Binder) gewährleistet ist, sonst treten Verluste durch Wärmeleitung und Luftwechsel auf.

Tab. 97 Energieeinsparung durch verschiedene Energieschirmmaterialien

Material	Energieeinsparung bezogen auf das ganze Haus
Acryl	20–25 %
Aluminisiertes Material	30–35 %

Voraussetzung: Schirm muss dicht schließen!

ZUSATZINFORMATION

Kosten
- bei nachträglichem Einbau und bei kleinen Flächen etwa 20 €/m²
- bei einem Neubau 5–10 €/m²

Häufig werden **doppellagige Schirmsysteme** eingebaut. Der Schirm mit höherer Luftdurchlässigkeit dient dann der Schattierung. Sind beide Schirme zugezogen, entsteht im Zwischenraum ein Luftpolster, das eine gute Isolierwirkung zur kälteren Luft im Dachbereich aufweist. Da es in der Vergangenheit aufgrund der Brennbarkeit des Energieschirmmaterials häufiger zu Unfällen gekommen ist, haben feuerfeste Kunststoffe (B1-Materialien) eine zunehmende Bedeutung erlangt. In Schweden ist die Verwendung dieser Schirme mittlerweile Pflicht.

Probleme

Eine gute Abdichtung zum Dachraum kann in schneereichen Wintern problematisch werden, da der Schnee auf dem Gewächshausdach nicht schmilzt. Das morgendliche Öffnen sollte schrittweise erfolgen, da sonst die Kaltluft aus dem Dachbereich in die Kulturen „fällt", was zu einer starken Temperaturabsenkung und je nach Empfindlichkeit zu Schäden an den Pflanzen führen kann. Energieschirme behindern in „gerafftem" Zustand den Lichteinfall ins Gewächshaus.

Wiederholungsfragen

1. Beschreiben Sie den Aufbau und die Wirkungsweise eines Energieschirms.
2. Was muss bei der Installation eines Energieschirmes beachtet werden?

9.3.7 Wegeführung, Tische, Beete

Anforderungen

Da Gewächshäuser teure Betriebsmittel sind, müssen sie optimal genutzt werden. Der Wegeanteil an der Gesamtfläche soll daher möglichst gering sein. Häufig liegt er zwischen 20–30 %. Von 1000 Brutto-Quadratmetern (Bm^2) verbleiben demnach nur 700–800 Netto-Quadratmeter (Nm^2) als Kulturfläche. Die Beet- oder Tischbreiten sowie die Anordnung der Kulturflächen müssen an das innerbetriebliche Transportsystem (von Hand, mit Wagen, mit Hänge- oder Röllchenbahn) angepasst sein.

Bei der **Wegeführung** sind folgende Punkte zu beachten:
- kurze Transportwege: z. B. höchstens 10–20 m bei Topfpflanzen,
- Breite des Hauptweges: 1–1,2 m, befestigt, befahrbar,
- Breite der Seitenwege: bei Grundbeeten 0,4–0,5 m, bei Häusern mit Tischen 0,6–0,8 m,
- Beetbreite bei Grundbeeten: 2–2,4 m,
- Tischbreite: Seite 1–1,1 m, Mitte 2–2,2 m.

Kulturflächen

Bodenbeete sind v.a. in Baumschulen, im Gemüsebau und in Schnittblumenbetrieben anzutreffen. Hier wachsen die Pflanzen ebenerdig im gewachsenen Boden. Bei langer Nutzung steigt die Gefahr, dass die Kulturen durch bodenbürtige Schad- und Krankheitserreger oder durch Salzschäden beeinträchtigt werden können. Sonderformen dieses Bodenbeetes sind das **Grundbeet** (Beetboden ist z. B. durch Folie vom gewachsenen Boden getrennt), das **Bankbeet** (Bodenbeet mit 30–50 cm hohen Wänden) und das **Trogbeet** (Bankbeet, das durch Folie oder Beton vom Boden getrennt ist) (siehe Abb. 325).

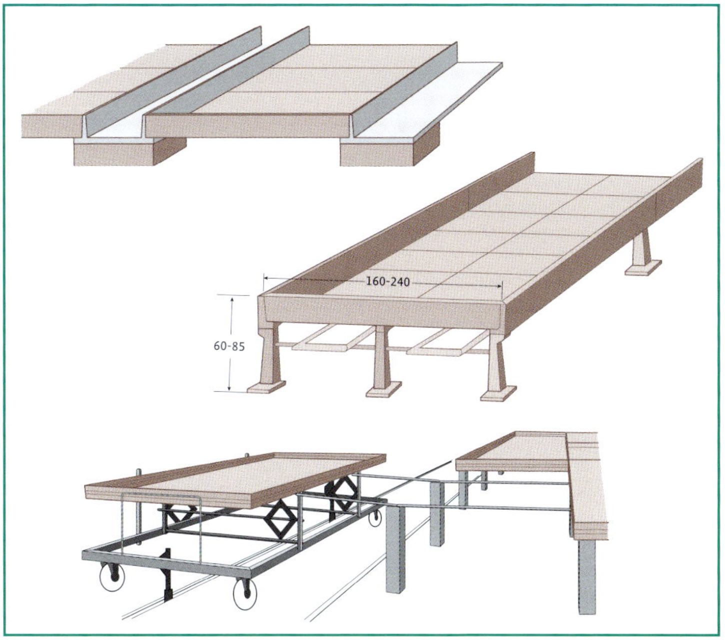

Abb. 325
Boden- und Tischbeete.
oben: Bodenbeet (Trogbeet),
Mitte: Tischbeet aus Beton mit Untertischheizung,
unten: Mobiltisch

Tischbeete sind vorwiegend im Zierpflanzenbau bei Topfkulturen verbreitet. Sie bestehen aus Betonfertigteilen oder feuerverzinkten Stahlkonstruktionen. Häufig verläuft die Rohrheizung unter den Tischflächen (= **Untertischheizung**). Um eine gebückte Arbeitshaltung zu vermeiden, sind Tischhöhen von 0,8 m günstig. **Rolltische** gewährleisten eine bessere Ausnutzung der Gewächshausfläche. Bei diesen Tischen kann die Tischplatte um 50–60 cm seitlich verschoben werden. Es ist dann statt mehrerer Wege höchstens noch ein Weg nötig. Die Nutzfläche des Gewächshauses steigt dadurch auf 80–86 %. Allerdings nimmt der Arbeitsaufwand zu und die Investitionskosten sind erhöht. **Mobiltische** sind nicht standortgebunden. Der Transport der Tischwannen erfolgt von Hand, teil- oder vollautomatisch auf festinstallierten Rollbahnen. Es können ein oder mehrere Mobiltisch-Wannen auf einmal zu einem zentralen Arbeitsplatz transportiert werden. Das System ermöglicht eine hohe Mechanisierung und senkt den Arbeitskräftebedarf. Die Gewächshausnutzfläche beträgt hier mehr als 90 %.

! ZUSATZINFORMATION

Eine verbesserte Ausnutzung der Gewächshausgrundfläche und eine genaue Planung der Flächenbelegung erhöhen die Flächenproduktivität und verringern die Energiekosten pro Pflanze. Eine Energieeinsparung um bis zu 10 % ist dadurch möglich.

Wiederholungsfrage

1. Beschreiben Sie Vor- und Nachteile von Rolltischen gegenüber fest eingebauten Tischen.

Tab. 98a Checkliste Energieeinsatz im Unterglasanbau

Gewächshausbeschreibung	IST-Zustand Ausbildungsbetrieb
Gewächshausbauart (Venlo-/Normgewächshaus)	
Länge x Breite, Fläche (m^2)	
Nutzung (Kalthaus/Warmhaus)	
Material der Eindeckung (Dachfläche/Giebel/Stehwände)	
Energieschirm vorhanden?	
Baujahr	
Kulturen	
Bewässerungssystem (Ebbe-Flut/Rinne, Tröpfchen, Düsenrohre, von Hand usw.)	
Beschreibung der Heizungsanlage	
Brennstoff (Öl, Gas, Kohle usw.)	
Kesselleistung (Typschild)	
Kesselbaujahr	
Brennerbaujahr	
Kesselregelung (Thermostat, Klimacomputer usw.)	
Eingestellte Kesseltemperatur	

Tab. 98b

	kein Handlungsbedarf	Handlungsbedarf
1. Gewächshaushülle		
Konstruktion		
• Sprossen	abgedichtet	Kältebrücken
• Stehwände/Giebel	mit Folie gedämmt	keine Maßnahme
Fundamente		
• Wärmedämmung	isoliert	keine Maßnahme
Verglasung		
• Scheiben	in Ordnung	verrutscht/defekt
• Scheiben	sauber	verschmutzt
• Stehwandverglasung	2. Scheibe	keine Maßnahme
• Verkittung	dicht	undicht
Lüftungen		
• Klappen schließen	vollständig	unvollständig
• Zugseile/Zugstangen	in Ordnung	defekt
Türen/Tore		
• schließen	vollständig	unvollständig
• schließen	leicht	schwer
Energieschirm/Schattierung		
• schließt	dicht	undicht
• Schürzen dichten ab	dicht	undicht
• Material	nicht beschädigt	beschädigt
• Materialart (Acryl/Alu/Bändchen)	hohe Energiesparwirkung	geringe Energiesparwirkung
Bewässerungssystem		
• System	geschlossen	offenes
• Wasserfläche	kleine Verdunstungsfläche	große Verdunstungsfläche

(Quelle: Landwirtschaftskammer Rheinland, gekürzt und verändert)

Tab. 98c

	kein Handlungsbedarf	Handlungsbedarf
2. Mess- und Regeltechnik		
Regelung		
• Regelgeräte	aktuell	veraltet
Temperatur- und Luftfeuchtefühler		
• Wartung/Inspektion/Kontrolle	durchgeführt	nicht durchgeführt
• Anordnung	pflanzennah	falsch
Klimacomputer		
• Kontrolle der Wetterstation	durchgeführt	nicht durchgeführt
• Überprüfung der eingestellten Sollwerte auf Einhaltung	durchgeführt	nicht durchgeführt
• Energiesparende Einstellungen:		
– frühes Ablüften	eingestellt	ungenutzt
– Erhöhung der Lüftungstemperatur	eingestellt	ungenutzt
– Energieschirme später öffnen	eingestellt	ungenutzt
– Energieschirme früher schließen	eingestellt	ungenutzt
– keine Bewässerung nachts	eingestellt	ungenutzt
– Dynamische Temperaturführungsstrategien	eingestellt	ungenutzt
3. Heizungsanlage		
Heizkessel		
• Kesselisolierung	vollständig	unvollständig
• Wartung/Inspektion	durchgeführt	nicht durchgeführt
• Rauchgaszüge	gereinigt	ungereinigt
• Kesseltemperatur	an Bedarf angepasst	höher als erforderlich
• Kesselbeimischpumpe	nur bei Bedarf	läuft immer
Umstellung auf andere Energieträger		
• Möglichkeit	überprüft	nicht überprüft
Verteileranlagen und Rohrsystem		
• Handmischer	beweglich	sitzen fest
• Isolierung: Verteiler/Ringleitung	in Ordnung	defekt/nicht vorhanden
Wärmeverteilung		
• Anordnung Heizsystem	pflanzennah	hohe Rohrheizung

9.4 Literaturhinweise und Links

Literatur

GARTENBAU-BERUFSGENOSSSENSCHAFT (HRSG.): Gefahrstoffe im Gartenbau (GBG 17), 9. Auflage, 2012. Arbeitssicherheit in Gewächshäusern (GBG 16), 9. Auflage, 2012. → download: www.svlfg.de

GEHRING, F.: Landtechnik. AV Verlag, 2008.

PASCHOLD, P. ET AL.: Bewässerung im Gartenbau. Eugen Ulmer Verlag, Stuttgart, 2010.

SCHRADER, K. UND DIETRICH, R.: Gewächshäuser und Heizungsanlagen im Gartenbau. Verlag Eugen Ulmer, Stuttgart, 2011.

SCHÜSSELER, P. UND VON ZABELTITZ, C.: Umweltgerechte Techniken in der Pflanzenproduktion. Verlag Eugen Ulmer, Stuttgart, 2004.

Links

http://www.

baumschultechnik.de → Informationen, z.T. mit Bildern zu vielen verschiedenen Schleppertypen
indega.de → viele Links und Informationen zur Gewächshaustechnik
svlfg.de → Website der Gartenbau-Berufsgenossenschaft
umweltlexikon-online.de → Institut für angewandte Umweltforschung. Katalyse Umweltlexikon

Weitere Informationen zur Heizungstechnik finden Sie unter www.azubikolleg.de

10 Berufliche Ausbildung

ZUSATZINFORMATION

Ausbildungszahlen

Der Beruf „Gärtner/Gärtnerin" ist gefragt. Es werden bundesweit etwa 15.000 Jugendliche in sieben gärtnerischen Fachrichtungen ausgebildet; rund 30 % davon sind junge Frauen. In der Ausbildung ist der Gartenbau der stärkste Beruf im Agrarbereich. Er stellt über 50 % der Auszubildenden in diesem Berufsfeld. Jährlich entscheiden sich etwa 6000 junge Leute für diesen abwechslungsreichen Beruf voller Leben. Gegenüber 2006 ist die Zahl der Schulabgänger deutlich gesunken, z. T. bis um über 10 %, was den Rückgang der Ausbildungsverhältnisse in den letzten Jahren erklärt.

Auszubildende im Gartenbau

Jahr	Auszubildende
2000	18.327
2001	17.523
2002	16.610
2003	16.719
2004	17.417
2005	17.521
2006	17.750
2007	18.367
2008	18.022
2009	17.201
2010	16.239
2011	15.273

(Quelle: Statistisches Bundesamt, BLE)

10.1 Berufsausbildung in der Agrarwirtschaft

Voraussetzung für die Ausbildung zum **Gärtner** / zur **Gärtnerin** ist der Hauptschulabschluss. Die Ausbildung kann in einer der folgenden Fachrichtungen durchlaufen werden:

- Zierpflanzenbau,
- Gemüsebau,
- Baumschule,
- Obstbau,
- Staudengärtnerei,
- Friedhofsgärtnerei,
- Garten- und Landschaftsbau.

Die Ausbildung dauert in der Regel drei Jahre und findet in einem zur Ausbildung anerkannten Gartenbaubetrieb sowie in der Berufsschule statt (zwei Lernorte = **duales System**). Ergänzend erfolgt der Besuch überbetrieblicher Ausbildungsstätten (z.B. DEULA = Deutsche Lehranstalten für Agrartechnik und / oder AUGALA = Ausbildungsförderungswerk Garten-, Landschafts- und Sportplatzbau e.V.). In einzelnen Bundesländern ist das erste Ausbildungsjahr als Berufsgrundbildungsjahr (BGJ), Berufsfeld Agrarwirtschaft, mit dem Schwerpunkt pflanzlicher Bereich obligatorisch.

Berufliche Weiterbildung

Nach bestandener gärtnerischer Abschlussprüfung und mindestens dreijähriger Berufspraxis besteht die Möglichkeit, die Gärtnermeisterprüfung abzulegen. Zur Vorbereitung besuchen die meisten Interessenten eine einjährige Fachschule (**Meisterschule**). Die bestandene Prüfung bietet die beste fachliche Grundlage für die Leitung eines Betriebes.

Seit Anfang der siebziger Jahre gibt es auch zweijährige Fachschulen (**Technikerschulen**), in denen man auf die Abschlussprüfung zum „staatlich geprüften Techniker" vorbereitet wird. Hinsichtlich seines Aufgabenfeldes steht der Techniker zwischen dem Gärtnermeister und dem Diplomingenieur (Fachhochschule). Typische Tätigkeitsbereiche sind Beratungs- und Vermarktungsaufgaben, Betriebsleitung im Produktionsgartenbau oder Baustellenleitung im Garten- und Landschaftsbau. Voraussetzungen sind der Hauptschulabschluss, eine bestandene gärtnerische Abschlussprüfung und eine mindestens zweijährige Berufspraxis als Gärtner. Mit bestandener Prüfung erhalten Meister und Techniker die Berechtigung, Lehrlinge auszubilden.

Beim **Studium** kann man in Deutschland zwischen den beiden Fachrichtungen **Gartenbau** bzw. **Gartenbauwissenschaften** und **Landschaftsarchitektur** bzw. **Landschaftsbau** oder **Landschaftsplanung** (früher waren diese Studienrichtungen häufig unter der Sammelbezeichnung „Landespflege" zusammengefasst) wählen. Die Fachrichtung **Gartenbau** umfasst den traditionellen Bereich des Produktionsgartenbaus (Zierpflanzen, Baumschule, Obst-

Tab. 99 Bachelor- und Masterstudiengänge im Gartenbau (G) und in der Landschaftspflege (L)

Abschlüsse:
B.Sc. = Bachelor of Sciene
B.Eng. = Bachelor of Engineering
M.Sc. = Master of Science
M.Eng. = Master of Engineering
M.A. = Master of Arts

Hochschule	L/G	Studiengang	Abschluss
Bayreuth			
Universität Bayreuth	L	Global Change Ecology	M.Sc.
Berlin			
Humboldt-Universität Berlin	G	Gartenbauwissenschaften	B.Sc.
	G	Horticultural Science	M.Sc.
	G	Prozess- und Qualitätsmanagement	M.Sc.
Beuth Hochschule für Technik Berlin	G	Gartenbauliche Phytotechnologie	B.Sc.
	L	Landschaftsarchitektur	B.Eng.
	L	Urbanes Pflanzen- und Freiraummanagement	M.Eng.
Bernburg (Saale)			
Anhalt University of Applied Sciences	L	Landscape Architecture	M.A.
	L	Landschaftsarchitektur und Umweltplanung	B.Eng.
	L	Naturschutz und Landschaftsplanung	B.Sc./M.Sc.
Dresden			
Hochschule für Technik und Wirtschaft Dresden	G	Gartenbau	B.Sc.
	L	Umweltmonitoring	B.Sc.
Technische Universität Dresden	L	Landschaftsarchitektur	B.Sc./M.Sc.
Eberswalde			
HNE Eberswalde (Hochschule für nachhaltige Entwickling (FH))	L	Global Change Management	M.Sc.
	L	Nachhaltiges Tourismusmanagement	M.A.
	L	Regionalentwicklung und Naturschutz	M.Sc.
Erfurt			
Fachhochschule Erfurt (University of Applied Sciences)	G	Gartenbau	B.Sc.
	G	Pflanzenforschungsmanagement	M.Sc.
	L	Landschaftsarchitektur	B.Sc./M.Sc.
Freiburg im Breisgau			
Albert-Ludwigs-Universität	L	Naturschutz und Landschaftspflege	B.Sc.
München/Weihenstephan			
Hochschule Weihenstephan-Triesdorf	G	Gartenbau (auch dual)	B.Sc.
	L	Landschaftsarchitektur	B.Sc.
	L	Landschaftsbau und –management (auch dual)	B.Sc.
	L	International Master of Landscape Architecture	M.Sc.
	L	Regionalmanagement in Gebirgsräumen	M.Sc.
Technische Universität München (Weihenstephan)	G	Gartenbaumanagement	M.Sc.
	G	Horticultural Science	M.Sc.
	G	Lehramtsstudium an beruflichen Schulen in der Fachrichtung Agrarwissenschaften	B. of Education
Geisenheim			
Hochschule Geisenheim University	G	Gartenbau	B.Sc.
	L	Landschaftsarchitektur (auch dual)	B.Sc.
	G	Gartenbauwissenschaft	M.Sc.
	L	Master of Engineering Umweltmanagement und Stadtplanung in Ballungsräumen (UMSB)	M.Sc.

Tab. 99 (Fortsetzung)

Hochschule	L/G	Studiengang	Abschluss
Göttingen			
HAWK Hochschule für angewandte Wissenschaft und Kunst - Hildesheim, Holzminden, Göttingen	L	Arboristik	B.Sc.
	L	Regionalmanagement und Wirtschaftsförderung	M.A.
Greifswald			
Ernst-Moritz-Arndt-Universität	L	Landschaftsökologie und Naturschutz	B.Sc./M.Sc.
Hannover			
Leibniz Universität Hannover	G	Gartenbauwissenschaften	B.Sc./M.Sc.
	G	International Horticulture	M.Sc.
	G	Pflanzenbiotechnologie	B.Sc./M.Sc.
	L	Landschaftsarchitektur	M.Sc.
	L	Landschaftsarchitektur und Umweltplanung	B.Sc.
	L	Umweltplanung	M.Sc.
Höxter			
Hochschule Ostwestfalen-Lippe (University of Applied Sciences)	L	Landschaftsarchitektur	B.Sc.
	L	Landschaftsarchitektur PLUS	M.Sc.
	L	Landschaftsbau und Grünflächenmanagement (auch dual)	B.Sc.
Kassel			
Universität Kassel	L	Landschaftsarchitektur und Landschaftsplanung	B.Sc./M.Sc.
Münster			
Westfälische Wilhelms-Universität	L	Landschaftsökologie	B.Sc./M.Sc.
Neubrandenburg			
Hochschule Neubrandenburg – University of Applied Sciences	L	Landschaftsarchitektur	B.Sc.
	L	Landschaftsarchitektur und Umweltplanung	M.Sc.
	L	Naturschutz und Landnutzungsplanung	B.Sc.
	L	Landnutzungsplanung	M.Sc.
Nürtingen			
Hochschule für Wirtschaft und Umwelt Nürtingen-Geislingen	L	International Master of Landscape Architecture	M.Eng.
	L	Landschaftsarchitektur	B.Eng.
	L	Landschaftsplanung	B.Eng.
Oldenburg			
Carl von Ossietzky Universität Oldenburg	L	Landschaftsökologie	M.Sc.
Osnabrück			
Fachhochschule Osnabrück (University of Applied Sciences)	G	Agrarwirtschaft und Lebensmittelwirtschaft (MAL)	M.Sc.
	G	Produktionsgartenbau	B.Sc.
	L	Boden, Gewässer, Altlasten	M.Sc.
	L	Freiraumplanung	B.Eng.
	L	Ingenieurwesen im Landschaftsbau	B.Eng.
	L	Landschaftsarchitektur und Regionalentwicklung	M.Eng.
	L	Landschaftsentwicklung	B.Eng.
	L	Management im Landschaftsbau	M.Eng.
Wiesbaden			
Hochschule RheinMain University of Applied Sciences Wiesbaden Rüsselsheim	L	Umweltmanagement und Stadtplanung in Ballungsräumen	M.Eng.

bau, Gemüsebau, Pflanzenzüchtung usw.) während die **Landschaftsarchitektur** sich mit Freiraumplanung, Grünordnung, Landschaftsplanung, -pflege und Naturschutz beschäftigt.

Früher schlossen Studiengänge mit dem akademischen Grad **Diplom-Ingenieur** (Dipl.-Ing.), Diplom-Ingenieur (FH) bzw. **Diplom-Agraringenieur** (Dipl.-Ing. agr.) ab. Als Folge des Bologna-Abkommens wurden diese Studienabschlüsse durch den ersten berufsqualifizierenden Studienabschluss **Bachelor** (B.Sc.) und nach einem weiteren Aufbaustudium durch den Abschluss als **Master** (M.Sc.) ersetzt.

Die Regelstudienzeit für einen **Bachelor-Studiengang** beträgt in der Regel sechs Semester und setzt die allgemeine oder fachgebundene Hochschulreife oder die Fachhochschulreife voraus. Eine praktische Vorbildung wird empfohlen, ist aber keine Zugangsvoraussetzung. Mit dieser ersten fundierten Ausbildung sind die Absolventen für einen aufbauenden Masterstudiengang oder für eine praktische Tätigkeit qualifiziert.

Typische Aufgabenbereiche für Absolventen der Fachrichtung **Gartenbau** (B.Sc.) sind Tätigkeiten als Geschäftsführer bzw. Betriebsleiter größerer Gartenbaubetriebe, in der Friedhofsverwaltung, Beratung und gartenbaulichen Zulieferindustrie. Typisch sind auch Führungsaufgaben in Markt- und Absatzeinrichtungen oder Genossenschaften und Tätigkeiten in der Entwicklungshilfe.

Absolventen der Fachrichtung **Landschaftsarchitektur** oder **Landschaftsbau** (B.Sc./B.Eng.) sind praxisorientiert tätig. Häufig übernehmen sie Führungsaufgaben in verschiedenen Bereichen ihres Berufsfeldes. Typische Tätigkeitsfelder: selbstständiger Landschaftsarchitekt, Unternehmer in Betrieben des Garten-, Landschafts- und Sportplatzbaues, Bauleitung, Garten- und Grünflächenämter, Natur- und Umweltschutz.

An das Bachelorstudium kann sich ein vertiefender **Master-Studiengang** anschließen. Dieser wird nach vier Semestern erworben. Die Masterstudiengänge ermöglichen eine bisher nicht gekannte Spezialisierung (siehe Tabelle 99).

Typische Berufsfelder für einen Absolventen eines Master-Studienganges **Landschaftsarchitektur**: freischaffende Tätigkeit als Landschaftsarchitekt/in oder Mitarbeiter/in in einem Landschaftsarchitekturbüro, Städtische Grünflächen- und Planungsämter, Management und Baubegleitung in Garten- und Landschaftsbaubetrieben, Dienststellen des Umwelt- und Naturschutzes und der Denkmalpflege sowie Botanische Gärten, publizistische und beratende Dienste in Medien und Verbänden sowie lehrende und forschende Tätigkeiten an Hochschulen.

Typische Berufsfelder für einen Absolventen eines Master-Studienganges **Gartenbau**(wissenschaften): Forschung und Lehre, evtl. mit Promotion, Öffentlicher Dienst (z.B. Gartenbauberatung), Lehrer an Berufsschulen.

Eine Gesamtüberblick über alle Studienmöglichkeiten gibt Tabelle 99. Weitere Informationen sind z.B. unter folgendem Link zu finden: www.bildungsserveragrar.de.

10.2 Rechtliche Grundlagen

Das **Berufsbildungsgesetz** (BBiG) ist die gesetzliche Grundlage der betrieblichen und überbetrieblichen Ausbildung in Deutschland. Die schulische Ausbildung wird durch die Kultusminister der Bundesländer geregelt, die **Rahmenrichtlinien** mit Lerninhalten und Lernzielen verbindlich vorschreiben.

Tab. 100 Auszug aus einem Ausbildungsplan

Folgende Teile des Ausbildungsberufsbildes sind im ersten Ausbildungsjahr zu vermitteln:

1. Der Ausbildungsbetrieb, betriebliche Zusammenhänge und Beziehungen.
2. Natur- und Umweltschutz, rationelle Energie- und Materialverwendung.
3. Betriebliche Abläufe und wirtschaftliche Zusammenhänge.
4. Böden, Erden und Substrate.
5. Kultur und Verwendung von Pflanzen.

Überwachung durch die „Zuständige Stelle“, z.B.:
- Gartenbauabteilung der Landwirtschaftskammern,
- Ämter für Landwirtschaft und Gartenbau,
- Regierungspräsidien der Landesämter (z.B. in BW),
- Bezirksregierungen (Bayern).

Berufsbezeichnung
= Gärtner/Gärtnerin mit den Fachrichtungen:
Baumschule,
Friedhofsgärtnerei,
Garten- und Landschaftsbau,
Gemüsebau,
Obstbau,
Staudengärtnerei,
Zierpflanzenbau.

Ausbildungsberufsbild
= benennt die Fertigkeiten und Kenntnisse, die Gegenstand der Berufsausbildung sein müssen, z.B.:
- Aufbau und Organisation des Ausbildungsbetriebes,
- Böden, Erden und Substrate,
- Vermehrung und Jungpflanzenanzucht,
- Herstellen befestigter Flächen.

Verordnung legt fest

Ausbildungsdauer
- 3 Jahre
- 2 Jahre (wenn bereits ein Berufsabschluss vorliegt oder eine 12jährige Schulpflicht erfüllt wurde)
- 21/2 Jahre bei überdurchschnittlichen Leistungen

Berichtsheft
= muss als Ausbildungsnachweis geführt und vom Ausbilder regelmäßig durchgesehen werden. Das ordnungsgemäße Führen des Berichtsheftes ist Voraussetzung für die Zulassung zur Abschlussprüfung.

Ausbildungsrahmenplan

= gibt an, in welchem Zeitraum bestimmte Fertigkeiten und Kenntnisse des Ausbildungsberufsbildes vermittelt werden sollen.
Der Ausbildungsrahmenplan dient als Grundlage zur Erstellung des Ausbildungsplans (siehe Tab. 107), den der Ausbilder für den Auszubildenden erstellen muss.

Abb. 326
Verordnung über die Berufsausbildung im Gartenbau.

Verordnung über die Berufsausbildung im Gartenbau (vom 06.03.1996)

Hier ist unter anderem Folgendes festgelegt (siehe Abb. 326):
- die genaue Berufsbezeichnung,
- die Ausbildungsdauer,
- den Ausbildungsrahmenplan,
- das Ausbildungsberufsbild,
- die Führung des Berichtsheftes.

ZUSATZINFORMATION

Auszug aus dem Berufsbildungsgesetz:

Pflichten des Ausbildenden (Lehrmeister)

Der Ausbildende hat ...

- dafür zu sorgen, dass dem Auszubildenden die Fertigkeiten und Kenntnisse vermittelt werden, die zum Erreichen des Ausbildungszieles erforderlich sind, und die Berufsausbildung in einer durch ihren Zweck gebotenen Form planmäßig, zeitlich und sachlich gegliedert so durchzuführen, dass das Ausbildungsziel erreicht werden kann,
- selbst auszubilden oder einen Ausbilder ausdrücklich damit zu beauftragen,
- dem Auszubildenden kostenlos die Arbeitsmittel, insbesondere Werkzeuge und Werkstoffe zur Verfügung zu stellen, die zur Berufsausbildung und zum Ablegen von Zwischen- und Abschlussprüfungen, auch soweit solche nach Beendigung des Berufsausbildungsverhältnisses stattfinden, erforderlich sind,
- den Auszubildenden zum Besuch der Berufsschule sowie zum Führen von Berichtsheften anzuhalten, soweit solche im Rahmen der Berufsausbildung verlangt werden, und diese durchzusehen,
- dafür zu sorgen, dass der Auszubildende charakterlich gefördert sowie sittlich und körperlich nicht gefährdet wird,
- dem Auszubildenden nur Verrichtungen zu übertragen, die dem Ausbildungszweck dienen und seinen körperlichen Kräften angemessen sind,
- den Auszubildenden für die Teilnahme am Berufsschulunterricht und an Prüfungen freizustellen. Das gilt auch, wenn Ausbildungsmaßnahmen außerhalb der Ausbildungsstätte durchzuführen sind,
- dem Auszubildenden bei Beendigung des Berufsausbildungsverhältnisses ein Zeugnis auszustellen, das Angaben über Art, Dauer und Ziel der Berufsausbildung sowie über die erworbenen Fertigkeiten und Kenntnisse enthalten muss. Auf Verlangen des Auszubildenden sind auch Angaben über Führung, Leistung und besondere fachliche Fähigkeiten aufzunehmen,
- dem Auszubildenden eine angemessene Vergütung zu gewähren, die nach dem Lebensalter des Auszubildenden so zu bemessen ist, dass sie mit fortschreitender Berufsausbildung, mindestens jährlich, ansteigt,
- eine über die vereinbarte regelmäßige tägliche Arbeitszeit hinausgehende Beschäftigung besonders zu vergüten.

Pflichten des Auszubildenden

Der Auszubildende hat ...

- sich zu bemühen, die Fertigkeiten und Kenntnisse zu erwerben, die erforderlich sind, um das Ausbildungsziel zu erreichen,
- die ihm im Rahmen seiner Berufsausbildung aufgetragenen Verpflichtungen sorgfältig auszuführen,
- an Ausbildungsmaßnahmen (z.B. Berufsschule, Prüfungen), für die er freigestellt wird, teilzunehmen,
- den Weisungen zu folgen, die ihm im Rahmen der Berufsausbildung vom Ausbildenden oder von anderen weisungsberechtigten Personen erteilt wurden,
- die für die Ausbildungsstätte geltende Ordnung zu beachten,
- Werkzeug, Maschinen und sonstige Einrichtungen pfleglich zu behandeln,
- über Betriebs- und Geschäftsgeheimnisse Stillschweigen zu wahren,
- das Berichtsheft zu führen und es dem Ausbildenden regelmäßig zur Durchsicht und Abzeichnung vorzulegen.

Dabei ist der **Ausbildungsrahmenplan** die Grundlage für die Erstellung eines **individuellen Ausbildungsplanes** (siehe Tabelle 100), den der Ausbilder erstellen muss. Diese Ausbildungspläne sind je nach Bundesland unterschiedlich aufgebaut. Aus ihnen soll erkennbar sein, in welchem Zeitraum seiner Ausbildung der Auszubildende bestimmte Fertigkeiten und Kenntnisse erlernt hat.

Voraussetzung für eine Berufsausbildung ist der Abschluss eines Berufsausbildungsvertrages, aus dem sich sowohl Rechte als auch Pflichten für den Ausbilder und den Auszubildenden ergeben.

Tab. 101 Fachzeitschriften / Fachzeitungen

Gartenbau allgemein bzw. mehrere Sparten

DEGA Produktion (erscheint monatlich). Verlag Eugen Ulmer, Stuttgart.
Gartenpraxis (erscheint monatlich). Verlag Eugen Ulmer, Stuttgart.
gartenbau profi – Monatsschrift für Obst, Gemüse, Zierpflanzen. Rheinischer Landwirtschaftsverlag GmbH, Bonn.
TASPO Unabhängige Fachzeitung für Produktion, Dienstleistung und Handel im Gartenbau (erscheint wöchentlich). Haymarket Media GmbH & Co. KG, Braunschweig.
TASPO Magazin (erscheint acht Mal im Jahr). Haymarket Media GmbH & Co. KG, Braunschweig.
ZVG-Report (erscheint monatlich). Organ des Zentralverbandes Gartenbau e.V., Bonn.

Spartenbezogene Fachzeitschriften

Baumschule:

Deutsche Baumschule (erscheint monatlich). Haymarket Media GmbH & Co. KG, Braunschweig.
TASPO Baumzeitung (erscheint sechs Mal im Jahr). Haymarket Media GmbH & Co. KG, Braunschweig.

Friedhofsgärtner:

Friedhofskultur (erscheint monatlich). Haymarket Media GmbH & Co. KG, Braunschweig.

Garten- und Landschaftsbau:

DEGA GaLaBau (erscheint monatlich). Verlag Eugen Ulmer, Stuttgart.
Garten + Landschaft (erscheint monatlich). Callwey Velag, München.
Neue Landschaft (erscheint monatlich). Patzer Verlag, Berlin, Hannover.

Gemüsebau:

Gemüse (erscheint monatlich). Deutscher Landwirtschaftsverlag GmbH, Hannover.

Obstbau:

Obstbau (erscheint monatlich). Organ der Fachgruppe Obstbau im Bundesauschuss Obst und Gemüse, Bonn.
Obst & Garten (erscheint monatlich). Organ des Landesverbandes Obstbau, Garten und Landschaft Baden-Württemberg e.V. (LOGL). Verlag Eugen Ulmer, Stuttgart.

Zierpflanzenbau:

Gärtnerbörse (erscheint monatlich). Haymarket Media GmbH & Co. KG, Braunschweig.

Gartenfachhandel:

DEGA Grüner Markt (erscheint sechs Mal im Jahr). Verlag Eugen Ulmer, Stuttgart.
DEGA Produktion & Handel (erscheint monatlich). Verlag Eugen Ulmer, Stuttgart.
gestalten & verkaufen (erscheint maonatlich). Haymarket Media GmbH & Co. KG, Braunschweig.
TASPO Gartenmarkt (erscheint zehn Mal im Jahr). Haymarket Media GmbH & Co. KG, Braunschweig.

10.3 Weiterbildung

Neben dem regelmäßigen Lesen von Fachzeitschriften (siehe Tabelle 101) kommt dem Internet als Informationsquelle in der heutigen Zeit eine immer größere Bedeutung zu. Zunehmend findet man zu den unterschiedlichsten Themenbereichen wertvolle Beiträge. Es ist jedoch zu beachten, dass anders als bei sorgfältig recherchierten Veröffentlichungen in Büchern und Fachzeitschriften, jeder ungeprüft Informationen ins „Netz“ stellen kann. Vor diesem Hintergrund sollten Informationen kritisch geprüft werden. Außerdem ist das

Suchen und Finden im World Wide Web (WWW) häufig kompliziert. Bei der Entwicklung des Internets stand ursprünglich nicht die Nutzung als Informationsquelle sondern die Entwicklung von Technik und Software im Vordergrund. Außerdem waren die momentane Größe des Netzes und sein rasantes Wachstum nicht absehbar.

Suchdienste – ein Überblick

Suchmaschinen. Mit Hilfe spezieller Programme („Suchroboter") werden Internetseiten durchsucht. Es erfolgt eine automatische Stichwortvergabe. Da niemand überprüft, ob ein Stichwort auch dem inhaltlichen Schwerpunkt einer Seite (Homepage) entspricht, und ob die Seite eine gewisse Mindestqualität aufweist, wird bei der Suche häufig viel „Datenmüll" angezeigt. Allerdings werden durch dieses Verfahren neue Web-Sites schnell angezeigt und ein großer Teil des WWW wird erfasst.
Beispiele für Suchmaschinen: www.
- bing.de
- google.de
- yahoo.de

Kataloge. Diese Art von Suchmaschinen wird redaktionell betreut. Ein Redaktionsteam vergibt Stichworte und sortiert die Seiten nach Themen. Die Qualität der angezeigten Seiten nimmt dadurch zu. Es wird jedoch nur ein kleiner Teil des WWW erfasst.
Beispiele für Kataloge: (www.)
- allesklar.de
- excite.de
- web.de
- yahoo.de

Meta-Suchmaschinen. Da herkömmliche Suchmaschinen nur einen Bruchteil aller Webseiten erfassen, kommen zunehmend Meta-Suchmaschinen zum Einsatz. Diese fragen mehrere Suchmaschinen gleichzeitig ab. Bis zu 90 % des WWW werden auf diese Weise durchsucht. Allerdings gibt es Unmengen falscher oder überflüssiger Suchergebnisse. Die Suche mit Meta-Suchmaschinen ist besonders günstig, wenn nach einem sehr speziellen Thema gesucht wird, zu dem es mit anderen Suchmaschinen nur wenige Treffer gibt.
Beispiele für Meta-Suchmaschinen:
- apollo7.de
- metacrawler.de
- metager.de

Suchstrategien im Internet

Je besser die Suche vorbereitet ist, desto schneller kommt man zu den gewünschten Ergebnissen. Im Internet gilt „time is money". Deshalb sollte für jede Informationssuche eine Stichwortliste angefertigt werden. Dabei ist es hilfreich, sich folgende Fragen zu stellen:
- „Was suche ich genau?" (= gesuchter Begriff)
- „Wie heißt das Gesuchte noch?" (= Synonyme)
- „Welche Begriffe gibt es im Umfeld?" (= assoziative oder verknüpfte Begriffe)

▶ Beispiel

Gesuchter Begriff: Traktor
Synonyme: Zugmaschine, Schlepper, Dieselross
Assoziative Begriffe: Fendt, Schlüter

Tab. 102 Suchergebnisse (03.03.2014)

Suchmaschine	Sie geben ein	Anzahl Treffer
www.google.de	obst	10.500.000
	baumschule	626.000
	obst baumschule	794.000
www.yahoo.de	obst	7.430.000
	baumschule	684.000
	obst baumschule	299.000

Beispiel:
Gesuchter Begriff: Traktor
Synonyme: Zugmaschine, Schlepper, Dieselross
Assoziative Begriffe: Fendt, Schlüter

• Suchtechnik

Viele Suchmaschinen unterscheiden zwischen einer **einfachen Suchanfrage**, bei der nur **ein Suchbegriff** eingegeben wird, und einer **erweiterten Suchanfrage**. Das Ergebnis einer einfachen Suchanfrage liefert häufig zu viele Fundstellen (siehe Tabelle 102).
Gibt man mehrere Wörter jeweils getrennt durch ein Leerzeichen ein, wird das Ergebnis deutlich besser, da die moisten Suchmaschinen nur Dokumente anzeigen, in denen beide Worte gleichzeitig vorkommen. Alternativ bieten viele Suchmaschinen erweiterte Suchfunktionen an, mit denen sich noch genauere Sucheinstellugnen vornehmen lassen.
Feststehende Begriffe, Namen, Titel, Gedichtzeilen usw. müssen bei den meisten Suchmaschinen in **Anführungszeichen** gesetzt werden. Suchen Sie z. B. nach **bildungsstätte des deutschen gartenbaues,** erhalten Sie bei yahoo 9160 Treffer, während
„bildungsstätte des deutschen gartenbaues“ nur noch 3080 Seiten anzeigt.

10.4 Links

Links
http://www.

agrar.wzw.tum.de → Infos zum Fachbereich Agrar- und Gartenbauwissenschaften der TU München Weihenstephan.
arbeitsagentur.de → Bundesagentur für Arbeit. Viele Informationen für Arbeitnehmer und Arbeitgeber.
augala.de → Info-Plattform des Ausbildungsförderungswerks Garten-, Landschafts- und Sportplatzbau.
azubikolleg.de → Preisgekrönte Seite des Verlags Eugen Ulmer mit vielen Infos für Auszubildende.
fachschule-gartenbau.de → Staatliche Fachschule Landshut mit umfangreicher Linksammlung zu vielen Gartenbau-Themen.
g-net.de → Das Gartenbaunetz des Zentralverbandes Gartenbau mit Links zu Organisationen, Betrieben und Informationsangeboten des Gartenbaus.
gartenbau.uni-hannover.de → Infos zum Fachbereich Gartenbau der Leibniz Universität Hannover.
hswt.de → Infos zu den Fachbereichen Gartenbau und Landschaftsarchitektur an der Hochschule Weihenstephan-Triesdorf.
jobware.de → Ausbildungsplatzangebote, Lehrstellen, Studiengänge.
landwirtschaft-bw.de → Infodienst Landwirtschaft – Ernährung – Ländlicher Raum Baden-Württemberg.

Bildquellen

Baumeister, Werner, Stuttgart: Abb. 3, 10, 15, 17, 31,32, 35/3 u. 4, 44/4, 53/2, 54/5, Tab. 9/4, 192, 248, 255, 259, 276, 300, 304
Bergmann, W. u. W. Wradzilo, Jena, Dia-Serie „Nährstoffmangel und -überschuss“: Abb. 215
Böhmer, Dr. Bernd, Pflanzenschutzamt Bonn: Abb. 228, 246, 258, 262, 265, 272
Bürki, Moritz, Langendorf (CH): Abb. 239, 240, 244
Degen, Martin, Göppingen: Abb. 6, 22, 35/5, 54,4, 83
Ehrmann, O., Greglingen.
FAZ-Grafik Brocker, nach Deutscher Wetterdienst: Abb. 125
Fendt, Marktoberndorf: Abb. 283
Fiedler, Andreas, Kiel: 158
Forschungsanstalt Geisenheim, Fachgebiet Phytomedizin: 232, 236, 247
Gartenbauberufsgenossenschaft Kassel: Abb. 292, 293
Haber, Bernhard, Mühltal: Abb. 46
Haberer, Martin, Nürtingen: 230
Heißel, Kaspar, Göppingen: Abb. 20, 54/3, 76, 90, 98, 105
Himmelhuber, Peter, Regensburg: Abb. 84, 85, 110, 274
Jost GmbH, Iserlohn: Abb. 209, Seite 222
Köder, Rolf, Stuttgart: Abb. 219, 220
Landesanstalt für Pflanzenschutz, Stuttgart: 226, 227
Lauber, Helena, Göppingen: Tab. 9/1,2,3 u. 5, 122, 132, 186, 187, 189, 190, 191, 193, 223
Liapor-Werksfoto: Abb. 188
NWZ: Abb. 133, 145, 148
oksana2010 - Shutterstock.com: Abb. 53-1
Pflanzenschutzamt Wetzlar: Abb. 225
Reinhard-Tierfoto, Heiligkreuzsteinach: Abb. 16, 35/1 u. 2, 37, 44/1,2,3 u. 5, 49, 89, 93, 181, 273
Robert Biedermann - Shutterstock.com: Abb. 18
Schäfer, Bernd, Berlin: Seite 226, Seite 230
Schäfer, Bernd, Berlin: Seite 291, Abb. 271, 278
Schrader, Karl, Göppingen: Abb. 117, 121, 135, 143, 167, 169, 170, 184, 195, 197, Seite 233, 241, 256, 264, 275, 281, 290, 302
Scotts-Celaflor: 221
Stelzner-Agrar-Fachberatungsgesellschaft, Nürnberg: Abb. 138/139
TU-München: Abb. 238
VDE: Abb. 299
Vogel, Rainer, Göppingen. Abb. 113
Willers, Dr. Thomas, Havixbeck: Abb. 164, 175
Wirth, Volkmar, Stuttgart: Abb. 12, 13
Witt, H.-H., Bad Zwischenahn: Seite 234
Wohanka, W., Geisenheim: Abb. 277
Zoonar/Himmelhuber: Abb. 270
Zunke, Dr. U., Hamburg: Abb. 234

Die Zeichnungen fertigte, wenn nicht anders vermerkt, Artur Piestricow, Stuttgart, nach Vorlagen der Autoren.

Register

A

B

C

D

E

F

G

K

L

M

N

O

P

Q

R

S

T

Generation: Nachkommen, die von einem Elternpaar (bei Zwittern bzw. bei Jungfernzeugung von einem Individuum) abstammen.

Granulat: Pflanzenschutzmittel, das in fester, körniger Form gestreut wird.

Haustorien: Knopfähnliche oder langgestreckte Saugorgane parasitischer Pilze, die in das Gewebe der Wirtspflanze zur Nährstoffaufnahme eindringen.

Hemimetabolie: Unvollständige Insektenentwicklung, d.h. Entwicklung ohne ein Ruhestadium (Puppe).

Herbizide: Chemische Unkrautbekämpfungsmittel; Wirkstoffe, die unerwünschte Pflanzen abtöten.

Höchstmenge: Grenzwert für noch duldbare, gesundheitlich unbedenkliche Rückstände chemischer Pflanzenschutzmittel in Nahrungsmitteln.

Holometabolie: Vollständige Insektenentwicklung.

Honigtau: Zuckerhaltige, flüssige Ausscheidungen von Blatt- oder Schildläusen, Nährboden für Rußtaupilze.

Hygiene: Vorbeugende Maßnahmen zur Gesunderhaltung der Kulturen durch Ausschalten und Beseitigen aller Krankheitserreger.

Hyphe: Pilzfaden, fadenförmige Grundstruktur der Pilze.

Imago: Vollinsekt, erwachsenes, geschlechtsreifes Tier.

Indikation: Veranlassung, Grund, ein bestimmtes Pflanzenschutzmittel anzuwenden.

Infektion: Übertragung oder Eindringen des Parasiten in den Körper des Wirtes und Aufbau eines zeitweisen oder dauerhaften parasitischen Verhältnisses.

Insektizid: Wirkstoff zur Abtötung von Insekten.

Integrierter Pflanzenschutz: Pflanzenschutzsystem, das alle wirtschaftlich, ökologisch und toxikologisch vertretbaren Methoden nutzt, um Schadorganismen unter der wirtschaftlichen Schadensschwelle zu halten.

Jungfernzeugung: Entstehung von Nachkommen aus unbefruchteten Eiern.

Kokon: Gespinst als Schutzhülle für Eier oder Puppen.

Konidien: Ungeschlechtlich entstandene Fortpflanzungseinheiten vieler Pilze.

Krabbler: Bewegliche Schildlauslarve.

Larve: Jugendstadium zahlreicher Tiergruppen, meist noch nicht fortpflanzungsfähig.

Made: Beinlose Fliegenlarve.

Minierfraß: Anlegen von Fraßgängen im Innern von Pflanzenteilen (siehe Fraßmine).

Molluskizid: Wirkstoff zur Abtötung von Schnecken.

Monokultur: (von griech. monos = allein, nur und lat. cultura = Landwirtschaft) Form der Bodenbewirtschaftung bei der eine Pflanzenart auf einer Ackerfläche vorherrscht (Gegenteil: Mischkultur) und meistens ohne Fruchtfolge großflächig angebaut wird.

Mykosen: Erkrankungen durch Pilze.

Myzel: Gesamtheit der Hyphen, die den Vegetationskörper eines Pilzes bilden.

Nachschieber: Letztes Paar der Bauchfüße von Raupen und Afterraupen.

Nematizid: Wirkstoff zur Abtötung von Nematoden.

Nützling: Freilebende Tiere, die dem Menschen z.B. im Rahmen der biologischen Schädlingsbekämpfung nützlich sind (z.B. Marienkäfer, Raubmilben).

Nymphe: Puppenähnliches Stadium, dass sich im Gegensatz zu echten Puppen bewegen kann, jedoch keine Nahrung aufnimmt. Durch Auftreten von Flügelansätzen gekennzeichnetes letztes Larvenstadium mancher Insekten mit unvollständiger Entwicklung (z.B. Thripse).

Oogonien: Weibliche Geschlechtsorgane, in der die Eizellen gebildet und befruchtet werden (bei Thallophyten).

Parasitismus: Beziehung zwischen Lebewesen, bei denen der eine (Parasit) dem anderen (Wirt) Stoffe entzieht, sich auf dessen Kosten ernährt oder ihn schädigen kann.

Parthenogenese: Siehe Jungfernzeugung.

Pathogen: Krankheitserreger.

Pheromonfalle: Falle, die Insekten durch Abgabe von Sexuallockstoffen anlockt.